Electronic Thin-Film Reliability

KING-NING TU
University of California at Los Angeles

전자부품 배선

박막의 이해와 응용

Electronic Thin-Film Reliability

King-Ning Tu 지음

이택영 옮김

한티미디어

역자 약력

이택영 2003년 1월 ~ 한밭대학교 신소재공학과 근무

전자부품 배선

박막의 이해와 응용

Electronic Thin-Film Reliability

발행일 2016년 12월 28일
지은이 King-Ning Tu
옮긴이 이택영
펴낸이 김준호
펴낸곳 한티미디어 | **주 소** 서울시 마포구 연남동 570-20
등 록 제 15-571호 2006년 5월 15일
전 화 02)332-7993~4 | **팩 스** 02)332-7995
ISBN 978-89-6421-277-6 (93560)
정 가 30,000원

마케팅 박재인 최상욱 김원국 | **관 리** 김지영
편 집 이소영 박새롬 김현경 | **표 지** 박새롬 | **본 문** 박선미
인 쇄 한프리프레스

이 책에 대한 의견이나 잘못된 내용에 대한 수정정보는 한티미디어 홈페이지나 이메일로 알려주십시오.
독자님의 의견을 충분히 반영하도록 늘 노력하겠습니다.
홈페이지 www.hanteemedia.co.kr | **이메일** hantee@empal.com

박막의 이해와 응용

박막은 전자 소자 산업에서 광범위하게 사용된다. 전자 소자 미세화의 추세가 나노 크기 수준으로 이동함에 따라서 박막의 신뢰성은 점차 주된 관심사가 되고 있다. 저자가 공저한 *Electronic Thin Film Science*(저자 Tu, Mayer 그리고 Feldman)와 UCLA의 대학원 과정에서 강의한 내용을 바탕으로 박막의 신뢰성과 공정에 주안점을 두어 저술하였다. 전반부는 박막 공정과 신뢰성의 기본 주제인 증착, 표면에너지 그리고 원자 확산을 논의하였고, 후반부는 배선과 패키징 기술에 관련된 비가역 과정을 체계적으로 논의하였다. 마지막 장에서는 일렉트로마이그레이션, 써모마이그레이션 그리고 응력마이그레이션과 관련된 고장 분석을 논의하여 독자들에게 전자 부품에 사용되는 박막 신뢰성의 이론적 이해와 실무적인 이해를 제공하고자 하였다. 실제 예와 단순한 수학적 계산을 활용하였으므로 이 책은 대학원생, 연구사 그리고 현장 엔지니어들을 위한 이상적인 책으로 사료된다.

King-Ning Tu는 UCLA (University of California at Los Angeles) 재료공학과 교수이다. 1968년 Harvard 대학교에서 Ph.D를 받은 이후 IBM T. J. Watson 연구소에서 25년 동안 Physical Science 부서의 연구자로서 25년간 경험을 축적하였다. 저자는 American Physical Society, Metallurgical Society, Material Research Society의 Fellow이고 Cambridge, Churchill College의 해외 Fellow이다. 저자는 450편 이상의 논문과 *Solder Joint Technology* (2007)의 단독 저자이고 *Electronic Thin Film Science* (1992)의 공동 저자이다.

저자 서문

이 교재는 재료공학 전공 학생을 위한 교과서로 작성되었다. 또한 마이크로일렉트로닉 산업에 종사하는 공학도의 자습용 참고 교재로 사용될 수도 있다. 이 교재의 앞부분은 1993년에 MacMillan사에서 출판된 K. N. Tu, J. W. Mayer 그리고 L. C. Feldman 저서인『전자 박막 과학(Electronic Thin Film Science)』을 기초로 작성되었다. 이 책의 내용은 UCLA에서 "박막 재료 과학(Thin Film Materials Science)" 수업에 15년 이상 사용되었다.

이 교재는 두 가지 관점에서 박막을 기술하였다. (1) 응용 제품에서 유용한 성능을 갖는 새로운 박막의 개발과 공정 그리고 (2) 초고밀도 소자, 예를 들면 가전제품 등에 사용되는 기능성 박막의 신뢰성 향상의 관점에서 기술되었다. 이러한 목적을 달성하기 위하여, 박막 재료공학을 기반으로 박막의 구조–성질–공정–성능–신뢰성의 상호관계를 논의하였다. 스퍼터링, 전해도금 그리고 MBE 성장에 의한 증착 방법 등과 같은 박막 공정에 대한 많은 교재들이 존재한다. 또한 SEM, TEM, RBS, XPS, UPS, Auger 그리고 STM 등과 같은 분석 기법에 대한 교재들도 많다. 그러나 박막의 신뢰성 과학에 대한 교재는 존재하지 않는다.

기술이 성숙 단계에 이르고 대량 생산에 사용되어 광범위한 응용 분야에서 사용되면 신뢰성 문제는 매우 중요하게 된다. 전자 소자의 소형화 추세는 나노미터 크기의 영역으로 이동함에 따라 나노 기술의 신뢰성 문제는 가까운 미래에 더욱 심각해질 것이다. 나노기술의 신뢰성은 마이크로일렉트로닉 기술에서 얻은 신뢰성의 경험과 이해에 의존할 수밖에 없다.

신뢰할 만한 소자를 만들기 위해서는 신뢰성의 개념을 소자를 만드는 소재의 설계와 공정에 도입하여야만 한다. 그러므로 공정과 신뢰성 사이에 밀접한 연관 관계를 갖는다. 이 연관 관계 내에 존재하는 과학을 조합하는 것이 이 책의 목적이지만, 강조 사항은 신뢰성에 있다.

신뢰성 과학은 무엇인가? 일반적으로 소자 내 미세구조가 제품의 수명 동안 안정하게 유지될 것이라고 가정하는 경향이 있다. 그러나 불행하게도 이는 사실이 아니다. 대부분의 전자 소자에서, 전기장 또는 전류가 인가되어야 한다. 고전류밀도가 인가될 때, 일렉트로마이그레이션이 미세구조에서 일어나고, 공동 형성에 의한 단선 또는 돌출에 의한 단락 때문에 회로 고장을 유발할 수 있다. 고전류밀도는 Joule 열의 원인이 되고, 온도 상승은 소자 내에 존재하는 서로 다른 열팽창 계수를 갖는 물질들 사이에 열응력을 유발한다. 일렉트로마이그레이션에 더해 응력 기울기와 온도 기울기는 원자 확산을 유발하고 미세구조 변화와 상 변화를 만든다. 응력 기울기 또는 온도 기울기가 존재하는 경우에는 압력 또는 온도가 일정하지 않다는 것을 의미한다. 이러한 변화의 독특한 점은 비평형 열역학 또는 비가역 과정의 영역에서 현상이 일어난다는 것이다. 이 신뢰성 문제를 이해하기 위해서 그리고 신뢰성 문제가 일어나는 것을 방지하기 위해서 필요한 기본 과학이 신뢰성 과학이다.

이 책의 초반부에서 박막 공정과 신뢰성에 필요한 기본 주제인 박막에서 증착, 표면에너지, 원자 확산 그리고 탄성응력과 변형률을 논의할 것이다. 비가역 과정과 엔트로피 생성의 핵심은 10장에서 논의한다. 이어서 일렉트로마이그레이션, 써모마이그레이션 그리고 응력마이그레이션을 몇 가지 신뢰성 고장 문제를 예로 들어 설명할 것이다. 마지막 장에서는 물리적 통계적 분석의 기초에 대한 고장 분석법에 대해서 논의할 것이다. 부록 A~G에서는 이 책과 관련된 기본적이고 유용한 주제와 데이터에 대해 논의한다.

일렉트로마이그레이션 자체가 항상 미세구조의 고장을 일으키는 것은 아니다. 미세구조에 원자 플럭스 발산이 존재할 때만 고장이 일어난다. 게다가 플럭스 발산조차도 고장의 충분조건은 아니다. 격자이동이 일어나지 않는 비등부피과정이 필요하다. 격자이동의 부재는 비등부피 변화가 여분의 격자 위치를 만들게 된다. 여분의 격자 위치는 공동과 힐록 또는 휘스커 형성을 의미한다.

이 책을 준비하는 과정에 도움을 준 학생들과 실험실 구성원들에게 감사한다. 특히 교재의 타이핑과 그림 그리고 참고문헌 수정을 도와준 UCLA의 Miss Hsin-Ping Chen, Miss Tian Tian 그리고 Mr. Daechul Choi에게 감사한다. Mr.Choi의 교재 교정에 감사한다. 10장과 15장의 검토를 해주신 우크라이나 Cherkasy 국립 대학교(Cherkasy National University) Andry M. Gusak 교수님께 감사를 드린다. 전자 풍력 유도에 대한 부록 C는 Gusak 교수님의 강의 노트로부터 발췌한 것이다. 신뢰성에 대한 연구비의 지원을 해준 NSF, SRC, National Semiconductor Corporation, Hitachi(일본), 서울테크노파크(대한민국) 그리고 Advanced Semiconductor Engineering(대만)에 감사한다.

2009년 10월

King-Ning Tu

역자 서문

재료공학은 구조물에 사용되는 금속재료에서 시작되어 많은 연구들이 이루어졌고, 많은 이론들이 박막의 응용 분야에 도입되어 사용되고 있다. 이 교재는 새로운 논리보다는 기존 논리를 박막 관점 또는 이차원 형상을 갖는 재료에서 이해가 쉽도록 설명하였다. 또한 설명을 상당히 단순화하여 재료공학의 기초 지식을 갖고 있는 공학도들이 쉽게 이해할 수 있도록 구성하였다.

책의 구성은 전반부에 기체 또는 증착 원자 플럭스, 증착된 원자간 상호작용, 미세구조 내 원자의 이동(확산), 박막의 탄성변형, 박막의 상호확산과 반응이 기술되어 있고, 후반부는 비가역 과정을 기반으로 한 신뢰성 부분이 논의되어 있다. 전반부는 학부 고학년 수준에서 충분히 이해할 수 있는 수준이고, 후반부는 관련 공학도에게 보다 유용할 것으로 사료된다.

마지막으로 번역이 원저를 충분히 잘 전달할 수 있는지가 가장 큰 걱정이다. 혹시 존재하는 오류는 원저보다는 번역의 문제일 확률이 매우 높을 것이다. 이에 대한 사과는 미리 말씀드린다.

2016년 12월 대전에서

이택영

차례

03 표면에너지 33

04 고체에서 원자 확산 67

05 확산방정식의 응용 97

08 박막에서 상호확산과 반응 191

09 결정립계 확산 215

12 Al과 Cu 배선에서 일렉트로마이그레이션에 의한 파괴 299

13 써모마이그레이션 321

14 박막에서 응력마이그레이션 343

01 마이크로 전자 분야에서 박막의 응용

1.1 서론

적층 박막 구조는 마이크로 전자 공학, 광전자 공학, 평판 디스플레이 및 전자 패키징 기술에서 사용된다. 몇 가지 예는 다음과 같다. 컴퓨터 칩에서 초고밀도 집적 회로(VLSI)가 마이크로미터 이하 크기의 배선 폭으로 패터닝 및 비아 금속 박막의 다층 배선으로 만들어진다. 반도체 트랜지스터 소자는 반도체 기판에 에피택셜 박막의 성장, 예를 들면 *n*형의 실리콘 기판에서 *p*형 실리콘의 얇은 층의 성장과 같은 에피택셜 박막 성장에 의존한다[1-3]. 트랜지스터 소자의 게이트는 반도체 위에 산화물의 얇은 층의 성장으로 형성된다. 고체 레이저는 다른 반도체 층 사이에 발광 반도체의 얇은 층을 형성하여 이루어진다. 전자 및 광학 시스템에서 동작하는 소자 요소들은 능동 소자 표면의 상부 몇 미크론 내에 놓이고, 박막 기술의 주된 분야이다. 박막은 단일층(또는 나노 구조) 및 벌크 구조 사이를 연결하는 주된 요소 기술이다. 이 박막 기술은 몇 나노미터에서 몇 미크론의 두께 범위를 포괄하는 기술이다. 이 책에서는 전자 기술 및 장치에 적용되는 박막의 공정과 신뢰성 분야를 다루게 된다[4]. 이 장에서는 현재 첨단 기술의 박막 응용에 대한 몇 가지 예를 들어 설명할 것이다.

1.2 금속-산화물-반도체 전계 효과 트랜지스터(MOSFET) 소자

적층 박막 기술의 발전은 집적 회로 및 광전자 공학 발전의 핵심이다. 오늘날 손톱 크기 Si칩에 수억 개의 트랜지스터를 제조할 수 있다. 이들 트랜지스터가 함께 작동하기 위하여, 회로를 형성하는 박막 라인에 의해 상호 연결 되어야 한다. 메모리 장치의 기본 회로는 매우 간단하다. 그것은 트랜지스터와 커패시터로 구성되어 있다. 이러한 전계 효과 트랜지스터의 개략적인 단면도는 그림 1.1에 도시되어 있고, $n+/p/n+$형 접합 트랜지스터와 *p*형 채널을 통해 얇은 게이트 산화막으로 이루어지는 게이트로 구성되어 있다. 게이트 위의 도체는 실리사이드 및 도핑된 폴리 실리콘으로 구성된 이중층 구조이다. 여기서 실리사이드는 금속과 실리콘

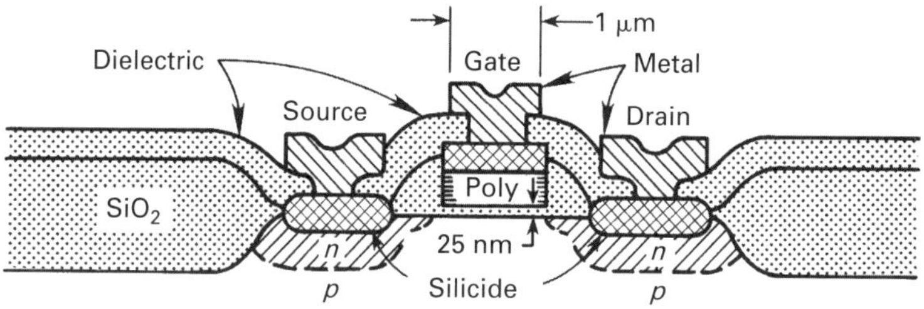

그림 1.1 $n+/p/n+$형 트랜지스터 접합과 p형 채널 위에 형성된 얇은 게이트 산화물을 갖는 게이트로 구성된 FET 단면

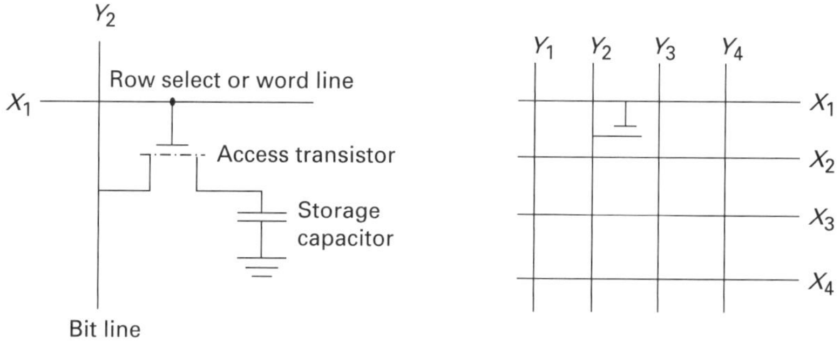

그림 1.2 MOSFET 2차원 집적회로 배열의 개략도(*VLSI Technology*, S. M. Sze, 1988, p.494.)

의 금속 화합물이다. 트랜지스터에서 상기 $n+$ 영역은 소스 및 드레인 영역이며, "워드"라인은 실리사이드 접점에 의해 접속되어 있다. 실리사이드는 게이트 접점뿐만 아니라, 소스 및 드레인 접점으로 사용된다. 커패시터에 소스 접점을 연결하는 "비트"라인이 있다. 커패시터는 "1(커패시터 전하가 가득찬 상태)" 또는 "0(커패시터가 비어있거나 무전하 상태)"의 상태를 유지하면서 기억부로서 기능을 수행한다. 금속-산화물-반도체(MOS) 전계 효과 트랜지스터(FET)는 커패시터에 전하를 방전 또는 방전되지 않도록 제어하는 역할을 수행하여, 축전지의 두 상태(충전 또는 방전)를 읽거나 검출할 수 있도록 한다[1-3].

그림 1.2는 MOSFET의 2차원 집적 회로의 배열을 도시한다. x축에는 x_1, x_2, x_3, x_4 등이 있고, y축에는 y_1, y_2, y_3, y_4 등이 있다. (x, y)의 각 좌표에서, 예를 들어 (x_1, y_2)에서 한 개의 FET와 한 개의 축전지로 구성된 메모리 유닛을 만들 수 있다. 메모리 유닛을 동작시키기 위해서 워드라인(word line)으로부터 인가된 턴온(turn-on) 전압으로 게이트를 개방한다. p형 영역에 전자를 끌어와 게이트 산화물 아래에 반전층을 형성한다. 전자와 반전층이 전기적으

로 $n+$ 영역을 연결한다. 커패시터 내에 전하가 축적되면, 펄스 신호가 "비트"라인의 끝에서 검출할 수 있도록 방출된다. 이 경우, 지점(x_2, y_3)에 "1"의 메모리 비트를 확인할 수 있다. 반면에 커패시터가 더 축적된 전하가 없는 경우 방전이 없을 것이며, 신호는 게이트를 개방할 때 검출되지 않고, 지점(x_2, y_3)에서 "0"의 메모리 비트를 읽게 된다. 그림 1.2에 도시된 바와 같이 이차원 집적 회로는 모든 좌표에서 메모리 유닛을 동작시키거나 읽을 수 있게 되고 이를 램(Random Access Memory, RAM)이라 한다. 종종 D램(Dynamic Random Access Memory, DRAM)이라고도 부르는데 이는 커패시터가 라인에 연결되어 있어 축전된 전하의 누출이 일어나고, 전하를 자주 재충전하여야 하고, 재충전 과정이 동적과정(dynamic process)이기 때문이다. 어떤 소자에서는 게이트가 절연되어 있는 부동상태인 플로팅 게이트(floating gate)로 사용하기도 한다.

그림 1.3은 크기 1 cm × 1 cm의 실리콘 칩을 $10^3 \times 10^3 = 10^6$개의 작은 사각형으로 나누었으므로 각각의 작은 사각형은 10 μm × 10 μm 크기이다. 작은 사각형을 셀(cell)이라 하고, 한 개의 FET와 커패시터를 제조할 수 있다면 백만 개의 메모리 유닛을 제조할 수 있고, 제조된 유닛은 워드라인과 비트라인으로 연결되어야 한다. 여기에 더해, 칩은 외부 회로와 연결되어야 사용할 수 있다. 칩과 외부 회로의 연결을 전자 패키징 기술이라 한다.

다음으로, 10 μm × 10 μm을 네 개의 작은 영역, 즉 5 μm × 5 μm의 셀로 분할한다. 만일 더 작은 영역에 FET와 커패시터를 제작할 수 있으면 사백만 개의 메모리 유닛을 제조할 수 있다. 무어의 법칙에 의해 제안된 진보의 핵심이자 지난 25년동안 실리콘 마이크로 전자 공학 산업의 소형화, 또는 진보의 본질이다. 한 세대의 진보는 칩상의 회로 밀도의 4배 증가를 이미한다. 그것은 1, 4, 16, 64, 256, 1024로 진보를 의미한다. 업계는 1960년대 후반,

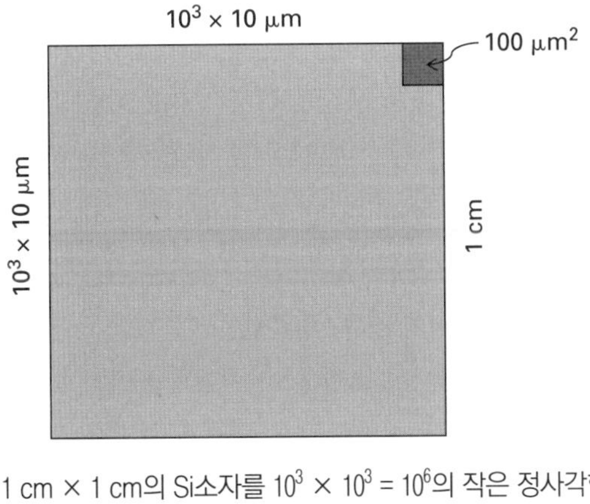

그림 1.3 1 cm × 1 cm의 Si소자를 $10^3 \times 10^3 = 10^6$의 작은 정사각형으로 분할하였고, 각 정사각형의 면적은 10 μm × 10 μm이다.

표 1.1 수 세대 동안의 소자에서 셀의 크기 변화

셀 밀도(Mb)	리소그라피 라인 넓이(μm)	셀 면적(μm^2)
1	0.1	33
4	0.7	11
16	0.5	4.5
64	0.35(deep UV)	1.5
256	0.25(X-ray)	0.5
1,000	0.18	0.15

천 개의 메모리 유닛으로부터 현재는 칩당 약 십억 메모리 유닛을 만들 수 있게 되었다. 표 1.1은 장치의 여러 세대 동안 셀의 치수 변화를 보여준다. 셀 크기가 작아질수록, 셀 내의 트랜지스터, 커패시터 셀 및 인터커넥트의 피치 크기도 작아져야 한다. 소자의 크기 감소는 인터커넥트뿐만 아니라 트랜지스터의 전기적 성질에도 영향을 미친다.

VLSI 회로는 Al 또는 Cu 박막의 다층 배선을 이용하여 모든 트랜지스터를 연결하게 된다. 다층박막 배선의 공정과 신뢰성은 소자의 응용에 매우 중요하다. 오늘날에는 트랜지스터 위에 8층 이상의 다층 배선을 만들 수 있다. 그림 1.4에 절연 유전체를 제거한 후 Si 위에 2층 Al 배선의 주사전자현미경(Scanning Electron Microscope, SEM) 사진을 나타내었다. Al 배선의 폭은 0.5 μm이고 간격은 0.5 μm이므로 피치는 1 μm이다. 1 cm × 1 cm의 면적에 104 개의 배선과 각 배선의 길이는 1 cm 정도이므로 배선의 총 길이는 100 m이다. 손톱 크기의 칩에 8개 층을 만들게 되면 각 층간을 연결하는 비아(via)를 포함하여 배선의 총 길이는 1 km 이상이 된다. 그림 1.5(a)는 각 층 사이의 유전체를 에칭한 후 촬영한 여덟 층의 Cu 배선 구조 SEM 이미지를 보여준다. 그림 1.5(b)는 Si 표면에 구축된 여섯 층의 Cu 배선 구조 단면 SEM 사진을 도시한다. 여기서, 가장 좁은 비아의 폭은 0.25 μm이다. 층들 사이의 비아 정렬은 소자의 제조에 매우 어려운 문제이다.

적층 배선 구조를 제조하는 생산 비용은 전체 실리콘 웨이퍼의 제조 비용의 절반 이상을 차지한다. 금속 배선에서 C-54 $TiSi_2$, $CoSi_2$ 또는 NiSi 실리사이드는 FET의 소스와 드레인뿐만 아니라 게이트와 접점(contact)에 사용되어 왔고, 텅스텐은 Al 배선 기술에서 층 사이의 비아로 사용되어 왔으며, Cu 배선 기술에서는 첫 번째 층의 비아로 사용되었다. Cu 배선 기술에서 Cu는 매우 얇은 층의 Ta 또는 TiN을 이용하여 접합 층과 확산 방지막을 형성하였다. 이 박막의 공정, 성질과 신뢰성은 Cu 배선 기술의 성공에 매우 중요한 역할을 한다.

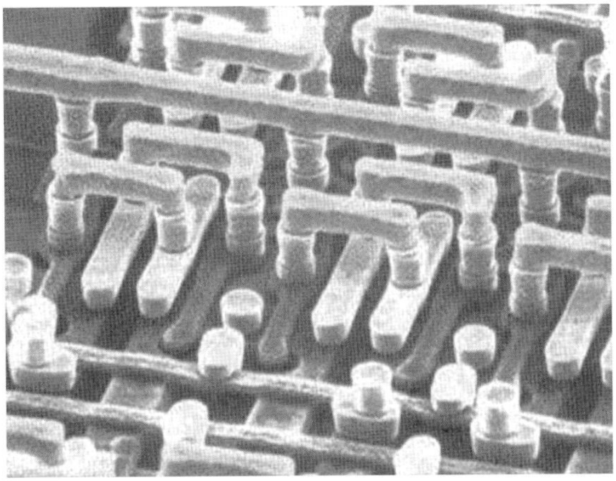

그림 1.4 절연 유전체를 에칭으로 제거한 후 Si 표면 위의 2층 Al 배선 SEM 사진. Al 배선의 넓이는 0.5 μm이고 배선 사이의 공간은 0.5 μm이므로 피치는 1 μm이다.

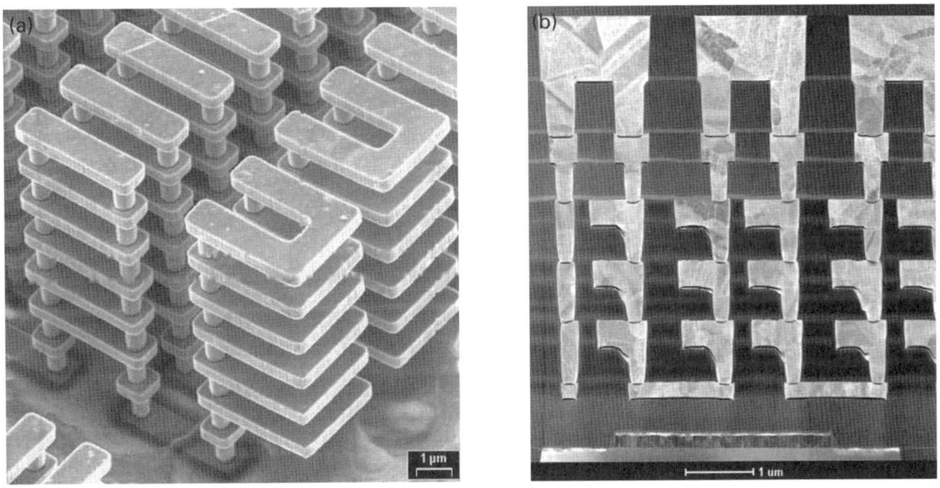

그림 1.5 (a) 층간 유전체를 에칭으로 제거한 후 8층 구조 Cu 배선을 찍은 SEM 사진. (b) Si 표면 위에 세워진 6층 Cu 배선 구조의 단면 투과전자현미경 사진. 여기에서, 가장 좁은 배선 비아의 넓이는 0.25 μm이다.

만일 셀의 크기가 1 μm × 1 μm이라면, 회로의 구성 요소는 1 μm보다 작아야 한다. 소형화의 추세에서 횡 방향의 크기뿐만 아니라 게이트 산화물과 같은 수직 방향의 크기도 더 얇게 만들어야 한다. 이러한 소형화는 무한정 이루어질 수 있는 것은 아니고, 그 추세는 무어의

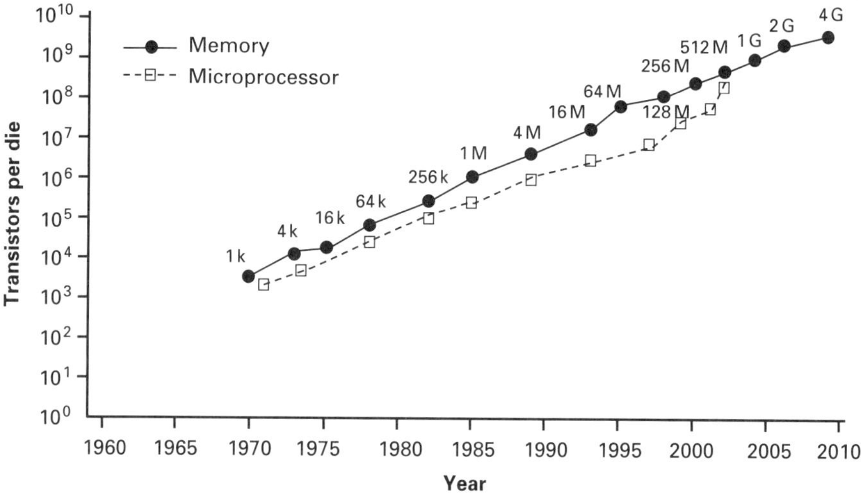

그림 1.6 메모리의 회로 밀도와 중앙처리장치(CPU)내 논리 연산장치밀도를 연도별로 도시한 그래프. log-linear 그래프이고 무어의 법칙을 따른다.

법칙(Moore's Law)에 의해 예견되었다. 그 법칙은 칩상의 회로 밀도는 매 18개월마다 2배로 늘어난다는 것이다. 그림 1.6은 매년 메모리와 중앙연산처리 장치에서 로직 유닛 밀도의 변화를 도식화한 것이다. 로그-선형 그래프로 무어의 법칙을 따르고 있다.

1.2.1 자기 정렬 실리사이드 또는 샐리사이드 접점과 게이트

앞에서 설명한 MOSFET 소자의 가장 중요한 치수는 게이트 폭 또는 소스 및 드레인 접점 사이의 거리이다. 게이트 폭은 디바이스의 “피처 크기(feature size)”라고 한다. 오늘날에는 45 nm까지 작아졌으며 향후 33 nm 또는 그 이상으로 작아질 것이다. 제조 공정에서 게이트와 접점이 서로 다른 물질로 만들어진다면, 두 개의 공정 단계 또는 두 개의 리소 공정이 필요하게 된다. 그렇게 되면 나노 미터 크기의 크기를 갖는 고정밀 배열이 필요하고 이는 매우 어려운 공정이 될 것이다. 자기 정렬 실리사이드(self-aligned silicide, salicide) 공정은 이러한 어려움을 극복하기 위해 개발되었다. 그림 1.7은 샐리사이드 공정의 개략도를 나타낸다. 게이트와 소스/드레인 접점은 C-54 $TiSi_2$로 만들어진다. 게이트 산화물 위에는 고농도 불순물이 도핑된 폴리 실리콘 층이며, 소스/드레인 콘택트 영역 위에는 고농도 단결정 $n+$ Si이다. 그들은 SiO_2의 두 측벽로 구분된다. 측벽(sidewall) 사이의 간격과 측벽의 두께는 피처 크기의 측방향 치수를 결정한다. 티타늄 박막을 증착하고 어닐링할 때, 게이트 접점 및 소스/드레인 접

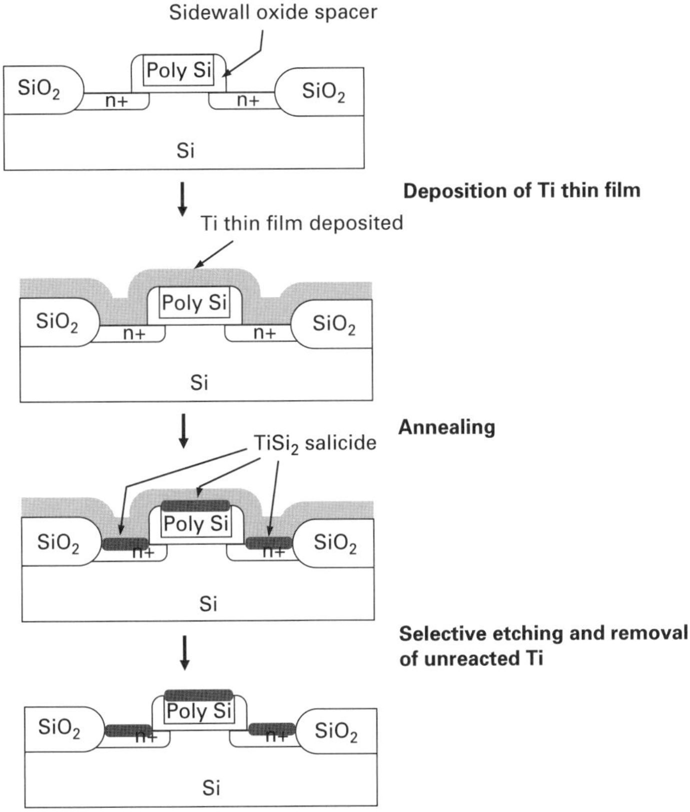

그림 1.7 샐리시이드 공정을 나타내는 개략도

점에 동시에 C-54 $TiSi_2$가 형성된다. 그러나 측벽 산화물 위에 존재하는 Ti는 산화물과 반응을 하지 않아 실리사이드를 형성하지 않으므로 후에 반응하지 않고 남아있는 Ti는 에칭해 제거한다. 그러므로 게이트와 접점 사이의 전기적 절연을 한 번의 리소그라피 공정을 이용하여 완성할 수 있다. 이러한 샐리사이드 공정은 생산 단계에서 게이트와 접점 사이의 고정밀 배열 공정을 제거할 수 있다.

박막 관련 문헌에서 금속 박막과 실리콘과의 반응에 의해 실리사이드 형성에 많은 연구물이 있다. Si칩 위에 수억 개의 실리사이드 접점과 게이트를 만들어야 하고 동일한 미세구조와 전기적 성질을 가져야 하므로 제어된 샐리사이드 형성은 VLSI 소자 제조에서 매우 중요한 공정 단계이다. 실리사이드 형성의 반응 속도론은 8장에서 다룰 것이다.

1.3 플립칩 기술에서 박막 언더 범프 금속층

외부 회로에 칩 위에 존재하는 VLSI 회로를 연결하는 것은 전자 패키징 기술의 주요 기능이다[5-6]. 중앙처리장치(Central Processing Unit, CPU)에서 칩 위의 배선을 외부 전기 리드에 모두 연결하기 위해서는 수천 개의 I/O(input/output) 전기 접점이 필요하다. 현재 칩 표면에 그와 같이 높은 밀도의 I/O 접점을 제공할 수 있는 실제적이고 신뢰성 있는 유일한 방법은 작은 땜납 또는 솔더(Solder) 볼을 이용하여 행렬면 배열(area array) 구조를 사용하는 것이다. 솔더 볼의 직경은 50 μm, 볼 사이의 거리는 50 μm이며, 피치가 100 μm이 된다. 길이 1 cm에 100개 또는 1 cm^2에 10,000개의 솔더 볼을 배치할 수 있다. 현재 일반적으로 사용되는 솔더 볼의 직경은 약 100 μm이고, 전자 패키징 산업에서 솔더 볼 공정을 범핑 공정(bumping process)이라 한다. 볼 사이즈가 작아지고, 그 숫자가 증가함에 따라 1999년 이후로 ITRS(International Technology Roadmap for Semiconductor)에서는 응용 제품의 제조 수율과 신뢰성에 매우 중요한 연구 대상으로 "플립칩 기술(flip-chip technology)의 솔더 조인트"를 포함시켰다.

플립칩 기술은 무엇인가? Si 소자와 패키징 기판을 솔더 볼을 이용하여 많은 수의 전기적 연결을 만들 수 있다. 이때 Si 소자의 VLSI 회로가 있는 부분이 기판과 면하도록 뒤집히게 된다. 소자와 기판 사이에 행렬 구조를 갖는 솔더 범프(bumps)에 의해서 전기적 접합을 이루게 된다. 그림 1.8은 칩 표면에 솔더 볼의 행렬 배열을 보여준다. 칩과 기판을 연결하기 위하여 칩이 뒤집혀 있으므로 칩의 VLSI 면은 기판을 쳐다보며 아래로 향하고 있다.

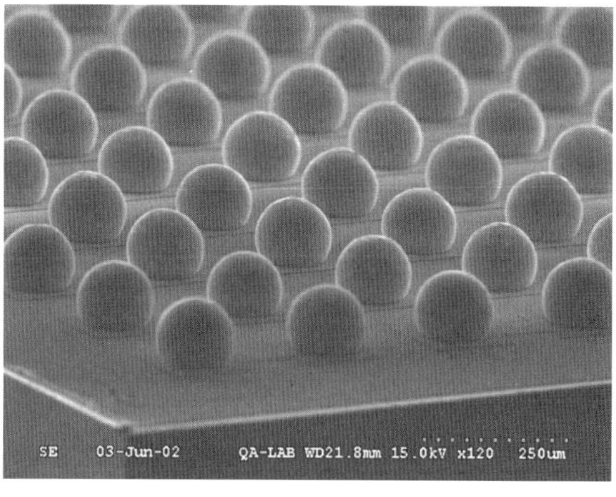

그림 1.8 소자 표면 위에 형성된 솔더 볼 배열의 SEM 사진

이 플립칩 기술은 지난 30여년간 메인 프레임 컴퓨터를 만들기 위하여 사용되어 왔다. 이 기술은 1960년대에 세라믹 모듈에서 칩 패키징을 위해 사용된 "C-4(controlled collapse chip connection)기술에서 유래하였다. 일반적으로 플립칩 기술의 장점은 작은 패키징 크기, 큰 I/O 수 그리고 더 높은 성능 및 신뢰성이다. 이 패키징은 소비자 제품에 널리 사용되며 대표적으로는 칩과 거의 같은 크기를 갖는 칩 크기 패키징(chip size packaging or chip scale packaging)이다. 작은 패키징 크기는 형태 인자(form factor)가 중요한 휴대용 장치에서 더욱 중요하다. 휴대용 단말기 또는 컴퓨터에 있어서 보다 높은 성능 및 더 많은 기능성의 증가는 행렬 배열을 이용한 더 많은 수의 전기적 I/O 리드 수를 요구한다. 칩의 중앙 부분에 위치한 솔더 범프는 소자가 더 낮은 전압과 더 높은 속도로 동작될 수 있도록 하기 때문에 소자가 보다 높은 성능을 발휘할 수 있다. 게다가 플립칩 솔더 범핑 기술만이 필요한 신뢰성을 제공할 수 있는 현존하는 유일한 기술이다. 추후 다른 장에서 일렉트로마이그레이션(electromigration, 고전류밀도에 의한 원자의 확산)과 응력마이그레이션(stress-migration, 잔류 응력 기울기에 의한 원자의 확산) 등의 신뢰성 문제를 논의할 것이다.

VLSI 칩 기술이 개발된 초기에는 배선의 고밀도 배선 및 실장 기술이 요구되었다. 이러한 요구를 바탕으로 메인 프레임 컴퓨터에서 사용되는 금속-세라믹 다층 모듈 및 멀티칩 모듈의 개발로 이어졌다. 금속-세라믹 다층 모듈에 있어서, 다층 Mo 와이어를 세라믹 기판에 매설하였다. 이들 각각의 모듈은 수백 개의 Si칩을 실장할 수 있다. 이러한 세라믹 모듈 중 일부는 큰 인쇄 회로 기판에 접합하여 메인 프레임 컴퓨터에 사용되는 2레벨 패키징(two-level packaging) 방식을 구현하였고, 그림 1.9에 나타내었다. 이 패키징 방식에서 제1레벨 패키징(first level packaging)은 칩과 세라믹 모듈 사이의 연결로 구성되어 있고, 제2레벨 패키징(second

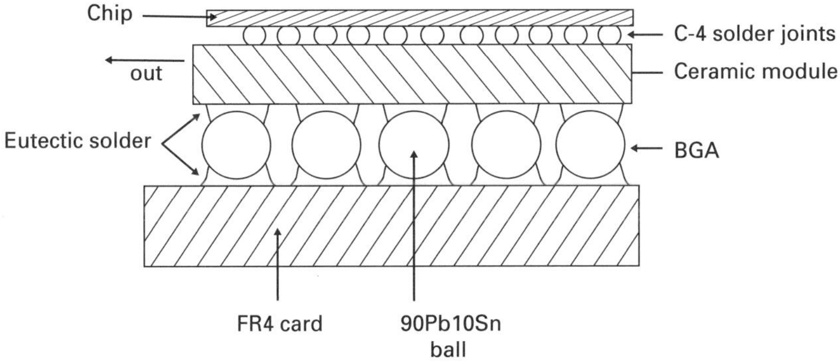

그림 1.9 메인프레임 컴퓨터에 사용되는 2레벨 패키징 구조의 개략도. 제1레벨은 세라믹 모듈 패키징 그리고 제2레벨은 폴리머 인쇄회로기판 패키징으로 구성된다.

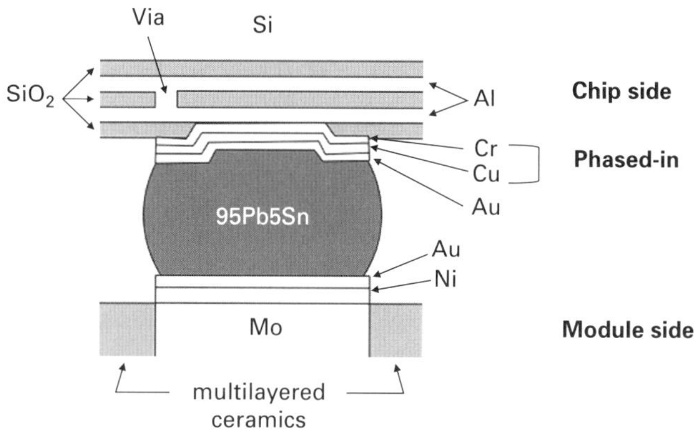

그림 1.10 플립칩 솔더 조인트 단면의 개략도

level packaing)은 세라믹 모듈과 폴리머 인쇄회로기판 사이의 연결로 구성된다.

제1레벨 플립칩 C-4 솔더 접합부의 단면 개략도는 그림 1.10에 나타내었다. 제1레벨 패키징에서 칩 쪽에 존재하는 UBM은 Cr/Cu/Au 3개 층으로 이루어져 있다. 실제로는 이 3개 층에서 Cr/Cu는 Cr과 Cu 사이의 접합층 강화와 솔더 용융 반응시 저항성 증가를 위하여 상혼합(相混合, phased-in) 미세구조를 갖도록 제조된다. 특히 솔더 용융 반응시 저항성은 Cr과 Cu가 조성 기울기를 갖도록 동시 증착(co-depostion)하여 리플로우 시 Cr/Cu층이 용융 솔더에 노출될 때 Cu의 침출이 발생하지 않도록 하는 특징을 갖고, 저항성이 큰 UBM은 여러 번의 리플로우, 즉 용융 솔더와의 반응을 견딜 수 있는 특징을 갖는다. 여기에서 리플로우는 솔더를 녹는점 이상 가열하여 솔더를 용융시키는 것을 의미한다. 솔더의 용융 과정 중에 용융 솔더는 Cu와 반응하여 금속간 화합물(intermetallic compound, IMC)을 형성하고 솔더 조인트의 결합력을 갖게 한다. 접합부의 기판 쪽에는 세라믹 기판 위에 만들어진 금속접합층(metallic bond-pad)은 일반적으로 Ni/Au가 사용된다. UBM과 세라믹 기판 금속접합층 사이의 접합부에 사용되는 솔더는 일반적으로 Pb의 함량이 높은 합금이 사용되며, 대표적인 예로 95Pb5Sn 또는 97Pb3Sn 등이다.

초기 칩 위의 솔더 범프는 진공 증착(evaporation)과 리프트-오프(lift-off) 패터닝 방식으로 만들어졌다. 이후에는 선택적 전해도금법을 이용하여 제작되었다. 최근의 C-4 공정의 방식은 템플릿(template)을 이용하여 솔더 볼의 2차원 배열을 형성하고, 탬플릿과 칩의 UBM을 정렬한 후 리플로우하여 솔더 볼이 칩의 UBM과 반응하여 솔더 범프를 형성하는 방법이 사용되고 있다. 이 방법의 장점은 선택적 전해도금에서 필요한 후막 포토레지스트 공정이 필요하지 않고 템플릿을 지속적으로 재사용하므로 비용 절감을 이룰 수 있다.

선택적 전해도금을 이용한 C-4 공정에서 포토레지스트와 전해도금을 위한 전기 도전선을 에칭한 후에, 실린더 형태의 솔더 컬럼 또는 범프의 배열이 칩 표면에 남아있게 된다. Pb 함량이 높은 범프의 녹는점은 300°C 이상이다. 350°C 이상에서 이루어지는 첫 번째 리플로우에서 솔더 범프 컬럼은 용융되어 UBM 위에 볼 형태를 갖게 된다. SiO_2 표면은 용융 솔더의 젖음성이 없으므로 용융 솔더 하단부의 크기는 UBM의 크기에 의해 결정되고, 용융 솔더는 UBM과 닿은 부분을 하단부로하여 볼의 모양을 갖게 된다. 솔더의 부피는 증착시 결정되어 있으므로, 솔더 볼의 물리적인 치수(높이와 직경)는 UBM과의 접촉면에 의해서 결정된다. 종종 UBM을 볼-제한-금속층(Ball-Limiting-Metallization, BLM)이라 부른다. 솔더가 용융상태에 있을 때 BLM이 주어진 부피의 솔더 볼의 높이를 조절(control)하기 때문에 C-4(controlled collapse chip connection)에서 control이라는 단어가 사용된 것이다. 만일 솔더 볼의 높이가 제어되지 않고 BLM 또는 UBM 위에서 솔더 볼이 넓게 퍼진다면 칩과 모듈 사이의 간격은 너무 좁아져 사용할 수 없게 된다.

솔더 볼 배열을 갖고 있는 칩을 세라믹 모듈 또는 기판에 접합하기 위해서는 두 번째 리플로우가 필요하다. 두 번째 리플로우 과정에서는 용융 솔더 볼의 표면에너지가 모듈 위에 칩이 자동적으로 정위치를 잡을 수 있도록 자기 배열(self-aligning)하는 힘을 제공한다. 칩과 모듈을 접합하기 위하여 솔더 볼을 용융시킬 때, 칩과 모듈의 간격이 다소 좁아지고 칩은 다소 회전하게 된다. 이러한 간격의 감소와 회전은 용융 솔더 볼의 표면 인장력의 감소에 기인하고, 칩과 모듈의 정렬할 수 있도록 한다. 이 과정 때문에 C-4 공정을 "controlled collapse process"라고 명명하게 된 것이다. "붕괴(collapse)"라는 단어는 배열된 솔더 볼 들이 용융되고 모듈 상의 금속층들과 반응할 때 칩이 모듈과의 간격이 좁아지게 되고 칩이 다소 회전하게 되는 것을 표현한 단어이다.

높은 납을 함유하고 있는 솔더는 높은 녹는점을 갖는 솔더이지만, 이 솔더의 리플로우 온도는 여전히 칩과 세라믹 모듈에 아무런 문제가 없을 정도의 온도이다. 또한 이 솔더는 Cu와 반응하여 Cu_3Sn 층을 형성하게 되는데 수차례의 리플로우를 문제 없이 견뎌낼 수 있다. 여기에서 사용된 3개 층인 Cr/Cu/Au 각층이 특정한 이유를 위해서 선택되어 있다는 점에 주목할 필요가 있다. 첫째로 솔더는 Al 배선과 반응을 하지 않기 때문에 납땜 안에 있는 Sn과 금속 접합을 이루기 위한 IMC 형성이 가능한 Cu가 선정되었다. 둘째로, Cu는 SiO_2 유전체 표면에 부착이 잘되지 않으므로 Cu가 SiO_2에 잘 부착되도록 접합층으로 Cr 층이 증착되었다. 상혼합(phased-in) Cu/Cr UBM은 Cu와 Cr 사이의 접합력 증착을 위해 개발되었다. Cr과 Cu가 서로 혼합되지 않기(immiscible) 때문에, 두 금속이 동시 증착되는 경우 결정립 사이에 서로 맞물린 구조(interlocking microstructure)가 된다. 이와 같은 구조에서는 Cu는 Cr에 더 잘 부착되고 리플로우 동안 Sn과 반응하여 금속간 화합물을 형성하는 Cu의 침출을 어렵게 한다.

여기에 더해 상호합은 금속간 화합물의 기계적 결속을 부여한다. 마지막으로 Au는 구리의 산화나 부식을 방지를 위한 표면 부동태(passivation) 역할을 수행한다. 여기에 더해 솔더의 젖음성을 향상시키는 역할을 수행한다. Cr/Cu와 Cu/Au의 이중층(bilayer) 박막에서 상호확산과 반응에 대한 많은 연구가 이루어졌다.

세라믹 보드와 폴리머 보드 사이, 즉 세라믹 기판을 폴리머 인쇄회로기판에 연결하는 제2레벨 패키징에서 또 다른 솔더 볼의 배열이 세라믹 기판의 뒤쪽에 존재하여야 한다. 이 솔더 볼의 배열을 볼-그리드-어레이(Ball-Grid-Array, BGA)라 하고, 여기에 사용하는 솔더 볼의 직경은 C-4 솔더 볼의 직경보다 훨씬 더 크다. BGA 볼의 직경은 약 760 μm이다. 볼은 Sn-Pb 공정합금으로 만들어지며 낮은 녹는점(183°C)을 갖고 리플로우는 220°C에서 수행한다. 때때로 납 함량이 높은 금속을 볼의 중심에 배치한 공정 SnPb 합금의 복합 솔더 볼을 이용한다. 공정합금 SnPb의 리플로우(세 번째 리플로우) 동안 제1레벨 패키징의 납 함량이 높은 솔더 볼 또는 복합 솔더의 중심에 위치한 납 함량이 높은 솔더는 녹지 않는다. 응용분야에 따라서는 복합 솔더 볼의 중심에 있는 납 함량이 높은 금속은 Cu 볼로 대치될 수 있다.

Pb의 환경에 미치는 우려 때문에 환경보호국에서 발의한 법안을 포함하여 미국 의회에 계류 중인 4개의 Pb 사용 반대 법률이 있다. 유럽 연합은 2006년 7월 1일에 모든 소비자 전자 제품에 Pb 함유 땜납을 금지하는 지침을 발표하였다. 납 사용량의 88% 정도가 자동차 배터리에 사용되고 전자 제품에는 전체산업의 1% 정도만이 사용되지만, 일반 가전 제품의 쓰레기는 지하수에 영향을 미치는 Pb 소스 중 20~30%를 차지한다. 이는 금지에 대한 이유이다.

현재까지 솔더 조인트에서 Pb를 대체하거나 Pb에 필적할 성능을 보이는 원소는 발견되지 않았다. 무연 솔더(Pb-free solder) 중 공정 SnPb를 대체할 수 있는 후보로는 공정 SnAgCu, 공정 SnAg 그리고 공정 SnCu 솔더가 있다. Sn 기반의 무연 솔더는 Sn의 함량이 매우 높다. 예를 들면 공정 SnCu는 99.3 wt.% Sn과 공정 SnAgCu는 95~96 wt.% Sn을 포함하고 있다. 무연 솔더에서 고농도의 Sn은 Cu-Sn 사이의 반응 속도를 매우 빠르게 하였고 앞서 논의한 박막형태의 Cr/Cu/Au UBM의 신뢰성에 심각한 문제를 초래하였다. 현재까지 일렉트로마이그레이션을 포함한 신뢰성에 적합한 무연 솔더용 박막 UBM은 존재하지 않는다.

1.4 왜 우리의 컴퓨터에서는 신뢰성 문제가 일어나지 않는가?

반도체 산업에서 일렉트로마이그레이션이 심각한 신뢰성 문제임을 수없이 언급해왔다. 그러나 일렉트로마이그레이션에 의한 컴퓨터 손상 보고는 거의 들을 수 없었다. 이는 오래전에 이 문제에 대한 인식을 했고 그 문제를 이해하기 위하여 많은 노력을 하였기 때문이다. 일정 가속조건에서 동작하는 컴퓨터의 평균 고장 시간(Mean-Time-To-Failure, MTTF)을 측정하고, 일반적인 조건하에서 사용되는 컴퓨터의 수명이 예측된다. 설계 단계에서 신뢰성의 문제가 고려되어 컴퓨터의 동작 조건, 예를 들면 인가 전류밀도와 온도 등이 결정된다. 그러므로 일반적인 사용 조건하에서 컴퓨터의 고장을 겪지 않게 된다.

1.5 마이크로에서 나노 전자 기술로의 전환과 동향

무어의 법칙의 끝자락에 마이크로에서 나노 전자 기술로의 전환이 예견된다. 그 전환은 하향식(top-down) 또는 상향식(bottom-up)이 될 수 있을 것이다. 분자규모 트랜지스터부터 시작되는 상향식 접근 방법은 많은 장점이 있음에도 불구하고 이 트랜지스터들을 대규모 스케일로 통합하는 작업(large-scale integration)은 결코 쉬운 일이 아니다. 하향식 접근 방식은 리소그래피와 같은 물리적인 한계뿐만 아니라 생산 비용의 재정적 제약이 존재한다. 현재 가장 실현 가능한 천이기술로는 나노기술과 기존에 존재하는 마이크로전자 MOSFET(Metal-Oxide Silicon Field Effect Transistor) 기술의 하이브리드 형태일 것이다. 새로운 응용 분야는 에너지, 의료, 그리고 바이오 소자 등이 될 것이다. 비록 급격한 성장과 막대한 이윤을 만들지는 못하겠지만 무어의 법칙의 종착역에서도 마이크로전자 분야는 사라지지 않을 것이다. 자동차 산업과 항공 산업 등과 더불어 그 존재는 지속될 것이다.

소비자 전자 제품의 추세는 휴대용, 무선 및 손에 쥘 수 있는 장치이다. 휴대용 단말기의 출현과 메모리 소장에 의한 하드 디스크의 대체는 이미 시작되고 있다. 그러므로 박막기술은 여전히 널리 사용될 것이다. 전자 패키징 기술은 향후 더욱 중요해질 것이며, 특히 3차원 IC(Integrated Circuit)와 시스템 패키징에서 그 중요도를 더할 것이고, 이에 따른 신뢰성 문제는 향후 지속적으로 대두될 것이다.

1.6 무어의 법칙의 종언이 마이크로 전자기술에 미치는 영향

그럼에도 불구하고 무어의 법칙이 종언을 고하고 있는 현시점에서 다음에 일어날 일들에 대한 우려가 있다. 실제로 무어의 법칙에 대한 물리적 경제적 한계치가 있다. 물리적으로는 게이트 산화물의 두께와 트랜지스터의 폭(또는 피처 크기)을 무한정 줄일 수는 없다. 동작 속도와 같은 소자 성능 향상이 서브 마이크론 또는 나노 크기의 영역으로 소형화함에 따라 발생하는 비용의 증가를 경제적으로 정당화할 수는 없다. 그렇다고 무어 법칙의 종언이 Si 마이크로 전자 산업의 종언을 의미하는 것은 아니나, 지난 반세기 동안 산업의 기하 급수적인 성장은 계속되지 않을 것이다. 대신 성장은 일정 수준을 유지할 것이다. 반도체산업협회(Semiconductor of Industry Association)에서 발행하는 2009 국제 반도체 기술 로드맵(International Technology Roadmap for Semiconductors, ITRS)에서는 Si 기술은 향후 10~15년간 발전의 여지가 여전히 존재하고 있음을 적시하고 있다[7].

무어의 법칙의 종언 이전에 소자의 크기를 축소하는 데 모든 노력을 경주하는 대신에, 이미 개발된 기술의 응용 분야를 확대하는 새로운 패러다임에 집중하여야 한다. 기존에 존재하는 상보성 금속-산화물-반도체(complementary metal-oxide-semiconductor, CMOS) 기술은 많은 휴대용 및 무선 제품에 큰 역할을 하고 있으며 많은 가능성을 갖고 있으며, 특히 광소자, 마이크로전기기계시스템(microelectrical mechanical system, MEMS), 나노 센서와 결합하여 에너지와 건강 응용 분야에서 큰 역할을 할 수 있다. 휴대전화를 예로 들어보자. 대부분의 사람들은 현재 휴대전화를 보유하고 거의 매일 사용한다. 우리가 손에 휴대전화를 쥐고 있을 때 몇 개의 센서만 있으면 체온, 맥박, 혈압을 측정할 수 있다. 더욱 진보된 진단도 수행될 수 있다. 모바일 컴퓨터 역할을 할 수 있는 휴대전화를 가질 때는 훨씬 더 많은 유용한 기능을 사용할 수 있다. 이러한 소비자 전자 제품 응용 분야에서는 새로운 회로 설계 및 새로운 패키징 기술과 재료의 신뢰성이 요구될 것이다.

참고문헌

[1] Yuan Taur and Tak H. Ning, *Fundamentals of Modern VLSI Devices* (Cambridge University Press, Cambridge, 1998).

[2] S. M. Sze (ed.), *VLSI Technology* (McGraw-Hill, New York, 1983).

[3] K. N. Tu, J. W. Mayer, and L. C. Feldman, *Electronic Thin Film Science* (Macmillan, New York, 1992).

[4] M. Ohring, *Reliability and Failure of Electronic Materials and Devices* (Academic Press, San Diego, 1998).

[5] K. N. Tu, *Solder Joint Technology* (Springer, New York, 2007).

[6] K. L. Puttlitz and K. A. Stalter (eds), *Handbook of Lead-Free Solder Technology for Microelectronic Assemblies* (Marcel Dekker, New York, 2004).

[7] International Technology Roadmap for Semiconductors, *Semiconductor Industry Association* (San Jose, 2009). See website http://public.itrs.net/.

02 박막 증착

2.1 서론

박막 증착은 기판에 기체상으로부터 고체상으로 변하는 상변화로 간주할 수 있다[1,2]. 일반적으로 성장 속도, 순도, 및 증착된 박막의 미세 구조를 알 필요가 있다. 성장 속도는 다음 절에서 논의될 플럭스(flux)에 의해 제어된다. 고순도 박막은 2.7절에서 논의될 초고진공 증착으로 얻을 수 있다. 박막이 비정질, 다결정 또는 에피택셜 단결정인지에 관한 미세구조는 2.11절에 논의될 증착 조건 변수 또는 증착 변수의 선택에 의해 결정된다.

그림 2.1에는 박막 증착에서 진공 챔버의 두 가지 중요한 부분을 도시하였는데, 그것은 타겟(target)과 기판이다. 두 물질이 동일하다고 가정하자. 타겟의 온도를 T_1으로 유지하고 기판의 온도를 T_2로 유지하며 $T_2<T_1$의 조건을 가정하자. 평형상태에서 원자가 타겟의 표면으로부터 떨어져나오는 플럭스와 표면으로 돌아가는 플럭스가 존재할 것이다. 마찬가지로 미세가역성(microreversibility) 원리에 의해 기판에도 역시 동일하게 존재한다. 이 플럭스는 타겟과 기판의 평형압력 P_1과 P_2를 각각 만들게 되고 $P_2<P_1$이 된다. 압력의 차이, 즉 압력의 기울기에 의하여 가스 상태로 가스 또는 물질이동(mass transport)이 타겟으로부터 기판으로 발생하게 된다. 물질이동은 기판 표면 위에 과포화를 만들게 되고, 응축(condensation)이 일어나게 되고, 박막이 기판의 위에 증착된다. 응축은 고체 박막의 핵 생성과 성장 과정을 포함한다. 타겟 표면 위에는 물질이동에 기인한 저포화(undersaturation)상태가 생기고, 포화상태를 유지하기 위하여 타겟 표면에서 증발이 일어나 포화상태를 만들고, 이에 기인하여 $P_2<P_1$상태가 발생하여 물질이동이 다시 일어나게 되는 과정이 반복된다. 예를 들면 열 증착(deposition) 또는 증발(evaporation)은 텅스텐 코일을 주울 가열(Joule heating)하여 코일 주변에 배치된 낮은 녹는점을 갖는 선재를 증발시켜 기판 표면에 증착시키는 것이 핵심이다. 유사하게 전자선 증발(e-beam evaporation)은 전자총(e-gun)을 이용하여 금속 타겟을 도가니 내에서 용융하여 증발시키고 저온 기판 상에 증기를 수집하여 박막을 형성하는 것이다.

증착에 관련된 기본적인 과정은 세 방정식에 의해 지배된다. 첫째, 가스 상태는 이상 기체

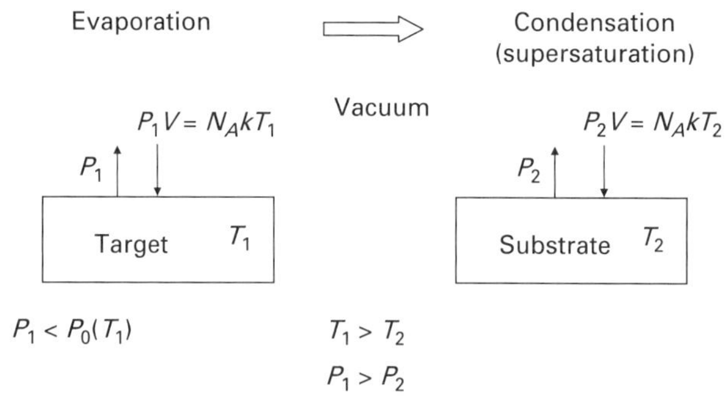

그림 2.1 진공 챔버에서 박막 증착 동안 타겟 표면으로부터 기판 표면으로 기체 원자 플럭스 이동을 묘사한 개략도

법칙에 의해 지배된다[3]. 둘째, 타겟과 기판 간의 물질이동은 플럭스 식에 의해 결정된다. 셋째, 타겟으로부터 증발과 기판에 응축되는 과정은 각 표면에서 평형 플럭스 식에 의해 지배된다. 이 장에서는 이 세 가지 식들에 대해 논할 것이다. 결정 타겟 표면으로부터 원자의 탈착(desorption)과 기판 표면에서 일어나는 핵 생성과 성장을 지배하는 원자들의 움직임은 다음 장에서 논의할 것이다.

타겟으로부터 기판으로 물질이동을 위해 사용할 수 있는 기술들은 많다[4-6]. 물리 기상 증착(Physical Vapor Deposition, PVD) 기술에는 전자선 증발(e-beam evaporation), 스퍼터링과 분자선 에피텍시 등이 있다. 스퍼터링에는 DC, RF, 마그네트론 및 반응성 스퍼터링이 있다. 반응성 스퍼터링은 화합물을 증착하는 동안 화합물의 조성을 유지할 수 있고 증착시 화합물을 형성하기 위한 각 원소의 분압 차이에 의한 원치 않는 효과를 낮출 수 있다. 또한 화학 기상 증착(Chemical Vapor Deposition, CVD)이 있다. 예를 들면 Si 박막을 증착하기 위하여 실란의 분해와 다층 Al 배선에 존재한는 W 비아(via)의 선택적인 증착 등이 있다. Cu 다층 배선 금속의 증착은 현재 전해 도금 공정에 의해서 이루어진다. 비록 Cu의 CVD가 실험실에서는 가능하지만 실제 디바이스 제조를 위한 대량생산에서는 아직 가능하지 않다. 초박형 게이트 산화물을 증착할 수 있는 원자층 증착(Atomic Layer Deposition, ALD) 기술이 있다. 이 기술들은 여기에서 다루어지지는 않을 것이다. 이 장에서는 박막 증착의 기본적인 개념에 대해서만 설명할 것이다.

증착된 박막의 순도와 미세구조에 영향을 미치는 4개의 주요인자는 표 2.1에 나타낸 바와 같이 증착속도, 증착 챔버 내부의 압력, 기판 온도 그리고 기판 표면 구조이다. 이 변수들이 순도와 미세구조에 어떻게 영향을 미치는가 하는 것은 기체에서 고체상태로 상 변화 시 일어나는 핵 생성과 성장을 기초로 설명할 것이다. 이 장에서 박막 증착의 관점은 기체상의 거동

표 2.1 증착 변수와 핵 생성/성장 사이의 상호관계

증착 변수	핵 생성 / 성장
증착 속도	과포화
진공 수준	불순물
기판 온도	과냉과 확산
기판 표면 구조	표면에너지와 계면에너지

을 기반으로 하고 있다. 표면의 계단(step)에서 일어나는 핵 생성과 표면의 형성된 계단을 따라 성장하는 모델은 7장에서 다룰 것이다.

2.2 박막 증착에서 플럭스 식

원자 플럭스, J는 단위 시간당 단위 면적을 통과하는 원자의 수 또는 단위 시간에 기판 표면의 단위 면적에 증착되는 원자의 수로 정의된다. J의 단위는 원자 수/(cm^2s)이다. 그림 2.2에서 일정한 속도 v를 갖고 영역 A를 통과하는 평행한 원자의 흐름을 가정하자. 이것은 창을 통해 공기의 흐름이나 수도 꼭지에 흐르는 물로 생각할 수 있다. 그림 2.2에서 나타낸 것과 같이 면 A의 앞 부분에 부피 $V = xA$를 생각해보자. 여기에서 $x = vt$이고 t는 일정한 시간이다. 부피 V 내에 있는 원자 수 $N = CV$이며 여기에서 C는 단위 부피당 원자의 농도이고 시간과 거리에 상관없는 일정한 값으로 가정할 수 있다. 그러므로 C의 단위는 원자의 수/cm^3이다. 특정 시간 t 동안 면적 A에 도달할 수 있는 원자의 총 수는 부피 V 내에 존재하는 원자 수와 동

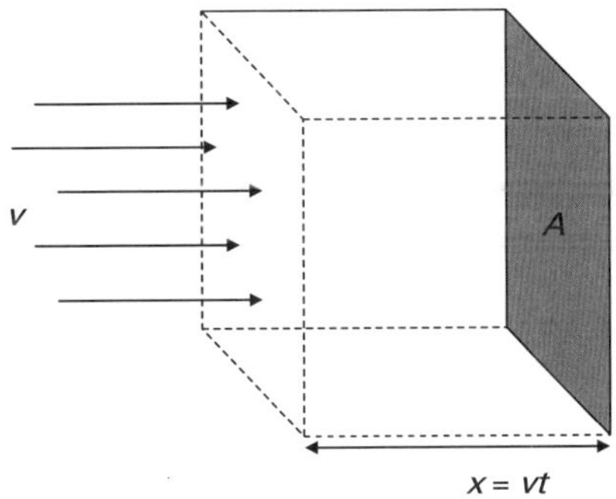

그림 2.2 일정한 속도 v를 갖고 면적 A를 통과하는 평행으로 이동하는 원자들의 흐름을 표현한 개략도

일하다. 그러므로 플럭스 J의 정의에 의해서

$$J = \frac{N}{At} = \frac{CV}{At} = \frac{CvtA}{At} = Cv \tag{2.1}$$

를 얻을 수 있다. 이 식은 간단하지만 매우 유용한 식이다. 때때로 속도를 "드리프트 속도(drift velocity)"라고 부르고 $J = C \langle v \rangle$로 표시한다. Fick의 확산 제1법칙은 플럭스 식이고 이는 식 (2.1)과 같은 식이며 이에 대해서는 4장에서 논의할 것이다. 위에 제시된 원자 플럭스의 물리적인 그림은 기체 내에 존재하는 원자가 일정한 속도를 갖고 있고 원자들이 평행하게 움직이므로 원자 간 충돌이 없다고 가정한 것이다. 즉, 기체 내애서 원자 간 충돌을 무시한 것이다. 원자 간 충돌을 포함시키기 위해서는 볼츠만 또는 맥스웰의 속도 분포함수를 이용하여 속도의 분포를 고려하여야 하고, 이 경우에는 원자들이 갖는 속도 벡터는 어떤 방향으로든 서로 다른 크기를 가질 수 있다. 이 분포함수는 이 장의 뒷부분에서 제시될 것이다.

2.3 박막 증착 속도

플럭스 식 $J = Cv$를 박막 증착에 적용하기 위해서는 기판의 넓이 A와 A 위에 증착되는 기체상의 원자 플럭스 J를 고려하여야 한다. t 동안 A 위에 증착되는 총 원자 수는 $N = JAt$이다. 그러므로 증착 속도는

$$\frac{dN}{dt} = JA$$

가 된다. 만일 원자의 부피를 Ω라 하면 면적 A 위의 박막 성장시 두께 y에 기인한 부피는 보전되어야 하므로 $V = \Omega JAt = yA$이어야하고, 박막의 성장속도는

$$\frac{dy}{dt} = \Omega J = \Omega Cv \tag{2.2}$$

가 된다. 여기에서 C는 기체 상태 원자의 농도이므로 이상기체 상태 방정식으로부터 C를 구할 수 있고, v는 증착되는 원자들의 속도이므로 기체 분자의 운동에너지 방정식으로부터 구할 수 있으며 이에 대한 논의는 다음 절에서 할 것이다. 대부분 고체 원자의 원자 부피 Ω는 원자의 결정질 단위포(unit cell)로부터 유추할 수 있다. Al 원자를 기판에 증착하는 경우를 예로 들어보자. Al 박막은 격자상수 a = 0.405 nm (4.05 Å)를 갖는 면심입방정(fcc)이다. 단위포 부피로부터 원자의 부피를 구할 수 있다. 단위포에는 4개의 Al 원자가 존재한다. Al의

원자 부피 Ω = (0.405 nm)^3/4 = 0.0166 nm^{3}을 산출할 수가 있다. Ω 계산은 3.10.1절에서 논의될 것이다.

fcc에서 최조밀방향은 <110>이므로 Al 원자 사이의 평형 원자 간 거리는 $a/\sqrt{2}$ = 0.29 nm이다. 원자의 강구 모델을 사용하면 원자 부피는 $\frac{4}{3}\pi a_0^3 = \Omega$ = 0.0122 nm^{3}이 된다. 여기에서 a_0는 평형 원자 간 거리의 1/2이다. 이 값은 단위포 부피로부터 계산된 값보다 대략 30% 정도 작다. 이는 강구모델이 단위포 내에 존재하는 침입형 자리의 부피를 포함하지 않기 때문이다. 단위 부피당 존재하는 Al 원자의 수는 $1/\Omega = C$이고 대략 6 × 10^{22} Al 원자/cm^{3}이다. 순 고체 원소는 $C\Omega = 1$이다.

2.4 이상기체 상태방정식

전자 박막은 거의 진공에서 증착된다. 모든 진공시스템은 박막의 순도를 결정하는 일정 크기의 백그라운드 압력이 있다. 이 절에서는 백그라운드 기체 압력으로부터 불순물 원자의 충돌 플럭스를 계산할 것이다. 이 충돌 플럭스는 증착되는 원자 플럭스와 후에 비교될 것이다. 이를 통해 왜 고순도 박막을 얻기 위해서는 초고순도 진공이 필요한지를 알게 될 것이다.

진공을 설명하는 기본적인 식은 이상기체 상태방정식이고

$$pV = RT = N_A kT \tag{2.3}$$

코 표시하고, 여기에서 p는 압력(newton/m^2 or N/m^2), V는 기체 1몰의 부피 22.4 × 10^3 cm^3 또는 22.4 l, R은 기체 상수 8.31 J/K-mole, N_A는 기체 1몰의 분자 수, 즉 아보가드로 수 = 6.02 × 10^{23} 분자 수/mol, k는 볼츠만 상수 1.38 × 10^{-23} J/K이고 T는 K 단위의 절대온도(K = ºC + 273.16)이다.

널리 사용되는 압력의 단위는

1 torr = 1 mm Hg = 1333 dyne/cm^2 = 133.3 N/m^2

1 atmosphere = 760 torr = 1.013 × 10^6 dyne/cm^2 = 1.013 × 10^5 N/m^2

1 pascal (Pa) = 1 N/m^2 = 7.5 × 10^{-3} torr 등이 있다.

이상기체 상태방정식을 이용하여 기체의 밀도와 압력의 상관관계를 구하려고 한다. 이 관계를 기체 원자가 기판의 표면에 충돌하는 플럭스 값을 구하는 데 사용하려고 한다. 1기압이고 0ºC에서 이상기체의 몰 부피는 $22.4 \times 10^3\ cm^3$ 또는 22.4 l이다. 이 값은 이상기체 상태 방정식을 이용하여 얻을 수 있다.

$$\begin{aligned} V &= \frac{N_A kT}{p} \\ &= \frac{6.02 \times 10^{23}\ (\text{molecules/mole}) \times 1.38 \times 10^{-23}(\text{J/K}) \times 273(\text{K})}{1.013 \times 10^5\ (\text{N/m}^2)} \\ &= 22.4 \times 10^3\ \text{cm}^3 \end{aligned}$$

25ºC (298 K)에서 기체 농도 또는 밀도는

$$n = \frac{N_A}{V} = \frac{6.02 \times 10^{23}}{24.4 \times 10^3} = 2.46 \times 10^{19} \text{molecules/cm}^3$$

여기에서 n (또는 C)는 농도, 즉 단위 부피당 분자 (또는 원자) 수이다.

$$n = \frac{N_A}{V} = \frac{p}{kT}$$

이므로 n이 주어진 온도에서 p에 정비례 관계임을 알 수 있다. 이는 증착되는 박막의 순도를 제어하는 식이므로 진공 기술에서 매우 중요한 식이다. 1 torr이고 25ºC 조건에서 $n = n_1$의 값은

$$n_1 = \frac{2.46 \times 10^{19}}{760} = 3.24 \times 10^{16}\ \text{molecules/cm}^3$$

이다. 산업계에서 사용되는 공정에서 진공 펌프를 이용하여 얻을 수 있는 일반적인 진공도는 10^{-7} torr이고 이 진공도에서 백그라운드 가스 밀도는

$$n_1 \times 10^{-7} = 3.24 \times 10^9\ \text{molecules/cm}^3$$

이고, 초고진공시스템에서 진공도는 10^{-11} torr이고 이때 가스 밀도는

$$n_1 \times 10^{-11} = 3.24 \times 10^5\ \text{molecules/cm}^3 \text{이다.}$$

고체 표면과 충돌하는 원자 플럭스는 입자 농도와 속도의 곱, 즉 $J = Cv$이다. 기체 원자 또는 분자 속도를 알 필요가 있으며, 다음 절에 논의할 것이다.

2.5 기체 분자의 운동에너지

속도를 계산하기 위해서 이상기체 분자의 평균 운동에너지를 사용하면

$$\overline{E_k} = \frac{3}{2}kT = \frac{1}{2}mv_a^2 \tag{2.4}$$

$$v_a = \left(\frac{3kT}{m}\right)^{1/2} = \left(\frac{3RT}{M}\right)^{1/2}$$

여기에서 m은 분자의 무게, M은 분자량, v_a는 제곱평균제곱근 속도(root mean square velocity; 2.10절 참조)이다. 질소 기체에 대해서 $M = 28$ g/mole이고

$$v_a = \left(\frac{3 \times 8.31(\mathrm{J/K\text{-}mole}) \times 10^7(\mathrm{erg/J}) \times 298\,\mathrm{K}}{28(\mathrm{g/mole})}\right)^{1/2}$$

$$= (26.1 \times 10^8 \mathrm{erg/g})^{1/2} = 5.2 \times 10^4 \mathrm{~cm/s}$$

을 얻을 수 있다. v_a 값은 공기에서 소리의 속도 크기와 같은 차수(order) 값을 갖는다.

단위 시간당 단위 면적당 표면에 충돌하는 분자 또는 원자의 속도는 2.1절에서 논의된 것과 같이 시간 t 동안 표면에 충돌할 수 있는 거리 $v_a t$ 내의 원자들만을 고려해서 구할 수 있다. 단위 시간당 단위 면적당 충돌 수(또는 원자 플럭스)는 $J = nv_a$가 되고, 이는 이상기체 상태 방정식을 사용하여 C 대신 n이 사용되고 v 대신 v_a가 사용된 것을 제외하고는 궁극적으로 식 (2.1)과 같다. 원자의 표면에 충돌하는 원자의 플럭스는 농도(atom/cm^3)와 속도(cm/s)의 곱이고 단위는 atom/(cm^{2}s)이다. 위의 유도에서 입자의 속도 분포나 농도 기울기는 고려하지 않았다. 만일 2.10절에 보이는 이상기체의 속도 분포를, 즉 속도의 맥스웰 분포를 갖는다면 보다 정확한 유도를 할 수 있을 것이고 그 식은

$$J = \frac{1}{4}n\bar{v} \tag{2.5}$$

가 되며, 여기에서 $\bar{v}$는 평균 속도이다(2.10절 참조).

2.6 표면에서 열 평형 플럭스

고체 표면에서 자기 자신의 기체 원자가 떨어지고 붙는 현상인 탈착(desorption)과 흡착(absorption) 때문에 고체 표면은 평형상태의 분압을 갖게 된다. 이 평형상태에서 플럭스를 열 평형 플럭스라 한다. 만일 고체 표면에서 압력이 평형 압력 p로 정의된다면 표면에서 플럭스를 갖게 되고(2.10절 평균 속도 참조) 이는

$$J = \frac{1}{4}n\bar{v} = n\sqrt{\frac{kT}{2\pi m}} = \frac{p}{kT}\sqrt{\frac{kT}{2\pi m}} = p\sqrt{\frac{1}{2\pi mkT}} \tag{2.6}$$

으로 표시할 수 있다. 만일 금속의 평형 압력을 안다면 주어진 온도에서 평형 플럭스를 얻을 수 있다. 예를 들어, Cd과 Zn 같은 금속은 매우 높은 평형 압력을 갖고 있다고 알려져 있다. 바꿔 말하면 매우 쉽게 증발한다. 그러므로 이러한 금속은 증착 챔버 내에 두는 것을 피해야 한다. 박막 증착에서 증착 플럭스는 평형 분압보다 커야 한다. 그렇지 않으면 증착 대신에 탈착이 일어나게 된다.

2.7 초고진공이 증착된 박막의 순도에 미치는 영향

공기에서 분자의 농도와 속도를 안다면 공기 1기압에 기판의 표면이 노출되었을 때 공기 분자의 충돌 속도를 알 수 있고, 이는

$$J_c = \frac{1}{4}(2.36 \times 10^{19} \times 5.2 \times 10^4) = 3.2 \times 10^{23} \text{ molecules/cm}^2\text{ s}$$

이다. 대부분 고체의 밀도는 $n = 1/\Omega = 5\sim9 \times 10^{22}$ atoms/cm^3 정도를 가지며 이는 단원자층(monolayer, ML)에서 ML $= n^{2/3}$를 가정하여 10^{15} atoms/cm^2 정도의 값을 얻을 수 있다. 이 관계로부터 공기 1기압에 기판 표면이 노출되었을 때 공기 분자 1층이 쌓이는 데 걸리는 시간을 추정하면

$$t = \frac{10^{15}}{3.2 \times 10^{23}} = 3.1 \times 10^{-9}\text{ s}$$

가 된다. 그러므로 기판을 공기에 노출시킨다는 것은 공기 분자가 표면에 달라붙는다는 전제하에 두꺼운 공기층을 쌓게 된다는 것을 의미하고, 공기 중에서 증착되는 어떤 박막도 절대로 순수하지 않음을 의미한다. 반면에 10^{-11} torr의 초고진공에서는

표 2.2 다양한 진공 조건에서 배경 기체 단원자층이 표면에 증착되는 데 소요되는 시간

p (torr)	C (atom/cm^3)	$J = Cv$ (atom/cm^2 s)	단원자층 증착 시간(s)
760(대기압)	2.46×10^{19}	1.2×10^{24}	10^{-9}
1	3.24×10^{16}	1.5×10^{21}	10^{-6}
10^{-7}	3.24×10^{9}	1.5×10^{14}	10
10^{-11} (UHV)	3.24×10^{5}	1.5×10^{10}	10^{5}

$$J_c = \frac{1}{4}(3.24 \times 10^5 \times 5.2 \times 10^4) = 4.2 \times 10^9 \text{ molecules/cm}^2 \text{ s}$$

이고, 이로부터

$$t = \frac{10^{15}}{4.2 \times 10^9} = 2.4 \times 10^5 \text{ s}$$

를 구할 수 있다. 즉 표면에 1개의 분자층을 증착하는 데 걸리는 시간이 약 3일 정도라는 의미이다. 그러므로 초고진공에서 증착이 몇 분 내외의 짧은 시간에 이루어질 때 고순도의 박막을 얻을 수 있다. 한 개의 원자층을 성장시키기 위한 에피택셜 성장 속도(약 10^{15} atom/cm^2 s)를 얻기 위해서는 순도가 높은 고순도 박막을 유지하면서 증착하기 위한 속도는 적어도 진공 챔버 내에 있는 공기 원자들이 기판에 충돌하는 속도의 10^{-4}배 이하가 되어야 한다. 이 속도는 10^{-10} torr의 진공도에 해당하는 속도이다. 표 2.2는 다양한 진공도하에서 표면 위에 백그라운드 기체 단일 원자층이 증착되는 필요 시간을 나타낸 것이다.

2.8 가스 분자의 충돌 빈도 수

기체에서 분자들은 서로 충돌한다. 그러므로 기체 분자들은 동일한 속도를 갖지 않고 동일한 방향으로 운동을 하지 않는다. 이는 속도의 분포를 만들게 된다. 충돌 효과를 보기 위해서 분자의 직경 d와 평균 속도 v를 가정하자. 그림 2.3은 충돌 단면적이 점선으로 표시된 것과 같이 πd^2임을 보여주고, 충돌 단면적은 이 단면을 통과하는 다른 분자가 존재하는 경우 1회 충돌이 일어난다. 분자의 평균 속도가 v로 움직이기 때문에 부피 V= $\pi d^2 vt$ 내에 존재하는 분자는 t 시간 동안에 움직이는 다른 분자와 충돌함을 의미한다. 그러므로 만일 속도와 부피당 존재하는 분자의 농도가 주어진다면 충돌 빈도 수를 계산할 수 있다.

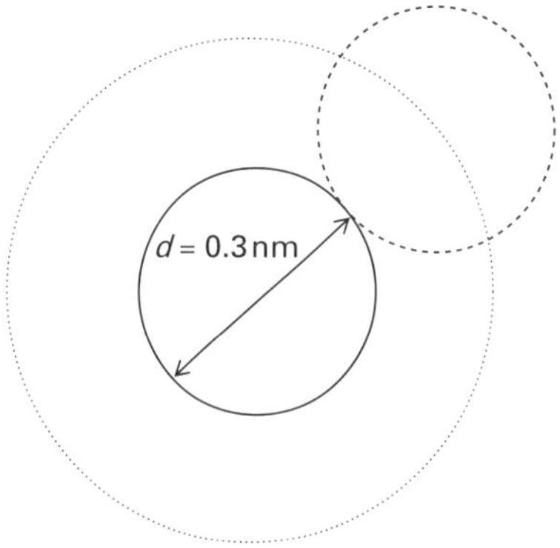

그림 2.3 점선 원으로 표현된 충돌 단면적의 개략도. 실선으로 표현된 다른 분자가 이 단면적을 지나게 되면 충돌이 발생한다.

앞에서 구한 속도 $v = 5 \times 10^4$ cm/s와 표준 조건 공기에서 분자의 농도 $n = 2.46 \times 10^{19}$ molecules/cm^{3}과 $d = 0.3$ nm를 이용하자. 충돌 빈도 수 또는 단위 시간당 충돌 회수는 부피 $\pi d^2 v$ 내에 존재하는 분자 수와 동일하고 그 값은 아래와 같다.

$$\text{충돌 빈도 수} = \pi \times (3 \times 10^{-8})^2 \times 5 \times 10^4 \times 2.46 \times 10^{19} \cong 4 \times 10^9/\text{s}$$

분명한 것은 충돌의 빈도 수가 매우 높다는 것이다. 결론적으로 공기 내에 존재하는 분자들의 속도는 방향과 크기를 매우 자주 지속적으로 바꾸게 된다.

초고진공인 10^{-11} torr에서 분자의 농도는 $n = 3.24 \times 10^5$ molecule/cm^{3}이다. 충돌 빈도 수 = 5×10^{-5}/s가 되고 이는 하루에 수 회 정도 충돌이 일어남을 의미한다. 만일 박막을 UHV에서 증착한다면 분자는 다른 분자와 충돌 없이 기판으로 직접 날아가게 된다. 이는 그림 2.2에 표현된 것처럼 직접 빔 증착이다. 이는 MBE의 경우에 해당된다.

2.9 볼츠만 속도 분포함수와 이상기체 법칙

2.4절에서 이상기체 법칙을 이용하여 압력의 함수로 기체 농도를 계산하였고, 2.5절에서는 분자 속도를 구하기 위해서 분자의 운동에너지 방정식을 사용하였다. 이 절과 다음 절에서는 이상기체 법칙과 분자의 운동에너지 방정식을 유도하기 위한 속도의 분포함수를 이용할 것이다.

우선 저압에서 화학적으로 반응하지 않는 입자 무리를 고려하자. 입자들은 모두 동일한

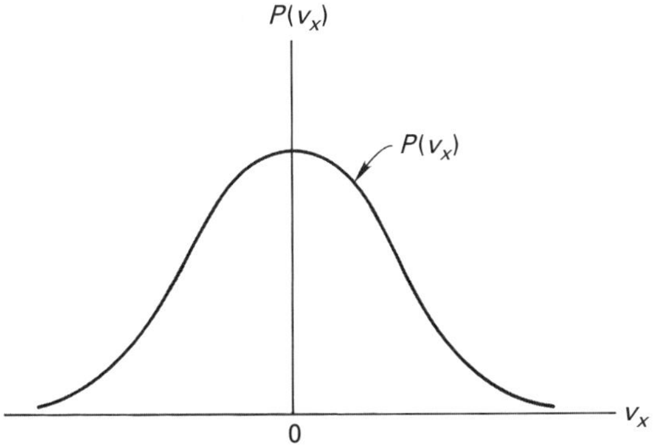

그림 2.4 볼츠만 속도 분포함수 $P(v_x)$ vs. 속도 v_x의 벨 모양 그래프

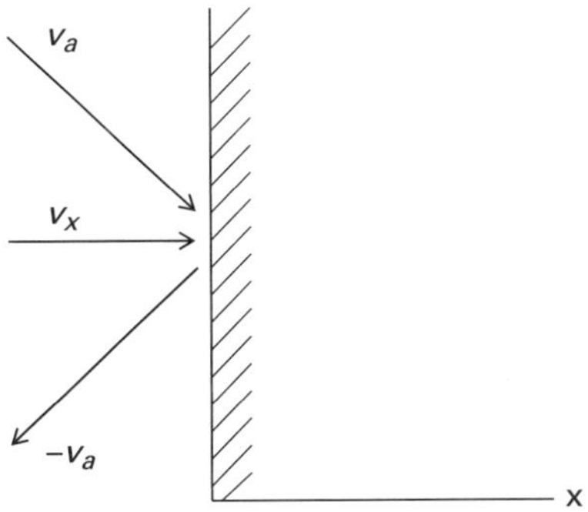

그림 2.5 탄성 벽을 갖는 용기 내 기체 입사. 벽에 충돌하는 운동량 mv의 입자는 탄성적으로 되튀어 나온다.

무게 m을 가지나 서로 다른 속도 v를 갖는다. 직교 좌표계 x, y, z축의 속도 성분을 v_x, v_y, v_z라 하고, 속도 분포를 나타내는 볼츠만 법칙에서 입자의 운동에너지(즉 $E = \frac{1}{2}mv^2$)만을 고려하자. 분포에서 속도의 x성분이 v_x에서부터 $v_x + dv_x$ 사이에 존재하는 입자를 발견할 확률은

$$P(v_x) = B \exp\left(-\frac{mv_x^2}{2kT}\right) \tag{2.7}$$

로 나타낼 수 있고,

$$\int_{-\infty}^{\infty} P(v_x)dv_x = 1$$

조건을 만족하여야 한다. 조건을 만족하기 위해서는

$$B = \left(\frac{m}{2\pi kT}\right)^{1/2}$$

를 가져야 한다.

만일 확률함수 $P(v_x)$가 v_x에 대해서 도시되면, 그림 2.4에 나타낸 벨 모양의 그래프를 갖게 된다. 향후에는 이상기체 법칙을 유도하기 위해 이 확률함수를 사용할 것이다.

그림 2.5에 나타낸 것처럼 탄성 용기 내부에 기체 입자가 있다고 가정하자. 용기의 벽과 충돌한 운동량 mv를 갖는 입자는 탄성적으로 튀어나오게 된다. 이때 에너지 손실은 없고 운동량의 변화는 용기 표면의 수직방향으로 $2mv_x$가 된다. 단위 시간 동안 벽 면적 A에 부딪히는 입자의 수는 J_xA가 된다. 면적 A에 인가되는 힘은 단위 시간당 운동량 변화율과 동일하다. 그러므로 압력은

$$\begin{aligned} p &= \frac{F}{A} = 2mv_xJ_x = 2mv_xnv_x = 2mn\int_0^\infty v_x^2P(v_x)dv_x \\ &= 2mn\left(\frac{m}{2\pi kT}\right)^{1/2}\int_0^\infty v_x^2\exp\left(-\frac{mv_x^2}{2kT}\right)dv_x \end{aligned} \tag{2.8}$$

적분에서

$$\int_0^\infty x^2\exp(-\alpha x^2)dx = \frac{1}{4}\sqrt{\frac{\pi}{\alpha^3}} \tag{2.9}$$

를 이용하면

$$\begin{aligned} p &= 2mn\left(\frac{m}{2\pi kT}\right)^{1/2}\left(\frac{2kT}{m}\right)^{3/2}\frac{1}{4}\sqrt{\pi} \\ &= nkT = N_AkT/V \end{aligned}$$

즉 $pV = N_AkT$를 얻을 수 있고 이상기체 법칙은 플럭스 식에서 농도를 계산할 때 사용하였다.

2.10 기체 분자의 맥스웰 속도 분포함수와 운동에너지

매우 많은 입자가 존재하는 경우 속도의 분포는 구형 대칭을 가질 것으로 예상된다. 볼츠만 속도 분포에서와 마찬가지로 직교 좌표계에서 구형 대칭을 표현하는 것은 쉬운 일이 아니다.

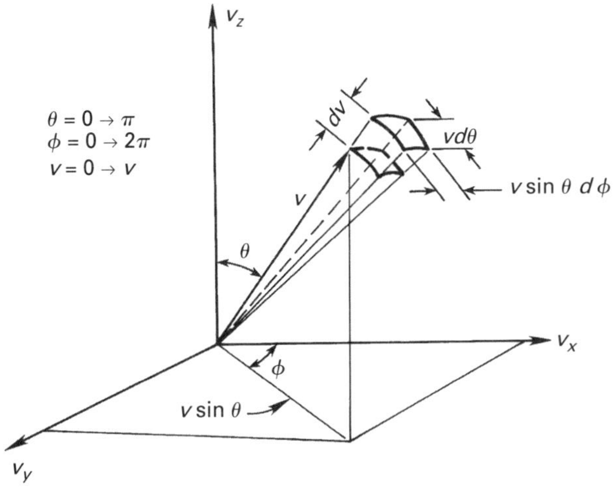

그림 2.6 맥스웰 속도 분포함수를 구하기 위하여 직교 좌표계를 구형 좌표계로 변환

또한 각 성분 대신에 속도의 함수로 분포함수를 표현하는 것이 유리하다. 그러므로 맥스웰 속도 분포함수를 얻기 위해서는 직교 좌표계를 구형 좌표계로 변환할 필요가 있고 이를 그림 2.6에 나타내었다. 직교 좌표계에서 $v_x \sim v_x + dv_x$, $v_y \sim v_y + dv_y$ 그리고 $v_z \sim v_z + dv_z$ 사이에 입자가 존재할 확률은

$$\begin{aligned} P(v_x, v_y, v_z)dv_x dv_y dv_z &= P(v_x)dv_x P(v_y)dv_y P(v_z)dv_z \\ &= \left(\frac{m}{2\pi kT}\right)^{3/2} \exp\left[-\frac{m(v_x^2 + v_y^2 + v_z^2)}{2kT}\right] dv_x dv_y dv_z \\ &= \left(\frac{m}{2\pi kT}\right)^{3/2} \exp\left[-\frac{mv^2}{2kT}\right] dv_x dv_y dv_z \end{aligned}$$

이고 여기에서 $v = (v_x^2 + v_y^2 + v_z^2)^{1/2}$는 입자의 속도이다. 그림 2.6에 주어진 것과 같이 좌표 변환을 (v_x, v_y, v_z)에서 (v, θ, ϕ)로 변환하면

$$dv_x dv_y dv_z = (dv)(vd\theta)(v \sin\theta d\phi) = v^2 \sin\theta dv\, d\theta\, d\phi$$

가 된다. 그러므로

$$P(v, \theta, \phi)dv\, d\theta\, d\phi = \left(\frac{m}{2\pi kT}\right)^{3/2} v^2 \exp\left(-\frac{mv^2}{2kT}\right) \sin\theta dv\, d\theta\, d\phi \tag{2.10}$$

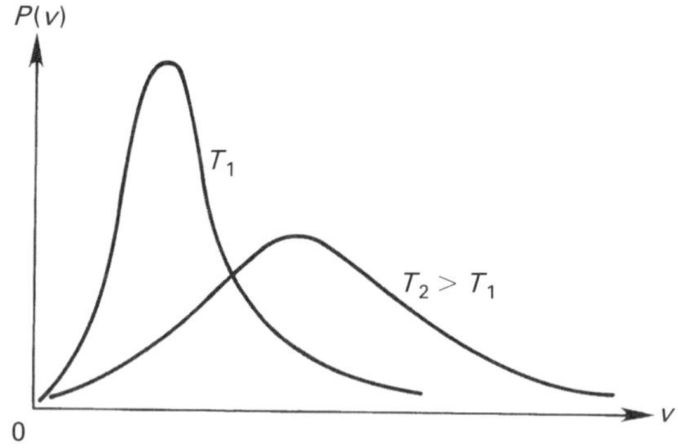

그림 2.7 속도에 따른 맥스웰 속도 함수 그래프. 서로 다른 두 온도 T_1과 T_2에서 두 그래프이며, 여기에서 $T_2 > T_1$이다.

이 된다. 많은 수의 입자에서 속도 v의 분포는 구형 분포를 갖고 있으므로 변수 v는 θ와 ϕ에 독립함수이고,

$$\int_0^{2\pi} d\phi \int_0^{\pi} \sin\theta d\theta = 4\pi$$

이다. 그러므로 맥스웰 속도 분포함수는

$$P(v)dv = 4\pi \left(\frac{m}{2\pi kT}\right)^{3/2} v^2 \exp\left(-\frac{mv^2}{2kT}\right) dv \tag{2.11}$$

그림 2.7은 맥스웰 속도 분포함수를 속도에 대해서 도시한 그래프이다. 두 곡선은 두 온도 T_1과 T_2에서 도시된 것이고, $T_2 > T_1$이다. 이 분포함수를 이용하여 "평균 속도(mean velocity)" $\overline{v}$를 구하면

$$\overline{v} = \int_0^{\infty} vP(v)dv = \left(\frac{8kT}{\pi m}\right)^{1/2} \tag{2.12}$$

이며, 이 식은 2.6절에서 고체 표면에서 평형 플럭스를 계산하기 위하여 사용되었다. 또한 "평균 제곱 속도(mean square velocity)" $\overline{v^2}$를 구할 수 있으며

$$\overline{v^2} = \int_0^{\infty} v^2 P(v)dv = \frac{3kT}{m}$$

또는

$$\frac{1}{2}m\overline{v^2} = \frac{3}{2}kT \tag{2.13}$$

이 된다. 이는 플럭스 식에서 기체 입자의 속도를 계산하기 위하여 사용한 기체 입자의 운동에너지 식이다. 여기에서 "제곱평균제곱근 속도(root mean square velocity)"는 2.5절에서 보여진 것처럼 $\sqrt{\overline{v^2}}$이다.

2.11 박막의 미세구조에 영향을 미치는 핵 생성과 성장의 변수

고체 표면 위에 증착시키기 위해서 기체 분자를 제어하는 세 가지 식을 논의하였고, 이 식들은 식 (2.3) 이상기체 상태 방정식, 식 (2.1) 플럭스 식, 그리고 식 (2.6) 표면 위의 열 평형 플럭스 식이다. 고체 표면에 응축시에 증착된 박막의 미세구조는 이후에 논의될 변수에 의해서 제어되고, 이 변수들에 대해서는 다음 장들에서 설명할 것이다.

박막의 미세구조는 p형 Si 웨이퍼 위에 성장된 에피택셜 n형 Si 박막과 같은 단결정 기판 위에 에피택시 성장된 단결정 박막 그리고 비정실 쿼츠 기판 위에 성장된 Al 박막과 같은 다결정 박막 등을 가질 수 있다. 다결정 박막은 집합조직(texture)을 가질 수도 있다. 여기에 더해 비정질 박막도 증착할 수 있다. 일반적으로 표 2.1에 적시된 것과 같이 박막의 미세구조에 영향을 미치는 4개의 중요한 증착 변수는 증착속도, 증착 챔버 내의 진공도, 기판의 온도와 기판의 표면 구조 등이다. 이 변수들이 박막의 미세구조에 어떻게 영향을 미치는가는 기체가 고체상태로 상 변화 시 핵 생성과 성장을 기반으로 설명될 것이다.

핵 생성의 기본 개념은 핵 생성의 표면에너지 장벽을 극복해야만 한다는 것이다. 그러므로 핵 생성이 일어나기 위해서는 평형 상 변화 온도 이하로 온도가 내려가는 일정 크기 이상의 과냉이 필요하다. 즉 과냉은 기체상의 응축에서도 핵 생성을 위해서 필요하다. 균일 핵 생성(homogeneous nucleation)은 일어나기 어려우나 불균일 핵 생성(heterogeneous nucleation)은 일반적으로 일어난다. 이는 박막에서 핵 생성이 일어나기 위해서는 핵 생성 장벽을 극복하기 위한 과냉과 핵 생성 장벽을 낮추기 위한 불균일 핵 생성이 필요하다. 표 2.1에 언급된 4개의 증착 변수 모두는 증착되는 박막의 핵 생성에 영향을 미친다. 증착 속도는 과포화에 의해 제어되기 때문에 증착 플럭스는 평형 플럭스보다 커야만 한다. 이는 2.6절에서 논의하였다. 기판의 온도는 기판 표면 위에 존재하는 원자의 확산계수뿐만 아니라 평형 플럭스의 크기에도 영향을 미칠 것이다. 기판의 온도는 핵 생성에서 과냉 정도를 나타내는 값으로 간주될 수 있다. 과냉도가 크면 클수록 핵 생성 속도는 커지게 된다. 여기에 더해 진공도는 증착 챔버 내에 존재하는 불순물 또는 불균질성을 제어하기 위해 사용된다. 또한 기판의 표면 구조

(또는 표면에너지)는 기판 표면상 박막의 부정합(misfit) 또는 균질/불균질 핵 생성에 영향을 미친다. 핵 생성 후 박막 성장은 표면 확산, 표면 에피택셜 스텝, 그리고 증착 속도에 상당히 의존한다.

예를 들어, Si 웨이퍼 위에 Si 에피택셜 막을 증착시키려 한다면 핵 생성이 없는 에피택셜 성장을 하여야 한다. 이를 위해서는 핵 생성을 증가시키는 모든 요인들을 감소시켜야 한다. 그러므로 기판 표면은 7°의 각을 갖고 잘려져 테이퍼되어 충분히 많은 수의 표면 스텝을 갖게 되어 표면 스텝의 새로운 핵 생성이 필요 없도록 한다. 표면 스텝의 핵 생성은 7.7절에서 분석할 것이다. 다른 증착 변수들도 역시 핵 생성을 낮추도록 하여야 한다. 증착 플럭스는 평형 플럭스보다 약간 큰 정도를 유지하여 증착 동안에 과포화도가 아주 큰 값을 갖지 않도록 하여야 한다. 높은 기판 온도는 표면에 흡착된 원자들의 확산을 향상시켜 스텝으로 이동을 빨리해 줄 뿐만 아니라 과냉도를 낮출 수 있다. 초고진공도는 불순물에 의한 불균질 핵 생성을 막아 줄 것이다. 이러한 모든 필요조건이 만족될 때 Si 위에 반도체 Si 박막을 성장시키거나 초격자를 성장시킬 수 있는 MBE 증착을 이룰 수 있다.

만일 비정질 Si 박막을 증착하려 한다면, 결정질 Si 입자의 핵 생성을 억제할 필요가 있지만, 증착 변수는 위에서 언급한 에피택셜 성장과는 전혀 다르게 선택하여야 한다. 쿼츠 기판과 같은 유리질 표면을 갖는 표면을 사용하여 결정질상 사이의 에피택셜 성장이 일어날 수 없도록 하여야 한다. 낮은 기판 온도는 기상 원자가 기판 표면에 충돌 후 Si 흡착원자의 표면 확산이 일어나지 않도록 할 뿐만 아니라 결정질 Si의 임계 핵을 만들기 위하여 원자 단위의 재배열이 일어나지 않도록 한다. 또한 높은 증착 속도는 원자들이 재배열이 일어나기 이전에 비정질 결정 구조 내로 원자들을 끼워넣는다. 초고진공은 필요하지 않다. 실제로 수소와 같은 소량의 불순물은 비정질 구조를 안정하게 유지하도록 도와준다. 그러나 고순도의 비정질 박막을 얻기 위해서는 UHV가 여전히 바람직하다.

표 2.3 증착 조건과 증착 박막의 미세구조와 상호관계

박막 증착 조건	에피택샬 단결정 박막	집합 조직 박막	다결정 박막	비정질 박막
증착 속도	매우 느린 은도	중간 속도	중간 속도	빠른 속도
	~0.1 nm/s	~l nm/s	~1 nm/s	~10 nm/s
진공도	초고진공 (Ultrahigh vacuum)	10^{-7} torr	10^{-7} torr	10^{-5} torr
기판 온도	고온	실온	실온	저온
기판 구조	박막과 격자상수 유사 한 단결정	결정 기판	산화물 기판	유리질 기판

만일 태양전지나 평판 디스플레이 기술에 응용하기 위하여 큰 크기의 결정립을 갖는 다결정 Si 박막을 증착하기 원한다면 대면적 기판이 필요하다. 이를 얻기 위해서는 핵 생성 속도는 낮추어야 하지만 성장 속도는 높여야 한다. 특히 기판 표면에 평행한 측방향(lateral direction)으로 더욱 그러하다. 그러나 박막에서 결정립 성장은 박막의 두께에 의해서 제약을 받는 경향이 있다. 일반적으로 말해서 박막 두께보다 훨씬 더 큰 결정립 크기를 얻는 것은 쉽지 않다. 이는 주상 조직의 결정립 분포를 갖는 조직이 얻어질 때 기판 표면에 수직방향으로 결정립계를 갖는 경향이 있기 때문이다. 결정립계의 삼중점이 국부적인 평형상태를 갖게 되면, 결정립 성장, 즉 결정립계 방향에 수직인 방향으로의 입계이동에 필요한 구동력이 더 이상 존재하지 않기 때문이다. 단 비정상적 결정립 성장(abnormal grain growth)은 예외이다. 대형 기판상에 큰 크기의 결정립을 갖는 Si 박막을 성장시키는 것은 공정비용을 고려하면 매우 어려운 문제이다.

표 2.3에서 증착 조건과 증착된 박막의 미세구조를 적시하였다. 이는 원하는 박막의 미세구조를 얻기 위하여 증착 변수를 어떻게 조절하는가 하는 유용한 가이드로 사용될 수 있다. 일반적으로 박막 증착 이전에 박막의 증착 조건을 알아야 하기 때문이다.

참고문헌

[1] J. L. Vossen and W. Kern, *Thin Film Processes* (Academic Press, New York, 1978).
[2] M. Ohring, *The Materials Science of Thin Films* (Academic Press, Boston, 1992).
[3] J. C. Slater, *Introduction to Chemical Physics* (McGraw-Hill, New York, 1939).
[4] L. Maissel and R. Glang (eds), *Handbook of Thin Film Technology* (McGraw-Hill, New York, 1970).
[5] L. Eckertova, *Physics of Thin Films* (Plenum Press, New York, 1986).
[6] J. W. Mayer and S. S. Lau, *Electronic Materials Science* (Macmillan, New York, 1989).

연습문제

2.1 고순도 박막을 얻기 위하여 초고진공이 필요한 이유는 무엇인가?

2.2 만일 집합조직 금속 박막 증착을 원한다면, 어떤 증착조건이 필요한가?

2.3 태양광 응용 분야에서 유리질 기판 위에 매우 큰 결정립을 갖는 Si를 증착하기 어려운 이유는 무엇인가?

2.4 표면 확산이 없이 매우 낮은 온도에서 증착하는 경우, 박막의 증착 속도는 어떠한가?

2.5 1123 K에서 실리콘 표면의 평형 증기압은 6.9×10^{-9}Pa이다. 평형에서 표면을 떠나는 원자 플럭스와 들어오는 원자 플럭스가 동일하다.

(a) 플럭스(atoms/m^2s)는 얼마인가?

(b) 증기 내에 존재하는 단위 부피당 Si 원자 수(atoms/m^3)는 얼마인가?

(c) Si 원자의 속도(m/s)는 얼마인가?

03 표면에너지

3.1 서론

표면에너지가 박막 프로세스를 이해하는 기본 개념이다. 정의에 따르면 박막은 매우 큰 표면 대 부피 비율을 갖는다. 표면에너지는 핵 생성뿐만 아니라 이종 에피택셜 성장 프로세스를 제어한다. 표면은 박막의 MEMS 소자 등의 많은 응용 분야에서 중요한 역할을 한다. 일반적으로 표면에너지는 표면을 만드는 데 소요된 여분의 에너지이므로 양의 값을 갖는다. 금속은 높은 표면에너지를 갖고 산화물은 낮은 에너지를 갖고 있다는 것을 아는 것은 중요하다. 그래서 금속 위에 자연 산화물이 성장할 수 있는 것이다.

표면에너지는 한 재료가 다른 재료에 젖을 것인지 말 것인지를 결정하고 그리고 이종 에피택셜 성장에서 균일한 접합성이 좋은 층을 만들 것인지를 결정한다. 매우 낮은 표면에너지를 갖는 재료는 높은 에너지를 갖는 재료에 잘 젖는 경향이 있어 에피택셜 성장이 가능하다. 반면에 만일 표면에너지보다 더 높은 에너지를 갖는 물질을 증착하려 한다면 낮은 표면에너지 기판 위에 클러스터(공 모양)를 형성하는 경향을 나타낼 것이다. 초격자 구조인 *ABABAB*를 갖는 에피택셜 성장은 *A*와 *B*원자 사이의 격자상수가 매우 유사하여야 하는 것에 더해서 *A*와 *B*의 표면에너지가 거의 같아야만 한다. 매우 잘 알려진 젖음성 원리는 만일 *A*가 *B*에 잘 젖으면 *B*는 *A*에 잘 젖지 않고 대신 *A* 위에 공 모양을 갖는다. 초격자 성장에서 *A*가 *B*에 잘 젖고 *B*가 *A*에 잘 젖도록 하려면 각각의 표면에너지는 같아야만 한다. 이러한 이유 때문에 두 개의 매우 유사한 반도체 박막 또는 두 개의 산화물 박막으로 이루어진 초격자를 얻을 수 있다. 서로 매우 다른 재료의 초격자를 성장시키는 것은 매우 어려운데 예를 들면 $CoSi_2$와 Si과 같은 실리사이드와 실리콘의 초격자 형성이 그러하다.

방수가 표면에너지를 조작하는 좋은 예이다. 유기 물질은 낮은 표면에너지를 갖는 경향이 있어서 자동차를 유기 물질로 칠하면 물은 칠해진 면에 물 방울을 형성하게 된다. 반면에 큰 연못을 쳐다보고 있던 벤자민 프랭클린은 물의 표면 거칠기를 인지하였다. 그가 연못 표면에 기름 한 숟가락을 넣었을 때 연못이 편평해졌다. 기름 1 cm^3(약 한 숟가락 정도)가 큰 연못 위에서 약 1 nm 두께의 표면 박막을 형성한다. 1 cm^3의 기름은 물 표면에 잘 젖고 표면 성질을 극적으로 변화시킨다.

표면에너지는 표면을 생성하는데 추가되는 에너지이기 때문에 양의 값이다. 자연에서 액체는 표면적을 줄이기 위하여 구형을 유지하려는 경향이 있고 결정은 가장 낮은 에너지를 갖는 표면을 노출시키기 위하여 각형 면을 나타내는 경향이 있다. 고체를 깨뜨리면 두 개의 새로운 면이 생기고 원자들 사이의 결합이 끊긴다. 표면에너지가 표면을 만드는데 끊어진 원자결합에너지(bond energy)와 결합 수와 관련이 있음은 명확하다. 바꾸어 말하면 재료의 결합에너지(binding energy)와 관련이 있는 것이다. 아래에서 잠열뿐만 아니라 쌍 포텐셜 에너지, 원자 결합에너지와 결합에너지 사이의 관계를 논의할 것이다[1-9].

3.2 쌍 에너지, 원자 결합에너지와 결합에너지

재료결합에너지(binding energy)는 고체 또는 액체 1몰을 저기압에서 기체로 변화시키는 데 필요한 에너지로 정의된다. 이 상 변화에서 원자 사이의 모든 결합은 끊어진다. 재료의 결합에너지는 승화(sublimation, 고체에서 기체로의 상 변화)에너지 또는 증발(evaporation, 액체에서 기체로의 상 변화)에너지와 유사하다. 단 재료결합에너지가 저기압에서 측정되는 반면 승화에너지와 증발에너지는 1기압에서 측정한다. 용융 잠열은 기화에너지와 증발에너지와의 차이다. 이 에너지들은 재료의 기본적인 에너지들, 즉 원자간 포텐셜 에너지 또는 두 원자 사이의 쌍 포텐셜 에너지와 상호관련이 있다.

그림 3.1(a)에는 원자간 거리(r)의 함수로 개략적으로 도시된 원자간 포텐셜 에너지 ϕ를 표시하였다. 최소에너지($-\varepsilon_b$) 또는 원자 결합에너지는 평형 원자간 거리(a_0)에서의 값과 일치한다. 결정질 고체에 대해서 평형 원자간 거리는 X선 회절로 측정할 수 있다. 우리는 격자상수(a)로부터 a_0를 구할 수 있다. 예를 들면 Al은 격자상수 a = 0.405 nm를 갖고 있는 면심입방정(fcc)격자를 갖는다. 최조밀 방향은 <110> 방향을 따라 존재하므로 Al에서 평형 원자 사이의 거리는 $a/\sqrt{2}$ = 0.29 nm이다.

고체 내의 원자가 평형 위치에서 벗어나면 복원력(restoring force)을 경험하게 되며, 그 값은 아래와 같다.

$$F = -\frac{d\phi}{dr} \tag{3.1}$$

거리에 따른 힘의 개략적인 그래프는 그림 3.1(b)에 도시되어 있다. 원자간 평형거리의 0.1% 정도의 변위에 대해서 변위는 힘에 비례하게 된다. 탄성한계가 0.2%임을 상기하자. 고체에서

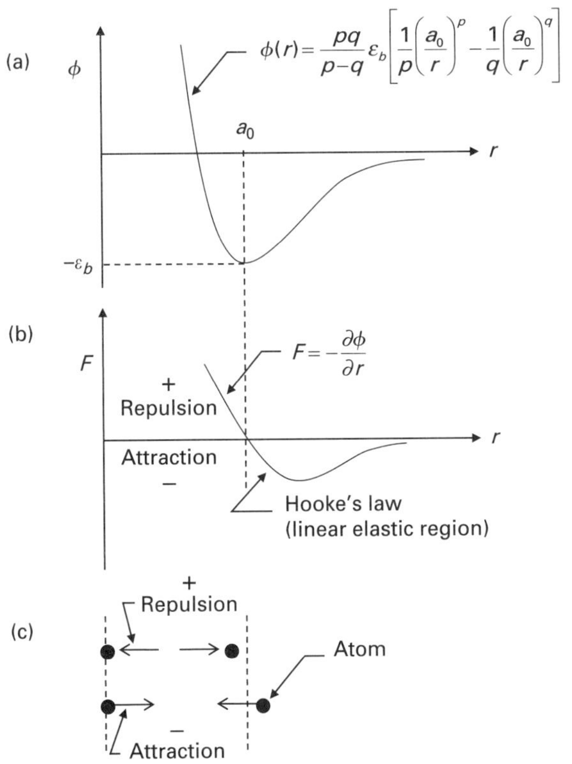

그림 3.1 (a) 원자 사이의 거리 r의 함수로서 원자 사이의 포텐셜 에너지 ϕ의 그래프. 평형 원자 사이의 거리 a_0에서 최소 포텐셜 에너지 $-\varepsilon_b$, 또는 결합에너지. (b) 거리의 함수로서 복원력 그래프. (c) 원자 사이 힘의 방향. 원자 사이의 거리를 증가 또는 감소시키는 방향에 따라 각각 양의 값 또는 음의 값을 갖는다.

이 선형 변위는 변형률이 응력에 정비례관계인 Hooke의 법칙의 기원이 된다. 그림 3.1(a)에 나타낸 포텐셜 곡선의 하부 영역에서 포텐셜 에너지는 포물선 함수로 근사할 수 있다.

$$\phi = \frac{1}{2}kr^2 \tag{3.2}$$

여기에서 k는 힘의 상수이다. Hooke의 법칙은 $F = -kr$이다. 명확하게 힘은 변위에 선형적으로 비례한다. 여기에 더해 $F = ma$인 운동방정식을 갖고 있으며 두 식으로부터 아래와 같은 관계를 알 수 있다.

$$m\frac{d^2r}{dt^2} = -kr \tag{3.3}$$

여기에서 m은 원자의 질량이다. 이는 단순 조화 운동 그리고 앞의 운동방정식의 해가 된다.

$$r = \cos \omega t \tag{3.4}$$

그리고 $\omega = \sqrt{\frac{k}{m}}$이다. $k = \frac{\partial^2 \phi}{\partial r^2}$이기 때문에 ϕ가 주어지면 k 값을 구할 수 있다. k와 m을 알면 ω를 구할 수 있다. $\omega t = 2\pi$이기 때문에 원자의 진동 주파수를 구할 수 있으며, 다음과 같다.

$$\nu = \frac{1}{t} = \frac{1}{2\pi}\sqrt{\frac{k}{m}} \tag{3.5}$$

이 원자 진동 주파수는 원자 확산에서 4장에서 논의되는 원자의 점프 주파수와 관련이 있다.

힘의 방향은 그림 3.1(c)에 표기되어 있다. 그림에서 한 원자는 원점에 위치해 있고, 다른 원자는 평형거리만큼 떨어져 있다. 원자들이 서로 가까워진다면 반발력이 작용하여 평형위치로 되돌리기 위해서 원자간 거리를 증가시키게 될 것이다. 힘은 원자간 거리를 증가시키거나 감소시키느냐에 따라서 양 또는 음의 값으로 정의된다. 내부 척력은 양의 값이고 내부 인력은 음의 값이다. 이에 반하여 만일 외부 힘이 인가된다면 인가되는 인장응력은 원자를 서로 멀리 떨어뜨릴 것이므로 외부 인장응력은 양의 값을 갖고 외부 압축응력은 음의 값이 된다.

3.3 짧은 범위 상호작용과 준(quasi)-화학 가정

원자간 포텐셜 에너지(또는 힘) 그래프가 원자들의 집합체가 갖는 물리적 성질, 예를 들면 벌크 탄성률과 열팽창 계수 등을 제어하지만, 여기에서는 원자간 포텐셜이 짧은 범위 또는 긴 범위에 존재하는지와 표면에너지가 어떻게 영향을 받는지만을 고려한다. 열역학에서 준화학적인 접근방식의 기본이 되기 때문에 짧은 범위의 상호작용에 대한 근사(approximation)는 중요하다. 대부분의 경우에서 포텐셜은 일반적으로 아래 식으로 나타낸다.

$$\phi(r) = \frac{pq}{p-q}\varepsilon_b \left[\frac{1}{p}\left(\frac{a_0}{r}\right)^p - \frac{1}{q}\left(\frac{a_0}{r}\right)^q\right] \tag{3.6}$$

여기에서 ε_b는 최소 포텐셜 에너지이고 p와 q는 포텐셜 모양에 의존하는 상수이다. 불활성 기체(예를 들면 Ar)의 고상 형태와 같은 어떤 단순한 고체 내의 짧은 범위의 상호작용에서 Lennard-Jones 포텐셜(p=12와 q=6)를 적용할 수 있고 식 (3.6)은 다음 식으로 나타낸다.

$$\phi(r) = \varepsilon_b \left[\left(\frac{a_0}{r}\right)^{12} - 2\left(\frac{a_0}{r}\right)^6\right] \tag{3.7}$$

평형상태 $r=a_0$에서 포텐셜은 최솟값을 갖고 이 값은 $\phi(a_0) = -\varepsilon_b$이 된다. 각 원자들은 전기적으로 중성이기 때문에 인력은 van der Waals 힘에 기인한다. 원자들 사이의 상호작용은 포텐셜 에너지가 지수 법칙 의존성을 갖기 때문에 매우 짧은 범위에만 작용된다. 원자 간격이 평형거리의 2배가 되면, 즉 $r = 2a_0$ 포텐셜 에너지는 ε_b의 약 32분의 1, 즉 단지 3% 정도만 된다.

$$\phi(r = 2a_0) = -\frac{\varepsilon_b}{32} \tag{3.8}$$

이러한 이유로 최인접한 원자들 보단 먼 거리에 있는 원자들과 상호작용은 거의 무시할 수 있고 최인접 원자들 사이의 결합만을 고려하여 고체의 결합에너지를 근사할 수 있다. 이와 같은 간단한 근사는 왜 우리가 짧은 범위의 원자간 상호작용에만 관심이 있는지를 보여주는 것이다. 척력의 경우에는 인력보다 훨씬 더 짧은 범위에 있다.

짧은 범위의 상호작용을 준 화학 근사에 적용하기 위해서 열역학의 내용을 기억할 필요가 있다. 이상 용액에서 엔탈피는 $\Delta H = \varepsilon_{AA} + \varepsilon_{BB} - 2\varepsilon_{AB}$이고 엔트로피 ΔS=이상 혼합(ideal mixing) 값을 갖는다. 여기에서 ε_{AA}, ε_{BB}, ε_{AB}는 *A-A*, *B-B* 그리고 *A-B*쌍의 원자들 사이의 준 화학 결합에너지이다. 따라서 근사를 위해서 단지 최인접 결합만이 고려의 대상이 된다.

n_c는 배위수, 즉 액체나 고체에서 특정 원자의 최인접 원자 수를 의미한다. 짧은 범위에서 상호작용 또는 준화학적 접근방식에서 최인접 원자만을 고려하는 경우 원자 1몰의 결합에너지는 아래와 같다.

$$E_b = \frac{1}{2} n_c N_A \varepsilon_b \tag{3.9}$$

여기에서 N_A는 아보가드로 수이고 상수 1/2는 $n_c \times N_A$가 각 원자 결합을 두 번씩 세었기 때문이다. 강구(rigid sphere)가 동일한 반경을 갖는 구와 서로 닿는 경우 인접할 수 있는 최대의 숫자는 결정질 고체에서 12이다. 이때의 배위수(n_c)는 육방조밀(hcp)과 면심입방정(fcc) 구조에서와 같은 12이다. 공유결합을 하는 다이몬드 구조를 갖는 Si과 같이 좀 더 성긴 구조에서 배위수는 4이다. 즉 최인접 원자 수가 4이다. 체심입방(bcc) 구조에서 배위수는 8이다.

비교를 위해서 양이온과 음이온 사이에 작용하는 인력이 쿨롱인 이온 결정에서 긴 범위의 원자 상호작용을 고려해보자. 쿨롱 포텐셜은 $1/r$에 비례하고, 포텐셜이 r이 증가함에 따라 느리게 감소하기 때문에 긴 범위 영역에 영향을 미친다. 이온 결정의 경우, 식 (3.6)에서 지수 p=12(척력 상호작용은 동일)이고 q=1이다. 포텐셜의 그래프는 그림 3.2에 도시하였다.

금속의 경우, 전자가 자유롭게 움직일 수 있는 "전자의 바다"와 함께 양이온들이 주기적으로 배열되어 상호작용 때문에 응집이 생긴다. 자유 전자 모델에서 양이온은 자유 전자에 의

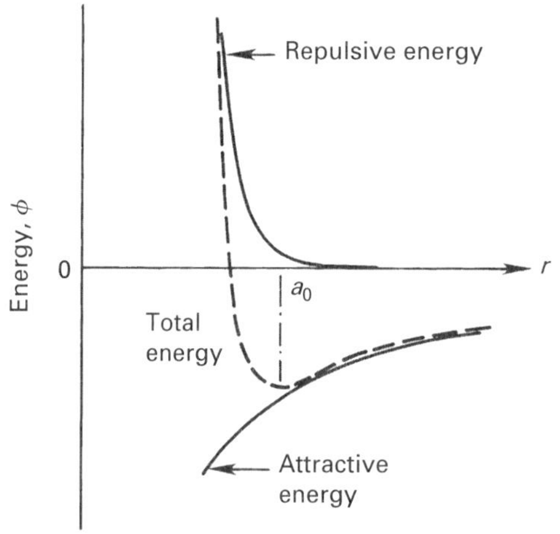

그림 3.2 이온 결정에 대한 쌍(pair) 포텐셜 그래프. 식 (3.6)에서 지수 p=12(척력 상호작용은 동일) 그리고 q=1로 가정하였다.

해 양이온 간의 상호작용이 차폐된다. 전기적 중성은 국지적으로 이루어지고 원자들 사이의 인력은 짧은 범위에 존재한다. 금속 원자 쌍의 상호작용 포텐셜에서 지수 q는 거의 6의 값을 갖는 것으로 간주할 수 있다. 이러한 이유로 금속의 결합에너지와 표면에너지를 추정하기 위하여 최인접 원자의 상호작용 근사를 사용할 수 있다.

반도체와 무기재료와 같은 전자를 인접한 양이온과 공유하는 공유결합 고체에서 차폐 효과는 짧은 범위의 인력이 작용하는 상호작용을 만들게 된다. 그럼에도 불구하고 공유결합에서 원자 결합들은 방향성을 갖는다.

최인접 원자간 상호작용의 근사를 사용하여 승화, 증발, 용해 및 결정화 그리고 표면에너지의 크기를 비교할 수 있다. 낮은 압력에서 모든 결합이 끊어지는 경우 승화 열 ΔE_s(즉 결합 에너지)는 배위수 n_c에 의존한다.

$$\Delta E_s = \frac{1}{2} n_c N_A \varepsilon_b \tag{3.10}$$

용융 상태에서 금속 원자들의 최인접 원자는 12가 아닌 약 11 정도를 갖는다. 그러므로 증발열은 증발시 승화시에 비해 약 10% 정도 적은 원자 결합을 끊어야 하므로 승화열보다 약 10% 정도 적은 값을 갖는다. 결론적으로 결정의 용융 열은 승화 열의 단지 10% 정도이다.

3.4 표면에너지와 잠열

최인접 원자간 결합의 관점에서 표면에너지를 계산하기 위해서는 단위 면적당 존재하는 원자 수 N_s와 단위 면적당 표면에너지 E_s/A를 정의해야 한다[10-16]. 임의의 원자면에 걸쳐서 각 원자들은 양쪽 방향으로 평균적으로 $n_c/2$만큼의 인접한 원자들을 갖고 있고, 그러므로 원자면을 따라 고체를 쪼개는 경우 단위 면적당 끊어진 원자 결합 수는 $\frac{1}{2}n_cN_s$가 된다. 고체를 쪼갤 때 두 개의 면이 만들어지기 때문에 단위 면적당 표면에너지는 $n_cN_s\varepsilon_b/4$이다.

원자당 표면에너지 E_s/AN_s와 원자당 승화 잠열 $\Delta Es/N_A$의 분율은 아래와 같다.

$$\frac{E_s/AN_S}{\Delta E_s/N_A} = \frac{{}^1/_4 n_c\varepsilon_b}{{}^1/_2 n_c\varepsilon_b} = \frac{1}{2} \tag{3.11}$$

$n_c \times Ns/2$개의 끊어진 결합 수는 결정에서 원자들의 적층 배열을 무시하였기 때문에 결정질 고체에서 과도하게 단순화 되었다. 결정은 평면의 표면을 나타내는 경향이 있는데 이는 원자면이 다른 경우 서로 다른 표면에너지를 갖고 있음을 나타낸다. 면심입방정 금속의 (111)면 위에서 각 원자들은 6개가 아닌 3개의 끊어진 결합을 갖게 되므로 (111)면은 면심입방장에서 가장 낮은 표면에너지를 갖게 된다. 표 3.1에 나타낸 측정된 값으로부터 원자당 잠열 대비 표면에너지의 분율 그리고 또한 원자간 포텐셜 에너지를 구할 수 있다.

Au의 잠열은 60 kcal/mole 또는 2.6 eV/atom이다. eV/atom 단위를 갖는 단위 면적당 표면에너지로 전환하기 위해서 Au의 격자상수 0.4078 nm를 이용하여 (111)면 위에 1.39×10^{15} atom/cm^{2}을 계산할 수 있다. 만일 Au의 측정된 (111)면의 표면에너지가 1,400 erg/cm^{2}이라면, eV/atom의 단위로 변환하면 아래와 같다.

$$1400\ \text{erg/cm}^2 = \frac{1400 \times (1/1.6) \times 10^{12}\ \text{eV/cm}^2}{1.39 \times 10^{15}\ \text{atom/cm}^2} = 0.636\ \text{eV/atom}$$

표 3.1 고체-기체 표면에너지와 증발 잠열 사이의 관계

Metal	*Solid – vapor surface energy (erg/cm^2)	*Latent heat of evaporation (kcal/mole)	Ratio of surface energy per atom to latent heat per atom	Interatomic potential energy (eV/atom)	ΔCohesive energy (kcal/mole)
Copper	1700	73.3	0.22	0.58	80.4
Silver	1200	82	0.15	0.65	68
Gold	1400	60	0.24	0.47	87.96

*Data from B. Chalmer, *Physical Metallurgy* (Wiley, New York, 1959). Similar surface energies are given in Table 3.2.
ΔData from C. Kittel, *Introduction to Solid State Physics*, 6th edn (Wiley, New York, 1986), 55.

여기에서 1 eV = 1.602×10^{-12} erg이다. 그러므로 분율은 0.636/2.6 = 0.24이며 표 3.1에 나타내었다. (111)면은 12개의 최인접 원자를 갖고 3개의 끊어진 결합을 갖는다. 그러므로 원자당 잠열 대비 표면에너지 분율은 3/12=0.25이어야 하고 이 값은 계산된 값 0.24와 잘 맞는다.

측정된 잠열로부터 원자간 포텐셜 에너지 ε_b를 계산하기 위하여 식 (3.9)를 이용하면 아래 식을 구할 수 있다.

$$\varepsilon_b = \frac{2\Delta E_s}{n_c N_A} \tag{3.12}$$

증발열은 액체가 기체가 될 때 필요한 열이기 때문에 배위수 n_c를 11로 생각할 수 있으며, 이는 용융 상태에 대해서도 동일하게 적용 가능하다. Au는 아래 값을 얻을 수 있다.

$$\varepsilon_b = \frac{2 \times 60}{11 \times 23} = 0.47 \text{ eV/atom}$$

표 3.1의 마지막 칸에서 0 K와 저압에서 이론적인 응집 에너지를 나타내었다. 이는 잠열과 다른 값을 갖는데 이유는 잠열은 1기압의 녹는점에서 측정하기 때문이다. 면심입방정과 Au의 원자 결합에너지 ε_b와 원자간 거리 a_0를 안다면 Au의 많은 물리적 성질들을 계산하거나 시뮬레이션 할 수 있다.

3.5 표면장력

액체의 표면 성질은 열역학적 변수인 표면장력 γ에 의해 설명될 수 있다. 표면장력의 기본적인 정의는 재료의 표면적 dA을 증가시키는 데 필요한 가역적인 일의 크기 dW이다.

$$dW = \gamma dA \tag{3.13}$$

표면장력의 단위는 단위 면적당 일, 즉 erg/cm^{2}이다. 문헌에 관련이 있는 세 개의 물리량이 존재하는데 표면에너지, 표면장력 그리고 표면응력(stress)이다. 모두 동일한 단위인 단위 면적당 일 또는 단위 길이당 힘이다. 고체는 표면에너지를 두 가지 방법으로 변화시킬 수 있는데 첫째, 재료를 쪼개는 등의 물리적인 면적을 증가시키거나 둘째, 표면 재구성과 같이 표면에 있는 원자들의 재배열을 통해서이기 때문에 이 물리량들의 상호관계가 발생한다. 전자는 보다 많은 새로운 표면의 생성을 포함하고 후자 고체표면에 존재하는 원자들의 재배열을 포함하는데 이는 표면을 스트레칭하는 또는 잡아늘리는 경우로 간주할 수 있다. 서로 다른 이 과정들은 표면응력 텐서와 관련되어 있다. 응력 텐서의 대각 요소는 S = $\gamma + d\gamma/d\varepsilon$로 나타낼 수 있고 여기에서 첫 번째 양 γ는 표면에너지이고 두 번째 양은 변형에 따른 표면에너지의 변화량을 나타낸다. 액체에서는 탄성변형이 불가능하므로 $d\gamma/d\varepsilon = 0$이다. 그러므로 표면에너지는 액체에서 표면장력과 동일하다.

이 책에서 우리는 다음과 같은 표기와 개념을 사용한다. "표면장력" 및 "표면에너지"는 상호교환적으로 사용되며, 스칼라량 γ로 표시된다. 또한 이 값들은 총 표면에너지(E_s)를 말하는 경우에도 사용되며 아래와 같이 정의된다. "표면장력"의 개념은 힘을 포함하고 있다. 예를 들면, 평면 표면 위에 존재하는 작은 액상 방울의 모양은 액상 방울에 인가되는 표면 힘들의 균형에 의해서 설정되는 평형 상태이다. 그 힘은 표면에 작용하는 벡터량이고 그 크기는 표면장력 γ 값을 갖는다. 총 표면에너지 E_s는 에너지인 반면에 표면장력은 단위 면적당 에너지이다. 정의에 의해서 면적 A를 갖는 표면은 아래의 총 표면에너지를 갖는다.

$$E_s = \gamma A \tag{3.14}$$

erg/cm^{2}와 dyne/cm는 동일하기 때문에 표면장력은 단위 길이당 힘으로 생각할 수 있다. 이러한 관점에서 길이 l을 따라 인가되는 힘 $\left|\vec{F}\right|$는 아래와 같이 계산할 수 있다.

$$\left|\vec{F}\right| = \gamma l \tag{3.15}$$

아래 논의에서 표면장력은 스칼라량 γ, 단위 면적당 표면에너지로 간주될 것이다. 실제로는 모세관 작용하에 있는 액상 기둥에 작용하는 힘의 균형 등과 같은 현상들을 고려하면 표면에 작용하는 벡터량이다.

표면에너지와 표면장력 사이의 관계는 비누 거품 막을 잡아늘이는 예에서 직접적으로 볼 수 있다. 그림 3.3에서 U자형과 직선형 와이어로 이루어진 사각형 면적을 덮고 있는 비누 거품 막을 도시하였다.

만일 직선 와이어를 거리 d만큼 잡아당긴다면 모양 변화에 필요한 일은 아래와 같다.

$$W = 2F_s ld \tag{3.16}$$

여기에서 F_s는 단위 길이당 작용하는 힘이고 l은 비누 거품 막의 넓이이다. 2의 값은 비누 막이 2개의 면을 갖고 있기 때문이다. 면적의 증분이 $2ld$이므로, 표면에너지의 증분은 $2ld\gamma$이고 외부에서 행해진 일과 같은 값이다.

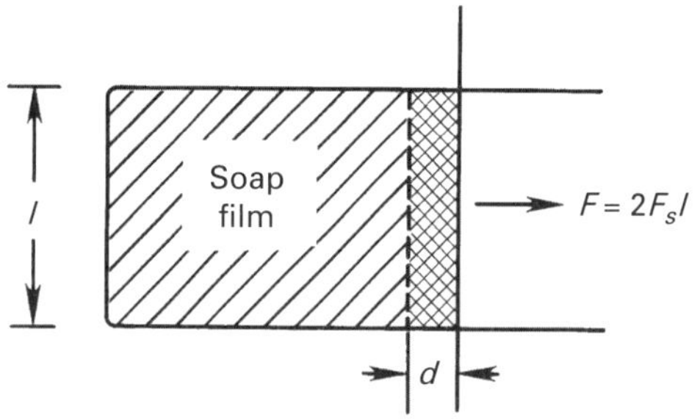

그림 3.3 U자형 선에 의해 형성된 직사각형 면적을 덮은 비누거품막의 개략도

$$2ld\gamma = 2F_s ld \tag{3.17}$$

그러므로 단위 면적당 표면에너지와 단위길이당 표면장력은 동일한 크기를 갖는다.

단위 면적당 표면에너지 단위들을 검토해보면 아래와 같다.

$$\frac{\text{erg}}{\text{cm}^2} = \frac{\text{dyne}}{\text{cm}} = \frac{10^{-3}\ \text{J}}{\text{m}^2} = \frac{10^{-3}\ \text{N}}{\text{m}}$$

또 다른 물리량 단위는 eV/atom이다. 1 eV = 1.6 × 10^{-12} erg이고 일반적인 표면에서는 대략 10^{15} atoms/cm^2 정도의 원자들이 존재하기 때문에 표면장력은 대략 1,000 erg/cm^2이다.

$$\gamma = \frac{1000\ \text{erg}}{\text{cm}^2} \times \frac{\text{cm}^2}{10^{15}\ \text{atom}} \times \frac{1\ \text{eV}}{1.6 \times 10^{-12}\ \text{erg}} = 0.6\ \text{eV/atom}$$

0.6 eV/atom은 대략 고체 내에서 원자의 결합에너지 정도의 값인데, 그 값은 한 개의 원자를 표면으로 끄집어 내는 데 필요한 에너지와 거의 같다.

3.6 모세관 효과를 이용한 액상 표면에너지 측정

표면에너지는 녹는점까지 온도를 올려 물질을 액체 상태에서 액체 방울이 어떻게 형성되는지 또는 고체면과 상호작용에 의해 어떻게 메니스커스가 형성되는가를 관찰하여 종종 측정된다. 그림 3.4에서 반경이 $2r$을 갖는 모세관 튜브내에 평형 높이 h에 이르는 액체 기둥의 상승을 고려하자. 이러한 상승의 구동력은 튜브 내부 벽의 표면에너지 감소이다. 그러나 액상 기둥의 상승은 위치에너지를 상승시킨다. 이 과정의 총 에너지 변화는 다음과 같다.

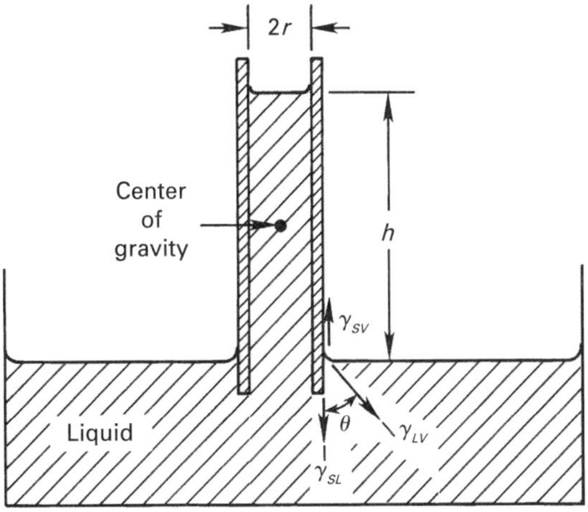

그림 3.4 직경 $2r$을 갖고 있는 모세관에서 평형 높이 h에 도달한 액체 기둥 상승을 보여주는 개략도

$$\Delta E = \rho V g \frac{h}{2} - (\gamma_{SV} - \gamma_{SL})\, 2\pi r h \tag{3.18}$$

여기에서 ρ는 밀도이고 $V(= \pi r^2 h)$는 액상 기둥의 부피이고, g는 중력상수이고, γ_{SV}와 γ_{SL}은 각각 벽이 젖어 있지 않은 상태(표면-기체)의 표면에너지와 액체에 의해 젖어 있는 상태(표면-액체)의 표면에너지이다. 식 (3.18)의 우측 첫 번째 항은 액체 기둥의 포텐셜 에너지이다. 기둥의 질량은 ρV이고 질량의 무게 중심은 $h/2$이다. 두 번째 항은 액체가 내부 벽을 젖게 하여 발생하는 표면에너지의 변화에 기인한다. 평형에서

$$\frac{dE}{dh} = 0$$

또는

$$\rho g \pi r^2 h - 2\pi r (\gamma_{SV} - \gamma_{SL}) = 0$$

$$\gamma_{SV} - \gamma_{SL} = \frac{\rho g h r}{2} \tag{3.19}$$

그림 3.4에 도시된 바와 같이 액체 기둥의 가장자리에서 표면장력(에너지)은 균형을 유지한다.

$$\gamma_{SV} - \gamma_{SL} = \gamma_{LV} \cos\theta \tag{3.20}$$

여기에서 γ_{LV}는 액체-기체 사이의 표면에너지이고 θ는 접촉각이다. 마지막 두 개의 식을 합하면

$$h = \frac{2\gamma_{LV}\cos\theta}{\rho r g} \tag{3.21}$$

이는 액체의 표면에너지가 액체 기둥의 측정가능한 양(r, h, θ 그리고 ρ)과 관련되어 있음을 말해준다. θ의 측정은 보다 더 논의될 것이나 우선 전자 패키징에서 모세관 현상의 응용을 설명할 것이다.

모세관 효과는 기계적 및 전기적 연결을 위한 용융 땜납 두꺼운 다층 인쇄 회로 기판에 구리 도금 구멍을 채우기 위해 사용되었다. 이 보드는 내장된 전선의 다중층이 있고, 구멍이 보드를 통해 뚫려 있고, 전선의 상호 연결을 위해 구리로 도금되어 있다. 금속 판은 외부 회로와 접촉하기 위하여 홀의 상부 측에 삽입된다. 이어서 낮은 표면에너지를 갖는 용융 솔더로 홀을 채우고 핀을 솔더링 하기 위해서 보드의 바닥면을 용융 솔더 내로 담그거나 용융 땜납이 가득찬 용기 위를 지나게 한다. 이 공정의 성공 여부는 모세관 현상에 달려 있고, 이는 바꾸어 말하면 용융 솔더의 표면에너지와 Cu위의 접촉각 그리고 정공의 종횡비(높이 대 직경)에 달려있다. 공정을 정의하기 위해서 접촉각을 측정할 필요가 있다.

그림 3.5(a)는 SnBi 솔더가 Cu 표면에 놓인 후 글리세린 플럭스 내에 담가 졌을때를 도시한 것이다. 플럭스는 표면 산화물을 제거한다. 솔더의 녹는점인 137ºC로 가열되면 SnBi 솔더는 Cu에 넓게 퍼져 젖음 상태[그림 3.5(a)에서 점선]를 유지한다. 평형에 도달한 후에 온도를 낮추어 솔더를 고화시키고 접촉각을 측정할 수 있다. Cu 표면에 솔더의 젖음성을 보여주는 평면과 측면 주사전자 현미경 사진을 그림 3.5(b)와 3.5(c)에 각각 나타내었고, 접촉각 θ = 40°이다.

식 (3.21의) h를 계산하기 위해서 γ_{LV} = 250 erg/cm^2, $\rho \cong$ 10 g/cm^2 중력가속도 g = 980 dyne/g 그리고 구멍의 직경 = 0.5 mm로 가정하자. 모세관 현상은 용융 솔더를 구멍의 끝까지 끌어 올릴 수 있다. 실제로 Cu 표면을 산화로부터 보호하고 모세관 현상을 향상시키기 위해서 Cu 표면은 얇은 Sn 박막으로 도금한다. Sn 위에서 SnBi의 접촉각은 0이다. 이는 그림 3.5(a)에 보여진 Cu 층을 Sn 층으로 바꾸면 실험적으로 규명할 수 있다.

반면에 식 (3.15)에서 만일 $\gamma_{SL} > \gamma_{SV}$이면, 접촉각 θ는 90°보다 큰 값을 갖고, 이는 액체가 동그랗게 볼의 형태를 띠어 고체 표면을 젖지 못하게 됨을 의미한다. 이 경우 $\cos\theta$ 값이 음의 값을 갖고 식 (3.21)에서 h가 음의 값을 갖게 된다. 예를 들어 수은에 유리관을 삽입할 때 수은 기둥이 주변 수은 높이보다 낮아지는 음의 모세관 효과를 볼 수 있다.

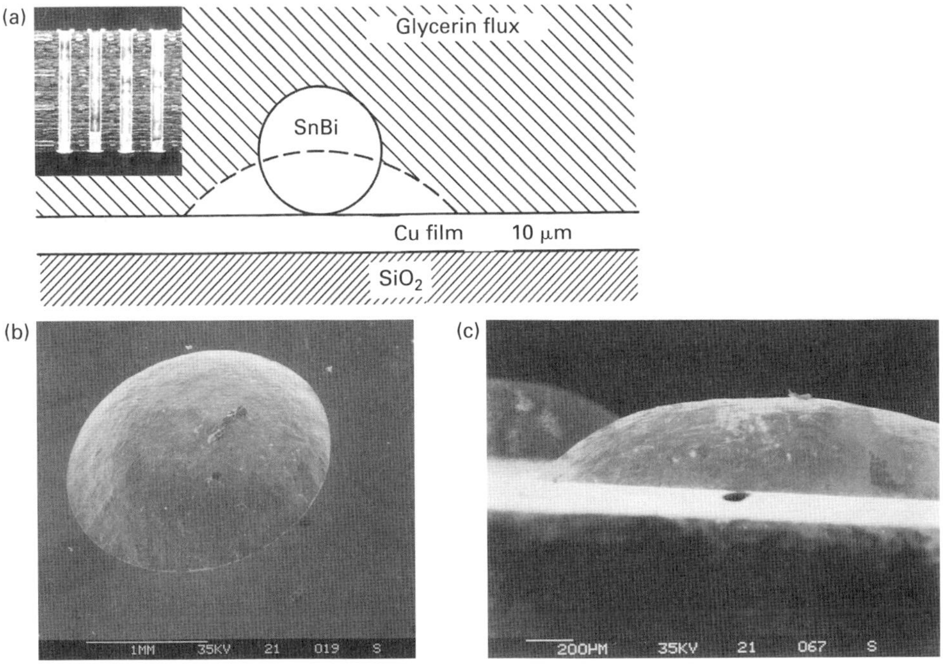

그림 3.5 (a) 그리세린 플럭스내 Cu 표면에 놓인 SnBi 솔더 볼의 개략도. (b) 그리고 (c) Cu 표면에 젖은 솔더의 평면과 측면을 찍은 SEM 사진. 접촉각 $\theta = 40°$이다.

3.7 제로 크립을 이용한 고체 표면에너지 측정

액체 표면에너지를 측정하기 위한 모세관 효과를 확장하기 위하여 그림 3.4의 배열을 뒤집어 놓음으로써 (즉 천정에 와이어를 매달고 자체 중량하에서 **연신율**, 즉 크리프율을 측정) 고체 표면에너지를 측정할 수 있다. 제로 크리프는 연신율이 0임을 의미한다. 즉, 제로 크리프에서 와이어의 무게는 와이어 표면의 표면장력과 균형을 이루게 되어 와이어의 무게를 알면 와이어의 표면장력을 알 수 있게 된다.

유리 섬유 또는 금속 유리(비정질 합금)에서는 와이어 내에 결정립계가 존재하지 않고 분석은 지난 장과 매우 유사하게 된다. 그림 3.6(a)에서 직경이 $2r$이고 길이가 l인 비정질 와이어를 매달아 놓았다고 가정하자. 표면장력을 줄이기 위해서 와이어는 길이가 줄어들 것이지만 와이어의 무게에 의해서 줄어들려는 경향과 균형을 이루게 된다. 와이어가 균형을 유지하기 위해서 길이 dl만큼 짧아지고 직경이 dr만큼 증가하였다고 가정하자. 와이어의 부피는 일정하게 유지되어야 하므로

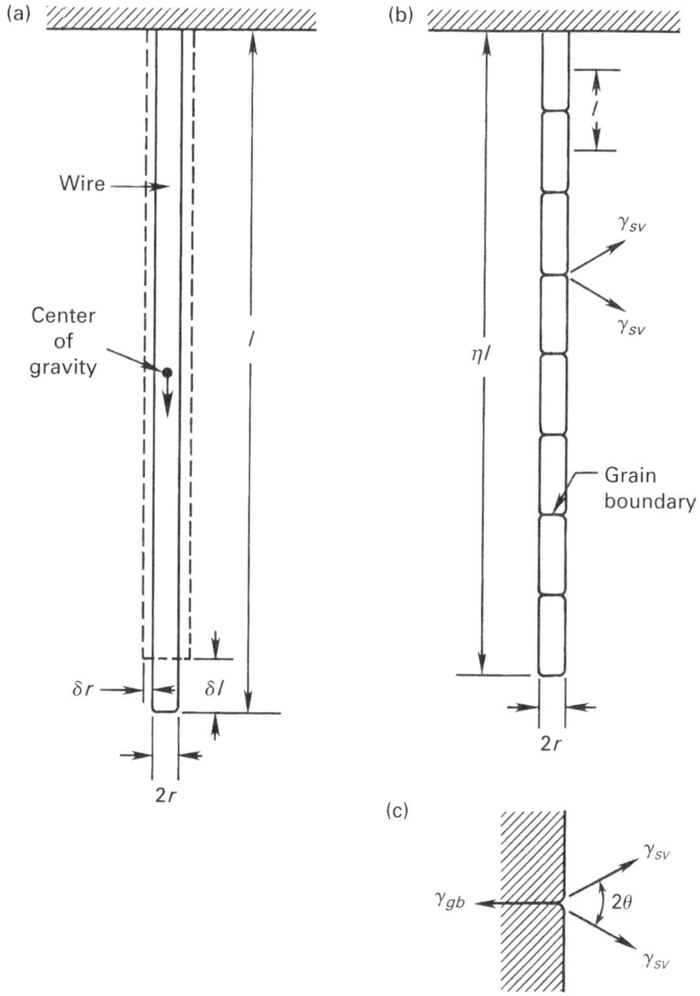

그림 3.6 (a) 직경 $2r$이고 길이 l인 매달려 있는 비정질 와이어 개략도. 표면에너지를 줄이기 위하여 와이어 길이가 짧아지지만 이 경향은 와이어의 무게와 균형을 이룬다. (b) 대나무 형태 결정립 구조를 갖는 와이어의 개략도. 와이어 내에 η개의 결정립이 존재한다고 가정한다. (c) 결정립계가 표면과 만나는 삼중점에서 평형이다.

$$\pi r^2 l = \pi (r + dr)^2 (l + dl) \tag{3.22}$$

를 만족하여야 한다. 고차원 항을 무시하면

$$dr = -\frac{r}{2l} dl \tag{3.23}$$

을 얻을 수 있고, 여기에서 dl은 음의 값(길이의 감소)을 갖고, dr은 양의 값(반경의 증가)을 갖게 된다. 수축에 따른 에너지의 변화를 계산하기 위해서, 와이어의 총 에너지 E는

$$E = \rho V g(l/2) - 2\pi r l \gamma_{SV} \tag{3.24}$$

와 같고, ρ 및 V는 ($= \pi r^2 l$) 밀도와 와이어의 부피(값 2는 와이어의 무게 중심은 $l/2$이기 때문이다) 그리고 γ_{SV}는 와이어의 단위 면적당 표면에너지이다.

$$dE = \frac{1}{2}\rho g \pi (2l^2 r\, dr + 2r^2 l\, dl) - 2\pi \gamma_{SV}(r\, dl + l\, dr) \tag{3.25}$$

식 (3.23)을 (3.25)에 대입하면

$$dE = \left(\frac{1}{2}\pi r^2 l \rho g - \pi r \gamma_{SV}\right) dl \tag{3.26}$$

이다. 평형에서 $dE/dh = 0$이므로

$$l = \frac{2\gamma_{SV}}{\rho r g} \tag{3.27}$$

이고 이는 식 (3.21)과 동일한 형태를 갖는다. 이는 제로 크리프에서 와이어의 무게와 밀도가 주어지고 l과 r을 측정하면 γ_{SV}를 계산할 수 있다. Au의 밀도는 19.3 g/cm^{3}이고 표면에너지가 1,400 erg/cm^{2}이고 제로 크리프에서 반경 0.02 cm를 갖는 Au 와이어의 길이는 0.1 g 무게에서 대략 14.8 cm를 갖는다. 만일 초고진공에서 크리프 실험이 진행되고 비정질 와이어의 결정화가 일어나지 않으면서 온도를 증가시킬 수 있다면 고체 상태에서 비정질의 표면에너지를 결정할 수 있을 것이다.

와이어가 결정화되면 결정립계를 만들게 되고 결정립계 에너지를 고려하여야 한다. 실제로 결정질 와이어는 일반적이다. 그림 3.6(b)에서 대나무 형태의 결정립 구조이면서 와이어 내에 결정립이 η개가 존재한다고 가정하자. 와이어의 총 에너지는 아래와 같은 값을 갖게 된다.

$$E = \eta \rho \vartheta g \frac{\eta l}{2} - \eta 2\pi r l \gamma_{SV} - \eta \pi r^2 \gamma_{gb} \tag{3.28}$$

여기에서 $\vartheta(=\pi r^2 l)$은 단결정립의 부피이고 γ_{gb}는 단위 길이당 결정립계 에너지이다. 와이어 길이의 아주 작은 변화에 따른 에너지는

$$dE = \frac{\eta^2 \pi \rho g}{2} r^2 l\, dl - \eta \pi r \gamma_{SV} dl + \eta \pi \frac{r^2}{l} \gamma_{gb} dl \tag{3.29}$$

를 갖는다. 평형에서는

$$\frac{dE}{dh} = 0$$

$$\frac{\eta\pi\rho g}{2} r^2 l - \pi r \gamma_{SV} + \frac{\pi r^2}{l} \gamma_{gb} = 0 \tag{3.30}$$

이다. γ_{SV}와 γ_{gb}를 연관시키기 위해서 와이어의 표면과 만나는 결정립계를 고려하여 보자[그림 3.6(c)참조]. 만일 두 표면장력 벡터가 같다고 가정하면, 아래 식을 얻는다.

$$\gamma_{gb} = 2\gamma_{SV} \cos\theta \tag{3.31}$$

식 (3.27)에 대입하면

$$\frac{d\gamma}{dT} = \frac{-S_s}{A} \tag{3.32}$$

를 얻을 수 있다.

만일 결정립이 길면(즉 $l \gg r$), 분모의 두 번째 항을 무시할 수 있고, 식 (3.32)는 식 (3.27)이 된다.

제로 크리프 실험에서 와이어의 대부분은 종종 무게로 대체되어 짧은 와이어를 사용한다. 이 경우 식 (3.32)는 분모에서 $2\pi r$을 대신해 πr을 사용하는 것을 제외하곤 여전히 유효하다. 숫자 2는 외부에서 인가되는 힘이 없다면 무게 중심이 와이어 길이 방향의 절반에 위치해 있기 때문에 사용된다. 만일 무게를 사용하면 포텐셜 에너지는 천정으로부터 와이어의 총 길이로 측정된다.

3.8 표면에너지 계통

일련의 표면에너지 계통도를 고려하여 보자. 그림 3.7은 원자번호로 정리된 녹는점에서 액체 소재의 표면장력 값이다. 표 3.2는 고분자와 액체 할라이드, 산화물, 황화물 등의 표면장력을 정리한 것이다. 산화물과 할라이드, 황화물은 대부분의 금속보다 낮은 표면장력을 갖고 있다. 일반적인 증착 조건에서 많은 금속들은 산화물 또는 할라이드 위에서 공 형태를 띠어 젖음성이 좋지 않다. 그러므로 산화물 또는 할라이드 물질 위에 강한 접착력을 갖는 접착층이 필요하게 된다. SiO_2 위에 Cu를 증착하기 위해서는 접합층으로 Cr, Ti 또는 Ta 등의 박막이 널리 사용된다.

반도체/부도체 문제를 고려할 때 역시 흥미롭다. 실리콘은 얇은 산화물을 형성하는 경향

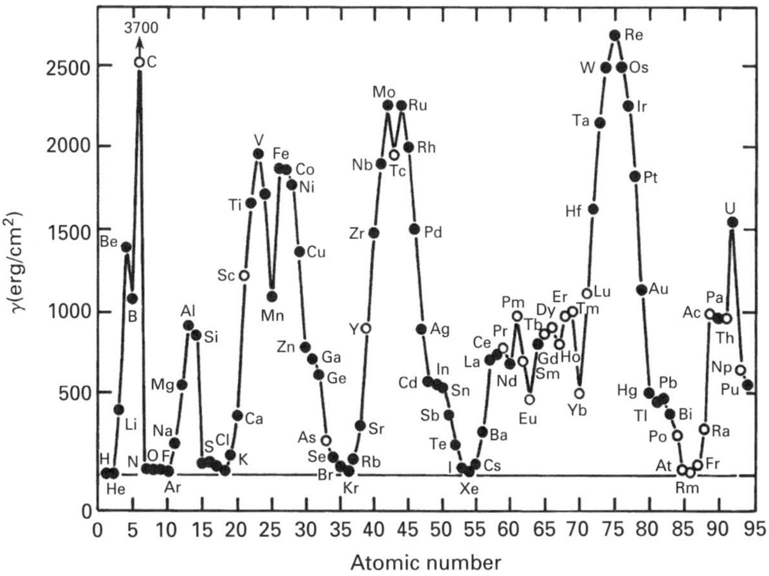

그림 3.7 표면에너지와 원자 번호 사이의 그래프. 녹는점에서 액상의 표면장력 값이다.

이 있다. Si 위의 산화물 층의 형성과 제어는 집적회로를 만드는 중요한 기술 중의 하나이다. 반면에 절연체 위에 실리콘을 증착시키는 것은 산화물보다 더 높은 표면에너지를 갖고 있기 때문에 젖음성이 나쁜 볼 형태로 증착된다. 따라서 이종 구조를 포함하고 있는 서로 다른 종류이 물질 초격자가 포함되어 있다면, 이종 구조의 형성은 항상 힘들다. 초격자는 두 구조를 형성하는 것이 필요하다(즉 첫 번째 물질 *A* 위에 물질 *B* 그 후에 물질 *B* 위에 물질 *A*). 하나의 계면에 대해서는 계면에너지 균형이 잘 이루어지지 않을 것이다. 만일 초격자를 이루는 물질이 모두 반도체면 초격자를 만들기가 쉬워지는데 이는 많은 반도체들이 비슷한 표면에너지를 갖고 있기 때문이다. 예를 들면 GaAs와 GaAlAs는 이런 관점에서 별로 다르지 않으므로 이를 이용한 초격자의 형성이 가능한 것이다.

3.9 표면에너지의 크기

소자 기술에 사용되는 다양한 재료의 표면장력(또는 단위 면적당 표면에너지)의 크기는 약 1,000 erg/cm^2 정도이다. 다음 장에서는 열역학, 역학 그리고 원자 등의 서로 다른 세 개의 관점을 고려하여 표면에너지와 표면장력의 크기를 설명하려고 한다.

표 3.2 고체와 액체의 표면장력*

Material	γ (erg/cm²)	T (℃)
W (solid)	2900	1727
Nb (solid)	2100	2250
Au (solid)	1410	1027
Ag (solid)	1140	907
Ag (liquid)	879	1100
Fe (solid)	2150	1400
Fe (liquid)	1880	1535
Pt (solid)	2340	1311
Cu (solid)	1670	1047
Cu (liquid)	1300	1535
Ni (solid)	1850	1250
Hg (liquid)	487	16.5
LiF (solid)	340	−195
NaCl (solid)	227	25
KCl (solid)	110	25
MgO (solid)	1200	25
CaF_2 (solid)	450	−195
BaF_2 (solid)	280	−195
He (liquid)	0.308	−270.5
Na (liquid)	9.71	−195
Xenon (liquid)	18.6	−110
Ethanol (liquid)	22.75	20
Water (liquid)	72.75	20
Benzene (liquid)	28.88	20
n-Octane (liquid)	21.80	20
Carbon tetrachloride (liquid)	26.95	20
Bromine (liquid)	41.5	20
Acetic acid (liquid)	27.8	20
Benzaldehyde (liquid)	15.5	20
Nitrobenzene (liquid)	25.2	20
Perfluoropentane (liquid)	18.6	−110

* G. A. Somorjai, *Chemistry in Two Dimensions* (Cornell, Ithaca, NY, 1981) [12]

3.9.1 열역학적 접근법

열역학의 관점에서 두 개의 중요한 관계식이 있다.

$$\frac{d\gamma}{dT} = \frac{-S_s}{A} \tag{3.33}$$

그리고

표 3.3 액체 금속의 표면장력*

Metal	γLV (erg/cm²)	dγLV/dT (erg/cm²℃)
Al	866	−0.50
Cu	1300	−0.45
Au	1140	−0.52
Fe	1880	−0.43
Ni	1780	−1.20
Si	730	−0.10
Ag	895	−0.30
Ta	2150	−0.25
Ti	1650	−0.26

* L. E. Murr, *Interfacial Phenomena in Metals and Alloys* (Addison-Wesley, Reading, MA, 1975) [11]

$$E_s = \gamma A - T\frac{d\gamma}{dT}A \tag{3.34}$$

이고, 여기에서 S_S는 표면 엔트로피, A는 표면적, γ는 표면장력 그리고 T는 온도이다. 이러한 관계는 온도에 독립함수인 $d\gamma/dT$의 값으로부터 상온에서 계산할 수 있다.

표 3.3으로부터 실리콘의 표면에너지를 구하기 위해서

$$\gamma = 730 \text{ erg/cm}^2 \text{ at m.p.}$$

$$\frac{d\gamma}{dT} = -0.1 \text{ erg/cm}^2\ ^\circ\text{C}$$

Si의 녹는섬(T_m)은 1,410℃이다. 그러므로 상온에서 실리콘의 표면에너지는

$$\gamma_{RT}\ (\text{Si}) = 730 + (1410 - 25) \times 0.1 = 869 \text{ erg/cm}^2$$

녹는점에서 표면에너지는 관심 온도에서 표면에너지와 많이 다르지 않다. 표면에너지의 작은 차이는 엔트로피에 기인한 것으로 그 차이는 작다.

3.9.2 역학적 접근

역학적 접근은 표면장력을 측정하기 위하여 고체의 기계적 성질을 이용한다. 기계적인 힘에 의해서 고체를 두 개의 조각으로 나눈다. 두 개의 새로운 면이 생성되고 계에 표면에너지의 2배 만큼이 더해진다. 표면장력은

$$\gamma = \frac{E(\infty)}{2A} = \frac{1}{2}\int_0^{R_F} \frac{F_y}{A} dy \tag{3.35}$$

이고, 여기에서 $E(\infty)$는 면들을 무한대 거리까지 멀게 하는 데 필요한 에너지, F_y는 생성된 표면에 수직으로 가해진 힘, R_F는 가해진 힘이 작동하는 범위이고 A는 면적이다.

$$\gamma = \frac{Y}{2}\int_0^{R_F} \frac{y}{a} dy = \frac{YR_F^2}{4a} \tag{3.36}$$

여기에서 응력은 F_y/A, 영률 Y와 변형률 y/a로 나타내었고, 여기에서 a는 응력이 인가되기 이전의 원자간 거리이고 y는 y 방향으로의 변위이다. 영률은 응력, 즉 단위 면적당 인가된 힘 F_y/A와 y 방향으로 고체 길이의 변형 또는 변형률 y/a과 연관된 재료의 상수이고 $F_y/A = Y y/a$이다. 만일 힘이 단범위, 즉 $R_F \approx 10^{-8}$ cm이라면,

$$\gamma = \frac{10^{-16} Y}{4a}$$

이다. 표 3.4에 나타낸 바와 같이 Y는 많은 소재에서 대략 유사한 값을 갖는다. $a = 0.25$ nm와 $Y = 10^{12}$ dyne/cm^{2}를 이용하면 잘 알려진 $\gamma \sim 1000$ erg/cm^{2}를 얻게 된다.

1 eV = 1.602 × 10^{-12} erg이기 때문에 단위 면적당 표면에너지를 표면 원자당 표면에너지로 변환할 수 있다.

$$1000\frac{\text{erg}}{\text{cm}^2} = 1000 \times \frac{(1/1.602) \times 10^{12}\text{eV}}{10^{15}(a^2/\text{cm}^2)\text{cm}^2} = 0.6\frac{\text{eV}}{a^2}$$

여기에서 "a"는 원자 직경이고 따라서 10^{15} atom/cm^{2}이다. 참고로 Si(111)면상에서 각각의 표면 원자들은 1개의 끊어진 결합을 갖고 있다. 그러므로 Si(111) 표면의 원자당 표면에너지는 1 eV/a^2 또는 1,700 erg/cm^{2}이다.

기계적인 접근 방법은 γ와 재료의 부피 성질인 영률과 연관지을 수 있다. 영률과 연관된 변형률은 작은 변위에서 명확한 개념이지만, 우리는 이를 굉장히 큰 변위에도 사용하였다. 고체의 탄성 이론에 기반한 작은 변위에 적용가능한 Hooke의 법칙을 어긴 것이다. 두 원자 사이의 힘은 R_f가 약 1 Å 정도만 되어도 거의 0이 된다. R_f의 물리적인 의미는 고체 내에서 원자가 분리되는 거리이다. 만일 두 원자가 R_f 이상의 거리보다 멀어지게 되면 두 원자를 분리하는 데 필요한 에너지는 점차 감소하게 된다. R_f의 유도는 6장에서 다룰 것이다.

표면에너지 γ의 영률 Y 의존성은 표 3.4에 나타내었다. 일반적으로 표면에너지는 영률과

표 3.4 영률 그리고 γ_{LV} 값

Material	Y (dyne/cm²)	γ_{LV} (erg/cm²)
Aluminum	6.0×10^{11}	866
Gold	7.8×10^{11}	1410
Iron (cast)	9.1×10^{11}	1880
Tantalum	18.6×10^{11}	2150

유사한 크기 범위를 갖는다. 정확히 동일하지는 않지만 대략 6~7배 정도의 차이가 존재한다. 이는 재료의 부피 성질인 Y를 표면 성질과 연결시키는 한 가지 방법이다. 표면에너지를 추정하기 위해서 영률을 들여다보고, 이 값은 거의 모든 재료에 대해서 테이블화 되어 있다.

영률과 표면에너지를 연결시키는 또 다른 방법은 3.1절에서 논의된 원자간 포텐셜 에너지와 선형적으로 관련이 있다는 것이다. 간단히 말하면, 부피 계수인 K를 고려해 보자. 이는 영률과 매우 유사하고 정의는 아래와 같다.

$$\Delta p = -K\frac{\Delta V}{V} \tag{3.37}$$

여기에서 ΔV는 압축에서 압력변화 Δp에 따른 부피 변화이다.

만일 단열 압축이 수행된다면(즉 $dQ = 0$), 일정한 엔트로피하에서 열역학 제1법칙으로부터이고

$$K = -V\left(\frac{dp}{dV}\right) = V\left(\frac{d^2E}{dV^2}\right)_s \tag{3.38}$$

이다.

E의 이차 미분을 얻기 위해서

$$\frac{dE}{dV} = \frac{dE}{dr}\frac{dr}{dV}$$
$$\frac{d^2E}{dV^2} = \frac{d^2E}{dr^2}\left(\frac{dr}{dV}\right)^2 + \frac{dE}{dr}\frac{d^2r}{dV^2} \tag{3.39}$$

이다. 만일 부피 $V = N_A r^3$과 결합에너지 $E(r) = 1/2\ n_c N_A \phi(r)$이고 여기에서 ϕ(R)은 원자간 포텐셜 에너지 그리고 만일 $\phi(r)$이 식 (3.7)에 주어진 것과 같이 Lennard-Jones 포텐셜을 따른다면

$$\left(\frac{dr}{dV}\right)^2 = \left(\frac{1}{3N_A r^2}\right)^2 = \frac{1}{9N_A a_0 V}\bigg|_{r=a_0}$$

$$\frac{dE}{dr} = \frac{1}{2}n_c N_A \frac{d\phi(r)}{dr}\bigg|_{r=a_0} = 0$$

$$\frac{d^2E}{dr^2} = \frac{1}{2}n_c N_A \frac{d^2\phi(r)}{dr^2}\bigg|_{r=a_0} = \frac{36n_c N_A \varepsilon_b}{a_0^2} \tag{3.40}$$

그러므로

$$K = \frac{4n_c N_A \varepsilon_b}{V} = \frac{8\Delta E_s}{V} \tag{3.41}$$

여기에서 ΔE_s는 식 (3.11)에 주어진 승화 잠열이다. 그러므로 식 (3.41)에 보여진 바와 같이 K와 ε_b 사이의 선형 관계가 있다. 표면에너지가 ε_b와 비례 관계라는 것은 이미 보였다.

3.9.3 원자적인 접근 방법

열역학이나 기계적인 접근 방법은 모두 표면에너지의 결정학적 방향 의존성을 보여줄 수는 없다. 원자들 사이의 방향 의존성을 드러내는 세 번째 표면에너지 계산 방법은 원자들 사이의 상호작용에 중점을 둔 것이다. 쌍 포텐셜 에너지 ϕ와 원자들의 삼차원 배열 상태를 고려하자. 포텐셜 에너지는 고체 내에서 한 원자와 다른 원자 사이의 결합에너지를 나타낸다.

$$\gamma_0 = \sum_{k \neq 1} \frac{\phi_{kl}}{2A} \tag{3.42}$$

여기에서 γ_0는 벌크에서와 같은 표면 원자의 단위 면적당 총 결합에너지이고 A는 표면에너지이다. 단순 입방정의 경우 각 원자들은 6개의 최인접 원자, 12개의 제2인접 원자, 8개의 제3인접원자 등이 존재한다. 그러므로 벌크로부터 한 개의 원자를 제거하는 데 소요되는 에너지는

$$\phi_0 = 6\phi_1 + 12\phi_2 + 8\phi_3 + K \tag{3.43}$$

이다. 만일 결합이 끊어지면 원자의 포텐셜 에너지는 증가(결합에너지는 감소)가 된다. 표면에너지는 벌크에서와 같은 원자에 비해 여분의 포텐셜를 의미한다. 이 에너지 ϕ_0는 승화에너지 ΔE_s와 관련이 되어 있고 이 에너지는 $\phi_0/2$이다. 짧은 범위의 근사에서 $\phi_0 = 6\phi_1$가 된다.

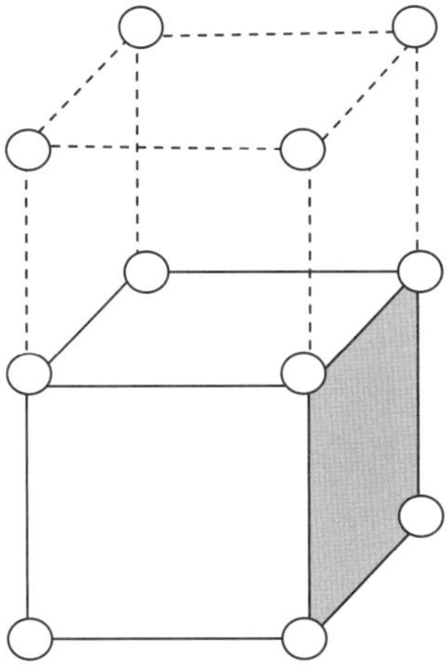

그림 3.8 (100)면을 따라 쪼개진 단순입방정의 개략도

만일 단순입방정이 (100)면을 따라 쪼개진다면(그림 3.8), 단 1개의 최인접 원자, 4개의 제2인접 원자, 4개의 제3인접원자 등등이 끊어지게 된다. 식 (3.43) 표면에 적용될 때는 수정되어야 하고 표면에너지는 벌크 결합에너지 ϕ_0와 다른 값을 갖게 된다. 최인접 원자는 격자상수만큼 떨어져 있고, 제2인접원자는 격자상수의 배만큼 떨어져 있다. 그러므로

$$\gamma_{100} = (\phi_1 + 4\phi_2 + 4\phi_3 + K)\,/a_0^2 \tag{3.44}$$

이고 벌크 결합에너지와 표면 결합에너지와의 차이이고 a_0^2는 표면 원자당 차지하고 있는 면적(area/surface atom)이다.

비율 R은

$$R = \frac{\gamma_{001}}{\gamma_0} = \frac{\phi_1 + 4\phi_2 + 4\phi_3 + K}{6\phi_1 + 12\phi_2 + 8\phi_3} \cong \frac{\phi_1}{6\phi_1} \tag{3.45}$$

이다. 서로 다른 결정면은 서로 다른 표면에너지를 갖고 있음이 명확하다. R은 비표면포텐셜 없이 계산하는 것은 불가능하다. 설명의 목적을 위해서, R을 계산하기 위해서 Lennard-Jones 포텐셜을 이용할 수 있다. $R_{111} < R_{001} < R_{011}$임을 보일 수 있다. 표면에너지를 결정방위에 따라 도시하면 잘 알려진 Wulff 플롯을 얻을 수 있다. 반도체에서는 Lennard-Jones 모델과 같은 단순한 포텐셜 모델이 없다. 여기에서는 단위 면적당 쌍을 이루지 못한 결합수(# of unpaired bonds/cm^2)에 비례한다고 가정하자. Ge과 같은 반도체에 대해서는

$$\text{Ge}(100) = 1.25 \times 10^{15}\text{bond/cm}^2$$

여기에서 표면 원자 한 개당 두 개의 끊어진 결합이 존재한다. 그리고

$$\text{Ge}(111) = 0.72 \times 10^{15}\text{bond/cm}^2$$

여기에서 표면 원자 한 개당 한 개의 끊어진 결합이 존재한다. (111)면이 중요한 면들 중에 가장 낮은 표면에너지를 갖는 면이고 일반적으로 Ge에서 가장 낮은 표면에너지이다. 최인접 원자 결합은 단범위 상호작용에서 지배적인 기여를 한다.

3.10 표면 구조

3.10.1 결정학 및 표기

여기에서 고체의 결정 구조를 간략히 정리하면 표면 위에서 단위 면적당 원자의 수 N_S, 단원자층의 높이 h를 결정할 수 있다. 원자 부피는 결정학의 단위 셀의 값을 이용하지 않고도 구할 수 있다. 원자 밀도 n (atom/cm^3)은 아래와 같이 주어진다.

$$n = \frac{N_A \rho}{A} \tag{3.46}$$

여기에서 N_A는 아보가드로 수, ρ는 g/cm^{3}인 밀도, A는 원자량(양성자와 중성자의 수)이다. 대부분의 전자 재료에서 원자 밀도는 대략 4~9 × 10^{22} atom/cm^{3}이다. 반도체 Si과 GaAs는 각각 5.0과 4.4 × 10^{22} atom/cm^{3}이다. 금속 Al의 원자 밀도는 약 6 × 10^{22} atom/cm^{3}이고, Co, Ni, Cu 등의 금속은 대략 9 × 10^{22} atom/cm^{3}이다. 원자 부피 Ω는

$$\Omega = l/n \tag{3.47}$$

이고, 전형적인 값은 20 × 10^{-24} cm^3 = 0.02 nm^{3}이다. 2.3절을 참조하라.

결정은 공간에서 주기적인 패턴으로 배열된 원자들로 구성되며, 격자점들의 집합에 의해 정의된다. 이 점들의 집합을 포함하는 공간은 크기, 모양, 방위가 동일한 셀들의 세 개의 평면 집합으로 나눌수 있다. 이러한 셀을 단위 셀이라고 부른다. 이 셀의 세 개의 단위 벡터 **a**, **b** 그리고 **c**에 의해 설명되고 이를 결정축이라 하며 각각 세 개의 길이 a, b 그리고 c와 각도들 α, β, γ와 연관되어 있다(그림 3.9 참조). 셀 내의 각 방향은 세 축의 선형 결합으로 설명될

수 있고,

$$r = n_1\mathbf{a} + n_2\mathbf{b} + n_3\mathbf{c} \tag{3.48}$$

이며 여기에서 n_1, n_2, n_3는 정수이다.

모든 가능한 점격자들을 설명하려면 7개의 서로 다른 셀이 필요하다. 이들을 7개의 결정 시스템을 정의하며, 그림 3.9에 도시하였다. 7개의 결정 시스템의 각 단위 셀 모서리는 격자점을 갖는다. 격자점의 정의를 위반하지 않고 단위 셀의 중심이나 셀 면에 한 개 이상의 격

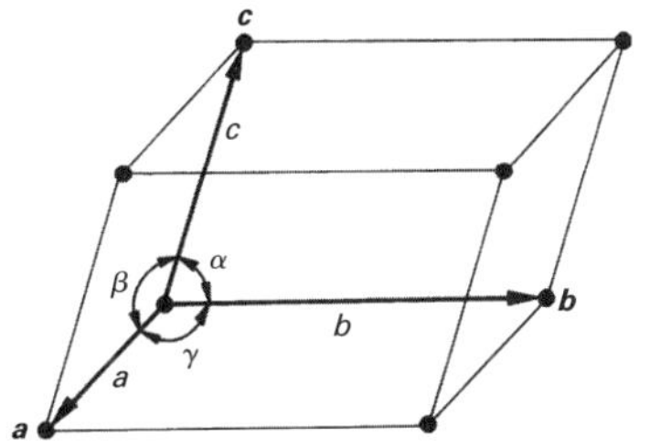

System	Axial Lengths and Angles	Bravais Lattice
Cubic	Three equal axes at right angles, $a = b = c$, $\alpha = \beta = \gamma = 90°$	Simple Body-centered
Tetragonal	Three axes at right angles, two equal, $a = b \neq c$, $\alpha = \beta = \gamma = 90°$	Face-centered Simple Body-centered
Orthorhombic	Three unequal axes at right angles, $a \neq b \neq c$, $\alpha = \beta = \gamma = 90°$	Simple Body-centered Base-centered Face-centered
Rhombohedral*	Three equal axes, equally inclined, $a = b = c$, $\alpha = \beta = \gamma \neq 90°$	Simple
Hexagonal	Two equal coplanar axes at 120°, third axis at right angles $a = b \neq c$, $\alpha = \beta = 90°$, $\gamma = 120°$	Simple
Monoclinic	Three unequal axes, one pair not at right angles, $a \neq b \neq c$, $\alpha = \gamma = 90° \neq \beta$	Simple Base-centered
Triclinic	Three unequal axes, unequally inclined and none at right angles, $a \neq b \neq c$, $\alpha \neq \beta \neq \gamma \neq 90°$	Simple

*Also called trigonal

그림 3.9 단위 격자, 7개 결정 시스템 그리고 14개 Bravais 격자

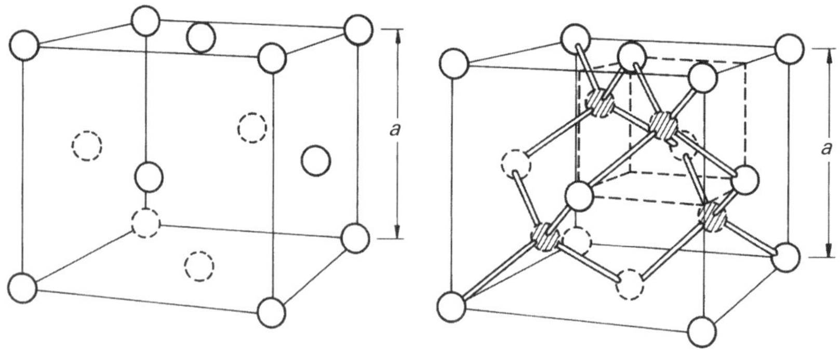

(a) Face-centered cubic (b) Diamond cubic

그림 3.10 격자상수 *a*를 갖는 fcc 격자와 실리콘의 다이아몬드 격자. 빗금친 원자는 GaAs의 섬아연광(zinc blende) 구조에서 Ga을 표기

자점을 배치할 수 있다. 이러한 점들의 배열을 바탕으로 7개의 결정시스템에 대해서 14개의 Bravais 격자를 만들 수 있다. 그림 3.10은 면심입방정(FCC)과 Si와 Ge의 다이아몬드 구조를 도시하였다. 단위 셀 내에서 격자점의 수 n_u는 아래 식에 의해서 구할 수 있다.

$$n_u = n_i + n_f/2 + n_c/8 \tag{3.49}$$

여기에서 n_i는 내부 격자점의 수, n_f는 면에 존재하는 격자점의 수(각 n_f는 두 개의 셀에 의해 공유) 그리고 n_c는 모서리에 있는 격자점(각 n_c 격자점은 8개의 셀에 의해 공유)이다.

그림 3.10에 도시된 fcc 격자의 Bravais 격자를 고려하면 기본 셀(primitive cell, n_u =1) 보다는 일반적인 fcc 셀의 단위 셀을 사용하는 것이 통상적이다. fcc는 입방정($a=b=c$, $\alpha=\beta=\gamma=90°$)이기 때문에 길이 a는 격자상수라 불린다. 면심입방정의 단위 격자에 존재하는 원자들의 수는 $n_i = 0$, $n_f = 6$ 그리고 $n_c = 8$이므로 $n_u = 4$ atom/unit cell이 된다.
2.3절에서 논의된 것과 같이 단위 셀 내에 존재하는 원자의 수로 단위 셀의 부피를 나누면 원자 부피 Ω를 구할 수 있다.

$$\Omega = \frac{a^3}{n_u} \tag{3.50}$$

일반적으로 박막 기술에 사용되는 금속은 면심입방정 구조에 속한다. 예를 들면 Al(a = 0.405 nm) 그리고 Cu(a = 0.365 nm)이다. 그림 3.10에 도시된 면심입방정 구조의 최상부 표면에 존재하는 단일층의 높이는 $a/2$이다.

많은 반도체는 다이아몬드 구조를 갖는데 이는 Bravais 격자가 아니다. 다이아몬드 구조는 한 개의 격자점에 두 개의 원자가 존재하는 두 개의 면심입방정이 서로 얽혀 있는 구조로 생각할 수 있다. Si의 결정 구조는 상온에서 격자상수 a = 0.543 nm를 갖는 다이아몬드 구조이다. 다이아몬드 격자의 단위 셀당 원자의 수는 n_i = 4, n_f = 6 그리고 n_c = 8로부터 구할 수 있다.

$$n_u = 4 + 6/2 + 8/8 = 8 \text{ atom/unit cell} \tag{3.51}$$

그림 3.10의 Si 표면에 원자들의 단일층의 높이 h는 $a/4$가 된다. 단위 부피당 원자수(atoms/cm^3) n은

$$n = \frac{n_u}{a^3} \frac{\text{atom}}{\text{unit cell}} \tag{3.52}$$

Si에 대하여 $n = 8/(0.543 \times 10^{-7})^3 = 5 \times 10^{22}$ atom/cm^{3}이고 식 (3.52)와 식 (3.46)과 동일한 결과를 보인다. 결정 표면에서 단위 면적당 존재하는 원자의 수 N_s (atom/cm^2)을 결정하기 위해서는 주어진 결정 방향에 대한 단위 셀당 표면 원자수를 표면 셀 면적으로 나누면 얻을 수 있다. 예를 들어 그림 3.10에 도시된 Si 격자의 표면에서 a^2의 면적과 단위 격자당 2개의 원자(중앙에 1개와 4개의 이웃한 셀과 공유된 4개의 모서리 원자들은 각 원자당 1/4씩 기여)를 갖는다. 그러므로 $N_s = 2/a^2$. N_s와 h의 값은 결정 구조와 표면 면의 방향에 의존한다.

GaAs와 AlSb 등의 III-V족 화합물과 ZnS 등의 II-VI 화합물등의 다이아몬드 격자와 매우 유사한 구조인 섬이연광(Zinc Blende) 구조를 갖는다. 섬이연광 구조에서 정육면체 단위 셀 내에 존재하는 원자들은 모서리에 존재하는 원자들과 다르나 원자 위치와 적층 순서 등은 다이아몬드 구조와 동일하다. 그림 3.10에 도시한 섬아연광 면심입방 아격자(sublattice) 중의 하나는 한 개의 원소 ,즉 빗금친 원자(예를 들면 Ga)와 다른 아격자는 다른 원소(예를 들면 As)로 이루어진다.

3.10.2 방향과 면

격자의 어떤 선의 방향은 주어진 선에 평행 원점을 통과하도록 선을 그린 다음 선 위에 존재하는 어느 지점의 좌표를 할당하여 설명 될 수 있다. 만일 선이 원점과 좌표상의 점 u, v, w를 지나면 그 방향은 대괄호 안에 표기하고 방향$[uvw]$으로 방향의 지수를 표시한다. 여기에서 u,v,w는 정수일 필요는 없다. 선은 $2u$, $2v$, $2w$ 그리고 $3u$, $3v$, $3w$ 등도 통과하기 때문에 일반

표 3.5 결정학 시스템에서 방향과 면의 표기

A. Directions: line from origin to point at u, v, w
1. Specific directions are given in brackets [uvw].
2. Indices uvw are the set of smallest integers. $[\frac{1}{2}\ \frac{1}{2}\ 1]$ goes to [112].
3. Negative indices are written with a bar.
4. Directions related by symmetry are given by ⟨uvw⟩.

B. Planes: plane that intercepts axes at 1/h,1/k,1/l
1. Orientation is given by parentheses (hkl).
2. hkl are Miller indices.
3. Negative indices are written with a bar.
4. Planes related by symmetry are given by {hkl}.

C. In cubic systems: bcc, fcc, diamond
1. Direction [hkl] is perpendicular to plane (hkl).
2. Interplanar spacing: $d_{hkl} = a/\sqrt{h^2 + k^2 + l^2}$

적으로 u,v,w를 가장 작은 수의 정수의 모음으로 표시한다.

격자에서 평면의 방향들은 밀러 지수(Miller Indices)로 정의할 수 있다. 면의 밀러 지수는 면이 결정축과 만나는 절편의 역수로 표시할 수 있다. 표 3.5는 결정 시스템에서 사용되는 방향과 평면을 나타내는 데 사용하는 규칙을 제공한다. 이러한 규칙에서 면이 축과 평행하면 만나는 점은 무한대이고, 무한대의 역수는 0으로 면을 나타내는 데 이 수를 사용한다.

그림 3.11은 전자 재료에서 가장 많이 언급되는 세 개의 격자면을 나타낸 것이다. 결정면들은 일반적으로 (hkl)로 쓴다. (hkl)은 $(\bar{h}\,\bar{k}\,\bar{l})$과 평행하고 원점의 반대편에 존재한다.

3.10.3 표면 재구성

원자들의 표면 층 구조는 결정 기판과 다른 구조를 일반적으로 갖는다. 표면은 재구성되어(그림 3.12) 표면 원자들끼리 서로 결합들을 공유한다. 이러한 재구성은 벌크 결정의 아래 부분에 존재하는 원자들과는 상이한 주기성을 갖는 이차원 대칭을 보인다. 표면 원자들은 또한 새로운 평형 위치를 찾아서(이완, relaxation) 원자의 첫 번째, 두 번째 사이의 면간 거리를 변화시킨다. 이완은 결합각을 바꾸지만 아래에 있는 최인접 원자수와 표면 원자들의 회전 대칭은 밑에 있는 원자들과 같다. 표면 구조는 주사 터널 현미경(Scanning Tunneling Microscopy, STM)으로 직접 관찰할 수 있다.

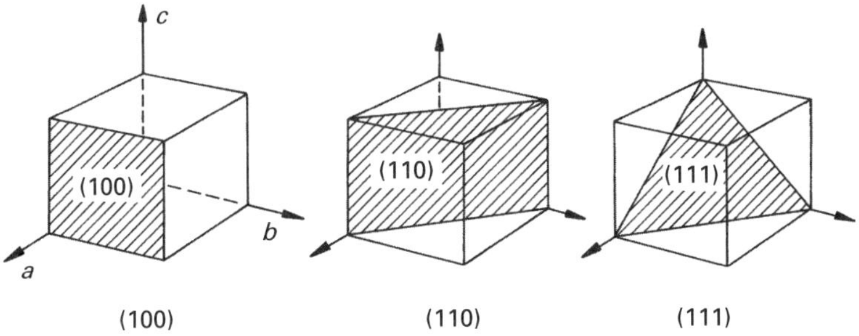

그림 3.11 입방 구조에서 3개의 주평면

그림 3.12 Si (100) 표면에서 표면 재구축(reconstruction)

그러나 표면 구조를 설명하는 데 사용되는 표기법은 저에너지전자회절(Low-Energy Electron Diffration, LEED)에 기초한다. LEED에서 10~500 eV영역의 매우 잘 제어된 에너지를 갖는 전자와 진행 방향들은 결정면에 의해 회절이 일어난다. 낮은 에너지 전자들은 표면의 각 원자들에 의해 주로 산란되고 파동 간섭 때문에 형광 스크린 상에 일정한 규칙성을 갖는 점들을 보여준다. 이 패턴 내의 점들은 반복적인 표면 구조에 존재하는 2차원 역격자들의 점과 일치한다. 다른 회절 실험과 마찬가지로 LEED 패턴은 표면 단위 셀의 크기와 방향에 의해 결정되는 표면의 주기성을 보여주는 역격자 지도이다. 비록 LEED 패턴에 기초하여 원자의 위치를 정하는 것이 고유한 것은 아니지만 원자의 실제 공간 구성으로부터 LEED 패턴의 대칭성을 예측할 수 있다. 그림 3.13은 입방 결정의 (100)면의 패턴의 예를 보여준다. 그림에서 p는 단위셀이 기본(primitive) 셀임을 의미하므로 $p(2\times2)$의 LEED 패턴은 여분의 중간 점들이 존재한다. c는 홰절 패턴에서 1/2, 1/2인 중앙에서 추가적인 산란이 발생함을 뜻한다.

일반적으로 표면의 주기성 변화는 새로운 2차원 대칭성 관점에서 쉽게 관찰되고 해석되는 산란 패턴 변화를 만든다. 예를 들면 기체가 결정 표면에 흡착된 경우에 이러한 변화들은 자주 관찰된다. 전자 산란은 오염이 없는 기판이 후속 결정성장에서 필수적인 공정에 사용되는 초고진공의 챔버에서 표면 청결도를 평가하는 데 사용된다.

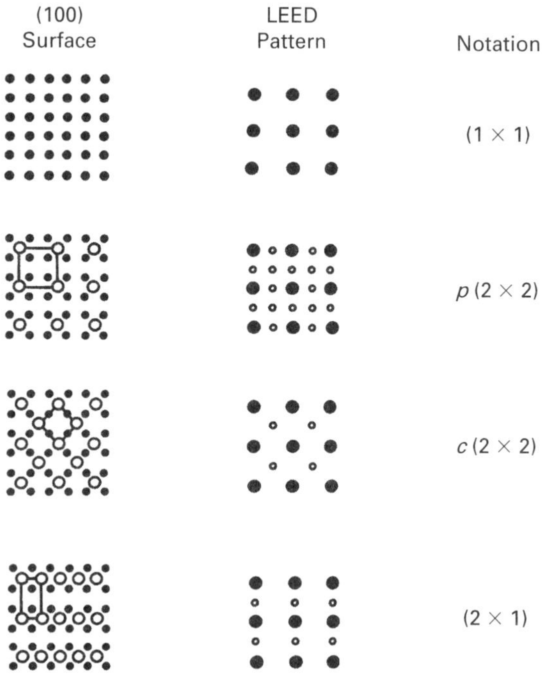

그림 3.13 서로 다른 원자 배열을 갖는 입방 결정의 (100)면과 이에 대응하는 역격자 공간에서 LEED 패턴. 패턴의 표기가 적시되었다.

참고문헌

[1] B. H. Flowers and E. Mendoza, *Properties of Matter* (Wiley, New York, 1970).

[2] D. L. Goodstein, *States of Matter* (Prentice-Hall, Englewood Cliffs, NJ, 1975).

[3] P. Haasen, *Physical Metallurgy* (Cambridge University Press, Cambridge, 1978).

[4] C. Kittel, *Introduction to Solid State Physics*, 6th edn (Wiley, New York, 1986).

[5] C. Kittel and H. Kroemer, *Thermal Physics*, 2nd edn (W. H. Freeman, New York, 1980).

[6] A. Guinier and R. Jullien, *The Solid State* (Oxford University Press, Oxford, 1989).

[7] A. B. Pippard, *The Elements of Classical Thermodynamics* (Cambridge University Press, Cambridge, 1966).

[8] R. E. Hummel, *Electronic Properties of Materials*, 3rd edn (Springer, New York, 2001).

[9] W. D. Callister, Jr., *Materials Science and Engineering an Introduction*, 5th edn (Wiley, New York, 2000).

[10] H. Udin, "Measurement of solid/gas and solid/liquid interfacial energies", in *Metal Interfaces* (American Society for Metals, Cleveland, OH, 1952).

[11] L. E. Murr, *Interfacial Phenomena in Metals and Alloys* (Addison-Wesley, Reading, MA, 1975).

[12] G. A. Somorjai, *Chemistry in Two Dimensions: Surfaces* (Cornell University Press, Ithaca, NY, 1981).
[13] A. W. Adamson, *Physical Chemistry of Surfaces*, 4th edn (Wiley, Newark, NJ, 1982).
[14] A. Zangwill, *Physics at Surfaces* (Cambridge University Press, Cambridge, 1988).
[15] A. P. Sutton and R. W. Balluffi, *Interfaces in Crystalline Materials* (Oxford University Press, Oxford, 1995).
[16] J. A. Venables, *Introduction to Surface and Thin Film Processes* (Cambridge University Press, Cambridge, 2000).

연습문제

3.1 열팽창과 비조화성(anharmonicity) 사이의 관계를 설명하라.

3.2 Ge은 원자 밀도 4.2 × 10^{22} atom/cm^{2}인 다이아몬드 격자구조를 갖는다. 반면에 Al은 원자 밀도 6.02 × 10^{22} atom/cm^{3}인 fcc 격자구조를 갖는다. 두 물질에 대해서 다음을 답하라.
(a) 격자상수 a를 구하라.
(b) (100)면 위에 존재하는 원자 수/cm^{2}를 구하라.
(c) 격자상수 a로 단원자층의 높이를 구하라.
(d) 격자상수 a로 원자 부피를 구하라.

3.3 다이아몬드 격자 (111)면 위 원자의 표면 밀도 N_s를 격자상수 a로 나타내라.

3.4 Si은 격자상수 a = 0.543 nm이다. Si (100)표면에서 원자의 표면 밀도는 얼마인가? 그리고 단원자층 단차 높이 h가 50 nm마다 형성되기 위한 미시컷 각도 $\Delta\theta$는 얼마인가? 만일 구조가 fcc 또는 단순입방정이라면 격자상수로 미스컷 각도를 나타내라. 단차 길이와 관계는 $L_0 = h / \tan\theta$이다.

3.5 니켈은 원자밀도가 9.14 × 10^{22} atom/cm^{3}이고, 원자량 = 58.73 g/mol, 그리고 밀도 = 8.91 g/cm^{3}인 fcc 결정구조를 갖는 금속이다.
(a) 격자상수 a, 단원자층 높이 h, 그리고 원자 부피 Ω를 각각 구하라.
(b) (110)면 위에 존재하는 단위 면적당 원자 수(atom/cm^2)를 격자상수로 나타내라.

3.6 (a) Al은 격자상수 a = 0.405 nm를 갖는 fcc 결정구조를 갖는다. (100), (110) 그리고 (111)면간 거리를 구하라.
(b) x축과 a, y축과 $2a$ 그리고 z축과 $2a$에서 만나는 면의 밀러 지수를 구하라.

3.7 (a) 300 K에서 N_i (T_m = 1453°C)의 γ 표면장력을 계산하라.
(b) Si 위에 증착된 Ni 또는 Ni 위에 증착된 Si는 클러스터를 형상하는가? 두 경우에서 균질하게 접합된 층이 형성되면 그 이유를 설명하라.

(c) Ag (T_m = 962°C)는 Cu 위에서 젖음성이 양호하다. 교재에서 논의된 SnBi 솔더와 비교하여 Cu 홀(d = 0.5 mm)은 Ag 솔더를 얼마나 끌어 올리겠는가(접촉 각도 θ = 40°이고 Ag이 밀도 = 10.5 g/cm^3) ?

3.8 ε_b = 0.47 eV/atom인 Au에 대해서 r = 0.8 a_0부터 r = 4 a_0까지 Lennard-Jones 포텐셜을 도시하라.

3.9 6.0 × 10^{22} atom/cm^{3}와 (100) 표면에너지가 0.5 eV/atom인 Au fcc 금속에서 아래를 구하라.

(a) 승화의 잠열 ΔE_s을 구하라.

(b) 원자간 포텐셜 에너지 ε_b를 구하라.

3.10 액체 기둥 측정에서 기둥 높이 h = 1.2 × 10^{-2} m, 접촉각 θ = 0°, 반경 r = 5 × 10^{-14} m이고 벤젠 밀도 = 800 kg/m^3(공기와 공기의 밀도 영향은 무시한다)이면, 액체 상태 벤젠의 표면장력을 구하라. 이 값을 표 3.2의 값과 비교하라.

3.11 어떤 fcc 금속에서, 최인접 결합에너지의 1차항(ϕ_1)과 2차항(ϕ_2)을 고려하여 (111)과 (100) 표면에서 표면에너지의 비율 $\gamma_{111}/\gamma_{100}$을 구하라. 여기에서 $\phi_2 = \frac{1}{2}\phi_1$을 가정한다.

3.12 두 개의 탄성적으로 등방성을 갖는 fcc 금속 A와 B가 아래 표의 성질을 갖는다.

	a (nm)	*Y* (10^{12} dyne/cm^2)
A	0.566	1.03
B	0.543	1.30

(a) $R_F = a$를 가정하여, 표면에너지 γ를 구하라.

(b) 어떤 물질이 다른 물질에 젖을 수 있는가?

3.13 표 3.2에서 γ의 값들을 이용하여, 고체 NaCl 위에 존재하는 액체 Hg 방울에 대하여 다음을 답하라.

(a) 표면장력 γ로부터 접촉각 θ = 80°임을 알 수 있다.

(b) 허용 가능한 최대 표면장력과 최소 접촉각을 구하라. 그리고 (b)에 대한 답을 (a)와 비교하라.

3.14 만일 기판 표면 위에 액체 방울이 존재한다면 아래 조건에서 접촉 저항의 범위를 구하라.

(a) $\gamma_{LV} > \gamma_{SV} > \gamma_{SL}$

(b) $\gamma_{LV} > \gamma_{SV} = \gamma_{SL}$

(c) $\gamma_{LV} = \gamma_{SV} < \gamma_{SL}$

3.15 밀도가 8.93 g/cm^{3}이고, 원자량이 63.55 (g/mol)인 Cu에 대해서 원자 밀도 n과 격자 상수 a를 구하라. 표 2.1을 이용하여 (100) 표면에 대해서 고체-기체 사이의 표면장력과 승화열(eV/atom)을 구하라.

3.16 0.01 cm 반경과 밀도가 19.3 g/cm^{3}인 Au 와이어의 제로 크립 측정을 위한 길이는 얼마인가? 표 2.1에서 표면에너지 값을 이용하고 결정립계의 영향은 무시하라.

3.17 그림 3.4에 나타낸 것과 같이 모자 모양 모서리에서 표면장력을 갖는 "원형 모자" 모양을 갖는 액체 방울을 고려하자.

(a) 계의 총 표면에너지가 아래와 같음을 증명하라.

$$E_T = (\gamma_{SL} - \gamma_{SV})\left[\frac{6V - \pi h^3}{3h}\right] + \gamma_{LV}\left[\frac{2V}{h} + \frac{2\pi h^2}{3}\right] + \gamma_{SV}A$$

이 식에서 액체 방울의 부피 $V = \pi/6(h^3 + 3ha^2)$ 또는 $V = (\pi h^2/3)(3R-h)$이고 A는 넓적한 판 모양의 총 면적이다. 이와 같은 원형 모자 모양의 표면적은 $S = 2\pi Rh$이고 $R = (a^2+h^2)/2h$이다.

(b) 표면에너지가 최솟값을 가질 조건 $dE_T/dh = 0$(단, V와 A는 일정)은 아래의 결과를 얻게 됨을 보여라.

$$h^3 = \frac{3V}{\pi}\frac{(\gamma_{SL} + \gamma_{LV} - \gamma_{SV})}{(-\gamma_{SL} + 2\gamma_{LV} + \gamma_{SV})}$$

04 고체에서 원자 확산

4.1 서론

박막에서 원자의 확산 또는 재배열은 마이크로 전자 소자 제조와 신뢰성에서 기본적인 운동역학 과정이다. 순수한 Si은 n형과 p형 도펀트를 Si 내에 확산하여 전기적으로 활성화시키기 전까지는 유용하지 않다. 사실 트랜지스터, 즉 Si에서 p-n 접합의 원하는 거동은 Si 내에 전자와 홀의 운동을 이끄는 빌트인 포텐셜(built-in potential)을 얻기 위해 n형 그리고 p형 도펀트의 비균질 분포로 얻어진다. 그러므로 Si 내에 도펀트의 확산은 마이크로 전자 소자의 특성과 소자 제작 공정에 매우 중요한 주제이다. 실제로 Si 소자 내의 접합 형성 시 도펀트 확산 프로파일을 전산모사와 분석할 수 있는 매우 복잡한 프로그램이 존재한다.

전통적인 야금학에서 대장장이는 숯 연소실에 철 막대를 삽입하여 탄소의 기체 상이 철 내로 확산해 들어가도록 하였다. 일반적으로 확산 시간은 로 내에서 수 분 정도 가열하는 정도로 짧았고 대장장이가 뜨겁게 달구어진 철 막대기를 꺼내서 망치로 때리는 것은 철 막대기 내에 탄소를 균일하게 분포시키기 위해서이다. "열과 두드림"의 과정은 철 내로 탄소를 확산시키고 재배열시켜 Fe-C 합금을 만들게 된다.

이 장에서는 결정 격자에서 미시적인 원자의 움직임을 Ficks의 제1법칙과 제2법칙에 의해 표현되는 거시적인 확산 거동과 연관지을 것이다. 고체에서 원자의 확산을 분석하기 위해서 fcc 금속에서 확산의 공공 기구를 고려할 것이다[1-11]. 해석 모델을 설명하기 위하여 다음을 가정하자.

(1) 열적으로 활성화된 단분자(unimolecular) 과정이다. 단분자 과정에 의해서 확산과정에서 한 개의 원자의 점프를 고려할 것이다. 이는 두 원자들의 충돌에 의해서 일어나는 기체의 확산과정과 상이하다. 그리고 암염 형성과 같이 액체 용액에서 일어나는 화학반응 시 Na와 Cl 두 원자의 충돌이 일어나는 이분자 과정(bimolecular process)과도 상이하다.

(2) 결함이 매개가 되는 과정이다. 여기에서 결함은 공공 또는 비어있는 격자점이다. 공공은

열 평형 결함이므로 원자 확산이 일어나도록 고체 내에는 일정 수준의 공공 평형 농도가 늘 존재한다. 원자 확산은 공공과 이웃한 원자 사이의 격자 자리 위치를 교환하는 과정에서 일어난다. 공공 농도는 부록 B 참조하라.

(3) 열 활성화 공정은 활성화 상태를 지나기 위해서 활성화에너지가 필요하다. 활성화 상태의 분포는 천이 상태 이론에 기반한 볼츠만 평형 분포함수를 따른다고 가정한다. 그러므로 볼츠만 분포함수는 활성화 상태를 나타내는 데 사용된다.

(4) 고체 확산에서 구동력이 작기 때문에 역방향의 점프 확률은 크다고 가정되므로 역방향 과정을 고려하여야만 한다. 한 원자와 한 공공이 자리를 교환한 후 다시 원래 자리로 돌아갈 확률은 높다.

(5) 통계적으로 원자 확산은 무작위 거동(random walk) 원리를 따른다.

(6) 원자의 장범위 방향성 확산은 구동력을 필요로 한다.

4.2 점프 주파수와 확산 플럭스

그림 4.1은 사각형 격자의 2차원 배열을 도시한 그림이다. 몇 가지의 확산 기구가 묘사되었다. (a) 비어 있는 이웃한 격자점으로 이동에 의한 원자 확산, (b) 침입형 원자가 이웃한 침입형 자리로 이동, (c) 침입형 원자가 이웃한 원자를 밀어내어 격자점에서 침입형 자리로 이동, (d) 두 이웃한 원자가 자리의 맞교환, (e) 4개의 원자가 링 형태로 자리 교환하는 방법 등을 도

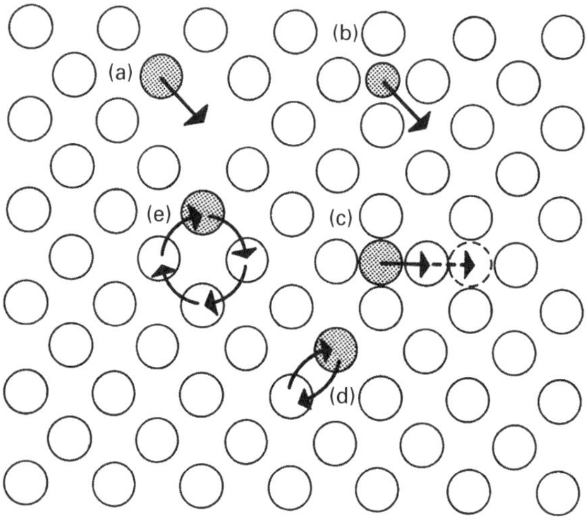

그림 4.1 격자 2차원 배열의 개략도

시하였다. 마지막 두 기구인 (d)와 (e)가 일어나기 위해서는 매우 높은 에너지가 필요하므로 고려의 대상이 아니다. 이후에 (a)에 나타난 공공 기구에 대해 고려하는데 이는 금속 확산에서 가장 일반적이고 이론적인 분석과 이해를 위하여 가장 많은 데이터를 확보하고 있기 때문이다.

확산의 개념도를 정량화하기 위하여 단순한 1차원의 경우와 두 원자 사이에 쌍 포텐셜 그래프를 반복해서 원자의 최소 포텐셜 에너지를 그림 4.2(a)에 도시하였다. 2장에서 두 원자 사이에 쌍 포텐셜 에너지 곡선을 논의하였다. 일련의 원자들에 대하여 만일 모든 두 원자 사이에 쌍 포텐셜 에너지를 그린다면 그림 4.2(b)에 도시된 주기적인 포텐셜 에너지 곡선을 얻을 수 있다. 확산을 설명하기 위하여 위치 A와 B에 각각 원자와 공공이 존재한다고 가정하자. 공공 주변 원자들의 이완 또는 응력이 없는 변형 등은 무시한다.

평형에서 A에 위치한 원자는 B 자리에 존재하는 이웃한 공공과 포텐셜 에너지 장벽을 뛰어넘어 자리 교환을 시도한다. 이때 단위 시간당 점프 시도 횟수(frequency)를 v_0라 한다. 단위 시간당 성공적인 자리교환 횟수 또는 교환 점프 주파수는 볼츠만 분포함수를 기초로 하여 다음과 같이 주어진다.

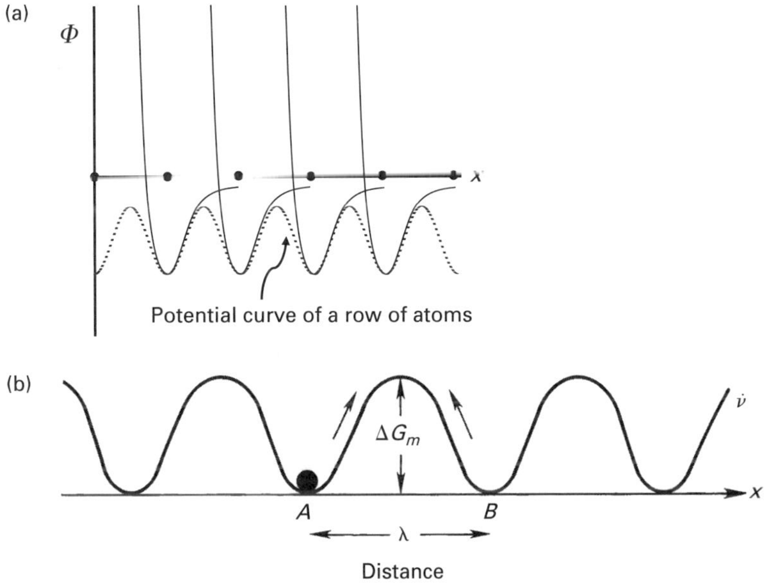

그림 4.2 (a) 그림 3.1(a)의 두 원자 사이 포텐셜 곡선을 반복하여 한 행의 원자들에 대한 포텐셜 곡선을 간단한 일차원 형식으로 도시한 개략도. (b) (a)에서 점선으로 나타낸 것과 같이 한 행의 원자들에 대한 주기적 포텐셜 곡선

$$\nu = \nu_0 \exp\left(\frac{-\Delta G_m}{kT}\right) \tag{4.1}$$

여기에서 ν_0는 단위 시간당 시도 횟수이고, ν는 단위 시간당 자리교환 성공 횟수, 그리고 ΔG_m은 자리교환을 위한 활성화에너지(포텐셜 장벽의 고점까지의 에너지)이다. 동일한 단위 시간당 시도 횟수만큼 역방향으로의 시도 횟수가 존재할 것이다. 평형에서 그러한 확산은 격자 내에서 공공의 무작위 거동(random walk)이 된다.

방향성을 갖는 확산을 얻기 위해서는 주어진 방향으로 확산이 일어나도록 하는 구동력이 필요하다. 이는 그림 4.3에 도시된 것과 같이 포텐셜 에너지의 기준선을 경사지게 하여 나타낼 수 있다. 경사의 도입은 포텐셜 에너지 기울기를 만들게 되고 원자는 왼쪽에서 오른쪽으로 이동하는 경향이 더 높게 나타난다. 힘은 포텐셜 기울기 또는 포텐셜 에너지 곡선의 기울기이다.

$$F = -\frac{\Delta\mu}{\Delta x} = \tan\theta$$

여기에서 $\tan\theta$는 기준선의 기울기이고 그림 4.3에 도시된 바와 같이 $\Delta\mu/\Delta x$와 같다. 만일 원자 간격 또는 점프 거리를 λ라고 한다면 기울기 각도인 θ는 공공 내로 원자가 점프하는 것을 도와주도록 $\Delta\mu$만큼 포텐셜 에너지를 높이게 된다. $\Delta x = \lambda/2$라면,

$$\Delta\mu = \Delta x(\tan\theta) = \frac{\lambda}{2}\tan\theta = \frac{\lambda F}{2}$$

가 된다. 다시 말하면, 기준선을 기울게 하는 구동력 F하에서(F의 물리적 의미는 추후에 논의할 것이다) 정방향으로 시간당 점프 성공 횟수가 증가하게 되며,

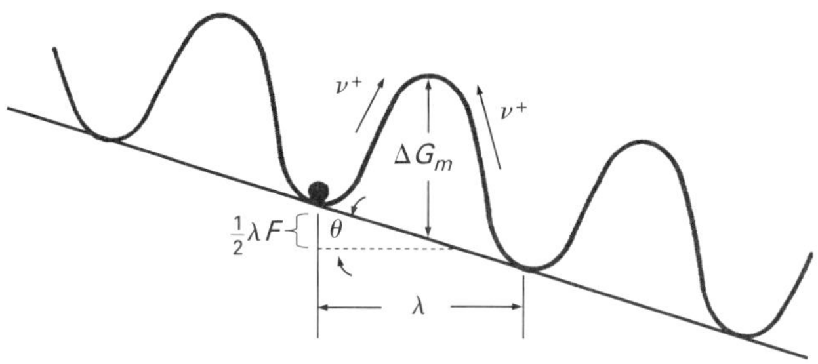

그림 4.3 방향성 확산을 갖기 위하여 주어진 방향으로 확산에 대한 구동력을 도입하여야 한다. 이는 포텐셜 에너지 기준선을 기울여 나타낼 수 있다. 기울임의 도입은 포텐셜 에너지 기울기를 만들고, 이 기울기가 확산의 구동력이다.

$$\nu^+ = \nu_0 \exp\left(\frac{-\Delta G_m + \Delta\mu}{kT}\right) = \nu \exp\left(+\frac{\lambda F}{2kT}\right) \quad (4.2)$$

역방향 점프의 시간당 성공 횟수는 감소하게 되며,

$$\nu^- = \nu_0 \exp\left(\frac{-\Delta G_m - \Delta\mu}{kT}\right) = \nu \exp\left(-\frac{\lambda F}{2kT}\right) \quad (4.3)$$

그리고 시간당 점프 순성공 횟수는

$$\nu_n = \nu^+ - \nu^- = 2\nu \sinh\left(\frac{\lambda F}{2kT}\right) \quad (4.4)$$

이다. "선형화 조건"을 만족하는 경우를 고려하면,

$$\frac{\lambda F}{kT} \ll 1$$

이다. x가 매우 작을 때 $\sinh x = x$로 근사할 수 있다. 그러고 나서 단위 시간당 점프 순성공 횟수 ν_n은 구동력 F에 선형적으로 비례한다.

$$\nu_n = \nu \frac{\lambda F}{kT} \quad (4.5)$$

이제 드리프트 속도를 정의하자. 드리프트 속도는 단위 시간당 점프 성공횟수에 점프 거리를 곱한 값이다. 드리프트 속도의 물리적인 의미는 구동력 하에서 고체 내에 존재하는 모든 평형 공공이 구동력의 방향으로 단위 시간당 순 성공횟수만큼 이웃한 원자와 위치 교환을 이루게 되어 구동력 방향으로 속도만큼 원자의 플럭스가 발생하는 것이다.

$$v = \lambda \nu_n = \frac{\nu\lambda^2}{kT} F \quad (4.6)$$

원자 플럭스 J는

$$J = Cv = \frac{C\nu\lambda^2}{kT} F = CMF \quad (4.7)$$

원자 플럭스 J는 구동력 F에 "선형적"으로 비례한다. $v = MF$이기 때문에 M은 원자의 이동도(mobility)라 부르고 $M = \nu\lambda^2/kT$이다. 이동도의 단위는 $cm^2/J\ s$ 또는 $cm^2/eV\ s$이다. 여기에서 e는 전하량이고 V는 볼트이고 eV는 전자볼트이다. kT가 에너지이므로 kT의 단위는 주울 또는 eV이다.

비교를 위하여 전하의 전도에서 전하의 이동도 단위는 $cm^2/V\ s$이고 $cm^2/eV\ s$는 아니다. 이는 전기 전도에서 전하 캐리어 플럭스 또는 전류밀도 $j = -\sigma\ (d\phi/dx)$이고 여기에서 σ는 전기 전도도이고 ϕ(또는 V)는 전기적 포텐셜이다. 그러므로 전기력은 $d\phi/dx$로 정의되어야 하지 $d(e\phi)/dx$는 아니다. 그러므로 이동도에서 전하 e는 사라지게 되고 전기 이동도의 단위는 $cm^2/V\ s$가 된다.

4.3 Fick의 제1법칙(플럭스 식)

장(field)에서 구동력의 물리적인 의미는 포텐셜 에너지의 기울기로 정의된다.

$$F = -\frac{\partial \mu}{\partial x}$$

원자 확산에서 μ는 확산장에서 화학 포텐셜이고 일정한 온도와 일정한 압력에서

$$\mu = \left(\frac{\partial G}{\partial C}\right)_{T,p}$$

여기에서 G는 깁스 자유에너지이고 C는 농도이다. 이상적인 희박 고용체에 대하여 (후에 이 식을 유도할 것이다)

$$\mu = kT \ln C$$

$$F = -\frac{\partial \mu}{\partial C}\frac{\partial C}{\partial x} = -\frac{kT}{C}\frac{\partial C}{\partial x}$$

$$J = \frac{C\nu\lambda^2}{kT}F = \frac{C\nu\lambda^2}{kT}\left(-\frac{kT}{C}\frac{\partial C}{\partial x}\right) = -\nu\lambda^2\left(\frac{\partial C}{\partial x}\right) = -D\left(\frac{\partial C}{\partial x}\right) \tag{4.8}$$

그러므로 확산에서 Fick의 제1법칙을 얻게 된다.

$$\frac{J}{-(\partial C/\partial x)} = D = \upsilon\lambda^2$$

여기에서 D는 확산계수[diffusion coefficient 또는 확산도(diffusivity)]이고 단위는 cm^2/s이다. 그리고 $M = D/kT$이다. 위에서 원자의 점프와 확산에서 Fick의 제1법칙을 연결하고 2장에서 논의된 플럭스 식 $J = Cv$와 Fick의 제1법칙 $J = -D(dC/dx)$인 두 개의 플럭스 식을 연관시켰다.

계속하기 전에 이상 희박 용액에서 포텐셜 $\mu = kT \ln C$가 어떻게 구해졌는지 보일 것이다. 열역학에서 이상 용액은 두 원소를 혼합할 때 혼합 엔탈피는 0이고 혼합 엔트로피는 이상적인 값을 갖는다.

$$\Delta H = 0 \text{ 그리고 } \Delta S = -k[C \ln C + (1 - C) \ln(1 - C)]$$

$\Delta G = \Delta H - T\Delta S$이므로 포텐셜은 ΔG를 미분하여 얻을 수 있고 희박 용액이므로 $C \ll 1$이 된다. 그러므로

$$\mu = \left(\frac{\partial \Delta G}{\partial C}\right)_{T,p} = kT \ln C \tag{4.9}$$

4.4 확산도

위 식의 유도에서 그림 4.1에 도시된 바와 같이 확산되는 원자는 이웃한 공공을 갖는다고 가정하였다. 격자에 존재하는 대부분의 원자에 대해서 최인접 자리에 공공을 갖고 있지 않으므로 앞의 가정은 대부분의 원자에서 사실이 아니다. 그러므로 고체에서 원자가 이웃한 자리에 공공을 가질 확률을 정의하여야 한다.

$$\frac{n_v}{n} = \exp\left(-\frac{\Delta G_f}{kT}\right) \tag{4.10}$$

여기에서 n_v는 고체 내에 존재하는 공공의 총 수이고, n은 고체 내의 격자점에 존재하는 총 원자 수이고, ΔG_f는 공공 형성 깁스 자유에너지이다. fcc 금속에서 격자 원자들은 12개의 최인접 격자점을 갖기 때문에 특정원자가 이웃한 자리에 공공을 가질 확률은

$$n_c \frac{n_v}{n} = n_c \exp\left(-\frac{\Delta G_f}{kT}\right)$$

이고, 여기에서 $n_c = 12$로 이웃한 최인접 격자점 수이다.

다음은 fcc 격자에서 상관계수(correlation factor)를 고려하여야 한다. 상관계수의 물리적 의미는 역방향 점프가 일어날 확률이다. 원자가 이웃한 공공과 자리를 교환한 후에 활성화된 상태가 이완(relax)되기 이전에 원래의 위치로 돌아갈 높은 확률을 갖는다. 계수 f는 0~1 사이의 값을 갖는다. $f = 0$이면 역방향 점프가 100% 일어나고 원자와 공공은 자리교환이 정방향과 역방향으로 일어나 랜덤워크(random walk)가 전혀 일어나지 않고 상관워크(correlated walk)가 일어난다. $f = 1$이면 점프 후에 원자는 원래 위치로 돌아가지 않는다. 이는 다음 점프가 이웃한 원자에 공공이 무작위로 존재할 확률에 의존하기 때문에 랜덤워크가 되고, 공공은 12개의 이웃한 원자 중 한 개와 무작위적으로 자리를 교환하게 된다. fcc 금속에서 $f = 0.78$이므로 점프의 약 80% 정도가 랜덤워크가 되고 약 20% 정도가 상관워크가 된다. 마지막으로 확산도는 다음과 같이 주어진다.

$$D = fn_c\lambda^2\nu_0 \exp\left(-\frac{\Delta G_m + \Delta G_f}{kT}\right)$$
$$D = fn_c\lambda^2\nu_0 \exp\left(\frac{\Delta S_m + \Delta S_f}{k}\right)\exp\left(-\frac{\Delta H_m + \Delta H_f}{kT}\right) = D_0 \exp\left[-\frac{\Delta H}{kT}\right] \quad (4.11)$$

그러므로

$$D_0 = fn_c\lambda^2\nu_0 \exp\left(\frac{\Delta S_m + \Delta S_f}{k}\right) \quad (4.12)$$

가 되고

$$\Delta H = \Delta H_m + \Delta H_f$$

이다.

4.5 Fick의 제2법칙(연속방정식)

Fick의 제1법칙 또는 플럭스 식 (4.8)을 일정한 구동력하에서 유도하였다. 식은 일정한 화학 포텐셜 또는 일정한 농도구배에서 확산 현상을 설명하고 시간에 무관한 일정한 플럭스를 갖는다. 그러나 대부분의 확산 문제에서 원자 플럭스는 위치와 시간에 따라서 변한다. Fick의 제1법칙은 위치와 시간에 따라서 플럭스가 변하는 또는 구동력이 변하는 확산에 대해서는 설명할 수 없다. 단순한 예는 물속에 잉크 한 방울을 떨어뜨리는 것이다. 잉크는 퍼질 것이고 종국에는 물속에서 균질화될 것이며, 이 과정 동안 잉크의 농도와 농도구배는 시간과 위치에 따라서 변하게 된다. 이와 같은 비정상 상태의 문제를 다루기 위해서는 "질량보존법칙"으로부터 연속방정식을 유도할 필요가 있고 플럭스 발산의 가우스 이론을 사용할 필요가 있다. 플럭스 발산에 관한 개념을 이어서 검토할 것이다.

2장에서 표면을 통해 지나거나 표면 위에 증착되는 단위 면적당 단위 시간당 원자의 수로서 원자의 플럭스를 정의할 수 있다. 그림 4.4에 도시된 것과 같이 6개의 정사각형 면으로 이

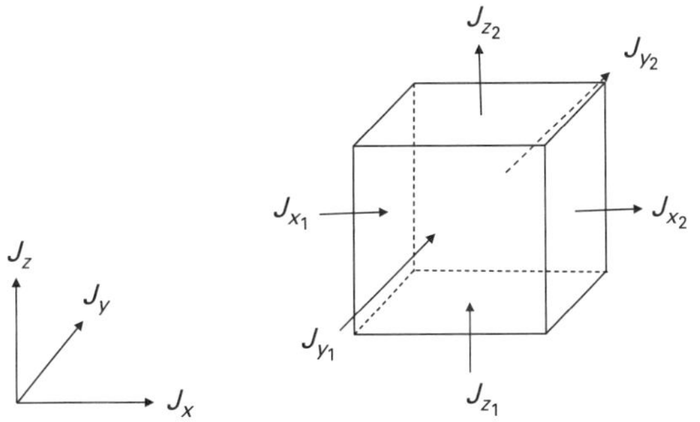

그림 4.4 6개의 정사각형 표면을 갖는 정육면체. 6개의 원자 플럭스가 정육면체 6면을 통해 통과하는 상황을 고려하라.

루어진 단순 정육면체와 정육면체의 6개 면을 통해 지나는 원자 플럭스를 고려하자. Δt시간 동안 정사각형 면, A_1을 들어오는 (또는 나가는) 원자의 수는

$$\Delta N_1 = J_1 A_1 \Delta t$$

가 된다. 만일 각 표면의 면적 A_i를 통해 일정 시간 Δt 동안 지나는 원자 플럭스 J_i를 모두 더하면 또는 정육면체 부피 내로 또는 밖으로 이동하는 모든 원자들을 합하면,

$$\sum_{i=1}^{6} J_i A_i \Delta t = \sum_{i=1}^{6} \Delta N_i = \Delta N$$

가 되고, 여기에서 ΔN은 정육면체 상자 내에 존재하는 원자들의 총합의 변화가 된다. 만일 정육면체의 부피를 V라 하고 상자 내의 농도를 C라 하면, 농도의 변화는

$$V \Delta C = \Delta N$$

이 된다. 마지막 두 식으로부터

$$\frac{dN}{dt} = V\frac{dC}{dt} = \sum_{i=1}^{6} J_i A_i$$

가 된다. 가우스 법칙에 의하면 마지막 항은 정육면체 부피 내의 발산과 같게 되므로

$$\sum_{i=1}^{6} J_i A_i = (\nabla \cdot J)V \tag{4.13}$$

이 되고 여기에서 V는 정육면체의 부피이다. 일반적으로 가우스 법칙은 면적 A를 둘러싼 부

피 V의 임의의 모양에 대해서 적용가능하므로,

$$\sum_i J_i A_i = \oint_A \vec{J} \cdot \vec{n}\, dA = (\nabla \cdot J)V \tag{4.14}$$

가 된다. 마지막 세 식을 결합하면,

$$V\frac{dC}{dt} = \oint_a \vec{J} \cdot \vec{n}\, dA = (\nabla \cdot J)V \tag{4.15}$$

이므로 잘 알려진 연속방정식을 얻을 수 있고,

$$\frac{dC}{dt} = \nabla \cdot J$$

가 된다. 일반적으로 마지막 식에 음의 부호가 있게 된다. 양의 부호 또는 음의 부호는 정육면체 내의 원자 순변화가 양 또는 음에 의해 결정된다. 통상적으로 정육면체 내로 들어오는 플럭스가 밖으로 나가는 플럭스보다 작다고 가정하면 정육면체의 농도는 시간에 따라 감소하고 음의 부호를 갖게 된다. 가우스 법칙은 미분 값이 연속함수로 가정하므로 그 식을 연속방정식이라 부른다. 연속방정식의 공식적인 유도는 4.5.1절에 제시되어 있다.

식 (4.15)에는 실제로 세 개의 식이 존재한다. 첫 번째 식은 두 번째와 세 번째 항과 관련된 가우스 식이다. 두 번째 식은 첫 번째와 세 번째 항과 관련이 있는 연속방정식이다. 세 번째 식은 첫 번째와 두 번째 항과 관련된 성장방정식(growth equation)이고 이 식에서는 질량 보존 또는 원자 수의 보존($\Delta N = JA\Delta t$) 또는 공동(void)의 성장을 고려할 때 공공 수의 보존을 가정한다. 그림 4.5에 세 식의 상호관계를 도시하였다.

석출물의 성장과 같은 고체 반응에서 성장방정식을 종종 마주치게 된다. 그림 4.4에 도시된 작은 정육면체를 플럭스 발산을 고려하기 위해 이용한다면 정육면체 내의 농도가 변하기 때문에 기체 상태에 적합하다. 반면에 정육면체가 순수한 금속 같은 고체 상태라면 정육면체의 농도 $C = 1/\Omega$가 되고, 그 값은 일정하여 변하지 않게 된다. 여기에서 Ω는 원자의 부피이

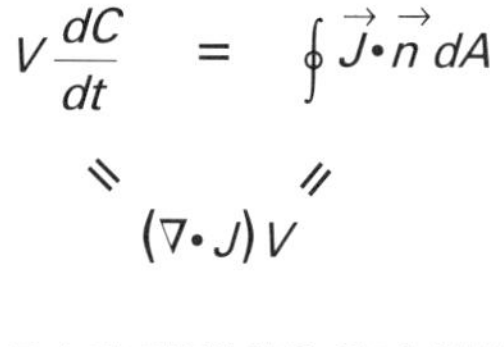

그림 4.5 Fick의 제2법칙을 얻기 위한 3개 식의 상호관계

다. 만일 농도가 변할 수가 없다면(합금화는 예외), 정육면체는 원자 플럭스가 내부로 들어오게 되면 성장하여야만 한다. 그래서 성장방정식이 필요하고 5장의 5.4절에서 논의할 것이다.

4.5.1 연속방정식의 유도

그림 4.6에 나타낸 바와 같이 육면체 요소 내로 들어가는 그리고 밖으로 나오는 플럭스를 고려할 때 직교 좌표계를 사용한다. 만일 플럭스 J를 나타내는 데 벡터를 사용한다면 벡터는 세 성분 J_x, J_y 그리고 J_z로 나눌 수 있다. 단위 시간당 $dydz$의 면적을 갖는 표면 x_1를 통하여 정육면체 내로 들어오는 물질의 양은

$$\overrightarrow{J_{x1}} \cdot \overrightarrow{x_1} = J_{x1}x_1 \cos 180° = -J_{x1}dydz$$

이 된다. 유사하게 표면 x_2 (x_1의 반대 방향에 존재)를 통하여 정육면체 상자로부터 나가는 물질의 양은

$$\overrightarrow{J_{x2}} \cdot \overrightarrow{x_2} = \left(J_{x1} + \frac{\partial J_x}{\partial x}dx\right) x_2 \cos 0° = J_{x1}dydz + \frac{\partial J_x}{\partial x} dxdydz$$

이 된다. 두 식을 합하게 되면 육면체 상자 x축 방향의 밖으로 나오는 순 플럭스를 구할 수 있게 되고

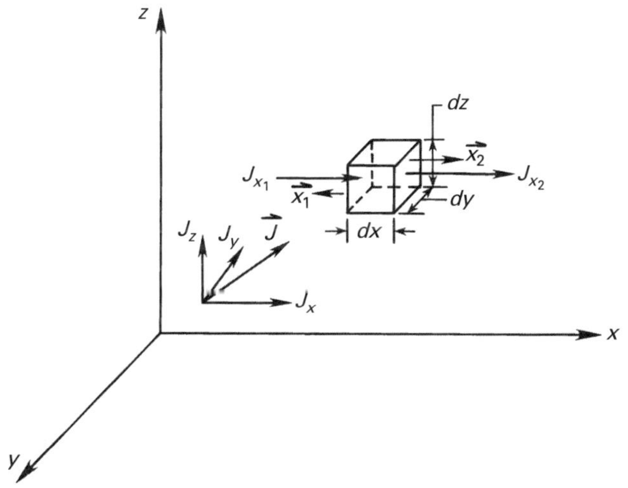

그림 4.6 정육면체 요소 안과 밖으로 진행하는 플럭스를 고려한 직교 좌표계

$$(J_{x2} - J_{x1})dydz = \left(\frac{\partial J_x}{\partial x}\right) dxdydz$$

가 된다. x_1과 x_2 사이의 연속 미분 가능 함수를 사용하면

$$J_{x2} = J_{x1} + \frac{\partial J_x}{\partial x}dx$$

이 된다. J_{x2}는 J_{x1}보다 크다. 결과적으로 정육면체 밖으로 빠져나가는 물질의 양이 더 크게 된다. 만약 y축과 z축에 대해서도 유사한 접근을 한다면

$$(J_{y2} - J_{y1})dxdz = \left(\frac{\partial J_y}{\partial x}\right) dxdydz$$

$$(J_{z2} - J_{z1})dxdy = \left(\frac{\partial J_z}{\partial x}\right) dxdydz$$

만일 모든 식을 합하면

$$\sum_{i=1}^{6} J_i A_i = \left(\frac{\partial J_x}{\partial x} + \frac{\partial J_y}{\partial y} + \frac{\partial J_z}{\partial z}\right) dV \tag{4.16}$$

이 되고, 여기에서 $dV = dxdydz$이다. 정육면체 대신에 임의의 부피를 갖는 모양을 고려하자. 그림 4.7에 도시된 바와 같이 임의의 부피는 언제든지 아주 작은 정육면체로 쪼갤 수가 있고, 특정면의 밖으로 빠져 나가는 플럭스는 그 면을 통해 이웃한 정육면체의 내부로 들어가는 플럭스와 동일할 것이어서 모두 서로 상쇄된다. 그러므로 우리가 고려해야 할 플럭스는 최외각 면에서 일어나는 플럭스만이다. 면 A에 의해 둘러쌓인 임의의 부피 V에 대해서 총 합은 적분으로 표현가능하고,

$$\int_A J \cdot n dA = (\nabla \cdot J)\, V \tag{4.17}$$

이 된다. 이는 잘 알려진 가우스 법칙이고 오른편 항은 플럭스의 발산으로 정의된 것이고 여기에서

$$\nabla \cdot J = \frac{\partial J_x}{\partial x} + \frac{\partial J_y}{\partial y} + \frac{\partial J_z}{\partial z}$$

이다. 이 양(J의 발산) 곱하기 V는 질량보전 법칙에 의해서 부피 내의 원자 총 수 변화와 같아야 한다. 밖으로 빠져 나가는 플럭스는 내부로 들어오는 플럭스보다 크고 부피 내부에 원자를

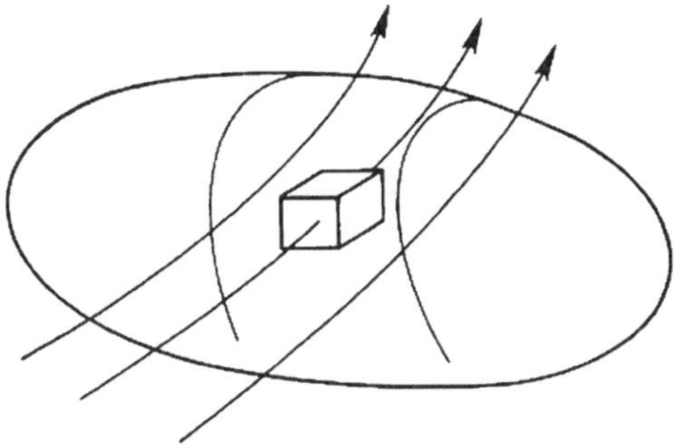

그림 4.7 임의의 체적은 작은 정육면체로 자를 수 있다. 모든 내부 표면을 가로질러 밖으로 나가는 플럭스와 안으로 들어오는 플럭스는 같다. 그러므로 임의의 체적 표면으로 들어오는 플러스와 나가는 플럭스를 제외하고 모두 상쇄된다.

만들어내는 소스가 없다는 전제하에 유도하였기 때문에 음의 부호가 필요하고, 이 부피에서는 물질을 잃게 된다. 그러므로 $C = N/V$이기 때문에 시간에 따른 농도 감소율은 동일하여야만 한다. 이는 미분 형태의 연속방정식이다.

$$-(\nabla \cdot J) = \frac{\partial C}{\partial t} \tag{4.18}$$

이는 비정상 상태의 플럭스를 표현하고 있다. 확산뿐만 아니라 유체역학에서 매우 잘 알려진 식이다. 이미 1차원에서 플럭스 식을 유도한 식은

$$J = -D\frac{\partial C}{\partial x}$$

이므로

$$\frac{\partial C}{\partial t} = \frac{\partial}{\partial x}D\left(\frac{\partial C}{\partial x}\right)$$

이고 만일 D가 위치에 따라서 변하지 않는다면,

$$\frac{\partial C}{\partial t} = D\left(\frac{\partial^2 C}{\partial x^2}\right) \tag{4.19}$$

이 된다. 이는 1차원 확산에서 Fick의 제2법칙이다.

4.6 확산방정식의 해

4.5절에서 언급된 바와 같이 3차원 확산의 한 예는 물속에서 퍼지는 잉크 같은 경우이다. 2차원의 예는 물 표면 위에서 퍼지는 휘발유가 될 것이다. 여기에서는 식 (4.19)를 이용하여 1차원 문제를 고려하여 보자. 그림 4.8(a)에 도시된 바와 같이 긴 순수 금속 막대기의 한쪽 끝 표면에 소량의 동위원소, 추적자(tracer)를 위치시킨 경우를 생각할 수 있다. 시간과 온도의 함수로 막대기 내로 동위원소가 어떻게 확산하는가를 관찰할 수 있다. 이 문제에 대한 표준 방법은 그림 4.8(b)에 도시된 바와 끝 면에 반사경을 설치한 듯한 대칭 구조를 갖는 문제로 변경하는 것이다. 이에 대한 해는

$$C(x,t) = \frac{Q}{(\pi Dt)^{1/2}} \exp\left(\frac{-x^2}{4Dt}\right) \tag{4.20}$$

이다. 상수 Q는 트레이서의 고정된 양에 대한 아래 경계 조건을 만족하여야 한다. 이 문제의 초기 조건은

$$\text{at } x = 0, C \rightarrow Q \text{ as } t \rightarrow 0$$
$$\text{for } |x| > 0, C \rightarrow 0 \text{ as } t \rightarrow 0$$

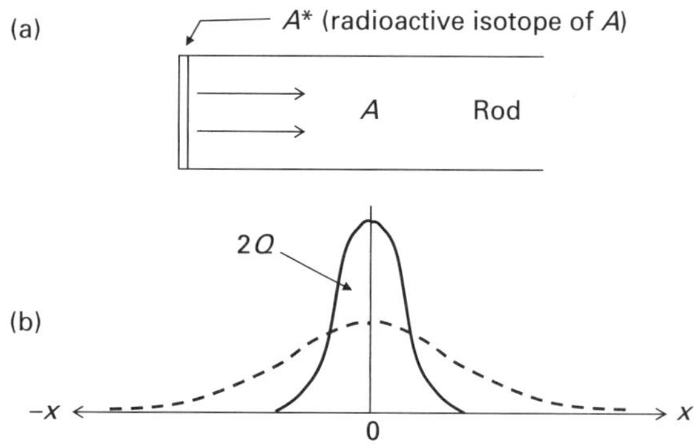

그림 4.8 (a) 긴 막대기 형태의 순수한 금속의 한쪽 표면에 작은 양의 방사성 동위원소인 추적자를 증착한 시편의 개략도. 동위원소가 어떻게 막대기 안으로 확산하는지 시간과 온도의 함수로 결정할 수 있다. (b) 제안된 문제에 대한 표준 방법은 표면에 반사 거울이 있다고 전제하여 문제를 풀고 이는 대칭 모양의 문제와 동일하게 된다.

이다. 이 해에서 두 개의 중요한 농도는

$$C(0,t) = C_0 = \frac{Q}{(\pi Dt)^{1/2}} \text{ at } x = 0 \tag{4.21}$$

$$C(\lambda_D, t) = C_\lambda = C_0/e \text{ at } x = \lambda_D = (4Dt)^{1/2} \tag{4.22}$$

이다. 마지막 식은 $x = \lambda$에서 농도와 $x = 0$에서 소스의 농도 비가 항상 $1/e$인 위치를 보여주고, 이 위치는 $x^2 = 4Dt$이다. 여기에서 x^2은 Dt와 비례한다는 확산의 고유한 관계를 나타내는 한 가지 해를 보여주었고 다른 많은 경계조건을 이용한 확산방정식의 해에서도 이와 같은 관계를 항상 포함하고 있다. 이 비례식은 확산에서 가장 중요한 관계식 중 하나이다. 만일 운동방정식 또는 과정이 확산에 의해 제어된다면 $x^2 \sim Dt$의 관계는 항상 만족하여야만 한다.

식 (4.20)의 해를 바탕으로 그림 4.9에 보여진 농도 분포의 예를 이용하여 확산도를 측정할 수 있다. 확산 시간을 알고 있기 때문에 $\ln C$ vs. x^2를 그리고 기울기가 그림 4.10과 식 (4.20)에 따라서 $1/(4Dt)$와 같으므로 특정온도에서 D를 구할 수 있다. 4~5개의 온도에서 온도의 함수로 D를 측정하면 $\ln D$ vs. $1/kT$를 도시할 수 있고 기울기로부터 확산의 활성화에너지 ΔH를 얻을 수 있다. 확산계수는

$$D = D_0 \exp\left(\frac{-\Delta H}{kT}\right)$$

이고 여기에서 D_0는 지수 앞 인자(pre-exponential factor)이다.

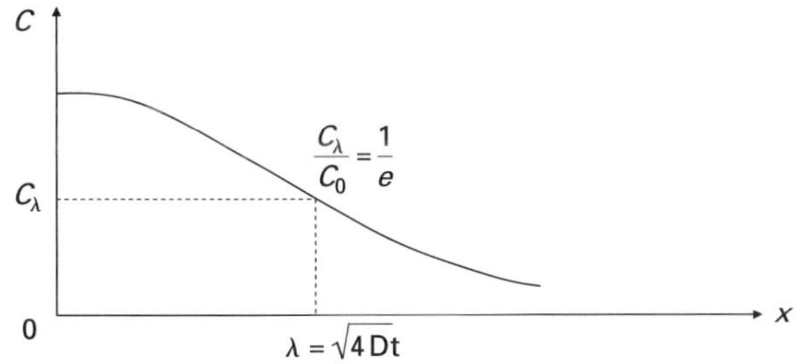

그림 4.9 확산의 농도 분포 그래프

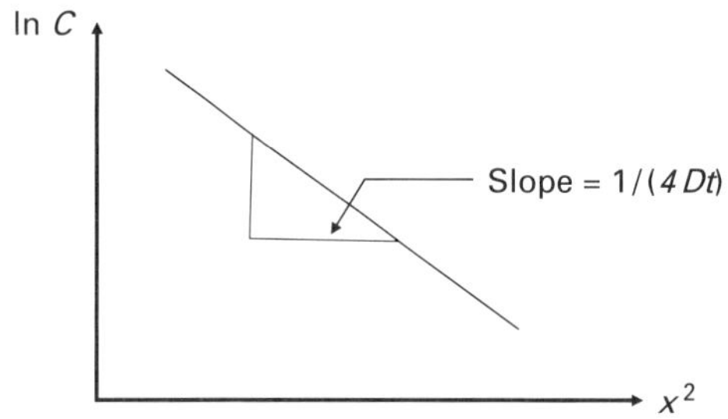

그림 4.10 확산 시간을 알기 때문에 ln C vs. x^2을 그릴 수 있고, 기울기는 식 (3.27)에 따라 $1/(4Dt)$이고 실험 온도에서 D를 얻을 수 있다.

4.7 확산계수

일반적으로 측정된 확산계수(diffusion coefficient)는

$$D = D_0 \exp\left(\frac{-\Delta H}{kT}\right) \tag{4.23}$$

가 된다. 이는 볼츠만 분포함수이고 계수는 두 부분으로 구성되는데 지수 앞 인자 D_0와 활성화에너지 ΔH이다. 여기에서 ΔH는 온도에 의존하지 않고, D_0는 아주 작은 정도의 온도 의존도를 갖는다.

앞에서 식 (4.8)의 단순한 플럭스 식을 유도하였다. 여기에서

$$D = \lambda^2 \nu$$

확산계수의 단위는 cm^2/s이다. 아래 관계식에서도 동일한 단위를 얻을 수 있다.

$$x^2 = 4Dt \tag{4.24}$$

4.4절의 확산계수에서 확산계수는

$$D = fn_c\lambda^2\nu_0 \exp\left(\frac{\Delta S_m + \Delta S_f}{k}\right)\exp\left(-\frac{\Delta H_m + \Delta H_f}{kT}\right) \tag{4.25}$$

이다. 그러므로

$$D_0 = fn_c\lambda^2\nu_0 \exp\left(\frac{\Delta S_m + \Delta S_f}{k}\right)$$

$$\Delta H = \Delta H_m + \Delta H_f$$

이다. 위의 식에서 확산의 연속체 역학(continuum mechanics), 식 (4.23)과 확산의 원자 기구(atomistic mechanism), 식 (4.11)을 서로 연관지었다.

4.8 확산계수의 계산

표 4.1은 원소들에 대한 자기확산계수(self-diffusion conefficient) D_0(cm^2/s)를 나타내었다. 활성화에너지 ΔH, ΔH_m, ΔH_f는 eV/atom의 단위로 나타내었다. 실온에서 Al의 자가 확산도

표 4.1 몇 가지 중요한 원소들의 격자 확산*

Element	D_0 (cm^2/s)	ΔH (eV)	ΔH_f (eV)	ΔH_m (eV)	$\Delta S/k$
FCC					
Al	0.047	1.28	0.67	0.62	2.2
Ag	0.04	1.76	1.13	0.66	—
Au	0.04	1.76	0.95	0.83	1.0
Cu	0.16	2.07	1.28	0.71	1.5
Ni	0.92	2.88	1.58	1.27	—
Pb	1.37	1.13	0.54	0.54	1.6
Pd	0.21	2.76	—	—	—
Pt	0.33	2.96	—	1.45	
BCC					
Cr	970	4.51	—	—	—
α-Fe	0.49	2.95	—	0.68	—
Na	0.004	0.365	0.39/0.42	—	—
β-Ti	0.0036	1.35	—	—	—
V	0.014	2.93	—	—	—
W	1.88	6.08	3.6	1.8	—
β-Zr	0.000085	1.2	—	—	—
HCP					
Co	0.83	2.94	—	—	—
α-Hf	0.86/0.28	3.84/3.62	—	—	—
Mg	1.0/1.5	1.4/1.41	0.79/0.89	—	—
α-Ti	0.000066	1.75	—	—	—
Diamond Lattice					
Ge	32	3.1	2.4	0.2	10
Si	1460	5.02	~3.9	~0.4	

*From Chapter I of Diffusion Phenomena in Thin Film and Micro-electronic Materials (Gupta and Ho, 1988) (Courtesy of D. Gupta) [7]

(D_0 = 0.047 cm^2/s, ΔH=1.28 eV/atom인 경우)를 계산하면

$$D = D_0 \exp\left(-\frac{\Delta H}{kT}\right) = 0.047e^{-\frac{1.28\times 23000}{2\times 300}}$$
$$= 0.047 \times 10^{-\frac{1.28\times 23000}{2.3\times 2\times 300}} = 0.047 \times 10^{-22}\text{cm}^2/\text{s}$$

이다. 이 확산도와 하루의 시간, 10^5 s를 사용하고, $(Dt)^{1/2}$식에 대입하면 10^{-8} cm보다 작은 값을 얻는다. 다시 말하면 한 번의 원자 점프보다 작은 값을 갖는다. 그러므로 Al 금속은 실온에서 매우 안정적이다. Pb와 Sn 같이 매우 낮은 녹는점을 갖는 금속을 제외하고 대부분의 금속과 반도체의 확산계수는 실온에서 10^{-22} cm^2/s보다 작은 값을 갖는다.

Si 소자에서 전기 도체로 사용되는 Al은 소자 동작 중에 주울 열에 의해서 온도가 올라가게 되고 신뢰성 때문에 그 상한은 100ºC로 설정된다. 이 온도에서 격자 확산(lattice diffusion)에 의한 확산계수는

$$D = D_0 e^{-\Delta H/kT} \cong 0.047 \times 10^{-\frac{1.28\times 5000}{100+273}} \cong 0.33 \times 10^{-18}\text{cm}^2/\text{s}$$

이다. Al 원자는 100ºC에서 하루에 약 2 nm 정도 이동할 수 있으며, 이는 무시할 수 없는 크기이다.

고체의 상한과 하한에서 확산계수를 개략적으로 계산하였다. 표 4.1로부터 녹는점에서 fcc 금속의 확산계수는 약 10^{-8} cm^2/s 정도이고 상한치이다. 이 값은 액체 또는 용융금속에서 측정된 확산계수(약 10^{-5} cm^2/s)보다 작은 값이다. 만일 이웃한 원자 사이의 거리를 ~0.1 nm를 원자의 점프 거리라 가정하고 10일 정도의 시간을 고려하면 x^2/t~10^{-22} cm^2/s가 된다. 이 정도 크기의 확산계수는 실용적으로 큰 관심의 대상이 아니고 측정도 어렵다. 농도구배 분석을 위하여 초격자 또는 층 제거 기법을 사용하면 확산계수를 약 10^{-19}~10^{-21} cm^2/s 정도 범위의 값은 측정 가능하다. 확산도의 중간 범위 값에서 박막 반응 시 상호확산 거리 10^{-6}~10^{-5} cm 곱하기 반응 시간 1,000 s를 이용하면 x^2/t~10^{-15}~10^{-13} cm^2/s 정도가 된다. 주어진 온도에서 D를 알면 $x^2 = 4Dt$를 이용하여 주어진 시간동안 확산 거리를 쉽게 추정할 수 있다.

Si에서 치환형 도펀트(dopant)는 Si의 자기확산계수와 유사한 값을 갖는다. 그림 4.11에 도시된 바와 같이 Si 내에 존재하는 도펀트에 대하여 확산도와 온도의 그래프를 도시하였다. 도펀트 확산에 의한 p-n 접합을 Si 내에서 만들기 위해서 확산 온도는 1,000ºC 가깝게 된다. 이러한 확산 기구에 대한 의문이 야기된다. 측정된 확산도는 두 기구의 조합이 될 수 있다[즉, 단일 격자점 공공들(vacancy)과 두 격자점 공공들(divacancy)이라는 두종류의 결

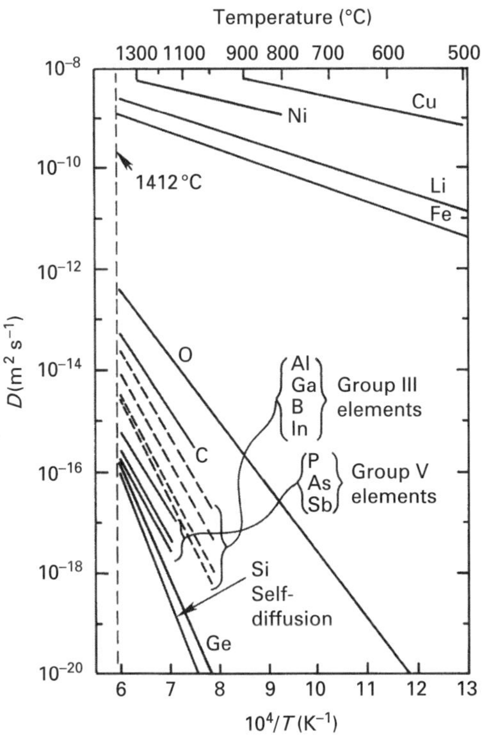

그림 4.11 Si에서 도펀트에 대한 확산계수 vs. 온도 곡선

함]. Si의 자기 확산은 전적으로 공공에 의한 것들인지 또는 침입형 또는 직접 교환(direct exchange)에 의한 것들인지도 불분명하다. 그러나 그림 4.11은 귀금속과 준귀금속 원자들, 예를 들면 Cu와 Li 등은 Si의 자기확산보다 수 승 배 높은 확산도를 갖는다. 이들은 Si에서 침입형 확산으로 이동한다. bcc 금속에 대해서는 확산의 활성화에너지는 작은 온도 의존성을 보인다. 여기에서 논의할 주제는 아니다.

Simmons-Balluffi 실험에서(4.9.2절 참조) 격자상수 팽창과 고온에서 결함의 생성에 기인한 시편 크기의 변화는 동시에 측정 가능하다. Al과 Au 같은 fcc 금속에서 공공은 확산이 일어나도록 하는 주된 점 결함이고 녹는점 근처에서 공공의 농도는 약 10^{-4}이다. 다음에는 확산계수 내의 변수들에 대해서 고려할 것이다.

4.9 확산계수에서 변수

4.9.1 원자 진동 주파수

확산계수에 대해서 유도된 식은

$$D = D_0 \exp\left(\frac{-\Delta H}{kT}\right)$$

지수 앞 인자는

$$D_0 = fn_c\lambda^2\nu_0 \exp\left(\frac{\Delta S_m + \Delta S_f}{k}\right)$$

활성화 엔탈피는

$$\Delta H = \Delta H_m + \Delta H_f$$

이다. 지수 앞 인자와 활성화 엔탈피 내의 모든 변수 가운데 원자 진동 주파수 ν_0는 고체의 기본적인 변수이다. 여기에서 ν_0 값의 승수가 어느 정도인지 계산할 것이다. 고체에서 원자 진동의 단순한 물리적 그림과 확산계수의 크기에 대한 추정을 제공할 것이다.

그림 4.12(a)에서 쌍 포텐셜 ϕ에 의해 고체에 결속된 단일 표면 원자를 도시하였다. 포텐셜 함수는 그림 3.1(a)에 예시로 도시하였다. 여기에서 원자는 조화 진동을 하는 것으로 가정한다. 이는 단순한 모델이지만 고체 원자에서의 진동 수에 대한 승수의 크기를 제시해 줄 것이다.

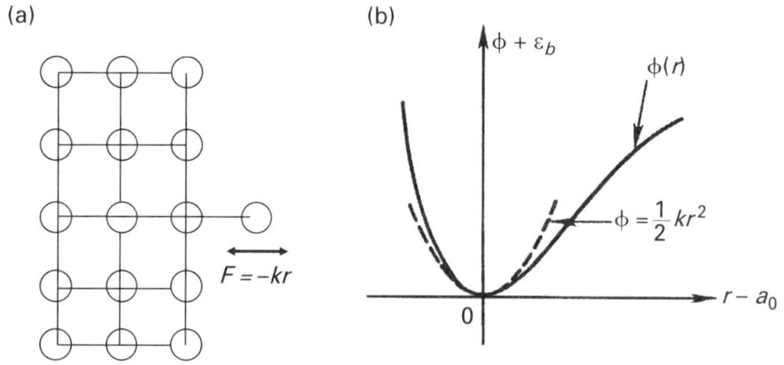

그림 4.12 (a) 한 개의 표면원자가 포텐셜 ϕ로 고체에 결합한 개략도, (b) ϕ 밑 부분 (즉, $\phi(a_0)$ 포텐셜을 포물선 형태의 포텐셜로 근사하고, 점 $(-\varepsilon_b, a_0)$를 좌표의 원점으로 이동

3장의 3.2절에서 원자의 단순 조화 진동과 진동 주파수는

$$\nu_0 = \frac{1}{t} = \frac{\omega}{2\pi} = \frac{1}{2\pi}\sqrt{\frac{k}{m}} \tag{4.26}$$

이다. 만일 k와 m을 안다면 ν_0를 구할 수 있고, 여기에서 k는 힘의 상수이고 m은 원자 무게이다. 고체 원자의 무게와 아보가드로 수를 앎으로써 후자는 구할 수 있다. k를 결정하기 위해서 식 (3.2)에서 ϕ의 2차 미분으로부터

$$\frac{d^2\phi}{dr^2} = +k \tag{4.27}$$

이다. 3장에서 Lennard-Jones 포텐셜을 따르는 고체에 대해서 식 (3.7)을 제시하였고 이 식으로부터

$$\frac{d^2\phi}{dr^2} = \frac{12\varepsilon_b}{a_0^2}\left(\frac{a_0}{r}\right)^8\left[13\left(\frac{a_0}{r}\right)^6 - 7^6\right]$$

을 구할 수 있다. 그러므로

$$k = \frac{72\varepsilon_b}{a_0^2} \text{ at } r = a_0 \tag{4.28}$$

이 된다. k를 식 (3.5)에 대입하면

$$\nu_0 - \frac{3}{\pi}\sqrt{\frac{2\varepsilon_b}{ma_0^2}} \tag{4.29}$$

가 된다. ν_0를 계산하기 위하여 그림 4.12(a)에 도시된 원자를 Au 원자라 하면

$$m = \frac{197\text{g/mole}}{6.02 \times 10^{23}\text{atoms/mole}} = 32.8 \times 10^{-23}\text{g/atom}$$

이 된다. fcc Au에서 원자간 거리 a_0는 $a_0/\sqrt{2} = 0.288$ nm이므로, $a_0{}^2 = 8.3 \times 10^{-16}$ cm^{2}이고

$$\begin{aligned} ma_0^2 &= 2.72 \times 10^{-37} \text{ gm-cm}^2/\text{atom} \\ &= 2.72 \times 10^{-37} \text{ dyne-cm-s}^2/\text{atom} \\ &= 2.72 \times 10^{-37} \text{ erg-s}^2/\text{atom} \end{aligned}$$

이며, 여기에서 1 dyne = 1 g-cm/s^2 단위변환을 이용하였다. 표 3.1로부터 Au의 원자간 포

텐셜 에너지는

$$\varepsilon_b = 0.47\,\mathrm{eV/atom} = 0.47 \times 1.6 \times 10^{-12}\,\mathrm{erg/atom}$$

이다. 그러므로

$$\nu_0 = \frac{3}{\pi}\sqrt{\frac{2\varepsilon_b}{ma_0^2}} = 2.24 \times 10^{12}\,\mathrm{s}^{-1} \tag{4.30}$$

이 된다. 만일 위의 단순한 계산을 12개의 최인접 원자들을 갖는 fcc 격자 내의 한 원자로 확장한다면, 힘의 상수는 최조밀 방향을 따라서 일어나는 진동에 인자 6을 곱하여야만 한다. 인자 6은 중첩의 원리, 즉 12개의 모든 원자들 사이의 원자간 힘의 투영(cos θ)에 대한 합이기 때문이다. 바꾸어 말하면 $\sqrt{6}$을 ν_0에 곱하여야 하고 이는

$$\nu_0 = \frac{6}{\pi}\sqrt{\frac{3\varepsilon_b}{ma_0^2}} \tag{4.31}$$

이 된다. 이를 Einstein 주파수라고 한다. Au 격자 내에서 원자는 $\nu_0 = 5.5 \times 10^{12}$ cycles/s가 된다.

일정 크기의 고체에서 탄성 진동(포논)에 대한 공식은 Debye에 의해 제안되었고 이 주제는 고체 물리에서 다루어진다. Debye 주파수 ν_D의 정의는

$$h\nu_D = kT_\theta \tag{4.32}$$

이고, 여기에서 h는 Planck 상수($h = 6.626 \times 10^{-27}$ erg s)이고 T_θ는 Debye 온도이며 이 온도에서 $3N$ 형태의 모든 탄성파가 동작한다. Kittel과 Kroemer가 지은 *Thermal Physics*의 표 4.1에 표시된 Au 금속에 대해서 $T_\theta = 165$ K이다[8]. 그러므로

$$\nu_D = \frac{kT_\theta}{h} = \frac{1.38 \times 10^{-16}\,\mathrm{erg\,K^{-1}} \times 165\,\mathrm{K}}{6.626 \times 10^{-27}\,\mathrm{erg\text{-}s}} = 3.42 \times 10^{12}\,\mathrm{s}^{-1}$$

이고, 이 값은 앞에서 계산된 값과 크게 다르지 않다. 일반적인 금속에서 Debye 온도는 Au 값 $T_\theta = 428$ K의 2~3배 내외 정도의 값을 갖기 때문에 확산의 관점에서 금속의 진동 주파수는 대략 10^{13} cycles/s 또는 10^{13} Hz 정도이다.

4.9.2 활성화에너지

식 (3.37)에서 공공 확산의 활성화에너지는 두 요소로 이루어지며

$$\Delta H = \Delta H_f + \Delta H_m$$

이다. 확산 기구를 이해하고 어떤 결함을 매개로 해서 확산이 일어나는지 규명하기 위해서는 활성화에너지를 아는 것이 중요하기 때문에 확산을 연구하는 데 활성화에너지의 측정은 핵심 연구이다. ΔH 값은 여러 온도에서 D를 측정하고 $\ln D$ vs. $1/kT$ 직선 그래프의 기울기로부터 측정될 수 있다. ΔH_f 측정을 위해서는 열팽창, 급랭과 비저항 측정 그리고 양전자 소멸의 실험 방법이 사용된다. 급랭은 ΔH_m을 측정하는 데도 사용된다. 이 방법들은 확산에 대한 교과서나 참고 서적 등에서 잘 다루어지고 있다. 여기에서는 열팽창을 이용한 ΔH_f 측정에 대해서만 간략히 논의하고자 한다.

고체에서 공공의 농도는 평형 양이다. 온도에 따른 농도 n_v/n은 식 (3.33)에 보여진 바와 같이 증가하고,

$$\frac{n_v}{n} = \exp\left(\frac{-\Delta G_f}{kT}\right) = \exp\left(\frac{\Delta S_f}{k}\right) = \exp\left(\frac{-\Delta H_f}{kT}\right)$$

여기에서 n_v와 n은 각각 고체 내에서 공공과 원자의 수이다. 온도가 증가할수록 내부의 원자들이 고체 표면으로 이동되어 보다 많은 공공들이 형성된다. 결과적으로 고체의 부피는 증가한다. 만일 이 부피의 증가를 열팽창에 기인한 부분으로부터 분리할 수 있다면 공공의 농도를 측정할 수 있다. 열팽창은 X선 회절을 이용하여 온도의 함수로 격자상수의 변화 Δa를 측정함으로써 결정할 수 있고 변화율을 $\Delta a/a$로 표현할 수 있다. 유사하게 부피의 변화에 대해서 와이어의 길이 L과 온도의 함수로서 길이의 변화 ΔL을 측정할 수 있다. 그러면

$$\frac{\Delta n_v}{n} = 3\left(\frac{\Delta L}{L} - \frac{\Delta a}{a}\right) \tag{4.33}$$

이 된다. 인자 3은 ΔL과 Δa가 선형 변화이기 때문이다. 그림 4.13은 Simmon과 Balluffi가 측정한 Al의 $\Delta L/L$과 $\Delta a/a$를 녹는점까지 온도의 함수로 나타낸 것이다. 결과는 녹는점 근처에서 공공의 농도가 $n_v/n = 10^{-4}$임을 보여준다. $(\Delta L/L - \Delta a/a)$가 양수이기 때문에 결함은 주로 공공이다. 침입형 원자에 대해서는 이 값이 음의 값이 되어야 할 것이다. 식의 유도에서 공공과 침입형 원자 사이의 상쇄효과는 무시하였고 또한 두 격자점 공공들의 효과도 무시하였다.

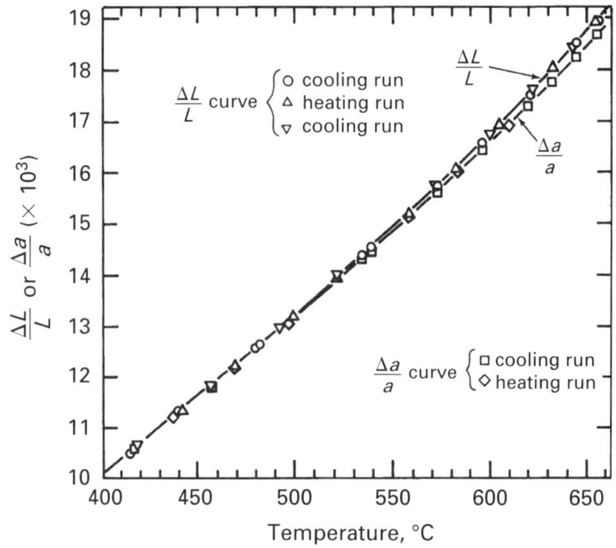

그림 4.13 녹는점까지 온도의 함수로서의 Al 와이어의 $\Delta L/L$과 $\Delta a/a$ 그래프

그림 4.13에 도시한 두 곡선으로부터

$$\frac{\Delta n_v}{n} = \exp(2.4)\exp(-0.76\,\mathrm{eV/kT}) \tag{4.34}$$

이므로 Al에 대해서는 $\Delta H_f = 0.76$ eV 그리고 $\Delta S_f/k = 2.4$이다. 이 값들은 표 4.1의 값들과 잘 일치한다.

4.9.3 지수 앞 인자

$\nu_0 = 10^{13}$ Hz과 상관계수 f(fcc 결정 = 0.78) 이론 값을 이용하면 확산의 지수 앞 인자 D_0를 측정하여 엔트로피 값을 추산할 수 있다. 4.4절의 끝부분에 제시된 식 (4.12)에서 보여진 것과 같이

$$\exp\left(\frac{\Delta S}{k}\right) = \exp\left(\frac{\Delta S_m + \Delta S_f}{k}\right) = \frac{D_0}{f\nu_0\lambda^2 n_c}$$

이다. ΔS는 양수이기 때문에 $D_0 > f\nu_0\lambda^2 n_c$이어야 한다. Au에 대해서는

$$D_0 > 0.78 \times 3.42 \times 10^{12} \times (2.88 \times 10^{-8})^2 \times 12 = 0.027 \text{ cm}^2/\text{s}.$$

가 된다. 일반적으로 금속에서 자가 확산 시 D_0는 0.1~1 cm^2/s 수준이므로 원자당 엔트로피 변화는 약 k 정도의 값을 갖는다. 확산 관련 서적에서 때때로 기체 상수(볼츠만 상수 k 대신에)로 주어지는데 이때 활성화에너지는 eV/atom 단위가 아니라 kcal/mole 또는 kJ/mole의 단위이다.

다음에는 Fe 내의 C 원자와 같은 침입형 확산에 대한 ΔS를 고려하고자 한다. 이 경우에는 Fe 내에 침입형 자리가 침임형 용질 원자 C의 이웃한 자리에 항상 존재하기 때문에 움직임에 대한 활성화에너지(ΔH_m)만이 필요하게 된다. 이 경우 일정한 압력 과정에서 엔트로피 변화를 측정하기 위해서

$$\Delta S_m = -\frac{\partial \Delta G_m}{\partial T} \tag{4.35}$$

을 이용하자. Zener는 탄소 원자 확산 시 깁스의 자유에너지 변화는 침입형 탄소 원자가 이웃한 침입형 자리로 이동하기 충분한 통로를 열기 위하여 Fe 원자들을 밀어내는 데 필요한 변형에너지라고 추론하였다. 그림 4.14(a)에 도시한 확산 과정에서 bcc Fe의 두 단위 셀은 중앙에 한 개의 침입형 탄소 원자를 갖는다. 이 탄소 원자는 6개의 Fe 원자가 주위를 둘러싸고 이를 a, b, c, d, e 그리고 f라 표사하였다. 여기에서 쌍 e-f는 수직 방향으로 존재하며 탄소 원자

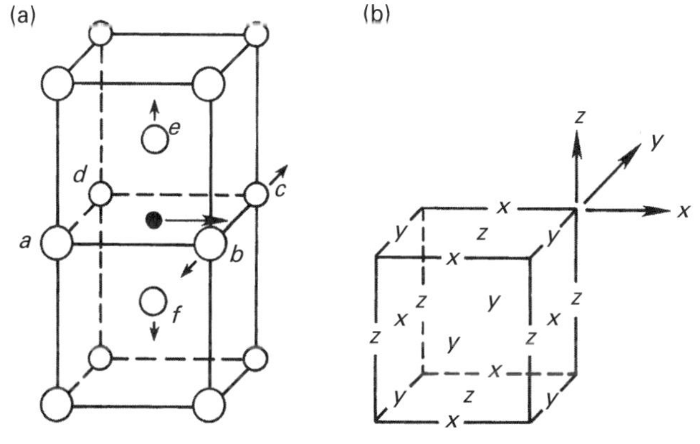

그림 4.14 (a) a, b, c와 d로 표기된 4개 Fe 원자의 중심부에 침입형 탄소 원자를 포함한 2개의 Fe 단위 셀. 탄소 원자는 e와 f로 표기된 2개의 이웃한 Fe 원자 이동을 초래한다. b와 c 사이 침입형 원자로 탄소 원자가 이동할 때, 두 원자는 표시된 화살표 방향과 같이 이동한다. (b) bcc 격자에서 동등한 침입형 자리를 x, y, 그리고 z로 표기하였다.

때문에 이 방향으로 변형이 존재한다.

Fe bcc 단위 셀의 격자상수 a = 0.2866 nm이다. 가장 가까운 거리의 두 Fe 원자 사이의 거리는 0.2481 nm이고 이 거리를 Fe 원자의 직경으로 간주할 것이다. 흑연의 기저면에서 두 탄소 원자 사이의 가장 가까운 거리는 0.142 nm이고 이 값을 탄소 원자의 직경으로 사용할 것이다. 그림 4.14(a)에 도시된 bcc 구조를 기반으로 침입형 탄소 원자는 a, b, c, d로 명명된 4개의 이웃한 Fe 원자들 사이에 편안하게 존재한다. 이는 a와 c 그리고 b와 d 사이의 거리는 0.2866 × $\sqrt{2}$ = 0.4052 nm로 Fe와 C 원자 직경의 합(= 0.3901 nm)보다 조금 더 크기 때문이다. 반면에 e와 f의 두 이웃한 Fe 원자는 약 0.1035/0.2866 = 36%만큼 늘어나야만 한다(한 쌍의 짧은 화살표로 표시). 탄소 원자와 두 개의 Fe 원자들 사이의 거리는 혼성화(hybridization) 때문에 다소 가깝게 압축될 수 있지만 Fe_3C에서 Fe와 C의 최인접 원자간 거리는 0.39 nm이다. 그러므로 e-f쌍에서 변형률은 약 36% 정도가 된다.

침입형 탄소원자가 다른 침입형 자리로 확산하는 경우 격자에서 면심과 모서리의 중심은 bcc에서 등가인 침입형 자리이고 이는 그림 4.14(b)에 도시하였다. 이 침입형 자리들이 등가인 것은 90° 회전을 제외하고는 주변의 Fe 원자들 배열이 유사하기 때문이다. 즉 b와 c 사이의 침입형 자리는 중앙의 것과 동일하다. 만일 중앙에 위치한 탄소원자(검은색 원)가 b와 c 사이에 존재하는 침입형 자리로 점프한다면 한 쌍의 화살표로 표시된 것과 같이 e-f 방향(z축)이 아니라 b-c 방향(y축)을 따라서 늘어나야 한다. 이러한 확산 점프에서 점프 전과 후에 e-f 쌍과 b-c쌍이 각각 변형이 일어난다. 그러나 확산 동안에는 두 개 모두가 변형이 일어나야만 하고 이는 b-c쌍의 늘어남 없이는 탄소 원자가 b와 c 사이에 존재하는 침입형 자리로 점프 할 수 없다. 그러므로 확산의 활성화에너지가 필요하게 되는 것이다.

만일 이 과정이 탄성적이라면 활성화에너지를 변형에너지로 간주할 수 있고,

$$\Delta G_m = -\frac{1}{2}K\varepsilon^2 \tag{4.36}$$

여기에서 K는 벌크 탄성계수이고 ε은 부피 변형률이다. 변형률은 온도에 독립적인 함수로 간주할 수 있으므로

$$\Delta S_m = \frac{1}{2}\varepsilon^2\frac{\partial K}{\partial T} \tag{4.37}$$

이 된다. 3장에서 표면에너지와 영률이 표 3.4에서와 같이 매우 밀접하게 연관되어 있다. 이 두 가지는 원자간 포텐셜 에너지에 비례한다. 이 관계는 결합에너지와 벌크 탄성계수 K에 대해서도 적용가능하다. 만일 고체가 Lennard-Jones 포텐셜 모델을 따른다면 식 (3.41)과 같이

$$K = \frac{8\Delta E_s}{V}$$

여기에서 ΔE_s는 승화 잠열이고 $V(=N_A\Omega$, Ω는 원자 부피이고 N_A는 아보가드로 수)는 몰 부피이다. 그러므로

$$\Delta S_m = \frac{4\varepsilon^2}{V}\frac{\partial \Delta E_s}{\partial T} = \frac{4\varepsilon^2}{V}c_v = \frac{4\varepsilon^2(3N_A k)}{N_A\Omega} = 12\varepsilon^2 k/\Omega \tag{4.38}$$

여기에서 c_v는 일정한 부피에서 열 용량이고 $c_v=3N_Ak$이다. Fe에서 침입형 탄소에 대해서 변형은 한 방향으로 일어나므로 부피 변형은 인자 3 없이 한 방향 변형률과 유사한 값을 갖게 된다. 그러므로 만일 $\varepsilon = 0.36$을 취한다면

$$\Delta S_m = 1.6k/\text{atom}$$

이 되고, 비록 $\varepsilon = 0.36$으로 비합리적으로 매우 큰 값을 갖는다고 할지라도 적절한 수준의 값을 갖는 것을 알 수 있다.

경험적으로

$$\Delta S_m = \beta\frac{\Delta H}{T_m} \tag{4.39}$$

이고 여기에서 ΔH는 확산의 활성화에너지 T_m은 녹는점 그리고 β는 비례 상수이다. 이 관계식은 bcc 천이 금속에서 탄소, 질소, 그리고 산소의 침입형 확산에 대해서 잘 맞는다.

참고문헌

[1] P. G. Shewmon, *Diffusion in Solids*, 2nd edn (The Minerals, Metals, and Materials Society, Warrendale, PA, 1989).

[2] R. J. Borg and G. J. Dienes, *An Introduction to Solid State Diffusion* (Academic Press, Boston, MA, 1988).

[3] H. S. Carslaw and J. C. Jaeger, *Conduction of Heat in Solids*, 2nd edn (Clarendon Press, Oxford, 1980).

[4] J. Crank, *Mathematics of Diffusion* (Oxford University Press, Fair Lawn, NJ, 1956).

[5] R. P. Feynman, R. B. Leighton, and M. Sands, *The Feynman Lectures on Physics*, vol. I (Addison-Wesley, Reading, MA, 1963).

[6] S. Glasstone, K. J. Laidler and H. Eyring, *The Theory of Rate Processes* (McGraw-Hill, New York, 1941).

[7] D. Gupta and P. S. Ho (eds), *Diffusion Phenomena in Thin Films and Micro-electronic Materials* (Noyes Publications, Park Ridge, NJ, 1988).
[8] C. Kittel and H. Kroemer, *Thermal Physics* (Wiley, New York, 1970).
[9] J. R. Manning, *Diffusion Kinetics for Atoms in Crystals* (Van Nostrand, Princeton, NJ, 1968).
[10] M. E. Glicksman, *Diffusion in Solids* (Wiley-Interscience, New York, 2000).
[11] R. W. Balluffi, S. M. Allen and W. C. Carter, *Kinetics of Materials* (Wiley-Interscience, New York, 2005).

연습문제

4.1 확산에서 원자 이동도의 단위는 무엇인가? 전자의 이동도 단위와 다른 것인가?

4.2 확산과 관련된 상 변태 문제의 대부분을 풀기에 충분한 Fick의 제1법칙과 제2법칙 2개의 법칙만이 존재하는가? 왜 세 번째 법칙은 필요하지 않은가?

4.3 원자 확산에서 시도 주파수와 교환 주파수는 무엇인가?

4.4 공공 확산 기구에서 공공 생성과 이동의 활성화 엔탈피를 어떻게 추정할 수 있는가?

4.5 Cu와 Al에 대한 표 4.1의 데이터를 이용하여 다음에 답하라.

(a) 600 K에서 D_{Cu} 그리고 D_{Al}를 구하라.

(b) 녹는점 T_m에서 D_{Cu} (T_m = 1083°C) 그리고 D_{Al} (T_m = 660°C)을 구하라.

fcc 금속에 대한 확산계수들을 비교하여 t 또는 T_m 중에 어느 것이 척도 인자(scale factor)로 더 적합한가?

4.6 총량이 2×10^{15} atoms/cm^{2}인 방사능 추적 물질을 갖고 있는 시편을 1100°C에서 20분 동안 확산시켰다. 확산 길이 λ_D는 10^{-4} cm이다.

(a) 확산계수는 얼마인가?

(b) 0.3 λ_D 그리고 0.4 λ_D에서 농도를 계산하고 추적 물질 플럭스 J를 구하라.

4.7 확산 길이 λ_D가 10^{-5} cm이고 800°C에서 Cu 내로 확산하는 10^{15} atoms/cm^2 방사능 추적물질 Cu의 확산을 고려하여 표 4.1의 데이터를 이용하여 다음을 구하라.

(a) 확산계수 D 외 시간

(b) 0.5 λ_D에서 구동력 F와 이동도 M

4.8 Au의 동위원소 박막을 Au 디스크 한쪽에 입혔다. 이 시편을 900°C까지 가열하여 동위원소를 디스크 내로 확산시켰다. 1시간 후에 시편을 급랭하였다. 10 μm 지점에서 동위원소의 농도는 4.0×10^{-5} 원자 분율이 되었다. 80 μm 깊이에서, 동위원소 농도는 2.3×10^{-6}이었다.

(a) 확산계수는 얼마인가?

(b) 확산의 활성화에너지가 1.84 eV/atom이라면 확산계수의 지수 앞자리 인자인 D_0는 얼마인가?

4.9 식 (4.20)과 경계 조건으로 주어진 확산방정식의 해는 다음과 같음을 보여라.

$$\bar{x} = \frac{\int_0^\infty xC(x)dx}{\int_0^\infty C(x)dx} = \frac{1}{\sqrt{\pi}}\sqrt{4dt}$$

4.10 아래 식이 확산방정식의 해임을 보여라.

$$C(x,t) = \frac{Q}{\sqrt{\pi Dt}}\exp\left(-\frac{x^2}{4dt}\right)$$

05 확산방정식의 응용

5.1 서론

초기 및 경계 조건이 주어지면 확산방정식의 많은 해는 문헌과 교과서에 적시되어 있고, 해는 많은 기술적 문제들에 적용되었다[1-6]. 이 장에서는 Fick의 제1법칙과 제2법칙 응용을 설명하기 위하여 몇몇의 박막 문제를 선택하였다.

벌크 확산 쌍에서 상호확산의 Kirkendall 효과에 대한 Darken 분석이 제시될 것이다[3-5]. 왜 박막의 신뢰성을 다루는 책에서 벌크 확산 거동을 다루겠는가? 이는 상호확산은 벌크든 박막이든 재료에서 가장 일반적인 문제 중 하나이기 때문이다. 더 중요한 것은 박막에서 고장 기구를 이해하는 데 도움이 될 것이다. 특히 상호확산의 Darken 해석에서 공동 형성과 응력이 존재하지 않는 것을 가정하므로 미세 구조에서 고장이 일어나지 않는다. 이는 부피가 일정한 반응 속도 과정이다. Darken의 분석이 시편의 모든 곳에서 평형인 공공을 가정하여 Kirkendall 이동(또는 격자이동)을 설명한 반면 이 분석은 Kirkendall (또는 Frenkel) 공동 형성을 설명하지 못하였다. 공공이 과포화 될 때만 공동이 핵 생성되고 형성된다. 그러므로 Kirkenall (또는 Frenkel) 공동 형성은 Kirkendall 이동과 다른 조건을 필요로 하고, 그래서 Kirkendall 이동은 공동 형성 시 일어나지 않는 것으로 가정한다. 그러므로 공동 형성의 이 조건은 공공에 대한 소스와 싱크의 조합된 작용이 없기 때문에 고장 분석에서 공공 플럭스 발산의 중요한 역할과 격자이동이 일어나지 않는 이유를 이해할 수 있게 될 것이다. 예를 들면 일렉트로마이그레이션에 기인한 배선의 고장에서 공동의 형성은 음극에서 발생하고, 응력에 기인한 힐록(hillock)과 휘스커 형성은 양극에서 발생한다. Darken의 분석은 개념적으로 신뢰성 고장에서 공동 형성과 힐록 성장이 일어나는 이유를 이해하는 데 도움을 줄 수 있다.

이어서 석출물의 성장 속도론을 분석하기 위하여 확산 식을 어떻게 이용할 것인가를 제시할 것이다. 이는 일정한 조성에서 고체 석출물 성장 시 석출물 내에서 농도 변화가 없기 때문에 원자의 플럭스가 석출물로 확산해 갈 때 석출물의 조성이 변하는 대신 크기가 성장한다. 그러므로 석출물의 계면에서 플럭스 발산이 존재하고 석출물 내에서는 존재하지 않는다. 두 종류의 성장 속도론이 제시될 것이다. 1차원 면 성장과 3차원 구형 성장이다. 박막에서 실리사이드 형성과 같은 성장 문제들은 평면이고 1차원 성장으로 취급 가능하다. 평면 계면의 성장 속도는 플럭스 식인 $J = Cv$와 $J = -D(dC/dx)$를 조합하여 제시할 것이다. 여기에서 v는 계면의 성장 속도이다. 구형 성장은 조대화의 속도론과 공동 성장을 이해하는 데 필수적이다.

Kirkendall 효과뿐만 아니라 역 Kirkendall 효과는 나노입자와 나노와이어에서 공동 형성을 연구하는 데 흥미로운 대상이었으나 이 책의 범위를 벗어나므로 다루지 않을 것이다.

5.2 Fick의 제1법칙 응용(플럭스 방정식)

Fick의 제1법칙은 일정한 확산의 구동력 또는 일정한 농도구배를 가정한다. 플럭스는 일정한 농도구배와 확산계수의 곱으로 주어진다. 전형적인 적용은 격막의 양쪽 압력이 주어졌을 때 격막을 통과하는 기체의 플럭스 투과이다. 적층 박막 구조에서 대부분의 경우 상호확산과 반응은 금속간 화합물(Intermetallic compounds, IMCs)을 형성한다. 실험적으로 적층 IMC 두께 변화는 확산 제어 속도론 또는 $x^2 \sim Dt$의 간단한 식을 따른다. 이는 많은 벌크 확산 쌍에서도 역시 동일하다. 적층 화합물의 확산 제어 성장에 대한 속도론은 Fick의 제2법칙보다는 제1법칙을 이용하여 쉽게 풀 수 있다. 이에 대한 접근 방식을 다음 절에서 설명할 것이다. 8장에서는 평면 계면의 확산 제어 성장과 계면 반응 제어 성장을 제시할 것이다.

5.2.1 평면 석출물의 Zener 성장 모델

과포화된 기지(matrix)에서 층 구조 석출물의 평면 표면 성장을 고려하자. 그림 5.1(a)는 석출물에서 농도 분포를 도시한다. α 기지상에서 β 석출물 상이 있다. β상의 성장 전면이 평면이다. β상의 농도는 C_s이다. α상에서 평균 농도는 C_m이다. β/α 계면에서 평형 농도는 C_e이다. 석출물은 용질 원자가 확산하여 β/α 계면으로 확산하여 β상 내로 합쳐진다. 일반적으로 확산 방정식을 풀어야 하고 농도 분포 곡선에 의해 제시된 것과 같이 α 기지상 내의 농도 분포를 얻어야만 한다. 그 후에 β/α 계면에 도달하는 용질 원자의 플럭스를 구할 수 있고 석출물의 성장 속도 $v = dx/dt$를 계산할 수 있다.

여기에서 평면 계면에서 플럭스 식을 고려하자.

$$-J_{prep} = D\frac{dC}{dx} = (C_S - C_e)\frac{dx}{dt} \tag{5.1}$$

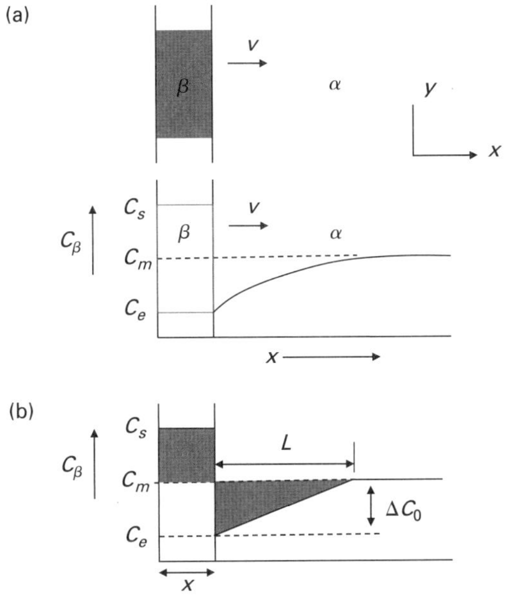

그림 5.1 (a) 석출의 농도 분포 개략도. 기지상 α내에 석출물 β가 존재. (b) 기지상 농도 분포를 다시 그림. C_m과 C_e 사이의 곡선 농도 분포를 직선으로 변경. 직선은 두 회색 부분 면적이 동일하게 그린다.

위 식은 두 플럭스 식을 등치시켜 구한 것이다. 중간 항은 Fick의 제1법칙 $J = -D(dC/dx)$이고 마지막 항은 $J = Cv$를 기초로 한 것이다. 계면에서 농도 스텝과 계면 속도의 곱은 계면에 도달하는 플럭스와 같아야 한다고 가정하였다. 위 식을 풀기 위해서 Zener의 분석을 따른다[3].

그림 5.1(b)에서 기지상의 C_m과 C_e 사이의 농도 분포를 곡선에서 직선으로 농도 분포를 바꾸어 그린 것이다. 직선은 두 개의 어두운 영역이 동일한 면적을 갖도록 다시 그려진 것이다. 물리적인 의미는 석출물에 존재하는 모든 용질 원자들은 기지상에 존재하는 용질 농도의 감소로부터 온 것을 의미한다. 즉, 그림에서 길이 L은

$$(C_S - C_m)x = \frac{1}{2}(C_m - C_e)L \tag{5.2}$$

에 의해 정의된다. 그러므로 다음 식을 얻을 수 있다.

$$\frac{dC}{dx} = \frac{C_m - C_e}{L}$$

식 (5.1)로부터

$$\frac{dx}{dt} = \frac{D}{(C_S - C_e)} \frac{(C_m - C_e)}{L} = \frac{D}{(C_S - C_e)} \frac{(C_m - C_e)^2}{2x(C_S - C_e)}$$

이다. 그러므로

$$-J_{prep} = (C_S - C_e)\frac{dx}{dt} = \frac{D}{2x}\frac{(C_m - C_e)^2}{(C_S - C_m)}$$

이다. C_s가 C_m과 C_e보다 현저히 크다고 가정하면 위 식의 분모에 있는 $(C_s - C_m)$을 $(C_s - C_e)$로 대체할 수 있고

$$\frac{dx}{dt} = \frac{D}{2x}\frac{(C_m - C_e)^2}{(C_S - C_e)^2}$$

가 된다. $t = 0$일 때 $x = 0$으로 가정하고 적분을 하면, 해는

$$x^2 = \frac{(C_m - C_e)^2}{(C_S - C_e)^2} Dt \tag{5.3}$$

가 된다. 이 식은 Fick의 제2법칙의 사용 없이 확산에 의해 제어되는 평면 석출물의 두꺼워지는 속도를 보여준다.

5.2.2 적층 박막에서 평면 성장의 Kidson 분석

Sn과 Cu의 두 금속 박막 사이의 박막 반응에서 Cu_6Sn_5와 Cu_3Sn의 형성은 순차적으로 일어난다. 즉 Cu_6Sn_5가 실온에서 먼저 혼자 생기고, 60°C보다 높은 온도에서만 Cu_3Sn이 생긴다. 만일 SnCu의 이원 합금 상태도를 검토한다면 실온에서 250°C까지 온도 범위에서 두 금속간 화합물 Cu_6Sn_5와 Cu_3Sn이 존재한다. 상태도 또는 열역학을 기반으로 상온 고체 반응에서 왜 Cu_6Sn_5만 혼자 우선 생기고 보다 높은 온도에서 동시가 아닌 순차적으로 Cu_3Sn이 생기는지에 대해서는 설명할 수 없다.

박막 반응에서 순차적인 상의 형성은 Si 웨이퍼와 금속 박막 사이의 실리사이드 IMC 상의 형성 반응에서 많은 연구가 이루어졌다. FET (Field Effect Transistor) 소자에서 옴 접합과 게이트로 동작하는 Si 위의 특정 실리사이드의 단일 상 형성은 기술적으로 매우 중요한 문제이다. 손톱 크기의 집적회로를 갖는 Si 칩 위의 실리사이드 콘택과 게이트는 수 백만 또는 수

십 억 개가 존재한다. 콘택과 게이트는 동일한 물리적 성질을 가져야 한다. 즉, 실리사이드 상들의 혼합물로 콘택을 만들 수는 없다. 그러므로 소자에 적용하기 위해서는 단일 상을 형성하는 것이 요구되나 이는 원리적으로 열역학을 거스르는 것이다. 그러므로 열역학보다는 반응 속도론에서 근거를 찾아야 한다. 확산 제어 성장과 계면 제어 성장의 조합에 의해 함께 존재하는 상들의 성장 경쟁의 적층 모델을 가정하여 단일 상 성장의 반응 속도론을 분석한다.

그림 5.2에서 두 개의 순수한 원소들 사이에 적층 IMC 상들의 성장, 예를 들면 Cu와 Sn 사이의 Cu_6Sn_5의 성장을 도시하였다. Cu, Cu_6Sn_5 그리고 Sn을 $A_\alpha B$, $A_\beta B$, $A_\gamma B$로 각각 나타내었다. Cu_6Sn_5의 두께는 x_β 그리고 Cu와 Sn과 이루는 계면의 위치는 각각 $x_{\alpha\beta}$와 $x_{\beta\gamma}$로 정의하였다. 계면을 경계로 농도의 급격한 변화가 존재한다. 그림 5.3에서 계면에서 Cu의 급격한 농도변화를 도시하였다. x_β의 확산 제어 성장(diffusion-controlled growth)에서 계면의 농도는 평형 상태를 가정하였고 각 층의 농도는 그림 5.3에서 x_β층에서 점선으로 도시하였다.

그림 5.3에서 x_β 두께를 갖는 층 구조의 상이 확산 제어 성장에 의해 제어되는 경우 1차원 Fick의 제1법칙을 사용할 수 있다. 그림 5.4에 도시된 층 내의 플럭스는

$$J = -D\frac{dC}{dx} \tag{5.4}$$

로 정의할 수 있고 계면을 지나는 플럭스 식은

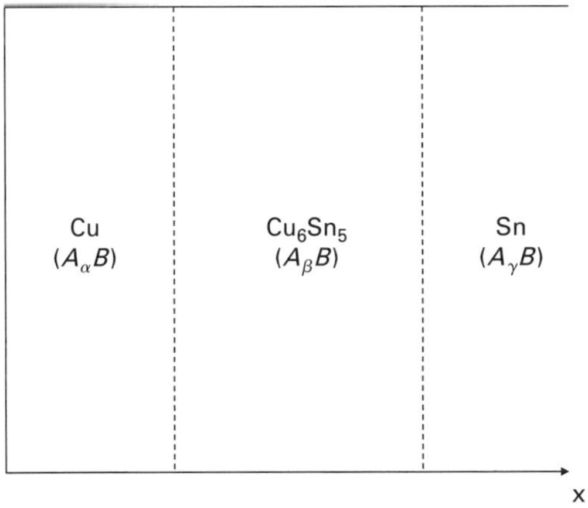

그림 5.2 두 개의 순수한 원자 사이에 층 모양 IMC 상의 성장 개략도(예를 들면 Cu와 Sn 사이의 Cu_6Sn_5 성장). Cu, Cu_6Sn_5 그리고 Sn은 각각 $A_\alpha B$, $A_\beta B$ 그리고 $A_\gamma B$로 표기

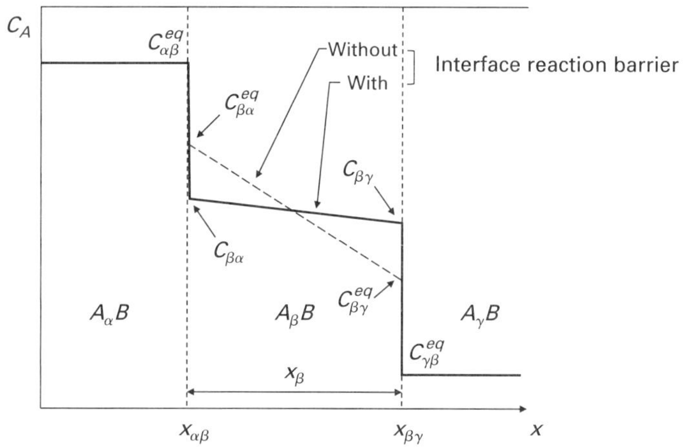

그림 5.3 계면을 가로질러 존재하는 Cu의 급격한 농도 변화를 나타냈다. x_β의 확산 제어 성장에서 계면의 농도는 평형 값을 갖는다고 가정하고 층을 가로질러 존재하는 농도는 x_β 층에서 점선을 이용하여 개략적으로 표시하였다.

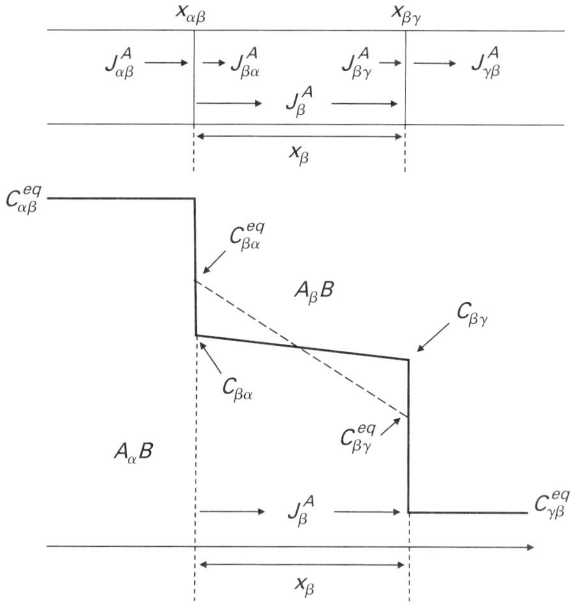

그림 5.4 층 내에 존재하는 플럭스를 나타낸 개략도

$$J = \Delta C v \tag{5.5}$$

로 주어지고, 여기에서 J는 원자 수/cm^{2}s라는 단위를 갖는 원자 플럭스, D는 원자 확산계수(cm^2/s), ΔC는 계면에서 농도 단차(원자 수/cm^3), x는 길이(cm) 그리고 v는 움직이는 계면의 속도(cm/s)이다. 예를 들면, 계면 $x_{\alpha\beta}$에 대해서는 $v = dx_{\alpha\beta}/dt$이다. 계면을 드나드는 플럭스 보전법칙을 고려할 때 이 계면의 성장에 대해 식 (5.5)와 식 (5.4)를 기반으로

$$(C_{\alpha\beta} - C_{\beta\gamma})\frac{dx_{\alpha\beta}}{dt} = J_{\alpha\beta} - J_{\beta\gamma} = -D\frac{\partial C}{\partial x}\bigg|_{\alpha\beta} + D\frac{\partial C}{\partial x}\bigg|_{\beta\gamma} \tag{5.6}$$

을 유도할 수 있다. 이를 다시 재배열하면 $x_{\alpha\beta}$의 속도에 대한 식은

$$\frac{dx_{\alpha\beta}}{dt} = \frac{1}{C_{\alpha\beta} - C_{\beta\gamma}}\left[\left(-D\frac{\partial C}{\partial x}\right)_{\alpha\beta} - \left(-D\frac{\partial C}{\partial x}\right)_{\beta\gamma}\right] \tag{5.7}$$

을 얻을 수 있다. 위 식에서 대괄호 안의 알지 못하는 농도구배를 극복하기 위하여 두 변수 x와 t를 결합하여 변환, 즉 볼츠만 변환을 수행하여

$$C(x,t) = C(\eta),\ \eta = \frac{x}{\sqrt{t}} \text{ 그러므로}$$

$$\frac{\partial C}{\partial x} = \frac{1}{\sqrt{t}}\frac{dC}{d\eta} \tag{5.8}$$

을 만들 수 있다. 계면에서 농도, 즉 $C_{\alpha\beta}$ 그리고 $C_{\beta\gamma}$는 시간과 위치에 따라 일정하고, 왜냐하면 확산 제어 성장의 가정하에 평형 값을 사용하였으므로,

$$\frac{dC(\eta)}{d\eta} = f(\eta) \tag{5.9}$$

여기에서 확산 제어 과정의 계면에서 시간과 위치에 독립적으로 η가 일정하다면 $f(\eta)$이 일정하다고 할 수 있다. 그러므로 속도 식은

$$\frac{dx_{\alpha\beta}}{dt} = \frac{1}{C_{\alpha\beta} - C_{\beta\gamma}}\left[-\left(D\frac{\partial C}{\partial \eta}\right)_{\alpha\beta} + D\left(\frac{\partial C}{\partial \eta}\right)_{\beta\gamma}\right]\frac{1}{\sqrt{t}} \tag{5.10}$$

으로 다시 쓸 수가 있다. 대괄호 밖으로 시간 항을 빼냈기 때문에 대괄호 안의 식은 시간에 독립적이다. 위 식의 적분은

$$x_{\alpha\beta} = A_{\alpha\beta}\sqrt{t} \tag{5.11}$$

여기에서

$$A_{\alpha\beta} = 2\left[\frac{(DK)_{\beta\alpha} - (DK)_{\alpha\beta}}{C_{\alpha\beta} - C_{\beta\alpha}}\right]$$

$$K_{ij} = \left(\frac{dC}{d\eta}\right)_{ij}$$

이다. 유사한 방법으로 계면 $x_{\beta\gamma}$에 대해서도

$$x_{\beta\gamma} = A_{\beta\gamma}\sqrt{t} \tag{5.12}$$

를 얻을 수 있다. 두 계면을 조합하면 β상의 넓이는

$$w_{\beta} = x_{\beta\gamma} - x_{\alpha\beta} = (A_{\beta\gamma} - A_{\alpha\beta})\sqrt{t} = B\sqrt{t} \tag{5.13}$$

이고, 이는 β상이 포물선형 성장 또는 확산 제어형 성장을 하고 있음을 보여준다. 위 식은 Fick의 제1법칙만을 이용하여 층 구조를 갖는 상의 확산 제어 성장의 매우 간단한 유도 또는 계면에서 조성의 급격한 변화를 갖는 층 구조 성장에 대한 관계 $w^2 \propto t$임을 보여준다.

성장 속도가 두께에 반비례하기 때문에 확산 제어 성장 층의 기본적인 속성은 다층 구조에서 성장 경쟁으로 사라지거나 잠식될 수 없다는 것이다. 두께가 0으로 근접할수록,

$$\lim \frac{dw}{dt} = \frac{B}{w} \rightarrow \infty \tag{5.14}$$

가 된다. 성장 속도는 무한대가 되거나 성장을 구동하는 화학 포텐셜 기울기가 무한대로 근접하게 될 것이다.

그러므로 다층구조에서, 예를 들면 $Cu/Cu_3Sn/Cu_6Sn_5/Sn$, Cu_3Sn과 Cu_6Sn_5가 모두 존재하고 확산 성장을 할 때 두 상은 함께 존재하고 함께 성장한다. 이러한 이유로 Cu_6Sn_5와 Cu_3Sn의 순차적인 성장에서 두 상 모두가 확산 제어 과정에 의해 핵 생성되고 성장한다고 가정할 수 없다. 그렇지 않다면 함께 존재하고 단일 IMC상 만이 성장하는 경우를 볼 수 없을 것이다. 이 문제를 극복하기 위해서 계면 반응 제어 성장을 8장에서 소개할 것이다.

5.3 Fick의 제2법칙(확산방정식)

5.3.1 조성 균질화에 미치는 확산의 영향

Fick의 제2법칙에서 조성은 위치와 시간의 함수 $C = C(x,t)$이다. 따라서 구동력 dC/dx은 위치와 시간에 따라서 변한다. 그러나 확산방정식의 고유한 성질은 확산이 시간에 따라 조성의 균질화(스피노달 영역 밖에서)를 이끌고 있다는 것이다. $C = C_0 \sin x$의 단순한 농도 분포를 고려하여 이 성질을 설명할 것이다. 일차 미분은 $C' = C_0 \cos x$이고 이차 미분은 $C'' = -C_0 \sin x$이 된다. 그림 5.5에 이를 도시하였다. 만일 D가 양의 값이라고 가정하면 dC/dt 또는 시간의 함수로서 C의 변화는 이차 미분에 의존하게 된다는 것을 아래에서 알 수 있다.

$$\frac{\partial C}{\partial t} = D\frac{\partial^2 C}{\partial x^2} = D\left(\pm\frac{\partial^2 C}{\partial x^2}\right)$$

그림 5.5에서 도시된 농도 그래프에서 곡선의 처음 반은 아래로 오목하고 이차 미분 값은 음의 값을 가지며, 이는 농도가 시간에 따라 감소함을 의미한다. 농도 그래프의 두 번째 반은 위 방향으로 오목하고 이차 미분 값은 양의 값을 가지며, 이는 농도가 시간에 따라 증가함을 의미한다. 그러므로 농도에 미치는 확산 시간의 효과는 농도 분포를 균질하거나 농도 분포를 편평하게 만든다. 언덕과 계곡은 확산에 의해 시간이 지남에 따라 편평하게 되는 것이다. 그

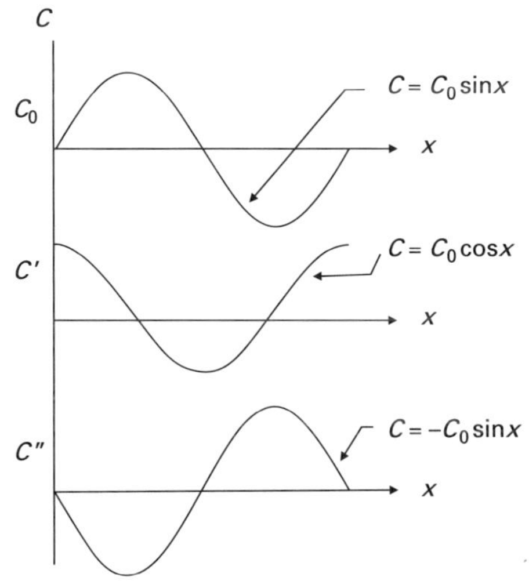

그림 5.5 $C = C_0 \sin x$ 형태의 농도 분포 곡선, 1차 미분 값 $C' = C_0 \cos x$ 그리고 2차 미분 값 $C'' = -C_0 \sin x$의 개략도

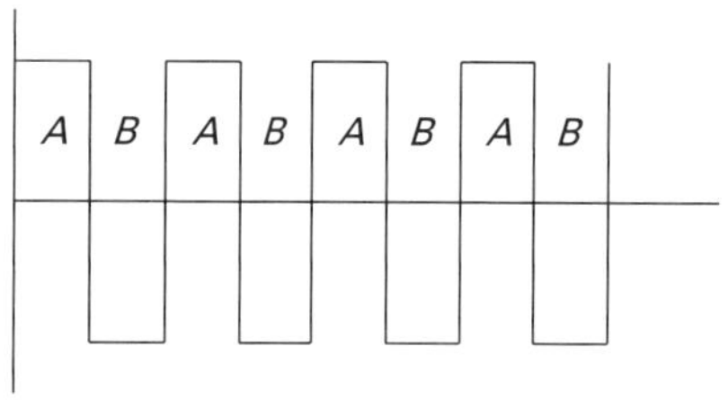

그림 5.6 *A/B/A/B/A/B* 주기적 구조

러므로 농도 분포가 주기적인 구조를 갖는다면 확산 또는 상호확산은 농도 분포를 편평하게 될 것이다.

스피노달 분해에서 자유에너지 곡선은 아래로 오목하므로 G''이 음의 값을 갖는다는 것을 언급할 필요가 있다. 따라서 반대로 일어날 것이다.

5.3.1.1 주기적인 구조에서 균질화

*A/B/A/B/A/B*의 주기적인 구조에서 주기는 그림 5.6에 도시했다. t = 0시간에서 농도 분포는 사인 곡선으로 나타낼 수 있고(그림 7.9 참조),

$$C = \overline{C} + \beta_0 \sin \frac{\pi x}{l} \tag{5.15}$$

여기에서 $\overline{C}$는 평균 조성, β_0는 t = 0에서 농도 분포의 진폭, 그리고 l은 주기적인 구조에서 주기이다. 열처리 시 균질화가 일어날 것이고 곡률이 아래로 오목한 부분은 농도가 증가할 것이고 위로 볼록한 영역은 감소할 것이다.

만일 확산계수가 농도에 독립적이라면 t = 0의 초기조건을 만족하는 확산방정식의 해는

$$C = \overline{C} + \beta_0 \sin \frac{\pi x}{l} \exp\left(-\frac{t}{\tau}\right) \tag{5.16}$$

이다. 위 식이 확산방정식의 해인지를 확인하기 위하여 아래 식을 구할 수 있다.

$$\frac{dC}{dt} = \left[\beta_0 \sin \frac{\pi x}{l} \exp\left(-\frac{t}{\tau}\right)\right]\left(-\frac{1}{\tau}\right)$$

$$\frac{dC}{dx} = \left[\beta_0 \cos \frac{\pi x}{l} \exp\left(-\frac{t}{\tau}\right)\right]\frac{\pi}{l}$$

$$\frac{d^2C}{dx^2} = \left[\beta_0 \sin \frac{\pi x}{l} \exp\left(-\frac{t}{\tau}\right)\right]\left(-\frac{\pi^2}{l^2}\right)$$

만일

$$-\frac{1}{\tau} = -D\frac{\pi^2}{l^2} \tag{5.17}$$

이라고 가정하면, 아래 확산방정식을 만족하여야 한다.

$$\frac{\partial C}{\partial t} = D\frac{\partial^2 C}{\partial x^2}$$

완화시간(relaxation time) $\tau = \frac{l^2}{D\pi^2}$으로 정의한다. $x = l/2$에서 진폭은

$$C - \overline{C} = \beta = \beta_0 \exp\left(-\frac{t}{\tau}\right)$$

로 주어지기 때문에 $t = \tau$가 지난 후에 진폭 $\beta = \beta_0/e$가 된다. $t = 2\tau$가 지난 후에 진폭 $\beta = \beta_0/e^2$로 감소하게 된다. τ는 l^2에 비례하기 때문에 l의 주기가 짧으면 짧아질수록 더 빨리 감소한다.

5.3.2 벌크 확산 쌍에서 상호확산

만일 벌크 금속의 두 조각을 결합하여 열을 가한다면 일반적으로 상호확산이 일어나고 합금 또는 IMC를 형성하게 된다. 두 개의 긴 막대기 형태의 A와 B 사이에 합금 형성 분석에만 국한시킨다. 두 물질은 Cu와 Ni과 같이 동일한 결정 구조를 가정하고, 상호확산이 일어날 때 두 물질은 동일한 결정 구조를 갖는 연속적인 고용체를 형성한다. 상호확산이 IMC 형성을 이르게 하는 반응, Ni과 Si의 경우 반응하여 실리사이드 화합물을 형성하는 반응의 경우에는 8장에서 다룰 것이다.

A와 B가 상호확산 시에 농도 분포가 그림 5.7에 도시된 바와 같이 점점 넓어지게 된다. 분포의 수학적 해는 일차원에서 매우 일반적인 확산방정식

$$\frac{\partial C_A}{\partial t} = D\frac{\partial^2 C_A}{\partial x^2}$$

을 고려하여 얻을 수 있다. 4장에서 논의한 것처럼 해는 반 무한(semi-infinite)의 막대 A 내로 A^* 트레이서 층을 확산시킬 때, 다음에 주어진 것처럼 단위 단면적을 갖는 반 무한 막대 B 내로 A의 박막 층을 확산시키는 해를 고려하여 얻을 수 있다.

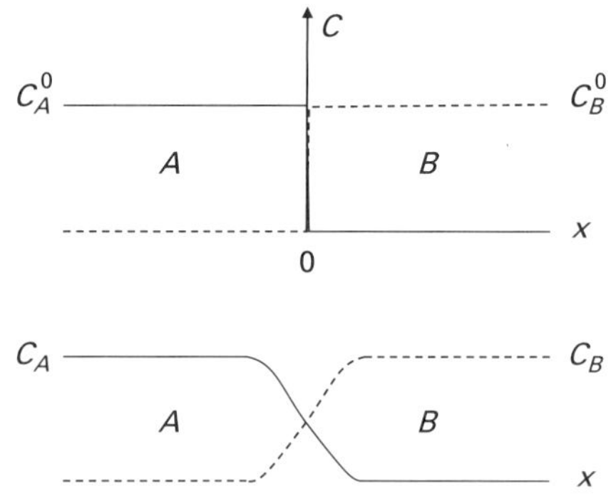

그림 5.7 *A*와 *B*의 상호확산 쌍의 개략도와 확장된 농도 분포

$$C_A = \frac{bC_A^0}{\sqrt{4\pi Dt}} \exp\left(-\frac{x^2}{4Dt}\right) \tag{5.18}$$

여기에서 C_A는 A의 농도(atom/cm^3) 그리고 C_A^0는 상호확산 이전에 두께 b 박막에 존재하는 A 초기 농도(atom/cm^3)이다.

따라서 위에 주어진 것과 같은 박막의 해는 $\Delta\alpha$의 두께를 갖는 수직 방향의 많은 조각으로 A를 나누어 반 무한 쌍으로 확장시킬 수 있고 적분으로 아래의 해를 구할 수 있다.

$$C_A(x,t) = \frac{C_A^0}{\sqrt{4\pi Dt}} \int_{-\infty}^{0} \exp\left[-\frac{(x+\alpha)^2}{4Dt}\right] d\alpha \tag{5.19}$$

새로운 단위가 없는 변수 η를

$$\eta = \frac{x+\alpha}{\sqrt{4dt}}, \quad d\eta = \frac{d\alpha}{\sqrt{4dt}}$$

따라서

$$\eta = \frac{x}{\sqrt{4dt}} \quad \text{when } \alpha = 0$$

$$\eta = -\infty \quad \text{when } \alpha = -\infty$$

이 된다. 마지막 식을 다시 쓰면

$$C_A(x,t) = \frac{C_A^0}{\sqrt{\pi}} \int_{-\infty}^{x/\sqrt{4Dt}} \exp(-\eta^2) d\eta = \frac{C_A^0}{2}\left[1 + \operatorname{erf}\left(\frac{x}{\sqrt{4Dt}}\right)\right] \tag{5.20}$$

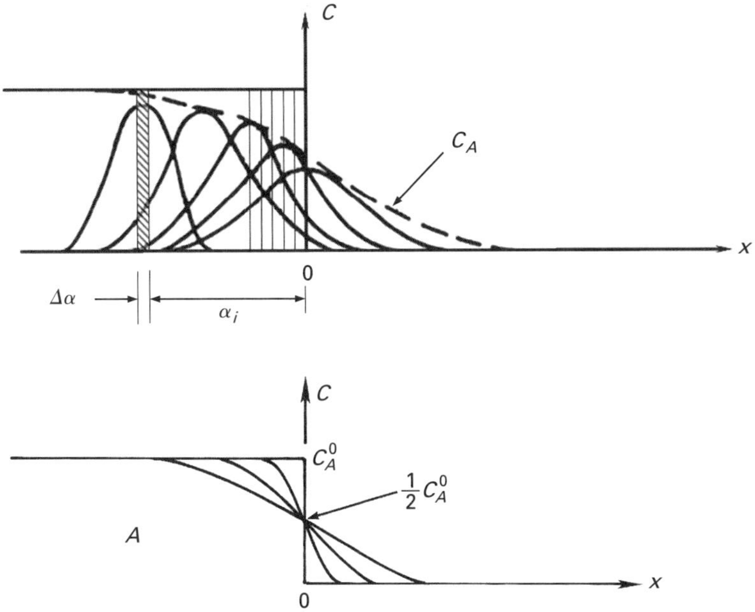

그림 5.8 수학적 해를 기반으로 조성 곡선 C_A의 중심점은 $x = 0$, 즉 확산 쌍의 원 계면에 존재한다.

이 된다. 에러 함수는

$$\mathrm{erf}\,(x) = \frac{2}{\sqrt{\pi}}\int_x^0 \exp(-\eta^2)d\eta \tag{5.21}$$

이고, $\mathrm{erf}(0) = 0$, $\mathrm{erf}(\infty) = 1$ 그리고 $\mathrm{erf}(-x) = -\mathrm{erf}(x)$가 된다. 따라서 $x = 0$에서

$$C_A = \frac{C_A^0}{2}$$

가 된다. 시간과 온도의 함수로서 상호확산은 농도 분포 변화를 이끈다. 위의 수학적 해에 기초하여 조성의 중간점은 항상 $x = 0$ 즉, 그림 5.8에 도시된 바와 같이 쌍의 원래 계면(original interface)에 존재한다. 이는 한 개의 A원자가 B로 확산할 때 한 개의 B원자가 A로 확산한다는 것을 의미하고, 즉 A와 B원자들의 교환되는 숫자가 같다. 원래 계면이 A와 B 상호확산의 원래 위치를 유지한다는 것이다.

그러나 위의 논거 또는 의미는 확산의 물리적 기구를 고려하지 않은 수학적 해이기 때문에 잘못된 것이다. 실험적으로 농도 중간점은 원래 계면에 위치하지 않고 원래 계면으로부터 A 또는 B쪽으로 이동한다.

Kirkendall은 Cu와 CuZn(황동) 사이의 원래 계면에 Mo 마커를 삽입한 후 고전적 상호확산 실험을 수행하였다. 두 계면에 마커를 삽입한 Cu/CuZn/Cu 샌드위치 구조를 이용하여 열처리에 따라서 두 계면에 존재하는 Mo 마커가 서로 가까워짐을 관찰하였다. 이는 Cu원자가 확산해 들어오는 것보다 더 많은 Zn 원자가 확산으로 빠져 나간다는 것을 의미한다. CuZn 합금에서 Zn의 확산도는 Cu의 확산도보다 더 빠르다는 가정하에 Darken은 아래의 상호확산 분석을 수행하였다.

5.3.2.1 Kirkendall 이동과 마커 움직임에 대한 Darken의 분석

만일 더 많은 *A*원자가 *B*로 확산한다고 가정하면, *B* 내에 존재하는 격자 자리들은 들어오는 *A* 원자들을 수용하기 위하여 증가하여야 한다. 유사하게 *A* 내에 존재하는 격자 자리들은 보다 많은 원자들이 떠났기 때문에 감소하여야 한다. 격자 자리의 증가와 감소는 비어있는 자리 또는 공공의 증가와 감소로 각각 이룰 수 있다. Darken의 분석에서 매우 중요한 가정은 확산 쌍 내의 모든 곳에 평형 상태로 존재한다는 것이다. 즉, *B* 내에 존재하는 공공의 소스는 첨가되는 *A*원자를 수용하기 위해 비어 있는 자리를 효과적으로 생성하여야 하고, *A* 내에 존재하는 공공의 싱크는 제거되는 *A*원자를 수용하기 위해 비어 있는 자리를 효과적으로 제거하여야 한다. 공공의 소스와 싱크에 대한 원자 기구는 그림 5.9에 도시된 전위 상승(dislocation climb)이다. 우측에 있는 칼날 전위 루프에서 칼날 전위의 끝단에 원자를 수용하는 전위 상승은 원자 면을 첨가하게 된다. 반면에 왼편에 있는 칼날 전위 루프에서 칼날 전위의 끝단에 공공을

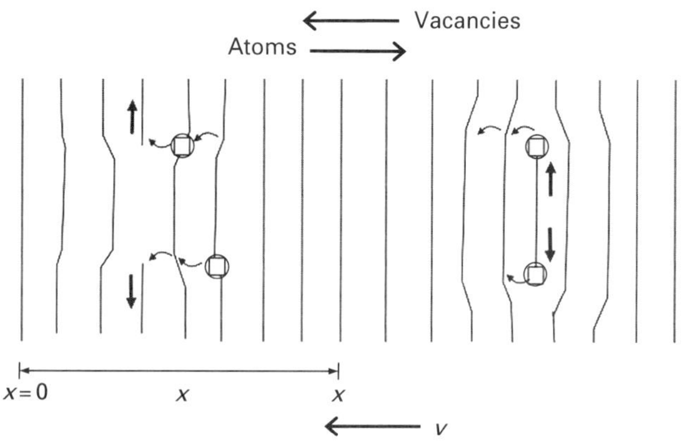

그림 5.9 상호확산 시 공공의 소스와 싱크로 작용하는 전위 상승의 개략도. 우측에 존재하는 전위 루프는 추가 원자면을 생성하여 확장한다. 좌측에 존재하는 전위 루프는 기존 원자면을 제거하며 줄어든다.

수용하는 전위 상승은 원자 면 또는 격자면을 상실하게 된다. 이 조합은 두 전위 루프 사이에 존재하는 모든 격자면들을 한 원자 면의 두께만큼 좌측으로 이동하게 만든다. 이를 상호확산에서 "격자이동" 또는 "Kirkendall 이동"이라고 정의한다. 만일 이동 속도 v를 갖는 격자에 마커를 위치시키면, A 방향으로 [또는 더 빠르게 확산하는 원자(A원자)의 확산 방향(A원자는 B쪽으로 확산)의 반대 방향(A 방향)으로] 마커는 속도 v로 이동할 것이다. (간단하게 마커는 공공의 확산 방향으로 이동) 나중에 마커 속도 v를 정의할 것이다. 이것이 Kirkendall 이동에서 마커의 움직임에 대한 원자 기구이다.

격자이동 때문에 공공은 모든 곳에서 평형상태를 유지한다. 따라서 공공의 과포화는 존재하지 않고 공동 형성을 하지 않는다. 또한 격자이동 때문에 B쪽에 첨가된 격자 자리는 A 쪽 격자의 소실에 의해 균형을 이루게 되므로 격자 자리의 순변화는 0이다. 만일 AB 합금에서 A 원자와 B원자의 부분 몰 부피가 동일하다면, 일정한 부피 과정이 된다. 따라서 상호확산에서 응력은 발생하지 않으므로, Darken의 분석에서는 공동의 형성과 응력의 발생은 없다.

반면에 벌크 확산 쌍에서 상호확산에 대한 많은 실험적 관찰에서 공동 형성(Kirkendall 또는 Frenkel)이 발견되었다. 또한, 박막과 Si 웨이퍼 사이의 상호확산은 많은 경우에서 웨이퍼의 휨을 만들며 이는 상호확산에서 응력이 만들어짐을 의미한다. 이러한 경우에서 격자이동 가정을 하지 말아야 하고, 공공의 평형상태를 가질 수 없다. 15장에서 공동 또는 힐록 형성에 의한 신뢰성 고장을 논의할 때 격자이동이 일어나지 않고, 즉 순 격자 자리 수 변화가 0이 아니고 일정한 부피 과정이 아닌 것을 가정한다.

격자의 이동 때문에 Darken은 원자 플럭스 분석을 위한 두 개의 기준 좌표계, 즉 실험실 좌표계(고정 좌표계)와 격자 좌표계(유동 좌표계)를 사용하였다. 실험실 좌표계에서 원자 플럭스는 시편 밖에서 관찰되고 좌표계의 원점은 상호확산이 일어나지 않는 확산 쌍의 한쪽 끝에 위치한다. 마커 좌표계에서는 원자 플럭스는 마커 위에서 관찰되고 좌표계는 마커와 함께 움직인다. 즉 좌표계의 원점은 움직이는 마커에 존재하므로 유동 좌표계가 된다.

만일 실험실 좌표계(고정 좌표계)의 J_A와 J_B로 표현된 원자 플럭스를 검토하면, 원자 플럭스는 아래 두 항으로 구성된다. 첫 번째 항은 확산에 기인한 항이고 두 번째 항은 속도 v를 갖고 이동하는 격자의 이동에 기인한 항이다.

$$J_A = -D_A \frac{\partial C_A}{\partial x} + C_A v \tag{5.22}$$

$$J_B = -D_B \frac{\partial C_B}{\partial x} + C_B v \tag{5.23}$$

따라서

$$J_A + J_B = -D_A \frac{\partial C_A}{\partial x} - D_B \frac{\partial C_B}{\partial x} + Cv \tag{5.24}$$

여기에서 D_A와 D_B는 고유확산계수(intrinsic diffusivity)들이고, C_A와 C_B는 AB 합금에서 각각 A와 B의 농도이다. 따라서 $C_A + C_B = C$이다. 방정식에서 소문자 x는 확산 좌표계의 x축을 의미한다. A와 B의 원자 분율은 대문자 X를 사용할 것이다.

$$X_A = \frac{C_A}{C_A + C_B} = \frac{C_A}{C} \tag{5.25}$$

$$X_B = \frac{C_B}{C_A + C_B} = \frac{C_B}{C} \tag{5.26}$$

로 정의하고, 여기에서 $X_A + X_B = 1$이고 $CX_A + CX_B = C_A + C_B = C$이다. C는 단위 부피당 총 원자수로 일정한 값을 갖는다. 또는 합금 1몰에서는 $C = N_A$가 되고 N_A는 아보가드로 수가 되며 1몰의 원자 수와 동일하게 된다. C가 상수이므로

$$\frac{\partial (C_A + C_B)}{\partial x} = 0$$

$$\frac{\partial C_A}{\partial x} = -\frac{\partial C_B}{\partial x}$$

$$\frac{\partial X_A}{\partial x} = -\frac{\partial X_B}{\partial x}$$

가 된다. 실험실 좌표계에서 순 플럭스는

$$J = J_A + J_B$$

이고

$$\frac{\partial C}{\partial t} = -(\nabla \bullet J) = \frac{\partial}{\partial x}\left[D_A \frac{\partial C_A}{\partial x} + D_B \frac{\partial C_B}{\partial x} - Cv\right] \tag{5.27}$$

이 된다. C가 상수이고 시간에 독립적인 함수이기 때문에, $\partial C/\partial t = 0$이고,

$$D_A \frac{\partial C_A}{\partial x} + D_B \frac{\partial C_B}{\partial x} - Cv = \text{Const.} = K \tag{5.28}$$

을 얻게 된다. 상수 K를 결정하기 위해서는 시편의 끝을 원점 $x = 0$으로 하고, 여기에서는 확

산이 일어나지 않게 되어 농도 C_A와 C_B는 일정하고, 농도 기울기 $\partial C_A/\partial x$와 $\partial C_B/\partial x$는 0이 된다. 따라서 마커의 이동은 없고, $v = 0$이 된다. 그러므로 마지막 식에서 상수 K는 0이 된다. 이는 실험실 좌표계에서 순 플럭스는 0이고, $J_A + J_B = 0$이며 $J_A = -J_B$가 된다. 그러므로 실험실 좌표계에서는 J_A와 J_B가 크기에서는 동일하지만 방향은 반대가 된다.

만일 마커 좌표계(또는 유동 좌표계)에서 A와 B의 원자 플럭스를 각각 j_A와 j_B라 표기하면, 관찰자는 마커 위에 앉아 있게 되어, 좌표계의 원점은 마커가 되므로 $v = 0$이 되고

$$j_A = -D_A \frac{\partial C_A}{\partial x} \tag{5.29}$$

$$j_B = -D_B \frac{\partial C_B}{\partial x} \tag{5.30}$$

을 얻게 된다. 그러므로

$$j_A + j_B = -Cv \tag{5.31}$$

이 된다. 마커 좌표계에서 순 플럭스는 0이 아니다. 계속 진행하기 위해서 마커의 속도를 다시 쓰면

$$v = \frac{1}{C}\left[D_A \frac{\partial C_A}{\partial x} + D_B \frac{\partial C_B}{\partial x}\right] = D_A \frac{\partial X_A}{\partial x} + D_B \frac{\partial X_B}{\partial x} = (D_B - D_A)\frac{\partial X_B}{\partial x} \tag{5.32}$$

이 된다. 다음으로 실험실 좌표계에서 B의 원자 플럭스는

$$\begin{aligned} J_B &= -\overline{D}\frac{\partial C_B}{\partial x} \\ \overline{D} &= X_A D_B + X_B D_A \end{aligned} \tag{5.33}$$

을 얻게 된다. 만일 실험실 좌표계(고정 좌표계)가 원자 플럭스를 검증하기 위해 사용된다면

$$\begin{aligned} J_B = j_B + C_B v &= -D_B \frac{\partial C_B}{\partial x} + C_B v = -D_B \frac{\partial C_B}{\partial x} + C_B (D_B - D_A)\frac{\partial X_B}{\partial x} \\ &= -\frac{(C_A + C_B)}{C} D_B \frac{\partial C_B}{\partial x} + \frac{C_B}{C}(D_B - D_A)\frac{\partial C_B}{\partial x} = -\frac{C_A D_B}{C}\frac{\partial C_B}{\partial x} - \frac{C_B D_A}{C}\frac{\partial C_B}{\partial x} \\ &= -\frac{1}{C}(C_A D_B + C_B D_A)\frac{\partial C_B}{\partial x} = -(X_A D_B + X_B D_A)\frac{\partial C_B}{\partial x} = -\overline{D}\frac{\partial C_B}{\partial x} \end{aligned}$$

이고, 여기에서 $\overline{D} = X_A D_B + X_B D_A$는 상호확산계수(interdiffusion coefficient)로 정의된다. 유사하게 실험실 좌표계에서는

$$J_A = -\overline{D}\frac{\partial C_A}{\partial x} \tag{5.34}$$

가 된다. $\partial C_A/\partial x = -\partial C_B/\partial x$이기 때문에 앞에서 보여준 바와 같이 $J_A = -J_B$가 된다. 여기에서 B에 대한 서로 다른 세 개의 플럭스 차이는

$$j_B = -D_B\frac{\partial C_B}{\partial x}$$
$$J_B = -D_B\frac{\partial C_B}{\partial x} + C_B v$$
$$J_B = -\overline{D}\frac{\partial C_B}{\partial x}$$

가 됨을 유의하여야 한다. 유사하게 비슷한 종류의 식을 A원자에 대해서도 쓸 수 있다.

위의 분석에서 원자 플럭스의 구동력을 농도기울기의 관점에서 작성하였다. 구동력은 화학 포텐셜(chemical potential) 기울기 관점에서 표현할 수 있고(부록 F), 상호확산계수를 $\overline{D} = C_B M G''$로 표기할 수 있고, 여기에서 M은 이동도(Mobility)이고 G''은 농도 대신에 깁스자유에너지의 2차 미분치이므로 상호확산계수는 G''의 부호와 같게 된다. G''은 스피노달 영역에서는 음의 값을 가지므로 $\overline{D}$는 음의 값을 갖게 되어 확산은 농도기울기의 반대로 일어난다. 즉 오르막(uphill) 확산이 일어난다. 스피노달 영역 밖에서 G''은 양의 값을 갖게 되고 상호확산계수는 Darken의 분석과 같이 양의 값을 갖게 된다. 만일 $\overline{D}$를 실험적으로 측정하면 마커의 이동 속도를 실험적으로 측정하여 D_A와 D_B를 구할 수 있게 된다. 다음 장에서는 Boltzmann과 Matano 분석에 의해 $\overline{D}$를 어떻게 측정하는지 보여주고자 한다.

5.3.2.2 Boltzmann과 Matano의 상호확산 분석

Boltzmann-Matano 분석에 입각하여 $\overline{D}$를 실험적으로 측정할 수 있다. Fick의 제2법칙에서

$$\frac{\partial C_B}{\partial t} = \frac{\partial}{\partial x}\left(\overline{D}\frac{\partial C_B}{\partial x}\right) = \frac{\partial \overline{D}}{\partial x}\frac{\partial C_B}{\partial x} + \overline{D}\frac{\partial C_B}{\partial x}$$

를 얻을 수 있다. 위 식을 풀기 위하여 다음과 같이

$$C(x, t) = C(\eta) \text{ and } \eta = \frac{x}{t^{1/2}}$$

가정하자. 미분을 하면

$$\frac{\partial C}{\partial t} = \frac{\partial C}{\partial \eta}\frac{\partial \eta}{\partial x} = -\frac{1}{2}\frac{x}{t^{3/2}}\frac{dC}{d\eta} = -\frac{\eta}{2t}\frac{dC}{d\eta}$$

$$\frac{\partial C}{\partial x} = \frac{dC}{d\eta}\frac{\partial \eta}{\partial x} = \frac{1}{t^{1/2}}\frac{dC}{d\eta}$$

$$\frac{\partial^2 C}{\partial x^2} = \frac{\partial}{\partial x}\left(\frac{\partial C}{\partial x}\right) = \frac{\partial}{\partial \eta}\frac{\partial \eta}{\partial x}\left(\frac{\partial C}{\partial x}\right) = \frac{1}{t}\frac{d^2 C}{d\eta^2}$$

$$\frac{\partial \overline{D}}{\partial x} = \frac{\partial \overline{D}}{\partial \eta}\frac{\partial \eta}{\partial x} = \frac{1}{t^{1/2}}\frac{d\overline{D}}{d\eta}$$

다. 이를 확산 식에 대입하면

$$-\frac{\eta}{2t}\frac{dC}{d\eta} = \frac{1}{t^{1/2}}\frac{d\overline{D}}{d\eta}\frac{1}{t^{1/2}}\frac{dC}{d\eta} + \frac{\overline{D}}{t}\frac{d^2 C}{d\eta^2}$$

가 된다. 위 식에서 양변에 t를 곱하면

$$-\frac{\eta}{2}\frac{dC}{d\eta} = \frac{d\overline{D}}{d\eta}\frac{dC}{d\eta} + \overline{D}\frac{d^2 C}{d\eta^2} = \frac{d}{d\eta}\left(\overline{D}\frac{dC}{d\eta}\right)$$

를 얻을 수 있다. 이는 전미분(total differentials)이기 때문에, $1/d\eta$를 제거한 후 양편을 적분하면

$$-\frac{1}{2}\int_0^{C'} \eta dC = \int_0^{C'} d\left(\overline{D}\frac{dC}{d\eta}\right) = \left[\overline{D}\frac{dC}{d\eta}\right]_0^{C'} \tag{5.35}$$

를 얻을 수 있고, 여기에서 C'은 $0 < C' < C_0$의 범위내에 있는 임의의 농도이고 C_0는 $x = \infty$에서 A의 농도이다. 이제 상호확산의 물리적 그림을 고려하여 보자. 만일 시간이 주어진다면 (즉 t가 고정되므로 $d\eta = t^{-1/2}dx$), 확산 쌍의 양쪽 끝($C = 0$과 $C = C_0$)에서 $dC/d\eta = 0$이 된다. 그러므로 식 (5.35)에서 수직축 방향을 따라서 C=0부터 C=C_0까지 적분하면 이는

$$-\frac{1}{2}\int_0^{C_0} \eta dC = \overline{D}\left.\frac{dC}{d\eta}\right|_{C=C_0} - \overline{D}\left.\frac{dC}{d\eta}\right|_{C=0} = 0 - 0 = 0$$

이 된다. 이는

$$\int_0^{C_0} x dC = 0 \tag{5.36}$$

을 의미하고, 이는 상호확산이 주어진 시간에서 고려할 때 변수 η는 t가 상수일 때 x와 같기

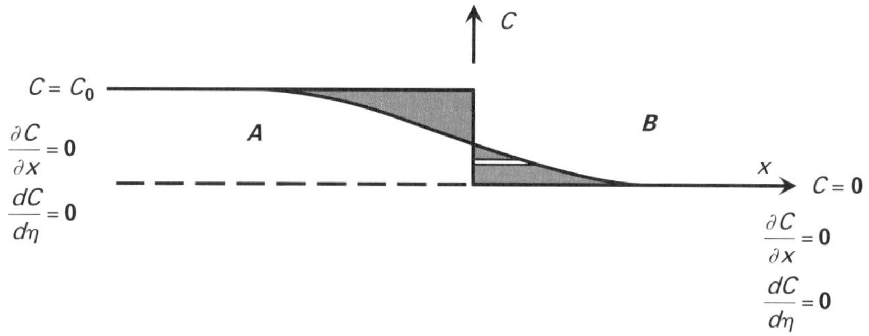

그림 5.10 식 (5.36)은 Matano 계면을 정의한다. Matano 계면을 기준으로 왼편에서는 A원자의 양$(1-C_A)$만큼 제거되고, 계면의 우측에는 동일한 양 C_A만큼 첨가된다. 그림으로는 A쪽(계면의 좌측) 어두운 부분의 면적과 B쪽(계면의 우측) 어두운 부분의 면적은 동일하다.

$(x = t^{1/2}\,\eta)$ 때문이다. 식 (5.36)의 관계는 Matano 계면을 정의하고, 여기에서 Matano 계면의 왼편에서 제거된 A원자의 양$(1-C_A)$과 계면의 오른편에 첨가된 A원자의 양 C_A이 같은 값을 갖게 된다. 그림 5.10에서 A영역(계면의 왼편 영역)의 어두운 면적(제거된 A원자의 양)과 B영역(계면의 오른편 영역)의 어두운 면적(첨가된 A원자의 양)이 같다는 것을 의미한다. 이 기준면을 Matano 계면으로 정의한다. 이 계면은 맨 처음 계면과 동일한 위치에 있지 않다.

왜 Matano 계면이 중요한가? 이 계면은 식 (5.35)와 (5.36)의 적분을 위한 x축의 원점 위치, 즉 $x = 0$을 정의한다. 그렇지 않으면 C(수직축)에 대해서 적분이 이루어지는 적분

$$-\frac{1}{2}\int_0^{C'} \eta dC$$

을 할 수 없게 되고, x의 원점이 Matano 계면에 의해 정해질 때까지는 x는 임의의 변수일 뿐이다.

식 (5.35)에서 만일 η를 x로 변환하고 $\overline{D}$를 상호확산계수로 정의하면

$$\overline{D}(C') = -\frac{1}{2t}\left(\frac{dx}{dC}\right)_{C'}\int_0^{C'} xdC \tag{5.36}$$

와 같이 된다. 이 식은 x의 함수로서 C의 측정(즉, A의 농도 분포 곡선)이 그림 5.11에 도시된 기울기와 빗금친 부분의 면적을 이용하는 그래프 이용법(특정한 t에 대하여)으로 농도 C'에서 $\overline{D}$를 구할 수 있음을 의미한다. 측정된 분포 곡선을 기반으로 농도 C'을 선정할 수 있고 기울기와 빗금친 면적을 구할 수 있다. 따라서 Boltzmann-Matano 분석을 이용하여 상호확산계

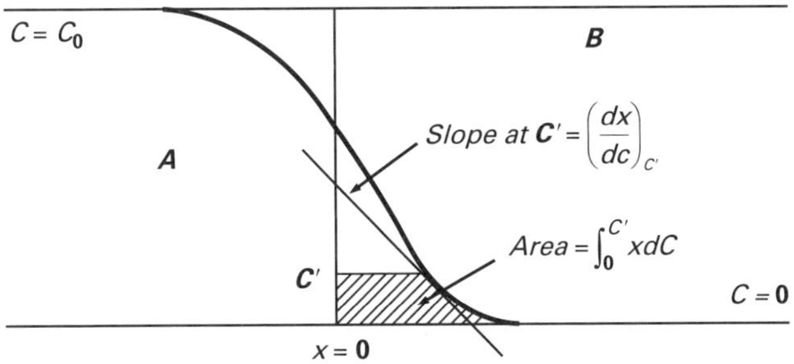

그림 5.11 농도 C'에서 상호확산계수 $\tilde{D}$는 그림에서와 같이 기울기와 빗금친 부분의 면적을 이용하여 t가 주어졌을 때 그래프로부터 구할 수 있다. 측정된 농도 분포에서 임의의 농도 C'을 선정하고 기울기와 빗금친 부분의 면적을 구할 수 있다.

수를 측정할 수 있다. 상호확산계수와 확산 쌍에서 마커의 속도 값을 조합하면 고유확산계수 D_A와 D_B를 식 (5.32)와 (5.33)을 이용하여 구할 수 있다.

5.3.2.3 격자이동이 없는 Kirkendall (Frenkel) 공동 형성

상호확산의 Darken 분석에서 확산 쌍의 모든 곳에서 공공 분포가 평형상태라는 가정은 세 가지 중요한 의미를 갖는다. 첫째, 격자이동 또는 Kirkendall 이동은 마커 움직임으로 측정가능하다. 둘째, 격자이동 때문에 응력은 발생하지 않는다. 셋째, 평형 공공이 가정되었기 때문에 공공의 과포화가 일어나지 않으므로 공동의 핵 생성 또는 공동 형성은 일어날 수 없다.

그러나 실제 확산 쌍에서는 공공의 소스와 싱크는 부분적으로 동작하고, 공동도 발견된다. 공동은 Kirkendall 공동보다는 Frenkel 공동으로 종종 불린다. 엄격히 말해서 격자이동 또는 Kirkendall 이동의 가정하에서는 Kirkendall 공동이 존재하면 안 되기 때문이다. 공동의 형성은 격자이동이 일어나지 않음을 의미한다. 그러나 실험적으로 Kirkendall 이동과 Kirkendall 공동은 동시에 존재할 수 있다. 여기에 더해, 정수압(hydrostatic compression)이 가해지면 상호확산에서 공동 형성이 억제됨이 알려져 있다. 이는 응력이 존재함을 의미한다. 실제로 확산 쌍의 휨이 금속 박막과 Si 웨이퍼 사이 확산 쌍에서 응력에 기인하여 발생하며 이는 8장에서 논의될 것이다. 11장에서 논의될 일렉트로마이그레이션에서 후방 응력(back stress)은 중요한 문제이다.

마커 좌표계에서 순 원자 플럭스는 0이 아니다. 만일 원자 확산 기구가 공공 기구에 의해서 치환형 확산이 일어난다고 가정하면, 플럭스의 균형을 유지하기 위하여 공공 플럭스를 첨가하여야 한다.

$$j_A + j_B + j_V = 0 \tag{5.37}$$

따라서 식 (5.31)로부터 $j_V = C_V$를 얻을 수 있다. 이는 마커 속도는 공공의 플럭스 또는 A와 B 사이의 순 플럭스에 의해 제어됨을 의미한다.

$$j_V = (D_B - D_A)\frac{\partial C_B}{\partial x}$$

만일 플럭스 j_A가 j_B보다 크다면, $j_A = j_B + j_V$로 다시 쓸 수 있고 이는 B와 공공의 플럭스가 A의 플럭스 반대 방향으로 움직임을 의미한다. 그림 5.12에 도시된 그래프에서 (a)는 A와 B의 상호확산에서 조성 분포, (b)는 A, B 그리고 공공 플럭스를 구하기 위한 x 함수로서 조성의 1차 미분, (c)는 확산 쌍에서 공공 평형을 이루기 위하여 A에서 공공 농도의 증가와 B에서 공공 농도의 감소 속도를 나타내기 위한 조성의 2차 미분을 보여준다. C_v를 공공 농도라고 하면, 속도는

$$\frac{\partial C_V}{\partial t} = -\frac{\partial j_V}{\partial x}$$

가 된다. 위 식에서 오른쪽 항은 공공의 발산이다. 만일 확산 쌍에서 공공의 분포 또는 공공의 농도가 모든 곳에서 평형이라면, 공공의 발산이 존재하여도 공동의 형성은 일어나지 않는다. 따라서 공공 발산 하나만으로 고장이 일어나지는 않게 된다.

시편에서 평형 공공 농도가 모든 곳에서 존재하기 위해서는 공공의 소스와 싱크가 시편 전체에서 완벽하게 작동하여야 한다. 만일 A쪽에서 공공의 싱크가 충분한 공공을 흡수하지 않는다면, 과량의 공공이 존재하게 된다. 이는 공공의 과포화를 만들고 따라서 공동의 핵 생성을 일으킨다. 공동은 공공에 대한 싱크로 작동하게 되고 점점 커지게 된다. 그러나 전위에 의한 것과는 다르게 공동에 의한 공공의 흡수는 격자이동을 일으키지 않게 된다. 공동의 성장은 격자점 위치를 점유한다.

B쪽에서는 들어오는 A원자를 수용할 수 있는 충분한 공공이 생성되지 않는다면, A원자들은 평형 공공의 격자점을 점유하게 되고, 평형 공공의 수가 매우 적기 때문에 공공의 평형농도를 매우 빠르게 감소시킬 것이다. 따라서 B측에 압축응력을 만들 것이다. 만일 일정한 부피 V 내로 원자들이 확산해 들어오고 격자이동이 없다면, 확산해 들어오는 각 원자들은 고정된 부피에 원자 부피 Ω만큼씩 더하게 되고 이로 인해 압축응력

$$\sigma = -B_m \frac{\Omega}{V} \tag{5.38}$$

만큼 증가하게 되며, 여기에서 B_m은 벌크 탄성률이고 음의 부호는 압축응력을 의미한다. B쪽

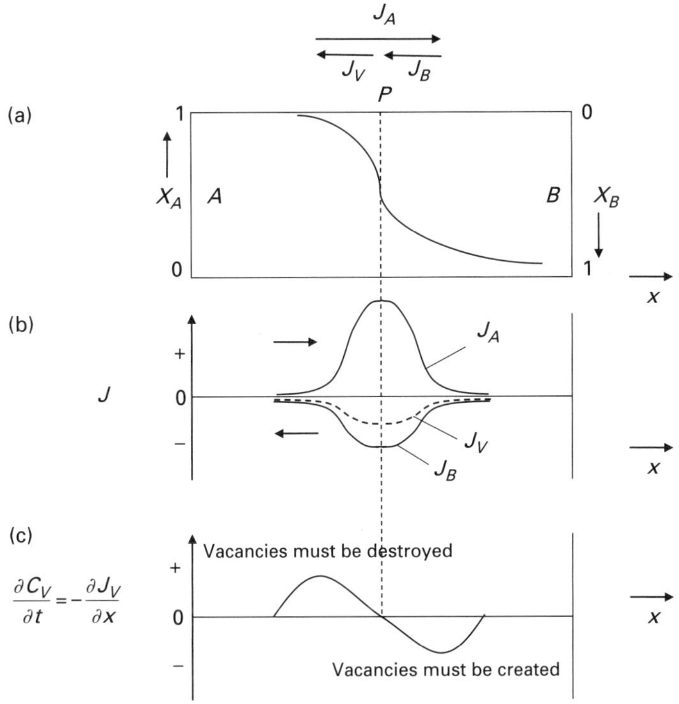

그림 5.12 개략도 그래프. (a) *A*와 *B*의 상호확산에서 조성 분포 그래프. (b) *x*의 함수로서 *A*, *B* 그리고 공공 플럭스. (c) 만일 비효과적인 싱크와 소스가 존재하여 여분의 공공이 *A*에서는 소실되지 않고 *B*에서 생성된다면, 공공 농도는 *A*쪽에서는 증가하고 B쪽에서는 감소하게 된다. 이의 속도를 도시하였다.

에서 공공을 생성하면서 격자 이동이 없다면, 응력을 감소시키는 유일한 방법은 *B*의 자유 표면을 향하여 부피 *V* 외부로 원자 플럭스가 확산하는 것이다. 자유 표면은 아무런 수직응력이 존재하지 않으므로 확산을 만드는 응력의 기울기(내부의 압축응력과 자유표면의 무응력 사이에 응력 기울기)가 존재하게 되고 *B*측에 힐록(hillock) 또는 휘스커(Whisker) 성장을 만들게 된다. 유사하게 *A*쪽에서는 인장응력이 쌓이게 된다. 그러나 실제 시스템에서 정수압을 나타내는 것은 매우 어려운 일이므로 공동을 형성하고 이러한 이유로 벌크 상호확산 쌍에서 공동을 발견할 수 있게 된다. 공동 표면은 자유 표면이고 수직응력이 존재하지 않는다. 따라서 인장응력과 공동 사이에 응력 기울기가 존재하게 되고 공동은 인장응력 영역에서 공공의 싱크로 작용할 수 있게 된다.

왜 격자이동이 없는가? 그림 5.9에 상호확산에서 공공의 소스와 싱크로 작용하는 전위 상승의 물리적 그림을 도시하였다. 상호확산의 결과는 *B*로부터 *A* 방향으로 격자면들의 연쇄적

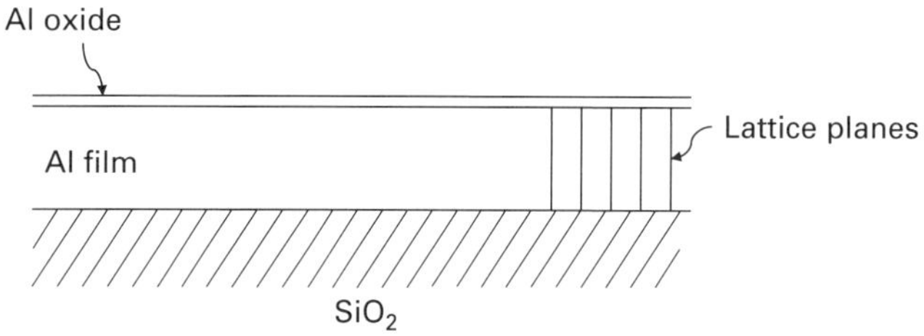

그림 5.13 표면에 산화물을 갖고 있는 Al 박막의 단면 개략도. 산화물이 격자면에 강하게 결합되면, 격자면의 움직임(lattice plane motion)을 방해하여 격자이동(lattice shift)이 없게 되고, 여분의 격자점(lattice sites)이 확산 쌍 안에 만들어지게 된다. 이로 인해 공동 형성과 응력이 발생한다.

인 이동이다.

위 분석에서 격자면들이 자유롭게 이동할 수 있다고 가정하였다. 만일 그렇지 않다면, 격자 이동은 일어나지 않는다. 예를 들어 그림 5.13에 도시된 것과 같이 격자면의 양 끝이 시편 표면에 존재하는 산화물에 의해서 고정되어 있다면, 면은 자유롭게 이동할 수 없게 된다. 이는 Al 박막 배선에서 일어난다. 여기에서 Al 선의 두께는 0.5 μm보다 더 얇은 두께를 갖고 Al의 자체 산화물 때문에 준표면 효과가 매우 크다. Al과 SiO_2 사이의 결합과 Al과 Al_2O_3 사이의 결합이 매우 좋아서 Al은 유리 표면에 매우 좋은 부착성을, Al 산화물은 매우 좋은 보호 성질을 갖고 있다고 알려져 있고, 산화물은 Al의 격자면 움직임을 방해한다. 따라서 Al 원자가 음극에서 양극으로 일렉트로마이그레이션에 의해 이동될 때, 격자이동이 없기때문에 압축 응력이 양극에 발생하고 공동은 음극에 형성된다. 이 과정에서 격자점 위치가 새로 생기므로 부피가 일정한 과정이 아니다.

A와 B의 원자 크기가 다르면 $\Omega_A \neq \Omega_B$, 상호확산에서 A와 B의 교환이 일어날 때 부피 변화가 있게 된다. 예를 들어 A원자의 크기가 B원자의 것보다 작고 A가 B보다 빨리 확산한다고 가정하면, 몰 부피 차이에 기인한 공동 형성이 일어날 수 있고(B쪽에 형성되어야 함) 과량의 공공에 기인한 Kirkendall 또는 Frenkel 공동으로 오해할 수도 있다. 그러나 Kirkendal 또는 Frenkel 공동 형성이 되는 위치는 확산 방향을 따른다. 즉, 더 빠르게 확산되는 원자쪽의 가장 높은 공공 농도를 갖는 영역에서 형성되어야 하므로 A쪽에 형성된다.

5.3.2.4 상호확산계수

상호확산계수는 $\overline{D} = X_A D_B + X_B D_A$로 주어진다. 상호확산계수, 고유확산계수, 그리고 트레이서(tracer) 확산계수의 물리적 의미를 이해하기 위해서는 그림 5.14에 CuNi 합금의 확산계수들을 그린 그래프를 도시하였다. 순수한 Cu에서 동위원소 Cu 또는 순수한 Ni에서 동위원

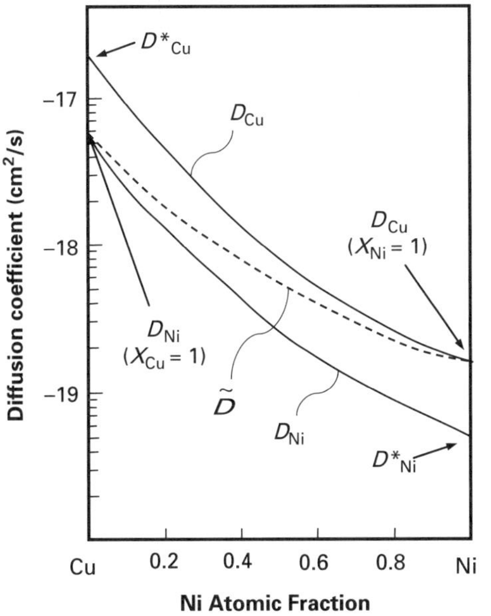

그림 5.14 상호확산계수, 고유확산계수 그리고 트레이서 확산계수 사이의 관계를 CuNi 합금의 값을 이용하여 도시하였다.

소 Ni이 확산할 때 각각 트레이서 확산계수 $D^*_{Cu/Cu}$와 $D^*_{Ni/Ni}$가 된다. 그림 5.14에서 순수한 Cu와 순수한 Ni에 대하여 수직축에 나타내었다. 고유확산계수 D_A와 D_B는 합금 조성의 함수이다. 이 값은 앞 장에서 논의한 바와 같이 마커 속도와 상호확산계수를 알면 구할 수 있다.

상호확산계수는 얼마나 빨리 A와 B가 서로 섞이는가를 나타낸다, 즉 얼마나 빨리 A와 B가 농도기울기를 따라 확산하는가를 나타낸다. 이는 균질화에 대한 화학 포텐셜을 보이게 된다. 고유확산계수 D_A와 D_B에 포함된 화학적 효과는

$$D_A = D_A^*\left(1 + \frac{\partial \ln \gamma_A}{\partial \ln C_A}\right) \tag{5.39}$$

가 되고, γ_A는 활동도 계수이다.

5.4 고체 석출물 성장의 분석

4장에서 Fick의 제2법칙에 대한 미분 또는 연속방정식에서 작은 육면체 상자에서 농도 변화

가 일어날 수 있음을 가정하였다. 이는 기체상에서 확산과 고체상에서 용질 원자의 확산 경우를 고려할 때 사실이다. 그러나 고체 반응 속도론 문제에서 순수한 고체상의 성장 또는 석출물의 성장을 고려할 때 순수한 고체상 또는 석출물 내에서 농도의 변화는 무시할 정도로 작다. 원자 플럭스가 이들에게 올 때는 농도의 변화보다는 크기의 변화가 일어난다. 즉, dC/dt를 고려하기 보다는 dx/dt 또는 dr/dt를 고려하여야만 한다. 이는 이미 5.2절 평면 석출물의 성장에서 보였다. 전형적으로 이 문제를 해결하기 위한 과정은 아래와 같다.

(1) Fick의 제2법칙을 이용하여 확산방정식을 세우고, 좌표계와 초기 및 경계 조건을 선택한다.
(2) 농도 분포 곡선을 얻기 위해서 확산방정식을 푼다. 그 후에 정상 상태를 가정하여 x 또는 r의 함수로 C를 구한다.
(3) Fick의 제1법칙을 이용하여 성장 전면에 도달하는 원자 플럭스를 구할 수 있다.
(4) 질량 또는 부피 보존을 고려하여 성장방정식을 얻을 수 있다.
(5) 해의 단위를 검토하여 해가 맞는지를 판단한다.

이어서 단계 (4)를 설명하고 단계 (1)~(3)과 (5)는 다음 절에서 설명할 것이다. 구 좌표계에서 확산에 의해서 구형 입자의 성장을 고려하여 보자. 입자 표면에 도달하는 플럭스를 J 그리고 입자의 반경을 r이라 하자. Δt 동안 입자 표면에 도달하는 원자의 총 수는 $N = JA\Delta t$가 되기 때문에 입자에 첨가되는 부피는

$$V = \Omega N = \Omega J 4\pi r^2 \Delta t$$

이고, 여기에서 Ω는 원자 부피이다. 반면에 구의 부피는

$$V' = \frac{4}{3}\pi r^3 \text{ 그리고 } dV' = 4\pi r^2 dr$$

이 된다. 부피 변화 dV'은 부피 V에 Δt 동안 첨가된 부피와 같다. 이러한 부피 변화는 석출물을 dr만큼 두껍게 만들거나 시간 dt 동안 석출물에 $4\pi r^2 dr$ 만큼의 껍데기를 더하는 것과 같다. 따라서

$$4\pi r^2 dr = \Omega J 4\pi r^2 dt$$

가 되고, 입자의 성장 속도 $dr/dt = \Omega J$가 된다. 보다 자세한 성장에 대한 설명은 다음 장에서 다룰 것이다.

5.4.1 구형 석출물 성장에서 Ham 모델(일정한 C_r인 경우)

그림 5.15에 반경 r의 구형 입자를 도시하였다. r_0의 큰 구에 존재하는 용질이 입자의 성장에 기여하게 된다. R을 변수로 두자. 정상상태를 가정하는 경우 구형 좌표계에서 확산방정식은

$$\frac{\partial^2 C}{\partial R^2} + \frac{2}{R}\frac{\partial C}{\partial R} = 0$$

이다. 이 방정식의 해는

$$C = \frac{b}{R} + d \tag{5.40}$$

이 된다. 경계 조건은

$$R = r_0,\ C = C_0\text{인 경우},\ C_0 = \frac{b}{r_0} + d \tag{5.41}$$

$$R = r,\ C = C_r\text{인 경우},\ C_r = \frac{b}{r} + d \tag{5.42}$$

이다. 이제 위 두 식의 차이를 구하면,

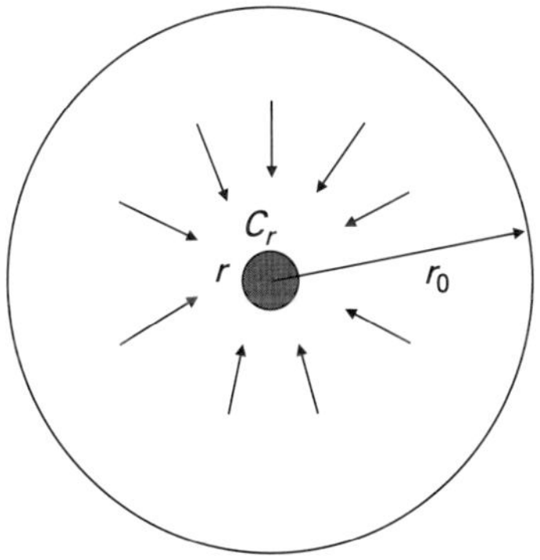

그림 5.15 확산 제어 반응 석출물 성장의 개략도. 반경 r인 구형 입자를 도시함. 반경 r_0인 큰 구 내에 존재하는 용질이 석출물 성장에 기여하게 된다. 확산 제어 반응 속도론에 의한 석출물 성장의 전형적인 모델이다.

$$C_r - C_0 = b\left(\frac{1}{r} - \frac{1}{r_0}\right) = b\frac{r_0 - r}{rr_0} \cong \frac{b}{r} \qquad r_0 \gg r \tag{5.43}$$

을 얻게 된다. $r \gg r_0$라는 가정은 매우 중요한 가정이다. 이는 석출물들이 충분히 멀리 떨어져 있음을 의미하고, 석출물의 부피 분율이 매우 작음을 뜻하기도 한다. 만일 확산이 일어나는 영역의 부피 대비 석출물 입자의 부피 비(ratio)인 부피 분율 f를

$$f = \frac{(4\pi/3)r^3}{(4\pi/3)r_0^3} = \frac{r^3}{r_0^3} \to 0 \tag{5.44}$$

라고 한다면, 그 값은 매우 작게 되어 $f \to 0$이 된다. [이는 다음 장에서 논의할 조대화(ripening)의 Lifshitz-Slezov-Wagner (LSW) 이론의 매우 중요한 가정이 된다.]

식 (5.43)으로부터 $b = r(C_r - C_0)$가 된다. b를 식 (5.42)에 대입하면,

$$C_r = \frac{r(C_r - C_0)}{r} + d \tag{5.45}$$

식 (5.45)의 결과를 이용하면, 식 (5.40)은

$$C(R) = \frac{(C_r - C_0)r}{R} + C_0 \tag{5.46}$$

이 된다. 이는 확산방정식의 해이다. 그러므로

$$\frac{dC}{dR} = -\frac{(C_r - C_0)r}{R^2}$$

가 된다. 반경 r, 즉 $R = r$을 갖는 입자의 경우 입자/기지상 계면에서

$$\frac{dC}{dR} = -\frac{C_r - C_0}{r} \tag{5.47}$$

이다. 따라서 계면에 도달하는 원자들의 플럭스는

$$J = +D\frac{\partial C}{\partial R} = \frac{D(C_0 - C_r)}{r}, \text{ at } R = r \tag{5.48}$$

이다. $C_r < C_0$일 때는 $J > 0$이고 순 플럭스는 입자를 향해 가고 입자는 성장하게 된다. $C_r > C_0$ 일 때는 $J < 0$이고, 플럭스는 입자를 떠나가고 입자는 용해된다.

성장의 경우에서 만일 Ω가 원자 부피라면, dt 동안 구형 입자에 첨가되는 부피는

$$\Omega JAdt = \Omega J 4\pi r^2 dt = 4\pi r^2 dr$$

이고, 여기에서 마지막 항은 성장에 따른 구의 증분이다. 그러므로

$$\frac{dr}{dt} = \Omega J = \frac{\Omega D(C_0 - C_r)}{r} \tag{5.49}$$

가 된다. $t = 0$에서 $r = 0$을 가정하고 적분하면

$$r^2 = 2\Omega D(C_0 - C_r)t \tag{5.50}$$

가 된다. 여기에서 Ham의 접근법[5]을 따라서 C_r이 r의 함수가 아닌 상수라고 가정하였음을 상기하여야 한다. (만일 석출물이 매우 작다면 C_r은 Gibbs-Thomson 방정식에 의해 r의 함수가 될 것이고, 이는 추후에 논의할 것이다.) 위 식으로부터, $r \cong t^{1/2}$이고 $r^3 \cong t^{3/2}$가 된다. 또는

$$r^3 = [2\Omega D(C_0 - C_r)t]^{3/2} \tag{5.51}$$

이 된다.

5.4.2 평균장의 고찰

기지상이 잃게 되는 평균 조성 $\Delta\overline{C} = C_0 - \overline{C}$는 석출물의 형성에 기인한다. 여기에서 $\overline{C}$는 기지상의 평균 농도이고 "평균장(mean-field)" 농도(즉 평균장 이론의 시작점)로 생각할 수 있다. 초기에 평균 농도는 C_0이지만, 석출물이 성장함에 따라서 $\overline{C}$로 변화한다.

$1/\Omega = C_p$를 고체 석출물 내에서 농도라 하자. 그림 5.15에서 질량보존에 의해

$$\frac{4\pi}{3} r_0^3 (C_0 - \overline{C}) = \frac{4\pi}{3} r^3 \frac{1}{\Omega} = \frac{4\pi}{3\Omega} [2\Omega D(C_0 - C_r)t]^{3/2} \tag{5.52}$$

$$\overline{C} = C_0 - \left[\frac{2D(C_0 - C_r)\Omega^{1/3}}{r_0^2} t\right]^{3/2} = C_0 - \left[\frac{2Bt}{3}\right]^{3/2} \tag{5.53}$$

이고, 여기에서 $B \equiv \frac{3D(C_0 - C_r)}{C_p^{1/3} r_0^2}$이다.

위 식은 Shewmon의 *Diffusion in Solids* 1장 식 (1.36)과 동일한 식이다[5]. 위 식을 매우

다른 방법으로 유도하였다. 석출물의 성장은 기지상에서 농도를 감소시킨다. Δt 동안 석출물로 확산하는 용질 원자의 양은 $J(r)\times 4\pi \times r^2 \times \Delta t$가 된다. 이 원자 수는 그림 5.15에 도시되어 있는 r_0 확산 구의 부피 안에 있는 평균 농도의 감소와 같아야 한다. 따라서 만일 기지상 내의 평균 농도를 $\overline{C}$라 하면,

$$\frac{4\pi r_0^3}{3}\Delta\overline{C} = J(r)4\pi r^2 \Delta t$$

이다. 또는,

$$\frac{\Delta\overline{C}}{\Delta t} = \frac{3}{4\pi r_0^3}4\pi r^2 J(r) = -\frac{3D}{r_0^3}(C_0 - C_r)r \qquad (5.54)$$

이다. 질량보존을 만족하기 위해서는

$$\frac{4\pi}{3}r_0^3(C_0 - \overline{C}) = \frac{4\pi}{3}r^3 C_p \qquad (5.55)$$

이 되고, 여기에서 C_p는 고체 석출물 내에 존재하는 용질의 농도이고 $C_p = 1/\Omega$가 된다. 따라서

$$r = r_0\left(\frac{C_0 - \overline{C}}{C_p}\right)^{1/3} \qquad (5.56)$$

이다. 위에 속도 방정식인 식 (5.54)에 r을 대입하면,

$$\frac{\Delta\overline{C}}{\Delta t} = -\frac{3D}{r_0^2}(C_0 - C_r)\frac{1}{C_p^{1/3}}(C_0 - \overline{C})^{1/3} \qquad (5.57)$$

이 된다. 만일

$$B \equiv \frac{3D(C_0 - C_r)}{C_p^{1/3} r_0^2}$$

라고 한다면,

$$\frac{d\overline{C}}{dt} = -B(C_0 - \overline{C})^{1/3}$$

이 된다. 적분을 하면

$$-\frac{3}{2}(C_0-\overline{C})^{2/3}=-Bt+\beta$$

가 되고, $t=0$에서 $C_0=\overline{C}$이므로 $\beta=0$이 된다.

따라서 해는

$$\overline{C}=C_0-\left(\frac{2Bt}{3}\right)^{3/2} \tag{5.58}$$

가 되고, 이는 앞에서 얻은 식 (5.53)과 동일하다. 그러므로 3차원 성장에서 $C_0-\overline{C} \cong t^{3/2}$를 얻게 된다.

만일 $t \ll \tau$라 한다면

$$\overline{C}=C_0\left[1-\left(\frac{2Bt}{3C_0^{2/3}}\right)^{3/2}\right]=C_0\left[1-\left(\frac{t}{\tau}\right)^{3/2}\right]=C_0\exp\left[-\left(\frac{t}{\tau}\right)^{3/2}\right] \tag{5.59}$$

여기에서

$$\tau=\frac{C_p^{1/3}r_0^2C_0^{2/3}}{2D(C_0-C_r)}\cong\frac{r_0^2}{2D}\left(\frac{C_p}{C_0}\right)^{1/3} \tag{5.60}$$

이다. 일반적으로 D, C_p, C_0는 알려져 있으므로 석출물의 성장을 제어할 수 있는 실험을 설계할 수 있다.

5.4.3 조대화에 의한 구형 나노입자의 성장

위에서 큰 입자의 성장을 분석하는 동안에는 평형 농도 C_r이 입자의 크기에 무관하게 일정하다고 가정할 수 있다. 이 가정은 입자의 크기가 아주 작은 나노미터 수준인 경우에는 적용할 수 없다. 이 경우에는 Gibbs-Thomson 포텐셜을 고려하여야 하고, C_r은 r의 함수가 된다. 많은 수의 입자가 존재할 때 크기 분포가 있게 된다. 입자들 사이에 조대화가 일어난다. 크기 분포를 갖는 입자들 사이의 조대화를 분석하기 위해서는 평균장(mean-filed) 개념을 사용하여야하고, 이는 모든 입자의 농도를 평균 농도로 간주할 수 있다는 것이다. 평균장과 평형 상태를 갖는 입자의 임계 반경 r^*가 있다고 가정하자. 그 후에 입자의 조대화는 임계 크기의 입자에 대해서 분석될 수 있다. 임계 크기보다 큰 입자들은 성장하게 된다. 임계치보다 작은 입자들은 수축하게 된다. 아래에서 Gibbs-Thomson 포텐셜을 설명할 것이다.

반경 r과 단위 면적당 표면에너지 γ를 갖는 작은 입자를 고려하자. 표면에너지는 표면에

너지를 감소하려는 경향 때문에 구형 입자에 압축응력을 가하게 된다. 그 압력은

$$p = \frac{F}{A} = \frac{dE/dr}{A} = \frac{d4\pi r^2\gamma/dr}{4\pi r^2} = \frac{8\pi r\gamma}{4\pi r^2} = \frac{2\gamma}{r} \tag{5.61}$$

이 된다. 만일 원자 부피 Ω를 곱하면, 화학 포텐셜

$$\mu_r = \frac{2\gamma\Omega}{r} \tag{5.62}$$

을 얻게 된다. 이를 표면의 아주 작은 곡률에 기인한 Gibbs-Thomson 포텐셜이라 부른다. 이는 석출물 표면 원자만의 포텐셜이 아니라 석출물 내에 존재하는 모든 원자들에 대한 값이다. 편평한 표면은 $r = \infty$이고, $\mu_\infty = 0$이 되므로

$$u_r - \mu_\infty = \frac{2\gamma\Omega}{r} \tag{5.63}$$

이 된다. 다음에는 이 포텐셜을 적용하여 곡률이 용해도와 다양한 크기의 입자들에서 용해도와 조대화에 미치는 영향을 어떻게 결정하는지 논의할 것이다.

합금 $\alpha = A(B)$를 고려하자. 여기에서 B는 용매 A 속에 있는 용질이다. 온도가 낮다면 B는 석출해 나올 것이다. 반경 r을 갖는 석출물 B를 고려하자. 입자를 둘러싸고 있는 B이 용해도를 $X_{B,r}$이라고 하자. 용해도와 Gibbs-Thomson 포텐셜을 연관시키기 위해서 B의 입자 반경 함수로서 B의 화학 포텐셜은

$$\mu_{B,r} - \mu_{B,\infty} = \frac{2\gamma\Omega}{r} \tag{5.64}$$

이 되고, 여기에서 γ는 석출물과 기지상 사이의 계면에너지이다. 만일 B의 표준 상태를 $r = \infty$이면서 순수한 B로 가정하면,

$$\mu_{B,r} = \mu_{B,\infty} + RT\ln a_B \tag{5.65}$$

가 된다. 여기에서 a_B는 활동도이다. Henry의 법칙에 의하면

$$a_B = KX_{B,r}$$

이고, 여기에서 $X_{B,r}$은 반경 r을 갖는 석출물 주변에서 B의 용해도이다. $r = \infty$에서

$$\mu_{B,\infty} = \mu_{B,\infty} + RT \ln a_B$$

가 된다. 이는 $RT \times \ln a_B = 0$ 또는 $a_B = 0$을 의미한다. 따라서 $K = 1/X_{B,\infty}$이다. 따라서

$$\mu_{B,r} = \mu_{B,\infty} + RT \ln \frac{X_{B,r}}{X_{B,\infty}} \tag{5.66}$$

이 된다. 따라서,

$$\ln \frac{X_{B,r}}{X_{B,\infty}} = \frac{\mu_{B,r} - \mu_{B,\infty}}{RT} = \frac{2\gamma\Omega}{rRT}$$

이다. 또는 몰당 RT 대신에 원자당 kT로 수정하면,

$$X_{B,r} = X_{B,\infty} \exp\left(\frac{2\gamma\Omega}{rkT}\right) \tag{5.67}$$

이 된다. 반경 r을 갖는 구형 B 입자 주변의 B의 용해도는 위 식에 의해 주어진다. $r = \infty$일 때 지수 값은 1이 된다. 따라서 $X_{B,r}$은 r이 감소함에 따라 증가한다. 이제 $X_{B,r}$을 C_r로 그리고 $X_{B,\infty}$를 C_∞로 교체하자. C_∞는 편평한 표면의 평형 농도이다. 따라서

$$C_r = C_\infty \exp\left(\frac{2\gamma\Omega}{rkT}\right) \tag{5.68}$$

이 된다. 만일 $2\gamma\Omega \ll rkT$라면,

$$C_r = C_\infty \left(1 + \frac{2\gamma\Omega}{rkT}\right)$$

$$C_r - C_\infty = \frac{2\gamma\Omega C_\infty}{rkT} = \frac{\alpha}{r} \tag{5.69}$$

이고, 여기에서 $\alpha = \frac{2\gamma\Omega}{kT} C_\infty$. 따라서

$$C_r = C_\infty + \frac{\alpha}{r} \tag{5.70}$$

이다. 그러므로 매우 중요한 결과는 C_r이 상수가 아니고 r의 함수라는 것이다. 여기에서 C_r을 성장방정식

$$\frac{dr}{dt} = \Omega J = \frac{\Omega D(C_0 - C_r)}{r}$$

에 대입하면,

$$\frac{dr}{dt} = \frac{\Omega D}{r}\left(C_0 - C_\infty - \frac{\alpha}{r}\right) \tag{5.71}$$

이 된다. 항상 $C_0 - C_\infty > 0$이다. 임계 반경 r^*를 다음과 같이 정의한다.

$$C_0 - C_\infty = \frac{\alpha}{r^*}$$

r^*와 평형인 농도를 "평균장" 농도라고 한다. 반경 r을 갖는 입자의 조대화에서 r^*를 갖는 임계 입자 또는 평균장에 대해서 이 입자의 조대화를 분석하게 된다. 따라서

$$\frac{dr}{dt} = \frac{\alpha \Omega D}{r}\left(\frac{1}{r^*} - \frac{1}{r}\right) \tag{5.72}$$

가 된다. 변수 r^*는 다음과 같이 정의된다.

$r > r^*, \dfrac{dr}{dt} > 0$, 입자는 성장하게 된다.
$r < r^*, \dfrac{dr}{dt} < 0$, 입자는 용해된다.
$r = r^*, \dfrac{dr}{dt} = 0$, 입자는 준안정 평형 상태이다.

계면에서 농도 $\overline{C}$ 또는 $C_r^* = \overline{C}$이다.

조대화에서 큰 입자는 평균장을 소모하면서 성장하고 보다 작은 입자는 평균장 관점에서 줄어들게 된다. 평균장 농도는 시간에 따라 줄게 된다. 입자의 크기 분포는 동적 평형상태로 접근하게 된다. 이 분포함수는 조대화의 LSW 이론에서 제시된 크기 공간에서 연속방정식을 풀어서 얻을 수 있다. dr/dt를 아는 것이 조대화의 LSW 이론의 출발점이 된다[7,8].

참고문헌

[1] D. Turnbull, "Phase changes," *Solid State Physics* **3** (1965) 225.

[2] J. W. Christian, *The Theory of Transformation in Metals and Alloys* (Pergamon Press, New York, 1965).

[3] D. A. Porter and K. E. Easterling, *Phase Transformations in Metals and Alloys* (Chapman and Hall, London, 1992).

[4] P. G. Shewmon, *Transformations in Metals* (Indo American Books, Delhi, 2006).

[5] P. G. Shewmon, *Diffusion in Solids*, 2nd edn (TMS, Warrendale, PA, 1989).

[6] A. P. Sutton and R. W. Balluffi, *Interfaces in Crystalline Materials* (Oxford University Press, Oxford, 1995).

[7] V. V. Slezov, Chapter 4 in *Kinetics of First-order Phase Transitions* (Wiley-VCH, Weinheim, 2009).

[8] A. M. Gusak and K. N. Tu, "Kinetic theory of flux-driven ripening," *Phys. Rev.* **B66**, (2002) 115403.

연습문제

5.1 상호확산에서 격자이동은 무엇인가?

5.2 상호확산계수, 고유확산계수, 그리고 트레이서 확산계수를 정의하라.

5.3 상호확산계수에서 Matano 계면은 무엇인가?

5.4 상호확산에서 마커 이동 방향은 어느 쪽인가? 더 빠른 확산 물질과 같은 방향으로 이동하는가?

06 박막에서 탄성응력과 변형률

6.1 서론

박막은 전자 부품에서 기계적 부하를 감당하기 위한 구조 부품으로 사용되지 않는다. 그럼에도 불구하고 응력 또는 변형률은 기판에 의해서 부과되는 제약 때문에 박막에 일반적으로 존재하게 된다. 박막과 기판은 일반적으로 서로 다른 열팽창 계수를 갖고 있으므로 응력은 증착과 열처리 동안의 열 이력 때문에 생긴다. 박막에서 응력은 마이크로 전자부품의 수율과 신뢰성에 심각한 문제를 야기하는 것으로 알려져 있다. 전자총 증발법 또는 스퍼터링법에 의해 상온에서 증착되는 Ni 박막은 높은 인장응력을 갖는 것으로 알려져 있다. 에피택셜로 성장된 Si와 Si-Ge 층에서 응력은 캐리어(carrier)의 활동도에 영향을 미치고 이 목적을 위하여 소자 내에 의도적으로 유도하기도 한다. 이 장에서는 박막의 이축응력(biaxial stress)의 성질과 웨이퍼 굽힘법을 이용한 박막의 이축응력 측정법에 대해서 논의하고자 한다. 원자 확산에 영향을 미치는 응력을 갖는 고체 내의 화학 포텐셜과 크립 또는 응력 유도 확산에서 고체에 인가된 응력의 시간 의존 반응 등은 14장에서 논의할 것이다.

원자가 힘에 의해서 평형 위치로부터 벗어날 때 고체가 응력을 받는 것이다[1-6]. 이 변위는 원자간 포텐셜에 의해 제어 받는다. 두 원자 사이에서 포텐셜 ϕ와 내부 힘 F $(F = -\partial\phi/\partial r)$은 원자 사이의 거리 함수로서 그림 3.1(a)와 그림 3.1(b)에 도시된 관계를 일반적으로 따르는 것으로 잘 알려져 있다. 만일 내부 힘 대신에 인가된 외부 힘을 고려하면,

$$F_{ex} = +\frac{\partial\phi}{\partial r} \tag{6.1}$$

이 되고, 여기에서 두 원자 사이의 내부 힘과는 다르게 부호를 "+"로 하였다. 외부 인장 힘은 고체를 늘리고 원자 사이의 거리를 증가시키는 경향이 있다. 3장의 3.2절에 주어진 부호 규칙을 바탕으로 원자간 거리를 증가시키는 힘은 "+"이고 따라서 외부 인장 힘(또는 응력)은 "+"가 된다. 외부 압축 힘(또는 응력)은 고체를 수축시키고 "−" 부호가 된다. 원자간 포텐셜, 외부 힘 그리고 힘의 부호는 그림 6.1(a)~(c)에 각각 개략적으로 도시하였다.

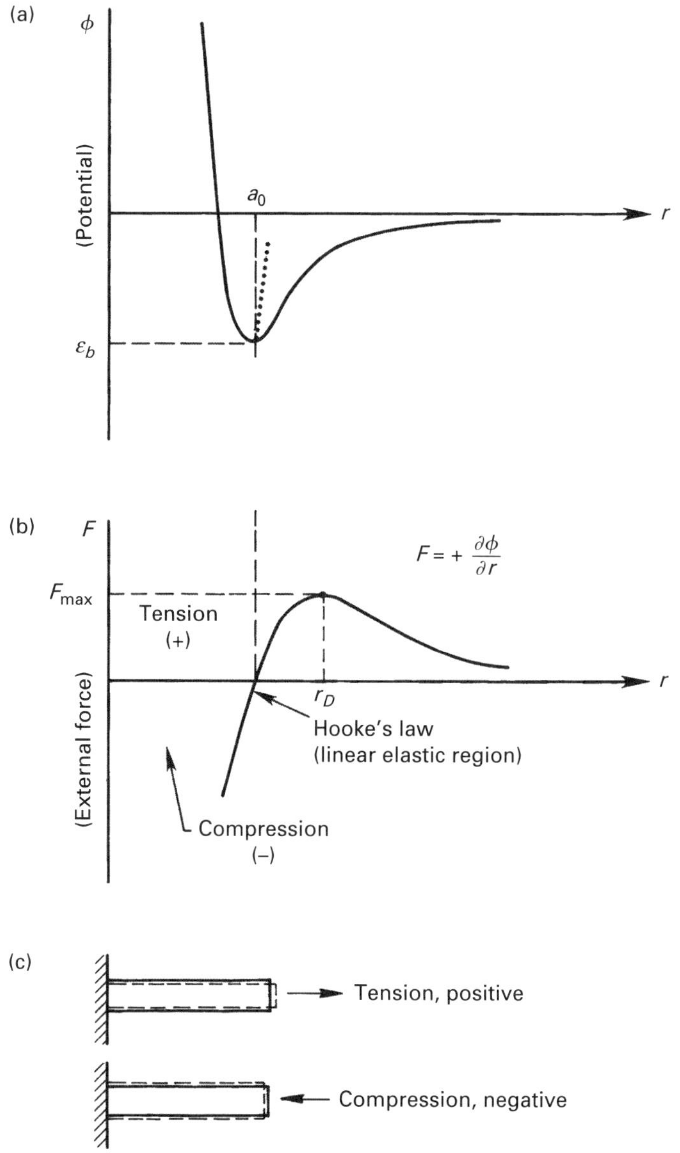

그림 6.1 (a) 원자 사이의 거리의 함수로 도시된 원자 사이의 포텐셜 에너지. 점선은 원자 진동의 비대칭성을 나타낸다. (b) 원자 변위의 함수로 도시된 인가된 힘. (c) 인가된 힘의 일반적인 방향과 부호

분명하게 그림 6.1(b)는 그림 3.1(b)와 반대되는 그림이다. F_{max}는 분리(dissociation) 거리 r_D에서 최대 힘으로 정의한다. 고체를 분리하는 데 필요한 최대 인장 힘이 F_{max}이다. 왜냐하면 r_D 이상으로 원자간 거리를 증가시키는 데 필요한 힘은 F_{max} 보다 작기 때문이다. 따라서 F_{max}는 고체의 이론적 강도로 간주할 수 있다. F_{max}를 계산하기 위해서는

$$\frac{\partial^2 \phi}{\partial r^2} = 0 \quad r = r_D$$

를 만족하여야 한다. 만일 고체가 Lennard-Jones 포텐셜을 따르고 포텐셜 함수가 식 (3.7)로 주어진다면, r에 대한 2차 미분은

$$\frac{\partial^2 \phi}{\partial r^2} = \varepsilon_b \frac{12}{a_0^2} \left(\frac{a_0}{r}\right)^8 \left[13 \left(\frac{a_0}{r}\right)^6 - 7\right] = 0 \quad r = r_D \tag{6.2}$$

이고, 여기에서 a_0는 평형 원자간 거리이다. 식 (6.2)의 해는

$$r_D = 1.11 a_0$$

이 된다. 이론적으로 고체는 파괴되기 전에 약 11% 정도까지 늘릴 수 있게 된다. 여기에 더해, 만일 그 변형률 정도보다 아주 조금이라도 작게 변형된다면, 외부 응력이 제거되는 경우 원래 상태로 돌아가게 된다. 실험적으로 이러한 경우는 전혀 사실이 아니다. Lenaard-Jones 포텐셜을 따르든 그렇지 않든, 대부분의 복결정 금속의 탄성 한계는 0.2%이다. 이 값 이상으로 변형되면 소성변형이 일어난다. 이 장에서는 탄성변형만을 고려할 것이다.

평형 위치 a_0에서 외부 힘은 "0"이고, 포텐셜 에너지는 원자 사이의 최소 포텐셜 에너지, ε_b와 일치한다. a_0로부터 어느 방향으로든 작은 변위에서, 만일 포텐셜 에너지 그래프 형태가 포물선형이라면, 힘은 변위에 선형적으로 비례한다. 이것이 응력이 인가된 경우에서 원자들이 고체 상태일 때 탄성변형의 근원이다. 관찰되는 탄성변형은 Hooke의 법칙에 의해 설명될 수 있다. 탄성 영역에서 변위는 힘이 제거되면 사라진다. 탄성 한계를 지나면 영구 변형이 발생한다. 영구 변형에서 강(steel)과 같이 구조적으로 연성이 큰 고체는 전위의 움직임에 의해서 변형되고, 유리와 같은 취성이 큰 고체는 균열의 전파에 의해 파괴가 일어난다. 이 두 물질의 가장 큰 차이는 화학적 결합과 결정 구조의 성질에 기인한다.

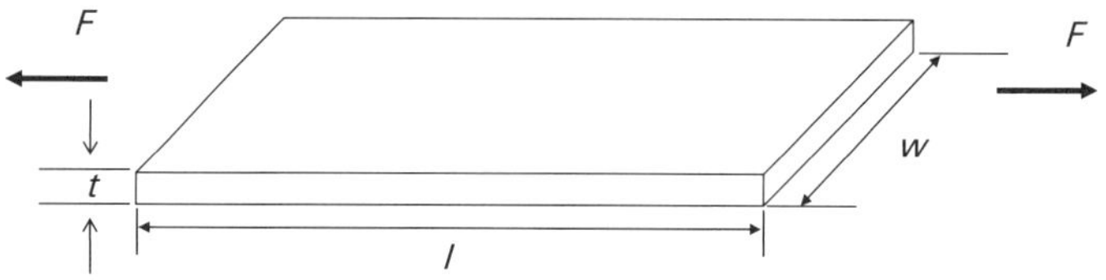

그림 6.2 인장하에 있는 $l \times w \times t$ 크기 박막 시편

6.2 탄성응력-변형 관계

그림 6.2에서 크기가 $l \times w \times t$인 박막 고체를 고려하자. 만일 힘 F가 단면적 $A = Wt$에 인가되어 길이 l인 박막이 Δl만큼 늘어난다면

$$\frac{F}{A} = Y\frac{\Delta l}{l} \text{ 또는 } \sigma = Y\varepsilon \tag{6.3}$$

이 되고, 여기에서 $\sigma = F/A$ 그리고 $\varepsilon = \Delta l/l$ 이 각각 응력과 변형률이고, Y는 영률이다. 이를 Hooke의 법칙이라 한다. 여기에 더해

$$\frac{\Delta t}{t} = \frac{\Delta W}{W} = -\nu\frac{\Delta l}{l} \tag{6.4}$$

이고, ν는 푸아송 비(ratio)이다. 이 비는 거의 모든 재료에서 양수이고 약 1/2 또는 그보다 작은 값이다. 만일 반경 r이고 길이 l인 실린더 시편이 인장응력하에 있고, 인장 전후에 부피 변화가 없다는 가정하에서 3장에서 식 (3.22)는

$$\pi r^2 l = \pi\,(r + dr)^2\,(l + dl)$$

이 된다. 높은 차수의 항을 무시하면,

$$\frac{dr}{r} = -\frac{1}{2}\frac{dl}{l}$$

이 된다. 탄성변형에서 부피가 일정하다는 이론적 가정하에서 푸아송비는 0.5이다. l을 잡아다니는 경우 W와 t가 줄어드는 것은 ν가 음의 값을 갖는다는 의미이다. 푸아송비를 쉽게 관찰하는 방법은 인장응력에 수직인 방향으로 X선 회절을 이용하여 격자상수의 변화를 관찰하는 것이다. 예를 들어 그림 6.3에 보여진 것과 같이 휨 실험에 의해 입방정계 결정 구조의 단

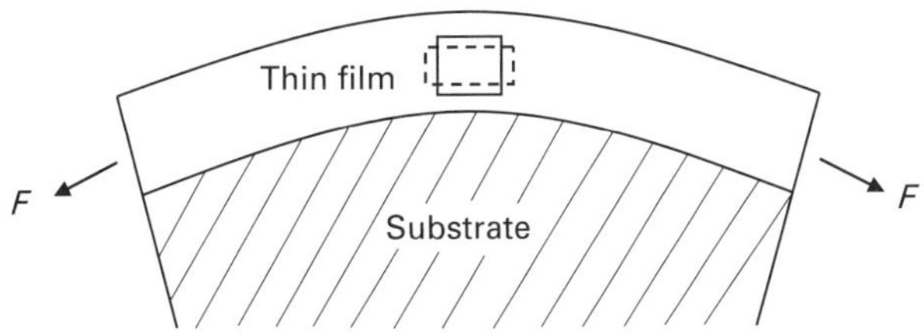

그림 6.3 휘어진 기판에 의해 늘어난 박막

결정 박막을 잡아 늘리는 경우를 생각하자. 단위 셀의 부피가 일정하다고 가정하면, 입방정 단위 셀은 정방정계 셀(점선 직사각형)로 변형된다. 기판 표면에 수직인 면간 거리는 감소한다. 이 감소는 X선 회절 각도의 이동으로 측정 가능하다.

서로 다른 물질은 서로 다른 Y와 ν를 갖는다. 복결정 물질의 탄성변형은 단순히 이 두 변수들로 설명될 수 있다. 때때로 전단계수(shear modulus), 벌크계수(bulk modulus) 등과 같이 다른 변수가 주어지기도 한다. 그러나 이 값들은 서로 연관되어 있다. 한 예를 다음에서 논의할 것이다.

그림 6.4(a)에 도시한 그림을 갖고 전단 변형을 고려하자. 이 그림은 플립칩 패키징에서 세라믹 기판에 두 개의 솔더 접합에 의해 연결된 Si 소자 단면을 개략적으로 그린 그림이다. 동작 중에 소자는 약 100°C 정도까지 온도가 상승한다. Si은 세라믹보다 더 많이 팽창하기 때문에 솔더 접합부는 전단 변형을 경험하게 된다. 이 변형은 소자가 자주 켜지고 꺼지기 때문에 주기적으로 일어난다. 주기적인 변형은 솔더 접합부의 저주기 피로에 의한 파괴를 야기한다고 알려져 있다. 여기에 더해 만일 소자 크기가 증가한다면 소자의 끝 부분에 존재하는 솔더 접합부는 더 큰 전단 변형을 갖게 된다. 그러므로 임의로 칩 크기를 늘릴 수는 없다. 전단 변형률은 소자의 수율과 Si 소자 크기를 제한하는 매우 중요한 요소이다.

전단 변형률에 의해서 사각형 블록은 하단부가 회전이 되지 않도록 잡혀있는 상태에서 한 쌍의 힘에 의해 변형됨을 의미한다[그림 6.4(b) 참조]. 평형에서 순 힘과 토크는 "0"이다. 전단 변형률 θ는

$$\theta = \frac{\delta}{l} \tag{6.5}$$

로 정의되고, 여기에서 δ는 그림 6.4(b)에 도시된 바와 같이 길이 l인 재료의 전단 변형이다. 변형률을 전단응력과 연관시키기 위하여 그림 6.4(c)에 도시된 바와 같이 사각형 블록에 인가되는 인장과 압축응력의 조합으로 전단응력을 해석할 수 있다. 인장 힘은 $\sqrt{2}S$와 같다. 그러

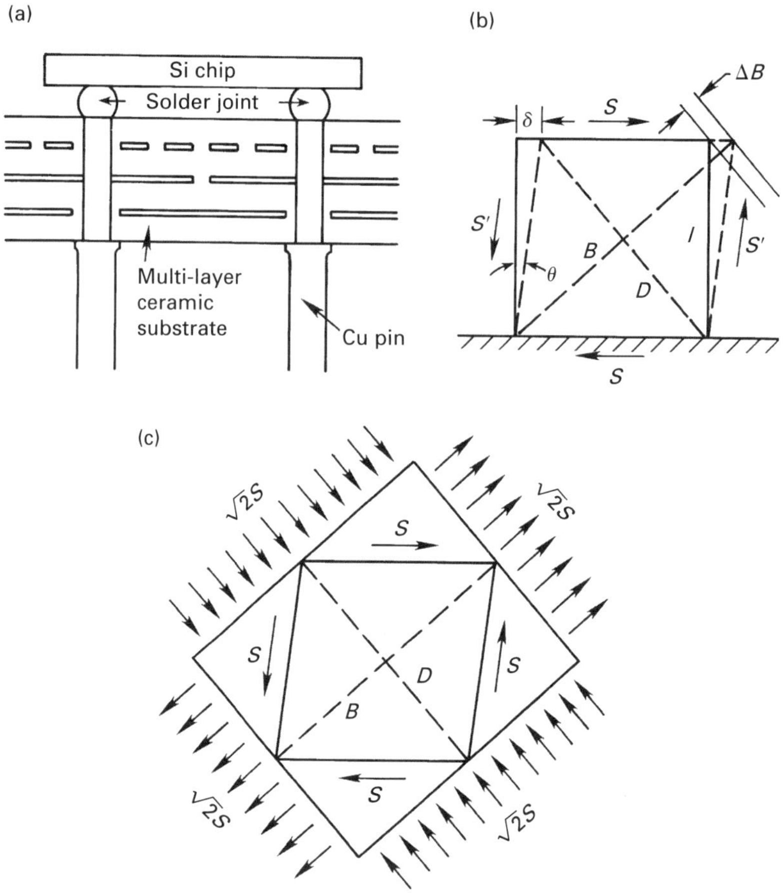

그림 6.4 (a) 세라믹 기판에 솔더로 연결된 Si 소자의 개략도. (b) 정사각형이 한 쌍의 전단힘 S로 변형. (c) 전단응력을 인장과 압축응력의 조합으로 변환

나 길이, 즉 면적이 $\sqrt{2}$배 만큼 증가한다. 따라서 인장응력은 S/A가 되고, 전단응력과 크기가 같게 된다. 압축응력은 크기는 같고 부호가 반대가 된다. 그림 6.4(c)에 도시된 사각형 블록의 대가선 방향을 따라서 응력-변형률 관계를 고려하면,

$$\frac{\Delta B}{B} = \frac{1}{Y}\frac{S}{A} + \frac{-\nu}{Y}\left(\frac{-S}{A}\right) = \frac{1+\nu}{Y}\frac{S}{A} \tag{6.6}$$

이 된다. 반면에

$$\theta = \frac{\delta}{l} = \frac{\sqrt{2}\Delta B}{l} = \frac{2\Delta B}{B}$$

로 정의된다. 따라서,

$$\theta = 2\left(\frac{1+\nu}{Y}\right)s \tag{6.7}$$

이고, 여기에서 $s = S/A$인 전단응력이다. 만일 전단계수를

$$\mu = \frac{s}{\theta}$$

로 정의하면, 전단계수는 영률과 푸아송비로 표시할 수 있다.

$$\mu = \frac{Y}{2(1+\nu)} \tag{6.8}$$

전단응력은 한 쌍의 법선응력으로 간주될 수 있고, 그 반대도 가능하다. 단결정에 대한 탄성계수 사이의 관계는 부록 D에 제시되어 있다.

6.3 변형에너지

탄성변형에 관련된 에너지의 크기를 추정하는 것은 중요하다. 탄성 한계의 경우를 고려해 보자. 탄성에너지는

$$E_{elastic} = \int \sigma \cdot d\varepsilon = \frac{1}{2}Y\varepsilon^2 \tag{6.9}$$

이다. 탄성에너지를 추정하기 위해서는 3장 표 3.4에 있는 영률을 사용하고 가장 굳은(stiff) 소재 중 하나인 철강은 $Y = 2.0 \times 10^{12}$ dyne/cm^{2}이고 1 cm^{3}당 8.4×10^{22}개의 원자가 존재한다. 만일 $\varepsilon = 0.2\%$라 한다면

$$E_{elastic} = \frac{1}{2}Y\varepsilon^2 = 4 \times 10^6 \frac{\text{dyne}}{\text{cm}^2} \cong 3 \times 10^{-5} \frac{\text{eV}}{\text{atom}}$$

이 된다. 탄성에너지의 값은 3장에서 주어진 것과 같이 Au 결합에너지가 0.47 eV/atom인 것을 고려하면 일반적인 화학에너지보다 3~4 지수배(10^3~10^4배)만큼 작다. 그림 6.1(a)로부터 탄성에너지가 작다고 결론 지을 수 있다. 왜냐하면 변형률 0.2%에 해당하는 포텐셜 에

너지는 결합에너지와 매우 비슷하고 그 차이는 매우 작기 때문이다. 이러한 이유로 탄성 영역 내에서 일어나는 변형의 경우 포텐셜 에너지는 포물선 형으로 가정이 가능하고, 따라서 $\phi = {}^1/_2\,(kr^2)$이 된다.

벌크 확산 쌍이나 금속 박막과 Si 웨이퍼 사이에서 일어나는 실리사이드 형성 시 상호확산계수를 측정할 때 응력에 기인한 구동력이 원자의 움직임에 수반되는 활성화에너지에 미치는 영향을 고려하지 않는 이유이다. 그러므로 화합물 형성과 같은 화학반응에서 탄성변형에너지 또는 응력 효과는 자주 무시한다. 반면에 상호확산과 반응 또는 IMC 형성은 매우 두꺼운 기판도 휘게 할 수 있다. 예를 들어 200 μm (8 mil)의 Si 웨이퍼에 200 nm Al 박막을 증착하면 계면을 경계로 단지 두 원자 층 사이에 일어나는 계면 접합에 의해 Si 웨이퍼의 휨 현상이 일어난다. 200 μm 두께의 Si 웨이퍼와 200 nm의 Ni 박막사이에서 실리사이드 형성은 또한 웨이퍼를 휘게 할 수 있다.

비록 작을지라도, 변형에너지는 고체가 평형에 가까운 상태일 때 중요한 역할을 한다. 평형에서 힘들은 균형을 이루고 있으므로 아주 작은 힘이 첨가되는 경우 균형을 왜곡시켜 평형에 영향을 줄 수 있다. 에피택셜 증착 시 일어나는 불일치에 기인한 변형에너지는 준안정 상을 안정화시킬 수 있다. 여기에 더해서 전위 슬립계는 작동이 되지 않고 전위의 생성도 어렵게 되는 에피택셜 구조에서 탄성한계는 예를 들어 수 %까지 매우 커질 수 있으므로 탄성에너지는 약 2 지수배만큼 커진다. 고체가 평형 상태와 무관한 경우에는 탄성에너지는 대부분의 반응 속도론 과정에서 무시할 만하다.

탄성변형에너지는 작은 반면에 가역적이므로 크립에서는 시간의 함수로서 일을 수행할 수 있다. 탄성변형에너지는 공공 형성 에너지, 즉 공공 농도에 영향을 미치지만 공공 이동 에너지에는 영향이 미미하므로 14장에서 논의할 크립에서 원자 확산에는 영향을 미칠 수 있다. 이에 반하여 소성변형에너지는 훨씬 더 큰 값을 가질 수 있지만 주울 열과 같이 소비되는 에너지이므로 일을 수행할 수 없다. 일은 소성변형을 수행하므로 에너지가 소비되고 새로운 곳에 사용될 수 있도록 저장되지는 못한다.

6.4 박막에서 이축응력

평면 기판 위에서 서로 다른 열팽창때문에 박막에 인가되는 응력은 이축(biaxial)응력이다. 그림 6.5에 도시된 바와 같이 응력은 박막 평면상에 두 주축을 따라 작용하게 되지만 박막의 표면에 수직인 방향으로는 응력이 존재하지 않는다. 그러나 이 수직 방향으로 변형은 존재한다. 이축응력의 또다른 예는 풍선 표면에 작용하는 응력에서 볼 수 있다. 평면상 응력(in-

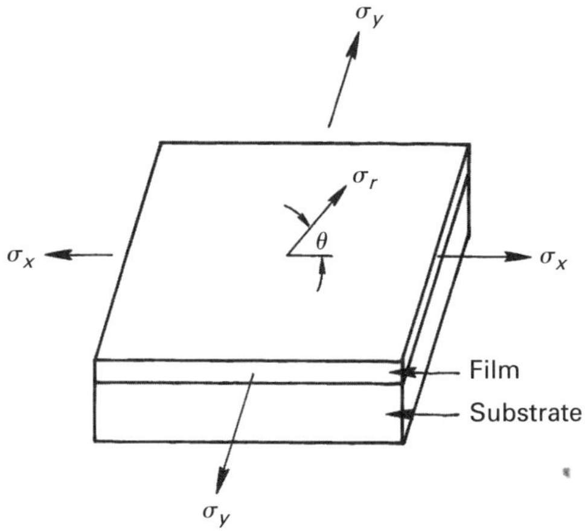

그림 6.5 강성 기판 위에 증착된 박막의 이축응력

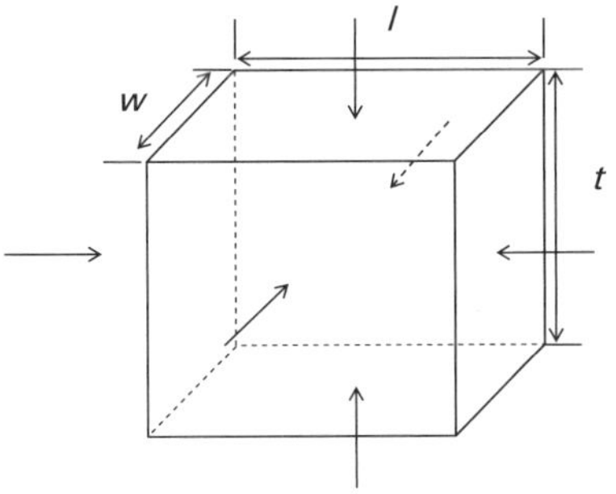

그림 6.6 크기가 l, w, t인 3차원 등방체

plane stress)은 풍선 표면에 수직인 방향으로 변형을 만들어 풍선이 팽창할수록 두께가 얇아지게 된다.

이축응력을 표현하기 위하여 그림 6.6에 도시된 삼차원 등방성 입방 구조를 이용하자. x, y, z축을 따른 선형 치수를 각각 l, w, t라고 한다. 이제 정수압 압축하의 입방 구조를 고려하자. x, y, z 방향을 따라서 순차적으로 압력을 가하자. 첫째로 x 방향으로 압력 p를 가하면

$$p = -Y\frac{\Delta l_1}{l}$$

이다. 이때 x 방향의 변형률은 다음과 같다.

$$\frac{\Delta l_1}{l} = -\frac{p}{Y}$$

둘째로 y 방향으로 압축응력을 가하면, 변형률은

$$\frac{\Delta w}{w} = -\frac{p}{Y}$$

가 된다. 푸아송 효과 때문에 x 방향으로 인장 변형은 다음과 같다.

$$\frac{\Delta l_2}{l} = +\nu\frac{p}{Y} = -\nu\frac{\Delta w}{w}$$

셋째로, z 방향으로 압축이 가해질 때 x 방향으로 인장 변형은 다음과 같다.

$$\frac{\Delta l_3}{l} = +\nu\frac{p}{Y}$$

x 방향으로 발생하는 총 변형은

$$\frac{\Delta l}{l} = \frac{\Delta l_1}{l} + \frac{\Delta l_2}{l} + \frac{\Delta l_3}{l} = -\frac{p}{Y}(1-2\nu)$$

또는

$$\varepsilon_x = -\left(\frac{\sigma_x}{Y} - \nu\frac{\sigma_y}{Y} - \nu\frac{\sigma_z}{Y}\right) = -\frac{1}{Y}[\sigma_x - \nu(\sigma_y + \sigma_z)]$$

이다. 이제 응력을 인장 변형으로 바꾸면 아래 식을 얻게 된다.

$$\begin{aligned}
\varepsilon_x &= \frac{1}{Y}[\sigma_x - \nu(\sigma_y + \sigma_z)] \\
\varepsilon_y &= \frac{1}{Y}[\sigma_y - \nu(\sigma_x + \sigma_z)] \\
\varepsilon_z &= \frac{1}{Y}[\sigma_z - \nu(\sigma_x + \sigma_y)]
\end{aligned} \tag{6.10}$$

박막의 이축응력에서 박막면(x와 y) 내에 인장응력이 존재하고, z 방향으로 응력이 존재하지 않는다(σ_z=0). 그러므로

$$\varepsilon_x = \frac{1}{Y}(\sigma_x - \nu\sigma_y)$$

$$\varepsilon_y = \frac{1}{Y}(\sigma_y - \nu\sigma_x)$$

$$\varepsilon_z = \frac{-\nu}{Y}(\sigma_x + \sigma_y)$$

이 된다. 이 식들로부터

$$\varepsilon_x + \varepsilon_y = \frac{1-\nu}{Y}(\sigma_x + \sigma_y)$$

이 되고

$$\varepsilon_z = \frac{-\nu}{1-\nu}(\varepsilon_x + \varepsilon_y)$$

이다. 2차원 등방성 시스템에서 $\varepsilon_x = \varepsilon_y$이 되고,

$$\varepsilon_z = -\frac{2\nu}{1-\nu}\varepsilon_x \tag{6.11}$$

$$\sigma_x = \left(\frac{Y}{1-\nu}\right)\varepsilon_x \tag{6.12}$$

이다. 후에 위에 상술한 식은 기판 위의 박막 응력에 대한 Stoney 식을 얻을 때 사용될 것이다.

원형 기판 위에 박막에 대해서 직교 좌표계보다는 실린더 좌표계를 사용하는 것이 편리하고, 응력은

$$\begin{aligned}\sigma_r &= \sigma_x \cos^2\theta + \sigma_y \sin^2\theta + 2\tau_{xy}\sin\theta\cos\theta \\ \sigma_\theta &= \sigma_x \sin^2\theta + \sigma_y \cos^2\theta - 2\tau_{xy}\sin\theta\cos\theta\end{aligned} \tag{6.13}$$

이고, 여기에서 τ_{xy}는 전단응력이다. 만일 응력 장에서 컬(curl) 성분이 없는 경우

$$\sigma_r = \sigma_x + \sigma_y$$

이다. 유사하게,

$$\varepsilon_r = \varepsilon_x + \varepsilon_y$$

이다. 따라서

$$\varepsilon_r = \frac{1-\nu}{Y} \text{ 이고, } \varepsilon_z = -\frac{\nu}{Y}\sigma_r \tag{6.14}$$

이다. 이 관계는 압축응력하에 있는 박막에서 원형의 힐록(hillock)이 형성할 때와 같은 곳에서 매우 유용하게 사용된다.

위에서 논의된 이축응력은 기판이 강성(rigid)인 경우를 가정하였다. 기판이 강성이 아닐 때 이축응력하에서 기판이 휘어지게 된다. 응력-변형률 관계는 다음에 논의할 Stoney 방정식으로 주어진다.

6.5 박막에서 이축응력의 Stoney 방정식

만일 박막의 두께 t_f가 기판의 두께 t_s보다 매우 작다면, 응력이 존재하지 않는 중립면이 기판의 중앙에 위치한다고 가정할 수 있다. 그림 6.7에서 기판의 한쪽 끝을 확대하여 중립면, 박막과 기판 내의 응력 분포 그리고 이에 따르는 힘과 모멘트를 보여준다. 평형에서 박막의 응력에 의해 만들어지는 모멘트는 기판 내에 응력에 의해서 만들어지는 모멘트와 동일하여야 하며, 그림 6.7(b)에 도시하였다. 박막의 두께가 매우 얇다고 가정하였으므로, 응력 σ_f는 일정하다. 중립면 대비 박막 내에 존재하는 힘에 기인한 모멘트 M_f(힘과 수직 거리의 곱)는

$$M_f = \sigma_f W t_f \frac{t_s}{2} \tag{6.15}$$

이고, 여기에서 W는 t_f에 수직인 박막의 넓이이다. 기판의 모멘트를 계산하기 위해서는 기하학적 관계를 우선 고려하여야 한다.

$$\frac{d}{r} = \frac{\Delta d}{t_s/2} \tag{6.16}$$

이므로

$$\frac{1}{r} = \frac{\Delta d}{t_s d/2} = \frac{\varepsilon_{\max}}{t_s/2} \tag{6.17}$$

이고, 여기에서 r은 중립면으로부터 측정된 기판의 곡률 반경이고, d는 중립면에서 측정된 기판의 임의의 길이이고, $\Delta d/d = \varepsilon_{\max}$는 기판의 외부 표면에서 측정된 변형량이다. 기판에서 탄성변형은 중립면에서 "0"이지만 중립면에서부터 거리 z 방향으로는 선형적으로 증가(즉, Hooke의 법칙을 따르고 응력은 선형적으로 증가)하게 되므로,

$$\frac{\varepsilon_s(z)}{z} = \frac{\varepsilon_{\max}}{t_s/2} = \frac{1}{r} \tag{6.18}$$

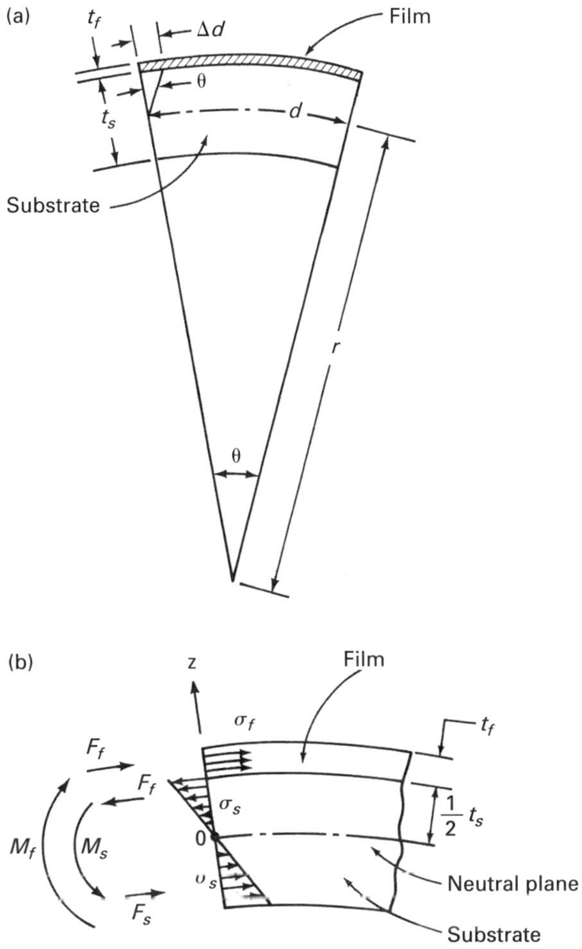

그림 6.7 (a) 휜 기판 위 압축응력을 받는 박막의 단면 그림. (b) 박막과 기판 내 응력의 분포를 그린 개략도와 이에 따른 응력과 굽힘 모멘트

이고, 여기에서 $\varepsilon_s(z)$는 중립 면에 평행하고 거리 z만큼 떨어져 있는 면에서 변형률이다. 따라서 기판에서 이축응력의 상태를 가정하여 식 (6.12)로부터 다음 식을 얻을 수 있다.

$$\sigma_s(z) = \left(\frac{Y}{1-\nu}\right)_s \varepsilon_s(z) = \left(\frac{Y}{1-\nu}\right)_s \frac{z}{r} \tag{6.19}$$

그러므로 기판 내의 응력에 의해서 만들어지는 모멘트는

$$M_f = W\int_{-t_s/2}^{t_s/2} z\sigma(z)dz = W\int_{-t_s/2}^{t_s/2}\left(\frac{Y}{1-\nu}\right)_s \frac{z^2}{r}dz = \left(\frac{Y}{1-\nu}\right)_s \frac{Wt_s^3}{12r} \tag{6.20}$$

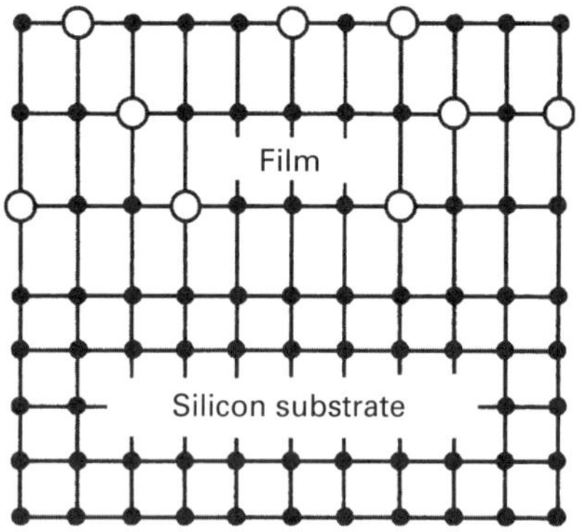

그림 6.8 (100) Si 기판 위에 왜곡된 단위 셀을 갖는 변형층 Ge_xSi_{1-x}(Ge는 흰 원) 에피택셜 구조 개략도

이다. M_s와 M_f를 등치시키면 Stoney 식을 얻을 수 있고,

$$\sigma_f = \left(\frac{Y}{1-\nu}\right)_s \frac{t_s^2}{6rt_f} \tag{6.21}$$

여기에서 아래 첨자 f와 s는 각각 박막과 기판을 나타낸다. 식 (6.21)을 이용하여 박막과 기판의 곡률과 두께를 측정하고 기판의 영률과 푸아송비를 알면, 박막의 이축응력을 알 수 있다 [7]. 박막은 레이저 간섭 또는 스타일러스로 측정할 수 있다.

식 (6.21)은 기판위에 필름이 에피택시얼 성장을 하는 동안 표면응력을 측정하는 데 사용된다. 그림 6.8에 도시된 부정합(pseudomorphic) 성장은 박막과 기판 사이에 응력을 발생시킨다. 기판이 충분히 얇다면, 불일치(misfit) 응력은 앞에서 논의된 것과 같이 휘어질 수 있다. 0.1 mm 두께의 Si(001)에 Ge 원자 1개 층의 부정합 성장의 극단적인 경우에서는 휨이 레이저 반사로 측정 가능할 만큼 충분히 크다[8]. 요약하면 단면적 wt_f에 미치는 힘은 $F_f = \sigma_f W_{tf}$ 또는 $F_f/W = \sigma_f t_f$이다. 식 (6.21)을 재배열하면,

$$r = \left(\frac{Y}{1-\nu}\right) \frac{t_s^2}{6(F_f/W)} \tag{6.22}$$

이다. r을 측정하여(또는 t_f의 함수로 r을 결정하여) F_f/W 값을 알 수 있다. F_f/W의 단위는 박막의 단위 넓이당 힘이다(즉, 표면응력을 측정한 것이다). 3.3절에서 논의된 표면에너지에서 액체의 표면에너지와 표면장력이 같은 단위를 갖고 있음을 상기할 수 있다. 고체에서는 그렇지 않다. 액체는 전단응력을 갖을 수 없고 표면을 따라 압축응력을 갖고 있을 수 없지만 고체는 갖을 수 있다. 반면에 고체나 액체 표면에서는 모두 수직 방향 응력은 없다.

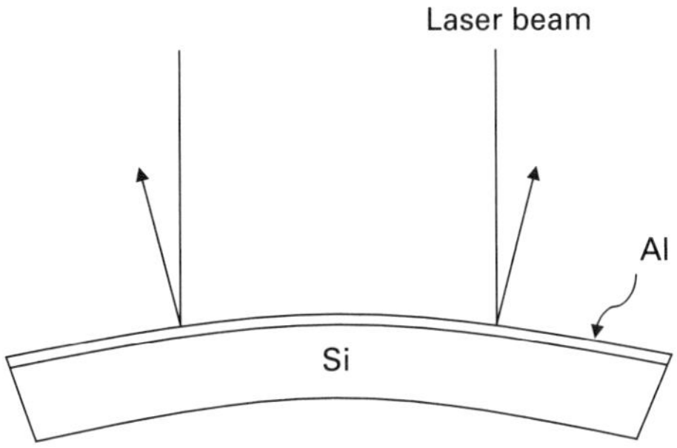

그림 6.9 휜 Si 웨이퍼 위에 존재하는 Al 박막의 단면 개략도. 곡률은 한 쌍의 평행 레이저 빔의 반사로 측정 가능

예를 들면, 액체 질소 온도에서 Si 웨이퍼 위에 Al 박막을 증착한 후 상온으로 온도를 상승시키면 Al이 Si 보다 더 큰 열팽창 계수를 갖기 때문에 Si 웨이퍼는 휜다. 오목한 곡률을 갖는 단면을 그림 6.9에 도시하였다. 매우 좋은 접착성을 갖고 있다는 가정하에 Al 박막은 기판에 의해서 제약을 받게 되고 압축응력 상태가 된다. Al 박막 내의 압축응력은 Si 웨이퍼 곡률을 측정하여 얻을 수 있다. Al 내의 박막은 온도의 함수로 변하고 그 변화는 아래 분석 법을 이용하여 측정할 수 있다.

6.6 Al 박막 내에 존재하는 열응력의 측정

Stoney식은 박막의 두께, 기판의 두께 그리고 기판의 기계적 탄성계수를 알고 있을 때 기판의 곡률을 측정하여 박막의 이축응력을 측정한다. 또한 인장 또는 압축응력도 알 수 있다. 가장 중요한 것은 곡률의 측정이다. 휘어져 있는 빔 또는 지주가 없는 원형 웨이퍼로부터 레이저 반사를 이용하여 측정할 수 있다. 그림 6.9는 한 쌍의 평행 레이저 광선을 휘어진 웨이퍼 표면으로부터 반사하여 지주 없이 서있는 Si 웨이퍼의 곡률 측정을 도시하였다. 반사된 한 쌍의 빔의 상대적 변위로부터 곡률을 결정할 수 있다.

상온에서 Si 웨이퍼 위에 Al 박막의 증착 후에 박막과 기판을 400°C까지 가열한 후 일정 시간 동안 유지하고, 다시 상온으로 냉각을 시키는 경우를 고려하자. 그림 6.10은 온도 사이클링에 따라 곡률의 변화를 설명하고 있다. 그림 6.10(a)는 증착된 Al 박막과 상온에서 Si 웨이퍼를 유지하고 있는 상태를 나타낸 것이다. 열응력이 존재하지 않는다고 가정하여 박막과 기판 시편은 편평하여 곡률이 없는 상태이다. 400°C까지 가열하면 Al은 Si 기판보다 더 많이 팽창하게 되므로 그림 6.10(b)에 도시된 바와 같이 웨이퍼는 아래로 오목한 곡률을 갖고 휘게

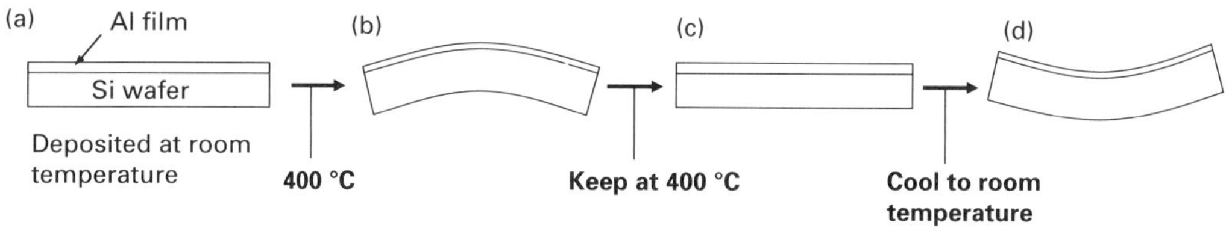

그림 6.10 실온에서 400℃로 가열 후 다시 실온으로 냉각한 Al 박막이 증착된 Si 웨이퍼의 단면 개략도. (a) 실온 증착 시 시편은 편평함. (b) 400℃로 가열 시 Al 박막은 압축응력을 받음. 곡률은 아래 방향으로 오목. (c) 시편을 400℃에 5분 동안 유지할 때 Al 내 압축응력은 이완되어 시편이 편형하게 됨. (d) 시편을 상온으로 냉각하면 Al 박막은 인장응력을 받게 되고 위 방향으로 오목

되고 Al 박막은 압축응력 상태가 된다. Si 웨이퍼가 곡률을 감소시키기 위해서 다시 원래 상태로 휘려고 할 때, Si 웨이퍼가 Al 박막을 압축하도록 토크가 인가되어 압축응력 상태로 존재한다. 만일 시편을 400ºC에 일정 시간 놓아두면 원자 확산에 의해 Al 내에 존재하는 응력이 완화되어 사라지게 된다. 400ºC에서 Al의 격자 확산을 계산할 수 있고, 5분 동안 확산 거리는 Al 박막의 두께 200 nm 보다 크므로 응력은 원자 확산과 재배열에 의해 완화된다. 그림 6.10(c)에 도시된 것과 같이 웨이퍼의 곡률은 편평해질 것이다.

그림 6.10(b)에서 400ºC, 압축응력하에서 1000 λ 결정립 크기를 갖는 Al을 가정하자. 여기에서 λ는 원자간 거리 또는 한 개의 원자면 두께이다. 압축 변형률을 0.1%라고 가정하자. 다시 말하면 변형률이 1 λ이다. 만일 압축응력에 수직인 방향으로 한 개의 원자면을 제거한다면 응력은 완화 될 것이다. 이것이 일어나기 위해서 결정립 내에 전위 루프를 상상하자. 만일 공공이 자유 표면으로부터 생겨 루프의 끝단으로 확산해 와서 끝단의 원자와 위치를 바꾼다면, 전위는 한 원자 단차만큼 상승한다. 전위로 공공들이 연속적으로 확산이 일어나면 한 개의 원자면을 제거할 수 있고 응력을 제거할 수 있게 된다. 이를 크립이라 한다.

그림 6.10(b)에 도시된 그림에서 결정립이 주상 미세 조직을 갖는다고 가정하자. 만일 표면 산화물이 존재하지 않아 표면이 공공의 소스로 완벽하게 작동한다고 가정하면, 확산 크립에 필요한 공공을 충분히 공급가능하다. 전체 박막에 걸쳐서 일정한 응력 완화는 표면으로 한 층의 물질을 이동시키는 것으로 생각할 수 있다. 따라서 박막은 아주 조금 두꺼워지고 응력이 없는 상태가 된다. 반면에 Al은 보호 산화막이 있고 일반적으로 Al 박막은 쉽게 산화되기 때문에 Al 표면에서 공공의 소스는 완벽하게 작동하는 것은 아니다. 압축응력이 몇몇 약한 부분의 산화물을 깰 수 있고 완화 현상은 국부적으로 또는 불균질하게 일어난다. 이로 인해 응력 기울기에 의해 유발되는 장범위 원자 확산을 포함하는 힐록 또는 휘스커를 형성한다. 응력 마이그레이션 또는 확산 크리프는 14장에서 다룰 것이다.

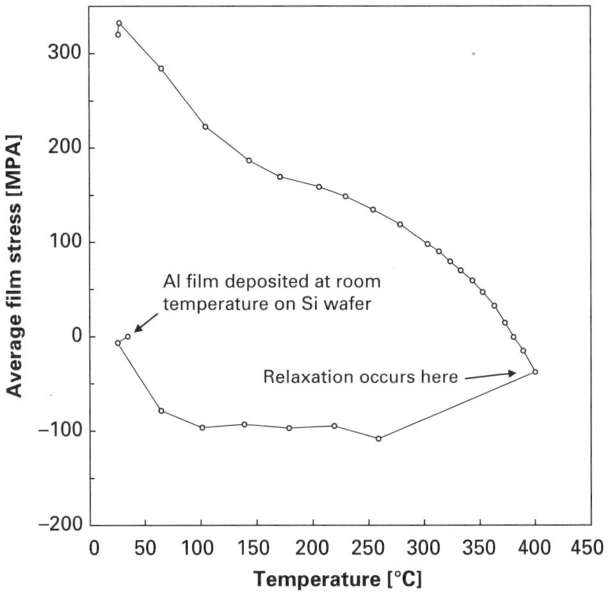

그림 6.11 Si 웨이퍼 위에 증착된 Al 박막의 응력 vs. 온도 그래프. 응력은 Stoney 식을 이용하여 웨이퍼의 곡률로부터 계산한다.

그 다음에 시편을 실온까지 냉각시키면 인장응력이 Al 박막 내에 축적된다. 그림 6.10(d)에 도시된 것과 같이 웨이퍼의 곡률은 위쪽으로 오목해진다. 상온에서 Al 내의 원자 확산은 매우 느리므로 응력 완화 현상은 거의 일어나지 않는다.

그림 6.11은 Si 웨이퍼에 증착된 Al 박막의 응력 변화를 실험적으로 측정한 것이다. 초기 단계에서 응력은 거의 0이고, 가열하는 경우 온도가 증가함에 따라서 압축응력이 증가한다. 100°C 이상에서 응력 완화 때문에 응력은 증가를 멈추고, 압축응력은 350°C까지 거의 일정하게 유지되고, 그 이상의 온도에서 응력 완화가 매우 빠르게 일어나 응력이 감소한다. 400°C에서 박막을 유지하면 응력은 거의 완벽하게 완화된다. 그 후에 냉각을 하고 인장응력은 온도가 감소함에 따라서 증가하는 것을 알 수 있다. 냉각 동안에 인장응력은 지속적으로 증가한다. 온도가 다시 상온이 되면 박막은 매우 큰 인장응력을 갖게 된다.

응력의 변화와 이에 따른 Al 박막 내의 미세구조 변화는 연구 주제로 많이 다루어져 왔다. 가열하는 중에 압축응력은 Al 표면에 힐록 형성을 유발한다. 냉각 중에는 인장응력이 공동 형성을 유발한다. 공동 형성은 Al 박막 배선 기술에서 심각한 신뢰성 문제이다. 응력유도 원자 확산 또는 응력마이그레이션은 14장에서 다룰 것이다. 4장에서 fcc 금속에서 원자 확산 시 공공이 필요함에 대해서 논하였다. 응력이 평형 공공 농도에 어떻게 영향을 줄 수 있는지 뿐만 아니라 무엇이 응력의 발생과 완화를 담당하는 공공의 소스와 싱크, 즉 Al 박막 격자에서 공공의 생성과 소멸이 어떻게 일어나는지를 고려하여야 한다.

박막에서 열응력의 또 다른 예는 Si 기판 위의 Pb 박막이다. Pb와 Si의 열팽창 계수는 각각 $29.5 \times 10^{-6}/^{\circ}C$와 $2.6 \times 10^{-6}/^{\circ}C$이다. 상온에서 Si 위에 Pb를 증착하고 4.2 K로 냉각하면 Pb는 초전도체가 된다. 시편은 약 300 K만큼 온도 하강을 겪게 되고 선형 치수의 순변화는 Pb의 경우 0.86%이다. Pb가 줄어들려고 하는 동안 Si 기판은 이를 방해하므로 냉각 동안에는 Pb는 인장 상태가 된다. 시편을 다시 상온으로 가열하면, Pb는 늘어나려 하고 Si 기판에 의해 다시 제약을 받는다. 그러므로 가열 시에는 Pb는 압축 상태가 된다. 상온은 Pb 녹는점의 대략 1/2이 되므로 상당량의 원자 확산이 일어난다. Pb 박막은 원자 확산에 의해서 압축응력의 일부가 완화되고, 힐록이 형성된다. 이는 Pb를 전극으로 쓰고 상온과 4.2 K 사이에서 온도 사이클을 겪는 Josephson 접합 소자에서 매우 잘 알려진 현상이다. 힐록 형성은 접합 터널링에 사용되는 매우 얇은 산화물 층의 파괴를 야기하여 소자를 파괴한다.

6.7 Stoney 식의 열팽창 측정 응용

박막의 이축응력 σ_f는

$$\sigma_f = \left(\frac{Y}{1-\nu}\right)_f \varepsilon_f = \left(\frac{Y}{1-\nu}\right)_f \Delta\alpha\Delta T$$

이거나

$$\frac{d\sigma_f}{dT} = \left(\frac{Y}{1-\nu}\right)_f (\alpha_f - \alpha_s)$$

이고, 여기에서 α_f 그리고 α_s는 각각 박막과 기판의 열팽창 계수이다. σ_f와 온도 사이의 기울기를 측정하여 $d\sigma_f/dT$를 얻을 수 있다. 따라서 만일 서로 다른 두 기판에 증착한 동일한 박막, 예를 들어 Si 웨이퍼와 Ge 웨이퍼에 각각 증착된 Al 박막을 이용한다면, 두 개의 방정식을 얻을 수 있다.

$$\left(\frac{d\sigma_f}{dT}\right)_{Si} = \left(\frac{Y}{1-\nu}\right)_f (\alpha_f - \alpha_{Si})$$
$$\left(\frac{d\sigma_f}{dT}\right)_{Ge} = \left(\frac{Y}{1-\nu}\right)_f (\alpha_f - \alpha_{Ge}) \tag{6.23}$$

두 개의 미지 변수, $[Y/(1-\nu)]f$와 α_f를 풀 수 있다.

6.8 비조화성과 열팽창

열팽창 계수는 원소들의 본질적인 속성이다. 실제로, 서로 다른 물질(금속, 반도체, 그리고 절연체) 사이의 열팽창 계수 차이는 복합 물질이 사용되는 경우 높은 품질의 에피택셜 구조를 성장시키는 제한 요소 중의 하나일 수 있다.

원자의 원자간 포텐셜 우물의 바닥 모양이 포물선이라면, 원자의 변위는 구동력에 선형적으로 비례한다. 원자는 조화 진동을 하게 되고 평균 위치는 변하지 않게 되어 가열시 열팽창이 일어나지 않는다. 이는 단순한 진자가 진동 시 평균 위치가 변화가 없는 것과 동일하다. 그러나 실제로 원자간 포텐셜 우물은 포물선이 아니다. Lennard-Jones 포텐셜은 압축에 대한 저항성이 인장에 대한 저항성보다 크다. 따라서 열 진동은 원자를 멀리 떨어뜨리는 경향이 있다. 진동이 강하거나 진동 진폭이 커질수록 원자간 거리는 더 멀어진다. 이것이 원자 포텐셜의 비조화성(anharmonicity)으로 열팽창이 일어나는 원리이다. 그림 6.1(a)에서 점선은 에너지 또는 온도가 증가함에 따라 a_0가 증가함을 보여준다. 응력에 의해서 a_0를 직접적으로 변화 가능하고 그 변화는 영률에 의해 기술될 수 있기 때문에 열팽창과 영률은 서로 연관되어 있다. 3.7절에서 영률과 원자간 포텐셜 사이의 관계를 논의하였다. 압력, 온도와 부피 변화 사이의 관계에 대한 고체 상태 방정식은 Grüneisen의 식에 의해 주어진다(Mott와 Jones 참조)[5].

6.9 박막에서 고유응력의 기원

박막에서 고유(intrinsic)응력과 외부요인(extrinsic)응력이 존재한다. 박막에서 외부요인응력은 열응력 또는 외부에서 인가된 응력에 의해서 주로 발생한다. 박막과 기판 사이의 접합 효과가 중요하다. 열응력은 박막과 기판 사이의 열팽창 계수 차이, 불일치하는 격자상수 또는 IMC가 박막과 정합이지만 약간의 불일치 격자가 존재할 때 기판과의 화학반응 때문에 외부요인 응력이 발생한다. 고유 응력의 원인은 외부 요인에 의한 응력만큼 명확하지는 않다.

금속 박막은 상온보다 높거나 낮은 온도에서 증착되면 상온에서 열응력을 나타내는 경우가 종종 있다. 그러나 만일 상온에서 증착하고 유지하면, 열응력이 나타나지 말아야 함에도 불구하고 일반적으로 응력이 존재한다. 이를 “고유응력”이라 부른다. 예를 들어 Ni 박막이 상온에서 전자 증발이나 스퍼터링에 의해 증착되면 매우 높은 인장응력이 나타난다. Ni 박막의 두께가 300 nm가 넘으면 기판으로부터 벗겨지는 경향이 있다.

기판 위에서 박막의 불균질 핵 생성 단계 동안에 핵은 Gibbs-Thomson 효과 때문에 압축 상태에 있다. 핵들이 서로 응집하면, 응력은 압축에서 인장으로 바뀐다. 만일 박막에서 결정립의 크기가 박막의 두께에 직접적으로 비례한다고 가정하면, 핵들이 응집하고 두께가 두꺼워짐에 따라 결정립의 크기가 증가하고, 즉 단위 면적당 정립계의 숫자가 줄어들게 된다. 결정립계의 구조는 비어 있는 공간이 존재하기 때문에 박막이 기판에 잘 붙어 있다면, 결정립계의 제거는 비어 있는 공간이 박막 내로 흡수되어야 함을 의미한다. 이로 인해 인장응력이 박막 내에 발생하게 된다[9-11]. 박막 증착의 다음 단계에서는, 증착된 원자들, 특히 산소 원자들이 박막 내에 존재하는 결정립계로 확산하여 압축응력을 만들 수 있다.

6.10 불일치 전위의 탄성에너지

기판 위 박막의 헤테로에피택셜 성장에서 Si 위의 SiGe 박막 등, 박막의 두께가 기판의 두께보다 현저히 작을 때 박막 내에 존재하게 된다. 임계 두께 이상에서는 계면에 불일치 전위가 도입되어 박막 내의 변형을 완화한다. 따라서 박막과 기판 사이의 계면에 존재하는 불일치 칼날 전위의 배열에 대한 탄성에너지는 매우 흥미롭다. 그림 6.12는 칼날 전위의 원자 그림을 도시하였다. 기판과 박막의 결정 구조와 원자가 동일한 불일치 전위로 생각할 수 있다.

박막과 기판이 단순 입방정 구조를 갖고 격자상수가 각각 a_f와 a_s를 가정하여 불일치 전위 형성을 고려하자. 여기에 더해

$$(n+1)a_f = na_s \tag{6.24}$$

를 가정하고 불일치도를

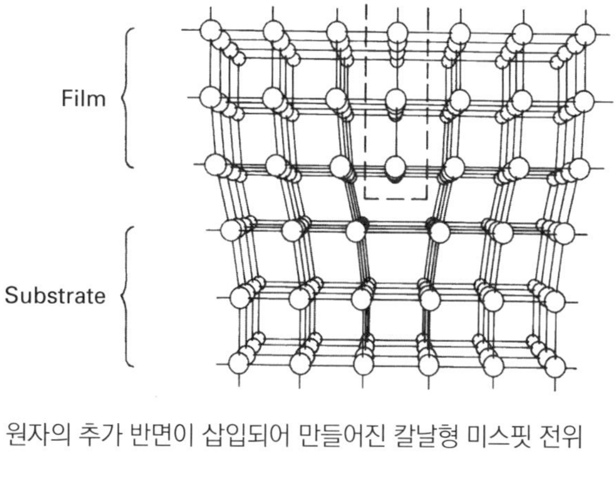

그림 6.12 원자의 추가 반면이 삽입되어 만들어진 칼날형 미스핏 전위

$$f = \frac{a_s - a_f}{a_s} \tag{6.25}$$

로 정의하자. 따라서 이웃한 불일치 전위 사이의 거리는

$$na_s = \frac{a_f}{f} \approx \frac{b}{f}$$

이고, 여기에서 $b(\approx a_f)$는 불일치 전위의 Burgers 벡터이다. 명백하게 기판 위에 불일치 전위 없이 박막을 정합으로 맞게 하기 위해서는 박막은 변형률 $\Delta l/l = 1/n$만큼 늘어나야 한다. 변형에너지는 박막의 두께가 증가함에 따라 증가하기 때문에 두꺼운 박막은 불일치 전위를 도입하여 변형을 감소시키는 것이 에너지 관점에서 바람직하다. 박막 내에 거리 na_s마다 절단하고, 한 층의 원자를 그림 6.12와 같이 점선으로 표시된 것처럼 삽입하고, 원자들을 재결합하여 불일치 전위를 형성하는 것과 같이 상상할 수 있다.

직선형 전위(칼날 전위)를 형성하기 위한 탄성에너지는 많은 책들에서 다루고 있다. 보다 상세한 논의는 Hirth와 Lothe 책 2장을 참조하라[2]. 여기에서는 단순한 분석을 제시할 것이다. 그림 6.13에서 불일치 전위를 둘러싼 링을 고려하자. 링의 위쪽을 자르고, 자른 면을 벌리고, 넓이가 b인 한 개 층의 원자를 삽입한다. 링 내에 유도된 변형과 응력은 각각

$$\varepsilon = \frac{b}{2\pi r}$$

$$\sigma = \frac{\mu b}{2\pi r} \tag{6.27}$$

이고, 여기에서 μ는 전단계수이다. 전위 단위 길이당 탄성에너지는

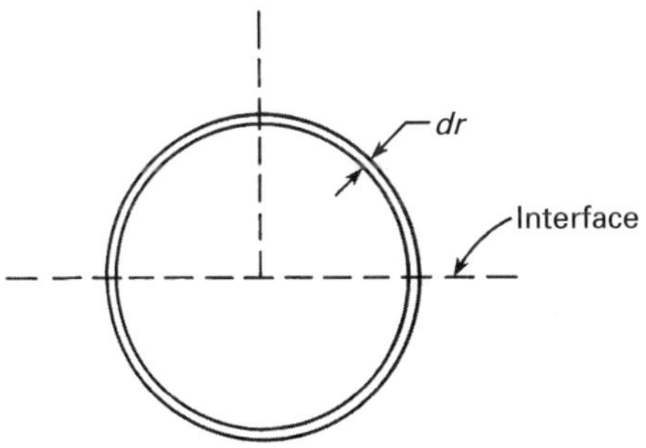

그림 6.13 계면 미스핏 전위를 둘러싼 반경 r 그리고 넓이 dr 형태의 링

$$E_d = \int_{r_1}^{r_2} \frac{1}{2} \frac{\mu b^2}{(2\pi r)^2} 2\pi r dr = \frac{\mu b^2}{4\pi} \int_{r_1}^{r_2} \frac{dr}{r} = \frac{\mu b^2}{4\pi} \ln \frac{r_2}{r_1} \tag{6.28}$$

이다. 칼날 전위에 대한 개략적인 분석에서 식 (6.28)을 $(1-\nu)$로 나누어야 한다. 여기에서 ν는 푸아송비이다. 여기에서 r_1과 r_2는 무엇인가? 박막에 절단을 만들 때 절단면은 박막의 인장하에 있기 때문에 자동으로 열리므로 절단 부위에 한 면의 원자를 삽입하는 데 많은 변형을 유발하지 않는다. 비록 전위의 탄성 장은 장범위이고 l/r에 비례할지라도 불일치 전위 배열에 의해 만들어진 탄성 장은 단지 $na_s/2$ 정도 내에만 영향을 미친다. 이웃한 전위에 의해 만들어진 변형 장은 서로 상쇄하므로 $r_2 = nb/2$를 취할 수 있다. 그리고 r_1에 대해서는 전위 코어는 특이점을 갖는 것이 명확하므로 이 특이점을 피하여 적분을 하기 위해서는 $r_1 > 0$이어야만 한다. 전형적으로 $r_1 \approx b$이다. 전위 코어 문제는 아주 오랜 문제이다. 일련의 전위로 구성된 소경각 결정립의 경우 에너지가 유한하기 때문에 코어 에너지는 무한대는 아니다. 바꿔 말하면 전위 코어에서 탄성 장은 무한대가 아님을 의미한다. 어떤 경우에든 코어에서 원자간 거리는 유한하다.

만일 $r_2 = nb/2$이고 $r_1=b$이면,

$$E_d = \frac{\mu b}{4\pi(1-\nu)} \ln \frac{n}{2} \approx \frac{1}{2}\mu b^2 \tag{6.29}$$

이 되고, 전형적인 불일치는 0.1%보다 작고 $n = 10^3 \sim 10^4$이다. 예를 들어 Al의 경우, $\mu \approx 2 \times 10^{11}$ dyne/cm^{2}이고 $b = 2.5 \times 10^{-8}$ cm이다.

따라서,

$$\begin{aligned} E_d &= \frac{1}{2} \times 2 \times 10^{11} \times \left(2.5 \times 10^{-8}\right)^2 \\ &= 6.25 \times 10^{-5} \text{ erg/cm of dislocation} \end{aligned}$$

이 된다. 만일 불일치가 0.1%이면 1,000배 격자상수 거리($\sim 2.5 \times 10^{-5}$ cm)마다 전위가 존재하고 에너지 밀도(면적당)는 2.5 erg/cm^{2}가 된다. 비교를 위하여 이 에너지를 eV/atom 단위로 환산하는 것은 유용하다. 두께가 t (cm)인 Al 박막은 $t \times 6 \times 10^{22}$ atom/cm^{2}이다. 전형적인 박막의 두께는 100 nm이므로 6×10^{17} atom/cm^{2}을 포함한다. 박막 내에 존재하는 모든 원자에 대해서 평균화한 전위 에너지는

$$E_d = \frac{(2.5\,\text{erg/cm}^2)(6.25 \times 10^{11}\text{eV/erg})}{6 \times 10^{17}\text{atom/cm}^2}$$

이다. 이 값은 6.2절에서 논의된 응력을 받고 있는 고체의 변형에너지와 필적할 수준이다. 두

경우에 저장된 에너지는 기본적으로 탄성 고체에서 평형 위치로부터 변위에 기인하는 것이다. 원자당 평균 에너지가 매우 작은 반면, 전위 코어에서 원자당 변위와 저장된 에너지는 약 1 eV/atom 수준이다. 따라서 전위는 임의의 열 진동에 의해서 만들어지기가 어렵다. 열 또는 기계 공정 동안 응력은 대개 과량의 전위의 원인이 된다.

참고문헌

[1] R. P. Feynman, R. B. Leighton and M. Sands, *The Feynman Lectures on Physics* (Vol. II, Ch. 38) (Addison-Wesley, Reading, MA, 1964).

[2] J. P. Hirth and J. Lothe, *Theory of Dislocations* (McGraw-Hill, New York, 1969).

[3] R. W. Hoffman, "Nanomechanics of thin films: emphasis: tensile properties," in *Physics of Thin Films* (Vol. 3, p. 211), eds G. Hass and R. E. Thun (Academic Press, New York, 1964).

[4] H. B. Huntington, "The elastic constants of crystals," in *Solid State Physics*, Vol. 7, eds F. Seitz and D. Turnbull (Academic Press, New York, 1958).

[5] N. F. Mott and H. Jones, *The Theory of the Properties of Metals and Alloys* (Dover, New York, 1958).

[6] A. S. Nowick and B. S. Berry, *Anelastic Relaxation in Crystalline Solids* (Academic Press, New York, 1972).

[7] M. Murakami and A. Segmiiller, in *Analytical Techniques for Thin Films*, eds K. N. Tu and R. Rosenberg, Vol. 27 in *Treatises on Materials Science and Technology* (Academic Press, Boston, 1988).

[8] A. J. Schell-Sorokin and R. M. Tromp, "Mechanical stresses in (sub)monolayer epitaxial films," *Phys. Rev. Lett.* **64** (1990), 1039.

[9] P. Chaudhari, "Grain growth and stress relief in thin films," *J. of Vac. Sci. Tech.* **9** (1972), 520.

[10] W. D. Nix, "Mechanical properties of thin films," *Metallurgical Transaction, A. Physical Metallurgy and Materials Science* **20** (1989), 2217–2245.

[11] F. Spaepen, "Interfaces and stress in thin films," *Acta Mat.* **48** (2000), 31–42.

연습문제

6.1 $n = 8\times10^{22}$ atom/cm^{3}이고 $\varepsilon_b = 0.6$ eV/atom를 갖는 Lennard-Jones 포텐셜 그리고 $a_0 = (1/n)^{1/3}$을 이용하여 다음을 구하라.

(a) 최대 힘 $F_{\max}$을 계산하라.

(b) 선형 탄성 영역에 고체가 존재한다고 가정하여 영률을 계산하라.

(c) $F_{\max}$에서 탄성에너지 $E_{elastic}$를 구하라.

6.2 상온보다 100°C 더 높은 온도에서 1 μm 두께 Al 박막을 100 μm 두께 Si 웨이퍼에 열

응력 없이 증착한다. 웨이퍼와 박막을 상온으로 냉각하였다. 아래 표에 주어진 값과 Si의 v = 0.272임을 가정하여 다음을 구하라.

(a) ΔT = 100°C에 대하여 열 변형률과 열응력을 계산하라.

(b) 곡률 반경을 구하라.

	열팽창 계수 α(10^{-6}/℃)	영률 Y(10^{11} N/m²)
Al	24.6	0.7
Si	2.6	1.9

6.3 인장 변형률 0.2%와 녹는점 T_m의 2/3 온도에 있는 Al과 Cu를 고려하자. 표에 제시된 데이터를 이용하여 다음을 구하라.

(a) 공공의 농도를 구하라.

(b) 변형률에 의한 공공 농도 증가량을 구하라.

	N(×10^{22}/cm³)	Y(×10^{11}/m²)	ΔH_f(eV)	T_m(℃)
Al	6.02	0.7	0.67	660
Cu	8.45	1.1	1.28	1028

6.4 Cu 10^{-5} cm 크기 정육면체 결정립을 녹는 온도의 2/3 온도에서 10분간 유지하였다. 표 3.1과 Nabarro-Herring 식(14.3절 참조)을 이용하여 ε = 0.2%인 경우, 축적되는 원자의 부피와 수를 계산하라.

6.5 Si에 대하여 미스핏 전위(misfit dislocation) 단위 길이당 탄성에너지를 구하라. 그리고 100°C까지 결정을 가열하였을 때 전위형성 여부를 논하라. 단, Si은 μ = 7.5 ×10^{22} N/m, b = a/ = 0.543 nm, W = 5 ×10^{22}/cm³을 갖는다.

6.6 200 μm 직경을 갖는 구형 풍선을 1 μm 두께의 Al으로 만들었다. 20°C와 760 torr에서 풍선은 박막 위에 잔류 응력을 만들지 않으면서 완전히 부풀었다. 만일 온도가 30°C가 변하고 압력이 일정하다면 풍선은 터지겠는가? (Al의 열팽창 계수는 2.5 × 10^{-5}/°C)

6.7 3000 Å 산화물 박막이 300 m 곡률 반경을 갖는 500 μm 두께 Si 웨이퍼에 증착하였다. 증착 후 곡률 반경이 200 m가 되었다. 산화물 박막 위에 6000 Å 질화물 박막을 증착하여, 곡률 반경이 240 m가 되었다. 이중 필름의 응력과 질화물 박막의 응력을 계산하라. (단, v_{Si} = 0.272, Y_{Si} = 1.0 × 10^{12} dyne/cm²)

6.8 웨이퍼 위의 박막에서 응력은 기판의 휜 정도로 결정할 수 있다. 휜 정도는 18 cm 스캔 거리를 갖는 조면계(surface profilometer)로 측정 가능하다.

(a) 식 (6.21)이 다음 식과 동일함을 보여라.

$$\sigma = \left(\frac{\delta}{3\rho^3}\right)\left(\frac{Y}{1-\nu}\right)\left(\frac{t_s^2}{t_f}\right)$$

여기에서 δ는 조면계로 측정된 최대 휨 높이이고 ρ는 스캔 거리의 절반이다.

(b) 스캔 길이가 5 cm이고 휨 높이가 20000 Å인 경우, 2 μm 두께를 갖는 미지의 박막의 응력을 계산하라. 기판은 200 μm 두께의 Si 웨이퍼이다[(100) Si의 $Y/(1-\nu) = 1.8 \times 10^{11}$ N/m^2].

07 박막에서 표면 반응 속도론 과정

7.1 서론

표면 반응 속도론 과정은 표면 위에서 일어나는 원자의 흡착, 탈착 그리고 확산의 관점에서 표면 위에서 핵 생성, 성장 그리고 조대화 과정을 다룬다. 박막의 표면보다 구체적으로는 단결정 표면이 이 과정들의 시발점이 될 것이다. 단결정 표면은 표면 단차(step), 킹크(kink) 그리고 다른 표면 결함과 관련된 거시적 구조뿐만 아니라 결정학적 구조와 대칭성 그리고 재배열과 관련된 미시적 구조를 갖고 있다[1-4]. 산화 같은 표면 화학 반응은 여기에서는 취급하지 않을 것이다.

3장에서 표면 결정 구조에 대해서 간략히 논하였다. 구-막대기 결정 모델로 정사각형 배열의 원자로 이루어진 무한대 면의 일부로서 다이아몬드 격자의 입방 면인 실리콘의 (100)면을 설명할 수 있다. 각 원자들은 두 개의 쌍을 이루지 못한 전자 결합을 갖고 있다. 실리콘의 (100)면에서 원자들은 결합의 필요조건을 만족시키기 위하여 옆으로 변위(그림 3.12에 도시)가 발생한다. 이와 같은 표면을 "재배열"이라 한다.

거시적으로 단결정 표면은 테라스, 단차, 킹크와 다른 결함을 포함할 수 있다. 그림 7.1에 나타낸 것과 같이 단차간격은 결정의 미스컷(miscut)과 관련이 되어 있다. 미스컷 각도는 결정면과 잉곳을 자를 때 만들어진 결정의 기계적 표면이 이루는 각도 차이이다. 대량 생산의 경우 이 각은 약 0.1°이다. 단차 간격 L_0와 미스컷 각도 사이의 관계가 그림에 도시되어있다. 높이 h인 1개 층을 갖는 단차[(100) Si의 경우, $h = a/4 = 0.136$ nm. 여기에서 격자상수 $a = 0.543$ nm]이고 미스컷 각도가 0.1°이면 단차 간격 L_0는 77 nm이다. 단차는 완벽하고는 거리가 멀다. 단차의 원자 구조를 주사 터널링 현미경으로 관찰할 수 있다. 그림 7.2는 (001) Si 면 위에서 매우 불균일한 단차 가장자리를 갖고 있는 단차의 배열 상태를 보여주고 있다. 테라스(terrace)의 크기 분포는 부록 E에 나타내었다.

(100)면과 같은 낮은 지수 면들이 높은 지수(hkl) 면들보다 더 안정적이기 때문에 단차와 테라스가 형성된다. 단차와 킹크는 증착된 물질의 흡착원자(adatom)의 소스와 싱크로 작동하

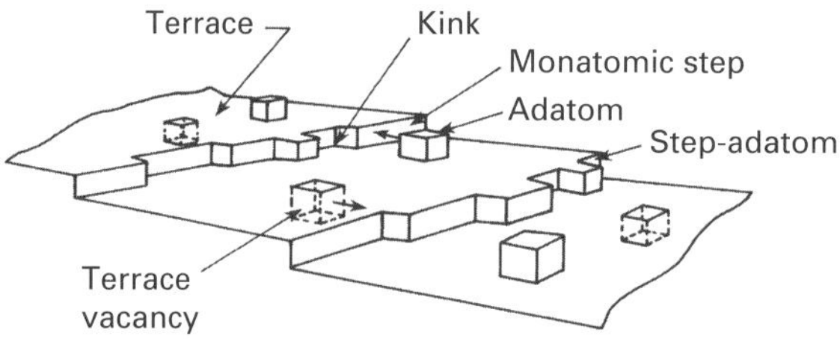

그림 7.1 표면 단차, 킹크 그리고 테라스의 개략도

그림 7.2 Si (100) 표면의 주사터널링 현미경 사진. 단차 사이의 평균 거리는 약 17 nm(그림 1.5 참조) (R. J. Hamers, U. K. Kohler and J. E. Demuth, J. *of Vac. Sci. Tech*. A8, 195 (1990)).

는 높은 에너지 결합 자리를 만든다. 저지수 면들의 가장 자리의 횡변위(lateral displacement)는 표면의 성장을 결정하게 된다. 7.5절에서 스텝을 매개로 성장하는 모델을 설명할 것이다.

화합물 반도체의 표면층들은 원자 조성에 의해서 더 특징지어진다. 예를 들어 GaAs (100)면은 A-B 화합물을 만들 때 모두 Ga 원자("A"면) 또는 모두 As 원자("B"면)를 포함한다. 다른 면들은 이 원자들의 혼합 조성으로 이루어진다. (100) 표면의 단원자 상태는 GaAs 에피택시 성장의 우선 성장면이 되고, 성장은 A, B, A, B의 순서로 한 층씩 진행된다.

표면 반응 속도론 과정의 몇 가지 특징은 다음과 같다.

(1) 표면 과정들은 표면 위에 존재하는 평형 증기압을 고려하여야 한다.

(2) 흡착원자는 증기압에 따라서 증기로부터 흡착되거나 탈착된다. 증기와 국부적인 평형을 이루면 흡착원자들은 표면 위에 재배열하게 된다.
(3) 표면은 단차와 테라스가 존재하고 단차를 따라서 킹크가 존재한다. 킹크는 흡착원자의 소스와 싱크로 작동한다.
(4) 편평한 면에서 원자 하나를 떼어내어 그 원자를 표면에 흡착원자로 붙이면, 표면에는 공공이 생긴다. 그러므로 한 개의 흡착원자와 한 개의 표면 공공이 만들어진다. 그러나 이러한 공공이 표면 확산에 필요하진 않다는 것을 아는 것은 중요하다. 이 공공은 4장에서 논의한 결정질 고체에서 격자 확산의 공공 모델과는 개념적으로 다른 것이다. 전형적으로 최조밀 면에서 표면 확산은 흡착원자의 이동으로 생긴다고 가정한다. 흡착원자가 자유 표면상에서 이동하므로 표면 공공을 만들어야 할 필요는 없다.
(5) 표면은 요철 형태의 테라스 또는 단차로 이루어진 곡률을 가질 수 있다.
(6) 만일 표면이 완벽하게 편평하면, 성장하기 위해서는 단차 또는 아일랜드(island)를 생성하여야 한다.

7.2 표면 흡착원자

고체 표면과 충돌하는 한 원자는 기판 원자들에 의해서 만들어지는 결합 자리 또는 포텐셜 우물의 배열을 보게 된다. 한 포텐셜 우물에서 이웃한 포텐셜 우물로 뜀(hopping)에 의해서 원자가 확산할 유한한 크기의 확률이 존재한다. 또한 원자는 그 포텐셜 우물로부터 진공으로 탈출착(desorption) 할 수 있는 확률도 존재한다. 표면 확산과 탈착을 분석하기 위하여 표면 원자가 표면 진동 주파수 ν_s ($\sim 10^{13}\ s^{-1}$)를 갖고 있다고 가정하여야 한다. 탈착 주파수는

$$v_{des} = v_s \exp\left(-\frac{\Delta G_{des}}{kT}\right) \tag{7.1}$$

이고, 여기에서 ΔG_{des}는 한 원자를 탈착, 즉 떼어내는 데 필요한 자유 에너지 변화이다. 위와 같은 모든 식들에서, 주파수는 시도 횟수(시도 주파수)와 식 (7.1)에 나타난 것과 같이 지수 인수에 의한 성공 확률의 곱하기로 생각할 수 있다. 탈착되기 이전에 표면에 흡착된 원자의 거주 시간 τ_0는

$$\tau_0 = \frac{1}{v_{des}} = \frac{1}{v_s} \exp\left(\frac{\Delta G_{des}}{kT}\right) \tag{7.2}$$

이다. 거주 시간 동안, 흡착원자는 한 표면 자리로부터 이웃한 자리로 이동(표면 확산)하는

주파수는

$$v_{diff} = v_s \exp\left(-\frac{\Delta G_s}{kT}\right) \tag{7.3}$$

이고, 여기에서 ΔG_s는 이웃한 자리로 이동하는 데 필요한 이동 활성화에너지(activation energy of motion)이다. 표면 확산도 D_s는

$$D_s = \lambda^2 v_s \exp\left(-\frac{\Delta G_s}{kT}\right) \tag{7.4}$$

이고, 여기에서 λ는 이웃한 표면 위치 사이의 점프 거리이다. 탈착은 표면 확산보다는 일어날 확률이 훨씬 적고, 이들의 차이는 활성화에너지 크기 차이에 기인한다. fcc 귀금속의 (111) 표면에 대해서 ΔG_{des}와 ΔG_s는 각각 대략 1 eV와 0.5 eV이다. 탈착은 결합을 끊는 과정을 포함하고 있으나 표면 확산은 움직임만을 포함하고 끊어진 결합을 회복하는 과정이 포함된다.

탈착과 표면 확산 개념을 이용하여, 테라스의 폭 또는 단차 사이의 평균거리인 L_0인 단차 표면에서 흡착원자의 거동을 설명할 수 있다. 만일 거주 시간보다 짧은 시간 안에 충분히 큰 결합에너지를 갖는 장소, 즉 단차에 도달하면 흡착된 원자들은 탈착되지 않는다. 성장을 위해서는 탈착 이전에 흡착원자가 단차로 확산하는 것이 필요하다. 따라서 탈착 이전에 단차에 도달하기 위해서는

$$\sqrt{4D_s\tau_0} > \frac{L_0}{2} \tag{7.5}$$

이어야 하고, 여기에서 $L_0/2$는 단차에 도달하기 위해 가장 먼 거리이다. 흡착된 원자가 단차에 도달하는 확산 시간 t_D는

$$t_D = \frac{L_0^2}{16D_s} \tag{7.6}$$

이다. 여기에서 접착 계수 S_c를 다음과 같은 분율로 정의할 수 있고,

$$S_c = \frac{\tau_0}{\tau_D} \tag{7.7}$$

여기에서 L_0^2/D_s를 특성 확산 시간(τ_D)으로 하고, τ_D = 16 t_D가 된다. $S_c > 1$인 경우, 흡착원자는 단차로 확산해 갈 수 있는 충분한 시간을 갖게 되고, 표면에 고정된다. $S_c < 1$인 경우, 탈착이 일어난다. 식 (7.7)로부터

$$S_c = \frac{\lambda^2}{L_0^2} \exp\left(\frac{\Delta G_{des} - \Delta G_s}{kT}\right) \tag{7.8}$$

이 된다. $\lambda^2 = 10^{-15}$ cm^2, $L_0 = 10^{-5}$ cm, $\Delta G_{des} = 1$ eV, $\Delta G_s = 0.5$ eV 그리고 T = 293 K인 귀금속 표면에서 S_c는 대략 10^3 정도 값을 갖는다. 이 추정치는 귀금속 표면에 증착하는 경우 상온에서 접착은 완전히 일어남을 의미한다. 만일 기판 온도를 600 K로 올린다면, $S_c \sim 10^{-1}$이 되어, 접착은 불완전하게 되고 탈착이 주를 이루게 된다.

박막 성장은 단차를 갖는 표면의 흡착원자의 간단한 설명보다 훨씬 복잡하다. 증착된 원자들은 표면과 반응하여 새로운 화합물을 형성할 수 있다. 증착 원자들 사이에 상호작용하여 다이머를 형성하거나 아일랜드라고 불리는 더 큰 2차원 클러스터를 형성한다. 표면 형상은 한 재료에서 다른 재료로 표면에너지 변화의 결과에 따라 변할 수 있다. 헤테로에피택셜 성장에서 변형에너지는 응집화와 결함 확산의 구동 변수로 작용할 수 있다. 이러한 현상들은 많은 서적에서 논하고 있다.

7.3 표면상의 평형 증기압

단차를 갖는 표면 위의 흡착원자의 평형 밀도 N_0(단위는 atom/cm^2)는

$$N_0 = N_s \exp\left(-\frac{W_s}{kT}\right) \tag{7.9}$$

이고, 여기에서 N_s는 표면의 단위 면적당 원자 수로 약 10^{15} atom/cm^{2}이고, W_s는 표면으로부터 탈착은 되지 않으나 킹크 위치로부터 단차 표면으로 원자를 이동하는 데 필요한 에너지이다.

평형에서 단차 표면으로부터 흡착원자의 탈착은

$$J_d = J_0 = \frac{N_0}{\tau_0} = N_s \exp\left(-\frac{W_s}{kT}\right) v_s \exp\left(-\frac{\Delta G_{des}}{kT}\right) = N_s v_s \exp\left(-\frac{W}{kT}\right) \tag{7.10}$$

이고, 여기에서 $\tau_0 = \frac{1}{v_s} \exp\left(\frac{\Delta G_{des}}{kT}\right)$는 앞에서 주어진 것처럼 단차 표면에서 흡착원자의 거주 시간이다. $W = W_s + \Delta G_{des}$는 승화 활성화에너지이다.

승화 또는 탈착 활성화에너지는 밀폐 공간에서 열탈착을 이용하여 측정할 수 있다. 증기압은 온도의 함수로 측정 가능하므로 $\ln J_0$ vs. $1/kT$를 도시하여 W를 구할 수 있다.

Si에 대해서 승화의 활성화에너지 W는 4.5 eV/atom으로 측정되었다. W는 W_s와 ΔG_{des}으

로 구성되어 있기 때문에 만일 하나를 알면 다른 하나를 추정할 수 있다. Si의 각 원자는 다이아몬드 구조에서 4개의 결합을 갖고 있기 때문에 추정을 위하여 결합-절단을 이용하여

$$W_s = \frac{3}{4}W$$
$$\Delta G_{des} = \frac{1}{4}W = \frac{4.5}{4} = 1.125 \text{ eV/atom}$$

를 얻을 수 있다. 또한 W를 알고 있다면, 주어진 온도에서 J_0를 추정할 수 있다. T = 1223 K (950°C)에서

$$J_0 = N_s \nu_s \exp\left(-\frac{W}{kT}\right)$$
$$= 10^{15} \times 10^{13} \exp\left(-\frac{4.5 \times 23\,000}{2.3 \times 2 \times 1223}\right) \approx 10^{28} \times 10^{-19} \approx 10^{10} \text{ atom/cm}^2\text{s}$$

을 얻을 수 있다.

표면에 10^{15} 원자/cm^{2}가 존재하기 때문에 단위 시간당 탈착 확률은 10^{-5} (10^{-5}/s)이다.

표 7.1에 주어진 것과 같이 분압과 탈착 플럭스 사이의 관계에 대한 방정식이 2장에서 아래와 같이 제시되었다.

$$J_0 = p_0 \sqrt{\frac{1}{2\pi mkT}}$$

박막 증착에서 전형적인 증착 플럭스 또는 속도는 약 1 monolayer/sec 정도이다. 다시 말하면, 약 60 monolayers/min 또는 약 20 nm/min의 속도로 증착할 수 있다. 따라서 J_c = 10^{15}

표 7.1 Si에 대한 증기압 p_0와 플럭스 밀도 J_0의 값

T(K)	823	923	1023	1123	1223
P_0 (Pa)	2.5×10^{-16}	2.7×10^{-13}	7.1×10^{-11}	6.9×10^{-11}	3.2×10^{-7}
J_0 (1/cm^2 s)	4.4×10^{2}	4.3×10^{5}	1.1×10^{8}	1.0×10^{10}	4.6×10^{11}

*From Allen and Kasper (1998), p. 65 [7].

표 7.2 $J_{Si} = 2 \times 10^{15}$ /cm^2 s에서 포화 σ의 값

T(K)	723	823	923	1023	1123	1223
σ	3×10^{16}	4.5×10^{12}	4.7×10^{9}	1.8×10^{7}	2×10^{5}	4.4×10^{3}

* From Allen and Kasper (1998), p. 65 [7].

atom/cm^2 s로 취할 수 있다. 1223 K에서 Si의 증착에 대해서, 위에서 J_0 = 10^{10} atom/cm^2 s를 얻었다. 따라서

$$\frac{J_{Si}}{J_0} = \frac{J_c}{J_0} = 10^5 \gg 1$$

이 된다. 증착은 매운 높은 과포화 상태에서 이루어진다. 과포화 계수 σ는 표 7.2에 적시하였고 아래에 정의하였다.

$$\sigma = \frac{J_c}{J_0} - 1 \tag{7.11}$$

7.4 표면 확산

4장에서 공공을 매개로 한 격자 확산의 개념을 설명하였다. 원자 확산은 최인접 이웃한 자리에 공공이 필요하고 공공과 자리를 교환한다. 우측으로의 원자 확산은 좌측으로의 공공 확산과 동일하다. 원자 확산의 활성화에너지는 공공 형성 활성화에너지와 공공 이동 활성화에너지로 구성된다. 확산도의 지수 앞 인자(pre-exponential facotr)는 상관계수(correlation factor), 최인접 이웃 수, 점프 주파수, 점프 거리의 제곱과 엔트로피 지수를 포함한다.

표면에서 흡착원자의 표면 확산 개념은 격자 확산과 유사하다. 흡착원자가 최인접 비어있는 자리로 점프를 할 때 흡착원자는 비어 있는 자리로 둘러싸여 있기 때문에 표면에서는 공공이 필요하지 않다. 따라서 흡착원자의 표면 확산 활성화에너지는 표면 공공 형성에 필요한 활성화에너지를 포함하지 않는다.

편평한 표면에서 원자 하나를 끄집어 내어 편평한 표면의 다른 부분에 그 원자를 흡착원자로 놓으면 표면에 비어 있는 자리를 만들 수 있다. 만일 fcc 격자의 (111)면을 고려하면, 편평한 표면으로부터 한 개의 원자를 파내기 위해서는 9개의 결합을 끊어야 하고, 이를 흡착원자로 만들 때는 3개의 결합을 다시 얻게 된다. 이 과정에서 에너지 변화는 그림 7.3에 표현된 것과 같이 표면 위의 단차에 존재하는 킹크로부터 원자를 떼어내는 데 드는 에너지보다 더 크다. 따라서 공공 모델은 에너지적으로 바람직하지 않다. 지난 마지막 절에서 제시된 것과 같이 단차를 갖는 표면 위에 존재하는 흡착원자들의 평형 농도는 표면에 존재하는 킹크로부터 원자를 떼어내는 에너지와 관련이 있으며, 편평한 표면에서 비어 있는 자리를 만드는 것과는 관련이 없다.

평형 조건 하에서 흡착원자의 확산은 이동(motion) 활성화에너지만이 필요하다. 그러나

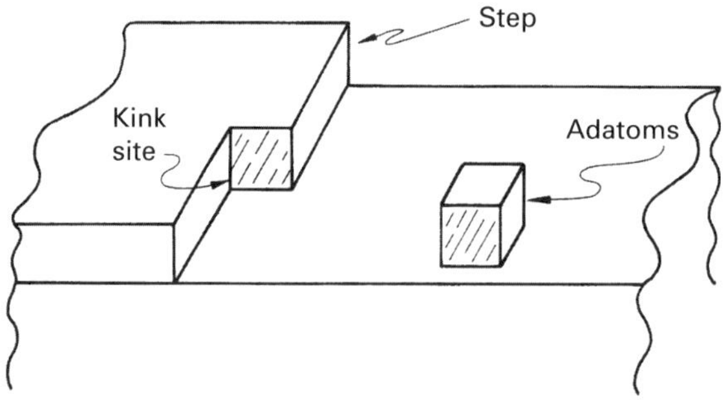

그림 7.3 표면 위 단차에 존재하는 킹크로부터 한 개의 원자를 떼어내어 표면의 다른 부분으로 이동하여 흡착원자를 형성하는 기구의 개략도

예를 들면 Cu 배선의 표면에서 일어나는 일렉트로마이그레이션의 경우 전기장 등의 어떤 구동력에 의해 움직이는 흡착원자의 플럭스가 존재하는 경우, 흡착원자의 평형 농도를 유지하기 위해서는 흡착원자의 지속적인 공급이 필요하므로 단차 표면에 존재하는 킹크 위치로부터 나오는 흡착원자의 소스를 고려하여야 한다. 흡착원자의 평형 농도는

$$N_0 = N_s \exp\left(-\frac{W_s}{kT}\right)$$

로 주어지고, 여기에서 N_0와 N_s는 각각 표면 위에서 흡착원자의 평형 농도와 원자 자리의 수이고, W_s는 그림 7.3에 도시된 것과 같이 표면의 킹크 자리로부터 테라스로 원자를 이동시키는 데 드는 에너지의 양이다. 식 (4.7)과 유사하게, 표면 확산 플럭스는

$$J_s = N_0 \frac{D_s}{kT} F \tag{7.12}$$

로 주어지고, 여기에서 F는 확산 플럭스의 구동력이다. 흡착원자가 $L_0/2$의 테라스 넓이를 갖는 단차 표면 위에서 거주 시간 τ_0를 갖기 때문에, 식 (7.5)에서 표면 확산도를 다음과 같이 정의한다.

$$\sqrt{4D_s\tau_0} > \frac{L_0}{2}$$

흡착원자의 표면 확산에서, 공공 확산 기구에 의한 fcc 금속에서 격자 원자의 확산과 비유할 때, 공공의 형성은 고려할 필요가 없고 상관계수와 최인접 수도 무시된다. 대신에 흡착원자의 형성 에너지를 고려하여야 한다. 그러므로 $J = C\langle v\rangle = CMF$인 플럭스 식에서 농도 항목은 $C = N_0$로 주어지고, 여기에서 N_0는 식 (7.9)에 주어진 것과 같이 표면에서 흡착원자의 농도이다. 반면에 만일 $C = N_s$라고 하면, D_s 내에 흡착원자 형성에너지를 포함시킬 필요가 있으며,

$$J_s = N_s \exp\left(-\frac{W_s}{kT}\right)\frac{D_s}{kT}F = N_s\frac{D_{ss}}{kT}F$$

$$\text{여기에서} \quad D_{ss} = \lambda^2 \nu_s \exp\left(-\frac{\Delta G_s + W_s}{kT}\right) \tag{7.13}$$

가 된다. 흡착원자의 표면 확산을 위한 활성화에너지는 이동을 위한 활성화에너지와 킹크 자리로부터 편평한 표면으로 원자를 떼어내는 데 필요한 활성화에너지의 합과 같다. 식 (7.4)와 식 (7.13)을 비교하면, 그 차이는 흡착원자 확산이 평형상태 또는 정상상태에 있는지 여부에 있다.

단차를 갖는 표면 위에서, 확산 거리는 식 (7.2)와 식 (7.4)로부터

$$\lambda_s = \sqrt{D_s \tau_0} = \lambda \exp\left(\frac{\Delta G_{des} - \Delta G_s}{2kT}\right)$$

가 된다. Si(100) 표면에서, $\Delta G_{des} \cong 1.1$ eV/atom이고 $\Delta G_s \cong 0.5$ eV/atom이다. 표 7.3에 적시한 것과 같이 확산 거리와 호모에피택셜 성장 속도를 추정할 수 있다.

표면의 원자 구조는 이방성을 갖는 경향이 있고 표면에는 계곡이 있는데, 계곡을 넘어 일어나는 확산보다 계곡을 따라 일어나는 확산이 종종 더 빠른 경우가 있다. 차원 수는 또한 이동 거리에 영향을 준다. 즉, 만일 1차원에서 $\langle x^2 \rangle = 4Dt$이면, 이차원 등방성 고체에서는 $\langle R^2 \rangle = \langle x^2 \rangle + \langle y^2 \rangle = 8Dt$가 된다. 이차원에서 제곱평균제곱근(root mean square) 거리는 등방성 확산계수를 가정하면 삼차원보다 $\sqrt{2/3}$만큼 작다.

표 7.3 $W = 4.5$ eV, $\lambda = a = 0.543$ nm, $\nu = 10^{13}$/s, $\Delta G_S = 0.5$ eV 그리고 $\Delta G_{des} = 1.1$ eV를 갖는 (100) Si 위에서 성장 변수

	25℃	300℃	500℃	700℃
kT (eV)	0.0257	0.0494	0.0666	0.0838
D_s (cm²/s)	5.2×10^{-11}	5.9×10^{-7}	8.1×10^{-6}	3.8×10^{-5}
τ_0 (s)	3.8×10^{5}	4.7×10^{-4}	1.4×10^{-6}	5.0×10^{-8}
λ_s (μm)	44.4	0.16	0.033	0.014

이제까지 표면과 벌크 확산 사이의 가장 큰 정량적 차이는 벌크 경우에는 필요하나 표면 경우에는 필요하지 않은 공공 형성이다. 표 4.1을 검토하면 많은 고체의 경우에서 공공 형성에너지는 공공 이동에너지와 적어도 유사한 수준이다. Ge와 Si에서 자가 확산이 일어나기 위해서는 공공 형성에너지가 지배적인 항이다. 공공 형성에너지 ΔH_f와 이동에너지 ΔH_m 모두가 지수 항에 들어가기 때문에 ΔH_f가 있고 없고는 확산계수에 커다른 차이를 만들게 된다. 예를 들어 표 3.1의 Si에서 공공 형성 항이 있고 없음에 따라 지수 비는 550°C에서

$$\frac{\exp(0.4\text{ eV}/kT)}{\exp(4.3\text{ eV}/kT)} \approx 10^{24}$$

이다. 표면 확산의 지수 앞 인자는 공공 형성 관련 통계가 포함되지 않기 때문에 다소 간단하다. 따라서 $\lambda \cong 10^{-8}$ cm와 $\nu = 10^{13}$/s이고, $D = \lambda^2{}_\nu$로부터 $\lambda^2{}_\nu = 10^{-3}$ cm^2/s가 된다. 이 값은 대략 10배 이내에서 측정된 많은 표면 확산계수와 유사하다. Si/Si계에 대한 표면 확산계수와 벌크 확산계수 비의 지수 추정치는 550°C에서 10^{18} 정도이다. 보다 분명하게 하기 위하여 550°C에서 벌크 확산에 대해서는 표 4.1과 표면 확산은 $D_{surf} = 10^{-3}e^{-0.4/kT}$ cm^2/s을 이용하여, $\sqrt{4D_{surf}t} = 1.1 \times 10^{-2}$cm이고 $\sqrt{4D_{bulk}t} = 1.1 \times 10^{-11}$cm이다. 따라서 550°C에서 표면 확산은 매우 큰 값을 갖는 반면 벌크 확산은 이 온도에서 거의 존재하지 않는다. 즉 $\sqrt{4D_{bulk}t}$는 원자간 거리보다 작다.

7.5 호모에피택시에서 단차를 매개로 한 성장

그림 7.4에 나타낸 일정한 간격의 단차를 갖는 표면 위에서 다음 사항을 가정한다. V는 단차 표면에 수직인 방향의 성장률이고, h는 단차 높이이고, L은 각 단차의 넓이이고, v는 횡 방향의 단차 속도로 가정한다(부록 E 참조).

수직 방향과 횡 방향의 성장 시간은 동일하므로 그 시간은

$$t = \frac{h}{V} = \frac{L}{v} \tag{7.14}$$

가 된다. 따라서 $V = v \times h/L = v \times h \times N_L$이고 여기에서 $N_L = 1/L$은 단위 길이당 단차 수이다. h와 N_L는 절단면에 따라 주어지기 때문에 만일 횡 방향 성장속도 v를 안다면 에피택셜 박막의 성장 속도인 V를 계산할 수 있다.

v를 분석하기 위한 모델을 논의하기 위하여 흡착원자의 횡 방향 확산이 횡 방향 성장을 만드는 증착 모델을 그림 7.5에 도시하였다. 단위 면적당 단차를 갖는 표면 위에 증착되는 원

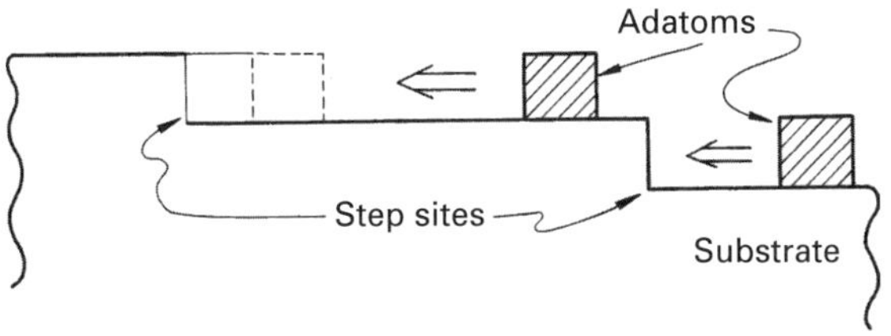

그림 7.4 주기적인 단차를 갖는 표면 위에서 단차를 매개로 한 성장의 개략도

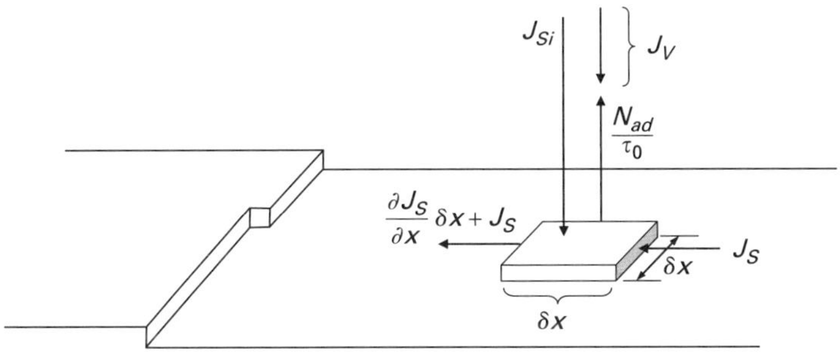

그림 7.5 흡착원자의 측 방향 확산으로 측 방향 성장을 만드는 증착 모델을 설명하는 개략도

자의 순 플럭스는

$$J_V = J_{Si} - \frac{N_{ad}}{\tau_0} \tag{7.15}$$

이고, 여기에서 J_v는 단위 면적당 단위 시간당 표면에 증착되는 원자의 순 플럭스이고 J_{Si}는 증착에 의한 원자 입사 플럭스, N_{ad}는 표면의 단위 면적당 흡착원자 밀도로 증착 시 표면의 평형 흡착원자 N_0로 보다 매우 크다. 그리고 N_{ad}/τ_0는 탈착 속도이다.

J_v와 $J_{Si}-N_{ad}/\tau_0$는 원자 수/cm^2 s의 단위이지만 그림 7.5에 도시된 것과 같이 J_s는 단차의 단위 길이당 확산하는 표면 플럭스이고 그 단위는 원자수/cm s이다.

Fick의 제1법칙에 따라서

$$J_s = -D_s \frac{\partial N_{ad}}{\partial x}$$

이다. 1차원 성장에서 단위 면적 $\delta_y \delta_x$에 증착되는 원자 수$(J_{Si}-N_{ad})/\tau_0$는 단위 면적으로부터 확산해 나가는 원자의 순 플럭스와 같다. 순 플럭스는 $(\partial J_s/\partial x)dx$로 주어지므로

$$\left(\frac{\partial J_s}{\partial x}dx\right)dy = \left(J_{Si} - \frac{N_{ad}}{\tau_0}\right)dxdy$$

가 된다. 따라서

$$\frac{\partial J_s}{\partial x} = J_{Si} - \frac{N_{ad}}{\tau_0}$$

이다. 다음 Fick의 제2법칙의 확산 식을 얻을 수 있다.

$$-D_s\frac{\partial^2 N_{ad}}{\partial x^2} = J_{Si} - \frac{N_{ad}}{\tau_0} \tag{7.16}$$

과포화 지수 $\sigma = \frac{J_{Si}}{J_0} - 1$로 정의하여서 $(\sigma+1)J_0 = J_{Si}$ 또는 $\tau_0 J_0(\sigma + 1) = \tau_0 J_{Si}$이 된다. 항들을 재배열하면,

$$-D_s\tau_0\frac{\partial^2 N_{ad}}{\partial x^2} = \tau_0 J_{Si} - N_{ad}$$

이 된다. $D_s\tau_0 = (\lambda_s)^2$를 대입하면, 아래 확산 식을 얻는다.

$$-\lambda_s^2\frac{\partial^2 N_{ad}}{\partial x^2} + N_{ad} = \tau_0 J_0(\sigma + 1) \tag{7.17}$$

두 종류의 해를 얻을 수 있다. 첫 번째 해는 한 개의 단차에 대한 것으로

$$N_{ad} = N_0\left\{1 + \sigma\left[1 - \exp\left(-\frac{x}{\lambda_s}\right)\right]\right\} \tag{7.18}$$

이다. 두 번째 해는 넓이 L_0를 갖는 주기적인 단차에 대한 것으로

$$N_{ad} = N_0\left\{1 + \sigma\left[1 - \frac{\cosh\left(\frac{x}{\lambda_s}\right)}{\cosh\left(\frac{L_0}{2\lambda_s}\right)}\right]\right\} \tag{7.19}$$

해를 알면 단차에 도달하는 플럭스를 얻기 위해서 Fick의 제1법칙을 사용할 수 있고, 성장 동안 질량보전을 고려하여 단차의 성장 속도를 계산할 수 있다. 그림 7.6은 단차에 도달하는 플럭스 J_s와 표면에서 길이 x인 단차 성장을 도시하고 있다. 다시 말하면, 단차 앞 부분에 도달하는 원자의 수와 그림 7.6에 도시된 넓이 dy를 갖는 xdy의 성장을 만드는 원자의 수 사이의 질량보존으로부터

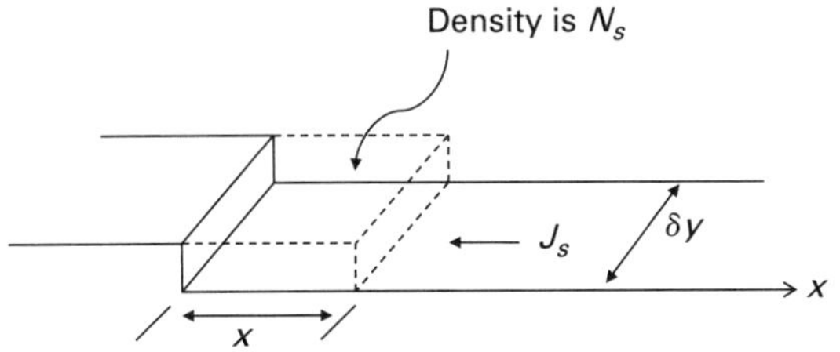

그림 7.6 표면 위의 단차에 도달하는 플럭스 J_s와 단차 성장 길이 x를 설명하는 개략도

$$J_s dyt = -N_s(xdy) \tag{7.20}$$

를 얻을 수 있다. 위의 식에서 음의 부호는 성장 방향과 플럭스 J_s의 방향이 서로 반대이기 때문이다. 위 식에서 2차원 모델은 원자의 총 수 보존을 전제로 하였다. 만일 원자 높이를 양 쪽에 곱하고 성장 시 부피 내에서 원자의 총 수 보존을 얻을 수 있다. Fick의 제1법칙에 의해 단차 앞에 도달하는 플럭스 J_s를 계산하기 위해서는

$$J_s = -D_s\frac{\partial N_{ad}}{\partial x} = -N_s\frac{dx}{dt} = -N_s v$$

가 필요하다. 위 식에서 차원 수는 정확하다는 것을 인지하여야 한다. 위 식에서 한 개의 단차 해를 이용하여 플럭스를 얻을 수 있고

$$\frac{\partial N_{ad}}{\partial x} = \frac{\sigma N_0}{\lambda_s}\exp\left(-\frac{x}{\lambda_s}\right) = \frac{\sigma N_0}{\lambda_s} \qquad x = 0$$

따라서 단차 속도는 아래와 같이 얻을 수 있다.

$$\begin{aligned} v &= \frac{J_s}{N_s} = \frac{D_s \partial N_{ad}/\partial x}{N_s} = \frac{D_s \sigma N_0}{\lambda_s N_s} \\ &= \frac{N_0 D_s}{\lambda_s N_s}\left(\frac{J_{Si}-J_0}{J_0}\right) \quad (\text{since } \sigma = (J_{Si}/J_0)-1) \\ &= \frac{\tau_0 D_s}{\lambda_s N_s}(J_{Si}-J_0) \quad (\text{since } J_0 = N_0/\tau_0) \\ &= \frac{\lambda_s}{N_s}J_{Si} \quad (\text{since } D_s\tau_0 = (\lambda_s)^2 \text{ 그리고 } J_{Si} \gg J_0 \end{aligned} \tag{7.21}$$

따라서 수직 방향 성장 속도는

$$V = vhN_L = \frac{\lambda_s J_{Si} h N_L}{N_s} \tag{7.22}$$

이 된다.

7.6 비정질 박막의 증착과 성장

액체 질소 온도 등과 같은 기판이 매우 낮은 온도에 있는 경우, 박막 증착 시 표면 확산은 멈춘다. 증착 동안 증기 원자 플럭스가 표면에 도달하면, 원자들은 급랭되고 원자들은 표면에서 움직이지 못한다. 이로 인해 결정 고체에서 낮은 에너지 위치인 격자점에 도달하지 못할 정도로 위치 이동이 일어나지 않는다. 따라서 결정 핵의 핵 생성이 일어나지 않는다. 비정질 고체는 비정질 Si 박막 증착 경우와 마찬가지로 형성될 수 있다. 이러한 조건에서, 한 개의 원자층 비정질 막이 성장하는 데 걸리는 시간은 N_s/J_{Si}로 주어질 수 있고, 비정질 박막의 성장 속도는

$$R_{ND} = \frac{h}{N_s/J_{Si}} = \frac{J_{Si} h}{N_s} \tag{7.23}$$

이고, 여기에서 h는 한 원자층의 두께이고 R_{ND}는 무확산 성장 속도이다. 만일 단차 매개 성장과 무확산 성장을 비교하면,

$$\frac{V}{R_{ND}} = \lambda_s N_L = \frac{\lambda_s}{L_0} = \frac{\text{diffusion-length}}{\text{step-width}}$$

를 얻을 수 있다. 만일 응집 상수를 아래와 같이 정의하고 1보다 크다면

$$\eta = \frac{\lambda_s}{L_0} = \lambda_s N_L > 1$$

증착된 원자들은 단차로 확산할 수 있고, 단차 성장이 일어난다.

7.7 호모에피택시 성장 모드

지난 두 절에서 논의된 것과 같이, 에피택셜 층 또는 비정질 층의 성장은 표면 확산과 표면 온도, 표면 청결도, 증착 속도, 표면의 미스컷 등 다양한 실험 변수에 크게 영향을 받는다. 가장 주된 변수는 표면 또는 기판 온도이다. 그림 7.7은 증착 층의 서로 다른 형상을 도시한 것이

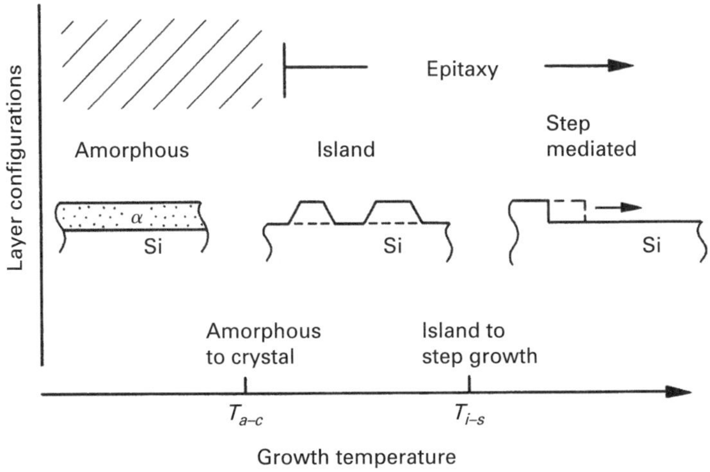

그림 7.7 성장 온도에 따르는 비정질, 에피택셜 아일랜드 그리고 에피택셜 층의 성장 형태

다. 저온(실온 또는 그 이하)에서 충돌되는 재료는 일반적으로 비정질 층으로 증착된다. 그와 같이 낮은 온도에서 표면 확산은 거의 일어나지 않고, 증착된 원자들은 원자 재배열을 위한 열 에너지가 없으므로 비정질 자리에 엉겨 붙는다. 후속 열처리는 에피택셜 층을 형성하고 성장하는 데 필요하다. 그러나 고온에서 에피택셜 성장은 횡 방향의 단차 성장에 의해서 일어난다. 그림 7.7에 개념을 돕기 위해서 편의상 천이 온도를 도시하였다. 증착 속도가 충분히 느리다면, 원칙적으로 단차 매개 성장은 완벽한 진공 내의 어떤 온도에서든 일어날 수 있다.

온도 의존성은 표면 확산계수를 고려하여 다소 정량적인 기초를 바탕으로 이해할 수 있다. 일반적으로 표면 확산계수는 잘 알려져 있지 않지만, 몇몇 시스템에서는 추정 가능한 정도로 연구가 이루어져 왔다. 표면 확산계수에 대한 앞선 논의로부터 원자가 1회 점프하는 데 걸리는 시간을 추정할 수 있다. D_s가

$$D_s = \lambda^2 \nu_s \exp\left(-\frac{\Delta G_s}{kT}\right)$$

인 것으로부터, 한 번 점프를 위한 평균시간 τ_s는

$$\lambda^2 = D_s \tau_s$$

$$\tau_s = \frac{1}{\nu_s} \exp\left(\frac{\Delta G_s}{kT}\right)$$

가 된다. 대개의 경우 $\nu_S \cong 10^{13}$/s이고, ΔG_s = 1.0 eV/atom을 가정하면 상온에서 $\tau_s \cong 10^4$

$s \simeq 2.8$ h가 된다. 만일 증착 속도가 R monolayers/s이면, $1/R$ 시간 이내에 다른 원자들이 맨 처음 증착된 원자 위로 떨어지게 된다. 따라서 다른 원자와 충돌 전에 적어도 한 번의 점프를 하는 데 시간이 필요하다. 만일 한 층 증착을 끝내기 전에 적어도 한 번의 점프가 필요하다면, 매 2.8 hr만에 한 층씩 성장하게 되는 속도를 갖는다.

매우 낮은 온도와 속도에서 에피택시 증착을 만드는 것은 가능하다. 실제로 이와 같은 정도의 느린 성장은 진공 시스템의 품질에 의해 결정된다. 2장에서 논의한 바와 같이, 1×10^{-10} torr에서 잔류 가스(O_2, H_2, N_2 등)에 의해서 한 층을 만들 수 있는 정도의 충돌은 매 10^4s이면 가능하다. 만일 충돌하는 가스의 매우 작은 분율만이라도 붙는다면, 표면을 오염시키고 고순도 박막의 에피택셜 성장이 이루어질 수 없다.

확산계수의 지수 온도 의존성 때문에 온도에 따라서 상대적인 증착 시간은 극적으로 변화한다. 예를 들어 252°C (525 K)에서 τ_s는 약 4×10^{-4} s이고, 1~10 monolayer/s의 증착 속도와 전형적인 조건에서 매우 많은 수의 점프가 가능하다. 이러한 경우, 증착은 일련의 2차원 에피택셜 성장으로 묘사될 수 있다. $\Delta G_s = 0.5$ eV/atom은 τ_s는 10^4 s이 아니라 $\tau_s \simeq 3 \times 10^{-5}$ s이 되고 약 10^9 크기의 변화가 존재한다. 그럼에도 불구하고 $\Delta G_s/kT$ 스케일링은 여전히 유효하고, 실질적인 한계는 실험 조건에 의해 설정된다.

표면 단차 근처의 고결합에너지 위치는 증착 원자들이 선호하는 위치이다. 만일 원자들이 충분한 확산도를 갖는다면, 단차로 확산할 수 있고 단차 매개 성장의 고온 영역에 도달할 수 있다.

성장 모드에 대한 정보를 얻을 수 있는 실험은 반사고에너지전자회절(RHEED, Reflection High-Energy Electron Diffraction)으로 알려져 있는 동적전자회절이다. 이 기술에서 전자는 성장 동안 정렬된 표면의 첫 번째 한 개의 층으로부터 전자가 회절되고, 회절된 세기는 표면에서 장범위 규칙의 완벽함을 표시한다. RHEED의 한 가지 장점은 성장 동안 회절 세기를 측정할 수 있다는 것이다. 2차원 아일랜드 성장 모드는 진동하는 세기 형태를 갖는 RHEED 특성 신호를 얻을 수 있는데, 한 개의 진동(oscillation)은 재료 한 층의 증착에 대응한다. 회절 세기에서 최댓값은 증착 층이 완성되었을 때 일어나고, 반면에 이차원 에피택셜 성장의 무작위 배열 관점에서 보면 최솟값은 한 층의 1/2만이 덮여져 있을 때 일어난다. 기판의 온도가 증가할수록 RHEED 신호의 진동은 감소하고, 단차 매개 성장의 시작 신호와 함께 궁극적으로 사라진다. 후자의 성장 모델인 경우, 표면은 항상 일련의 편평한 테라스이고, 본질적으로 일정한 회절 강도를 나타낸다.

정리하면, 호모에피택시는 기판 온도에 따라서 3개의 서로 다른 성장 모드를 갖고 있다. 저온에서는 에피택셜 성장을 위해서 후속 성장이 필요한 비정질 층 증착이 존재하고, 에피택시는 중간 온도에서 구조적으로 2차원 클러스터 또는 아일랜드 형성을 통해 이루어진다. 다음 장에서는 이 클러스터들의 핵 생성 단계를 논의할 것이다. 고온에서는 단차 매채 성장을 통한 에피택시가 이루어진다.

7.8 표면 디스크 형태의 균질 핵 생성

핵 생성의 전통적인 이론에서 균질 핵 생성 속도는 불균질 핵 생성 속도보다 훨씬 느리다고 알려져 있다. 실제 재료 시스템에서 핵 생성은 일반적으로 불균질이다. 아래에 편평한 면 위에 표면 디스크의 균질 핵 생성을 고려하고자 한다. 에너지적으로 균질 핵 생성이 일어나기 어려운 것을 알게 될 것이다. 이는 잘린 면에서 단차 매개 성장이 일어나고, 단차가 핵 생성 없이 에피택셜 성장하게 되는 이유이다. 핵 생성에서 에너지를 고려하기 이전에, 작은 곡률을 갖는 클러스터 위에 증기압을 고려할 필요가 있다. 이 장의 초입에 언급한 것과 같이 표면 반응 속도 공정은 표면의 증기압과 관련되어 있어야만 한다.

그림 7.8(a)와 (b)는 각각 편평한 면위에 원형 디스크 핵 생성과 표면에서 한 개의 원자 층을 갖는 디스크의 단면을 도시하여 보여준다. 그림 7.8(b)에 나타낸 것과 같이 표면 디스크와 기판 사이의 어떤 계면도 존재하지 않음에 주의한다. 따라서 디스크의 핵 생성을 균일 핵 생성으로 간주할 수 있다. 이 핵 생성은 디스크의 원주 형성이 필요하므로 핵 생성 에너지 장벽으로 작용한다. 핵 생성에 포함된 에너지를 고려하기에 앞서, 디스크가 존재할 때 표면의 평형 조건의 변화를 고려하여야만 한다.

편평한 표면의 평형 압력을 p_0라 가정하자. 평형에서 표면으로부터 응축되는 플럭스와 탈착되는 플럭스는 동일하나. 진공에서 응축 플럭스는

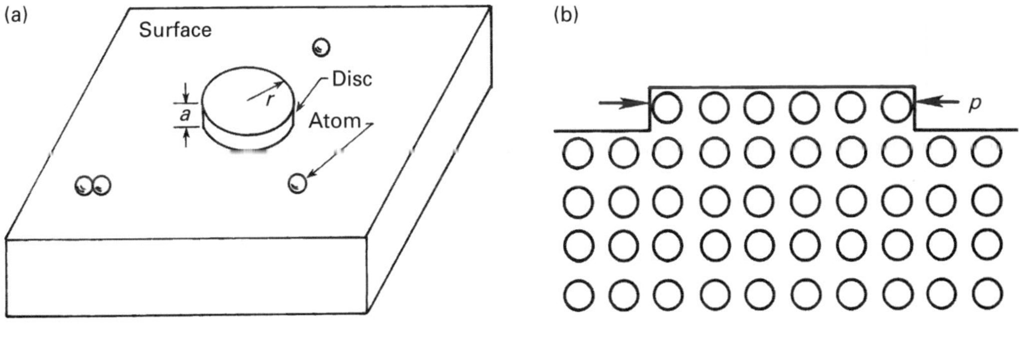

그림 7.8 (a) 편평한 표면 위 원형 디스크 핵 생성의 개략도. (b) 표면 위에 존재하는 단원자 두께 디스크 층의 단면 개략도

$$J_c = Cv = nv_a$$

이고, 여기에서 $C = n(= p_0/kT)$는 증기에서 원자 밀도, 즉 증기 단위 부피당 존재하는 원자 수이고 v_a는 증기에서 원자의 제곱근평균제곱 속도이다. 탈착 플럭스는

$$J_d = J_0 = N_0 \nu_{des} = N_0 \nu_s \exp\left(-\frac{\Delta G_{des}}{kT}\right)$$

이고, $J_d = J_0$는 평형 탈착 플럭스, N_0는 편평한 표면의 단위 면적당 흡착원자 수, v_{des}는 탈착 주파수, v_S는 표면 진동 주파수 그리고 ΔG_{des}는 탈착의 활성화에너지이다. 평형에서 $J_c = J_d$ 또는 $N_0 \times v_{des} = n \times v_a$이다.

편평한 표면 위에서 디스크를 핵 생성하기 위해서는 과포화 $J_c \gg J_d$가 필요하다. 문제는 "얼마나 많은 과포화가 필요한가?"이다. 첫째로, 디스크의 핵 생성 시 에너지 변화를 고려하자. 원주의 표면에너지는

$$E_d = 2\pi r a \gamma \tag{7.24}$$

로 주어지고, 여기에서 a는 원자 층 두께, γ는 원주 단위 면적당 표면에너지이다. 원주의 표면에너지는 디스크에 압력을 인가하고, 이는

$$p_s = \frac{1}{A}\frac{dE_d}{dr} = \frac{2\pi a\gamma}{2\pi ar} = \frac{\gamma}{r} \tag{7.25}$$

이고, 여기에서 A는 디스크 원주의 면적이다. 압력 하에서 디스크 내에 존재하는 각 원자의 에너지 증가량은

$$p_s\Omega = \frac{\gamma}{r}\Omega \tag{7.26}$$

이 된다. 이는 디스크의 원주 표면 형성에 기인한 화학 포텐셜 에너지 증가이다. 이 에너지의 증가 때문에 디스크 내에 존재하는 원자들은 더 쉽게 승화될 수 있다.

$$J_d^* = N_0 \nu_s \exp\left(-\frac{\Delta G_{des}}{kT} + \frac{p_s\Omega}{kT}\right) \tag{7.27}$$

$$\frac{J_d^*}{J_0} = \exp\left(\frac{p_s\Omega}{kT}\right) = \exp\left(\frac{\gamma\Omega}{rkT}\right) = \frac{nv}{n_0 v} = \frac{p_s}{p_0} \tag{7.28}$$

마지막 식은 반경 r을 갖는 실린더 디스크 위에 존재하는 증기압에 대한 Gibbs-Thompson 식

이다. 만일 디스크가 평형 증기압 p_0하에 놓이게 된다면, p_s는 p_0보다 크므로 디스크는 증발되어 줄어들게 된다. 그러므로 디스크는 반경을 줄이게 되어 사라질 때까지 지속적으로 줄어들 것이다. 그러나 만일 디스크를 안정하게 유지하거나 성장하기 위해서는 압력, 과포화 또는 응축 속도를 증가시켜야만 한다. 안정화되기 위해 필요한 과포화도는 얼마인가? 또는 표면에서 임계치 이상의 안정한 크기를 갖는 디스크를 핵 생성하기 위해 필요한 과포화도는 얼마인가?

기체상으로부터 고체 디스크 핵 생성하기 위한 에너지 변화는

$$\Delta E_{disc} = 2\pi ra\gamma - \pi r^2 a\Delta E_s \tag{7.29}$$

이고, 여기에서 ΔE_s는 단위 부피당 응축 잠열이고 γ는 디스크 원주 단위 면적당 표면에너지이다. 임계 반경 r_{crit}은

$$\frac{d\Delta E_{disc}}{dr} = 0$$

으로부터 정의할 수 있다. 따라서 $2\pi a\gamma - 2\pi ra\Delta E_a = 0$이고,

$$r_{crit} = \frac{\gamma}{\Delta E_s} \tag{7.30}$$

가 된다. 임계 크기의 디스크를 핵 생성하는 데 필요한 순 에너지 변화는 다음과 같다.

$$\Delta E_{crit} = \pi r_{crit} a\gamma \tag{7.31}$$

ΔE *vs*. r 그래프에서 ΔE_{crit}은 최댓값이기 때문에 r_{crit}에서 임계 디스크는 준안정상이다. r_{crit}에서 조금이라도 벗어나면 에너지 감소로 이어진다. 임계 디스크 상의 증기압을 고려하면,

$$\frac{p_{crit}}{p_0} = \exp\left(\frac{\gamma\Omega}{r_{crit}kT}\right)$$

이 된다. 따라서

$$r_{crit} = \frac{\gamma\Omega}{kT\ln(p_{crit}/p_0)}$$

이다. 그러므로

$$\Delta E_{crit} = \pi r_{crit} a\gamma = \frac{\pi\gamma^2 a\Omega}{kT\ln(p_{crit}/p_0)} = \frac{\pi\gamma^2 a^4}{kT\ln(p_{crit}/p_0)} \tag{7.32}$$

가 된다. 위 식의 마지막 단계에서, $\Omega = a^3$으로 하였다. 임계 디스크 형성에 따른 임계 에너지 또는 활성화에너지를 알면, 디스크 핵 생성 확률 또는 핵 밀도, 즉 단위 면적당 핵의 수

$$N_{crit} = J_c\tau_0 \exp\left(-\frac{\Delta E_{crit}}{kT}\right) \tag{7.33}$$

을 계산할 수 있다.

위 식에서 J_c는 단위 면적당 단위 시간당 원자 수의 단위를 갖는 응축 플럭스이고, τ_0는 표면 위에 흡착원자의 거주 시간이다. 그러므로

$$N_{crit} = J_c\tau_0 \exp\left[-\frac{\pi(\gamma a^2)^2}{(kT)^2\ln(p_{crit}/p_0)}\right] \tag{7.34}$$

을 얻을 수 있다. 마지막 식을 바탕으로 핵 생성 속도를 추정할 수 있고 이 값은 매우 낮은 값임을 보일 수 있다. 응축 플럭스 $J_c = 10^{15}$ atom/cm^2 s를 취하는데, 이는 1 monolayer/s 또는 5분에 10 nm 두께 박막을 증착하는 전형적인 속도인 경우에 해당된다.

거주 시간은 아래와 같이 주어진다.

$$\tau_0 = \frac{1}{\nu_s}\exp\left(\frac{\Delta G_{des}}{kT}\right)$$

여기에서 $\Delta G_{des} = 1.1$ eV이고 $T = 1223$ K을 취하면 $kT = 0.1$ eV가 되므로

$$\tau_0 = \frac{1}{10^{13}}\exp\left(\frac{1.1}{0.1}\right) = 10^{-13}10^{11/2.3} = 10^{-8}\text{s}$$

를 얻을 수 있다. 활성화에너지를 얻기 위해서 Si 원자당 표면에너지는 $\gamma a^2 = 0.6$ eV/atom과 1223 K에서 $kT = 0.1$ eV를 취하여,

$$\Delta E_{crit} = \frac{\pi(\gamma a^2)^2}{kT\ln(p_{crit}/p_0)} = \frac{3.14\times 3.6}{\ln(p_{crit}/p_0)} \tag{7.35}$$

가 된다. 만일

$$p_{crit}/p_0 = 10\text{이면, } \ln 10 = 2.3\text{이고, } \Delta E_{crit} = 4.9\text{eV}$$
$$p_{crit}/p_0 = 100\text{이면, } \ln 100 = 4.6\text{이고, } \Delta E_{crit} = 2.5\text{eV}$$
$$p_{crit}/p_0 = 1000\text{이면, } \ln 1000 = 6.9\text{이고, } \Delta E_{crit} = 1.6\text{eV}$$

이다. $p_{crit}/p_0 = 1{,}000$인 경우를 가정하여 N_{crit} 값을 대입하면,

$$N_{crit} = J_c \tau_0 \exp\left(-\frac{\Delta E_{crit}}{kT}\right) = 10^{15} \times 10^{-8} \times \exp\left(-\frac{1.6}{0.1}\right) = 10^7 \times 10^{-7} = 1$$

이 된다. 이는 과포화 1,000하에서도 1 cm^2 단위 면적당 1개의 핵 생성을 의미하고 이는 매우 낮은 핵 생성 속도이다. 명백하게 불균질 핵 생성이 일어난다면, 큰 영향을 미치게 될 것이다.

7.9 패턴된 표면에서 물질 수송

7.9.1 패턴된 표면 위에서 확산의 초기 단계

그림 7.9(a)에 나타낸 것과 같이 표면에서 사각 파동형 주기를 갖는 구조는 패턴닝과 에칭 또는 임프린팅에 의해서 만들어질 수 있다. 열처리를 하자마자 표면 확산에 의해서 주기적으로 구조의 크기가 감소할 것이다. 이러한 구조는 표면 확산을 연구하는 데 사용되어 왔다. 구동력은 표면적과 표면에너지 감소이다. 아래에서 두 단계의 확산을 고려하자. 첫째는 패턴된 구조의 뾰족한 코너가 둥글게 되는 매우 초기 과정이다. 둘째는 주기적인 파동의 곡률이 보다 작아질 때 일어나는 확산의 후 단계이다. 확산의 중간단계는 5.3.1절에 논하였다.

그림 7.9(b)에서 둥근 모서리를 갖는 사각파의 단면을 도시하였다. 열처리에서 모서리의 반경은 증가할 것이다. 반경의 변화 속도를 찾고자 한다. 둥근 모서리 표면 또는 실린더 표면에서 화학 포텐셜은

$$\mu_r = \frac{\gamma}{r}\Omega$$

이고, 여기에서 γ는 실린더 표면의 단위 면적당 표면에너지, r은 반경 그리고 Ω는 원자 부피이다. 또한 아래와 같이 다시 쓸 수 있고,

$$\mu_r - \mu_\infty = \frac{\gamma}{r}\Omega$$

여기에서 μ_∞는 편평한 표면의 화학 포텐셜이고 $\mu_\infty = 0$이라 할 수 있다. 따라서 위 모서리와 아래 모서리 사이의 화학 포텐셜 차이는 아래와 같다.

$$\Delta\mu = \mu_r - \mu_{-r} = \frac{2\gamma}{r}\Omega$$

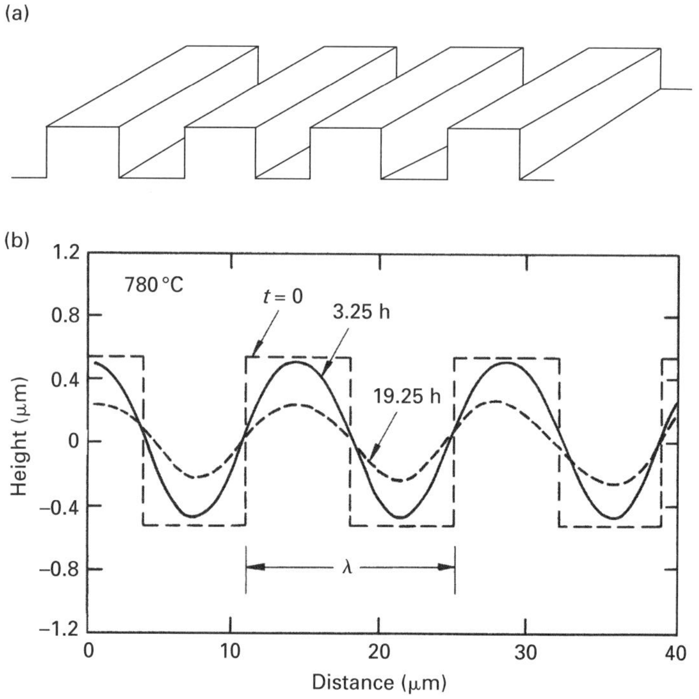

그림 7.9 (a) 표면 위에 사각파 형태의 주기적 구조 개략도. (b) 둥근 코너를 갖는 사각파 단면 개략도. 열처리시 코너 반경은 증가한다.

그러므로 위 모서리에서 아래 모서리로 확산하는 원자의 구동력은

$$F = -\frac{\Delta\mu}{\Delta x} = -\frac{2\gamma}{rh}\Omega$$

이고, 여기에서 h는 패턴된 단차의 높이이다. 위 모서리에서 아래 모서리로 확산하는 원자의 플럭스는

$$J = C_s M_s F = C_s \frac{D_s}{kT}\left(-\frac{2\gamma}{rh}\Omega\right) = -\frac{2C_s D_s \gamma \Omega}{kTrh} \tag{7.36}$$

이고, 여기에서 C_s는 단위 면적당 원자 농도, D_s는 표면 확산도, 그리고 J는 표면 플럭스로 단위는 원자 수/cm s이다.

위 모서리로부터 벗어나는 플럭스는 위쪽 코너를 더욱 둥글게 만들고, 그 플럭스가 낮은

모서리에 도달하게 되면 낮은 모서리를 채우게 된다. 즉, 모든 곡률 반경 r과 $-r$은 증가하게 된다. 아래 모서리에서 성장을 고려하고 단위 넓이를 가정하고 아래 모서리의 부피를 원자 수로 나타내면

$$\frac{1}{\Omega}\left(r^2 - \frac{1}{4}\pi r^2\right)$$

이 된다. 만일 아래 모서리로부터 어떤 플럭스도 이탈하지 않는다고 가정하면, 도달하는 모든 원자 플럭스는 모서리를 성장시키고 곡률 반경을 증가시킨다. 따라서 아래 모서리 곡률 반경의 시간에 따른 변화율은 도달하는 플럭스와 같게 되고 아래와 같이 구할 수 있다.

$$\frac{d}{dt}\left[\frac{1}{\Omega}\left(r^2 - \frac{1}{4}\pi r^2\right)\right] = \frac{2C_s D_s \gamma \Omega}{kTrh}$$

$$\left(1 - \frac{\pi}{4}\right)\frac{kThr^2 dr}{C_s D_s \gamma \Omega^2} = dt \tag{7.37}$$

$$r^3 \approx \frac{3C_s D_s \gamma \Omega^2}{(1-(1/4)\pi)kTh}t \tag{7.38}$$

위 식이 맞는지 단위 검토를 통해서 확인하면

$$\text{cm}^3 = \frac{(\text{atom/cm}^3)(\text{cm}^2/\text{s})(\text{eV/cm}^2)(\text{cm}^3)^2}{\text{eV(cm)}}\text{s}$$

이 된다.

7.9.2 패턴된 구조에서 물질이동의 후 단계

패턴된 구조 표면의 물질이동 후 단계에서 곡률은 크고 그림 7.10(a)와 (b)에 도시된 것과 같이 굽은 표면에서의 기울기 변화는 작다. 곡률은 아래와 같이 주어진다[5].

$$\frac{1}{r} = \frac{\frac{d^2z}{dx^2}}{[1+(dz/dx)^2]^{3/2}} \tag{7.39}$$

만일 $dz/dx \ll 1$, 즉 r이 매우 크다고 가정하면, 다음과 같다.

$$\frac{1}{r} = \frac{d^2z}{dx^2} \tag{7.40}$$

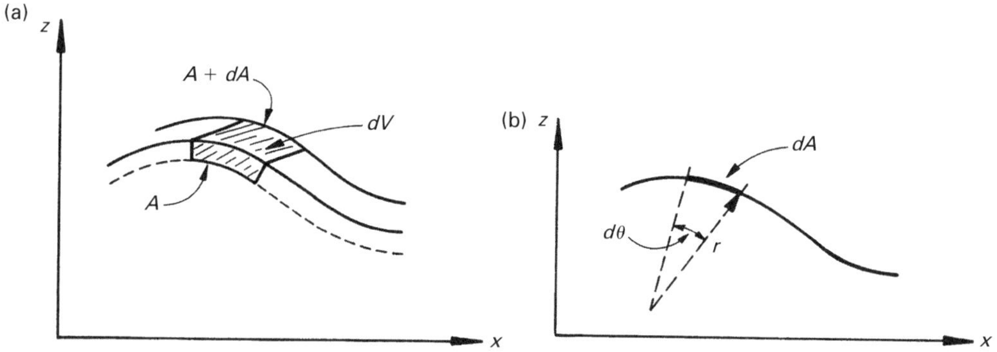

그림 7.10 (a) 부피 요소 dV의 표면 프로파일. (b) $r = dS/d\theta$에서 표면 프로파일의 개략도

굽은 표면에서 화학 포텐셜은

$$\mu_r = \frac{\gamma}{r}\Omega = \gamma\Omega\frac{d^2z}{dx^2}$$

이 된다. 구동력은

$$F = -\frac{d\mu_r}{dx} = -\gamma\Omega\frac{d^3z}{dx^3}$$

이 된다. 확산 플럭스는

$$J = C_sM_sF = C_s\frac{D_s}{kT}\left(-\gamma\Omega\frac{d^3z}{dx^3}\right) \tag{7.41}$$

이 된다. 1차원 경우에서 위 플럭스에 대해 Fick의 제2법칙을 적용하면,

$$-\frac{\partial C}{\partial t} = \frac{\partial J_x}{\partial x} = -\frac{C_sD_s\gamma\Omega}{kT}\frac{\partial^4 z}{\partial x^4} \tag{7.42}$$

이 된다. $\partial C/\partial t$를 $\partial z/\partial t$로 변환하기 전까지 위 식을 풀 수 없다. 그러기 위해서는 표면 확산에 의한 표면 형상 변화를 고려하여야 한다. 물질이동은 언덕을 낮추고 계곡을 채운다. 이는 z 방향으로 높이 변화가 있음을 의미한다.

이제 곡면상의 면적 $\Delta L \times \Delta W$를 고려하자. 단위 시간당 $\Delta L\Delta W$ 영역에 유입되는 총 원자 수 Q는 이 영역에서 플럭스 발산과 같다. 여기에서 면적 위에 높이는 단위 길이로 하면, 부피당 발산을 고려하는 것과 동일하게 된다.

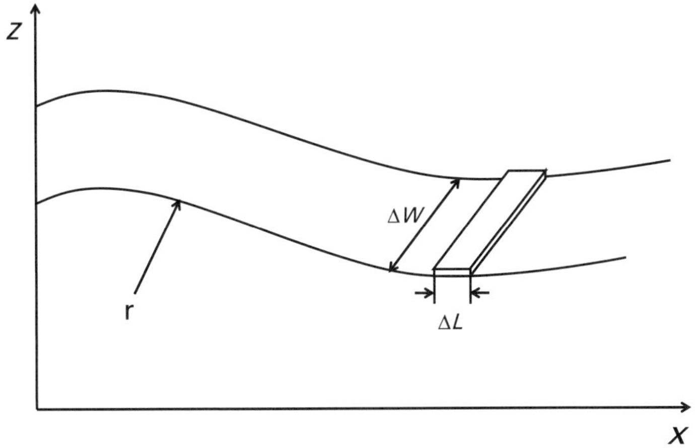

그림 7.11 면적 $\Delta L \Delta W$에 작은 부피를 첨가하여 z 방향의 성장을 만듦, $Q\Omega = z\Delta L \Delta W$

$$(\Delta L \Delta W)\frac{\partial J_x}{\partial x} = \frac{\partial Q}{\partial t}$$

Q개 원자의 부피는 $Q\Omega$이다. 이 부피를 면적 $\Delta L \Delta W$에 첨가하면, z 방향으로 성장을 만들고, 그림 7.11에 보여진 것과 같이 $Q\Omega = z\Delta L\Delta W$ 가 된다. 따라서

$$\frac{\partial Q}{\partial t} = \frac{1}{\Omega}\frac{\partial z}{\partial t}\Delta L \Delta W = -\frac{\partial J_x}{\partial x}\Delta L \Delta W$$

이다. 그리고

$$\frac{1}{\Omega}\frac{\partial z}{\partial t} = -\frac{\partial J_x}{\partial x} = \frac{C_s D_s \gamma \Omega}{kT}\frac{\partial^4 z}{\partial x^4}$$

최종적으로 4차 확산방정식을 얻을 수 있다.

$$\frac{\partial z}{\partial t} = \frac{C_s D_s \gamma \Omega^2}{kT}\frac{\partial^4 z}{\partial x} \tag{7.43}$$

이와 유사한 식이 결정립계가 자유 표면을 만나는 삼중점의 세모꼴 형성에서 얻어진다. 만일 이 식의 단위를 검토하면 다음과 같이 얻을 수 있다.

$$\frac{\text{cm}}{\text{s}} = \frac{(\text{atom/cm}^2)(\text{cm}^2/\text{s})(\text{eV/cm}^2)(\text{cm}^3)^2}{\text{eV}} \frac{\text{cm}}{\text{cm}^4}$$

미분 방정식의 해는

$$z(x,t) = \sum_{n=0}^{\infty} A_n \exp\left(-\frac{t}{\tau_n}\right) \sin\left(\frac{2n\pi x}{\lambda}\right) \tag{7.44}$$

이고, 여기에서 $\tau_n = \left(\frac{C_s D_s \gamma \Omega^2}{kT}\right)^{-1} \left(\frac{2n\pi}{\lambda}\right)^{-4}$이고 λ는 함수의 주기이므로 $\tau_n \cong (\lambda/n)^4$이다. 따라서 함수의 주기가 작으면 매우 빠르게 소멸하게 된다.

7.10 표면에서 반구 입자의 조대화

박막이 기판에 젖지 않는 경우 박막 증착은 종종 불연속적인 3차원 핵 또는 입자를 형성하게 된다. 증착된 박막의 열처리는 입자 성장으로 이어진다. 큰 핵은 작은 핵을 없애면서 더 크게 성장한다. 입자들이 매우 가깝게 있는 경우 일정한 부피에서 총 표면/부피 비율을 낮추기 위하여 응집(coalescence)에 의해 뭉쳐진다(agglomerate). 입자가 크기 분포를 갖고 산재해 있을 때 조대화(ripening)로 알려진 단원자(single-atom) 확산 공정을 통해서 성장과 소멸하는 경향을 보인다. 이 장에서는 표면에서 조대화의 운동역학을 설명하고자 한다. 조대화의 구동력은 에너지 최소화에 있으며, 반면 아래 설명하는 것과 같이 확산은 기구와 과정의 온도 의존성을 설명한다[6]. 그림 7.12는 660°C에서 5분간 가열된 GaAs 표면 위의 Ga 클러스터를 보여주고 있다.

그림 7.12에 나타낸 입자 클러스터의 분포에서 조대화 과정은 다체(many-body) 과정이다. 입자의 최인접 이웃한 클러스터들은 더 크거나 작은 크기를 가질 수 있다. 입자는 성장 또는 소멸 모두 일어날 수 있기 때문에 조대화에 대한 운동역학을 설명하는 것은 쉬운 일은 아니다. 이 문제를 극복하기 위해서 평균장(mean-field) 접근 방법이 개발되었다. 이는 모든 입자들 사이에는 평균 농도가 존재한다고 가정한다. 평균 농도는 평균 크기 $\bar{r}$를 갖는 입자의 평형 입자 농도이다. 평균 크기보다 큰 크기를 갖는 입자는 성장하게 되고 평균 크기보다 작은 입자는 소멸하게 된다. 어떤 입자의 조대화에 대한 운동역학은 평균 크기 입자의 관점에서 설명될 수 있다. 단순히 말하면, 어떤 입자가 반경 r을 갖는 반구형이고 젖음 각은 일정하게 90°를 유지한다고 가정하자. Gibbs-Thomson 식은 반경 r입자 주변의 흡착원자 농도가 증가하는 것을 설명하여 준다. 반경 r의 입자가 흡착원자 농도 N_r과 열역학적으로 평형인 경우

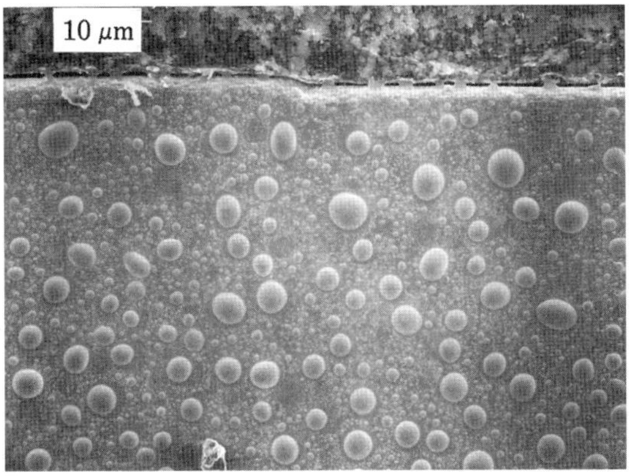

그림 7.12 660℃에서 5분 동안 가열한 GaAs 표면의 Ga 클러스터 SEM 사진

$$N_r = N_0 \exp\left(\frac{2\gamma\Omega}{rkT}\right) \tag{7.45}$$

여기에서 N_0는 편평한 면에 대한 증기압에 대응하는 흡착원자 농도이다. N_0와 N_r는 단위 면적(cm^2)당 원자 수 임을 기억하자.

유사하게, 평균 크기 입자에 대해서는

$$N_m = N_0 \exp\left(\frac{2\gamma\Omega}{\bar{r}kT}\right) \tag{7.46}$$

이고, 여기에서 N_m은 평균 크기 입자에 해당하는 흡착원자 농도이고 $N_0 < N_m$이다.

평균장에서 입자의 성장을 아래에서 고려할 것이고 이 입자는 성장하므로 평균 크기보다는 크다. 입자 성장의 기구는 표면 확산으로 가정한다. 이는 정상 상태 확산방정식을 풀어서 시간의 함수로 성장 속도를 얻는 과정을 거치게 된다. 실제로 평균 크기가 시간에 따라 증가하고 평균장 농도가 시간에 따라 감소하기 때문에 정상 상태는 일종의 근사식이다. 그러나 여기에서 속도는 매우 느리기 때문에 정상 상태 근사를 수행할 수 있다.

확산원자의 농도 N에 대한 실린더 좌표계 R과 θ에서 2차원 연속방정식은

$$\frac{\partial N}{\partial t} = \frac{1}{R}\frac{\partial}{\partial R}\left(RD_s\frac{\partial N}{\partial R}\right) + \frac{D_s}{R^2}\frac{\partial^2 N}{\partial \theta^2} \tag{7.47}$$

이고, 여기에서 $N(R)$은 단위 면적당 흡착원자 농도(adatom/cm^2)이고, D_s는 표면 확산계수로 농도에 독립적이라고 가정하였다. 다음은 실린더 좌표계에서 정상상태를 고려하고 실린더 대칭성을 가정하면, θ항은 무시가능하므로

$$\frac{1}{R}\frac{d}{dR}\left[RD_s\frac{dN}{dR}\right]=0 \tag{7.48}$$

이 된다. 이 방정식의 해는

$$N(R)=K_1\ln R+K_2 \tag{7.49}$$

가 되고, K_1과 K_2는 주어진 경계조건에 의해서 결정되는 임의의 상수이다. 아래 경계조건에서

$$N(R)=N_r \qquad R=r$$
$$N(R)=N_m \qquad R=Lr$$

이고, 여기에서 r은 입자의 반경이고 L은 반경 r의 배수로 평균장에 해당하는 증가된 증기압을 갖는 거리(r의 단위)이다. 일반적으로 $L\sim10$이다. 따라서 해는

$$N(R)=\frac{N_r\ln(Lr/R)-N_m\ln(r/R)}{\ln(L)} \tag{7.50}$$

이 된다.

확산 문제에서 Fick의 제1법칙을 이용하여 입자로 들어오는 흡착원자의 플럭스는

$$J_s=-D_s\frac{dN}{dR}$$

이고, 여기에서 J_s의 단위는 흡착원자 수/cm s이다. 이 문제가 2차원 문제이기 때문에 단위 길이당 단위 시간당 원자 플럭스가 되는 것이고 3차원 문제인 경우에는 단위 면적당 단위 시간당 원자 플럭스가 된다.

입자의 원주 $2\pi r$에 확산해 들어오는 원자의 총수 J는

$$J=-2\pi rD_s\left.\frac{dN}{dR}\right|_{R=r}=\frac{2\pi D_s}{\ln(L)}(N_r-N_m)$$

이 된다. N_r과 N_m의 Gibbs-Thomson 식과 작은 입자 크기에 대한 급수 확장으로부터

$$J=\frac{2\pi D_s}{\ln(L)}N_0\frac{2\gamma\Omega}{kT}\left(\frac{1}{r}-\frac{1}{\bar{r}}\right) \tag{7.51}$$

이 된다. 질량보존을 이용하여 반구 입자는 도달하는 총 원자 플럭스 J에 비례하여 성장한다. 반경 r인 반구 입자에 존재하는 원자 수 Q는

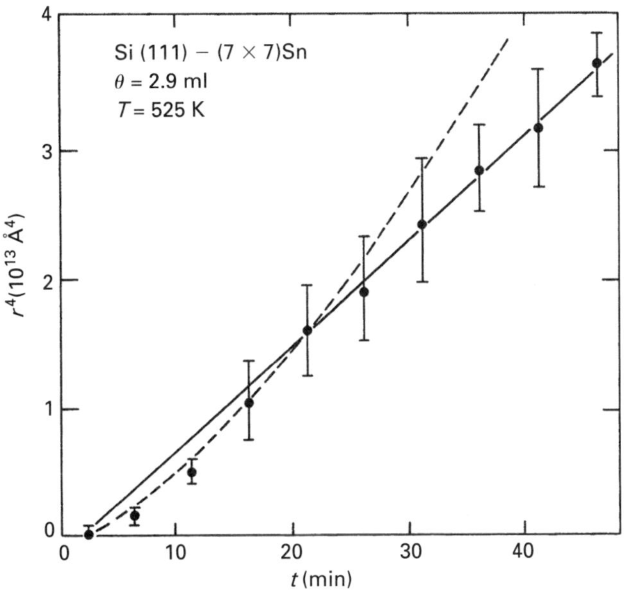

그림 7.13 525 K에서 Si (111) 표면 위에 존재하는 Sn 입자 조대화의 실험 데이터, 여기에서 시간 의존 성장성은 r^3보다는 r^4에 더 잘 일치한다.

$$Q = \left(\frac{2}{3}\pi r^3\right)\frac{1}{\Omega}$$

이고, 여기에서 Ω는 원자 부피이다. 따라서

$$\frac{dQ}{dt} = \frac{2\pi r^2}{\Omega}\frac{dr}{dt}$$

가 된다. 원자 질량 또는 수 보전에 의해서 J, 즉 Js 발산과 같아야만 한다. 그러므로

$$\frac{r^2 dr}{\Omega dt} = \frac{D_s}{\ln(L)} N_0 \frac{2\gamma\Omega}{kT}\left(\frac{1}{r} - \frac{1}{\bar{r}}\right) \tag{7.52}$$

위 식의 단위는 아래와 같기 때문에 문제가 없음을 알 수 있다.

$$\frac{\text{cm}^3}{\text{cm}^3\text{s}} = \frac{\text{cm}^2}{\text{s}}\frac{1}{\text{cm}^2}\frac{\text{eV}}{\text{cm}^2}\frac{\text{cm}^3}{\text{eV}}\frac{1}{\text{cm}}$$

그러나 이 식의 해는 단순하지가 않으므로(LSW 이론과 유사), 여기에서 풀지는 않을 것이다. 실험적으로 표면 확산 제어 성장에 대해서 성장하는 반구 입자 반경의 4승과 시간에 비례

하는, 즉 $r^4 = Kt$ 관계를 갖는다. 그림 7.13은 525 K에서 Si (111) 표면 위의 Sn 입자 조대화에 대한 실험 데이터이고 r^3보다는 r^4에 더 잘 맞는다. 그러나 LSW 이론에서 조대화의 운동역학 관계는 r^3이 시간에 비례하게 된다.

참고문헌

[1] G. A. Somorjai, *Chemistry in Two Dimensions: Surfaces* (Cornell University Press, Ithaca, NY, 1981)

[2] A. Zangwill, *Physics of Surfaces* (Cambridge University Press, Cambridge, 1988).

[3] C. Ratsch, M. F. Gyure, R. E. Caflisch, F. Gibou, M. Petersen, M. Kang, J. Garcia and D. D. Vvedensky, "Level-set method for island dynamics in epitaxial growth," *Phys. Rev.* **B 65** (2002) 195403 .

[4] C. Ratsch, A. P. Seitsonen and M. Scheffler, "Strain-dependence of surface diffusion: Ag on Ag(111) and Pt(111)," *Phys. Rev.* **B 55** (1997) 6750 .

[5] W. W. Mullins, "Solid surface morphologies governed by capillarity," in *Metals Surfaces* (ASM, Metal Park, Ohio, 1963).

[6] M. Zinke-Allmang, L. C. Feldman and S. Nakahara, "Role of Ostwald ripening in islanding processes," *Appl. Phys. Lett.* **51** (1987) 975.

[7] F. Allen and E. Kasper, "Models of silicon growth and dopan incorporation," Chapter 4 in *Silicon Molecular Beam Epitaxy* (Vol. I, p. 65), eds E. Kasper and J. C. Bean (CRC Press, Boca Raton, FL, 1988).

연습문제

7.1 표면 흡착원자의 근원은 무엇인가?

7.2 탈착 시 표면에 흡착된 원자가 머무는 시간은 얼마인가?

7.3 그림 7.8에서 표면 위에 원형 디스크 모양의 균질 핵 생성을 고려하자. 이것은 왜 불균질 핵 생성이 아니라 균질 핵 생성인가?

7.4 1 cm^2의 깨끗한 표면을 4×10^{10}개 반구 모양 Ta 클러스터가 덮고 있다. 직경이 10 또는 30 nm를 갖고 있는 동 수의 클러스터가 존재한다. 만일 조대화가 일어나 큰 클러스터가 모든 작은 클러스터를 흡수한다고 가정하자. 만일 γ_{Ta}= 2890 erg/cm^2이라면, 총 표면에너지의 감소는 얼마인가?

7.5 반경이 40 nm인 두 개의 반구 모양 Ti 클러스터(γ = 1650 erg/cm^2) 표면에너지 E_s를 구하라. 만일 조대화가 일어난다면 에너지의 변화량을 구하라. 단 계면의 기여도는 무시가능하다.

7.6 (시간)$^{1/3}$, (시간)$^{1/2}$, 또는 (시간)^{1}의 의존성을 갖는 기구들에는 무엇이 있는가?

7.7 클러스터가 T = 800 K에서 t = 1200초 동안 있으면, 클러스터의 반경 r = 1 μm가 되었다. 800 K에서 반경 r = 0.5 μm를 갖는 클러스터를 만들기 위해서는 얼마의 시간 동안 열처리를 하여야 하는가? 여기에서 확산의 활성화에너지는 = 1.5 eV/atom 그리고 지수 앞자리 인자 D_0는 0.1 cm^2/s이다.

7.8 반구 모양의 클러스터가 조대화 과정을 겪는 경우, 클러스터 위의 압력이 평형 압력보다 2.5배가 되는 시간을 계산하라. 여기에서, $N_{eq} = 10^{15}$ cm^{-2}, γ = 2890 erg/cm^2, $\Omega = 2.96 \times 10^{-23}$ cm^3, T = 500 K, $L_r = 10^{-6}$ cm, $D_s = 10^{-10}$ cm^2/s.

7.9 (100) Si (a = 0.543 nm) 위에서 표면 밀도(atom/cm^3)를 구하라. 그리고 단차 길이가 10^{-5} cm와 10^{-6} cm를 만들기 위해 필요한 (100) 방향을 따르는 미스컷 각도를 구하라.

7.10 단순 입방정(a = 0.3 nm) 기판을 단차 표면을 만들기 위하여 (100) 방향에서 3° 벗어나서 잘랐다. 만일 균질 에피택셜 성장을 600°C에서 진행한다면 단차 사이의 거리보다 확산 거리가 더 크겠는가? ΔG_{des} = 1.0 eV/atom, ΔG_s = 0.5 eV/atom, 그리고 $v_S = 10^{13}$/s을 사용하라.

7.11 Si MBE를 1 monolayer/s의 속도로 단차 매개 성장을 시편 위에서 수행하였다. 여기에서 단차는 50 nm씩 떨어져 있다. 만일 ΔG_s = 1.0 eV/atom 또는 ΔG_s = 0.5 eV/atom이라면, 성장 온도와 진공도를 구하라.

7.12 단차 사이의 거리가 50 nm, 표면 자리가 6.8×10^{14} /cm^2 s, 그리고 s = 0.033 μm인 Si (100)면 위의 확산 제어 성장에 대해서 J_{Si} = 1015 atom/cm^2 s인 경우 성장 속도 R을 구하라. 한 개의 단차 성장인 경우 응축계수를 구하라.

7.13 $J = 5 \times 10^{15}$ atom/cm^{2}s인 단순 입방정(a = 0.3 nm) 균질 에피택셜 성장이 일어나는 기판에서 성장 속도 R = 3 monolayers/s이었다. 만일 경로 길이가 λ_s = 15 nm이면 평균 단차 길이를 구하라.

7.14 고온 성장 영역의 단차 매개 성장에서, Si 원자의 단차 속도 v(단차 방향을 따라서)는 5×10^{-7} cm/s이다. 만일 기판이 (100)면을 따라 0.69° 미스컷을 만든다면, Si 1 μm를 성장시키는 데 필요한 시간은 얼마인가? Si 플럭스가 650°C에서 5×10^{15} atom/cm^2 s 인 경우, 단차 속도를 구하라. 표 7.3 값을 이용하라.

08 박막에서 상호확산과 반응

8.1 서론

현대의 마이크로 전자 반도체 소자에서 Si 웨이퍼 상에 적층 박막을 사용한다. 두 인접 박막층 사이의 상호확산과 반응은 소자의 수율과 신뢰성 관점에서 매우 중요한 기술적 문제가 되어 왔다. 손톱크기의 Si 소자 위에는 수억 개의 FET(Field-Effect Transistors)가 존재하며, 각각은 소스, 드레인 그리고 게이트 접점으로 구성되어 있다. 이러한 접점들은 일반적으로 금속과 Si의 금속간 화합물(IMCs, Intermetallic compounds)인 실리사이드로 구성되어 있고, 각각의 접점은 똑같거나 동일한 전기적 성질들을 가져야만 한다. 그러므로 Si 위에 VLSI 회로를 제조하는 것에서 실리사이드 접점과 게이트 형성은 매우 중요한 공정단계이다[1-4]. 박막 계면반응의 고유한 성격은 "단상 형성(single-phase formation)"이 필요하다는 것이다[5]. 이는 모든 접점과 게이트에서 특정한 단일 실리사이드 상을 형성하여야만 한다는 것을 의미한다. 이는 벌크의 확산 쌍과 박막의 확산 쌍 사이의 차이 때문에 고유한 것이다. 벌크 쌍에서는 동시에 다수의 상들이 나타나지만 박막에서는 순차적으로 다수의 상들이 하나씩(one-by-one) 나타난다. 그러므로 박막 반응에서 다수의 상 형성 대신에 한 개의 상 형성으로 설명할 수 있다.

고온에서 매우 긴 시간 동안 벌크 확산 쌍을 열처리할 때 반응 속도론이 제한 요소가 되지 않고 계는 가능한 열역학적으로 평형인 상태에 근접할 수 있다. 확산 쌍의 이성분 평형 상태도에 나타는 모든 IMC 상들이 형성되어야 한다. 실제로 1~2개 정도의 금속간 화합물 상이 누락되는 경우가 종종 있으나 대부분에서는 모든 상들이 나타난다. 그러나 박막 확산 쌍에서 반응에서는 누락 현상이 훨씬 더 심각하고 빈번히 일어나는 현상이다. 일반적으로, 단 한 개의 상만이 나타나고, 그 이외의 모든 상들은 나타나지 않는다. 이를 "단상 형성"이라 한다. 단상 형성에서 두 가지 근본적인 문제가 존재한다. 첫째, 왜 벌크의 경우와 다른가? 둘째, 이성분계 상태도에 존재하는 모든 상들로부터 가장 먼저 형성되는 상을 어떻게 예측할 수 있을까?

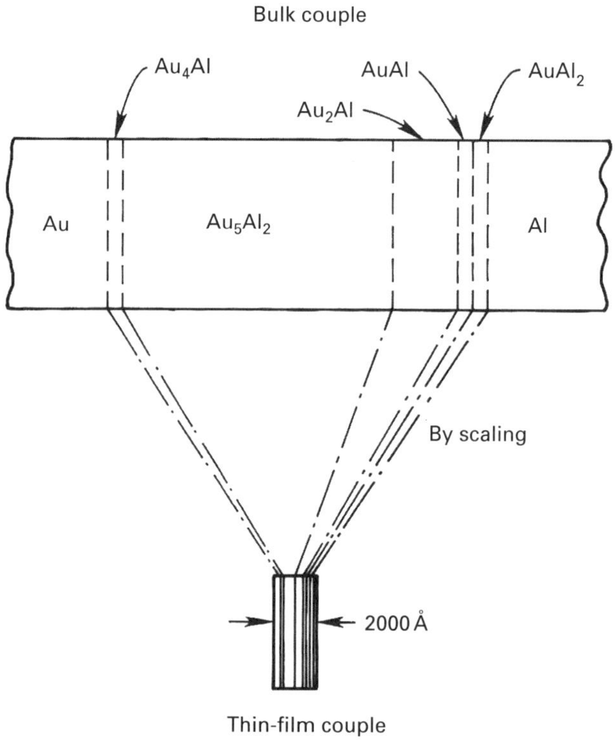

그림 8.1 Au와 Al의 벌크 확산 쌍을 460℃에서 100분 동안 상호확산한 개략도. 5개의 금속간 화합물이 발견된다.

Au와 Al의 확산 쌍을 예를 들어보자. Au와 Al의 벌크 확산 쌍을 460ºC에서 100분 동안 상호확산하면, 그림 8.1에 도시된 것과 같이 5개의 금속간 화합물들을 발견할 수 있다. 금속간 화합물들은 AuAl 이성분 상태도 예상대로 조성 순서대로 형성된다. 그러나 만일 확산 쌍이 200ºC와 같이 다른 온도에서 열처리를 하는 경우 $AuAl_2$와 AuAl은 사라지게 된다. 그럼에도 불구하고 벌크 확산 쌍에서는 다수의 상들이 형성된다. 흥미로운 질문으로 "만일 그림 8.1에 도시된 바와 같이 박막 확산 쌍으로 벌크 확산 쌍의 두께를 줄인다면, 동일한 온도에서 열처리 할 경우 벌크 확산 쌍과 같은 다섯 개 또는 세 개의 상을 얻을 수 있고 각 상의 두께는 비례적으로 얇아질 것인가?"하는 것이다. 박막 반응에서 이러한 현상은 발생하지 않는다. 왜냐하면 그 두께 비만큼 축소할 수 없고 동일한 반응 생성물을 발견할 수 없기 때문이다.

두 금속 박막으로 이루어진 Au/Al 박막을 200ºC에서 열처리하면, Au와 Al 사이에는 Au_2Al 한 상만이 존재하게 된다. 다른 상들은 형성하지 않는다. 오히려 다른 상들은 그림 8.2에 도시된 바와 같이 순차적으로 하나씩 형성하게 된다. 만일 두 금속으로 이루어진 박막의 조성이 Au_2Al보다 Au가 더 많다면, 형성되는 두 번째 상은 Au가 더 많은 상이 될 것이다.

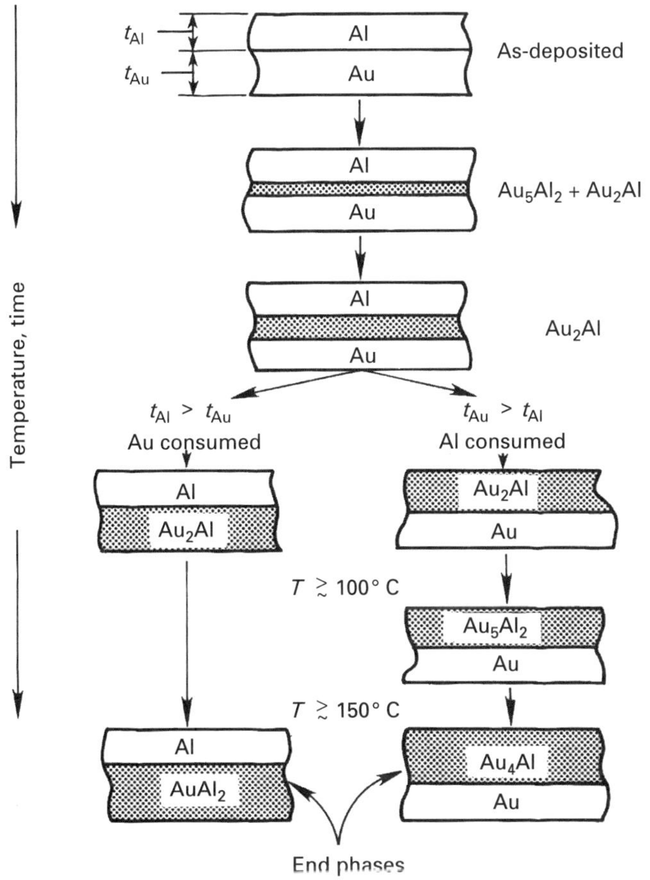

그림 8.2 두 금속 Au/Al 박막을 200℃에서 열처리할 때 Au와 Al 사이에 Au_2Al 한 개의 상만이 발견되고, 다른 상들은 형성되지 않는다. 다른 상들은 위의 그림과 같이 한 개씩 순차적으로 생기는 경향이 있다.

만일 조성이 Au_2Al보다 Al이 더 많다면, 형성되는 두 번째 상은 Al이 더 많은 상이 될 것이다. 이어서 박막 반응 시 실리사이드 형성에 대한 다른 예를 제시할 것이다.

8.2 실리사이드 형성

8.2.1 순차 Ni 실리사이드 형성

Ni/Si 시스템에서 실리사이드 형성을 예를 들어 보자. FET 소자에서 옴 접촉(ohmic contact)과 게이트 역할을 수행하는 Si 위의 특정 실리사이드 단상형성은 매우 중요한 기술적 문제가

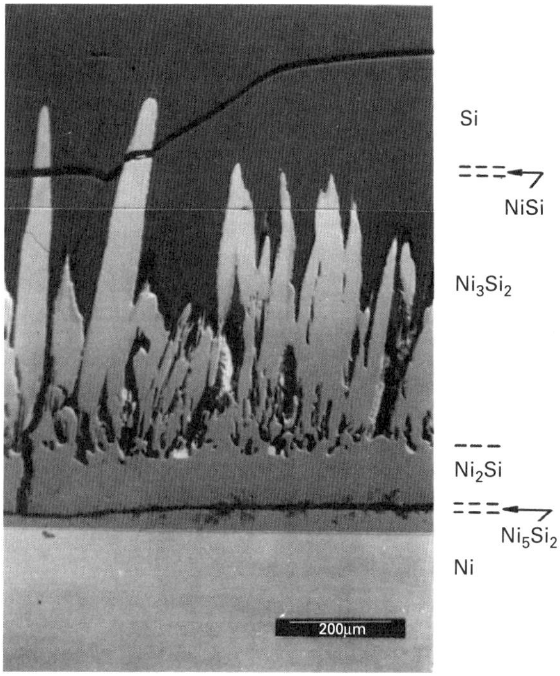

그림 8.3 850℃에서 8시간 동안 열처리한 후의 Ni과 Si의 벌크 확산 쌍 단면의 광학 현미경 사진. 연마된 단면은 Ni과 Si 사이에 4개의 NiSi 화합물 형성을 보인다.

되고 있다. Si 소자 위에 존재하는 수백만 아니 수십억 개의 실리사이드 접점과 게이트는 저항과 쇼트키 장벽 높이 같은 물리적 성질을 제공하기 위해서는 동일하여야 한다. 예를 들어, 접점을 지나 흐르는 전하의 전송 속도에 영향을 미치기 때문에 여러 개의 실리사이드 혼합물로 구성된 접점을 사용할 수 없다. 그러므로 소자에 적용하기 위해서는 단상 형성을 요구하는데 이는 원칙적으로 열역학 법칙에 맞지 않는 것이다. 예를 들어, NiSi 이성분 상태도와 열역학 평형에 따르면 Si 웨이퍼에 증착된 Ni 박막은 $NiSi_2$를 형성하여야 한다. 이는 Si 상이 가장 많은 상이기 때문이다. 박막 Ni가 Si 위에서 반응할 때, Ni과 Si 사이에서 Ni_2Si가 항상 첫 번째로 형성되는 상이다. 여기에 더해 저항의 관점에서 모든 NiSi 실리사이드 상들 중에서 NiSi가 가장 낮은 비저항을 갖는다. 그러므로 소자 제조 시에는 모든 접점에 NiSi 단일 상을 형성하기를 바란다. 그러나 열역학 원리에 따르면 이는 이루어질 수 없다. 그러므로 제조 공정은 열역학보다는 반응 속도론을 기반으로 개발되어 왔다. 아래에서 벌크와 박막 시편에서 Ni 실리사이드 형성을 비교하고자 한다.

850°C에서 8시간 열처리 한 후에 Ni과 Si의 벌크 쌍의 광학현미경 단면 사진을 그림

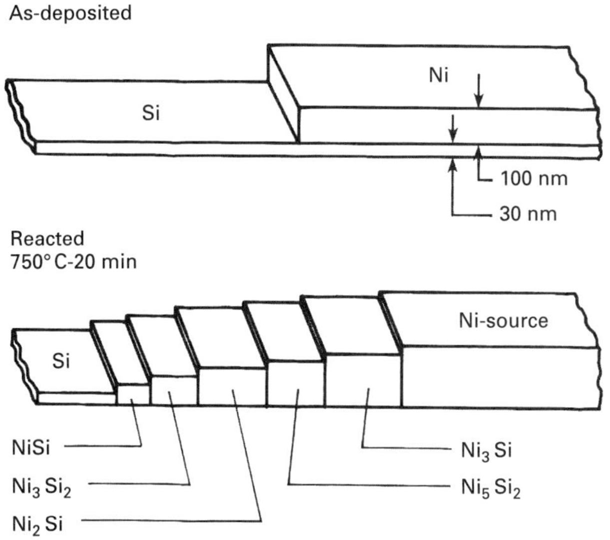

그림 8.4 750℃에서 20분 동안의 열처리 전과 후의 Ni/Si 측 방향 확산 쌍을 보여주는 개략도(C. H. Chen *et al.*, 1985) [6].

8.3에 나타내었다. 연마된 단면에서 Ni과 Si 사이에 네 개의 화합물이 존재한다. 화합물은 Ni_3Si, Ni_5Si_2, Ni_2Si, Ni_3Si_2 그리고 NiSi이다[6].

벌크 확산 쌍과 마찬가지로 박막 시편에서 측면 방향 반응에서 다양한 상의 형성을 얻을 수 있고, 여기에서 상호확산 거리는 크게 증가시킬 수 있다. 이는 Si 시편의 빈쪽에 Ni 박막을 증착한 개략적인 그림으로 그림 8.4에 나타내었다. 750°C에서 20분간 열처리하면 다섯 개의 Ni 실리사이드가 형성된다. 그림 8.5는 Ni-Si 시편의 측방향으로 성장한 다양한 상들을 투과전자현미경 명시야상을 나타낸 것이다. 이 상들은 Ni_3Si, Ni_5Si_2, Ni_2Si, Ni_3Si_2 그리고 NiSi로 분석되었다. 이 상들 중 4개는 그림 8.3의 벌크 확산 쌍에서 관찰된 것과 동일하다. 보다 짧은 시간동안 화합믈 형성을 측정하여 측 방향 반응을 따라 일련의 상 형성을 그림 8.6에 나타내었다. 이 그래프는 금속간 화합물 상의 넓이(두께)와 열처리 시간을 나타내었다. 첫 번째 형성된 상은 Ni_2Si이고 두 번째 상인 NiSi가 나타나기 전에 약 20 μm 두께를 갖는다.

그림 8.7은 Si 웨이퍼 위에 200 nm의 두께로 증착된 Ni 박막을 250°C에서 1시간과 4시간 열처리한 후 RBS(Rutherford Backscattered Spectrum)이다. Ni과 Si의 단차 높이를 측정하고 그 비를 이용하여 Ni_2Si임을 확인할 수 있다. 열처리 시간을 1시간에서 4시간으로 늘리면, 단차의 넓이는 증가하고 이는 상이 성장함을 의미한다. 상은 스침각(glancing incidence) Seeman-Bohlin X선 회절분석기를 이용하여 Ni_2Si로 확인되었다. 이 회절 분석은 그림 8.8에

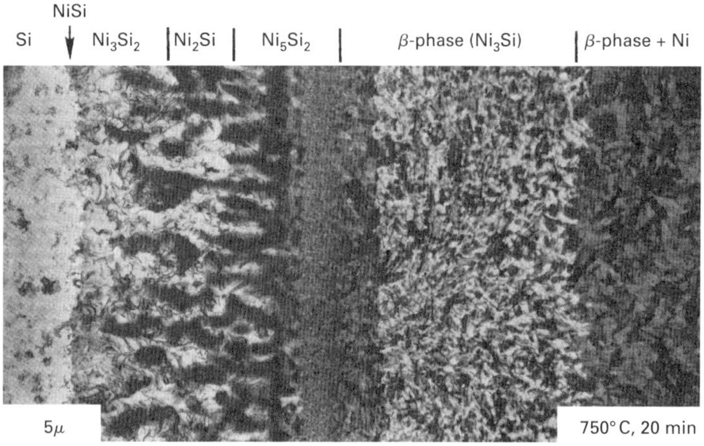

그림 8.5 750℃에서 20분 동안 열처리 후 Ni/Si 측 방향 확산 쌍의 명시(bright-field) TEM 사진(C. H. Chen *et al*., 1985) [6]

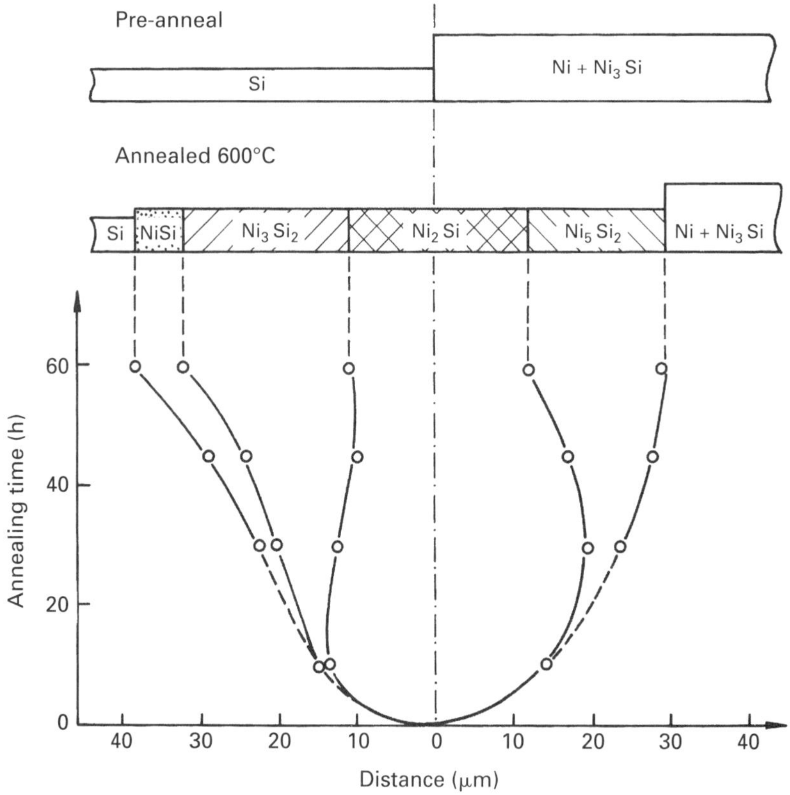

그림 8.6 600℃에서 Ni/Si 측 방향 확산 쌍에 대한 개별 상의 길이 *vs*. 열처리 시간(Zheng, PhD thesis, Cornell University, 1985) [11].

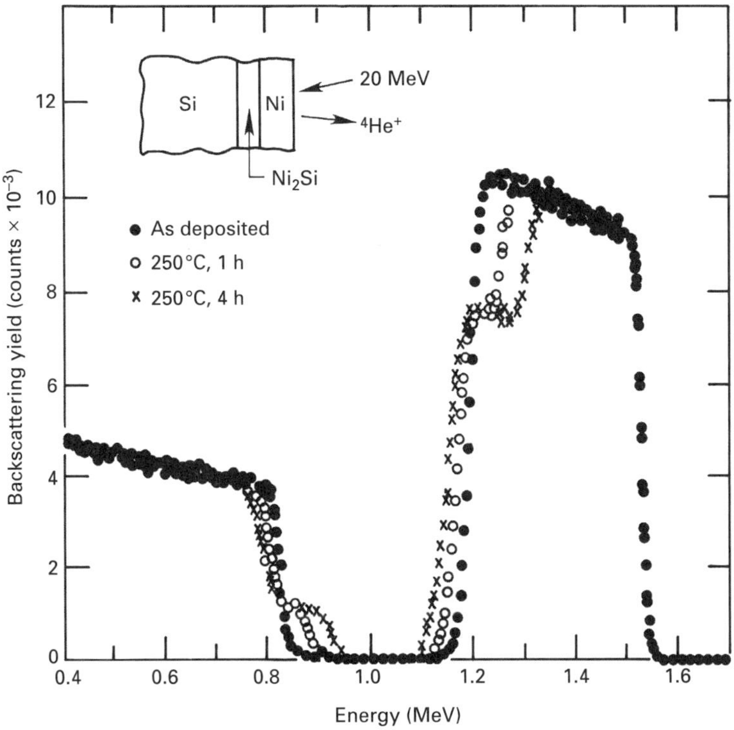

그림 8.7 250℃에서 1시간 그리고 4시간 동안 열처리한 Si 웨이퍼 위에 증착된 Ni 박막의 Rutherford 후방 산란 스펙트럼

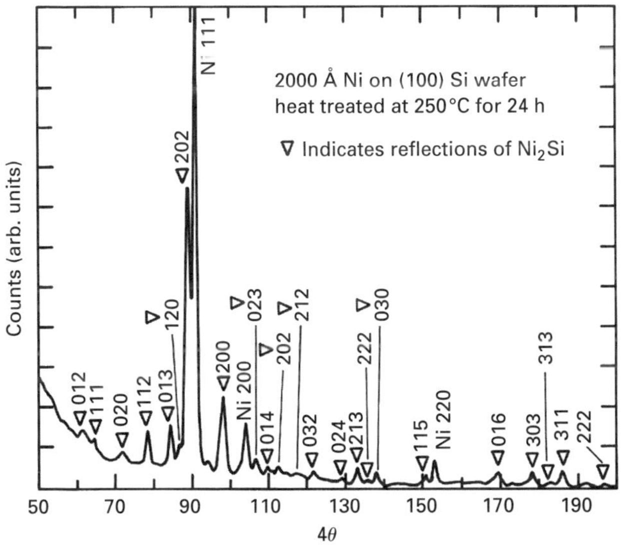

그림 8.8 Si 위에 존재하는 200 nm Ni 박막을 250℃에서 24시간 동안 열처리 후 스침각 입사(glancing incidence) Seeman-Bohlin X선 회절계를 이용하여 얻은 X선 회절 스펙트럼

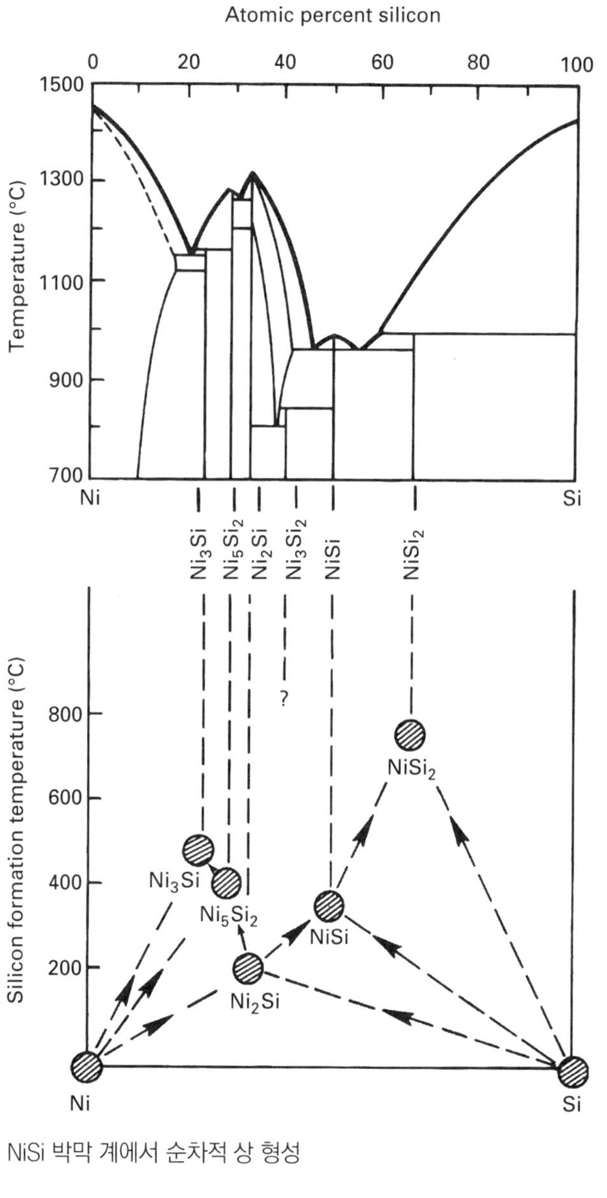

그림 8.9 NiSi 박막 계에서 순차적 상 형성

나타내었고 상의 면들을 적시하였다.

위 결과는 Si과 반응하는 Ni 박막이 형성하는 첫 번째 상이 Ni_2Si라는 것을 보여준다. 모든 Ni이 잠식된 후에 NiSi가 형성되고, 그 후에 Ni_2Si가 모두 잠식된 후에 $NiSi_2$가 NiSi와 Si 사이에 형성되는 되는 것을 그림 8.9에 나타내었다. 이는 순차적으로 형성되는 상이 Ni_2Si → NiSi → $NiSi_2$임을 보여준다. 이에 반하여 만일 Ni 기판에 Si가 증착된다면, 첫 번째 형성되

는 상은 Ni_2Si로 동일하지만 후속으로 형성되는 상은 달라지게 되고 이 상들은 Ni이 더 풍부한 상들이 된다. 이를 그림 8.9에 나타내었다.

Si웨이퍼 위에 Ni 박막의 경우 전체 시편의 조성은 Si이 훨씬 더 많게 된다. 열역학에 의하면, Si 기판과 평형한 상은 $NiSi_2$이어야 한다. 그러나 전체 조성이 Si이 많거나 Ni이 많거나 관계없이 첫 번째로 형성되는 상은 Ni_2Si이다. 첫 번째 형성되는 상을 예견하는 것은 매우 어려운 문제이다. 이원 합금 상태도를 이용하여 첫 번째 형성되는 상을 예견하기 위해 최대 자유에너지 변화 등의 다양한 방법들이 시도되어 왔다. 그러나 이러한 시도를 수행하는 데 어려움 중 하나는 첫 번째 형성 상으로 비정질상을 예견할 수 없다는 것이다. 그러나 첫 번째 형성되는 상이 Ti-Si 경우에서와 같이 비정질 상인 경우가 분명히 존재한다는 것이다. 운동 역학적 관점에서 최대 자유에너지 변화보다는 최대 자유에너지 변화율(rate)이 첫 번째 상을 결정하는 중요 인자인 것처럼 보인다.

누락된 상 또는 단일 상 형성은 고해상도 TEM을 이용한 단면 격자 촬영으로 실험적으로 증명할 수 있다[7,8]. 특정 상이 존재하기 위해서는 그 두께가 단위 격자 이상의 크기를 가져야 하기 때문에 특정 상이 박막 확산 쌍에서 존재하는지 그렇지 않은지 알 수 있기 때문이다.

최근에 Si 나노와이어에서 실리사이드 형성이 연구되어 왔고, 이 장에서는 다루지 않을 것이다[9,10].

8.2.2 실리사이드 형성에서 첫 번째 상

Ni을 제외하고, Si과 금속 사이의 반응을 통한 실리사이드 금속간 화합물의 순차적 상 형성은 광범위하게 연구되어 왔다. 예를 들면, Si과 Pt, Pd, Ni 또는 Co 사이의 반응에서 형성되는 첫 번째 형성되는 상은 M_2Si이다. 여기에서 M은 금속을 의미한다. Si 웨이퍼 위의 Ni 박막의 경우에는 순차 상 형성은 Ni_2Si 후에 NiSi 그리고 난 후 $NiSi_2$가 하나씩 형성된다. Co-Si도 동일하다. Pt과 Pd의 경우에도 반응은 PtSi와 PdSi에서 정지한다.

Ti와 같은 천이 금속은 형성되는 첫 번째 상이 TiSi이다. 그러나 때때로 비정질 TiSi 상이 발견되기도 한다.

Mo와 W과 같은 난융금속(refractory metal)은 형성되는 첫 번째 상이 $MoSi_2$와 WSi_2이다. 이 상이 Si이 가장 많은 상이기 때문에 형성되는 마지막 상이기도 하다.

Dy와 같은 희토류 금속의 경우에는 첫 번째 형성되는 상이 MSi_2이다.

표 8.1은 세 종류의 금속 실리사이드 상 형성을 나열하였다. 귀금속과 준귀금속, 천이금속 그리고 난융금속에 대해서 각각 약 200°C, 400°C, 600°C에서 형성되는 첫 번째 상들이다.

표 8.1 세 종류의 천이 금속 실리사이드 비교

Characteristics	Near-noble metal (Ni, Pd, Pt, Co, ...)	Refractory metal (W, Mo, V, Ta, ...)	Rare-earth metal (Eu, Gd, Dy, Er, ...)
First phase formed	M_2Si	MSi_2	MSi_2
Formation temperature	~200℃	~600℃	~350℃
Growth rate	$X^2 \alpha t$	$X \alpha t$	?
Activation energy of growth	1.1~1.5 eV	>2.5 eV	?
Dominent species	Metal	Si	Si
Barrier height to *n*-Si	0.66~0.93 eV	0.52~0.68 eV	~0.40 eV
Resistivity	20~100μΩ-cm	13 ~ 1000μΩ-cm	100 ~ 300μΩ-cm

*R. D. Thompson and K. N. Tu, *Thin Solid Films* 53 (1982), 4372.

표 8.2 실리사이드 형성 자유에너지 ΔH

Silicide	ΔH kcal g-atom^{-1}	Silicide	ΔH kcal g-atom^{-1}	Silicide	ΔH kcal g-atom^{-1}
Mg_2Si	6.2	Ti_5Si_3	17.3	V_3Si	6.5
		TiSi	15.5	V_5Si_3	11.8
FeSi	8.8	$TiSi_2$	10.7	VSi_2	24.3
Fe_2Si	6.2				
		Zr_2Si	16.7	Nb_5Si_3	10.9
Co_2Si	9.2	Zr_5Si_3	18.3	$NbSi_2$	10.7
CoSi	12	ZrSi	18.5, 17.7		
$CoSi_2$	8.2	$ZrSi_2$	12.9, 11.9	Ta_5Si_3	9.5
				$TaSi_2$	8.7, 9.3
Ni_2Si	11.2, 10.5	HfSi			
NiSi	10.3	Hf_5i_2		Cr_3Si	7.5
				Cr_5Si_3	8
Pd_2Si	6.9			CrSi	7.5
PdSi	6.9			$CrSi_2$	7.7
				Mo_3Si	5.6
Pt_2Si	6.9			Mo_5Si_3	8.5
PtSi	7.9			$MoSi_2$	8.7, 10.5
RhSi	8.1			W_5Si_3	5
				WSi_2	7.3

* J. M. Poate, K. N. Tu and J. W. Mayer, eds, *Thin Films: Interdiffusion and Reactions*, Wiley-Interscience, New York (1978).

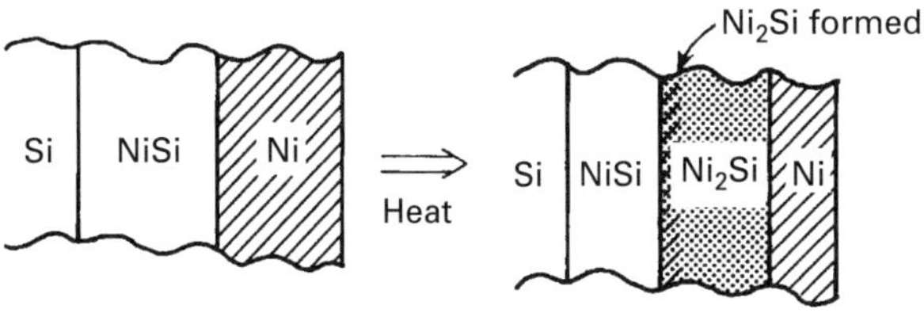

그림 8.10 NiSi와 Ni 사이에 형성되는 Ni_2Si

실제로 Pd_2Si는 100°C 근처에서 형성되고, Si 웨이퍼에서 가장 낮은 온도에서 형성되는 상이다. 표 8.2는 Si 위의 다양한 금속의 실리사이드 형성 순서와 자유에너지 변화이다.

Si 웨이퍼와 반응하는 금속 박막에서 가장 중요한 반응 속도론적 단계는 단결정 Si의 공유결합을 어떻게 끊느냐 하는 것이다. 다양한 금속의 실리사이드 형성 기구는 서로 다른 형성 온도 때문에 상이하다는 것을 알 수 있다.

그림 8.10과 같이 실험적으로 Ni/Si 박막 시편을 400°C에서 열처리하여 NiSi/Si을 형성하고 그 위에 Ni을 증착하여 Ni/NiSi/Si 구조를 만든다. 그 후에 이 시편을 250°C에서 열처리하면 NiSi가 이미 존재하기 때문에 NiSi가 성장할 것으로 예측할 수 있다. 그러나 실제로 발견된 것은 Ni과 NiSi 사이에 Ni_2Si가 형성되고, NiSi를 소비하면서 Ni_2Si가 성장한다. 이는 그림 8.10에 나타내었다. 반응하지 않은 Ni과 Si이 존재하고 온도가 250°C 이상일 때는 Ni_2Si가 형성되는 첫 번째 상이다.

8.3 박막 반응에서 계면 반응 제어 성장의 반응 속도론

5장의 5.2.2절에서 단일층 상의 확산 제어 성장에 대한 Kidson의 분석을 제시하였다. 확산 제어 성장에서 가장 중요한 반응 속도론 성질은 성장 속도가 두께가 증가함에 따라 감소한다는 것이다. 그러므로 두께가 0에 가깝게 되면 성장 속도가 무한대가 된다. 만일 성장 경쟁을 하는 두 층이 확산 제어가 된다면, 단일 상 성장이 되기 위해서 한 상이 제거되지 않는다. 이 문제를 극복하기 위해서 계면 반응 제어 성장을 도입해야 한다.

그림 8.11는 두 순물질 사이의 층 모양의 금속간 화합물 상 성장을 도시한 것이다. Ni과 Si사이의 Ni_2Si 성장을 예로 들 수 있다. Ni, Ni_2Si 그리고 Si를 각각 $A_\alpha B$, $A_\beta B$ 그리고 $A_\gamma B$로 나타낼 수 있다. Ni_2Si 두께를 x_β라 하고, Ni과 Si의 계면을 각각 $x_{\alpha\beta}$ 그리고 $x_{\beta\gamma}$라 정의하자. 계면에서 농도의 급격한 변화가 있다. 그림 8.11에서 계면에서 Ni의 농도 변화를 보여준다. 확산 제어 성장 부분인 x_β에서 계면의 농도가 평형상태를 가진다고 가정하는 경우 그림

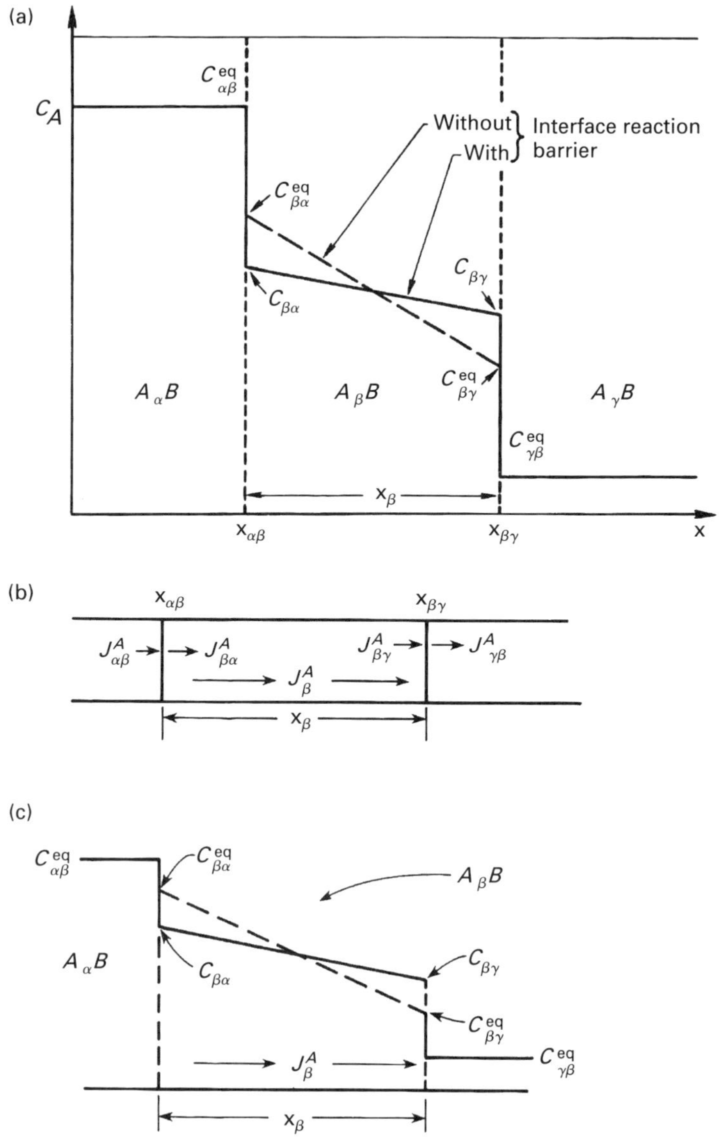

그림 8.11 (a) 상호확산에서 농도 분포 그래프의 개략도. (b) 플럭스 개략도. (c) 플럭스와 계면 농도의 개략도

8.11(a)의 x_β 내부에 점선으로 표시하였다. 계면 반응 제어 성장인 경우에는 각 계면에서 농도가 비평형상태를 갖게 된다고 가정하고 실선으로 표시하였다.

그림 8.11(a)에 나타낸 층 모양의 상인 x_β가 확산 제어 성장을 한다고 하면, 그림 8.11(b)에 나타낸 것처럼 일차원 확산 Fick의 제1법칙을 이용하여 플럭스를 제시할 수 있다. 이는 5.2.2절에서 이미 논의되었다. 식 (5.13)에 나타낸 것과 같이 β상의 넓이 w_β 또는 x_β를 구할 수 있고,

$$w_\beta = x_{\beta\gamma} - x_{\alpha\beta} = (A_{\beta\gamma} - A_{\alpha\beta})\sqrt{t} = B\sqrt{t} \tag{8.1}$$

이 되고, 여기에서 β상은 포물선 속도 또는 확산 제어 성장을 함을 알 수 있다.

확산 제어 층 모양 성장의 기본적인 성질은 성장 속도가 그 두께에 반비례한다는 것이다. 두께 w가 0으로 갈수록

$$\lim \frac{dw}{dt} = \frac{B}{w} \to \infty$$

성장 속도는 무한대가 된다. 즉, 성장을 구동하는 화학 포텐셜 기울기가 무한대가 되는 것이다. 그러므로 다층 구조를 갖는 금속간 화합물 형성 시, 예를 들면 $Ni/Ni_2Si/NiSi/Si$ 또는 $Cu/Cu_3Sn/Cu_6Sn_5/Sn$ 등에서 두 개의 금속간 화합물이 확산 제어 성장을 하면 화합물들은 같이 존재하며 함께 성장하게 된다. 이러한 이유로 Ni_2Si 형성 후에 NiSi 순차 성장 또는 Cu/Sn 반응에서 Cu_6Sn_5 형성 후에 Cu_3Sn의 순차형성에서, 두 개의 금속간 화합물인 Ni_2Si와 NiSi 또는 Cu_6Sn_5와 Cu_3Sn이 확산 제어 성장에 의해 동시에 핵 생성과 성장이 일어난다고 가정할 수가 없다. 왜냐하면 두 금속간 화합물이 모두 확산 제어 성장을 하는 경우 두 화합물이 같이 존재해야만 하고 한 개씩 순차적으로 형성될 수 없기 때문이다.

다음으로 성장 속도가 시간에 선형적으로 비례하는, 즉 속도가 두께에 무관하게 일정한 값을 갖는 계면 반응 제어 성장을 고려하여 보자. 여기에서 선형 성장 속도는 계속 유지될 수 없다. 층 모양의 금속간 화합물이 일정 두께로 성자하면, 두꺼워진 층 모양의 금속간 화합물을 통과하는 확산이 속도를 결정짓게 되고 성장은 확산 제어 성장으로 바뀌어 성장 속도는 선형에서 포물선 모양이 된다.

계면 반응 제어 성장을 수식화하기 위하여, 계면에서 농도가 그림 8.11(a)에 나타낸 것과 같이 평형 값을 갖지 못한다고 가정하자. 물리적으로 $A_\beta B$가 액체이고 A원자가 순수한 A상인 $A_\alpha B$로부터 녹아 나오는 경우를 고려할 수 있다. 만일 용해 속도가 매우 빨라서 A원자가 계면으로부터 액체 내로 확산해 나가는 것이 용해 속도를 결정한다고 가정하자. 이 경우, 비록 액

체상인 $A_\beta B$ 상을 통해 A원자들이 계면으로부터 확산되어 빠져나간다고 할지라도, 액체는 계면 근처에서 A의 평형 농도를 유지할 수 있게 된다. 반면에 만일 순수한 물질인 $A_\alpha B$ 표면으로부터 A원자를 떼어내는 과정이 느리다면, 즉 A원자의 용해가 느린 경우를 가정하자. 이 경우에는 A원자가 $A_\alpha B$ 표면으로부터 녹자마자 매우 빠르게 확산해 나가므로 액체는 계면에서 평형 농도를 유지하는 것이 불가능하게 될 것이다. 계면 반응 제어 과정이 더 느린 과정이므로 계면에서 A의 농도는 평형상태보다 낮은 농도가 되어, 그림 8.11(a)의 $x_{\alpha\beta}$ 계면에 표시된 것과 같이 $C_{\alpha\beta} < C_{\alpha\beta}^{eq}$가 된다. $A_\alpha B$ 표면으로부터 A 원자를 제거하는 데 느린 과정이라고 가정하였으므로 $C_{\beta\alpha}$는 평형농도보다 낮게 되는 것이다.

$A_\beta B$ 상의 다른 끝에서 A원자들은 $A_\gamma B$ 표면으로 혼입되어 $A_\gamma B$ 상이 성장한다. 만일 혼입이 원자가 계면에 도달하자마자 일어난다면, 평형 농도는 유지될 것이다. 그러나 $x_{\beta\gamma}$ 계면에서, 유입되는 A원자를 받아들이는 속도가 늘이다면, A원자는 쌓일 것이고 평형농도보다 높은 과포화상태가 될 것이다. 그러므로 이 과정은 반응 제어 성장이고, 농도 $C_{\beta\gamma}$는 평형 값보다 커지게 되어, $C_{\beta\gamma} > C_{\beta\gamma}^{eq}$가 된다.

그림 8.11(a)에서, $A_\beta B$ 내에 그려진 점선은 평형 농도 기울기를 나타내고, 실선은 비평형 농도 기울기를 나타낸다. $A_\beta B$ 상의 성장 속도는 $A_\beta B$ 상을 통과하는 확산에 의존하지 않고, 양쪽 끝 두 계면의 계면 반응 과정에 의해 결정된다.

이제 속도 $v = dx_{\alpha\beta}/dt$로 움직이는 계면 $x_{\alpha\beta}$를 고려하면,

$$
\begin{aligned}
(C_{\alpha\beta}^{eq} - C_{\beta\alpha})\frac{dx_{\alpha\beta}}{dt} &= J_{\alpha\beta}^A - J_{\beta\alpha}^A = \left(-\overline{D_\alpha}\frac{dC_\alpha^A}{dx}\right) - \left(-\overline{D_\beta}\frac{dC_\beta^A}{dx}\right) \\
&= \overline{D_\beta}\frac{dC_\beta^A}{dx} = -J_\beta^A
\end{aligned}
\tag{8.2}
$$

이고, 여기에서 J는 원자 플럭스로 단위는 (원자 수/cm^2 s)이고, D는 확산계수(cm^2/s), C는 농도(원자 수/cm^3), x는 길이(cm), 그리고 v는 움직이는 계면 이동 속도(cm/s)이다.

$A_\alpha B$가 순수한 A이므로 A의 농도는 일정하고 농도 기울기가 일정하기 때문에, 항 $J_{\alpha\beta}^A$는 0이 된다. 식 (8.2)에서 마지막 등식은 플럭스를 정의하는 식이고, 이는 $J_{\beta\alpha}^A = J_\beta^A$임을 나타낸다. 화합물 $A_\beta B$에서 농도 기울기가 선형으로 가정하면,

$$
\frac{dC_\beta^A}{dx} = \frac{C_{\beta\alpha} - C_{\beta\gamma}}{x_\beta}
$$

이 된다. 그러므로

$$
(C_{\alpha\beta}^{eq} - C_{\beta\alpha})\frac{dx_{\alpha\beta}}{dt} = \overline{D_\beta}\frac{C_{\beta\alpha} - C_{\beta\gamma}}{x_\beta} = -J_\beta^A \tag{8.3}
$$

이 된다. 만일 반응 제어 성장 과정의 관점에서 플럭스를 고려하면,

$$J_{\beta}^{A} = (C_{\beta\alpha}^{eq} - C_{\beta\alpha})K_{\beta\alpha} \tag{8.4}$$

이고, 여기에서 $K_{\beta\alpha}$는 $x_{\alpha\beta}$의 계면 반응 계수이고, 속도의 단위 cm/s며, $A_{\alpha}B$ 표면으로부터 A 원자를 제거하는 속도와 관련이 있다. 만일 계면에서 느린 반응이 존재하지 않는다면, $C_{\beta\alpha}$는 $C_{\alpha\beta}^{eq}$에 수렴할 것이다. 그러나 계면에서 느린 반응 때문에, 계면의 실제 농도는 평형 값보다는 작을 것이다. 그러므로 $K_{\beta\alpha}$는 계면에서 농도 변화 관점에서 계면을 떠나는 실제 플럭스 J_{B}^{A}를 측정할 수 있는 수단이 된다. 계면 반응 계수 K(속도)의 물리적인 의미는 계면 이동도(mobility)가 된다.

유사하게, $x_{\beta\gamma}$ 계면에서는

$$J_{\beta}^{A} = (C_{\beta\gamma} - C_{\beta\gamma}^{eq})K_{\beta\gamma} \tag{8.5}$$

가 된다. 식 (8.4)와 (8.5)로부터 각각

$$\frac{J_{\beta}^{A}}{K_{\beta\alpha}} = C_{\beta\alpha}^{eq} - C_{\beta\alpha}$$

$$\frac{J_{\beta}^{A}}{K_{\beta\gamma}} = C_{\beta\gamma} - C_{\beta\gamma}^{eq}$$

이 된다. 이 두 식을 서루 더하면,

$$J_{\beta}^{A}\left(\frac{1}{K_{\beta\alpha}} + \frac{1}{K_{\beta\gamma}}\right) = (C_{\beta\gamma} - C_{\beta\alpha}) + (C_{\beta\alpha}^{eq} - C_{\beta\gamma}^{eq})$$

이 된다. $\frac{1}{K_{\beta}^{eff}} = \frac{1}{K_{\beta\alpha}} + \frac{1}{K_{\beta\gamma}}$라고 하자. 식 (8.3)에서 $C_{\beta\gamma} - C_{\beta\alpha} = -\frac{J_{\beta}^{A}x_{\beta}}{\overline{D_{\beta}}}$이고 $\Delta C_{\beta}^{eq} = C_{\beta\alpha}^{eq} - C_{\beta\gamma}^{eq}$라 하면,

$$J_{\beta}^{A} = \frac{\Delta C_{\beta}^{eq} K_{\beta}^{eff}}{\left(1 + \frac{x_{\beta}K_{\beta}^{eff}}{\overline{D_{\beta}}}\right)} \tag{8.6}$$

이 된다. 이제 $A_{\beta}B$의 성장 속도를 계산하기 위해서

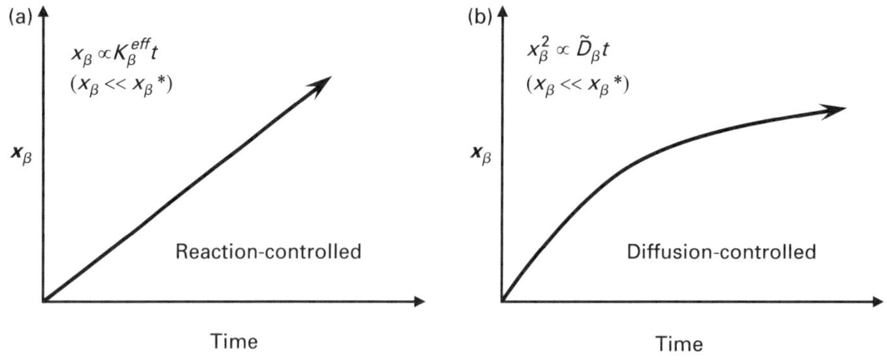

그림 8.12 층 넓이 x_β vs. 시간. (a) 반응 제어 성장 그리고 (b) 확산 제어 성장

$$\frac{dx_\beta}{dt} = \frac{d}{dt}(x_{\beta\gamma} - x_{\alpha\beta}) = \left(\frac{1}{C_{\beta\gamma} - C_{\gamma\beta}^{eq}} - \frac{1}{C_{\alpha\beta}^{eq} - C_{\beta\alpha}}\right) J_\beta^A = G_\beta J_\beta^A \tag{8.7}$$

$$\frac{dx_\beta}{dt} = \frac{G_\beta \Delta C_\beta^{eq} K_\beta^{eff}}{1 + x_\beta K_\beta^{eff}/D_\beta} \tag{8.8}$$

이고, 여기에서 $\frac{1}{K_\beta^{eff}}$는 β상의 유효계면반응계수이다. 전환(changeover) 두께를

$$x_\beta^* = \frac{D_\beta}{K_\beta^{eff}} \text{이라 하면,} \tag{8.9}$$

$$\frac{dx_\beta}{dt} = \frac{G_\beta \Delta C_\beta^{eq} K_\beta^{eff}}{1 + \frac{x_\beta}{x_\beta^*}}$$

이 된다. 만일 전환 두께가 매우 크거나 $x_\beta / x_\beta^* \ll 1$이면, 즉 $\overline{D_\beta} \gg K_\beta^{eff}$이면, 이는 상호확산계수가 유효계면반응계수보다 훨씬 더 큰 것을 의미하며,

$$\frac{dx_\beta}{dt} = G_\beta \Delta C_\beta K_\beta^{eff} \text{ 또는 } x_\beta \propto t \tag{8.10}$$

이 된다. 이는 전체 반응이 계면 반응 제어 과정이고 성장 속도가 일정하다는 것을 의미한다.

작은 전환 두께가 작거나 $x_\beta / x_\beta^* \gg 1$이면, 즉 $\overline{D_\beta} \ll K_\beta^{eff}$이면, 이 과정은 확산 제어 과정이 되고,

$$\frac{dx_\beta}{dt} = G_\beta \Delta C_\beta^{eq} \frac{\overline{D}_\beta}{x_\beta} \text{ 또는 } (x_\beta)^2 \propto t \tag{8.11}$$

가 된다.

위 식은 계면 반응 제어 성장에서 층의 두께는 시간에 비례하지만, 확산 제어 성장에서 층의 두께는 시간의 제곱근에 비례함을 보여준다. 게다가 반응 제어 성장은 층 두께가 충분히 두꺼워지면 확산 제어 성장으로 항상 전환한다는 것을 보여준다. 이는 그림 8.12에 나타내었다.

8.4 두 층 상의 경쟁 성장 속도론

계면 반응 제어 성장은 두께에 상관없이 일정한 성장 속도를 갖는다. 그러므로 매우 얇고 느린 계면 제어 성장을 하는 상은 더 빠른 계면 성장을 하는 이웃한 층에 의해서 잠식될 수 있다.

같이 존재하는 두 상들 사이의 경쟁을 고려하면, 세 가지 조합이 가능하다.

(1) 두 층이 모두 확산 제어인 경우
(2) 두 층이 모두 계면 반응 제어인 경우
(3) 한 층은 확산 제어이고 다른 층은 계면 성장 제어인 경우

처음 두 경우는 단순하고, 앞에서 논의되었다. 세 번째 경우의 반응 속도론을 분석할 것이다.

그림 8.13에서 A와 B 사이에 존재하고 경쟁 관계에 있는 층 구조를 갖는 $A_\beta B$ 그리고 $A_\gamma B$의 두 상을 고려하자. $A_\beta B$가 계면 반응 제어(즉, $x_\beta \ll x_\beta^*$) 그리고 속도 v_1을 갖고, $A_\gamma B$는 확산 반응 제어(즉, $x_\gamma \gg x_\gamma^*$) 그리고 속도 v_2를 갖는다고 가정하자. 두 층의 두께가 매우 작다면, v_2의 크기는 층의 두께에 반비례하므로 매우 클 것이고, $v_2 \gg v_1$로 가정할 수 있으며, $A_\gamma B$의 매우 빠른 성장은 $A_\beta B$ 층을 잠식할 것이다. 따라서 한 개의 상만이 성장할 수 있게 된다. 정량적으로는

$$J_\beta^A \cong \Delta C_\beta^{eq} K_\beta^{eff}$$

$$J_\gamma^A = \frac{\Delta C_\gamma^{eq} \overline{D_\gamma}}{x_\gamma}$$

그러므로 플럭스 비율은

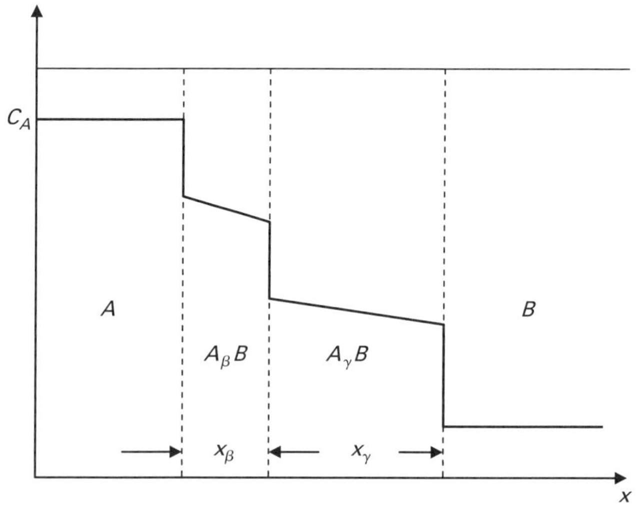

그림 8.13 A와 B 사이에 존재하는 두 층을 이루는 $A_\beta B$와 $A_\gamma B$ 상의 경쟁 성장

$$\frac{J_\beta^A}{J_\gamma^A} = \frac{\Delta C_\beta^{eq} K_\beta^{eff}}{\Delta C_\gamma^{eq} \overline{D_\gamma}} x_\gamma \tag{8.12}$$

가 된다. 위 비율이 작을 때는 $J_\beta^A \ll J_\gamma^A$를 의미하고, $A_\gamma B$의 확산 제어 성장 플럭스가 매우 크다. 이는 $A_\gamma B$의 두께가 매우 얇을 때이다. 그러므로 $A_\gamma B$의 성장 속도는 매우 빠르고, 일정한 $A_\beta B$의 성장 속도보다 훨씬 더 큰 값을 갖는다. 만일 $A_\beta B$의 두께가 작다면, 성장 속도가 빠른 $A_\gamma B$에 의해 잠식될 수 있다.

위 식을 다시 정리하면,

$$x_\gamma^{crit} = \frac{\Delta C_\gamma^{eq} \overline{D_\gamma}}{\Delta C_\beta^{eq} K_\beta^{eff}} \frac{J_\beta^A}{J_\gamma^A} \tag{8.13}$$

x_γ의 두께가 임계치 x_γ^{crit}보다 작은 값을 가지면 x_β를 잠식하게 되고 단상 형성이 된다는 것이 x_γ^{crit}의 물리적 의미이다. 임계 두께는 마이크론 정도의 크기로 추정할 수 있고 앞에서 논의된 것과 같이 박막의 측방향 성장에서 검증되었다. 대부분 박막 확산 쌍이 수 백 nm 수준의 두께이기 때문에 위 기준을 만족한다면 단상 성장만이 관찰된다. 박막에서 단상 성장 현상은 확산 제어 성장과 계면 반응 제어 성장의 조합으로 설명이 가능하다는 결론에 도달할 수 있다.

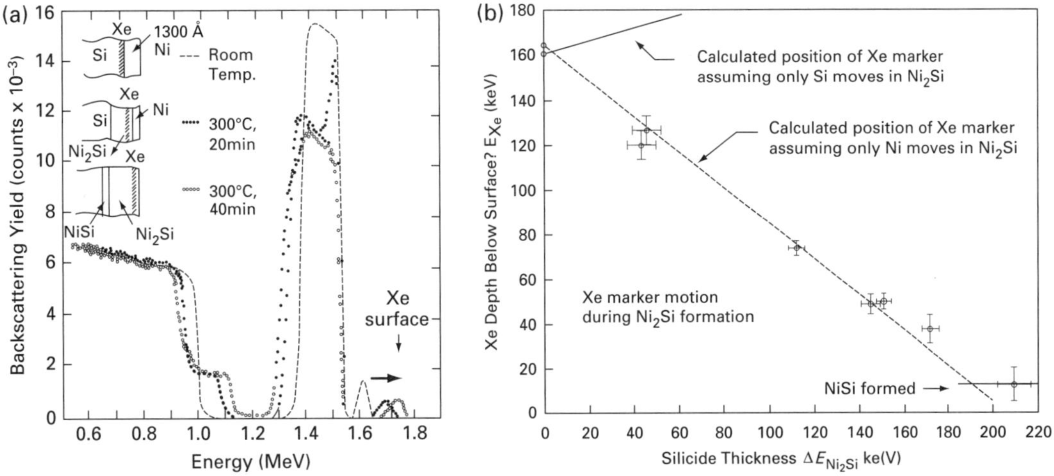

그림 8.14 (a) 300℃에서 20분과 40분 동안 Ni_2Si 형성 전후에 Xe 마커가 삽입된 시편으로부터 얻은 Rutherford 후방산란 스펙트럼. 실리사이드 형성 후 Xe 마커는 실리사이드 내에 묻혀 있고 표면 쪽으로 이동한다. (b) Xe 마커의 변위량 *vs.* 실리사이드 두께 그래프

8.5 금속간 화합물 형성에서 마커 분석

실리사이드 형성에서 중요한 반응 속도론의 문제는 "지배적인 확산 원소가 무엇인가?"하는 것이다. 벌크 확산 쌍에서 상호확산의 Darken 분석에서와 마찬가지로 박막 반응에서 더 빠른, 즉 지배적인 확산 원소를 결정하기 위하여 표지자(marker) 분석이 필요하다. 박막은 Mo 선재를 사용하기에는 너무 얇기 때문에 Xe 및 Ar 같은 불활성 기체를 주입하여(implanted) 표지자로 사용하였다. 불활성 기체를 Si 표면으로 주입하고, Si를 600℃ 이상의 온도에서 열처리하여 주입 층이 재배열하고 주입에 의해 만들어진 결함 구조 대부분을 제거한다. Xe의 경우, 열처리 동안에 5~10 nm 정도의 직경을 갖는 Xe 버블이 Si 내에 형성된다. 그 후에 Si 표면은 산화물이나 탄화 수소물 층을 제거하기 위하여 에칭한다. 표면 에칭 단계 후에, Ni과 같은 금속 층이 실리사이드 형성을 위하여 Si 표면에 증착된다. 그림 8.14(a)는 300℃에서 20분과 40분 동안 Ni_2Si 열처리 이전과 이후의 Ni-Si 시편에 주입된 Xe 표시자에 대한 RBS (Rutherford Backscattering Spectroscopy) 분석 값을 보여준다. 실리사이드 형성 후에 Xe 표시자는 실리사이드 내에 존재하고, 표면 쪽으로 이동한다. 그림 8.14(b)에서 Xe 표시자의 이동 량과 실리사이드 두께를 나타내었다. 이 결과는 Xe 버블이 계면 저지를 유발하지 않고 Ni이 지배적인 확산 원소임을 보여준다.

만일 이동하는 실리사이드 계면이 주입된 표시자에 도달할 때 Si이 주 확산원자라면, 표시자는 더 빠르게 움직이는 원자의 방향과 반대 방향으로 이동하므로 표시자는 계면과 함께 실리콘의 더 안쪽으로 이동하게 될 것이다. 마커는 계면에 의해서 저지될 수 있다. Si이 더 빠른 확산원자로 결정되기 위해서는 주입된 표시자가 증착된 금속 층으로 이동하는 것이 필요하다. 그러므로 실리사이드 형성 동안에 실리사이드-금속 계면이 마커쪽으로 이동함에 따라 마커가 묻히게 된다면 그 위치는 시편 안으로 더 깊이 이동할 것이고 Si이 주 확산원자가 될 것이다.

실리사이드 성장에서 Ni과 Si의 고유확산계수를 계산하기 위해서, 표시자의 움직임 이외에 상호확산계수를 알아야 한다. 후자는 성장방정식을 따른다고 가정할 수 있고,

$$x_i^2 = 4\overline{D_i}t \tag{8.14}$$

여기에서 x_i는 금속간 화합물의 두께이고, $\overline{D_i}$는 상호확산계수이다. 표시자의 움직임을 분석하기 위해서 Matano 계면과 표시자 이동을 보여주는 박막 반응에서 단일 상 형성 시 개략도를 그림 8.15에 나타내었다. 만일 표시자가 A와 B 사이의 원 계면에서 위치한다면, 표시자를 통과하는 각각의 B원자는 $A_\beta B$를 형성하는 데 소모되고 한 개의 $A_\beta B$를 형성하기 위해서는 B 원자들이 마커를 통과해야 한다. 만일 A와 B의 몰 부피가 같다면

$$\frac{J_B}{\beta J_A} = \frac{x_m - x_1}{x_2 - x_m} \tag{8.15}$$

를 얻게 된다. 플럭스 식

$$J_A = -D_\beta^A \frac{\partial C_A}{\partial x}$$

$$J_B = -D_\beta^B \frac{\partial C_B}{\partial x}$$

으로부터

$$\frac{D_\beta^B}{D_\beta^A} = \frac{\beta(x_m - x_1)}{x_2 - x_m} \tag{8.16}$$

을 얻을 수 있다. 그러므로 표시자의 움직임 x_m을 측정하고 $A_\beta B$의 조성을 안다면, 최종 식으로부터 고유확산계수의 비를 얻을 수 있다. $(x_2 - x_1)$으로부터는 식 (8.14)를 이용하여 상호확산계수를 구할 수 있다. Al과 Ti의 두 금속 박막 쌍에서 Al_3Ti 금속간 화합물의 형성에 대한 표시자 분석 예는 J. Tardy와 K. N. Tu에 의해 *Phys*. Rev. *B*., v.32, 2070에 1985년에 보고되었다.

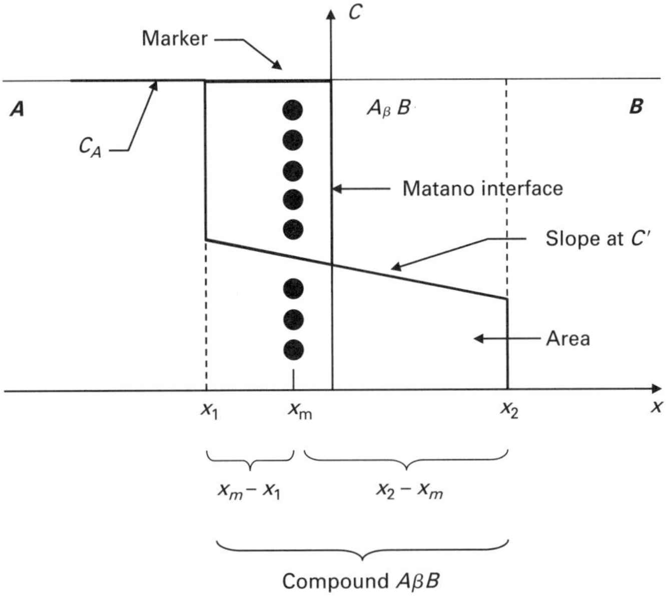

그림 8.15 한 개의 화합물을 형성하는 개략도로, Matano 계면과 마커 변위를 보여준다.

8.6 금속 단일층과 Si 웨이퍼의 반응

실리사이드 형성에서 가장 중요한 반응 속도론 문제는 Si 내에 존재하는 Si 공유결합을 어떻게 깨는가 하는 것이다. 공유결합을 깬 후에 Si 표면으로부터 Si 원자를 제거하여야 금속과 반응할 수 있다. Pd과 Ni은 Si과 반응하여 100°C에서 Pd_2Si와 250°C에서 Ni_2Si 각각 형성한다는 것은 이해하기 힘든 문제였다. 비정질 Si이 결정 Si으로 변화하기 위해서는 550°C 열처리가 필요하고, Si 산화는 800°C, 그리고 Si 내에 *B* 또는 P를 도핑하기 위해서는 1,000°C가 필요한 것에 비해 매우 낮은 반응이기 때문이다. 모든 금속이 이처럼 낮은 온도에서 Si과 반응하는 것은 아니다. 표 8.1에 나타낸 것처럼 귀금속 그리고 준귀금속은 Si과 약 200°C 정도에서 반응하는 반면 Ti와 같은 천이 금속은 400°C 이상에서 반응하고 W과 같은 높은 녹는점을 갖는 금속은 800°C에서 Si과 반응한다.

귀금속과 준귀금속은 Si에서 침입형 확산을 하는 독특한 반응을 한다. 예를 들어, Ni은 Si 웨이퍼에서 다소 빠르게 확산할 수 있다. 또한 만일 Si 웨이퍼 위에 10 nm Au 박막을 증착하고 시편을 상온에서 며칠간 놓아두면, Au가 확산해서 Si 내로 용해되어 금빛이 사라진다. Ni_2Si를 형성하는 동안 Ni이 주 확산원자임을 발견하는 실험에서 침입형 확산 기구를 이용하여 Si과 저온 반응에 대한 가능 기구를 아래와 같이 설명할 수 있다. Ni_2Si/Si 계면에서 일부 Ni은 Si 내로 침입형 확산을 하고 공유결합 Si-Si 결합으로부터 금속 NiSi 결합으로 전하 이동을 유발하여 Si-Si 결합을 포화되지 않은 상태로 하여 보다 쉽게 결합을 끊을 수 있게 된다. 침입형 원자가 없는 경우의 다른 금속들은 보다 높은 실리사이드 형성 온도를 갖는다.

Pd 원자의 단일층이 (001) Si 표면에 증착되면 Pd과 Si 사이의 상호 반응은 UPS(Ultraviolet Photoemission Spectroscopy)를 이용하여 연구하였다.이 연구에서 Pd는 Si 표면에 있지 않고, Si 내로 들어가 Si에서 침입형 원자를 형성한다.

참고문헌

[1] J. W. Mayer, J. M. Poate and K. N. Tu, Thin films and solid-phase reactions, *Science*, **190** (1975), 228–234.

[2] K. N. Tu and J. W. Mayer, “Silicide Formation,” Ch. 10 of *Thin Films: Interdiffusion and Reactions*, eds J. M. Poate, K. N. Tu and J. W. Mayer (Wiley-Interscience, New York, 1978).

[3] Marc-A. Nicolet and S. S. Lau, “Formation and characterization of transition-metal silicides,” in *VLSI Electronics*, Vol. 6, eds N. G. Einspruch and G. B. Larrabee (Academic Press, New York, 1983).

[4] L. J. Chen and K. N. Tu, “Epitaxial growth of transition-metal silicides on silicon,” *Materials Science Reports* **6** (1991), 53–140.

[5] U. Goesele and K. N. Tu, “Growth kinetics of planar binary diffusion couples: thin film case versus bulk cases”, *J. Appl. Phys.* **53** (1982), 3252.

[6] S. H. Chen, L. R. Zheng, C. B. Carter and J. W. Mayer, “Transmission electron microscopy studies on the lateral growth of nickel silicides”, *J. Appl. Phys.* **57** (1985), 258.

[7] H. Foell, P. S. Ho and K. N. Tu, “Cross-sectional TEM of silicon–silicide interfaces”, *J. Appl. Phys.* **52** (1981), 250.

[8] R. T. Tung and J. L. Batstone, “Control of pinholes in epitaxial CoSi2 layers on Si(111)”, *Appl. Phys. Lett.* **52** (1988), 648.

[9] Kuo-Chang Lu, Wen-Wei Wu, Han-Wei Wu, Carey M. Tanner, Jane P. Chang, Lih J. Chen and K. N. Tu, “In-situ control of atomic-scale Si layer with huge strain in the nano-heterostructure NiSi/Si/NiSi through point contact reaction,” *Nano Letters* **7**:8 (2007), 2389–94, s.

[10] Y. C. Chou, W. W. Wu, L. J. Chen and K. N. Tu, “Homogeneous nucleation of epitaxial CoSi2 and NiSi in Si nanowires,” *Nano Lett.* **9** (2009), 2337–42.

연습문제

8.1 소재 A는 소재 B와 반응하여 화합물 A_2B를 만든다. 마커는 반응 전 A-B 계면에 위치하였다. 250°C에서 15분 동안 열처리한 후에 시편을 관찰하였다. 화합물의 두께는 80 nm이고 마커는 A/A_2B 계면으로부터 12.3 nm 떨어진 거리에 위치하였다. A_2B에서

각 성분 A와 B의 확산계수를 구하라.

8.2 합금 1($A_{50}B_{50}$)과 합금 2(순수한 B)를 t_1 = 40분 동안 열처리하여 확산 쌍을 만들었다. $D_A = D_B = D_{interdiff.} = 3.04 \times 10^{-7}$ cm²/s이고 조성에 무관하게 일정한 값을 갖는다고 가정하여 다음에 답하라.

(a) 거리 x = 0.2 cm와 x = −0.2 cm에서 A의 농도는 얼마인가?

(b) 열처리 시간을 t_2로 더 오래하면, 위 (a)와 같이 x = 0.2 cm에서 A의 농도와 동일한 값이 x = 0.4 cm에서 발견되었다. t_2는 얼마인가?

8.3 10,000초 동안 열처리하여 화합물 A_2B를 형성하였다. x_1 (x_1 = 0)으로부터 측정하여 x_m = 40 nm 그리고 x_2 = 200 nm임을 발견하였다. 상호확산계수와 고유확산계수의 비인 D_A/D_B를 계산하라.

8.4 Al 마커 와이어를 갖는 Pb-Pb(50at.%) In으로 이루어진 확산 쌍을 만들었다. 확산 쌍에서 결정립 크기는 커서 결정립계 확산 효과를 무시할 수 있었다. 173°C에서 118시간 동안 열처리를 한 후에, SEM의 EDX(Energy Dispersive X-ray)를 이용하여 In의 농도 분포 A_2를 아래 그림과 같이 얻었다. 상호확산 이전에 In의 초기 농도 분포는 A1 그래프이다. Matano-Boltzmann 분석을 이용하여 Matano 계면에서 상호확산계수 D를 구하라. Darken 분석을 이용하여 In과 Pb의 고유확산계수를 구하라. 마커 속도 $v = x_m/2t$로 가정할 수 있다. 마커는 합금 안으로 67 μm 이동하였다. Matano 계면에서 In 농도는 0.41을 갖는다.

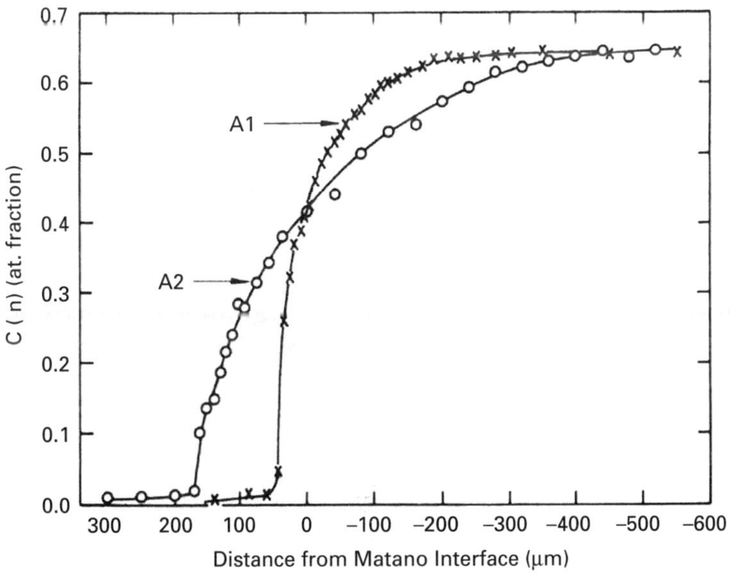

8.5 상 $A_\beta B(\beta = 3)$가 순수한 A와 $A_\gamma B(\gamma = 1.5)$ 사이에서 측 방향 확산 쌍에서 성장한다. 여기에서 A가 주된 이동 원자이다. 상호확산계수가 1.27×10^{-11} cm^2/s, $\Delta C_\beta^{\text{eq}} = 2$ atomic%, $K_\beta^{\text{eff}} = 2.79 \times 10^{-7}$ cm/s, 그리고 Ω = 원자 부피 = 18×10^{-24} cm^3/atom로 주어진다.

(a) 식 (8.9)를 이용하여 $A_\beta B$의 전환 두께를 구하라.

(b) 전환 두께에서 $A_\beta B$의 성장 속도를 구하라.

(c) $A_\beta B$ 상을 통과한 A의 플럭스를 구하라.

8.6 Al과 Pd 사이의 단일상 δ Al_3Pd_2 성장은 $x_\delta^2 = K_\delta t$의 확산 제어 성장을 하고, 250°C에서 $K_\delta = 3.3 \times 10^{-12}$ cm^2/s를 갖는다. 농도 강하 $\Delta C_\delta^{\text{eq}} = 3.6$ at.%이고 농도비 $G_\delta = 4.17$ 그리고 $\Omega = 10 \times 10^{-24}$ cm^{3}이다. 상호확산계수를 구하라.

8.7 교재에서 두 층의 화합물 상의 경쟁 성장을 논하였다. 여기에서 한 상은 확산 제어 성장을 하고 다른 한 상은 계면 반응 제어 성장을 한다. 아래 경우에 어떤 일이 일어날 것인지 논하라.

(a) 두 층이 모두 확산 제어 성장을 하는 경우

(b) 두 층이 모두 계면 반응 제어 성장을 하는 경우

09 결정립계 확산

9.1 서론

미세 소자에 사용되는 대부분의 금속 박막은 단일 결정질보다는 다결정이 대부분이다. 결정립계 확산은 중요한 문제이고 Si 소자에서 매우 잘 알려진 두 가지의 파괴 모드의 원인이 된다. 두 모드는 각각 Al 배선에서 일렉트로마이그레이션 그리고 확산장벽을 통하여 Si 내로 Al 침투가 있다. 일렉트로마이그레이션에서 공동은 결정립계의 삼중점에서 형성되어 결정립계를 따라 성장한다. 일렉트로마이그레이션과 이에 따른 파괴는 다음 두 장에서 논의할 것이다. Al 침투에서 Al은 Si에 작은 구멍을 만들고 *p-n* 접합에 전기적 단락 그리고 Al 결정립계를 따라서 Si이 석출하게 된다.

일반적으로 결정립계 원자 확산은 결정립 내 확산보다 더욱 빠르다. 이는 결정립계에서 원자 이동의 활성화에너지가 더 낮고 공공 형성 에너지도 결정립계에 존재하는 추가 공간 때문에 더 쉽다는 가정 때문이다[1-5]. 결정립계 확산 양태는 몇몇의 실험에서 검증되었다.

(1) 단결정 Ag와 다결정 Ag의 Ag* 트레이서 확산의 비교에서 750℃ 이하의 온도에서 다결정 Ag 확산계수가 더 빠름이 발견되었다.

(2) 벌크 쌍결정에 증착된 방사성 트레이서는 방사성 이미지로부터 결정립계를 따라 더 깊이 침투하였음이 발견되었다.

(3) 두 종류의 Pb/Ag/Au 시편에서 박막 반응을 관찰하였다. 하나는 암염(rock salt)에 에피택시 성장된 박막이고 다른 하나는 석영 위에 다결정으로 증착된 박막이다. 200℃에서 Pb_2Au가 다결정 막에서 형성되는 데 반해 에피택시 성장된 단결정 막에서는 성장하지 않았다. 또한 단결정 막에서는 Au/NaCl 위에 형성된 Ag 단결정 층이 Pb와 Au 사이의 반응을 방해하는 확산 방지층으로 작동한다. 그러나 석영 위의 Ag와 Au 층은 다결정으로 결정립계 확산이 Ag층으로 발생하여 Pb_2Au를 형성한다.

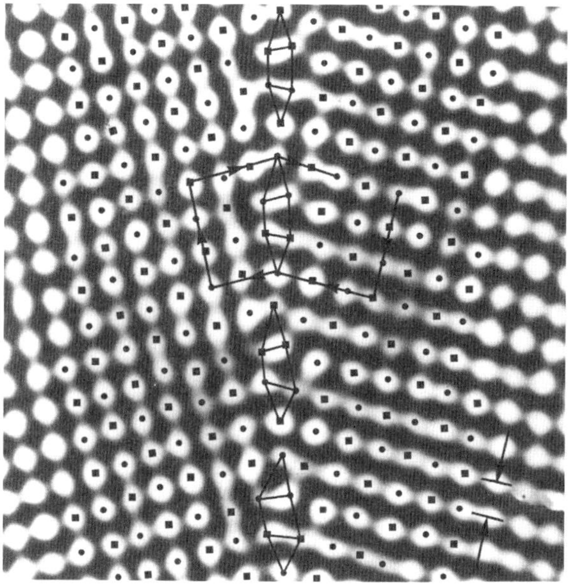

그림 9.1 Au 박막에서 (100) 경사형(tilt-type) 대경각 결정립계의 고분해능 TEM 사진. 점과 사각형은 두 개의 겹쳐진 적층 내에 존재하는 원자 위치를 나타낸다. 가장 가까운 면간 거리는 0.202 nm이다. (W. Krakow, IBM T. J. Watson Research Center)

결정립계는 원자 확산의 빠른 경로로 작용한다. 많은 연구들은 이 주제를 이해하기 위해 수행되어 왔다. 그러나 4장에서 언급된 격자 확산과 비교한다면, 결정립계 확산은 현재 매우 현상학적인 이해 수준에 머물러 있다. 결정립계 확산의 원자적 관점의 그림을 완성하여야 한다. 이는 임의의 결정립계에 존재하는 원자 구조와 위치에 대한 이해가 완벽하지 못하기 때문이다. 이러한 지식이 없이는 원자의 단위 시간당 원자 점프 수와 점프 거리 등을 정의하기가 어렵다. 따라서 결정립계 확산은 다소는 조악하고 거시적인 분석이나 연속체(continuum) 접근을 할 수밖에 없다.

여기에서 결정립계 구조를 이해하기 위해 많은 노력들이 수행되어 왔음을 적시하지 않을 수 없다. 소경각입계와 비틀림입계는 전위 모델로 상당히 잘 설명되었다. 그러므로 저각도 입계에서 확산은 개별 전위를 따라 발생하는 확산, 즉 "파이프 확산"으로 설명할 수 있다. 단 결정립계에 존재하는 전위의 중심이 서로 충분히 멀리떨어져 있어야 하는 전제를 충족하여야 한다. 대각 결정립계에 대해서는 결정립계의 에너지와 구조를 모사하기 위해서 "우연 격자점(coincidence lattice site)"을 개발하기 위한 많은 연구가 수행되었다. 동시에 고분해능의 투과 전자현미경은 결정립계 내의 원자를 관찰하는 데 사용되었고 원자 클러스터의 주기적인 단위 또는 연(kite) 구조를 발견하였다. 예를 들어, 그림 9.1은 Au 박막에서 대각 (100) 경계형 결정립계 사진을 보여주고 있다. 주기성은 고밀도의 우연 격자점을 갖고 있는 대각 결정립계에서 X선 회절법으로 발견되었다. 그럼에도 여전히 결정립계 확산에서 원자의 점프 과정에 대한 직접적인 단서들은 찾지 못하고 있다. 예를 들어, 격자 확산에서 기본 개념은 점 결합이지만, 결정립계에서 점 결함을 정의할 수 있는지 여부가 명확하지 않다.

9.2 결정립계 확산과 벌크 확산의 비교

격자 확산 대비 결정립계 확산의 상대치를 얻기 위해서 Ag 내에 Ag* 방사성 트레이서 확산 데이터를 점검하자. Ag 내의 자기확산계수는

$$D_l = 0.67 \times \mathrm{e}^{-\frac{1.95\,\mathrm{eV}}{kT}}(\text{격자 확산}) \tag{9.1}$$

$$D_b = 2.6 \times 10^{-2}\mathrm{e}^{-\frac{0.8\,\mathrm{eV}}{kT}}(\text{결정립계 확산}) \tag{9.2}$$

이다. 200°C에서

$$D_l = 0.67 \times \mathrm{e}^{-\frac{1.95\times 23000}{2.3\times 2\times 473}} \cong 10^{-21}\ \mathrm{cm}^2/\mathrm{s}$$

$$D_b = 0.67 \times \mathrm{e}^{-\frac{0.8\times 23000}{2.3\times 2\times 473}} \cong 10^{-10}\ \mathrm{cm}^2/\mathrm{s}$$

이 된다. 만일 열처리 시간이 10^5 s(28시간 또는 약 1일) 정도라면, 확산 거리는

$$x_l^2 \cong D_l t \cong 10^{-16}\ \mathrm{cm}^2; x_l \cong 1\text{Å}$$

$$x_b^2 \cong D_b t \cong 10^{-5}\ \mathrm{cm}^2; x_b \cong 30\ \text{microns}$$

이다. 격자 확산 대비 결정립계 확산의 비는

$$\frac{x_b}{x_l} \cong 3 \times 10^5$$

이다. 200°C에서 Ag의 D_l과 D_b의 차이는 매우 큼을 알 수 있다. 이 온도에서 Ag의 격자 확산은 매우 작지만 결정립계 확산은 상당히 크다. 400°C와 800°C에서 확산계수는 서로 다른 세 온도에서 Ag의 D_l과 D_b 값을 비교하기 위해서 표 9.1에 기재하였다. D_l은 D_b에 비해서 온도가 증가함에 따라 매우 빠르게 증가함을 알 수가 있고, 상대치도 증가한다. 그림 9.2에 보이는 것과 같이 이 비율을 세 구간으로 나눌 수 있다.

표 9.1 Ag 내의 D_l과 D_b의 비교

	200℃	400℃	800℃
D_l (cm^2/s)	10^{-21}	10^{-15}	10^{-10}
D_b (cm^2/s)	10^{-10}	10^{-8}	10^{-6}
D_l / D_b	10^{-11}	10^{-7}	10^{-4}

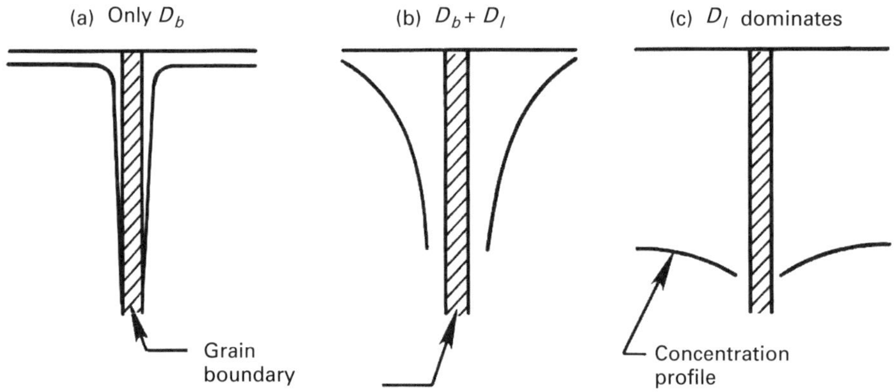

그림 9.2 결정립계 확산과 격자 확산의 조합으로 이루어진 세 경우의 농도 침투 프로파일의 개략도. (a) 결정립계 확산이 주류인 경우. (b) 두 종류의 확산이 비슷한 경우, 그리고 (c) 격자 확산이 주류인 경우

(a) 그림 9.2(a)에 나타낸 첫 번째 구간에서는 결정립계 확산이 주를 이루고 결정립계를 따라 주된 침투가 일어난다. 이 영역은 일반적으로 150~300℃ 온도 범위에서 일어난다.

(b) 중간 정도 온도에서 결정립계 주변의 결정립 격자를 통하여 상당 수준의 침투가 일어난다. 그림 9.2(b) 참조하라.

(c) 마지막 영역은 800℃에서 그림 9.2(c)에 나타낸 바와 같이 결정립계 확산이 여전히 격자 확산보다 빠를지라도 상대적인 효과가 미미한 경우이다. 이는 결정립계로부터 결정립으로 양 경계면에서 원자들이 유출이 많이 일어나기 때문이다. 만일 이웃한 결정립으로 유출이 없다면 결정립을 따른 침투는 느리고 얕게 된다.

결정립계와 결정립을 따라서 일어나는 물질이동의 비는

$$R = \frac{J_l A_l}{J_b A_b} = \frac{D_l \pi r^2}{D_b 2\pi r \delta} \tag{9.3}$$

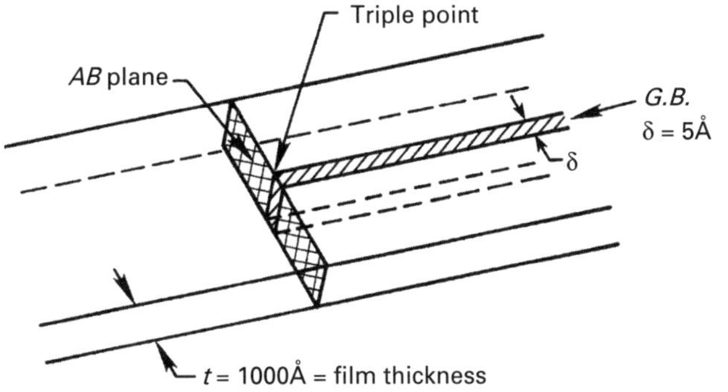

그림 9.3 두 개의 결정립계 교차 지역에 존재하는 삼중점의 개략도. 삼중점에서 확산 플럭스의 발산이 존재한다.

이 되고, 여기에서 r은 결정립의 반경이고, δ는 결정립계 두께이다. 만일 r = 50 nm (100 nm 두께인 박막의 결정립 크기는 약 100 nm임), 그리고 δ = 0.5 nm라고 가정하면, 200°C에서

$$R = \frac{10^{-21} \times 5 \times 10^{-6}}{10^{-10} \times 2 \times 5 \times 5 \times 10^{-8}} \cong 10^{-9}$$

이 된다. 결정립계를 따라서 일어나는 물질이동이 결정립 내부로 일어나는 것보다 훨씬 크다.

만일 Al의 격자 확산의 활성화에너지와 결정립계 확산의 활성화에너지를 각각 1.3 (eV)와 0.7 (eV)라고 하고 Si 소자의 동작 온도를 100°C 정도라고 하면 이와 유사한 경우를 Al 박막에서 발견할 수 있다. Al 박막에서 일렉트로마이그레이션이 결정립계 확산에 의해 주도되는 것을 쉽게 관찰할 수 있는데, 이는 D_b가 훨씬 커서 대각 결정립계를 따라 일어나는 원자 플럭스가 매우 크기 때문이다.

결정립계 플럭스가 실제로 매우 크고 전기도선 또는 확산 방지층의 파괴의 원인이 될 수 있다는 것을 설명하기 위하여 그림 9.3에 보여준 삼중점에서 시작하는 결정립계를 따라 일어나는 Al의 물질이동 경우를 고려하자.

그림 9.3의 AB면에서 플럭스의 발산이 존재한다. 단면적 AB를 갖는 결정립계를 따라 이동하는 M_b개의 원자 수는 다음 식으로 주어진다.

$$M_b = J_b A_b t \tag{9.4}$$

여기에서 A_b = 0.5 nm × 100 nm = 5 × 10^{-13} cm^2, t = 확산 시간 그리고

$$J_b = -D_b \frac{\partial C_b}{\partial x} \tag{9.5}$$

가 된다. 만일 Al 선이라면, 127°C에서 결정립계 확산은

$$D_b \cong 0.1 \times \mathrm{e}^{-0.7\,\mathrm{eV}/kT} \cong 10^{-10}\ \mathrm{cm}^2/\mathrm{s}$$

가 된다.

$$\frac{\partial C_b}{\partial x} = \frac{\Delta C_b}{\Delta x} = \frac{0.01 \times 10^{23}\ \mathrm{atom/cm^3}}{10^{-4}\ \mathrm{cm}} = 10^{25}\ \mathrm{atom/cm^4}$$

여기에서 1마이크론(10^{-4} cm) 결정립계 길이를 따라서 농도 변화(ΔC_b)는 1% (0.01)로 가정하였다. Al 농도는 $6\times10^{22}/\mathrm{cm}^3$ 대신에 $10^{23}/\mathrm{cm}^3$을 사용하였다. 확산 시간 t는 100일 = 10^7 s로 하였고, 이 값은 소자 동작동안 일렉트로마이그레이션에 의해 Al 선의 파괴가 일어나는 시간과 유사하다. 그러므로

$$\begin{aligned} M &= JAt \\ &= \left(-D_b \frac{\partial C_b}{\partial x}\right) A_b t \\ &= (-10^{10}\ \mathrm{cm^2/s})\left(-10^{25} \frac{\mathrm{atoms}}{\mathrm{cm^4}}\right)(5 \times 10^{-13}\ \mathrm{cm^2})(10^7\ \mathrm{s}) \\ &= 5 \times 10^9\ \mathrm{atoms} \end{aligned}$$

가 된다. 이는 5×10^9 원자가 이동함을 의미한다. 만일 이 원자들이 결정립계 후방의 결정립으로부터 온 것이라면, 도선의 Al 원자 상당량이 소실되어 큰 개구 또는 공공이 형성된다. 도선 단면적 A = 1 μm × 100 μm = 10^{-9} cm^{2}이고 10^{15} atoms/cm^{2}이기 때문에 단면적에는 단지 $10^{15} \times 10^{-9} = 10^6$개 원자만이 존재함을 의미한다. 그러므로 약 5×10^3의 원자 층이 이동하고 이는 길이 약 1 μm이고 선폭과 같은 넓이를 갖는 공공이 형성된다. 이는 큰 공공을 의미하고 단선이 일어난다.

동일한 계산을 1마이크론 결정립 크기의 확산 방지층을 투과하여 일어나는 결정립계 확산에도 적용 가능하다. 위 계산의 불확실성은 $\Delta C_b/\Delta x$이다. 만일 이 기울기의 크기가 1~2 지수 크기만큼 차이가 있다면, 결론은 동일할 것이다, 즉 결정립계 확산은 상당한 온도에서도 중요한 역할을 하게 된다.

다음 장에서 결정립계 확산 분석에서 D_b의 측정을 논의하자.

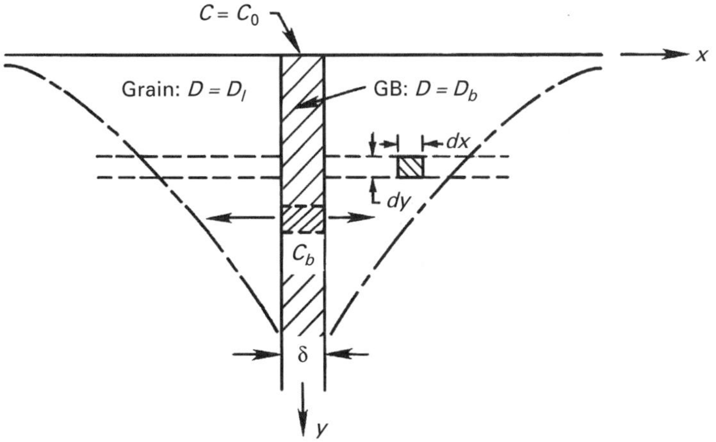

그림 9.4 결정립계 확산의 Fisher 분석에 대한 2차원 개략도

9.3 결정립계 확산의 Fisher 분석

그림 9.4에 나타낸 것처럼 결정립계($D = D_b$)를 따라 일어나는 확산(y 방향)과 격자 확산($D = D_l$)에 의해 이웃한 결정립 방향으로 일어나는 유출(x 방향)의 2차원 분석을 논의하자. 결정립 내에 연속방정식

$$\frac{\partial C}{\partial t} = -(\nabla \cdot J) = -\left(\frac{\partial J_x}{\partial x} + \frac{\partial J_y}{\partial y}\right) \tag{9.6}$$

을 적용하면,

$$\frac{\partial C}{\partial t} = D_l \left(\frac{\partial^2 C}{\partial x^2} + \frac{\partial^2 C}{\partial y^2}\right) \tag{9.7}$$

이 된다. 결정립계 판상에서 작은 면적 δdy에서 연속방정식을 고려하면,

$$\Delta J_x = J_{x1} - J_{x2} = 2\left(-D_l \left.\frac{\partial C}{\partial x}\right|_{x=\delta/2}\right) \tag{9.8}$$

이고, $\Delta x = \delta$이다. 그러므로 판상에서

$$\frac{\partial C_b}{\partial t} = D_b \frac{\partial^2 C_b}{\partial y^2} - \frac{\Delta J_x}{\Delta x} = D_b \frac{\partial^2 C_b}{\partial y^2} + \frac{2D_l}{\delta} \left.\frac{\partial C}{\partial x}\right|_{x=\frac{\delta}{2}} \tag{9.9}$$

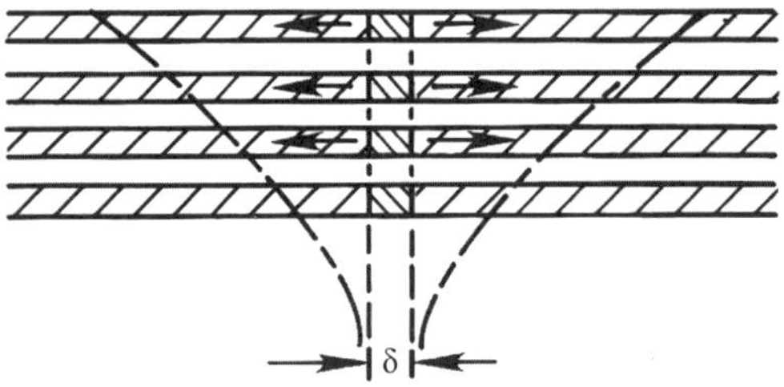

그림 9.5 자유 표면에 평행하게 존재하는 여러 층들의 2차원 개략도. Fisher 분석에서 층 사이의 확산은 결정립계를 제외하고는 존재하지 않는 것으로 가정

이 된다. Fisher 분석에서 $C = C(x,y,t)$

초기 조건

$$C(x,0,0) = C_0$$
$$C(\pm\delta/2, y, 0) = 0$$

경계 조건

$$C(x,0,t) = C_0$$
$$C(\infty,\infty,t) = 0 \text{이다.}$$

(1) 판상에서 정상상태로 가정하면,

$$0 = D_b \frac{\partial^2 C_b}{\partial y^2} + \frac{2D_l}{\delta}\frac{\partial C}{\partial x}\bigg|_{x=\frac{\delta}{2}} \tag{9.10}$$

(2) 결정립에서 $\partial C/\partial y = 0$, 즉 x 방향으로만 확산이 일어난다고 가정하면,

$$\frac{\partial C}{\partial t} = D_l \frac{\partial^2 C}{\partial x^2} \tag{9.11}$$

이 된다. 이 가정들에 대한 물리적인 이해를 돕기 위해 그림 9.5를 도시하였고, 여기에서 자유 표면에 평행하게 적층된 층을 따라 확산이 일어난다. 결정립계를 제외하고 이 층들 사이에 확산이 일어나지 않고 각 층을 따라 일어나는 확산을 합하는 것이다.

식 (9.11)의 해는

$$C(x,y,t) = C_b(y)\left\{1 - \mathrm{erf}\left(\frac{x-\delta/2}{2\sqrt{D_l t}}\right)\right\} \tag{9.12}$$

가 된다. $x = \delta/2$에서 식 (9.12)의 편미분은

$$\left.\frac{\partial C(x,y,t)}{\partial x}\right|_{x=\frac{\delta}{2}} = \frac{C_b(y)}{(\pi D_l t)^{1/2}} \tag{9.13}$$

이 된다. 식 (9.13)을 식 (9.10)에 대입하면

$$D_b \frac{\partial^2 C_b}{\partial y^2} + \frac{2 D_l C_b}{\delta (\pi D_l t)^{1/2}} = 0 \tag{9.14}$$

이고, 그 해는

$$C_b(y) = C_0 \exp\left\{\frac{-\sqrt{2}y}{(\pi D_l t)^{1/4}(D_b \delta / D_l)^{1/2}}\right\} \tag{9.15}$$

가 된다. 이 식을 식 (9.12)의 $C_b(y)$를 대입하면

$$C(x,y,t) = C_0 \exp\left\{\frac{-\sqrt{2}y}{(\pi D_l t)^{1/4}\left(\dfrac{D_b \delta}{D_l}\right)^{1/2}}\right\}\left\{1 - \operatorname{erf}\left(\frac{x - \delta/2}{2\sqrt{D_l t}}\right)\right\} \tag{9.16}$$

이 된다.

$$\eta = \frac{y}{(D_l t)^{1/2}}, \zeta = \frac{x - \delta/2}{2\sqrt{D_l t}}, \beta = \frac{D_b \delta}{2 D_l (D_l t)^{1/2}}$$

라고 하면,

$$\eta \beta^{-1/2} = \frac{\sqrt{2}y}{(D_l t)^{1/4}\left(\dfrac{D_b \delta}{D_l}\right)^{1/2}} = y \frac{(4 D_l / t)^{1/4}}{(D_b \delta)^{1/2}} \tag{9.17}$$

이 된다. η, ζ, β의 단위는 없다.

Fisher의 해는

$$C(x,y,t) = C_0 \exp\left[-\pi^{1/4} \eta \beta^{-1/2}\right][1 - \operatorname{erf} \zeta] \tag{9.18}$$

이 된다. 이 해는 결정립계를 따라서 일어나는 침투 깊이의 시간 의존성과 다음 장에 논의될 방사성 트레이서의 확산 측정치로부터 D_b를 측정하는 방법에 대한 통찰력을 제공할 것이다.

9.3.1 침투 깊이

결정립계의 끝부분에서 해를 추정할 수 있다. $x = \delta/2$에서 $\mathrm{erf}(0) = 0$ 그리고 $\frac{C}{C_0} = \exp\left[-\pi^{-1/4}\eta\beta^{-1/2}\right]$이므로

$$\ln\frac{C}{C_0} = \ln\left(-\pi^{-1/4}\right) + \ln\eta - \frac{1}{2}\ln\beta$$

여기에서 β는 주어진 C/C_0와 η (D_l에만 의존)로부터

$$\frac{\partial\ln\beta}{\partial\ln\eta} = 2$$

가 된다. C/C_0가 상수이면, $\eta\beta^{-1/2}$는 상수가 되고, 식 (9.17)로부터

$$y \propto (D_b\delta)^{1/2}\, t^{1/4} \tag{9.19}$$

이 된다. 침투 깊이는 $t^{1/2}$가 아니라 $t^{1/4}$에 비례하게 된다. 결정립계 주변에 있는 결정립으로 확산되어 나가는 소실분 때문에 더 느려진다.

9.3.2 잘라낸 절편의 분석

층을 따라 존재하는 평균 농도 $\overline{C}$는 순차적으로 제거된 층(두께는 Δy)의 방사성 트레이서로부터 나오는 방사선 측정률 차이로부터 측정할 수 있다. 절단법은 두께 Δy를 갖는 층에 존재하는 단위 면적당 존재하는 트레이서 원자 수(tracer atom/cm^2)를 제공한다.

$$\begin{aligned}\bar{C}(y,t)\,\Delta y &= \Delta y\int_{-\infty}^{\infty} C(x,y,t)\,dx \\ &= \Delta y C_0 \exp\left[-\pi^{-1/4}\eta\beta^{-1/2}\right]\int_{-\infty}^{\infty}\left[1-\mathrm{erf}\left(\frac{x-\delta/2}{2\sqrt{D_l t}}\right)\right]dx\end{aligned} \tag{9.20}$$

적분치는 일정하므로

$$\ln\bar{C} = -\pi^{-1/4}\left(\beta^{-1/2}\eta\right) + \text{constant} \tag{9.21}$$

이 된다. 식 (9.17)을 미분하면

$$\frac{\partial\beta^{-1/2}\eta}{\partial y} = \frac{(4D_l/t)^{1/4}}{(D_b\delta)^{1/2}}$$

$$D_b\delta = \frac{(4D_l/t)^{1/4}}{\left(\partial\beta^{-1/2}\eta/\partial y\right)^2} = \frac{(4D_l/t)^{1/4}}{\left(\partial\beta^{-1/2}\eta/\partial \ln \bar{C}/\partial y/\partial \ln \bar{C}\right)^2} \tag{9.22}$$

재배열 하면,

$$D_b\delta = \left(\frac{\partial \ln \bar{C}}{\partial y}\right)^{-2} (4D_l/t)^{1/2} \left(\frac{\partial \ln \bar{C}}{\partial\beta^{-1/2}\eta}\right)^2$$

이 된다. 이 식의 마지막 항은 식 (9.21)로부터 $\pi^{-1/2}$이 된다. 그러므로

$$D_b\delta = \left(\frac{\partial \ln \bar{C}}{\partial y}\right)^{-2} (4D_l/t)^{1/2}\pi^{-1/2} \tag{9.23}$$

이 된다. 식 (9.23)은 시편 절단에 대한 Fisher 해의 중요한 결과이다. y의 함수로 $\overline{C}$를 측정하고 D_l을 알면 D_b를 구할 수 있음을 보여준다.

Fisher의 분석을 이용하여 결정립계 확산을 분석하려면 그림 9.6에 있는 다결정 Ag에 Ag의 방사성 트레이서를 이용할 수 있다. 만일 479ºC(725 K)에서 5일($t = 4.3 \times 10^5$ s) 데이터를 이용하면 그래프에서 직선의 기울기를 구할 수 있고,

$$\frac{\partial \ln \bar{C}}{\partial y} = \frac{1}{2.5 \times 10^{-3}\text{cm}} = 400$$

이 뇌며, Ag의 격자 확산에 대한 식 (9.1)을 이용하면

$$D_l = 0.67\text{e}^{-30.1} = 5.7 \times 10^{-14}$$

가 된다. 식 (9.23)에 값을 입력하면

$$D_b\delta = \left(2.5 \times 10^{-3}\right)^2 \times \left(\frac{4 \times 5.7 \times 10^{-14}}{4.3 \times 10^5}\right)^{1/2} \pi^{-1/2} = 25.6 \times 10^{-16}$$

만일 결정립계 넓이가 0.5 nm라면,

$$D_b = 5 \times 10^{-8}\ \text{cm}^2/\text{s}$$

이고, 이 값은 725 K에서 식 (9.2)로부터 얻어진 $8 \times 10^{-8}(\text{cm}^2/\text{s})$의 값과 유사하다.

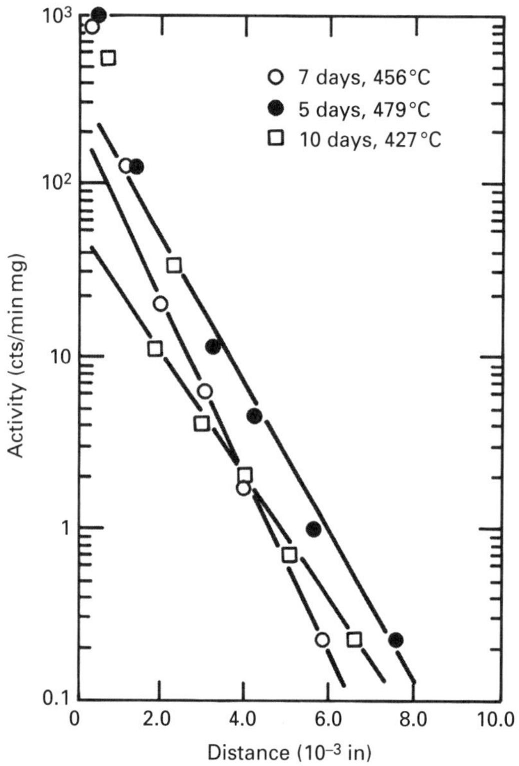

그림 9.6 다결정 Ag에서 Ag의 방사성 데이터. 결정립계 확산은 Fisher 분석을 이용하여 구한다.

9.4 결정립계 확산의 Whipple 분석

결정립계는 두께와 결정립계 확산계수 D_b를 갖는다. 결정립계 밖은 격자확산계수 D_l을 갖는다. 분석을 위한 좌표계는 그림 9.7에 나타내었다[7].

초기 조건은

$$C(x,0,0) = C_0$$
$$C(x,y,0) = 0$$

이고, 경계 조건은

$$C(x,0,t) = C_0$$
$$C(\infty,\infty,t) = 0$$

이 된다.

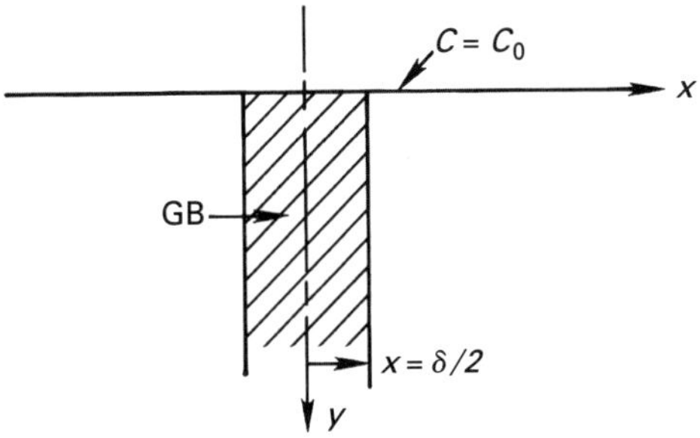

그림 9.7 결정립계 확산의 Whipple 분석에 사용된 좌표계

결정립에서는

$$\frac{\partial C}{\partial t} = D_l \left(\frac{\partial^2 C}{\partial x^2} + \frac{\partial^2 C}{\partial y^2} \right) \tag{9.24}$$

결정립계 내부에서는

$$\frac{\partial C_b}{\partial t} = D_b \left(\frac{\partial^2 C_b}{\partial x^2} + \frac{\partial^2 C_b}{\partial y^2} \right) \tag{9.25}$$

가 된다. 결정립계 판상과 결정립이 만나는 지점 $x = \pm\delta/2$에서

$$C = C_b \tag{9.26}$$

$$D_b \frac{\partial C_b}{\partial x} = D_l \frac{\partial C}{\partial x} \tag{9.27}$$

이 되어야 한다. 즉, 농도와 기울기는 연속적이어야 한다.

Whipple은 결정립계 판상 내에서 x의 우함수로 생각하였다. 4장에 기술된 것과 같이 우함수의 박막 확산 해는 아래와 같이 주어진다.

$$C = \frac{C_0}{2(\pi Dt)^{1/2}} \exp\left(-\frac{x^2}{4Dt}\right)$$

입계 내의 농도도 우함수를 갖는 것으로 가정하였고

$$C_b = C_b^0 + \frac{x^2}{2} C_b^1(y, t) \tag{9.28}$$

여기에서 C_b^0와 C_b^1는 우함수의 계수이다.

식 (9.28)을 식 (9.25)에 대입하면,

$$\frac{\partial C_b^0}{\partial t} = D_b \left(\frac{\partial^2 C_b^0}{\partial y^2} + C_b^1 \right) \tag{9.29}$$

이 된다. $x = \delta/2$에서, 만일 δ가 매우 작다면 식 (9.26), (9.27) 그리고 (9.28)로부터

$$C = C_b^0$$

$$D_l \frac{\partial C}{\partial x} = D_b \frac{\delta}{2} C_b^1$$

이 된다. C_b^0와 C_b^1을 식 (9.29)에 대입하면

$$\frac{\partial C}{\partial t} = D_b \left(\frac{\partial^2 C}{\partial y^2} + \frac{\delta}{2} \frac{D_l}{D_b} \frac{\partial C}{\partial x} \right) \tag{9.30}$$

만일 $\partial C/\partial t = 0$이라면 이 식은 Fisher의 식 (9.10)이 된다.

이제 $\partial^2 C/\partial y^2$을 식 (9.24)로부터 (9.30)으로 대입하면

$$\frac{\partial C}{\partial t} = D_b \left(\frac{1}{D_l} \frac{\partial C}{\partial t} - \frac{\partial^2 C}{\partial x^2} + \frac{\delta}{2} \frac{D_l}{D_b} \frac{\partial C}{\partial x} \right) = \frac{D_b}{D_l} \frac{\partial C}{\partial t} - D_b \frac{\partial^2 C}{\partial x^2} + \frac{2D_l}{\delta} \frac{\partial C}{\partial x}$$

이 된다. 항들을 재배열하면,

$$\left(\frac{D_b}{D_l} - 1 \right) \frac{\partial C}{\partial t} = D_b \frac{\partial^2 C}{\partial x^2} - \frac{2D_l}{\delta} \frac{\partial C}{\partial x} \tag{9.31}$$

을 얻을 수 있다. C에 대한 두 식 (9.24)와 (9.31)을 얻었다. 이것이 Whipple 해석의 시작점이다.

Whipple의 해석을 정리하면,

초기 조건 $C(x, 0, 0) = C_0$

$C(x, y, 0) = 0$

경계 조건 $C(x, 0, t) = C_0$

$C(\infty, \infty, t) = 0$

식 (9.24) $\Rightarrow \dfrac{\partial C}{\partial t} = D_l \left(\dfrac{\partial^2 C}{\partial x^2} + \dfrac{\partial^2 C}{\partial y^2} \right)$ 여기에서 Fisher의 분석에서는 $\dfrac{\partial^2 C}{\partial y^2} = 0$이다.

식 (9.31) $\Rightarrow \left(\dfrac{D_b}{D_l} - 1 \right) \dfrac{\partial C}{\partial t} = D_b \dfrac{\partial^2 C}{\partial x^2} - \dfrac{2D_l}{\delta} \dfrac{\partial C}{\partial x}$ 여기에서 Fisher의 분석에서는 $\dfrac{\partial C}{\partial t} = 0$

이다.

식 (9.31)은 $x = \delta/2$에서 C의 경계 조건으로 간주될 수 있다.

해는

$$C(x, y, t) = C_0\left(1 - \mathrm{erf}\frac{\eta}{2}\right) + \frac{C_0\eta}{2\sqrt{\pi}}$$
$$\times \int_1^{\Delta(\infty)} \frac{d\sigma}{\sigma^{3/2}} \exp\left(\frac{-\eta^2}{4\sigma}\right) \mathrm{erfc}\left[\frac{1}{2}\sqrt{\frac{\Delta - 1}{\Delta - \sigma}}\left(\xi + \frac{\sigma - 1}{\beta^1}\right)\right] \tag{9.32}$$

여기에서 σ는 적분 변수이고

$$\eta = \frac{y}{(D_l t)^{1/2}}, \xi = \frac{x - \delta/2}{(D_l t)^{1/2}}, \Delta = \frac{D_b}{D_l}$$

$$\beta^1 = \left(\frac{D_b}{D_l} - 1\right)\frac{\delta/2}{(D_l t)^{1/2}} \sim \beta,\ D_b/D_l \gg 1\text{인 경우 식 (9.17) 참조}$$

$\beta = \dfrac{D_b \delta}{D_l S} \cong \dfrac{\text{flux through grain boundary}}{\text{flux through grains}}$이고, 여기에서 $2\,(D_l t)^{1/2}$이다.

시편 절단 방법의 응용을 위해서는

$$\eta\beta^{-1/2} = y\frac{(4D_l/t)^{1/4}}{(D_l\delta)^{1/2}}$$
$$\left(\eta\beta^{-1/2}\right)^m - y^m\frac{(4D_l/t)^{m/4}}{(D_l\delta)^{m/2}}$$
$$\frac{\partial\left(\eta\beta^{-1/2}\right)^m}{\partial y^m} = \frac{(4D_l/t)^{m/4}}{(D_l\delta)^{m/2}}$$
$$\frac{\partial\left(\eta\beta^{-1/2}\right)^m/\partial \ln \bar{C}}{\partial y^m/\partial \ln \bar{C}} = \frac{(4D_l/t)^{m/4}}{(D_l\delta)^{m/2}} \tag{9.33}$$

$$D_b\delta = \left(\frac{\partial \ln \bar{C}}{\partial y^m}\right)^{-\frac{2}{m}} (4D_l/t)^{1/2}\left(\frac{\partial \ln \bar{C}}{\partial\left(\eta\beta^{-1/2}\right)^m}\right)^{\frac{2}{m}} \tag{9.34}$$

식 (9.33)으로부터 만일 $\dfrac{\partial \ln \bar{C}}{\partial y^m} = \text{const}$이면, $\dfrac{\partial \ln \bar{C}}{\partial\left(\eta\beta^{-1/2}\right)^m} = \text{const}$이다.

조건 $\dfrac{\partial \ln \bar{C}}{\partial\left(\eta\beta^{-1/2}\right)^m} = \text{const}$으로부터 m은 6/5가 된다. 이를 그림 9.8에 나타내었고,

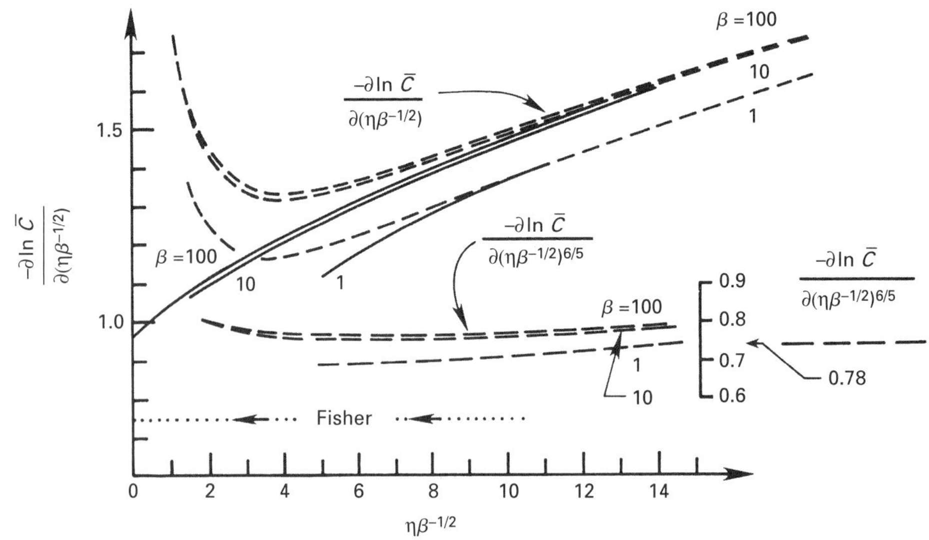

그림 9.8 $(\partial \ln \overline{c})/[\partial(\eta\beta^{-1/2})^m]$가 도시된 도표. m과 상수는 각각 5/6 그리고 0.78의 값을 가진다.

$$\frac{\partial \ln \bar{C}}{\partial \left(\eta\beta^{-1/2}\right)^{6/5}} = 0.78\text{가 된다.}$$

따라서 식은

$$D_b\delta = \left(\frac{\partial \ln \bar{C}}{\partial y^{6/5}}\right)^{-5/3} \left(\frac{4D_l}{t}\right)^{1/2} (0.78)^{5/3} \tag{9.35}$$

가 된다. 식 (9.35)는 Whipple 해의 중요 결과이다. 이 결과는 Fisher의 해인 식 (9.23)과 매우 유사한 형태를 갖고 있다. $\overline{C}$와 $y^{6/5}$를 축으로 한 그래프와 D_l을 안다면 $D_b\delta$를 구할 수 있다. $\overline{C}$와 $\eta\beta^{-1/2}$ 그래프를 그림 9.8에 나타내었다.

9.5 소각 결정립계에서 확산

확산에 미치는 결정립계 구조의 영향은 소각 결정립계에서 볼 수 있다. 소경각입계는 평행하게 배열되어 있는 칼날 전위로 나타낼 수 있다. 이 전위들이 충분한 거리로 떨어진다면, 각 전위를 따른 확산은 파이프를 따라 일어나는 확산, 즉 "파이프 확산"으로 해설될 수 있다. 이는 파이프를 따른 확산과 파이프에 수직인 방향의 확산은 매우 다르기 때문에 매우 이방성을 갖는 성질이다. 파이프에 수직인 확산은 매우 느리다. 또한 각 전위가 너무 가깝지 않다면 파이프 확산의 활성화에너지는 일정하다. 각의 크기 θ가 9°에서 16°의 경각을 가지면 활성화에너지는 동일하다. θ가 20°보다 큰 경우는 적용되지 않는다.

만일 경각입계에서 전위 주심 사이의 거리가

$$d = \frac{a}{2\sin\theta/2} \tag{9.36}$$

이라면, 여기에서 a는 격자상수이고 θ는 경각이다. 이는

$$D_b\delta = \frac{D_p h^2}{d} = 2D_p h^2 \frac{\sin\theta/2}{a} \tag{9.37}$$

여기에서 D_p와 h^2는 각각 전위 파이프의 확산계수와 유효 단면적이고

$$D_p = A\exp\left(-\frac{Q}{kT}\right) \tag{9.38}$$

이 된다. Q는 θ에 의존하지 않는다. 확산이 파이프에 수직으로 일어나는 경우, 측정되는 확산은 매우 작고 θ에 역시 의존하게 된다.

9.6 확산에 의한 결정립계의 이동

위에서는 움직이지 않는 결정립계 내에서 확산, 즉 원자 확산이 일어나는 동안 결정립계가 움직이지 않는 경우를 논의하였다. 미세한 결정립 박막에서 결정립계는 곡률 또는 결정립계 에너지의 감소 때문에 움직이는 경향이 있다. 그러므로 움직이는 결정립계의 확산을 경험하게 된다. 움직이는 결정립계에서 확산은 다결정 고체에서 일어나는 낮은 활성화에너지를 갖는 상변화 과정이다[8-10]. 이러한 확산을 논의하기 위해서는 두 가지 중요한 문제가 있다. (a) 움직이는 결정립계에서 확산방정식, (b) 결정립계를 움직이는 구동력

그림 9.9에 도시된 것처럼 결정립계가 일정한 속도, v로 이동하는 경우의 확산방정식을 논의할 것이다. 4장에서 주어진 것과 같이 연속방정식을 이용하여 결정립계에 존재하는 아주 작은 면적 $dxdz$에 유입되고 나가는 플럭스를 고려하자. 여기에서 2차원 문제로 가정하므로 y축을 무시할 수 있다. 이 문제를 더 단순화하기 위하여 격자 확산을 무시가능하다고 가정하자. 이 가정은 고체 녹는점의 1/2 이하 온도에서 일어나는 확산의 경우에는 적용가능하다.

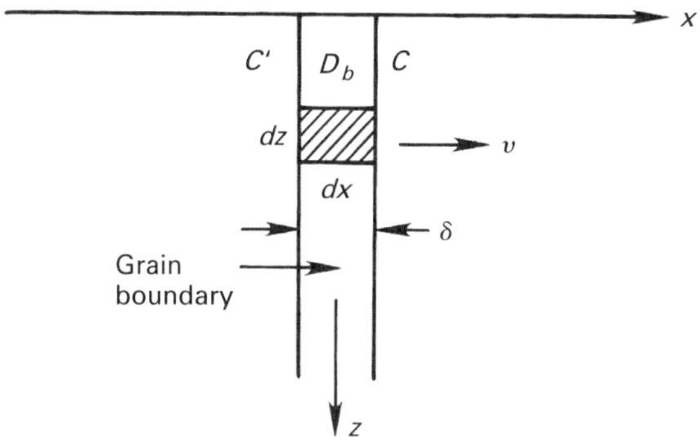

그림 9.9 결정립계를 따라 일어나는 확산에 의해 만들어지는 결정립계 이동의 좌표계

그림 9.9에 나타내는 것처럼 z 방향으로는

$$J_z = -D_b \frac{\partial C_b}{\partial z} \tag{9.39}$$

이 되고, 여기에서 D_b와 C_b는 각각 결정립계 내의 확산계수와 농도이다. x 방향으로는

$$\begin{aligned} J_x &= vC - vC' \\ \Delta x &= \delta \end{aligned} \tag{9.40}$$

여기에서 C와 C'은 각각 결정립계 이동 전과 후의 격자 농도이다. 따라서 영역 $dxdz$에서 분산은

$$\nabla \cdot J = \frac{\partial J_x}{\partial x} + \frac{\partial J_z}{\partial z} = 0 \tag{9.41}$$

$$\frac{v(C - C')}{\delta} + \frac{\partial}{\partial z}\left(-D_b \frac{\partial C_b}{\partial z}\right) = 0$$

$$\delta D_b \frac{\partial^2 C_b}{\partial z^2} - v(C - C') = 0 \tag{9.42}$$

이 된다. 이 확산방정식을 풀기 위하여 다음을 가정하자.

$$\frac{C}{C_b} = k \tag{9.43}$$

여기에서 k는 편석계수라 한다. 따라서

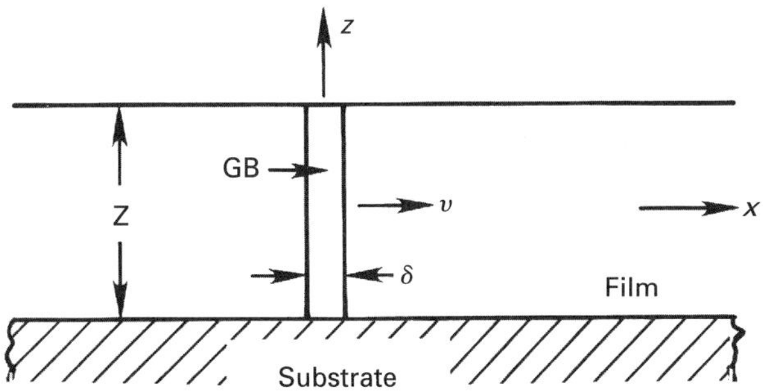

그림 9.10 박막에서 결정립계 이동의 개략도

$$\frac{\partial^2 C}{\partial z^2} - \frac{vk}{D_b \delta}(C - C') = 0 \tag{9.44}$$

이 미분방정식의 해는 만일 $p^2 = vk/D_b\delta$라고 하면, 단순 지수 함수가 된다. 만일 경계 조건이 주어진다면 해는 쉽게 구할 수 있다.

그림 9.10에 그려진 박막에 이 식을 적용하여 보자. 결정립계는 두께 Z를 갖는 박막에서 속도 v로 이동한다. 만일 격자 확산을 무시할 수 있다고 가정하면, 결정립계 확산계수는 대략

$$D_b \cong \frac{Z^2 v}{\delta} \tag{9.45}$$

로 추정할 수 있고, 여기에서 δ/v는 대략 결정립계 확산을 위한 시간(t)이고 Z는 확산 두께가 된다.

위의 반응 속도론은 금속, 다결정 Si 박막에서 불순물 확산으로 유발되는 결정립 성장, 그리고 산화구리 박막에서 산소 확산에 의해 유발되는 상경계 이동 등에서 확산에 의해 유발되는 결정립계 이동(DIGM)의 설명에 적용할 수 있다. DIGM의 한 예로 160°C 근처에서 다결정 Cu 박막과 다결정 Au 박막 사이의 상호확산이 있다. 온도가 너무 낮아서 격자 확산이 일정 시간 동안 매우 작을 수밖에 없다. 그러나 Au 내 움직이는 결정립계를 따라서 Cu 확산에 의한 상호확산이 일어나고, 움직이는 결정립계가 지나간 영역에서는 CuAu 고용체가 형성된다.

다음은 결정립계 이동의 구동력에 대해서 논의하자. 서로 다른 결정방위만을 갖는 결정립 사이에 존재하는 결정립계의 이동은 결정립 성장을 만든다. 이러한 결정립계 이동에서, 결정립계를 따라서 장범위 확산은 발생하지 않고 단지 결정립계에 존재하는 원자들이 결정립계 넓이 δ만큼 이동하고 성장하는 결정립의 결정방위 축에 맞도록 재배열하는 것이 필요할 뿐이다. 반면에 DIGM에서는 장범위 결정립계 확산이 필요하다. 그러나 일반적인 결정립 성장과

DIGM의 주된 차이는 구동력이다.

일반적인 결정립계 성장에서 움직이는 결정립계의 구동력은 결정립계 에너지(또는 면적)의 감소이고 결정립계는 항상 곡률에 반해서 움직이다.

DIGM의 경우에 구동력은 화학적인 것이다. 다시 말해서 상 변화에 따른 자유에너지 감소에 기인한 것이다. 그러므로 결정립계 이동은 곡률 방향으로 움직일 수도 있고 또는 일직선의 결정립계도 움직일 수도 있다. 왜냐하면 화학 구동력은 대략 1eV로 결정립 성장의 곡률 변화를 위한 구동력보다 훨씬 크기 때문이다. 곡률 변화 구동력은 약 0.01eV 수준이다.

참고문헌

[1] D. Turnbull and R. H. Hoffman, "The effect of relative crystal and boundary orientations on grain boundary diffusion rates," *Acta Met.* **2** (1954), 419.

[2] A. D. LeClaire, "The analysis of grain boundary diffusion measurements," *Brit. J. Appl. Phys.* **14** (1963), 351.

[3] R. W. Balluffi and J. M. Blakely, "Special aspects of diffusion in thin films," in *Low Temperature Diffusion and Applications to Thin Films*, eds A. Ganguler, P. S. Ho and K. N. Tu (Elsevier, Sequoia, Lausanne, 1975), 363.

[4] D. Gupta, D. R. Campbell and P. S. Ho, Ch. 7 of "Grain boundary diffusion" in *Thin Films—Interdiffusion and Reactions*, eds J. M. Poate, K. N. Tu and J. W. Mayer (Wiley-Interscience, New York, 1978).

[5] J. C. M. Hwang and R. W. Balluffi, "Measurement of grain boundary diffusion at low temperature by the surface accumulation method: I. Method and analysis," *J. of Appl. Phys.*, **50** (1979), 1339–48.

[6] J. C. Fisher, "Calculation of diffusion penetration curves for surface and grain boundary diffusion," *J. Appl. Phys.* **22** (1951), 74.

[7] R. T. P. Whipple, "Concentration contours in grain boundary diffusion," *Phil. Mag.* **45** (1954), 1225.

[8] K. N. Tu, "Kinetics of thin-film reactions between Pb and the AgPd alloy," *J. of Appl. Phys.*, **48** (1977), 3400.

[9] J. W. Cahn and R. W. Balluffi, "Diffusional mass-transport in polycrystals containing stationary or migrating grain boundaries," *Script. Met.* **13** (1979), 499–502.

[10] K. N. Tu, J. Tersoff, T. C. Chou and C. Y. Wong, "Chemically induced grain boundary migration in doped poly-crystalline Si films", *Solid State Communications* **66** (1988), 93–7.

연습문제

9.1 DIGM은 결정립 성장 과정 또는 결정립 핵 생성-성장 과정 중 어느 것인가?

9.2 DIGM은 대칭 틸트 형태 결정립계로부터 발생하는 DIGM에서 결정립계 이동 방향이 우측인지 좌측인지 어떻게 결정할 수 있는가?

9.3 DIGM은 Ni이 Cu 박막으로 확산할 때 발생한다. 결정립계 속도를 온도의 함수로 기록하여 350°C에서 속도는 3.2×10^{-11} m/s인 반면, 900°C에서 속도는 4.0×10^{-9} m/s이다. Cu 내에서 Ni의 결정립계 확산에 대한 활성화에너지를 구하라.

9.4 T = 400°C에서 10분 동안 확산 거리는 150 nm이다.

(a) D (D_0 = 1.0 cm^2/s를 가정)와 활성화에너지를 구하라.

(b) 자기 확산 기구가 격자 확산에 의한 것인지 결정립계 확산에 의한 것인지 결정하고 그 이유를 설명하라.

9.5 다결정 재료에 대해서 방사성 동위원소 추적자 법으로 구한 데이터를 표시한 아래 그림으로부터 결정립계 확산계수 D_b(결정립계 넓이 δ = 0.5 nm로 가정)를 구하라. 단결정 재료로부터 격자확산계수를 구하기 위하여 425°C에서 동일한 시간인 10일 동안 확산시켰을 때 확산 길이가 $\lambda_D = 2 \times 10^{-5}$ cm이었다.

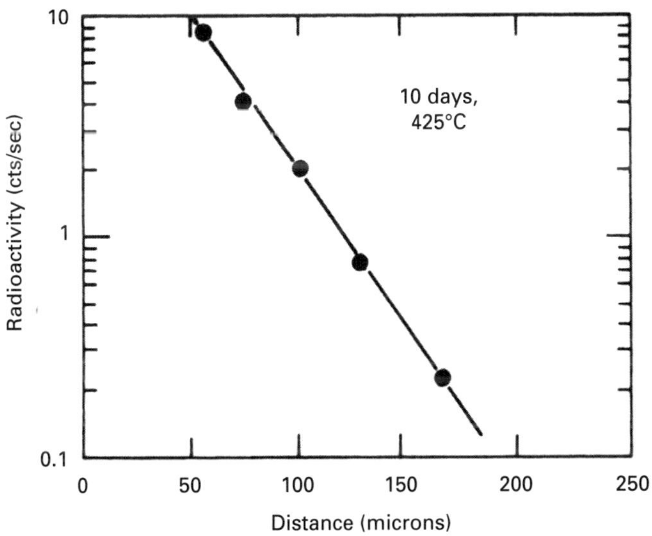

9.6 50 nm 두께 다결정 Al 시편이 100 nm 크기의 정사각형 모양 결정립을 갖고 있다. 그리고 결정립계 넓이 1 nm이고 결정립계 확산계수의 앞지수 $D_0 = 10^{-10}$ cm^2/s이다.

방사성 동위원소 추적자가 약 0.1초 후에 이웃한 결정립 내로 1.78 nm 정도로 침투하였다. Fisher 분석을 이용하여, 전체 결정립을 침투하는 데 소요되는 시간을 구하라.

9.7 경계조건 $z = 0$에서 $dC/dz = 0$ 그리고 $z = Z$에서 $C = C_e$를 이용하여 식 (9.44)의 해를 구하라.

10 배선과 패키징 기술에서 비가역 과정

10.1 서론

박막 재료과학은 웨이퍼 기반이고 플럭스에 의해서 구동된다. 이제까지 대부분의 박막 응용 분야는 반도체 웨이퍼 위에 만들어진 소자이다. 마이크로전자 또는 광전자 소자 공정을 하기 위해서는 단원자 층을 추가하거나 웨이퍼로부터 단원자 층을 제거하는 기본 단계들로 구성된다. 이 공정에서 재료의 평형상태를 취급하지 않는다. 오히려 원자 플럭스의 반응 속도론 상태를 다룬다. 여기에 더해 예를 들면 반도체에서 *p-n* 접합은 평형상태가 아니다. 만일 고온에서 오랜 시간동안 열처리를 한다면, *p*형과 *n*형 도펀트의 상호확산으로 사라질 것이다. 상온 근처인 소자의 동작온도에서 도펀트는 반도체 내에서 과포화 상태이고 움직이지 않는 상태로 존재하며, 전하의 이동을 유발하는 전기적 포텐셜, 즉 내부 전위(built-in potential)를 만든다. 반도체 도핑에서 도펀트의 원하는 농도 분포를 얻기 위해 반도체 내로 원자 플럭스를 확산하거나 주입할 필요가 있다. 전계 효과를 기반으로 동작하는 소자에서 FET를 켜거나 끄는데 쓰이는 전류 또는 전하 입자를 소자를 통해 흘려야 한다. 이러한 현상은 플럭스에 기반한 과정이다.

일반적으로 말해서 계에서 물질의 플럭스 또는 흐름, 에너지(열)의 흐름 또는 전하 입자의 흐름을 생각할 수 있다. 실제로 전자 소자에서는 동작 시 이 세 가지 흐름이 모두 공존한다. 소자의 신뢰성 관점에서 가장 중요한 것은 이 세 가지 흐름 각각의 상호작용 그리고 흐름 간의 작용이 소자의 파괴를 유발한다는 것이다. Al과 Cu 배선의 일렉트로마이그레이션에서 고전류밀도에 의한 원자의 흐름과 응력 기울기에 의해 구동되는 원자의 흐름 사이의 상호작용을 포함한다. 공정합금 플립칩 솔더 접합의 써모마이그레이션에서 농도 기울기는 온도 기울기에 기인한 공정 구조의 상 분리에 반대로 작용하지 않는다.

간단한 경우에, 흐름은 정상상태에 있지만 흐름이 평형상태에서 비평형상태로 가지는 않을 것이다. 왜냐하면 흐름은 평형상태에서 멈추기 때문이다. 그러나 많은 실제 과정과 시스템에서는 인가된 구동력에 의해 정상상태로 계속 진행된다. 평형이 아니면, 상태를 설명하는

Gibbs 자유에너지 최솟값 조건을 사용할 수 없게 된다. 상태 대신에 흐름 과정을 설명할 필요가 생기는 것이고, 이제 비평형 또는 비가역적 열역학 영역으로 들어오게 된 것이다. 열역학에서 한 평형상태에서 다른 평형상태로 이동하는 반응 속도 과정은 가역적이거나 비가역적일 수 있다. 이론적으로는 가역적일 수 있다. 실제로는 비가역적이다. 만일 실제 시스템이 균일한(homogeneous) 경계 조건을 유지한다면, 즉 일정 온도 또는 일정 압력, 상변태 등의 최종 평형 상태를 비가역적으로 도달하게 될 것이다. 반면에 계가 만일 불균일(inhomogeneous) 경계 조건을 유지한다면, 즉 온도 기울기 또는 압력 기울기, 평형 상태 대신에 정상상태로 비평형적으로 가게 될 것이다. 대개의 경우 정상상태 과정을 "비가역적 과정"으로 칭한다.

Rd과 Si 또는 Ni과 Zr 사이의 두 층 박막 반응에서 RdSi 또는 NiZr의 비정질 합금이 박막의 급랭 과정이 아니라 서서히 가열되는 과정에서 형성된다. 결정질 중간상인 RdSi 또는 NiZr이 비정질 상보다 더 낮은 자유에너지를 갖고 있기 때문에, 최소 자유에너지 상태를 갖으려는 최대 자유에너지 변화로 비정질 합금의 형성을 설명할 수는 없다. 그러나 이러한 현상을 설명하기 위해서 짧은 시간 동안 최대 자유에너지 변화율(rate)을 사용할 수 있을 것이다.

$$\Delta G = \int_0^\tau \frac{\Delta G}{\Delta t} dt = \int_0^\tau \frac{\Delta G}{\Delta x}\frac{\Delta x}{\Delta t} dt = \int_0^\tau -Fv dt \tag{10.1}$$

여기에서 $\Delta G/\Delta t$는 Gibbs 자유에너지 변화율이고, F는 반응 구동력 또는 화학 포텐셜 기울기, v는 고려 대상인 상의 반응 속도 또는 상 형성률이다. 비정질합금에 대해서 형성 구동력은 결정질 상의 구동력에 비해서 작다. 그러나 만일 형성률(짧은 시간 동안, τ)이 결정질 상보다 크다면, 비정질 상의 Fv가 결정질 상보다 클 수 있다. 따라서 비정질 상이 형성된다. 변화 과정에서 Gibbs 자유에너지 변화는

$$\frac{dG}{dt} = -S\frac{dT}{dt} + V\frac{dp}{dt} + \sum_i^j \mu_i \frac{dn_i}{dt} \tag{10.2}$$

로 표현할 수 있다. 실제로 급랭(dT/dt의 변화가 매우 큼), 쾌속 절삭(dp/dt의 변화가 매우 큼) 그리고 이온 주입(dn_i/dt가 매우 큼)이 비정질 또는 준안정상을 만드는 데 사용될 수 있다. 반면에 시간이 무한대인 경우에는 평형 결정 상이 나타난다. 그러나 비가역 과정에서 자유에너지 변화보다는 엔트로피 변화에 의해 설명된다. 이는 열 전달 예로 아래에 논의할 것이다.

흐름 과정에서 엔트로피 변화를 설명하기 위하여 열 흐름을 사용할 것이다. 그림 10.1에서 온도가 T_1과 T_2인 두 개의 열 챔버를 고려하자. 여기에서 T_1은 T_2보다 높다. 만일 두 챔버가 연결되어 있다면 열은 T_1에서 T_2로 흐를 것이다. T_1에서 T_2로 흐르는 열을 δQ라 가정하자. 두 챔버에서 엔트로피의 변화는

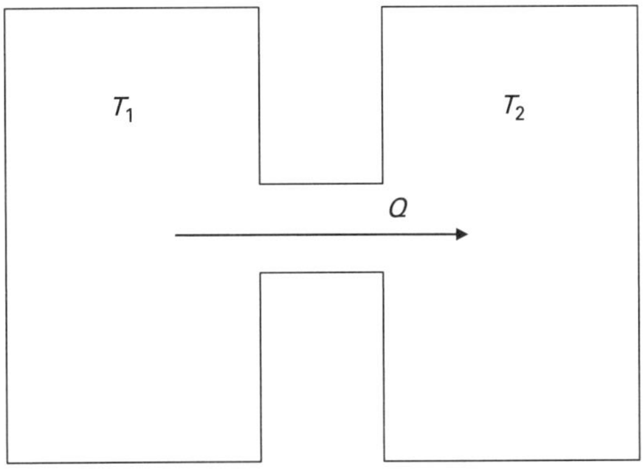

그림 10.1 T_1과 T_2인 두 개의 챔버, 여기에서 T_1은 T_2보다 높다.

$$dS_1 = -\frac{\delta Q}{T_1}$$
$$dS_2 = +\frac{\delta Q}{T_2}$$

엔트로피의 순변화는 양의 값을 갖는다.

$$dS_{net} = dS_1 + dS_2 = \delta Q\left(\frac{1}{T_2} - \frac{1}{T_1}\right) = \delta Q\left(\frac{T_1 - T_2}{T_1 T_2}\right) \tag{10.3}$$

엔트로피는 보존되지 않고 열 흐름은 일정량만큼의 엔트로피를 만든다. 흐름은 한 챔버에서 다른 챔버로 흐르는 데 시간이 걸리기 때문에 엔트로피 생성 변화 과정이다. 이 장에서 물질, 열 그리고 전하 흐름에서 엔트로피 생성을 논할 것이다. 이를 수행하기 이전에 상호작용뿐만 아니라 플럭스와 구동력에 대해서도 정의할 필요가 있다.

10.2 플럭스 식

세 가지의 흐름 또는 플럭스가 있다. 이는 세 가지의 매우 잘 알려진 법칙을 지배한다. 물질 흐름(Fick의 법칙), 열 흐름(Fourier의 법칙) 그리고 전하의 흐름(Ohm의 법칙)이다. 1차원에서 이 법칙은

$$J = -D\frac{dC}{dx}$$
$$J_Q = -k\frac{dT}{dx}$$
$$j = -\sigma\frac{d\phi}{dx} \tag{10.4}$$

여기에서 물질 플럭스 J는 확산계수와 농도 기울기의 곱이고, 열 플럭스 J_Q는 열 전도도와 온도 기울기의 곱이고, 전하 플럭스 j는 전도도와 전기 포텐셜(전압)의 기울기 또는 전기장의 곱이다. 마지막 식은 $E = j \times \rho$로 다시 쓸 수가 있다. 여기에서 $E = -d\phi/dx$는 전기장이고 ρ는 비저항이다. Fick의 법칙과 Ohm의 법칙의 변수 간의 유사성에 대한 직접적인 비교는 11장에 논하였다.

위 세 식을 한 식에 통합할 수 있다.

$$J = LX$$

각 구동력 X에 대해서 대응하는 짝 흐름은 J이고 L은 비례 상수 또는 변수이다. 예를 들어, 온도 기울기에서 주 흐름이 열이고 변수는 열 전도도이다. 전형적으로 흐름 과정에서 구동력으로 음의 기울기인 $-dT/dx$, $-dC/dx$ 또는 $-d\phi/dx$를 취하였다. 그러나 이 중에 어느 것도 "응력 × 면적"의 기계적인 힘의 단위를 갖지는 않는다. kT는 열 에너지이고 ϕ는 전기 포텐셜로 정의 되기 때문에 $e\phi$는 전기 포텐셜 에너지이다. 그러므로 비가역 과정에서 짝(conjugate) 힘과 플럭스를 정의할 필요가 있고 엔트로피 생성률을 정의한 후에 보다 명확해질 것이다[1-5].

열 전도에서 온도 기울기는 원자의 흐름뿐만 아니라 전하 흐름을 구동한다. 이를 상호작용이라 한다. 온도 기울기가 전하 플럭스를 유발하는 것을 열전기 효과 또는 Seebeck 효과라고 한다. 온도 측정용 열전대에 이 효과가 사용된다. 전기장이 열 흐름을 유발하는 것을 Peltier 효과라 한다. 열전기 효과가 소자의 신뢰성에 영향을 미치는지 여부는 명확하지 않다. Peltier 효과는 소자가 뜨거운 부분에서 계면 반응에 영향을 미칠 수도 있다. 온도 기울기가 원자 플럭스를 유발하는 것을 써모마이그레이션(thermomigration)이라고 하거나 합금 내에서 써모마이그레이션이 일어나는 현상을 Soret 효과라고 하며 이는 신뢰성 관점에서 흥미로운 현상이다. 매우 흥미로운 또 다른 상호작용은 일렉트로마이그레이션이다. 이는 고전류밀도하에서 전기장에 의해 구동되는 원자 확산을 뜻한다.

이 관계를 나타내기 위하여 행렬을 사용할 수 있고,

$$J_i = \sum_i^j L_{ij}X_j \tag{10.5}$$

이고, 여기에서 L_{ii}는 구동력과 그 구동력에 의한 주된 흐름 사이의 계수이고, $i \neq j$일 때 L_{ij}는 상호작용계수이다.

열 흐름을 고려할 때 온도는 상수가 아니고 변수임을 상기할만한 가치가 있다. 그러므로 열전기 효과 또는 써모마이그레이션을 논할 때 온도는 변수로서 취급해야 한다. 그러나 원자 흐름과 전하 흐름이 일정한 온도에서 일어날 수 있다. 그러므로 일렉트로마이그레이션에서 상호작용을 고려할 때 일정한 온도 과정으로 가정할 수 있고 온도는 변수가 아니다.

10.3 엔트로피 생성

흐름 과정에서 엔트로피 생성을 고려하기 위해서 불균질 계를 다룰 것이다. 이러한 계에 대한 주된 열역학적 가정은 물리적으로 작은 부피에 대해서 준평형으로 가정하는 것이다. 각각의 조그만 물리적인 부피 또는 셀은 준평형상태에 존재한다고 가정할 수 있고 그 엔트로피는 열역학 변수와 계수를 이용하여 평형 열역학 관계로부터 결정할 수 있다. 원소와 동위원소의 혼합과 같은 이상적인 이원계의 내부에너지 변화를

$$dU = TdS - pdV + \sum_{i=1}^{2} \mu_i dn_i \tag{10.6}$$

으로 표현할 수 있다. 계에 압력을 가해 양의 일이 행해질 때 부피는 감소하므로 $-pdV$ 항에서 음의 부호를 갖는다. 그러므로

$$TdS = dU + pdV - \sum_{i=1}^{2} \mu_i dn_i = dH - Vdp - \sum_{i=1}^{2} \mu_i dn_i \tag{10.7}$$

이 된다. 여기에서 dS, dU, dH, dV 그리고 dn_i는 각각 엔트로피, 내부에너지, 엔탈피(열함수), 부피 그리고 주어진 물리적으로 작은 셀 안에 존재하는 i 원소 입자 수의 변화이다. 전체 계의 엔트로피(그리고 엔트로피 변화)는 각 셀들의 엔트로피들(그리고 엔트로피들의 변화) 총 합으로 정의된다. 각 셀의 엔트로피 변화는 두 항의 합으로 나타낼 수 있다. $dS = dS_e + dS_i$. 첫 번째 항은 엔트로피 분산(셀들 사이에 이미 사용가능한 엔트로피의 재분배를 설명)에 기인한다. 이것은 셀 경계를 통하여 셀 안으로 들어오는 엔트로피와 경계를 통하여 셀 밖으로 나가는 엔트로피 사이의 차이와 일치한다. 두 번째 항은 셀 내에서 만들어지는 엔트로피를 의미하고 항상 양의 값(또는 계가 평형이고 플럭스가 없는 경우에는 0)이다. 정상상태 과정에서, 합 dS는 모든 셀에서 0이지만 dS_e 또는 dS_i는 0이 아닐 수도 있다. 이는 정상상태가 각 셀의 변수가 항상 일정하다는 것을 의미하기 때문이다. 그러므로 상태함수인 엔트로피는 항상 일정하

고, dS는 0이 된다. 정상상태 과정에서 엔트로피 생성 dS_i가 0이 아니면 이는 셀 내의 엔트로피 플럭스 발산인 dS_e에 의해 보정이 될 것이다. 예를 들어, 정상상태 과정에서 열이 한 셀에서 생성되면, 그 열은 다른 곳으로 이동하거나 발산하여야 한다. 그렇지 않으면 온도는 올라가고 정상상태를 유지할 수 없게 된다.

두 번째 항, 즉 엔트로피 생성률은 "플럭스"와 그와 상응하는 짝 "구동력"의 곱으로 나타낼 수 있다는 것은 잘 알려진 사실이다. 아래 세 가지 흐름 과정인 열 전달, 원자 확산 그리고 전기 전도를 고려하자.

열 전도에서, 온도는 상수가 아니고 변수로 취급하여야 한다. 반면에, 원자 확산과 전기 전도에서 온도가 일정한 과정으로 가정할 수 있다. 상호작용을 고려할 때는 특히 더 명심해야 한다.

10.3.1 열 전도

x축을 따라 존재하는 온도 기울기에 의해 발생하는 1차원 열 플럭스를 고려하자. 셀은 그림 10.2에 보이는 것처럼 x와 $x+dx$ 사이에 단면적 A와 넓이 dx를 갖는 얇은 층이라 하자. 셀의 부피 V = Adx이다. 과정이 일정한 압력 과정이고 원자 흐름이 없다고 가정하자. 셀에서 엔트로피의 변화는 엔탈피 변화에 의해 결정되고, 이 엔탈피 변화는 유입되는 열 플럭스와 유출되는 열 플럭스에 의해 결정된다. 식 (10.7)로부터,

$$TdS = dH = J_Q(x) \cdot A \cdot dt - J_Q(x + \Delta x) \cdot A \cdot dt$$
$$= -V \frac{J_Q(x + \Delta x) - J_Q(x)}{\Delta x} \cdot dt = -V \frac{\partial J_Q}{\partial x} dt \tag{10.8}$$

위 식을 $TVdt$로 나누고 매우 잘 알려진 곱의 미분 $[ydx = d(yx) - xdy]$을 사용하면,

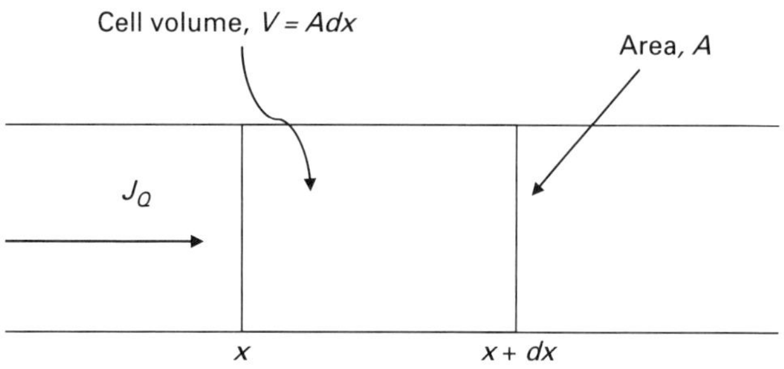

그림 10.2 1차원 열 전도를 설명한 개략도. 셀은 단면적 A 그리고 x와 $x + dx$ 사이에 길이 dx를 갖는 얇은 층이다.

$$\frac{\partial S}{Vdt} = -\frac{1}{T}\frac{\partial J_Q}{\partial x} = -\frac{\partial}{\partial x}\left(\frac{J_Q}{T}\right) + J_Q\frac{\partial}{\partial x}\left(\frac{1}{T}\right) \tag{10.9}$$

이다. 위에서 온도는 변수로 취급하였다. 식 우편 첫 번째 항에서 J_Q/T 비는 엔트로피 플럭스이고 $\frac{\partial}{\partial x}(J_Q/T)$는 플럭스 발산으로, 유입 엔트로피 플럭스와 유출 엔트로피 플럭스 차이에 의한 단위 셀당 엔트로피 변화율을 의미한다. 위 식 오른쪽 두 번째 항은 셀 내에서 단위 부피당 단위 시간당 엔트로피 생성률이다. 이 두 번째 항은 열 플럭스와 온도 역수 기울기의 곱으로 열 플럭스를 구동하는 열 역학 구동력(또는 후에 논의할 짝 구동력)으로 해석될 수 있다.

$$\frac{\partial}{\partial x}\left(\frac{1}{T}\right) = -\frac{1}{T^2}\left(\frac{\partial T}{\partial x}\right) \tag{10.10}$$

이기 때문에,

$$\frac{TdS}{Vdt} = -T\frac{\partial}{\partial x}\left(\frac{J_Q}{T}\right) - J_Q\frac{1}{T}\left(\frac{\partial T}{dx}\right) \tag{10.11}$$

이 된다. 정상상태 과정에서, 식 오른쪽의 두 항은 서로 보완한다. 위 식의 단위는 에너지/cm^3 s이다. 열 플럭스 J_Q의 단위는 에너지/cm^2 s이고 구동력 $(1/T)(dT/dx)$의 단위는 기계적인 힘의 단위 에너지/길이와는 다른 단위를 갖는다.

10.3.2 원자 확산

일정한 압력 조건하에 있는 이원 계를 고려하면,

$$TdS = dH - \sum_{i=1}^{2} \mu_i dn_i$$

이 된다. 만일 이원계가 원소와 동위원소로 구성되거나 이상적인 용액이면, $dH = 0$이고

$$\frac{TdS}{dt} = -\sum_{i=1}^{2} \mu_i\left(\frac{\partial n_i}{\partial t}\right)$$

이 된다. 만일 위 식을 부피 V로 나누고 $n_i/V = C_i$라 하고 1차원 연속방정식을 사용하면,

$$\frac{\partial C_i}{\partial t} = -\nabla \cdot J_i = -\frac{\partial J_i}{\partial x}$$

가 된다. 다시 $ydx = d(xy) - xdy$ 관계를 이용하면

$$\frac{TdS}{Vdt} = \sum_{i=1}^{2} \mu_i \frac{\partial J_i}{dx} = -\frac{\partial}{\partial x}\left(-\sum_{i=1}^{2} \mu_i J_i\right) + \sum_{i=1}^{2} J_i \left(-\frac{\partial \mu_i}{\partial x}\right) \tag{10.12}$$

이다. 정상상태 과정에서 식 오른쪽의 두 항의 합은 서로 보완하여 0이 된다. 엔트로피 생성률인 마지막 항은 플럭스와 그 구동력의 곱과 동일하다.

10.3.3 전기 전도

일정한 온도에서 순 금속의 1차원 전도를 고려하자. 이 경우 $dn_i = 0$이고 일정한 부피라고 가정하면 $dV = 0$이고,

$$TdS = dU$$

전기 전도에서 내부 에너지 변화를 논의하기 위해서 물리적 단위 변환은 "1 N-m = 1 J = 1 C-V"가 된다. 이는 내부에너지 변화는 전하량과 포텐셜의 곱으로 표현할 수 있음을 의미한다. 전기 에너지 단위는 eV, C-V이다. 전기 전도에서 j는 전류밀도 A/cm^2 또는 C/cm^2 s으로 정의할 수 있고, ϕ는 전기 포텐셜로서 전압으로 표현할 수 있다. 그림 10.3은 x와 $x+dx$ 사이에 일정한 단면적 A에서 전기 전도를 보여주고 전압 강하는 $\Delta\phi$이다. 만일 일정한 전류 전도, j = 상수를 고려하면 부피 $V = Adx$를 갖는 셀을 지나는 전도는 전압 강하 $\Delta\phi$의 원인이 된다. 이는

$$\begin{aligned} TdS = dU &= jAdt\Delta\phi = jAdt[\phi(x) - \phi(x+\Delta x)] \\ &= -jVdt\left[\frac{\phi(x+\Delta x) - \phi(x)}{\Delta x}\right] = jVdt\left[-\frac{d\phi}{dx}\right] \end{aligned}$$

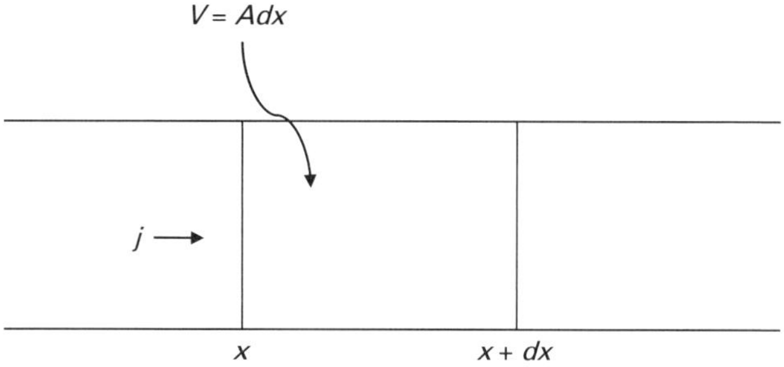

그림 10.3 x와 $x + dx$ 사이에 일정한 단면적 A를 갖는 전도체 내 전기 전도를 설명한 개략도. 여기에서 전압 강하는 $\Delta\Phi$이다.

여기에서 $V = Adx$이다. 따라서

$$\frac{TdS}{Vdt} = j\left[-\frac{d\phi}{dx}\right] = jE = j^2\rho \tag{10.13}$$

이고, 여기에서 $E = -d\phi/dx = \rho j$는 전기장이고, ρ는 비저항 그리고 $j^2\rho$는 단위 부피당 Joule 열이다. 그러므로 단순한 경우에 엔트로피 생성률은 전류밀도 또는 플럭스(C/cm^2 s)와 이 플럭스를 만드는 구동력(전기 포텐셜 기울기 또는 전기장)의 곱이다. 엔트로피 생성은 Joule 열이다.

식 (10.13)에서 Joule 열만으로는 정상상태일 수가 없다. 인가된 전류가 정상상태인 반면에 열 방출 없이는 온도가 올라갈 것이다. 그러므로 정상상태에 도달하기 위해서 시스템은 방출되는 열 플럭스 $J_Q = j^2\rho$가 필요하고 동시에 외부로 방출되는 엔트로피 플럭스 J_Q/T를 동반할 것이다.

10.4 온도에 따른 짝 구동력

위 세 문제에 의해 비가역 과정에서 TdS/Vdt는 플럭스 J와 구동력 X의 곱과 동일하다는 것을 알았다. Onsager는 이를 짝 구동력과 플럭스로 정의하였다[1]. 짝 구동력의 단위는 기계적 힘의 단위와는 같지 않을 수 있다.

열 전도에 대한 식 (10.11)로부터,

$$\frac{TdS}{Vdt} = J_Q X_Q = -J_Q\left(\frac{1}{T}\frac{dT}{dx}\right) \tag{10.14}$$

이다. 그러므로 J_Q에 대한 짝 구동력은 $X_Q = -1/T(dT/dx)$이다. 그러므로

$$J_Q = L_{QQ}X_Q = L_{QQ}\left(-\frac{1}{T}\frac{dT}{dx}\right) = -k\frac{dT}{dx} \tag{10.15}$$

이다. $L_{QQ} = Tk$, 즉 계수 L_{QQ}는 온도와 열 전도도의 곱이다.

원자 확산과 전기 전도의 짝 구동력에 대해서는 지난 장에서 이미 구했으나 일정한 온도하에서 일어났다는 가정하에서였다. 온도가 변수일 때는 세 종류의 흐름에 대한 짝 구동력은 다음과 같다.

$$X_Q = T\frac{d}{dx}\left(\frac{1}{T}\right) \tag{10.16a}$$

$$X_{Mi} = -T\frac{d}{dx}\left(\frac{\mu_i}{T}\right) \tag{10.16b}$$

$$X_E = -T\frac{d}{dx}\left(\frac{\phi}{T}\right) \tag{10.16c}$$

식 (10.16a)와 식 (10.16c)에서 구동력의 단위는 식 (10.16b)와 다르다. 후자는 단위가 기계적인 힘의 단위인 포텐셜 에너지 기울기를 갖는다. 그러나 전자는 그렇지 않다. 비평형 열역학에서 짝 구동력은 대응하는 플럭스가 존재하고, 두 값의 곱은 단위 시간당 단위 부피당 엔트로피 생성 열, TdS/Vdt가 된다. 단위는 에너지/cm^3 s이다. 그러므로 짝 구동력의 단위는 이에 대응하는 플럭스의 단위에 의해 결정된다. 열 전도에서, 플럭스의 단위는 에너지/cm^2 s이고, 열 플럭스를 수반하는 짝 구동력은 $Td(1/T)/dx = -(1/T)(dT/dx)$이고, 단위는 cm^{-1}이다. 원자 확산에서 플럭스는 입자 수/cm^2 s의 단위를 갖고 짝 구동력은 에너지/cm 단위이다. 전기 전도에서 플럭스는 전하 입자 수/cm^2 s 또는 e/cm^2 s이고 짝 구동력은 V/cm 단위를 갖고 그 곱은 eV/cm^3 s를 갖는다.

써모마이그레이션에서 원자 플럭스는 원자 수/cm^2 s이고 짝 구동력으로 이동에 필요한 열 Q^*이다. 반면에 원자 확산과 전기 전도는 일정한 온도에서 일어난다. 원자 흐름과 전기 흐름사이의 상호작용, 즉 일렉트로마이그레이션을 고려할 때에는 일정한 온도이고, 각각 식 (10.16b)와 식 (10.16c)에서 $X_{Mi} = -d\mu_i/dx$ 그리고 $X_E = -d\phi/dx$가 된다.

플럭스와 짝 구동력을 알면, 식 (10.5)에 적용하여 비가역 과정에서 식을 얻을 수 있고 열 흐름, 물질 흐름, 그리고 전기 흐름의 상호작용을 연구할 수 있다. 열 전도는 온도 기울기하에 일어나기 때문에, 위에 주어진 짝 구동력에서는 온도는 상수가 아니고 변수가 된다. 열전기 효과와 써모마이그레이션을 고려할 때는 아래에 논의할 것과 같이 변수로 취급해야 한다.

10.4.1 원자 확산

단순화를 위해서 원자 확산에서 짝 구동력을 고려하기 위해서 압력이 일정한 과장을 고려하자. 식 (10.7)을 다시쓰면,

$$dS = \frac{1}{T}dH - \frac{1}{T}\sum_{i=1}^{2}\mu_i dn_i$$

$$\frac{\partial S}{V\partial t} = \frac{1}{T}\frac{\partial h}{\partial t} - \sum_{i=1}^{2}\frac{\mu_i}{T}\frac{\partial C_i}{\partial t} \tag{10.17}$$

여기에서 $h = H/V$은 단위 부피당 엔탈피이고, $C_i = n_i/V$가 i의 농도이다. 1차원 분석에서

$$\frac{\partial h}{\partial t} = -\nabla \cdot J_Q = -\frac{\partial J_{Qx}}{\partial x}$$
$$\frac{\partial C_i}{\partial t} = -\nabla \cdot J_i = -\frac{\partial J_{ix}}{\partial x}$$

이다. 다시 단순화를 위해서, 열 소스와 싱크가 없다고 가정하자. 그리고 식 (10.17) 내에 위 1차원 연속방정식을 대입하고 $ydx = d(xy) - xdy$를 적용하면,

$$\frac{dS}{Vdt} = -\frac{\partial}{\partial x}\left(\frac{J_{Qx}}{T}\right) + J_{Qx}\frac{\partial}{\partial x}\left(\frac{1}{T}\right) + \frac{\partial}{\partial x}\left(\sum_{i=1}^{2}\frac{\mu_i}{T}J_{ix}\right) - \sum_{i=1}^{2}J_{ix}\left(\frac{\partial}{\partial x}\frac{\mu_i}{T}\right)$$
$$= -\frac{\partial}{\partial x}\frac{1}{T}\left(J_{Qx} - \sum_{i=1}^{2}\mu_i J_{ix}\right) + J_{Qx}\frac{\partial}{\partial x}\left(\frac{1}{T}\right) + \sum_{i=1}^{2}J_{ix}\left(-\frac{\partial}{\partial x}\frac{\mu_i}{T}\right)$$

이다. 만일 마지막 식에 T를 곱하면, 식 (10.16b)에 주어진 것과 같이 마지막 항으로부터 짝 구동력을 얻을 수 있다. 온도 구배가 있는 경우 에너지 플럭스 $J_{Qx} - \mu J$은 열 플럭스 뿐만 아니라 확산하는 원자에 의해 이동하는 화학 포텐셜의 흐름도 포함한다.

10.4.2 전기 전도

전기 전도를 고려하기 위하여, 순 물질에서 일정한 전류와 압력 과정 하에서 1차원 경우로 가정하고, ϕ와 T가 x의 함수이다. 10.3.3절과 $V = Adx$와 $H/V = h$로부터

$$dS = \frac{dH}{T} + \frac{jAdt}{T}[\phi(x) - \phi(x + \Delta x)]$$
$$\frac{dS}{Vdt} = \frac{1}{T}\frac{dh}{dt} - j\left(\frac{1}{T}\frac{\partial \phi}{\partial x}\right)$$
$$\frac{dS}{Vdt} = -\frac{\partial}{\partial x}\left(\frac{J_{Qx}}{T}\right) + J_{Qx}\frac{\partial}{\partial x}\left(\frac{1}{T}\right) - j\left(\frac{\partial}{\partial x}\left(\frac{\phi}{T}\right) - \phi\frac{\partial}{\partial x}\left(\frac{1}{T}\right)\right)$$
$$= -\frac{\partial}{\partial x}\left(\frac{J_{Qx}}{T}\right) + (J_{Qx} + j\phi)\frac{\partial}{\partial x}\left(\frac{1}{T}\right) + j\left(-\frac{\partial}{\partial x}\left(\frac{\phi}{T}\right)\right)$$

이 된다. 마지막 식에 T를 곱하면, 식 (10.16c)에 나타낸 짝 구동력을 마지막 항으로부터 얻을 수 있다. 온도 기울기가 존재하는 곳에서 에너지 플럭스 $J_{Qx} + j\phi$는 열 플럭스만 포함하는 것이 아니라 전류와 흐르는 전하(jAt)에 의한 전기에너지 플럭스도 포함한다.

10.5 Joule 열

전기 전도에서 엔트로피 생성은 Joule 열 임을 앞에서 보였다. 대개 Joule 열의 파워는

$$P = I^2R = j^2\rho V \tag{10.18}$$

여기에서 I는 인가된 전류, $I/A = j$이고 A는 시편의 단면적, R은 시편의 저항이고 $R = \rho l/A$이고 l은 시편의 길이, 부피 $V = Al$이다. 그러므로 I^2R은 전체 시편의 단위 시간당 Joule 열(파워 = 에너지/시간)이 되고 $j^2\rho$는 시편의 단위 부피당 단위 시간당 Joule 열이 된다.

Si 소자는 전기적으로 구동하기 때문에 Joule 열은 내재된 신뢰성 문제이다. Joule 열을 계산하기 위하여, 그림 10.4에 도시한 플립칩을 고려하자. 플립칩은 소자의 Al 배선이 두 개의 솔더 조인트에 의해 연결된다. Al에서 전류밀도는 10^6 A/cm^{2}이고 솔더 조인트에서는 약 10^4 A/cm^{2}이다. Al 배선의 단면적이 솔더 조인트보다 2 승수(100배) 정도 차이가 나기 때문이다. Joule 열을 계산하기 위하여, Al에서 $j = 10^6$ A/cm^{2}이고 $\rho = 10^{-6}$ Ω-cm이면 Joule 열 $\rho j^2 = 10^6$ J/cm^3 s이다. SnAgCu 솔더 조인트에서는 $j = 10^4$ A/cm^{2}이고 $\rho = 10^{-5}$ Ω-cm이면 Joule 열 $\rho j^2 = 10^3$ J/cm^3 s이다. 따라서 Al 배선은 솔더 조인트보다 온도가 더 높게 될 것이다. 다시 말하면, 칩 쪽이 기판 쪽보다 더 높은 온도가 되어 솔더 조인트를 따라서 온도 기울기가 존재하게 된다.

Joule 열은 일 종의 소모되는 열이고 일에 사용될 수 없는 반면, 열을 발생시키고 전도선의 온도를 증가시킬 것이다. 결론적으로, 도선의 저항을 증가시키고 다시 더 많은 Joule 열을 야기한다. 전도선의 온도 증가는 전도선의 열팽창을 야기한다. 서로 다른 열팽창 계수를 갖

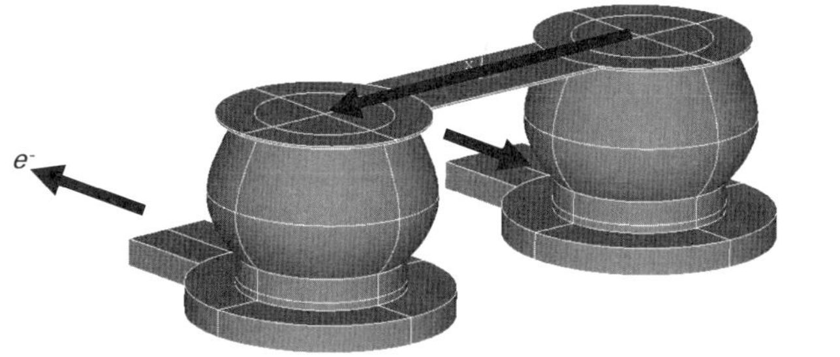

그림 10.4 두 개의 솔더 조인트가 칩 쪽에 Al 배선으로 연결된 일반적인 플립칩 기술의 개략도

는 다양한 소재를 사용하는 소자에서 이 열팽창은 열응력의 근본적인 이유가 된다. 응력과 응력 기울기는 파괴와 크립의 원인이 된다. 반도체 소자는 자주 켜고 꺼지기 때문에 열응력은 순환성을 갖고, 계의 소성변형에너지가 쌓여 피로가 일어난다. 여기에 더해, Joule 열에 의한 더 높은 온도는 소자에서 원자 확산, 상 변화 속도, 상호확산 그리고 계면 반응을 증가 시킨다. 여기에 더해, Joule 열은 소자 내에 온도 기울기를 만들 것이다. 예를 들어 앞에서 논의한 플립칩 솔더 조인트도 이에 해당한다. 온도 기울기는 써모마이그레이션의 원인이 될 것이다. 그러므로 Joule 열은 소자 신뢰성에서 가장 염려하는 부분이다.

가전 제품에서 과열을 방지하기 위해서 퓨즈에 Joule 열을 사용한다. 퓨즈에 얇은 솔더 판재가 사용된다. 가전 제품에 10 A 정도의 전류가 인가되면, 퓨즈는 녹고 회로는 단전된다. 만일 퓨즈 단면적이 2 mm × 0.1 mm를 갖는다고 가정하면, 퓨즈에 인가되는 전류밀도는 약 5 × 10^4 A/cm^2이고, 솔더 퓨즈의 용융을 만든다. 실제로 플립칩 조인트에 그 정도의 전류밀도가 인가되면 솔더 범프 용융이 관찰되었다. 만일 솔더의 열 용량과 열 소실률을 안다면, Joule 열에 의한 온도 증가를 계산할 수 있다. Si 칩 자체가 매우 좋은 열 전도체이기 때문에 Si 위에 존재하는 Al과 Cu 배선이 약 10^6 A/cm^2의 전류밀도를 견딜 수 있는 이유다. 이 전류밀도는 집에서 사용되는 전선 또는 배선에 사용되는 양보다 훨씬 더 크다.

10.6 일렉트로마이그레이션, 써모마이그레이션 그리고 응력마이그레이션

일렉트로마이그레이션과 써모마이그레이션은 각각 전기 포텐셜 기울기와 온도 기울기하에서 전자 흐름과 열 흐름에 의해 구동되는 원자 플럭스이다. 응력마이그레이션은 크립이고 응력 포텐셜 기울기에 의해 구동되는 원자 플럭스이다. 다시 말하면, 크립은 균일한 압력 또는 정수압하에서 일어나지는 않는다. 그러므로 비가역적인 과정이다. 일렉트로마이그레이션과 써모마이그레이션은 비가역 과정에서 상호작용을 한다. 그러나 응력마이그레이션은 아니다. 응력 포텐셜은 원자 확산을 구동하는 화학 포텐셜의 일부이고 크립은 주된 흐름이다. 이 세 주제의 기본이 다음 장에 논의될 것이다.

신뢰성 관점에서 정상상태 과정은 소자 파괴를 야기하지 않는다. 파괴가 일어나지 않으면 기술적으로는 큰 염려가 되진 않는다. 예를 들어 오래된 집 벽에 걸린 Pb 파이프가 수 백 년간 중력장하에서 정상상태 크립을 고려하면, Pb 파이프는 크립이 일어나고 휘어진다. 그러나 파괴는 일어나지 않는다. 또 다른 예는 두 개의 커다른 Al 접합 패드에 연결된 Al 배선의 일렉트로마이그레이션이다. 만일 일렉트로마이그레이션이 정상상태라면 음극에서 양극으로 Al 원자가 균질한 정상상태에서 운반되므로 파괴가 일어나지 않는다. 운반에 발산이 존재하고 또한 발산이 많은 수의 공공과 원자를 만들 때만 많은 수의 공공과 원자들이 공동 또는 힐록을 각각 만든다. 그러므로 파괴가 전기적인 단전과 단락으로 일어나고 이는 신뢰성 문제를 야기한다.

Al과 Cu에서 일렉트로마이그레이션은 Si 회로인 대규모 집적회로(VLSI)에서 가장 지속적인 신뢰성 문제이다. 소자 작동온도인 약 100°C와 10^5 A/cm^{2}이상의 매우 높은 전류밀도에서 공동과 힐록은 Al 배선의 음극과 양극에서 각각 형성되었다. 그림 10.5에서 보는 바와 같이 임계치 이하의 짧은 Al 배선 조각에서 일렉트로 마이그레이션이 나타나지 않는다는 사실이 발견되었다. Blech과 Herring(11장 참조)은 Al 배선 조각에서 후방으로 작용하는 응력(back stress) 효과 때문이라고 제안하였다. 후방 작용 응력 포텐셜 기울기는 일렉트로마이그레이션의 원자 플럭스를 상쇄하는 원자 플럭스를 유도한다. 두 플럭스가 균형을 유지하면 일렉트로 마이그레이션은 일어나지 않는다. 아래에서 비가역 과정을 이용하여 일렉트로마이그레이션과 응력마이그레이션 사이의 상호작용을 고려할 것이다. 원자 흐름과 전하 흐름 사이의 상호작용이 존재한다.

10.7 일렉트로마이그레이션에서 비가역 과정

그림 10.6은 기초 배선 TiN 위에 짧은 Al 배선 조각의 개략도를 설명하고 있다. TiN은 매우 나쁜 도체이기 때문에 전자는 TiN으로부터 저항이 낮은 Al 선으로 우회하게 된다. 매우 높은 전류밀도가 왼쪽에서 오른쪽으로 이동하며, 일렉트로마이그레이션은 Al 원자를 왼쪽의 음극

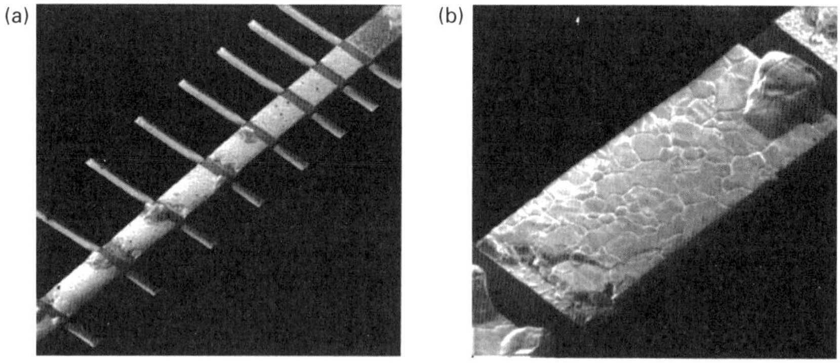

그림 10.5 (a) 일렉트로마이그레이션 발생 후 TiN 바탕선 위에 존재하는 일련의 짧은 Al 배선 SEM 사진. 일렉트로마이그레이션이 일어나지 않는 임계 길이가 존재한다. (b) Al 배선의 고배율 사진(Dr. Alexander Straub, MPI Stuttgart, Germany)

에서 오른쪽의 양극으로 이동시킨다. 이는 음극에 원자 소실 또는 공동 형성과 양극에 원자 적층 또는 힐록 형성을 한다. 그러므로 일렉트로마이그레이션에 의한 훼손은 짧은 조각 테스트 시편을 이용하여 직접적으로 관찰할 수 있다. 음극에서 소실률은 측정할 수 있고 일렉트로마이그레이션의 드리프트 속도를 추정할 수 있다. 여기에 더해, 배선의 길이가 길면 길수록 일렉트로마이그레이션에서 양음극에서 더 많은 소실이 생긴다. 그러나 임계치 아래에서 그림 10.5에 나타난 것과 같이 소실을 관찰할 수 없다.

소실의 배선 조각 길이 의존성은 Blech과 Herring이 제안한 후 방향 응력 효과로 설명된다. 본질적으로 일렉트로마이그레이션이 배선 조각에서 Al 원자를 음극에서 양극으로 수송하면, 양극은 압축응력 그리고 음극은 인장응력 상태가 된다. 13장에서 논의될 응력이 인가된 고체에서 평형 공공 농도의 Nabarro-Herring(14.3절 참조) 모델을 근거로, 응력이 존재하지 않는 평형상태보다 인장 영역은 더 많은 공공이 존재하고 압축 영역은 더 적은 공공이 존재한다. 그림 10.7에 나타낸 것처럼 Al 배선 조각에서 음극으로부터 양극으로 공공 농도가 감소하는 기울기가 존재한다. 그리고 이는 일렉트로마이그레이션에 의해 구동되는 음극에서 양극으로 이동하는 Al 플럭스를 억제한다. 공공 농도 기울기는 배선 조각의 길이에 의존한다. 배선 조각이 짧을수록 기울기 또는 구배가 더 크다. 임계치로 정의된 특정 길이에서, 후 방향 응력에 의해 만들어지는 공공 기울기가 일렉트로마이그레이션에 의해 만들어지는 것을 상쇄

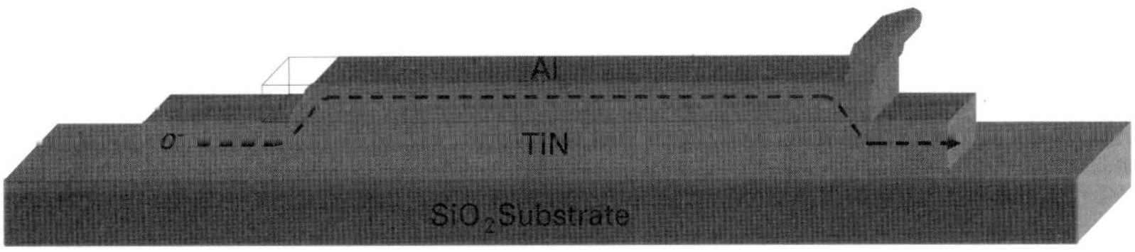

그림 10.6 TiN 바탕선 위에 패턴된 짧은 Al 배선의 개략도

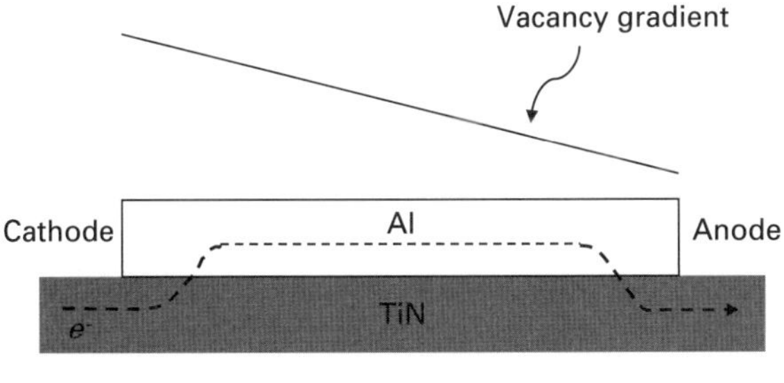

그림 10.7 Al 배선에서 후방 응력 때문에 발생하는 Al 배선 음극으로부터 양극으로 감소하는 공공 농도 기울기를 나타내는 개략도

하기에 충분히 커지게 된다. 이 경우, 음극에서 소실과 양극에서 돌출이 나타나지 않는다.

10.7.1 Al 배선 조각에서 일렉트로마이그레이션과 크립

후방 응력 효과를 분석할 때 원자 확산에 미치는 전기적 기계적 응력을 조합한 비가역 과정을 이용한다. 이 과정들은 일정한 온도에서 일어난다고 가정하여 온도가 변수는 아니다. Huntington과 Grone(11장 참조)에 의해 제안된 전기적인 힘은

$$F_{em} = Z^* eE$$

이다. 기계적 힘은 응력이 인가된 고체에서 화학 포텐셜의 기울기를 취한다(13장 참조). 순수한 Al 배선을 고려하기 때문에 Al 내에 농도 기울기는 존재하지 않고 농도 변화 때문에 발생하는 화학 포텐셜은 0이다. 대신에 응력 포텐셜 기울기가 원자 플럭스를 야기하고

$$C_v = C_V^{eq} \exp\left(\frac{\pm\sigma\Omega}{kT}\right) = C\exp\left(\frac{-\Delta G_f \pm \sigma\Omega}{kT}\right)$$

이고, 여기에서 C_v, C_V^{eq} 그리고 C는 각각 응력이 인가된 영역에서 공공의 평형 농도, 응력이 인가되지 않은 영역에서 공공의 평형 농도 그리고 원자의 농도이다. ΔG_f는 공공 형성 자유에너지이다. 응력의 양의 값은 인장 영역에서 더 많은 공공이 존재함을 의미하고, 응력의 음의 값은 압축 영역에서 더 적은 공공이 존재함을 의미한다. 그러므로 인장 영역으로부터 압축 영역으로 감소하는 공공 농도 기울기가 존재한다. 구동력은

$$F_{me} = -\nabla\mu = -\frac{d\sigma\Omega}{dx} \tag{10.19}$$

이고, 여기에서 σ는 금속에서 정수압 응력, Ω는 원자 부피, $\sigma\Omega$는 응력 포텐셜 에너지로 정의된다. 본질적으로 이것은 크립 과정이고 압력은 일정하지 아니하고 온도가 일정하다.

그러므로 원자 플럭스와 전자 플럭스에 대한 현상학적 방정식 쌍은[6]

$$J_{em} = -C\frac{D}{kT}\frac{d\sigma\Omega}{dx} + C\frac{D}{kT}Z^* eE \tag{10.20a}$$

$$j = -L_{21}\frac{d\sigma\Omega}{dx} + n\mu_e eE \tag{10.20b}$$

이고, 여기에서 J_{em}은 원자 수/cm^2 s 단위를 갖는 원자 플럭스이고 j는 C/cm^2 s 단위이고 전

자 플럭스이다. C는 단위 부피당 원자 수 농도이고, n은 단위 부피당 전도 전자 농도이다. D/kT는 이동도이고, E는 전기장이고 $E = \rho j$, ρ는 비저항, j는 전류밀도, μ_e는 전자 이동도이다. D/kT와 μ_e의 단위는 기본적으로 같고 각각 $cm^2/eV\ s$이고 $cm^2/V\ s$이다. 여기에서 V는 전기 포텐셜이다. L_{21}은 비가역 과정이고 변형 포텐셜의 현상학적 계수이다.

식 (10.20a)에서 첫 번째 항은 크립이고 주된 플럭스이다. 그리고 두 번째 항은 일렉트로마이그레이션에 의한 원자 확산에 미치는 전기력의 상호작용 항이다. 식 (10.20b)에서 마지막 항은 전기 전도에서 전자 플럭스이고 첫 번째 항은 전기 전도에 미치는 기계 힘의 상호작용이다.

식 (10.20a)의 플럭스 식에서 발산이나 격자이동을 고려하지 않고 있다. 다시 말해서 방정식은 파괴가 일어나는지에 대해서는 지시하지 않고 있다. 15장에서 발산이 존재하는 경우 파괴의 충분 조건은 아니지만 필요 조건에 대해서 논의할 것이다. 예를 들어 공동의 형성에 의해 일어나는 파괴는 충분한 공공이 필요하고 공공의 분포가 비평형이어야 한다. 5장에서 논의한 상호확산의 Darken 해석으로부터 플럭스 발산이 일어나지만 Kirkendall 공동 형성은 없고, 공공 평형 조건을 가정하므로 응력이 없고, 평형이 되기 위해 공공의 생성과 소실에 적응하기 위한 격자이동이 일어난다.

후방 응력에 대한 Blech와 Herring 모델에서 공공은 시편의 모든 곳에서 응력과 평형상태를 유지한다고 가정한다. 응력 아래에서 평형 공공의 변화는 작으므로 시편 내에 존재하는 공공의 소스와 싱크가 이를 유지시킬 수 있도록 한다고 가정할 수 있다. 그러나 평형에서 공동이나 힐록은 형성되지 않는다. 그림 10.5에 보여진 임계치보다 긴 Al 배선 조각에서 응력마이그레이션 플럭스보다 일렉트로마이그레이션이 더 클 때 공동이나 힐록은 음극과 양극에서 각각 발견된다. 파괴를 해석하기 위하여 공공 평형이 없고 격자이동이 없는 더 긴 조각을 가정할 수 있다. 그러므로 일렉트로마이그레이션에 기인한 추가 플럭스는 양극에 힐록을 형성할 뿐만 아니라 음극에 추가적인 격자점 위치가 생성되어야 한다. 힐록 성장에서 Al 배선 조각의 내부에서 자유 표면으로 응력마이그레이션이 역시 필요하다.

식 (10.20)에서 예를 들어 $J_{em} = 0$이라고 하면 일렉트로마이그레이션에 의한 순 플럭스 또는 훼손은 없어야 한다. 다시 말해서, 비가역 과정에서 정상상태 평형에 도달한다. 임계치에 대한 식은

$$\Delta x = \frac{\Delta\sigma\Omega}{Z^* eE} \tag{10.21}$$

일정한 온도에서 전도체의 저항은 상수로 생각할 수 있기 때문에 위 식의 우측으로부터 좌측으로 전류밀도를 이동시켜 임계곱 또는 문턱곱 $j\Delta x$를 얻을 수 있고 이는

$$j\Delta x = \frac{\Delta\sigma\Omega}{Z^* e\rho} \tag{10.22}$$

가 된다. 위 식에서 오른편의 모든 변수는 전도체에 대한 값이다. 일정하게 인가되는 전류밀도 아래에서 식 (10.22)에서 임계곱이 더 큰 값의 의미는 더 긴 임계 길이, 즉 식 (10.21)에서 더 큰 후방 응력임을 의미한다. Al과 Cu 배선에 대해 j = 10^6 A/cm^2 그리고 Δx = 10 μm라 하면, 전형적인 임계곱은 약 10^3 A/cm이다.

위에서 논의된 후방 응력은 일렉트로마이그레이션에 의해 발생하는 반면, 인가된 응력과 일렉트로마이그레이션 사이의 상호작용은 동일하다. 예를 들어 양극에 인가된 압축응력은 일렉트로마이그레이션을 느리게 한다. 또는 만일 전도체에서 항복강도를 증가시킬 수 있으면, 즉 식 (10.22)에서 $\Delta\sigma$를 증가할 수 있다면, 임계 길이뿐만 아니라 임계곱도 증가시킬 수 있다.

그림 10.5에 보여준 것처럼 배선 조각에서 물질이동이 종료될 때까지 충분히 오랜 시간 동안 일렉트로마이그레이션을 수행하여 임계치를 실험적으로 측정할 수 있다. 식 (10.21)은 Al 배선 조각의 임계치 Δx를 계산할 수 있는 식으로 사용될 수 있다. 만일 음극에서 돌출이 일정 양의 소성변형을 수반한다고 가정하면 탄성응력 변화는 탄성한계 값에 대응하는 값을 가질 것이다. Al에 대해서 σ_{Al} = -1.2×10^9 dyne/cm^2, Ω_{Al} = 16×10^{-24} cm^3, e = 1.6×10^{-19} C 그리고 $E = j\rho$, 여기에서 j = 3.5×10^5 A/cm^{2}이고 350°C에서 ρ_{Al} = 4.15×10^{-6} Ω-cm 이다. 이 값들을 식 (10.18)에 대입하면,

$$\Delta x_{Al} = -\frac{78\,\mu\text{m}}{Z^*}$$

벌크 Al에 대해 Z* = −26이라 하면, 임계치는 3 μm이고, 여기에서 실험치인 10~20 μm 보다 작지만 대략적으로 비슷한 수준이다. Al 배선 조각이 다결정 박막이기 때문에 일렉트로마이그레이션에서 결정립계 확산이 주된 역할을 하고 결정립계에서 확산하는 원자에 대한 Z*는 벌크 또는 격자 확산의 값과는 다를 것이다. 다결정 Al 박막에 대한 Z*는 10 이하인 것처럼 보인다.

식 (10.20b)에서 만일 계수 $L_{21} = ne\mu_e N^*$이고 절연 기판 위에 짧은 배선 조각이 증착되고 j = 0이라면,

$$N^* = -\frac{1}{\Omega}\left|\frac{d\phi}{d\sigma}\right| \text{ at } j = 0 \tag{10.23}$$

이고, 여기에서 j = 0에서 $d\phi/d\sigma$ = 0은 변형 포텐셜은 전류가 0에서 단위 응력 차이당 전기 포텐셜로 정의된다. Onsager의 상호관계 $L_{12} = L_{21}$을 이용하면

$$\frac{d\phi}{d\sigma} = -\frac{Z^*D\rho e}{kT} \tag{10.24}$$

이다. $d\phi/d\sigma$와 N^*의 단위는 각각 cm^3/C 그리고 C^{-1}이다.

식 (10.24)에 나타낸 변형 포텐셜을 계산하기 위해서 T = 500ºC에서 Z^* = −26이라 하고, kT = 0.067 eV, 500ºC에서 Al의 격자 확산은 약 2 × 10^{-10} cm^2/s이고 비저항은 약 4.83 × 10^{-6} Ω-cm라 하면,

$$\frac{d\phi}{d\rho}_{j=0} = 3.7 \times 10^{-13}\ cm^3/C$$

이다. 그러나 변형 포텐셜의 승수는 Ω/e 값, 약 10^{-4} cm^3/C 또는 10^{-10} V/N m^{-2}에 근사할 것으로 기대했다. 식 (10.24)를 기반으로 계산 값이 너무 작은 것처럼 보인다. 이는 변형 과정이 크립에 의해서 식 (10.24)에 포함되었기 때문으로 사료된다. 크립은 장범위 원자확산과 매우 느린 변형 과정이다. 반면에 일반적으로 기계적 변형은 열적으로 활성화되는 원자확산을 포함하지 않고, 대개 인가된 기계적 응력에서 원자 움직임은 약 10^5 cm/s를 갖는 음속($a_0\nu$, 여기에서 $a_0 = 3\times10^{-8}$ cm으로 원자간 거리이고 $\nu = 10^{13}\ s^{-1}$로 원자 진동 주파수이다)으로 움직이는 어쿠스틱 모드에 의해 발생한다. 식 (10.24)에서 $D = (a_0)^2\nu$이면 $\frac{d\phi}{d\rho}_{j=0}$ = 0.2 × 10^{-4} cm^3/C이고 기대한 값과 유사하게 된다. 그러므로 크립에 의한 변형 포텐셜은 실제로 매우 작다.

10.8 써모마이그레이션에서 비가역 과정

온도 기울기가 균질한 합금에 적용된다면, 합금은 불균질해진다. 이를 Soret 효과라 한다. 합금에서 한 성분이 농도 기울기를 거슬려서 확산하는 것은 편석을 야기한다. 종국에는 농도 기울기를 만들고 정상상태에 도달하게 된다. 써모마이그레이션에서 열 흐름과 원자 흐름 사이에 상호작용을 고려하여야 한다. 식 (10.25)와 (10.26)에 보여진 것과 같이 짝 구동력은 각각 X_Q와 X_M이다.

$$J_M = L_{MM}X_M + L_{MQ}X_Q = C\frac{D}{kT}\left[-T\frac{d}{dx}\left(\frac{\mu}{T}\right)\right] - C\frac{D}{kT}\frac{Q^*}{T}\frac{dT}{dx} \tag{10.25}$$

$$J_Q = L_{QM}X_M + L_{QQ}X_Q = L_{QM}\left[-T\frac{d}{dx}\left(\frac{\mu}{T}\right)\right] + \kappa\frac{dT}{dx} \tag{10.26}$$

이고, 여기에서 Q^*는 원자가 뜨거운 쪽에서 차가운 쪽으로 원자 플럭스가 확산해가면 열을

잃기 때문에 음의 값을 갖고 반대의 경우에는 양의 값을 갖는다. 식 J_Q의 마지막 항은 Fourier 법칙이고 k는 열 전도도이다.

10.8.1 전력이 인가되지 않은 복합재료 솔더 조인트에서 써모마이그레이션

그림 10.8(a), (b) 그리고 (c)는 각각 기판 위의 플립칩, 칩과 기판 사이의 복합재료 플립칩 솔더 조인트 단면, 그리고 플립칩 솔더 조인트의 단면 SEM 사진이다. 그림 10.8(a)에서 기판 위의 작은 사각형은 전기적 접촉 패드이다. 복합소재 솔더 조인트는 칩 쪽에 97Pb3Sn이고 기판 쪽에 공정합금 37Pb63Sn으로 이루어진다. 솔더 범프 높이는 105 μm이다. 칩 쪽의 접촉 개구는 90 μm이다. 칩 쪽에 존재하는 3개 층으로 이루어진 UBM은 Al(~0.3 μm) / Ni(V) (~0.3 μm) / Cu(~0.7 μm)이다. 기판 위에서 접합 패드 금속층은 Au(0.05 μm) 박막으로 코팅된 Ni(5 μm)이다.

제어된 실험에서 복합소재 플립칩 시편이 일정한 온도에서 열처리를 150°C 그리고 대기압에서 그림 10.9에서 보는 바와 같이 한 달간 수행하였다. 복합 솔더 조인트의 단면적 미세구조를 광학현미경과 SEM으로 관찰하였다. 성분은 EDX(Energy Dispersive X-ray)와 EP-MA(Electron Probe MicroAnalysis)로 분석하였다. 그림 10.8(c)에 나타낸 것처럼 높은 Pb와 공정 합금 간의 혼합은 관찰되지 않았다. SnPb의 상태도에 따르면 150°C에서 높은 Pb 합금인 97Pb3Sn의 화학 포텐셜과 37Pb63Sn의 공정상은 거의 같다. 그러므로 상호 혼합에 대한 구동력이 거의 존재하지 않는다.

Joule 열로부터 유도된 온도 기울기를 이용하여 써모마이그레이션을 만들기 위해서, 플립칩 시편 Si 칩에 주변으로 24개의 범프를 측정하였다. 그림 10.10(a)은 24개 솔더 범프가 칩의 테두리에 오른쪽부터 왼쪽으로 정렬된 것을 보여주며, 각 범프는 일렉트로마이그레이션이 가해지기 전에 그림 10.8(c)에 나타낸 미세구조를 갖는다. 각 범프의 아래 부분에서 어두운 부분이 공정 합금 SnPb이고 위 쪽의 밝은 부분이 97Pb3Sn이다.

일렉트로마이그레이션은 칩의 주변에 존재하는 24개 범프의 열 중에 단지 4쌍의 범프를 통해 행해졌다. 이 쌍들은 6/7, 10/11, 14/15 그리고 18/19이고 이는 그림 10.10(b)에 번호가 매겨져 있다. 화살표는 일렉트로마이그레이션 동안 전자의 흐름을 보여준다. 전자의 흐름은 한쪽의 아래쪽 접촉 패드으로부터 범프의 위쪽에 있는 Si 칩상의 Al 박막 배선 그리고 나서 다음 범프의 위쪽, 범프를 따라 아래로 그리고 기판 위의 다른 접촉 패드로 흐른다. 일렉트로마이그레이션을 수행할 때 한 쌍의 범프 또는 여러 쌍의 범프에 전류를 흐르게 할 수 있는지 인지하는 것은 중요하다. 칩 위의 Al 박막으로부터 Joule 열이 열 소스로 작용한다. Si

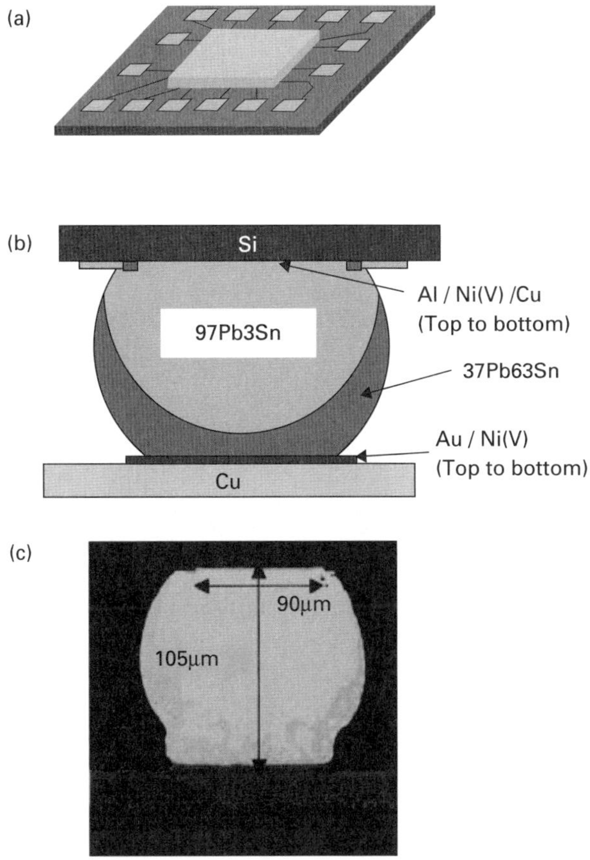

그림 10.8 (a) 기판 위에 존재하는 플립칩의 개략도. (b) 소자와 기반 사이에 존재하는 복합 플립칩 솔더 조인트의 단면도. (c) 플립칩 솔더 조인트의 SEM 사진

의 매우 좋은 열 전도 때문에, 이웃한 전류가 흐르지 않는 솔더 조인트는 전류가 흐르는 쌍과 유사한 열 기울기를 경험하게 된다.

150°C에서 1.6×10^4 A/cm^{2}의 전류가 인가되고 5시간 후에 10과 11 범프 쌍이 파괴된 후 단면 절단을 수행하였다. 써모마이그레이션을 연구하기 위해서 전류가 인가되지 않은 이웃한 범프를 검사하였다. 써모마이그레이션 효과는 그림 10.10(b)에 보이는 것처럼 전류가 흐르지 않는 솔더 조인트의 모든 곳에 걸쳐 명확하게 보인다. 모든 범프에서 Sn은 뜨거운 Si 쪽으로 이동하고 Pb는 차가운 기판 쪽으로 이동하였다. Sn과 Pb의 재분포 또는 공정합금 솔더와 높은 Pb 함유 솔더 재분포는 전류가 흐르지 않기 때문에 솔더 조인트를 따라 발생하는

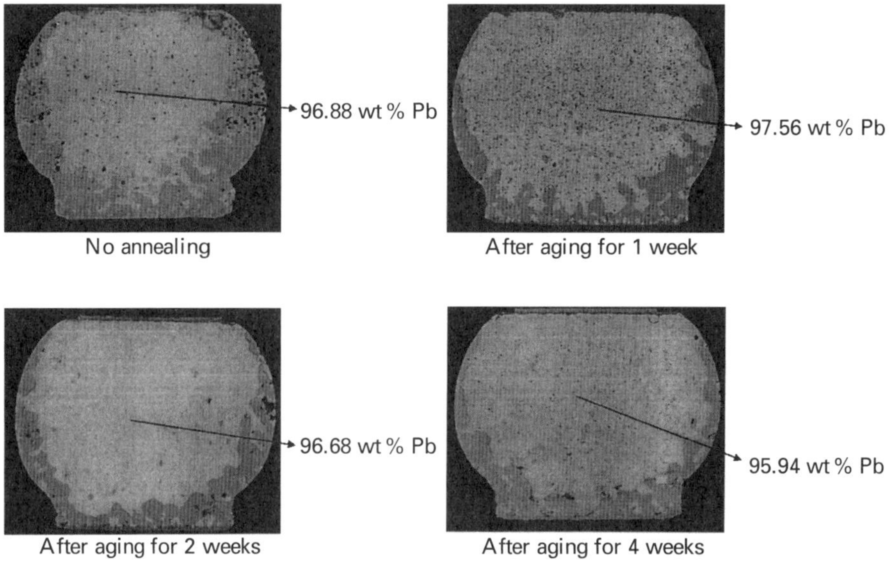

그림 10.9 일정한 온도 150℃에서 열처리된 복합 솔더 범프의 SEM 단면 사진

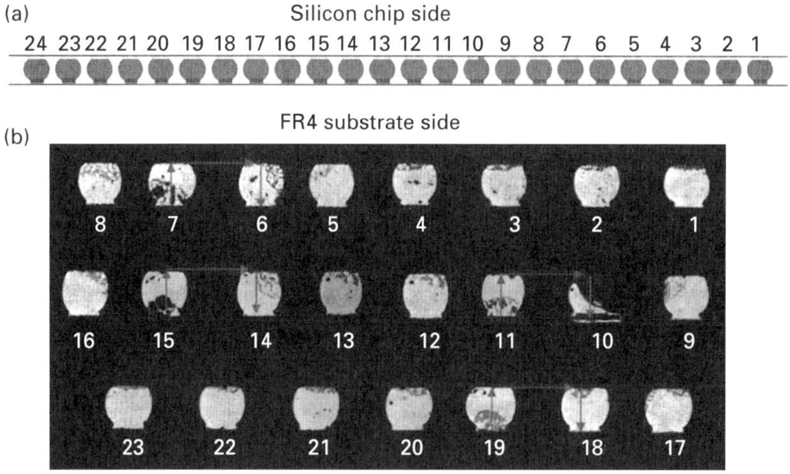

그림 10.10 (a) 소자 주변부의 우측에서 좌측으로 존재하는 24개 솔더 범프의 개략도. (b) 6/7, 10/11, 14/15 그리고 18/19 각 쌍에 150℃에서 1.6×104 A/cm^2 전류가 인가된 후 솔더 범프의 SEM 사진. 전류가 인가되지 않은 다른 범프들은 써모마이그레이션에 기인한 Sn과 Pb의 재분배를 보여준다.

온도 기울기에 의해 발생한다. 전류가 흐르지 않고 전류가 흐르는 범프와 가장 가까운 범프에서는 Sn 재분배가 전류가 흐르는 범프 쪽으로 기울어져 있다. 예를 들어 전력이 인가된 범프 10은 전력이 인가되지 않은 범프 9의 왼쪽에 있다. 범프 9의 Sn이 많은 영역은 왼쪽으로 기울고 공동이 관찰된다. 그리고 전력이 인가된 범프 15는 전력이 인가되지 않은 범프 16번의 우측에 있다. 범프 16번의 Sn이 많은 영역은 오른쪽으로 기울었다. 전력이 인가된 범프로부터 멀리 떨어진 범프에서, 예를 들면 범프 1번에서 범프4 그리고 범프 21에서 범프 23에서는 Sn은 Si 측에 균질하게 분포한다.

써모마이그레이션과 크립 사이의 관련은 13장에서 논의할 것이다.

10.9 열전기 효과의 비가역적 과정

이 절에서는 열 흐름과 전기 흐름 사이의 상호작용을 논할 것이다. 열전기 효과는 Seebeck 효과와 Peltier 효과로 매우 잘 알려져 있다. 이들은 상호작용을 한다. Seebeck 효과는 온도 기울기에 의해서 전기 흐름 또는 전기 포텐셜 생성이다. 이는 재료의 온도를 측정하는 열 전대 응용의 기본이다. Peltier 효과는 전기 포텐셜 기울기에 의해 열 흐름이 발생하는 것이다. 이는 고체 냉각 소자의 기본이 된다.

열 흐름과 전기 흐름 사이의 상호작용은 한 쌍의 비가역적 과정들에 의해 나타낼 수 있다. 온도가 일정하기 때문에 이 두 식에서 구동력들은 변수가 되고,

$$J_Q = L_{QQ}X_Q + L_{QE}X_E = L_{QQ}T\frac{d}{dx}\left(\frac{1}{T}\right) - L_{QE}T\frac{d}{dx}\left(\frac{\phi}{T}\right)$$

$$J_E = L_{EQ}X_Q + L_{EE}X_E = L_{EQ}T\frac{d}{dx}\left(\frac{1}{T}\right) - L_{EE}T\frac{d}{dx}\left(\frac{\phi}{T}\right) \qquad (10.27)$$

여기에서 $L_{QQ} = T_{\kappa}$, $L_{EE} = ne\mu_e$ 그리고 L_{QE}와 L_{EQ}는 상호작용의 계수이다. L_{QE}는 전기장에 의해 유기된 열 흐름이고 L_{EQ}는 온도 기울기에 유기된 전기 흐름이다. Onsager의 상호관계를 바탕으로 $L_{QE} = L_{EQ}$이다. 열전기 효과를 이해하기 위해서 두 식을 분석하려고 한다. 식 (10.27)에 dT/dx와 $d\phi/dx$ 항을 정리하면

$$J_Q = (-L_{QQ} + \phi L_{QE})\frac{1}{T}\left(\frac{dT}{dx}\right) - L_{QE}\frac{d\phi}{dx}$$

$$J_E = (-L_{EQ} + \phi L_{EE})\frac{1}{T}\left(\frac{dT}{dx}\right) - L_{EE}\frac{d\phi}{dx} \qquad (10.28)$$

가 된다.

10.9.1 Thomson 효과와 Seebeck 효과

그림 10.11(a)는 주어진 길이의 금속 배선을 도시한 것으로 금속 도선의 양단은 T_1과 T_2로 유지하며 $T_1 > T_2$ 이다. 그러므로 온도 기울기가 존재하고 전하의 전기적 흐름을 구동할 것으로 기대한다. 배선이 개방되어 있으므로 전기적 흐름이 일어나지는 않을 것이다. 따라서 식 (10.28)에서 $J_E = 0$이고

$$0 = (-L_{EQ} + \phi L_{EE})\frac{1}{T}\left(\frac{dT}{dx}\right) - L_{EE}\frac{d\phi}{dx}$$

이 된다. 이로부터,

$$\frac{\Delta\phi}{\Delta T} = \frac{(-L_{EQ} + \phi L_{EE})}{TL_{EE}} \tag{10.29}$$

가 된다. 이를 Thosmon 효과라 한다. 위 식은 온도 기울기에 기인한 양 끝 사이에 전기적 포텐셜 차이가 존재함을 의미한다. 위 식에서 $J_E = 0$을 가정하여 $\Delta\phi/\Delta T$를 얻었다.

그러나 만일 그림 10.11(a)의 배선을 통해 전류를 인가한다면 인가된 포텐셜은 한 방향으로 증가하게 되고 반대 방향으로는 감소하게 된다. 일정한 온도에서 전기 전도가 있을 때 발생하는 Joule 열에 더해 Thomson 효과에 기인한 Joule 열의 추가와 감소가 발생한다.

이제 배선의 길이를 두 배로 하고 그 중심을 구부려 구부러진 쪽을 T_1으로 두 끝이 존재하는 다른 한쪽을 T_2로 하자. 이는 그림 10.11(b)에 나타내었다. T_1의 끝과 T_2의 두 끝 사이의 전기적 포텐셜이 존재하는 반면 총 순 포텐셜 차이는 존재하지 않는다. 만일 T_2의 두 끝 사이를 포텐셔미터로 측정하면 그 차이는 0이다.

그러므로 그림 10.11(c)에 나타낸 것과 같이 구부러진 한 쪽을 다른 금속으로 대체하면, 즉 서로 다른 두 금속배선 A와 B를 사용하여 접합하고 T_1을 유지하면 열전대가 완성된다. 만일 고온에서 접합된 부분을 놓고 접합되지 않은 부분을 기준 온도, 0°C 또는 상온을 유지한 열전대를 포텐셜미터로 측정하면 기준 온도에서 두 끝의 포텐셜 차이 $\Delta\phi$를 얻을 수 있다. 두 배선에서 포텐셜 차이가 동일하지 않기 때문에 포텐셜 차이가 발생하는 것이다. 만일 서로 다른 온도에서 열전대를 보정하면, Seebeck 계수

$$\frac{\Delta\phi}{\Delta T} = \varepsilon_{AB} = \varepsilon_A - \varepsilon_B$$

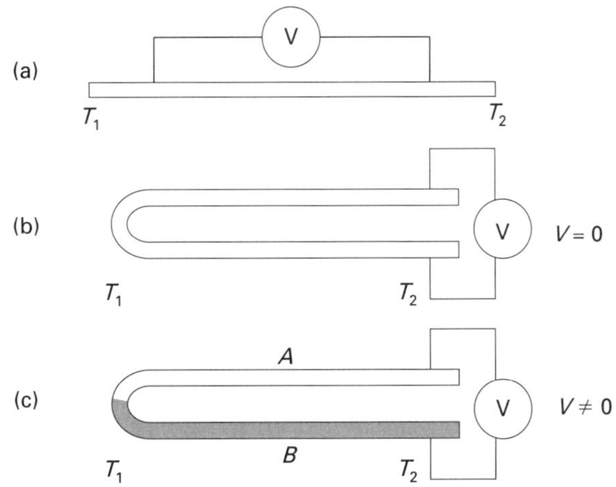

그림 10.11 (a) 양쪽 끝의 온도가 서로 다른 온도 $T_1 > T_2$인 일정한 길이를 갖는 한 개의 금속 와이어 개략도. (b) 두 갈래를 갖는 휘어진 와이어의 개략도. 휘어진 끝부분은 T_1이고 다른 두 끝은 T_2. T_2인 두 끝을 따라 존재하는 포텐셜 차이는 0, $V = 0$. (c) 서로 다른 두 종류의 금속 와이어, A와 B가 한쪽 끝에서 연결된 개략도. 연결된 끝 부분은 T_1으로 유지하고 연결되지 않은 끝 부분은 T_2. T_2에 존재하는 두 개의 단선된 끝 사이에서 포텐셜 차이가 존재한다. 연결된 끝은 열 전대에서 프로브가 된다.

가 되고, ε_{AB}는 그림 10.11(c)에 나타낸 열전대에서 배선 A와 B의 열 전기 성질의 조합이다. 편의를 위하여 각 재료의 열 전기 성질을 ε_A와 ε_B라 하고 다른 것들이 측정되었다. 그러므로 다양한 온도 범위에서 측정된 열전대 쌍을 선정할 수 있게 된다.

10.9.2 Peltier 효과

Peltier 효과는 Seebeck 효과와 반대이다. 만일 우리가 그림 10.11(c)에서와 같이 시편의 양 끝을 일정한 온도로 유지하고 전기장을 가한다면 한쪽 끝에서 다른 끝으로 열이 이동할 수 있게 된다. 만일 식 (10.28)의 첫 번째 식에서 $J_Q = 0$이라면,

$$0 = (-L_{QQ} + \phi L_{QE})\frac{1}{T}\frac{dT}{dx} - L_{QE}\frac{d\phi}{dx}$$

이 된다. 그러므로

$$\frac{\Delta T}{\Delta \phi} = \frac{TL_{QE}}{(-L_{QQ} + \phi L_{QE})} \tag{10.30}$$

이 된다. 위 식에서 ΔT는 $\Delta\phi$와 L_{QE}에 비례하게 된다. ΔT가 크면 클수록 더 좋은 냉방 효과를 얻게 된다. 그러나 ΔT가 존재하기 때문에 열은 뜨거운 쪽에서 차가운 쪽으로 이동하고 냉방 효과를 감소시킬 것이다. 열 전달을 감소시키기 위해서, 시편에서 열 전도를 감소할 필요가 있다. 그러나 대부분의 전도체에서 열 전도는 전기 전도에 항상 그런 것은 아니지만 일반적으로는 비례한다.

참고문헌

[1] I. Prigogine, *Introduction to Thermodynamics of Irreversible Processes*, 3rd edn (Wiley-Interscience, New York, 1967).
[2] David V. Ragone, "Nonequilibrium thermodynamics", Ch. 8 of *Thermodynamic of Materials*, Vol. II (Wiley, New York, 1995).
[3] Paul Shewmon, *Diffusion in Solids*, 2nd edn (TMS, Warrendale, PA, 1989).
[4] R. W. Balluffi, S. M. Allen and W. C. Carter, "Irreversible thermodynamics: coupled forces and fluxes", Ch. 2 of *Kinetics of Materials* (Wiley-Interscience, New York, 2005).
[5] J. C. M. Li, "Caratheodory's principle and the thermodynamic potential in irreversible thermodynamics", *J. Phys. Chem.*, **66** (1962), 1414–20.
[6] K. N. Tu, "Electromigration in stressed thin films", *Phys. Rev.* **B45** (1992), 1409–13.

연습문제

10.1 짝 힘과 플럭스는 무엇인가? 열 전도에서 열의 짝 힘과 대응 열 플럭스는 무엇인가?

10.2 Joule 가열로부터 얻은 열을 일에 적용할 수 있는가? 그렇지 않다면 왜 그렇지 않은가?

10.3 10^5 A/cm^2 전류밀도가 인가되는 Al 배선의 일렉트로마이그레이션에서 전기 전도에 의한 Joule 열과 일렉트로마이그레이션에 기인한 Joule 열을 각각 구하라.

10.4 후방 응력이 탄성한계와 같을 때 Cu 일렉트로마이그레이션의 임계 길이를 구하라.

10.5 온도 기울기가 3000°C/cm인 써모마이그레이션에서 원자 운동의 구동력을 구하라.

10.6 플립칩 솔더 조인트에서 칩 쪽에 위치한 Al 배선의 단면적은 0.5 μm × 80 μm이고 길이는 300 μm이다. Al 배선을 통하여 10^5 A/cm^{2}의 전류밀도를 인가할 때 Joule 열은 얼마인가? 전류가 직경이 100 μm이고 높이가 100 μm의 실린더 모양 솔더 조인트를 흐르고 전류밀도가 균질하게 분포한다고 가정하면, 솔더 조인트 내에서 Joule 열은 얼마인가? Al과 솔더의 비저항은 각각 10^{-6} Ω-cm이고 10^{-5} Ω-cm이다.

11 금속에서 일렉트로마이그레이션

11.1 서론

1장의 1.2절에서 금속-산화물-반도체 FET의 동작을 논하였다. 수 억 또는 수십 억 개의 트랜지스터가 손톱 크기만한 Si 칩 위에 존재한다. VLSI 회로 기술로 트랜지스터를 연결하기 위해서 Al 또는 Cu로 만들어진 다층 구조의 박막 배선이 사용된다. 일렉트로마이그레이션은 마이크로일렉트로닉 기술의 Si 칩 위의 배선 구조에서 가장 심각하고 지속적인 신뢰성 문제이다. 이는 박막 배선에 인가되는 전류밀도가 $10^5 \sim 10^6$ A/cm^{2}이기 때문이다. 이처럼 높은 전류밀도하에서 원자 확산과 재배열은 배선의 음극에 공동 형성과 양극에 돌출을 유발한다. 회로에서 공동은 단전을, 돌출은 단락을 만든다. 반면에 가정이나 실험실에서 사용되는 일반적인 전선에서 일렉트로마이그레이션은 일어나지 않는다. 전선에서 전류밀도는 낮고 약 10^2 A/cm^2 정도이며 실온 또는 상온은 전선의 구리 선에서 원자 확산이 일어나기에는 매우 낮다.

금속에서 전도의 자유전자 모델은 포논 진동, 결정립계 또는 전위와 같은 구조적 결함 그리고 격자에서 공공에 의한 선자 산란을 세외하고 원사의 완벽한 격자에 의해 제한되지 않으면서 전도 전자가 금속에서 자유롭게 움직인다고 가정하고 있다. 이러한 산란은 전기적 저항과 Joule 열의 원인이 된다. 원자가 평형 위치를 벗어날 때, 예를 들어 활성화 상태에서 확산되는 원자, 매우 큰 산란 단면적과 매우 큰 저항을 유발한다. 그럼에도 불구하고, 전류밀도가 낮을 때 전자와 확산되는 원자 사이의 산란 또는 모멘텀 교환은 원자 이동을 가속화시키지 않고 원자 확산에 대한 순효과가 무시가능 하다. 그러나 10^4 A/cm^2 이상의 고전류밀도에서 전자의 산란은 전자의 흐름 방향으로 확산원자의 원자적 이동을 가속화시킨다. 전기장의 영향(높은 전기장이 아닌 높은 전류밀도)하에서 물질이동의 가속된 원자의 이동과 물질이동의 누적 효과를 일렉트로마이그레이션이라 부른다[1-8].

가정의 전선은 단지 매우 낮은 전류밀도에 사용된다. 그렇지 않다면 Joule 발열은 퓨즈를 태울 것이다. 그러나 Si 칩위의 박막은 훨씬 더 높은 전류밀도를 운반할 수 있어서 일렉트로마이그레이션이 용이하게 일어날 수 있다. 이는 Si 칩이 매우 좋은 열 전도체이고 Joule 발열을 효과적으로 제거할 수 있어서 Si상의 회로 배선은 매우 높은 전류밀도를 과열 없이 운반할 수 있기 때문이다. 반면에 회로가 매우 밀집한 집적회로에서 열 관리 또는 열 제거는 매우 힘든 문제이고, 가까운 미래의 Si 소자 초고집적 회로에서 한계 요소가 될 것이다. 일반적으로 소자는 동작온도를 100°C 근처로 유지하기 위해서 팬이나 다른 열 싱크에 의해 냉각된다.

Si 소자의 VLSI 회로에서 0.5 μm 넓이와 0.2 μm 두께를 갖는 Al 또는 Cu 박막 배선이 1 mA를 수송한다면 전류밀도는 10^6 A/cm^{2}이 된다. 이러한 전류밀도는 100°C 근처에서 동작하는 소자의 배선에 일렉트로마이그레이션을 유발하고 음극에 공동 형성과 양극에 돌출 형성을 야기한다. 소자 소형화는 더욱 더 작은 배선을 요구하므로, 전류밀도는 올라가고 이에 따라서 일렉트로마이그레이션에 의한 회로 파괴 확률 또한 상승한다. 이는 일렉트로마이그레이션이 박막 집적회로에서 매우 지속적이고 심각한 신뢰성 파괴의 원인이 된 이유이다. 이 주제는 많은 관심을 유발하였다.

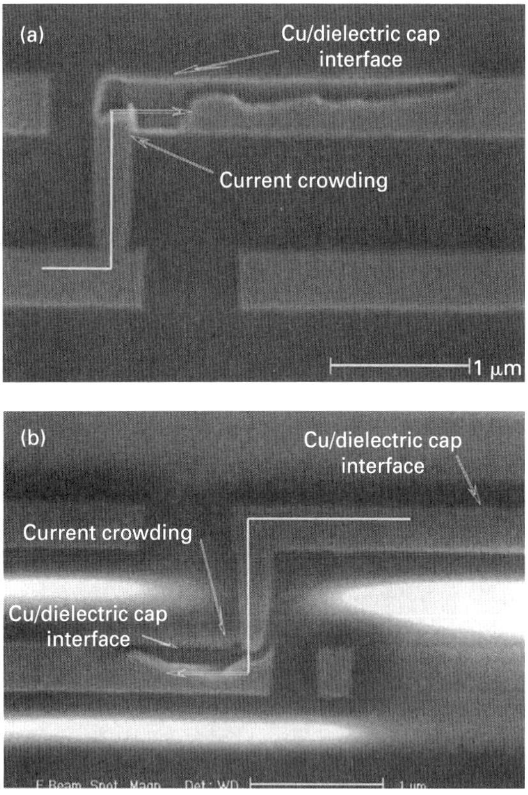

그림 11.1 (a) 그리고 (b) Cu 배선의 이중 상감 구조에서 음극 방향 두 층 와이어 사이를 연결한 비아의 각각 윗부분 끝과 아랫부분 끝에서 일렉트로마이그레이션에 기인한 공동 형성의 단면 SEM 사진(Prof. S. G. Mhaisalkar, Nanyang Technological University, Singapore.)

그림 11.1(a)과 (b)는 이중 상감 구조의 Cu 배선에서 음극의 두 층 사이에 비아로 연결된 구조에서 관찰된 일렉트로마이그레이션에 의해 형성된 공공 SEM 단면 사진이고, 각각 위층과 아래층 끝에 존재한다. 이는 매우 큰 저항 증가를 만들고 회로 단전의 원인이 된다. 이러한 공동 형성의 반응 속도론 과정은 후에 논의될 것이다. 그리고 이 현상은 Cu 배선 위 표면에 일련의 작은 공동이 전파되고 누적되기 때문에 일어난다. 그러므로 Cu 배선에서 일렉트로마이그레이션은 표면 확산에 의해 주도된다.

그림 11.1은 파괴된 소자로부터 얻어진 것이다. 파괴된 위치를 찾은 후 검사를 위해 그 부분의 단면을 찍은 사진이다. 그러나 일렉트로마이그레이션의 현상은 그림 11.2에 보인 것처럼 Ta의 기초 선 위에 증착된 일련의 Cu 배선 조각의 형태 변화를 직접적으로 관찰할 수 있다. 짧은 조각 구조의 일렉트로마이그레이션 직접 관찰은 Blech에 의해 개발되었다[3]. 10장의 그림 10.5에 보여진 것처럼 이런 종류의 테스트 구조를 일렉트로마이그레이션을 위한 Blech 구조라 한다. 그림 11.2(a)는 99시간 동안 350ºC에서 5 × 10^5 A/cm^2 전류밀도가 인가되어 발생한 일렉트로마이그레이션의 Cu 배선 형상이다. 조각의 음극 끝에서는 소실된 영역이 관찰되고 양극 끝에서는 돌출된 부분이 발견되었다. 질량 보전에 의해 소실된 부피(공동)는 동일 조각에 돌출된 양과 동일하다. 음극에서 소실률은 일렉트로마이그레이션 구동력을 결정하기 위해 드리프트 속도를 결정할 수 있다. 드리프트 속도 또는 소실의 성장 속도는 약 2 μm/h이다. 그림 11.2(b)는 그림 11.2(a)와 동일한 조건에서 2 wt.%Sn을 포함한 Cu 배선의 소실 SEM 사진이다. 여기에서 Cu(Sn) 조각의 드리프트 속도 또는 일렉트로마이그레이션이 훨씬 적음을 의미한다.

기초 선 TiN 위에 증착된 일련의 Al의 반응으로부터 일렉트로마이그레이션 현상을 그림 11.3에 나타내었다. Al 조각은 라인 넓이 20 μm, 두께 100 nm 그리고 길이가 10, 20, 30 그

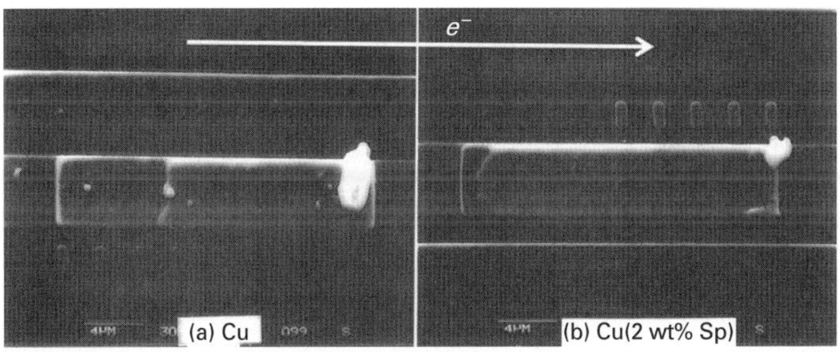

그림 11.2 (a) 350℃에서 99시간 동안 전류밀도 5×10^5 A/cm^2가 인가된 일렉트로마이그레이션 후 W 바탕선 위 순수한 Cu 시편의 SEM 사진. 드리프트 속도는 약 2 μm/h. (b) (a)와 동일한 조건하에서 Cu2wt.%Sn 시편의 음극 소실 부분의 SEM 사진

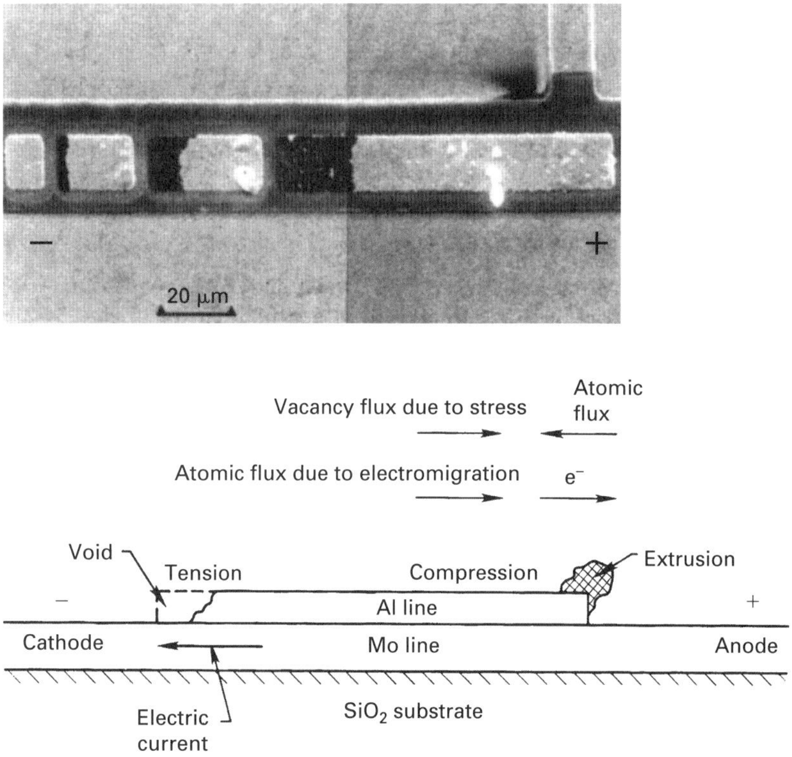

그림 11.3 350℃에서 15시간 동안 3.7×10^5 A/cm^{2}의 전류밀도가 인가된 TiN 바탕선 위 짧은 Al 시편들의 일렉트로마이그레이션 SEM 사진. Al 시편 넓이는 20 μm이고, 두께는 100 nm, 길이는 10, 20, 30 그리고 85 μm이다. (b) 시편에서 공동과 힐록 형성을 설명한 개략도. 원자 움직임과 물질이동은 전자 흐름과 같은 방향, 즉 왼쪽에서 오른쪽이다.

리고 85 μm을 갖는다. 기초 선 Mo에 인가된 전류는 Al 배선을 따라 우회하게 되는데 이는 Al 선이 더 낮은 저항을 갖기 때문이다. 전류밀도와 온도가 충분히 높다면, 원자 수송이 일어나고 공동과 돌출 형성을 직접적으로 관찰할 수 있다. 350ºC에서 15시간 동안 전류밀도 3.7×10^5 A/cm^{2}가 인가되는 경우 음극에서 소실과 양극에서 돌출은 그림 11.3(a)에서 보여진다. 일렉트로마이그레이션 훼손이 없는 왼쪽의 가장 짧은 배선을 주목할 필요가 있다. 그림 11.3(b)는 공동과 힐록 형성을 설명하는 배선 조각의 개략도이다. 원자 이동과 질량 이동은 왼쪽에서 오른쪽으로 흐르는 전자의 흐름과 동일한 방향이다.

일렉트로마이그레이션은 전자의 흐름과 원자 확산의 상호작용이기 때문에 원자 플럭스와 전자 플럭스를 고려하여야 한다. 이 두 플럭스의 정의와 정의를 위해 사용된 변수에 대한 직접적인 비교가 도움이 될 것이다. 표 11.1에 두 가지를 나란히 비교하였다.

표 11.1 원자 플럭스와 전자 플럭스의 비교

원자 플럭스	전자 플럭스
화학 포텐셜 : μ	전기 포텐셜 : Φ
	인가된 전압 : V
화학 구동력 : $F = -\partial\mu/\partial x$	전기장 : $\varepsilon = -\partial\phi/\partial x = -\partial V/\partial x$
이동도 : $M = D/kT$	전자 이동도 : $\mu = e\tau/m$
드리프트 속도 : $v = MF$	드리프트 속도 : $v = \mu\varepsilon$
원자플럭스 : $J = Cv = CMF$	전자 플럭스: $j = nev = ne\mu\epsilon = \epsilon/\rho = ne^2\tau\epsilon/m$ (전자 전류밀도)
점도(마찰계수) : $1/M$	비저항 : $\rho = 1/ne\mu = m/ne^2\tau$
발산 : $\nabla \cdot J = \partial J/\partial x + \partial J/\partial y + \partial J/\partial z = -\partial C/\partial t$	발산(가우스 이론) : $\nabla \cdot j = -\partial(ne)/\partial t$

전기 전도와 원자 확산을 비교하기 위해서 원자 확산에서 음의 포텐셜 에너지 기울기로 정의된 "구동력"을 고려하여야 한다. 그러므로 확산하는 원자에 미치는 화학 구동력은 $F = -d\mu/dx$로 주어지고, μ는 화학 포텐셜 에너지이다. 전기 전도에서는 전기력보다는 전기장으로 불리는 $\varepsilon = -d\phi/dx$이다. 전기력은 $e\varepsilon$(또는 eE)로 주어진다. 만일 전기장에 전하 "e"가 놓인다면 전하는 전하에 작용하는 힘 $F = e\varepsilon = -d(e\phi)/dx$를 느낀다. ϕ 또는 V가 전기 포텐셜 에너지가 아닌 일렉트릭 포텐셜로 불리는 것을 상기하자. 전기 포텐셜 에너지는 "$e\phi$" 또는 "eV"로 정의된다. 다시 열 에너지 kT 그리고 전기 에너지 eV로 표현된다. 확산에서 활성화에너지는 kcal/mole 또는 eV/atom으로 표시된다.

전하와 원자의 이동도를 비교하기 위하여, 단위는 동일하여야 한다. 전하 운반체 이동도 μ_e는 v/ε로 주어진다. 여기에서 v는 속도이고 단위는 cm/s이다. ε는 전기장이고 단위는 V/cm이다. 그러므로 전자 이동도의 단위는 cm^2/V s이다. 또한 전하 운반체 이동도 $\mu_e = e\tau/m^*$이고 τ는 산란시간 m^*는 전자 질량이다. $F = ma$라는 뉴턴의 법칙을 이용하여 질량의 단위를 힘/가속도로 할 수 있다. 이는 s^2/cm^2, eV s^2/cm^2가 같다. 다시 말하면, 전하 운반체 이동도 $(= e\tau/m^*)$의 단위는 cm^2/V s이다. 반면에 원자 이동도는 D/kT로 주어지고, D는 cm^2/s 단위를 갖는 확산계수이고 kT는 열 에너지이므로 원자 이동도의 단위는 cm^2/J s 또는 cm^2/eV s이다. 4장에서 전자의 이동도와 원자의 이동도 사이의 차이를 논의하였다. 전기 힘 $F = e\varepsilon = -d(e\phi)/dx$로 주어지고, 전하 "$e$"는 운반체 이동도에서 상쇄된다.

전류와 전류밀도에서 전류는 도체의 단면적 A를 단위 시간당 지나는 전하의 총 수로 정의된다. 그러므로 $I/A = j$이고 여기에서 j는 전류밀도로 정의된다. I의 단위는 A 또는 C/s이고 j의 단위는 A/cm^2 또는 C/cm^2 s이다.

비교를 위해서 원자 플럭스는 J = 원자 수/cm^2 s로 정의한다. 전자 플럭스 j 또는 전류밀도는 j = 전하 수/cm^2 s = C/cm^2 s = A/cm^2이다. 일렉트로마이그레이션에서 확산하는 원자

(이온)에 작용하는 전기력은 전기장으로 표현될 수 있다. 여기에서 전기장 또는 전기력은 전기 포텐셜의 기울기 또는 전류밀도 곱하기 비저항으로 표현되며 후에 논의될 것이다. 이는 $Z^*e\,E = Z^*e\rho j$이고 여기에서 Z^*는 이온의 유효 전하 수이다.

11.2 Ohm의 법칙

10장에서 Ohm의 법칙을

$$j = -\sigma\frac{\partial\phi}{\partial x} = -\frac{1}{\rho}\frac{\partial\phi}{\partial x}$$

이고, 여기에서 σ은 전기 전도도이고 ρ는 비저항이다. 위 식은 $E = -d\phi/dx = j\rho$이다. 보다 자주 Ohm의 법칙은 전류 I와 도체에 인가된 전압강하 ΔV이다. 이는

$$\Delta V = IR$$

이고, R은 전도체 저항이다. V, I 그리고 R의 단위는 볼트, 암페어 그리고 옴이다. Ohm의 법칙은 도체 내 저항 때문에 전류가 도체를 흐름에 따라 전압 강하 또는 전기 포텐셜 강하가 존재한다. 그림 11.4는 길이 l과 단면적 A인 금속의 저항을 측정할 수 있는 간단한 회로이다. 도체에서 비저항 ρ의 관점에서 저항 R을 표현하면

$$R = \rho\frac{l}{A}$$

가 된다. 이제 전압 강하 식 $\Delta V = IR$을 재배열하여

$$\frac{\Delta V}{l} = \frac{I}{A}\frac{RA}{l} = j\rho$$

이 된다. $\Delta V/l$은 음수이다. $l = x_2 - x_1 > 0$은 양수이지만 $\Delta V = V_2 - V_1 < 0$은 전압 강하 때문에 음수이다. $\Delta V/l = \varepsilon = -d\phi/dx$가 전기장이기 때문에 Ohm의 법칙은 $\varepsilon\ (E) = j\rho$로 표현할 수 있다. 여기에서 j는 전기 플럭스 또는 전자밀도로 단위는 A/cm^2 또는 C/cm^2이고 ρ는 비저항으로 단위는 Ω cm이다. 전기장의 불리적인 의미는 전하 e가 장 내에 있을 때 전하는 힘 "eE"가 작용하게 된다. 그러므로 만일 Z^*e의 유효 전하를 갖는 이온이 있고 전기장 안에 있다면, 힘 Z^*eE 또는 $Z^*e\rho j$가 인가된다. 일렉트로마이그레이션에서 Z^*의 의미는 Huntington과 Grone에 의해 제안되었다[1].

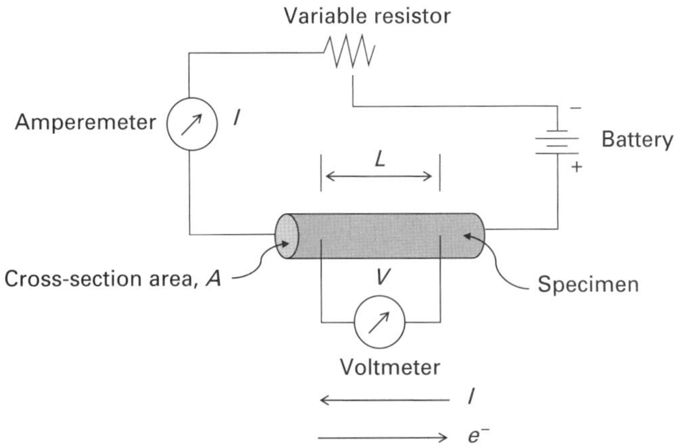

그림 11.4 길이 L 그리고 단면적 A를 갖는 금속 시편의 저항 측정 회로를 설명하는 개략도

11.3 금속 배선에서 일렉트로마이그레이션

일렉트로마이그레이션은 열과 전기의 조합에 의한 물질이동에 미치는 영향의 결과이다. 만일 도선이 매우 낮은 온도(예를 들면 액체 질소 온도)에 보관된다면, 일렉트로마이그레이션은 전기적 구동력이 존재할지라도 원자의 매우 낮은 이동도로 원자 확산이 일어나지 않는다. 일렉트로마이그레이션에 대한 열의 기여는 다음으로부터 알 수 있다. 첫째, 벌크 공정 솔더 범프에서 일렉트로마이그레이션은 절대온도 단위로 녹는점의 3/4 정도에서 일어난다. 둘째, 다결정 Al 박막 배선에서 일렉트로마이그레이션은 절대온도 단위로 녹는점의 1/2 이하에서 일어난다. 셋째, 대나무 마디 형 구조를 갖는 Cu 박막 배선의 일렉트로마이그레이션은 절대온도 단위로 녹는점의 1/4 정도에서 일어난다. 이러한 절대온도 단위의 녹는점 대비 상대온도(homologous temperature)에서 솔더 범프의 벌크 내에서는 원자들은 무작위 행보, Al 박막 배선에서 결정립계를 따른 무작위 행보, Cu 상감 배선 구조는 자유 표면에서 각각 무작위 행보를 한다. 이 원자들이 인가되는 높은 전류밀도하에서 일렉트로마이그레이션을 유발한다.

실제로 Si 소자 동작온도가 100°C라 가정하면 솔더 녹는점의 약 3/4, Al 녹는점의 1/2보다 다소 작음, 그리고 Cu 녹는점의 약 1/4 정도 값을 갖는다. 이러한 상대온도에서 격자 확산, 결정립계 확산 그리고 표면 확산은 각각 솔더 녹는점의 3/4, Al 배선 녹는점의 1/2, Cu 배선 녹는점의 1/4에서 주되게 일어난다.

표 11.2는 Cu, Al 그리고 공정 SnPb의 일렉트로마이그레이션 거동과 관련이 있는 녹는점과 확산계수를 나열하였다.Cu와 Al의 확산계수는 log D vs. T_m/T 그래프로부터 아래 식을 근거로 계산되었다[9].

$$D_l = 0.5 \exp(-34T_m/RT)$$
$$D_{gb} = 0.3 \exp(-17.8T_m/RT)$$
$$D_s = 0.014 \exp(-13T_m/RT) \tag{11.1}$$

이고, 여기에서 D_l, D_{gb} 그리고 D_s는 각각 격자확산계수, 결정립계확산계수 그리고 표면확산계수이다. T_m은 녹는점이고, 34 T_m, 17.8 T_m 그리고 13 T_m의 단위는 cal/mole이다. 표11.2에 보여진 것과 같이 100°C에서 Cu와 Al의 격자확산계수는 매우 작고 Cu의 결정립계확산계수는 표면확산계수보다 3 승수만큼 작다. 350°C에서 Cu의 표면확산계수와 결정립계확산계수의 차이는 훨씬 작으므로 결정립계 확산을 무시할 수 없음을 의미한다. 100°C에서 공정 Sn-Pb(fcc 금속이 아님)의 격자확산계수는 표 11.2에 주어지고, 이 값은 합금에서 Pb와 Sn의 트레이서 확산계수의 평균값이며, 공정 구조를 갖는 시편에서 판상 미세구조에 크게 의존한다. 직경이 100 μm인 솔더 조인트는 일반적으로 몇 개의 큰 결정립으로 이루어지기 때문에 더 작은 확산계수는 고려하기가 더 좋다. Cu의 표면 확산, Al의 결정립계 확산 그리고 솔더의 격자확산계수는 100°C에서 유사한 값을 갖는다. 한 금속에서 이 세 가지 확산에 의해 이동되는 원자 플럭스를 비교하기 위하여 확산계수는 확산 통로의 단면적을 곱해야 하고, 그 값은 동일하다.

또한 표 11.2는 소자 동작온도 100°C에서 Cu, Al 그리고 솔더의 상대온도는 가각 0.25, 0.5 그리고 0.82이다. 솔더의 상대온도는 매우 높다. 이는 소자에 사용되는 솔더 조인트가 고온 성질, 즉 열적으로 활성화되는 과정인 확산 등과 같은 현상에 영향을 받음을 의미한다. 예를 들어 소자 동작 온도에서 솔더 조인트의 기계적 성질은 크립에 의해 매우 크게 영향을 받을 것이다. 이는 솔더 조인트의 기계적 성질과 다른 물리적 성질을 연구하는 데 기억해야 할

표 11.2 Al, Cu 그리고 SnPb의 확산계수

	Melting point (K)	Temperature ratio 373 K/T_m	Diffusivity at 100℃(cm²/s)	Diffusivity at 350℃(cm²/s)
Cu	1356	0.275	Lattice $D_l = 7 \times 10^{-28}$ Grain boundary $D_{gb} = 3 \times 10^{-15}$	$D_l = 5 \times 10^{-17}$ $D_{gb} = 1.2 \times 10^{-9}$
Al	933	0.4	Surface $D_s = 10^{-12}$ Lattice $D_l = 1.5 \times 10^{-19}$ Grain boundary $D_{gb} = 6 \times 10^{-11}$	$D_s = 10^{-8}$ $D_l = 10^{-11}$ $D_{gb} = 5 \times 10^{-7}$
Eutectic SnPb	456	0.82	Lattice $D_l = 2 \times 10^{-9}$ to 2×10^{-10}	Molten state $D_l > 10^{-5}$

매우 중요한 사항이다.

Al과 Cu 같은 fcc 금속에서 원자 확산은 공공을 매개로 일어난다. 일렉트로마이그레이션에 의해 구동되어 양극으로 이동하는 Al 원자 플럭스는 반대 방향인 음극쪽으로 공공 플럭스가 필요하다. 만일 공공 플럭스가 멈추면, 일렉트로마이그레이션은 멈추게 된다. 공공 플럭스를 유지하기 위해 공공 소스로부터 공공을 계속적으로 공급하여야만 한다. 그러므로 공공의 소스 또는 공급처를 제거하면 공공 플럭스를 멈추게 할 수 있다. 금속 배선에서 전위, 결정립계는 공공 소스이지만, 가장 중요한 그리고 가장 효과적인 공공 소스는 자유 표면이다. Al에 대해서 자연 산화막은 효과적인 보호막이고, 이는 금속과 산화물 사이의 계면은 공공의 좋은 소스나 싱크가 되지 못함을 의미한다. 이는 Sn에 대해서도 동일하다. 그러므로 Al과 Sn은 공공의 소스나 싱크로서 자유 표면을 갖지 못한다. 공공은 재공급 없이 제거되거나 효과적인 싱크 없이 첨가되는 경우, 평형 공공 농도는 유지될 수가 없고, 결과적으로 후방 응력이 만들어질 것이다. 이는 11.7장에서 논의될 주제이다.

원자 플럭스 또는 반대 방향 공공 플럭스가 배선 내에서 균일하고 지속적이라 가정하자. 즉 양극은 공공을 지속적으로 공급할 수 있고 음극은 지속적으로 공공을 받아들일 수 있다고 가정하자. 그리고 음극과 양극 사이에 플럭스 발산(divergence)이 존재하지 않는다고 가정하자. 이 두 가정하에서, 공공 농도는 모든 곳에서 평형을 만족할 것이고, 공동이나 돌출 형성 같은 일렉트로마이그레이션에 의해 유도되는 훼손이 일어날 수 없다. 다시 말해서, 물질 플럭스 발산 없이 원자와 공공의 플럭스가 균질하게 이동한다면 배선에서 일렉트로마이그레이션 훼손은 일어나지 않을 것이다. 그러므로 원자 또는 물질 플럭스 발산은 실제 소자에서 일렉트로마이그레이션 파괴의 필요조건이다. 가장 일반적인 물질 플럭스 발산은 결정립계의 삼중점과 서로 다른 재료 사이의 계면이다. 플립칩 솔더 조인트는 두 개의 계면이 음극과 양극에 각각 존재하기 때문에, 일반적인 파괴 위치는 공공이 쌓여 공동을 형성하는 음극 계면이다. 그러나 12장에서 일렉트로마이그레이션에 의한 파괴에 대해 논의할 때, 물질 플럭스 발산은 구조 파괴의 필요조건이지 충분조건이 아님을 논할 것이다. 구조 파괴가 일어나기 위해서는 격자면 이동이 일어나는지 어떤지를 고려하여야만 한다.

요약하면, 일렉트로마이그레이션은 원자와 전자 플럭스 모두를 포함한다. 배선에서 이들의 분포는 일렉트로마이그레이션 훼손이 문제가 될 때 가장 중요한 고려의 대상이 된다. 두 분포가 균일한 영역에서 일렉트로마이그레이션이 일어나지만 플럭스 발산 없이는 일렉트로마이그레이션에 의해 유발되는 훼손이 일어나지 않는다.

원자 또는 공공 플럭스를 고려하면, 첫째로 가장 중요한 변수는 표 11.2에 나타낸 것처럼 온도이다. 원자 확산은 열적으로 활성화되어야만 하기 때문이다. 두 번째 중요한 변수는 배선 구조의 설계와 공정이다. 배선에서 불균일 플럭스 분포 또는 발산은 결정립계 삼중점과 상

사이의 계면 등과 같은 미세구조 불규칙 부분에서 발생하게 되고 이 부분에서 파괴의 시작이 일어난다. 세 번째 중요한 변수는 공공과 격자면 이동의 소스와 싱크이다. Al과 Cu의 배선에서 미세 구조, 용질 그리고 응력이 일렉트로마이그레이션에 미치는 영향의 물리적 분석은 12장에서 논의할 것이다. 일렉트로마이그레이션에 기인한 플립칩 솔더 조인트에서 공동의 형성에 기반한 통계적 MTTF (Mean Time To Failure)는 15장에서 논의할 것이다.

전자 플럭스를 고려하면, 일렉트로마이그레이션이 일어나기 위해서는 전류밀도가 매우 높아야 한다. 소자 내의 FET는 펄스형의 직류에 의해 구동되기 때문에 컴퓨터와 같은 트랜지스터 기반의 소자에 대해서는 직류와 펄스 전류하에서 일렉트로마이그레이션에 대해서만 고려의 대상이다. 균질한 전류 분포가 직선의 배선에서 기대되는 반면, 도선이 휘는 코너, 전도도가 변하는 계면 그리고 금속 기지상 내에서 공동 또는 석출물에서 비균일 전류의 분포 또는 전류 밀집(current crowding)이 일어난다.

일렉트로마이그레이션에 의한 훼손은 고전류밀도보다 저전류밀도에서 일어나는 경향이 광범위하게 관찰되었다. 이는 Huntington의 전자 풍력(wind force) 모델에 기반한 우리의 직관과 대치된다. 이러한 모순을 설명하기 위하여 일렉트로마이그레이션에 대한 새로운 구동력인 전류밀도 기울기 구동력을 고려할 필요가 있다. 이는 11.10절에서 논의할 것이다.

플립칩 솔더 조인트에서 일렉트로마이그레이션에 영향을 주는 가장 중요한 변수들 중에 하나는 배선에서 범프로 이어지는 독특한 구조에 있다. 매우 큰 전류밀도의 변화가 배선에서 범프로 연결된 부위에서 일어난다. 플립칩 솔더 조인트에서 일렉트로마이그레이션에 의한 전류 집중 효과는 15장에서 논의할 것이다.

11.4 일렉트로마이그레이션의 전자 풍력

확산하는 원자(또는 이온)에 작용하는 전기적 힘은 [1]

$$F_{em} = Z^*eE = (Z^*_{el} + Z^*_{wd})eE \tag{11.2}$$

이고, 여기에서 e는 전자의 전하량, E는 전기장 그리고 Z^*는 일렉트로마이그레이션의 유효 전하 수이고 이는 Z^*_{el}과 Z^*_{wd}로 구성된다. Z^*_{el}은 다이나믹 산란 효과를 무시한 금속 내에서 확산 이온의 단순(nominal) 원자가로 간주될 수 있다. 전기장의 영향인 Z^*_{el} eE는 직접 가해지는 힘이고, 전자 흐름에 반대 방향이다. Z^*_{el}의 크기는 금속 원자의 단순 원자가 전자 수이다. Z^*_{wd}는 전자와 확산하는 이온 사이의 운동량 상호교환 효과를 나타내는 가상의 전하 수이다. $Z^*_{wd}\ eE$는 전자 풍력으로 불리고, 전자 흐름과 동일한 방향으로 작동한다. 일반적으로, Z^*_{wd}

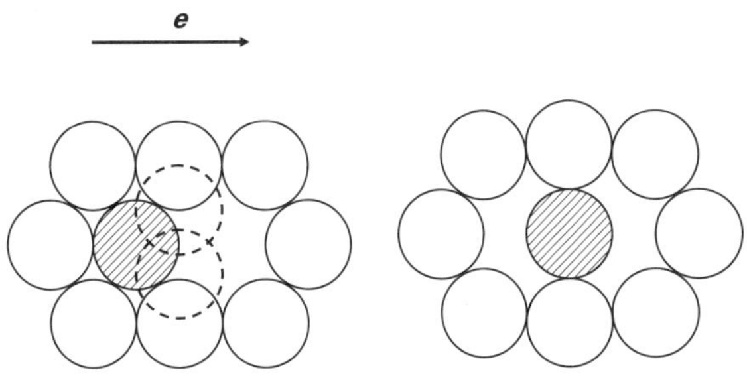

(a) (b)

그림 11.5 원자가 매우 큰 산란 단면적을 가질 때, 확산원자의 일렉트로마이그레이션 개략도. (a) 확산 이전 그리고 (b) 활성화 상태

는 좋은 도체의 경우 약 10단위 정도를 갖는다. 그러므로 전자 풍력은 금속 내 일렉트로마이그레이션에 대해 직접 가해지는 힘보다 훨씬 더 큰 값을 갖는다. 그러므로 일렉트로마이그레이션에서 원자 확산의 증가된 플럭스는 전자 흐름과 같은 방향이다.

전자 풍력을 추정하기 위하여 그림 11.5(a)는 빗금친 Al 원자와 이웃한 공공이 fcc 격자 구조내에서 <110> 방향을 따라 위치를 바꾸기 이전을 나타낸 개략도이다. 일반적으로 이동하는 방향쪽으로 4개의 이웃한 원자를 갖고 있다. 이들 중 두 개의 원자는 점선으로 표시되어 있고 최조밀 원자면의 위쪽과 아래쪽에 각각 하나씩 존재한다. 그림 11.5(b)에 도시된 바와 같이 공동을 향해서 빗금친 원자가 반정도 확산하면, 원자는 4개의 이웃한 원자를 변형시키면서 안장점(saddle point)에 위치한 활성화된 상태이다. 안장점은 격자 주기성의 일부분이 아니므로 안장점에 위치한 원자는 평형상태가 아니며, 더 큰 전자 산란을 겪게 된다. 이웃한 원자들 역시 평형 위치로부터 벗어나게 되고, 확산하는 원자와 이웃한 원자들의 원자 클러스터가 일반 격자점에 존재하는 원자들보다 훨씬 더 큰 전기 저항에 기여하게 된다. 그러므로 확산하는 원자는 더 큰 전자 산란과 더 큰 전자 풍력에 영향을 받고, 이 힘은 저항을 낮추기 위하여 확산하는 원자를 평형 위치인 비어 있는 자리로 밀어낼 것이다. 원자의 확산은 전자 방향으로 더욱 증대된다. 확산원자는 전자 풍력을 단지 안장점에서만 겪는 것이 아니라, 확산 전 과정의 처음부터 마지막까지 겪는다는 것을 상기하지 않을 수 없다.

전자 풍력을 추정하기 위하여, 산란 과정에 대한 입자학적 접근이 Hunting과 Grone에 의해 개발되었다[1]. 모델은 확산원자에 의한 산란에 기인하여 한 개의 자유전자 상태가 다른 자유전자 상태로 단위 시간당 자유전자가 변할 확률을 가정한다. 힘, 즉 단위 시간당 운동량 변화는 산란된 전자의 처음과 끝 상태를 합하여 계산한다. 부록 C에 이 모델의 자세한 유도가 제시되었다. 간단한 유도가 아래에 제시되었다.

확산하는 원자에 의한 전자의 탄성 산란 동안 계의 운동량은 보존된다. 이동하는 방향으로 전자의 평균 변화는 $2m_e <v>$가 아니고 $m_e <v>$이다. 여기에서 m_e는 전자 질량이고 $<v>$는 전류 방향으로 전자의 평균 속도이다. 이는 원자가 움직이기 때문이다. 산란에 의해 움직이는 이온에 미치는 힘은

$$\overrightarrow{F_{wd}} = \frac{m_e <v>}{\tau_{col}} \tag{11.3}$$

이고, 여기에서 τ_{col}은 두 개의 연속하는 충돌 사이의 평균 시간 간격이다. 전자에 의해 움직이는 이온으로 단위 시간당 단위 부피당 잃는 순 운동량은 $nm_e <v>/\tau_{col}$이고, 한 개의 확산하는 이온에 미치는 힘은

$$\overrightarrow{F_{wd}} = \frac{nm_e <v>}{\tau_{col} N_d} \tag{11.4}$$

이고, n은 전자밀도 그리고 N_d는 확산 이온의 밀도이다. 전자 전류밀도는

$$j = -ne<v> \tag{11.5}$$

이다. 식 (11.5)를 식(11.4)에 $<v>$를 대입하면,

$$\begin{aligned} \overrightarrow{F_{wd}} &= -\frac{m_e j}{e\tau_{col} N_d} = -\frac{m_e}{ne^2\tau_{col}} \frac{neE}{\rho N_d} \\ &= -\left[\frac{\rho_d}{N_d}\right]\left[\frac{n}{\rho}\right] eE \end{aligned} \tag{11.6}$$

이고, 여기에서 $\rho = E/j$는 도체의 비저항이고, $\rho_d = m/ne^2\tau_{col}$은 확산하는 원자에 기인하는 비저항이고 E는 인가된 전기장이다.

전자 풍력을 제외하고, 전기장 E는 확산하는 이온에 직접적인 힘을 유발하며, 이는

$$\overrightarrow{F_d} = Z^*_{el_z} eE \tag{11.7}$$

이고, Z^*_{el}은 이온 주변에서 다이나믹 산란을 무시하면 금속 이온의 단순 원자가이다. 그러므로 총 힘은

$$\overrightarrow{F_{EM}} = \left[Z^*_{el} - Z\left[\frac{\rho_d}{N_d}\right]\left[\frac{N}{\rho}\right]\right] eE \tag{11.8}$$

이고, 여기에서 N은 도체의 원자 밀도이고 $n = NZ$로 사용된다. 식 (11.8)은

$$\overrightarrow{F_{EM}} = Z^* eE \tag{11.9}$$

이고

$$Z^* = \left[Z_{el}^* - Z \left[\frac{\rho_d}{N_d} \right] \left[\frac{N}{\rho} \right] \right] \tag{11.10}$$

이고, Z^*는 일렉트로마이그레이션에서 이온의 유효 전하 수라 불린다.

전자의 입자 산란에 기반한 일렉트로마이그레이션 모델은 일렉트로마이그레이션 현상의 처음이고 가장 단순한 모델이다. 이론적인 이해는 오늘날까지 많은 연구자의 기여에 의해 더욱 발전되었다. 이러한 이론적 발전에도 불구하고 Huntingon과 Grone에 의해 개발된 모델은, 특히 일렉트로마이그레이션의 드리프트 속도는 일렉트로마이그레이션의 거의 모든 실험에서 채용되었다. 예를 들어, 드리프트 속도는

$$v_d = MF = \frac{D}{kT} Z^* ej\rho \tag{11.11}$$

이다. 만일 배선의 드리프트 속도를 측정하고 확산계수 D를 안다면, Z^*를 계산할 수 있다.

위 모델은 유효 전하 수가 확산원자의 비저항과 일반적인 격자점 원자의 관점에서 주어질 수 있고,

$$Z_{wd}^* = -\frac{\rho_d / N_d}{\rho / N} \frac{m_0}{m^*} \tag{11.12}$$

여기에서 $\rho = m_0/ne^2\tau$ 그리고 $\rho_d = m^*/ne^2\tau_d$는 각각 평형 격자점의 원자와 확산원자의 비저항이고, m_0와 m^*는 각각 자유 전자 질량과 유효 전자 질량으로 동일하다고 가정할 수 있고, τ와 τ_d는 각각 격자점의 원자와 확산원자의 완화 시간이다. fcc 격자에서, <110> 방향을 따라 12개의 등가 점프 통로가 있다. 주어진 전류 방향에 대해서 확산원자의 평균 비저항은 1/2로 보정되어야 하고, 식 (11.10)은

$$Z^* = -Z \left[\frac{1}{2} \frac{\frac{\rho_d}{N_d}}{\frac{\rho}{N}} \frac{m_0}{m^*} - 1 \right] \tag{11.13}$$

이고, 여기에서 Z_{el}는 Z, 금속 원자의 단순 원자가를 취하였다. 이는 Huntington과 Grone 식에 사용된 일렉트로마이그레이션의 유효 전하 수이다. Z^*를 계산하기 위해서 확산원자의 비

저항 또는 격자점 원자의 비저항 대비 비율을 알 필요가 있다.

11.5 유효 전하 수의 계산

만일 금속 내 원자의 비저항은 산란의 탄성 단면적에 비례하다고 가정하면(바꿔 말하면 평형에서 떨어진 거리의 제곱 평균 또는 $<x^2>$에 비례하다고 가정), 일반적인 격자점 원자의 단면적은 원자 진동의 Einstein 모델로부터 추정할 수 있다. 원자 진동 각 모드의 에너지는

$$\frac{1}{2}m\omega^2 <x^2> = \frac{1}{2}kT \tag{11.14}$$

이고, 여기에서 곱 $m\omega^2$은 진동의 힘 상수이고 m과 ω는 각각 원자 중량과 각 진동 주파수이다.

확산원자의 산란 단면적 $<x_d^2>$를 얻기 위해서, 그림 11.5(b)에 나타낸 것처럼 원자와 이웃한 원자들은 온도에 무관한 확산 이동 에너지, ΔH_m을 얻게 되고

$$\frac{1}{2}m\omega^2 <x_d^2> = \Delta H_m \tag{11.15}$$

이 된다. 그리고 마지막 두 식의 비는 산란 단면적의 비가 되고,

$$\frac{<x_d^2>}{<x^2>} = \frac{2\Delta H_m}{kT} \tag{11.16}$$

이다. 이 비율은 온도에 반비례함을 알 수 있다. 이 의존성은 Debye 온도 이상에서 일반적인 금속의 비저항이 온도에 선형적으로 증가하며 비례한다는 잘 알려진 사실로부터 나온 것이다. 마지막 식을 Z^*식에 대입하면,

$$Z^* = -Z\left[\frac{\Delta H_m}{kT}\frac{m_0}{m^*} - 1\right] \tag{11.17}$$

이 된다. 위 식에서 계수 1/2은 fcc 금속 내의 12개 <110> 통로 중에 주어진 방향(즉, 전자 흐름의 방향)으로 점프를 평균한 확률을 측정할 때 소거된다. 이제 값 Z^*는 마지막 식을 이용하여 주어진 온도에서 계산할 수 있다. Z^*의 계산된 값들은 Au, Ag, Cu, 그리고 Pb에 대해 측정된 값과 잘 일치한다(표 11.3 참조). 예를 들면, 480ºC에서 Al의 Z* 측정 값과 계산 값(ΔH_m = 0.62 eV/atom인 경우)은 각각 −30과 −26으로 잘 들어 맞는다. Au의 계산 값 Z^* 온도 의존성은 측정된 값들과 상당히 잘 일치한다(그림 11.6 참조).

개략적으로 말해서, 활성화된 상태에서 확산하는 원자가 약 10개의 원자에 해당하는 산란

표 11.3 측정 값 Z^*와 계산 값 Z^*의 비교

Metal	Measured Z^*	Temp. (℃)	ΔH_m (eV)	Calculated Z^*
Monovalent				
Au	−9.5 to −7.5	850 to 1000	0.83	−7.6 to −6.6
Ag	−8.3 ± 1.8	795 to 900	0.66	−6.2 to −5.5
Cu	−4.8 ± 1.5	870 to 1005	0.71	−6.3 to −5.4
Trivalent				
Al	−30 to −12	480 to 640	0.62	−25.6 to −20.6
Quadrivalent				
Pb	−47	250	0.54	−44

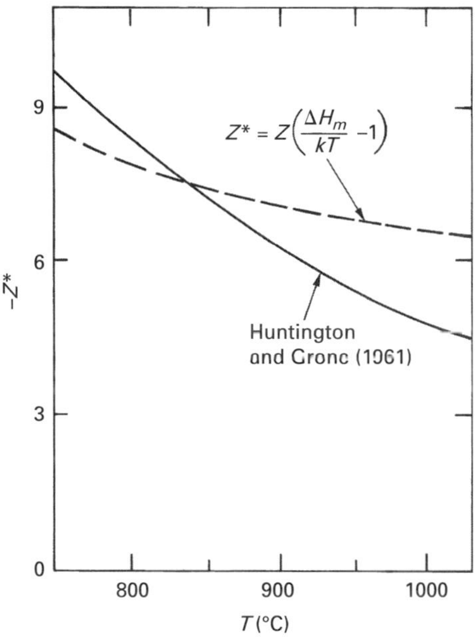

그림 11.6 Au의 계산된 Z^* 온도 의존성. 이 값은 측정된 값과 잘 일치한다.

단면적을 갖고, 그러므로 유효 전하 수는 대략 10 × Z에 해당함을 의미한다. 여기에서 Z는 단수 원자가이다. 그러므로 Z^* 값은 각각 Cu(귀금속), Al, 그리고 Pb(또는 Sn)은 −10, −30 그리고 −40 차수에 해당하는 값을 갖는다.

11.6 후방 응력의 효과와 임계 길이, 임계 곱 그리고 유효 전하 수의 측정

10장에서, 그림 10.6은 기초 선 TiN 위에 짧은 Al 조각 배선이 형성된 개략도이다. 짧은 조각 선의 일렉트로마이그레이션에서 전자의 높은 전류밀도는 왼쪽에서 오른쪽으로 이동하고 Al 원자들은 음극에서 양극으로 이동하여 음극에서 소실 또는 공동 형성과 양극에서 퇴적 또는 힐록 형성을 만든다. 게다가 배선이 길면 길수록, 일렉트로마이그레이션에서 음극의 소실이 더 커지게 된다. 임계치 이하에서 그림 11.3(a)에 나타낸 것과 같이 관찰 가능한 소실 부분이 발생하지 않는다[1.3].

소실의 배선 길이 의존성은 후방 응력의 효과에 의해 설명된다. 본질적으로, 일렉트로마이그레이션이 음극에서 양극으로 배선 내 Al 원자를 이동시킬 때, 양극에는 압축응력이 음극에는 인장응력이 형성된다. 14장 14.3절에서 논의된, 응력이 인가된 고체의 평형 공공 농도에서 Nabarro-Herring 모델을 기반으로, 응력을 받지 않은 영역보다 인장 영역은 더 많은 공공이 그리고 압력 영역은 더 적은 공공을 갖는다. 그러므로 그림 10.7에 묘사된 것처럼 공공 농도 기울기는 음극에서 양극으로 점차 감소한다. 공공 농도 기울기는 Al 원자 플럭스를 양극에서 음극으로 유도한다. 일렉트로마이그레이션에 의해 유도된 Al 플럭스는 음극에서 양극으로 일어난다. 두 방향은 반대 방향이다. 공공 농도 기울기는 배선의 기울기에 의존한다. 길이가 짧을수록 기울기는 더 크다. 임계치로 정의된 특정 길이의 배선에서 기울기는 충분히 커서 일렉트로마이그레이션을 상쇄하고, 음극의 소실과 양극의 돌출이 일어나지 않게 된다.

일렉트로마이그레이션에 미치는 응력의 영향을 분석하면, 10장의 10.7.1절에 논의한 것처럼 전기적 힘과 기계적 힘이 조합을 이루어 원자 확산에 영향을 미치는 비가역 과정이다. Al 배선에 대한 식 (10.21)에서 임계 길이는 약 3 μm정도로 계산된다. 이는 크기 차수 영역은 맞지만 결정립계 확산에 기인한 10~20 μm 실험치보다는 작다.

임계 길이의 온도 의존성은 Z^*를 식 (10.21)에 대입하여,

$$\Delta x = \frac{\Delta\sigma\Omega}{-Z\left[(\Delta H_m/kT)(m_0/m^*)-1\right]ej\rho} \tag{11.18}$$

이 된다. 전기 비저항이 Debye 온도 이상에서 온도에 따라 선형적으로 증가하는 일반적인 금속에 대해서, 마지막 방정식은 임계 길이가 만일 $\Delta H_m \gg kT$라면, 온도에 다소 독립적이라는 것을 보여준다. 그러므로 분모 중 괄호 부분은 거의 1이고 제거 가능하다.

유효 전하 수를 계산하기 위해서, 만일 Δx와 $\Delta\sigma$가 측정된다면, 식 (10.21)을 사용할 수 있다. 반면에 만일 배선의 길이가 길고 후방 응력 효과가 무시할만큼 작고, 드리프트 속도를 측정할 수 있다면,

$$v_d = MF = \frac{D}{kT}Z^*ej\rho = \frac{D_0}{kT}\exp\left(-\frac{Q}{kT}\right)Z^*ej\rho \tag{11.19}$$

가 된다. 만일 확산계수 D를 안다면 Z^*를 계산할 수 있을 것이다. 게다가 만일 몇 개의 서로 다른 온도에서 드리프트 속도를 측정한다면, 마지막 식에 ln을 취하면,

$$\ln(v_d T) = \ln\left(\frac{D_0}{k}eZ^*j\rho\right) - \frac{Q}{kT} \tag{11.20}$$

이 된다. 그러므로 ln (v_dT) vs. $1/kT$ 그래프를 그리면 일렉트로마이그레이션에서 확산 과정의 활성화에너지를 결정할 수 있다.

11.7 왜 Al 배선에 후방 응력이 존재하는가?

Al 배선에서 Blech 구조가 일렉트로마이그레이션 실험 연구에 매우 자주 사용되는 동안 후방 응력의 이유에 대한 많은 질문이 있었다. 만일 그림 11.7에 나타낸 것처럼 작은 배선이 매우 단단한 벽으로 둘러 쌓인다면, 일렉트로마이그레이션에 의해 양극에 압축응력이 유기되는 것을 쉽게 상상할 수 있을 것이다. 양극에서 고정된 또는 일정한 부피 V에 일렉트로마이그레이션으로 원자 또는 부피 ΔV의 첨가에 의해 부피 내에 응력 변화는

$$\Delta\sigma = -B\frac{\Delta V}{V} = -B\frac{\Delta V/\Omega}{V/\Omega} - B\frac{\Delta C}{C} \tag{11.21}$$

이 되고, B는 벌크계수이고 Ω는 원자 부피이다. 음의 부호는 응력이 압축임을 의미한다. 다시 말해서, 주어진 부피 안에 원자 부피를 첨가한 것이다. 만일 일정한 부피에서 격자면이 이동할 수 없고 고정된 부피가 팽창할 수 없다면, 압축응력이 일어날 것이다. 더욱더 많은 Al 원자들, 즉 n개의 Al 원자들,이 부피 V로 확산해 오면, 식 (11.21) 내의 응력은 증가한다. 이론적으로 고정된 부피는 일정한 부피의 제약을 의미한다. 그러므로 후방 응력 원인의 숨겨진 가정은 일정 부피 제약을 가정한 것이다. 왜 Al 짧은 배선에 이러한 제약이 존재하는지를 아래에 설명할 것이다.

단단한 벽 내에 갇힌 고정된 부피에서 격자이동이 허용되지 않는다면 압축응력은 원자 첨가에 따라 증가하게 된다. 그러나 짧은 배선 실험에서 자연적으로 형성된 산화물을 제외하고 Al 배선을 덮는 단단한 벽은 존재하지 않는다. 만일 자연적으로 형성된 산화물이 단단한 벽이 아니라면 후방 응력이 양극에 어떻게 형성되겠는가?

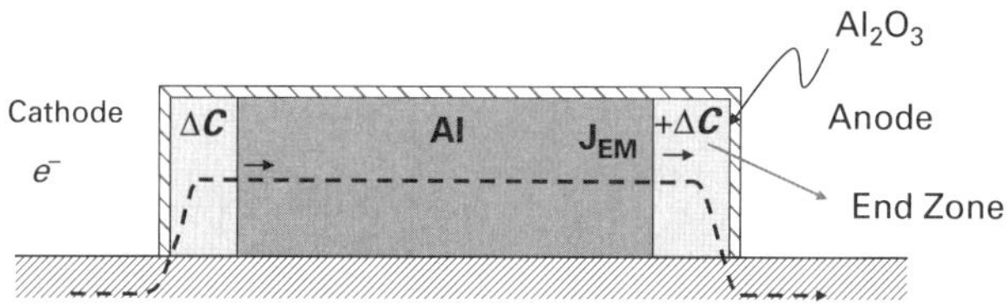

그림 11.7 강한 벽으로 갇힌 짧은 시편

5장 5.3.2.1절에서, 벌크 확산 쌍 A와 B의 상호확산에서 고전적인 Kirkendall 효과를 논의하였다. 여기서 A원자가 B로 더 많이 이동하는 동안 상호확산의 Darken 모델에서 분석에서 어떤 응력도 가정하지 않았다. 보다 많은 A원자가 B로 확산하기 때문에, 위에서 논의된 일정 부피를 근거로 B에 압축응력이 형성될 것으로 기대할 수 있다. 그러나 Darken은 중요한 가정을 하였고, 그것은 공공 농도가 모든 곳에서 평형을 유지하는 것이다. 공공(또는 비어있는 격자 위치)은 시편에서 필요한 것처럼 생성되거나 소멸되어야 하며, 이는 격자이동을 야기한다. 다시 말해서 격자점과 격자면들은 고정된 부피 밖으로 이동할 수 있다. 그러므로 응력이나 공동 형성이 없게 된다. 따라서 만일 일정한 부피의 제약을 가정한다면, 과잉의 격자점과 면이 일정 부피 밖으로 이동할 수 있어야만 하고, 응력은 만들어지지 않는다. 그렇지 않다면, 응력은 쌓이게 될 것이다.

짧은 배선에서 후방 응력에 대한 적절한 설명은 Al 박막은 자연적이고 매우 보호성을 띠고 있는 단단한 산화막을 표면에 갖고 있기 때문에 이 자연 산화막이 표면의 공공 소스와 싱크를 제거한다는 것이다. 그러므로 일렉트로마이그레이션이 양극 영역으로 원자를 움직일 때, 만일 공공 소스가 부족한 공공을 재공급하지 않는다면 양극 영역에 있는 공공이 빠져나와 매우 빠르게 공공 농도를 낮추게 될 것이다. 게다가 만일 산화물이 격자면의 끝을 묶고 움직임을 방해한다면, 압축응력이 생성된다. 산화물은 Al 박막이 얇기 때문에 유효한 것이다. 이것이 Al 배선에서 후방 응력 생성의 기본 기구이다.

위 논의를 기반으로, 후방 응력의 존재, 다시 말해 Al 배선 조각에서 일렉트로마이그레이션에 대한 임계 곱 또는 임계 길이의 존재는 시편 내에 존재하는 표면 산화물과 격자 이동이 공공의 소스와 싱크 유효성에 의존한다. 만일 소스와 싱크가 유효하고 격자이동이 일어난다면, 상호확산의 Darken 모델의 가정과 마찬가지로 일렉트로마이그레이션의 후방 응력이나 임계 곱이 존재하지 않게 된다.

전자 풍력은 원자 확산의 구동력으로 간주할 수 있고 원자 확산은 열적으로 활성화되는 과정이다. 이론적으로 1 K에서 조차 원자 확산은 일어날 수 있다. 단, 상호교환 점프 확률 또는 단위 시간당 횟수가 매우 극히 작으므로 일렉트로마이그레이션도 매우 극히 작게 일어난

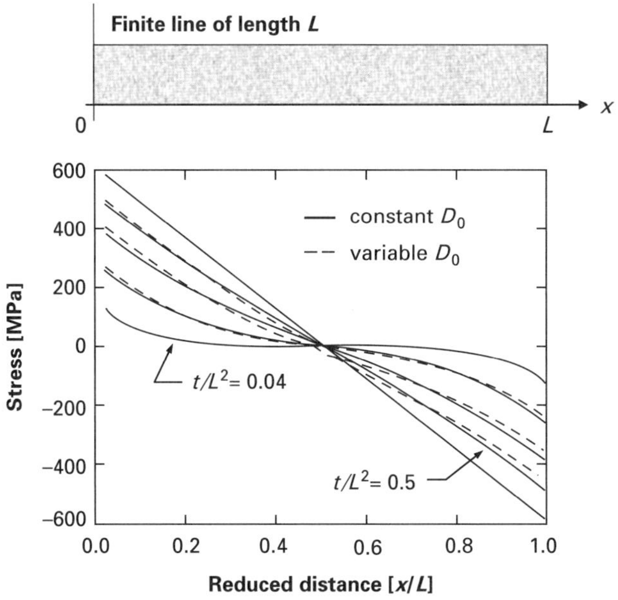

그림 11.8 일정한 길이를 갖는 시편에서 시간의 함수로 나타낸 축적된 응력

다. 그러나 실제 소자에서 일렉트로마이그레이션 자체가 아니라 일렉트로마이그레이션에 의한 구조적 훼손이 더 큰 염려이다. 그리고 이 훼손은 소자의 수명 내에 일어나서는 안 된다. Blech의 짧은 배선 구조는 일렉트로마이그레이션에 의해 발생된 양극에 공동 형성과 음극에 힐록 형성을 매우 손쉽게 관찰할 수 있게 해준다. 실제로 Al 짧은 배선의 문턱 전류밀도, 후방 응력 그리고 임계 길이 등이 있지만 이것들은 박막 Al 짧은 배선 위에 표면 산화물이 존재하기 때문에 발생하는 매우 독특한 현상이다. Cu 배선에서는 보호 산화막이 존재하지 않기 때문에 이 상황은 다르다.

일렉트로마이그레이션에 의해선 짧은 배선에 쌓이는 응력의 시간 의존성은 연속방정식을 풀어서 얻을수 있다. 왜냐하면 응력은 에너지 밀도이기 때문에 밀도 함수는 연속방정식을 따라야 하기 때문이다. 마지막 식에서 ΔC를 $\Delta\sigma$로 변환할 수 있다.

$$\frac{C}{B}\frac{\partial\sigma}{\partial t} = -\frac{D}{kT}\frac{\partial^2\sigma}{\partial x^2} - \frac{D}{BkT}\left(\frac{\partial\sigma}{\partial x}\right)^2 - \frac{CDZ^*eE}{BkT}\frac{\partial\sigma}{\partial x} \qquad (11.22)$$

시간의 함수로 유한한 길이와 응력 축적에 대한 해는 그림 11.8에 나타내었다[10,11]. 명확하게 일렉트로마이그레이션의 초기에는 후방 응력이 배선 길이에 비선형적이어서 곡선으로 표시된다. 실제로, 음극에서 축적된 응력은 정수압의 인장응력을 갖지 못하기 때문에 축적된 응력은 비대칭적이다.

11.8 일렉트로마이그레이션에 의한 후방 응력의 측정

일렉트로마이그레이션 동안에 Al 배선에 존재하는 후방 응력의 측정을 위해 많은 연구가 진행되었다. 배선이 얇고 좁기 때문에, 대개 수백 나노미터 두께와 수 마이크론 넓이, 정확한 격자상수 측정에 의한 Al 결정립 내의 변형을 측정하기 위해서는 고강도이고 초점이 맞춰진 X선이 필요하다. 싱크로트론 방사를 이용한 마이크로 X선은 후방 응력을 연구하기 위하여 사용되었다. 국립 브룩헤이븐 연구소의 국립 싱크로트론 광선 소스(NSLS)에서 만들어진 10 μm × 10 μm 크기의 백색 X선을 이용하여 Cargil *et al.*[12]이 순수한 Al 선에서 일렉트로마이그레이션으로 만들어진 응력 분포를 연구하였다[12]. 배선은 길이 200 μm, 넓이 10 μm, 두께 0.5 μm이고 두께 1.5 μm SiO_2 부동태 층이 상부에 존재하고, 아래에는 10 nm Ti/60 nm TiN의 우회 층이 존재한다. 그리고 양쪽 끝에 배선을 연결하는 접촉 패드로 0.2 μm 두께 W 패드가 있다. 일렉트로마이그레이션 실험은 260ºC에서 이루어졌다. 정상 상태의 저항 증가 $\delta(\Delta R/R/\delta t)$, 일렉트로마이그레이션에 의한 정상상태 압축응력 기울기 $\delta\sigma_{EM}/\delta x$와 전류밀도에 대한 그래프를 그림 11.9에 도시하였다. 문턱 전류밀도 j_{th}인 1.6×10^5 A/cm^2 이하에서 일렉트로마이그레이션이 일어나지 않는다. 문턱 전류밀도 이하에서 일렉트로마이그레이션에 의한 정상상태 응력 기울기는 전류밀도가 증가함에 따라 선형적으로 증가한다. 여기에서 전자 풍력은 기계적인 힘에 의해 상쇄되고, 일렉트로마이그레이션에 의한 드리프트는 관찰되지 않았다.

Lawrence Berkeley 국립 연구소의 고급 광원(ALS)에서 마이크로 X선 산란 장비는 한 쌍의 타원형으로 휜 Kirkpatrick-Baez 거울에 의해 0.8~1μm 크기로 초점이 맞춰진 백색 X선(6~15 keV)을 만들 수 있다. 장비에서 광선은 1 μm 단위로 100 μm × 100 μm 영역을 스캔할 수 있다[13,14]. 만일 배선에서 결정질의 직경이 1 μm라면, 각 결정립은 마이크로 광선의 관점에서 단결정으로 취급할 수 있다. 응력/변형률 그리고 방향에 대한 구조적 정보는 백색 광선 Laue 산란을 이용하여 얻었다. 1초 또는 그 이상의 노출 시간으로 대면적(9 × 9 cm^2)의 전하 결합 소자(CCD) 석출기를 이용하여 Laue 무늬를 측정하였다. 이것으로부터 각각의 산란된 결정립의 방향과 변형률 텐서를 소프트웨어로 계산하여 도시할 수 있다. 백색 마이크로 빔 Laue 기술의 해상도는 0.001% 변형률이다. 여기에 더해서, 네 개의 결정 모노크로메이터가 삽입되어 산란을 위한 단색 광선을 만든다. 백색 광과 단색 광의 산란을 조합하여 각 결정

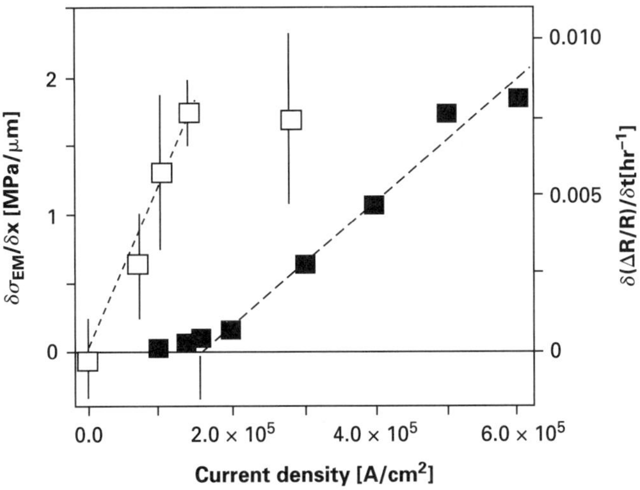

그림 11.9 저항 증분의 정상상태 비율 $\delta(\Delta R/R)/\delta t$, 그리고 일렉트로마이그레이션으로 만들어진 정상상태의 압축 응력 기울기 $\delta\sigma EM/\delta x$를 전류밀도의 함수로 도시하였다.

립에서 총 변형률-응력 텐서를 결정할 수 있다. 주사 X선 마이크로 산란(μSXRD) 기술과 응용은 MacDowell *et al*.[13]에 의해 설명되었다.

Al－0.5 wt.% Cu 배선에서 일렉트로마이그레이션의 초기에 발생하는 일시적 응력 상태는 ALS에서 in-situ 싱크로트론 방사 마이크로 빔 X선 산란으로 Wang *et. al*에 의해 측정되었다[12]. 배선의 크기는 넓이 4.1 μm, 길이 30 μm, 두께 0.75 μm이다. 배선은 상부에 10 nm 두께의 Ti와 하부에 45 nm Ti 사이에 샌드위치 구조로 되어 있고, 0.7 μm의 SiO_2 부동태층을 갖고 있다. 배선의 양 끝은 W 비아로 접합 패드에 연결되었다. 일렉트로마이그레이션은 224°C에서 전류밀도 1 × 10^6 A/cm^{2}로 25시간 동안 수행되었다. 음극과 양극 영역에서 응력의 함수로서 활성화된 전위 슬립계의 쪼개짐과 결정립 회전은 미크론 크기 백색선의 스캔으로부터 얻어진 X선 마이크로 산란 Laue 무늬로 측정되었다. 결정질 내에서 일렉트로마이그레이션에 의한 소성변형은 Laue 회절 점의 늘어남 현상을 만든다. 이는 기하학적으로 아결정립계를 형성하는 데 필요한 전위에 의한 쪼개짐에 기인한 것이다. 전위는 칼날형이고 전류 흐름 방향에 약 5° 내의 방향을 갖는다. 전위들은 전위에 의한 전기적 저항을 최소화하기 위한 방향으로 배열된다고 제안되었다.

전위 슬립이 관찰되는 동안 전위 상승은 일렉트로마이그레이션 동안 별로 발견되지 않았음을 지적할 필요가 있다. 그러나 공공 생성과 소멸 그리고 격자이동에 의한 응력 이완은 전위 상승을 필요로 한다. 전위 상승이 없다는 것은 Al(Cu) 배선에서 시간에 따라 일렉트로마이그레이션에 의해 만들어지는 후방 응력이 축적되는 것을 의미한다. 25시간 전류 인가 후에 변형률은 탄성 한계보다 커지게 되고 소성변형이 일어나게 된다.

소자 동작 온도에서 일렉트로마이그레이션에 의해 Cu 상감 구조에 후방 응력이 발생하는지 여부는 아직 확인되지 않았다. 만일 Cu 상감 구조에서 표면 확산에 의해 일렉트로마이그레이션이 일어난다면, 표면 확산에 의해 벌크 구조에서 만들어지는 후방 응력 기구가 필요하게 된다. 보호 표면 산화물이 없는 경우 Cu에서 표면 확산이 일어난다. 그러므로 표면은 공공의 좋은 소스이자 싱크이다.

11.9 전류 집중

VLSI 기술에서 배선은 삼차원 다층 구조이다. 전류는 삼차원 구조 내의 비아 등에서 방향을 바꾸게 된다. 비아는 배선의 한 층에서 다른 층으로 이동하게 되는 통로이다. 전류 집중은 방향을 바꾸는 지역에서 일어나고 일렉트로마이그레이션에 현저한 영향을 미친다. 공공과 용질 원자 등과 같은 결함들은 낮은 전류밀도 영역에서보다 높은 전류밀도 영역에서 더 높은 포텐셜을 갖는다. 높은 전류밀도 영역에서 공공과 용질 원자의 평형 농도는 낮은 전류밀도 영역보다 더 낮게 된다. 전류 집중 영역에서 포텐셜 기울기는 이러한 과도한 결함을 높은 전류밀도 영역에서 낮은 전류밀도 영역으로 밀어내는 구동력이 된다. 결과적으로, 공동은 높은 전류밀도 영역이 아닌 낮은 전류밀도 영역에서 생기는 경향이 있다. 다시 말해서, 파괴는 삼차원 배선에서 낮은 전류밀도 영역에서 일어나는 경향을 띤다.

그림 11.10(a)는 일렉트로마이그레이션에서 매우 잘 알려진 Blech 배선 테스트 구조의 단면 개략도이다. 전자가 좌측(음극)에서 우측(양극)으로 이동하는 것을 가정하자. TiN 기초 선은 짧은 Al 배선보다 더 높은 저항을 갖고 있으므로 전류는 TiN에서 Al으로 우회하게 된다. 이는 Al이 더 좋은 도체이기 때문이다. 전류가 Al로 들어오거나 떠나는 장소에서 전류 집중이 일어난다. 조각 배선의 좌측 반은 전류 집중을 모사하여 그림 11.10(b)에 나타내었고, 화살표는 위쪽 왼편 구석과 그 주변에 낮은 전류밀도 영역을 지시하고 있다. 명확하게 Al-TiN 계면에서 전류 집중이 일어나는 아래쪽 왼편 구석은 높은 전류밀도 지역이다.

많은 SEM 사진은 공동 형성이 일렉트로마이그레이션의 결과로 배선의 음극에 형성됨을 보여준다. 그림 11.10(c)에 도시된 것처럼 고전류밀도 영역인 아래 왼쪽 구석에서 공동이 생성하고 성장된다면, 위쪽 왼쪽 영역의 낮은 전류밀도 영역으로 확장될 수 없을 것이다. 왜냐하면 공동이 열리고, Al로 들어오는 전류가 양극 쪽으로 이동되기 때문이다. 전체 음극에서 소실이 일어나기 위해서는 낮은 전류밀도 영역으로 공동이 이동하여야만 한다. 그러므로 공

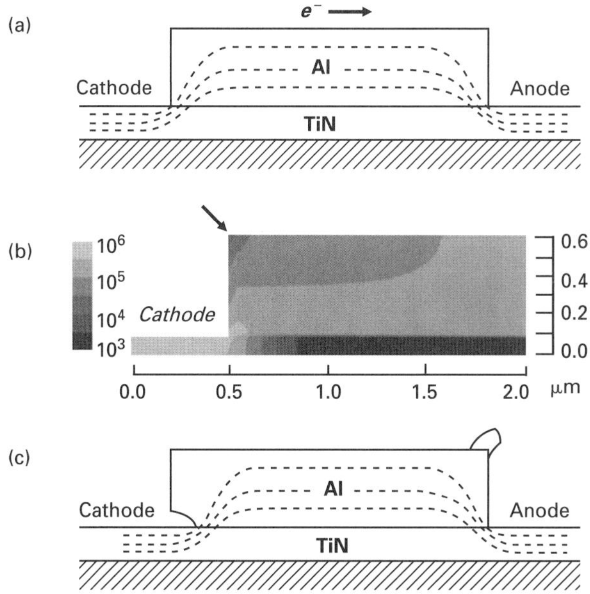

그림 11.10 (a) Blech-Herring 구조의 일렉트로마이그레이션 테스트 시편 단면 개략도. (b) 전류 집중 전사모사. (c) 공동이고 전류밀도 영역에서 생성하여 성장한다면 음극이 완전히 소실될 수가 없다.

동은 배선의 왼편 끝의 위쪽에서 시작하여야 한다.

그림 11.11은 W 비아에 연결된 2층 Al 배선 구조의 개략도이다. 전자는 위쪽에서 오른쪽으로 이동하고 전류 집중은 비아를 통과하여 지나는 중에 일어난다고 가정하자. W에서 원자 확산은 Al에서보다 훨씬 느리기 때문에, W-Al 계면은 확산 플럭스 발산면으로 더 많은 Al 원자가 이동한다. 공동의 반대 방향 플럭스는 계면에 공공 집중을 유발한다. 공동은 W 비아 바로 위에 형성된다. 공동 크기가 전체 비아를 덮을만큼 충분히 크면, 회로는 단전된다. 마이크로전자 산업에서 파괴의 마모(wear-out) 기구라고 불리운다. 산업체에서 마모 파괴를 늦추기 위해 선택한 방법은 W 비아 위의 Al 배선에 여분의 배선을 만든 것은 매우 흥미롭다. 이는 그림 11.11에서 화살표와 점선으로 나타내었다. 여분의 배선은 공동 성장의 추가적인 부피 또는 저장소를 제공하여 MTTF를 늘린다. 그러나 이 보수 방법은 공공이 여분 내 낮은 전류밀도 지역으로 이동한다는 것을 암묵적으로 가정하고 있다. 실제로, 여분의 배선은 일렉트로마이그레이션이 일어나지 않는다. 왜 공동이 그쪽으로 이동할까?

그림 11.10에서 낮은 전자밀도 영역으로 공공을 이동시키는 응력 기울기가 존재한다고 때때로 가정한다. 응력마이그레이션에 의해 위쪽 좌측 구석에 공동 생성을 설명할 수 있는지

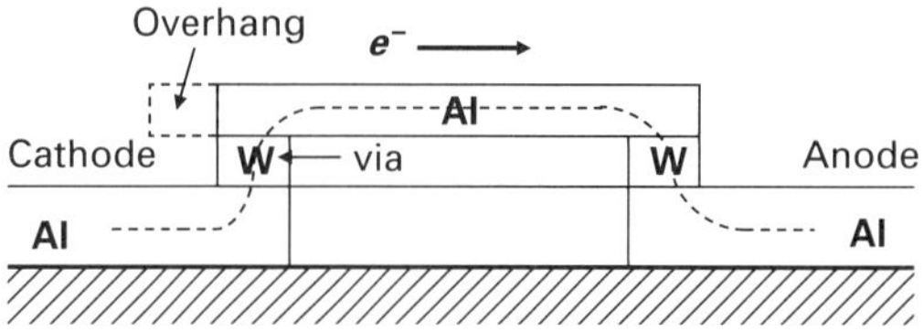

그림 11.11 W으로 연결된 2층 구조 Al 배선 단면 개략도. 마모 고장의 연기를 위한 방법으로 점선으로 표시된 것과 같이 W 비아 위에 Al 배선 돌출부를 첨가한다.

여부를 확인해야 한다. 만일 전자 풍력을 따르면, 공공은 고전류밀도 영역(이 영역은 인장 구간으로 가정할 수 있음)으로 이동하여야 한다. 그러므로 높은 전류밀도 구역과 낮은 전류밀도 사이에 공공 농도 기울기는 존재하게 된다. 낮은 전류밀도 영역을 응력이 없는 지역으로 가정할 수 있다. 높은 전류밀도영역에서 낮은 전류밀도 영역으로 응력 기울기가 공공을 이동시킨다. 그러면 문제는 "낮은 전류밀도 영역에서 공동 형성이 되는가?"하는 것이다. 공공 농도 기울기가 존재한다고 가정하였기 때문에, 높은 전류밀도 지역의 공공 농도는 낮은 전류밀도 영역보다 항상 더 높다. 공동의 핵 생성은 공동의 과포화가 필요하고 높은 전류밀도에서 더 높은 공공 농도가 존재하기 때문에 높은 전류밀도 영역에서 보다 낮은 전류밀도 영역에서 공동이 핵 생성된다고 하는 것은 합리적이지 못하다.

전자 풍력에 이어서, 공공은 Al-W 계면에서 고전류밀도로 이동하고 과포화 상태가 되어 공동 핵 생성이 일어난다. 그러나 공동 형성이 낮은 전류밀도 영역에서 일어나기 때문에 이는 사실이 아니다. 그렇지 않다면 배선의 여분(overhang)이 소실되지 않을 것이다.

11.10 일렉트로마이그레이션의 전류밀도 기울기 구동력

일렉트로마이그레이션에서 전자 풍력을 제외하고 낮은 전류밀도 영역에서 공동이 형성되는 것을 설명하기 위해서는 또 다른 구동력이 필요하다. 이는 전류밀도 기울기 구동력이다. 이 구동력은 공공이 높은 전류밀도 영역에 도달하기 전에 공공을 낮은 전류밀도 영역으로 향하게 한다. 공공이 낮은 전류밀도 영역으로 가기 때문에, 공공 농도는 과포화에 도달하고 공동은 낮은 전류밀도 영역에서 핵 생성이 일어난다.

전류밀도 기울기 구동력의 존재는 전류 집중으로 전기 포텐셜 기울기가 존재하기 때문이다[15,16]. 장 이론에서, 포텐셜 에너지 기울기는 힘 또는 구동력이다. 이는 화학 포텐셜 에너지 기울기에 의해 확산에 미치는 화학 구동력이 정의되고, 응력 포텐셜 에너지 기울기에 의한 크립 내에 기계적 힘으로 정의되는 것과 같다. 그러나 원자에 미치는 전기 포텐셜 기울기는 매우 작고, 기울기 힘은 무시가능하다. 그러나 공공의 전기 저항은 원자보다 약 100배 정도 크기 때문에, 공공에 미치는 전기 포텐셜 기울기 힘은 상당히 크게 된다.

공공과 용질 원자와 같은 결함은 낮은 전류밀도 영역보다 높은 전류밀도 영역에서 더 높은 포텐셜을 갖는다고 가정한다. 전류 집중 지역에서 포텐셜 기울기는 전류 흐름 방향에 수직(즉, 전자 풍력에 수직)인 방향으로 구동력을 제공한다. 이 구동력이 높은 전류밀도 지역에서 낮은 전류밀도 지역으로 과잉의 결함을 밀어낸다. 결과적으로 공동은 높은 전류밀도 지역에서 보다 낮은 전류밀도 지역에서 형성되는 경향이 있다. 다시 말하면, 일렉트로마이그레이션 파괴는 삼차원 구조의 배선의 낮은 전류밀도 지역에서 일어나는 경향이 있다.

전기 포텐셜이 도체에 인가되면, 모든 원자와 공공의 화학 포텐셜 에너지는 증가한다. 결함의 저항은 격자 원자보다 훨씬 더 크기 때문에, 공공 또는 용질 원자의 포텐셜 에너지 증가는 훨씬 더 크다. 게다가 증가량은 전류밀도에 비례하게 된다. 높은 전류밀도 영역에서 공공은 더 높은 포텐셜 에너지를 갖게 된다. 그러므로 높은 전류밀도에 존재하는 공공 농도는 감소하게 된다. 다시 말하면, 높은 전류밀도 지역에서 공공 형성 에너지는 더 높다. 그러므로 농도는 더 낮게 된다. 이는 6장에서 논의한 압축응력 영역에서 논의한 것과 유사하다.

그림 11.10에서 본 작은 배선 조각에서 일렉트로마이그레이션을 고려해보자. 배선의 한가운데 전류밀도는 균일하고 양극에서 음극으로 이동하는 균일한 공공 플럭스가 존재한다. 음극에 접근할수록, 전류는 TiN 기초 선으로 들어가고 전류 집중이 일어난다. 공공이 높은 전류밀도를 따르는 것과 마찬가지로 공공 포텐셜 에너지는 증가하고 그 평형 농도는 균일한 영역보다 감소하게 된다. 낮은 전류밀도 영역은 균일한 영역보다 더 높은 평형 공공 농도를 갖는다. 정량적인 분석은 아래에 논의하였다.

공공을 높은 전류밀도에서 낮은 전류밀도 영역으로 이동하게 하는 구동력을 가시화하기 위하여, 단결정 Al 배선을 고려하자. 그리고 Al 결정 격자에서 비저항 ρ_v를 갖는다고 가정하자. 비저항은 온도에 의존하므로 Joule 발열 때문에 비저항은 전류밀도 의존성이 있다. 그러나, 단순화하기 위하여, 온도 효과를 무시하기 위하여 전류밀도에 무관하다고 가정하자. 이는 아래 분석에 적용하였다. 공공은 격자 결함이기 때문에, 격자 원자의 비저항에 비해 공공의 비저항은 과잉의 저항을 더 갖고 있다고 생각할 수 있다. 전류밀도 j_e의 일렉트로마이그레이션에서 공공을 가로질러 일어나는 전압 강하는 j_eAR_v이다. 여기에서 A는 공공의 단면적이고 R_v는 공공의 저항이다. 에너지 관점에서, 주변의 격자점에 존재하는 원자보다 공공은 j_eAR_v만큼 더 높은 포텐셜을 갖고 있다고 생각할 수 있다. 공공의 전하량을 안다면, 전류밀도 j_e에서 공공의 포텐셜 에너지를 계산할 수 있다. 공공의 전하량을 $Z^{**}e$라 하자. 여기에서 Z^{**}는 공공의 유효 전하 수이고 e는 전자의 전하량이다. 전류밀도 j_e에 의해 공공에 인가되는 포텐셜 에너지는 $P_v = Z^{**}ej_eAR_v$가 된다.

만일 전류가 없는 경우($j_e = 0$), 결정에서 평형 공공 농도를 C_v라 하면,

$$C_v = C_0 \exp(-\Delta G_f/kT) \tag{11.23}$$

이 되고, 여기에서 C_0는 결정의 원자 농도이고 ΔG_f는 공공 형성 에너지이다. 결정에 전류밀도 j_e가 인가될 때, 공공 농도는 아래와 같이 감소할 것이다.

$$C_{ve} = C_0 \exp[-(\Delta G_f + Z^{**} e j_e A R_v)/kT] \tag{11.24}$$

균일한 높은 전류밀도에서, 결정에서 평형 공공 농도는 감소한다. 다시 말해서, 전류는 과잉의 고저항 장애물(또는 결함)을 싫어하고, 평형에 도달할 때까지 이를 제거하려는 경향이 있다. 전류 집중에서와 마찬가지로 전류밀도 기울기가 존재하면 구동력은

$$F = -dP_v/dx \tag{11.25}$$

이다. 이 힘은 전류 흐름 방향에 수직한 방향으로 과잉의 공공이 확산하도록 구동한다. 이제 만일 그림 11.10(a)로 돌아가서 짧은 배선에서 일렉트로마이그레이션 플럭스를 고려하면, 배선의 중심부에서는 전류밀도가 일정하다. 그러므로 좌측에서 우측으로 이동하는 Al 원자의 일정한 플럭스가 존재하고 우측에서 좌측으로 움직이는 공공의 상쇄 플럭스가 존재한다. 표면이나 기판 근처에 존재하는 약간의 공공은 표면 또는 기판 계면으로 탈출할 수 있다. 그러나 식 (11.24)에 의해 주어진 농도는 유지한다. 공공 플럭스가 음극에 다가가고 전류 집중 영역을 들어갈 때 공공의 일부는 과잉이 되고 과잉이 된 공공을 낮은 전류밀도 지역으로 밀어내는 힘이 작동한다. 결과적으로 공공 플럭스의 일부는 전류 흐름 방향에 수직하게 이동하고,

$$J_{cc} = C_{ve}(D_v/kT)(-dP_v/dx) \tag{11.26}$$

여기에서 D_v/kT는 이동도이고 D_v는 결정에서 공공의 확산계수이다. 공공의 일정한 플럭스는 양극에서 나와 음극으로 일렉트로마이그레이션에 의해 이동하기 때문에, 음극을 향해 이동하는 총 공공의 플럭스는 두 성분의 합이 되고,

$$J_{sum} = J_{em} + J_{cc} = C_{ve}(D_v/kT)(-Z^* eE - dP_v/dx) \tag{11.27}$$

여기에서 첫 번째 항은 전류밀도(전자 풍력)에 의해 구동되는 일렉트로마이그레이션에 기인

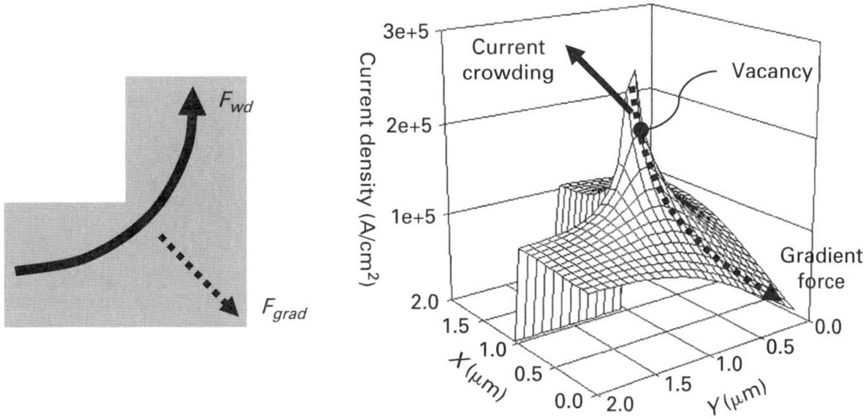

그림 11.12 전류 집중 영역에서 두 힘에 의해 이동하는 공동

하고 두 번째 항은 전류밀도 기울기 힘에 의해 구동되는 전류 집중에 기인한다. 첫 번째 항에서 Z^*는 확산하는 Al 원자의 유효 전하 수이고 $E = j_e\rho$(여기에서 ρ는 Al의 비저항)이다. 여기에서 공공 플럭스는 Al 플럭스와 반대 방향이지만 동일하다고 가정한다. 또한 식 (11.27)에서 합은 벡터 합임을 상기할 필요가 있다. 첫 번째 항은 전류 방향을 따라 존재하고 두 번째 항은 전류에 수직인 방향으로 존재한다. 다시 말하면, 공공은 전류 집중 영역에서 두 힘에 의해 구동된다. 이는 그림 11.12에 도시되었다. 전류가 전류 집중 구간에서 방향을 바꾸기 때문에 J_{sum}의 방향은 위치에 따라 바뀐다. 명확하게 상세한 전산모사는 전류 집중 구간에서 힘의 크기와 분포를 드러내기 위해서 필요하다.

기울기 힘의 크기는 흥미롭다. 만일 배선을 통해 10^5 A/cm^{2}의 전류밀도를 인가하게 되고 전류밀도가 1 μm 두께의 배선을 따라 0까지 떨어진다고 가정하면, 기울기는 10^9 A/cm^3 정도가 된다. 기울기 힘은 전자 풍력과 거의 같은 크기가 된다. 이렇게 큰 기울기하에서 고차(high-order) 효과가 존재할 수 있지만 여기에서는 무시하도록 하자.

11.11 베타 Sn의 비등방성 전도체에서 일렉트로마이그레이션

백색 주석(또는 β-Sn)은 체심 정방(body-center tetragonal) 결정 구조를 갖고 격자상수는 $a = b = 0.583$ nm 그리고 $c = 0.318$ nm를 갖는다. 전기 전도도는 비등방이다. a와 b축을 따라 비저항은 13.25 uΩ-cm이고 축을 따라 20.27 uΩ-cm이다. 150°C에서 전류밀도 6.25×10^3 A/cm^{2}를 하루 동안 인가하는 일렉트로마이그레이션에서 β-Sn 배선은 Lloyd의 보고에 의하면 10% 정도의 전압 상승이 된다고 보고되었다. 백색 주석(녹는점 T_m = 232°C)에서 일렉트로마이그레이션은 관심을 받고 있다. 왜냐하면 대부분의 무연 솔더는 Sn을 기반으로 하고 일렉트로마이그레이션은 소자 동작 온도에서 격자 확산에 의해 주로 일어나기 때문이다. 이는 비등방 전도도에 의해 상당한 수준의 미세구조 변화를 야기한다[17].

그림 11.13(a)와 (b)는 100°C에서 500시간 동안 2 × 10^4 A/cm^2의 전류밀도가 인가된 일렉트로마이그레이션의 전후의 β-Sn 평면을 보여주는 SEM 사진이다. 사진에서 몇몇의 결정립은 일렉트로마이그레이션 후에 회전한 것을 보여준다.

그림 11.14에서 β-Sn 결정립 단면 개략도를 보인 것이다. β-Sn은 BCT 구조를 갖고 있다. 그리고 c축은 x축과 각 θ를 이루고 있고, a축은 그림의 평면에 놓이고 x축과는 $(90 - \theta)$의 각을 이룬다. 그리고 b축은 그림 평면의 수직이다. 왼편에서 오른편으로 x축을 따라 전자의 전류밀도 j가 인가된다. a축과 b축을 따라 비저항은 동일하고 c축을 따라서는 조금 더 작다. 비저항의 비등방성 때문에, 전기장 E는 a축과 c축을 따라서 두 성분 E_a와 E_c로 쓸 수 있다. a축

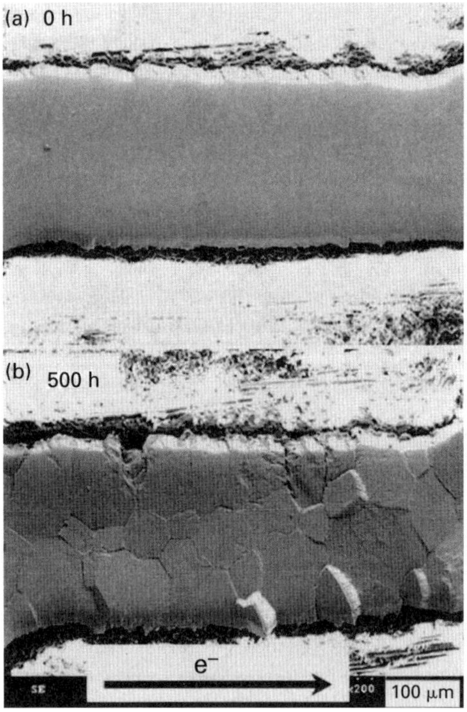

그림 11.13 (a) 그리고 (b) 100°C에서 500시간 동안 2×10^4 A/cm^2의 전류밀도가 인가된 일렉트로마이그레이션의 전과 후의 Sn 시편의 평면 SEM 사진. 밑의 사진은 결정립의 일부가 일렉트로마이그레이션 후에 회전한 것을 보인다.(Prof. C. R. Kao, National Central University, Jhongli, Taiwan, ROC.)

을 따라서 전기장 $E_a = \rho_a j_a$가 된다. c축을 따라서 전기장 $E_c = \rho_c j_c$가 된다. 여기에서 j_a와 j_c는 각각 전기(전자) 전류밀도, j의 두 성분으로 a축과 c축을 따라서 존재한다.

Cu 또는 Al 같은 등방성 소재에서, 모든 방향을 따라 동일한 비저항을 갖는다. 그러므로 $\rho_c j_c$ 크기는 $\rho_a j_a$와 동일한 크기를 갖는다. 이는 $E_a = E_c$를 의미하고, 결정립 내의 전체적인 전기장이 전류 흐름 방향 j와 일치함을 의미한다. 그러나 β-Sn과 같은 비등방성 소재에서 E_a와 E_c의 크기 차이 때문에 그림 11.14에 나타낸 것처럼 ϕ가 존재하게 된다. 이 각은 결정립 내에서 합성된 전기장 E와 전류 j의 방향 사이에 이루는 각이다. 이는 비등방성 전도 물질의 독특한 성질이다. 그리고 결정립에 미치는 전류와 전기장 사이의 상호작용에 어떻게 ϕ가 영향을 미치는가를 분석하는 것은 중요하다.

그림 11.14에서 a축과 c축을 따라 존재하는 전류밀도 j의 두 성분은

$$j_a = j\sin\theta, \quad j_c = j\cos\theta \tag{11.28}$$

이다. 그러므로 이 두 축을 따라서 발생되는 전기장들은

$$E_a = \rho_a j\sin\theta, \quad E_c = \rho_c j\cos\theta \tag{11.29}$$

이다. 조합된 전기장 E는

$$E = \sqrt{E_a^2 + E_c^2} = \sqrt{(\rho_a j\sin\theta)^2 + (\rho_c j\cos\theta)^2} = j\sqrt{(\rho_a \sin\theta)^2 + (\rho_c \cos\theta)^2} \tag{11.30}$$

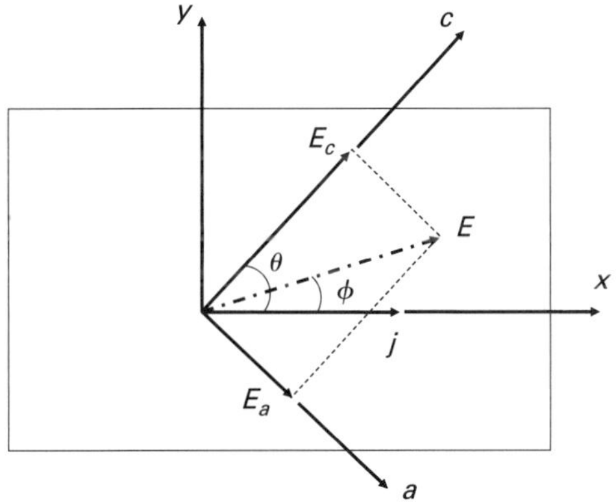

그림 11.14 β-Sn 결정립 단면. E vs. j

이 된다. 각 ϕ의 크기를 계산하기 위해서 y축 상이 E, E_a 그리고 E_c의 성분을 고려하자. 그림 11.14로부터,

$$E \sin\phi = E_c \sin\theta - E_a \cos\theta \tag{11.31}$$

이 된다. 재배열을 하면,

$$\sin\phi = \frac{E_c \sin\theta - E_a \cos\theta}{E} = \frac{(\rho_c j \cos\theta)\sin\theta - (\rho_a j \sin\theta)\cos\theta}{E} \tag{11.32}$$

이 된다. 식 (11.30)으로부터 E를 대입하면,

$$\sin\phi = \frac{j[(\rho_c \cos\theta)\sin\theta - (\rho_a \sin\theta)\cos\theta]}{j\sqrt{(\rho_a \sin\theta)^2 + (\rho_c \cos\theta)^2}} \tag{11.33}$$

이 된다. 전류항 j는 상쇄되고 $2\sin\theta\cos\theta = \sin 2\theta$를 대입하여 마지막 식은

$$\sin\phi = \frac{(\rho_c - \rho_a)\sin 2\theta}{2\sqrt{(\rho_a \sin\theta)^2 + (\rho_c \cos\theta)^2}} \tag{11.34}$$

가 된다. 유사하게 E, E_a 그리고 E_c의 x축 성분을 고려하면

$$\cos\phi = \frac{\rho_c \cos^2\theta + \rho_a \sin^2\theta}{\sqrt{(\rho_a \sin\theta)^2 + (\rho_c \cos\theta)^2}} \tag{11.35}$$

가 된다. 식 (11.34) 또는 (11.35)는 비저항과 결정립 방향으로부터 얻어진 전기장과 인가된 전류밀도 사이의 각도 ϕ의 크기를 정의한다. 식 (11.34)는 만일 $\theta = 0^\circ$ 그리고 $\theta = 90^\circ$라면, $\phi = 0$이 된다. 이 경우에는 E는 j와 평행하게 된다.

전기장의 방향이 전류밀도 방향으로부터 벗어나기 때문에, 전기장으로부터 기인한 힘은 전류 흐름 방향을 바꾸게 된다. 힘에 미치는 영향은 두 개의 현저한 결과를 야기한다. 첫 번째는 토크이고 두 번째는 그림 11.14에서 보인 것처럼 결정립계 면 또는 y축 방향에 평행한 힘의 성분이다. 전자와 원자 사이의 운동량 교환으로부터 만들어지는 힘은 결정립계에 인가되고, 이는 전류밀도 방향과 각도를 이룬다. 한 쌍의 반대 방향으로 작동하는 힘은 토크를 만든다. 경계는 결정립계일 필요는 없음을 지적할 필요가 있다. 경계는 시편과 기판 사이의 계면일 수도 있다.

11.12 비등방성 도체에서 결정립계의 일렉트로마이그레이션

이제 결정립계의 일렉트로마이그레이션을 고려하자. 전자 플럭스는 결정립계 면에 수직이다. Al 박막에서 결정립계의 경우에는, 일렉트로마이그레이션에 기인한 결정립계 이동이 관찰되었다. 여기에서 β-Sn 내의 결정립계를 고려하자. β-Sn은 비등방성 전도체이고, 일렉트로마이그레이션이 결정립계 면을 따라 원자 플럭스를 발생시킨다는 것을 설명할 것이다. 다시 말해서, 결정립계를 따라 발생하는 원자 플럭스는 전자 플럭스 또는 전자 풍력에 수직인 방향으로 움직인다.

그림 11.15에서 2개의 두 β-Sn 결정립 사이에 존재하는 단순하고 기하학적으로 이상적인 결정립계를 도시하였다. 결정립계 I의 우측 결정립 1 그리고 좌측 결정립 2. 좌측의 결정립 2는 전류 j가 흐르는 방향을 따라 결정의 c축이 배열되어 있다고 가정하자. j는 화살표로 표시한 것과 같이 좌측에서 우측으로 이동한다. 여기에 더해서, 우측 결정립 1은 결정학적인 a축이 전류 흐름 방향에 따라서 존재한다고 가정하자. β-Sn 내의 a축과 c축을 따라서 비저항과 확산계수는 다르기 때문에, c축(결정립 2)과 a축(결정립 1)을 따라서 전자 풍력과 이에 상응하는 공공 플럭스는 서로 다를 것이고

그리고

$$J_v^c = \frac{C_v^{bulk} D_v^{c,bulk}}{kT} Z^* e\rho^c j \quad \text{그리고} \quad J_v^a = \frac{C_v^{bulk} D_v^{a,bulk}}{kT} Z^* e\rho^a j \tag{11.36}$$

이고, 여기에서 J_v^c 그리고 J_v^a는 각각 c축을 따라 존재하는 결정립 2와 a축을 따라 존재하는 결정립 1에서 공공 플럭스이다. 이 두 방향에 따라서 Sn 원자들의 확산계수와 비저항의 표준 데이터는 다음에 주어져 있다.

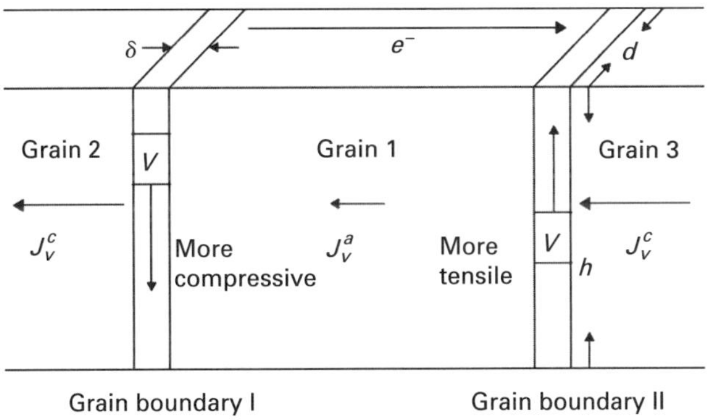

그림 11.15 샌드위치형 결정립 구조의 단순하고 기하학적으로 이상적인 경우의 개략도

$$D^c = 5.0 \times 10^{-13}\ \text{cm}^2/\text{s},\ \rho^c = 20.3 \times 10^{-6}\Omega\text{-cm}$$
$$D^a = 1.3 \times 10^{-12}\ \text{cm}^2/\text{s},\ \rho^a = 13.3 \times 10^{-6}\Omega\text{-cm}$$

일렉트로마이그레이션 하에서 원자 플럭스는 전자 흐름과 동일한 방향이어야 한다. 그러므로 공공의 상쇄 흐름은 우측에서 좌측으로 흘러야 하고, 이는 그림 11.15에서 두 개의 짧은 화살표로 표시하였다. 유효 전하 Z^*는 양방향에서 동일하다고 가정할 수 있다. 식 (11.36)으로부터 $D^c\rho^c < D^a\rho^a$이기 때문에, 더 많은 공공 플럭스가 결정립 1로부터 결정립 2로 결정립계에 도달한다. 그러나 결정립계로부터 결정립 2로 더 적은 공공 플럭스가 이동한다. 결정립 2에서 공공의 과포화가 결정립계에서 일어나고 이에 상응하는 인장응력은 결정립계 근처에서 발생한다.

결정립계 내에 작은 부피 $d \times h \times \delta$를 고려하자. 여기에서 d는 결정립의 넓이, h는 결정립의 높이 그리고 δ는 유효 결정립계 넓이이다. 정상상태를 가정하여 플럭스 또는 질량 보전 균형을 고려하면,

$$\frac{C_v^{bulk} Z^* ej}{kT}(D_v^{a,bulk}\rho^a - D_v^{c,bulk}\rho^c) \times d \times h \cong D_v^{GB}\frac{C_v^{\infty} - C_v^L}{h} \times d \times \delta \qquad (11.37)$$

이 식의 첫 번째 항은 벌크 확산을 통한 플럭스 차이이고 둘째 항은 결정립계를 따라 표면으로 이동하는 공공 플럭스 차이를 의미하는데, 이는 표면이 좋은 공공 싱크/소스이기 때문이다.

식 (11.37)로부터 공공 농도 차이를 계산하면,

$$\frac{\Delta C_v}{h} \cong \frac{C_v^{bulk} Z^* ej}{kT\delta D_v^{GB}}(D_v^{a,bulk}\rho^a - D_v^{c,bulk}\rho^c) \times h \qquad (11.38)$$

이고, 여기에서 $\Delta C_v = C_v^{\infty} - C_v^L$이며 C_v^{∞}는 자유 표면에서 평형 공공 농도이고, C_v^L은 결정립계에서 공공 농도이다. 자유표면 또는 공동과 같은 공공 싱크가 결정립계 끝에 존재한다고 가정하고, 결정립계를 따라 이동하는 공공(또는 원자)의 플럭스를 구할 수 있다. 다시 말하면, 전자 플럭스에 수직인 방향으로 공공 플럭스는 움직인다. 이는 원자 또는 공공 플럭스가 전자 플럭스에 수직으로 움직이는 두 번째 경우이다. 첫 번째 경우는 11.10절의 전류밀도 기울기에 기인한 경우이다.

만일 위 분석을 두 개의 c축 결정립 사이에 존재하는 한 개의 c축을 갖는 3개의 결정립 구조에 적용하면, 끼워져 있는 구조 내 c축 결정립의 결정립 회전이 일어날 것이다. 여기에 더해서, 위에 제시된 분석은 상 사이의 계면에 적용할 수도 있다. 예를 들어 만일 플립칩 솔더 조인트에서 서로 다른 전기 저항과 확산계수를 갖는 솔더와 Cu_6Sn_5 사이의 계면을 고려하

면, 계면의 면에 수직인 전자 흐름에 의한 일렉트로마이그레이션 하에서 계면을 따라 공공 플럭스가 존재하게 된다. 계면 플럭스는 공동 형성과 계면의 형상 변화를 만든다. 이는 15장의 15.4.3절에서 논의할 것이다.

11.13 AC 일렉트로마이그레이션

배선에서 일렉트로마이그레이션은 DC 거동이다. DRAM 소자 등과 같이 FET 기반의 컴퓨터 소자에서 트렌지스터의 게이트는 펄스형 DC 전류에 의해 켜지고 꺼진다. 반면에 대부분의 통신 소자에서는 AC 전류가 사용된다. 특히 전력 스위치 소자와 라디오 주파수 그리고 오디오 출력 증폭기에서는 큰 AC 증폭이 작동 중 사용된다. AC가 일렉트로마이그레이션을 유발하는지는 종종 질문이 된다. 일반적으로 AC는 일렉트로마이그레이션에 영향을 미치지 않는 것으로 알려져 있다.

일렉트로마이그레이션 구동력은 확산하는 원자에 의한 전자 산란에서 운동량 상호교환으로 발생한다는 Huntington과 Grone 모델을 따른다. 확산원자는 평형상태에서 벗어나 있고 커다란 산란 단면적을 갖는다. 만일 AC 60 Hz 또는 60 사이클/s를 고려하면, 산란은 1/120 s 동안에 반대로 작용함을 의미한다. 100°C에서 공공 확산기구로 가정한 Pb 내 격자 확산에 대해서, Pb 1 cm^{3}에서 평형 공공 농도는

$$\frac{n_V}{n} = \exp\left(-\frac{\Delta G_f}{kT}\right)$$

로 주어지고, 여기에서 ΔG_f는 격자 공공 생성 자유에너지이다. $\Delta G_f = 0.55$ eV/원자를 취하면, $n_V/n = 10^{-7}$이다. 만일 $n = 10^{22}$ 원자/cm^{3}이라면 $n_V = 10^{15}$ 공공/cm^{3}이 되며 이만큼의 공공이 점프를 시도함을 의미한다. 확산에서 지속적인 점프는 단위 시간당 진동수에 의해 제한되며,

$$\nu = \nu_0 \exp\left(-\frac{\Delta G_m}{kT}\right)$$

여기에서 ν_0는 확산원자의 Debye 주파수 또는 단위 시간당 점프 시도 수이고 Debye 온도 이상에서 금속은 약 10^{13} Hz를 갖는다. Pb 내 공공 이동 자유에너지를 $\Delta G_f = 0.55$ eV/원자를 가정하면, $\nu = 10^6$ 점프/s 가 된다. 그러므로 1/120초 내에 총 수가 10^{15} 공공/cm^{3}인 공공은 각각 약 10^4의 연속적인 점프를 한다. 전이 상태 또는 활성화 상태에서 머무는 시간이 매우 짧다는 것을 묵시적으로 가정한다. 다시 말해서, 60 Hz 각 사이클에서 사이클의 처음 전반 부에

는 일렉트로마이그레이션에 의해 많은 수의 공공 (또는 원자) 점프가 한 방향으로 일어나고, 후반부에는 정확히 반대 방향으로 동일한 수의 공공 점프가 일어난다. 통계학적으로 서로 상쇄된다. 그러므로 AC 전류에 의해 구동되는 순 원자 플럭스는 존재하지 않는다. 그럼에도 불구하고 AC는 Joule 열을 만들고 Joule 열은 원자 확산을 유기하는 온도 기울기를 만든다.

위 분석에서, 전기장 또는 전류밀도가 균일하다는 전제가 묵시적으로 깔려 있다. 그러나 비균일할 때 전류 분포는 AC 일렉트로마이그레이션이 일어날지는 분명치 않다. 플립칩 솔더 조인트 또는 Al과 W 비아 사이의 계면, 석출물과 기지상이 서로 다른 비저항을 갖는 두 개의 상 합금 또는 Sn-Cu 같은 반응성 상간 계면 등에서와 마찬가지로 전류가 휘어질 때 비균일 전류 분포가 발생한다. 마지막으로 만일 계면이 평형상태가 아니라면, 한 방향으로 계면을 가로질러 일어나는 원자 점프는 반대 방향의 점프와 동일하지 않다. 이는 비가역적이기 때문에 일렉트로마이그레이션 AC 효과는 한 방향으로 점프가 더 크다. 금속-*n*형 반도체 계면에 가로질러 존재하는 Schottky 장벽에서 전하 운반자 흐름은 반도체에서 금속 방향으로 일어난다. 그러므로 AC의 높은 전류밀도는 금속 안으로 반도체의 확산을 증가시킨다. 그러므로 전류 집중과 정류 계면 때문에 AC 일렉트로마이그레이션이 일어날 가능성이 있다.

참고문헌

[1] H. B. Huntington and A. R. Grone, "Current-induced marker motion in gold wires," *J. Phys. Chem. Solids* **20** (1961), 76.

[2] I. Ames, F. M. d'Heurle and R. Horstman, "Reduction of electromigration in aluminum films by copper doping," *IBM J. Res. Develop.* **4** (1970), 461.

[3] I. A. Blech, "Electromigration in thin aluminum films on titanium Nitride," *J. Appl. Phys.* **47** (1976), 1203–8.

[4] I. A. Blech and C. Herring, "Stress generation by electromigration," *Appl. Phys. Lett.* **29** (1976), 131–3.

[5] P. S. Ho and T. Kwok, "Electromigration in metals," *Rep. Prog. Phys.* **52** (1989), 301.

[6] K. N. Tu, "Electromigration in stressed thin films," *Phys. Rev. B* **45** (1992), 1409–13.

[7] R. S. Sorbello, in *Solid State Physics*, eds H. Ehrenreich and F. Spaepen (Academic Press, New York, 1997), Vol. 51, pp. 159–231.

[8] R. Kirchheim, "Stress and electromigration in Al-lines of integrated circuits," *Acta Metall. Mater.* **40** (1992), 309–23.

[9] N. A. Gjostein, in *Diffusion*, ed. H. I. Aaronson (American Society for Metals, Metals Park, OH, 1973), Ch. 9, p. 241.

[10] M. A. Korhonen, P. Borgesen, K. N. Tu and Che-Yu Li, "Stress evolution due to electromigration in confined metal lines", *J. Appl. Phys.* **73** (1993), 3790–9.

[11] J. J. Clement and C. V. Thompson, "Modeling electromigration-induced stress evolution in confined metal lines," *J. Appl. Phys.* **78** (1995), 900.

[12] P. C. Wang, G. S. Cargill III, I. C. Noyan and C. K. Hu, "Electromigration-induced stress in aluminum conductor lines measured by X-ray microdiffration," *Appl. Phys. Lett.* **72** (1998), 1296.

[13] A. A. MacDowell, R. S. Celestre, N. Tamura, R. Spolenak, B. Valek, W. L. Brown, J. C. Bravman, H. A. Padmore, B. W. Batterman and J. R. Patel, "Submicron X-ray Diffraction," *Nuclear Inst. and Meth.* **A 467** (2001), 936.

[14] K. Chen, N. Tamura, B. C. Valek and K. N. Tu, "Plastic deformation in Al (Cu) interconnects stressed by electromigration and studied by synchrotron polychromatic X-ray microdiffraction," *J. Appl. Phys.* **104** (2008), 013513.

[15] K. N. Tu, C. C. Yeh, C. Y. Liu and Chih Chen, "Effect of current crowding on vacancy diffusion and void formation in electromigration," *Appl. Phys. Lett.* **76** (2000), 988–90.

[16] C. C. Yeh and K. N. Tu, "Numerical simulation of current crowding phenomena and their effects on electromigration in VLSI interconnects," *J. Appl. Phys.* **88** (2000), 5680–86.

[17] Albert T. Wu, A. M. Gusak, K. N. Tu and C. R. Kao, "Electromigration induced grain rotation in anisotropic conduction beta-Sn," *Appl. Phys. Lett.* **86** (2005), 241902.

연습문제

11.1 fcc 금속에서 활성화 위치는 평형 격자점 위치로부터 $\sqrt{2}a/4$만큼 떨어져 있음을 보여라. 여기에서 a는 격자상수이다. $\langle x_d^2 \rangle = (\sqrt{2}a/4)^2$로 가정하면 $\frac{1}{2}(m\omega^2)/8$은 이동 활성화에너지 ΔG_m와 근사임을 보여라.

11.2 식 (11.12)를 이용하여 350°C부터 650°C까지 Al의 Z*와 온도 관계를 도시하라.

11.3 시간의 함수로 드리프트 변위가 주어지고 D를 알고 있는 경우에, 드리프트 속도 $\langle v \rangle$와 Z^*를 계산하라.

11.4 전류밀도 10^5 A/cm^{2}에서 전기력 Z^*eE과 Au의 탄성 한계에서 화학포텐셜 $\sigma\,\Omega$를 계산하라. 그리고 식 (11.16)을 이용하여 Au의 임계 길이를 계산하라.

11.5 길이가 20 μm이고 30 μm 인 두 개의 짧은 Al 시편이 일렉트로마이그레이션을 겪고 있다. 전류밀도가 10^5 A/cm^{2}일 때, 양극(anode) 끝에서 응력을 각각 계산하라.

12 Al과 Cu 배선에서 일렉트로마이그레이션에 의한 파괴

12.1 서론

일렉트로마이그레이션은 마이크로 전자 소자 배선에서 매우 지속적인 신뢰성 문제인 반면 미세구조 파괴를 꼭 이르게 만드는 것은 아니다. 일렉트로마이그레이션이 균일하고 정상상태로 일어나는 영역에서 미세구조 훼손이 생기지 않을 수도 있다. 원자가 음극에서 양극으로 이동하고 공공이 동시에 반대 방향으로 이동하는 동안, 공공 분포가 평형이고 공공의 소스와 싱크가 양극과 음극에서 각각 유효하면 공동 또는 힐록이 생기지 않는다. 공공 분포가 평형상태가 아닌 경우에만, 미세구조 파괴를 유발하는 공동과 돌출이 형성된다. 이러한 파괴의 유발은 원자 플럭스 발산과 격자점의 총 수 변화가 필요하다. 이는 시간 의존성 신뢰성 문제다[1-5].

배선의 Blech 구조는 직접적으로 일렉트로마이그레이션 파괴를 관찰할 수 있는 구조임을 11장에서 논의하였다. 이는 양 끝에서 내재된 원자 플럭스 발산이 존재하기 때문이다. 양 끝에서 Al 원자는 TiN 기초 선으로 또는 TiN에서 Al로 확산할 수 없다. 그러므로 원자 플럭스 발산은 일렉트로마이그레이션에 기인한 훼손의 필요 조건이다. 때때로 공동이나 힐록이 전류가 균일한 배선 중앙에서 발견되기도 한다. 그러나 이는 결정립계의 삼중점 또는 다른 종류의 구조적 결함에 기인한 플럭스 발산이 존재하기 때문이다. 그러므로 일렉트로마이그레이션 파괴를 이해하기 위하여 배선에서 물질 플럭스 발산의 원인을 논의할 필요가 있다.

여기에 더해서, VLSI 기술의 배선은 삼차원 다층 구조를 갖는다. 삼차원 구조에서 비아 등과 같이 전류가 방향 전환하거나 합쳐지는 곳에서 전류 집중이 일어나고 일렉트로마이그레이션에 현저히 영향을 미친다. 전류 집중은 원자 플럭스 발산, 즉 구조적 훼손에 더 큰 영향을 미친다. 전류 분포 모사는 구조 설계가 심각한 일렉트로마이그레이션 문제를 갖고 있는지를 알게 해주는 데 매우 유용하다.

일렉트로마이그레이션에 기인한 Al과 Cu 배선에서 훼손을 논의하기 이전에 원자 플럭스 발산과 전류 집중을 논의할 것이다.

12.2 원자 플럭스 발산에 기인한 일렉트로마이그레이션 파괴

전기 전도에서 Kirchhoff의 법칙은 한 점에서 유입되고 유출되는 전류의 총 합은 "0"이라는 것을 보여준다. 그러므로 전류 유입 플럭스와 전류 유출 플럭스는 같다. 한 점에서 전류 플럭스 발산은 존재하지 않는다. 단, 그 점이 전하의 소스 또는 싱크인 경우는 제외한다. 그러나 원자 플럭스는 물리적인 한 점에서 플럭스 발산을 가질 수 있다. 예를 들어 세 개의 결정립계가 결정질 미세구조에서 만나는 경우 2차원에서 삼중점이 될 수 있다. 만일 확산계수와 확산의 유효 결정립계 넓이가 동일하다면, 유입 플럭스가 결정립으로부터 발생하고 유출 플럭스가 다른 두 결정립의 경계인 결정립계를 따라 발생할 때 삼중점에서 원자 플럭스 발산이 일어나게 된다. 역도 마찬가지이다. 일렉트로마이그레이션이 오랫동안 일어난 후 플럭스 발산의 순 효과는 공공(또는 원자)의 축적 또는 소실이 일어나게 된다. 공공의 축적은 발산 위치에서 공동 형성을 만든다. 문제는 "배선에서 원자 플럭스 발산 위치를 체계적으로 분류할 수 있는가?"하는 것이다. 일반적으로 미세구조에서 공공 흡수와 발산 기구에 따라서 분류하거나 공공의 소스와 싱크로 분류할 수 있다.

가장 일반적인 공공 흡수와 발산 위치는 박막에서 자유 표면이다. 그러나 표면이 산화되고 산화물이 보호층인 경우, 예를 들어 Al 산화물, Al과 산화물 계면은 공공의 효과적인 소스와 싱크로 작동하지 않는다. 그러므로 플럭스 발산이 일어나게 된다. 다음으로, W 비아와 Al 배선 사이의 계면과 같은 상간 계면은 플럭스 발산의 또 다른 일반적인 위치이다. 계면을 가로질러 용해도와 확산계수의 급격한 변화가 일어나기 때문이다. 결정립계, 특히 삼중점은 플럭스 발산 위치이다. 트윈 경계와 적층 결함 같은 면상 결함은 효과적인 플럭스 발산 위치는 아니다. 그러나 트윈 경계나 적층 결함이 결정립계, 자유 표면 또는 계면을 만나는 경우 형성된 삼중점은 플럭스 발산 장소가 되고, 이는 일렉트로마이그레이션에 매우 효과적이다. 12.5.4절에서 나노트윈이 Cu 일렉트로마이그레이션에 미치는 영향을 논의할 것이다.

전위도 논의되어야 한다. 특히 칼날 전위에 존재하는 킹크(kink) 위치가 그러하다. 전위 상승이 일어나는 경우와 마찬가지로, 킹크 위치는 원자와 공공을 흡수하고 발산할 수 있다. 결과적으로 격자점 위치와 격자면조차 전위 상승에 의해 만들어지거나 소멸될 수 있다.격자면 이동은 5장에서 논의한 상호확산의 Darken 분석에서 마커 움직임으로 확인할 수 있다. 격자면 이동은 미세구조 훼손에 매우 효과적이다. 격자면 이동(격자이동)이 상호확산에서 없다면, Kirkendall 공동 형성을 할 것이다. 일렉트로마이그레이션에서 공동 형성 또한 격자이동 부재를 필요로 한다.

12.3 전류 집중에 의한 일렉트로마이그레이션 파괴

전류 집중은 전자 흐름이 방향을 바꿀 때 일어난다. 모든 전자는 저항을 줄이기 위하여 가장 짧은 경로를 이용한다. 이는 그림 12.1(a)와 (b)에 나타내었다. 여기에서 Ni 실리사이드 선은 고농도 도핑된 Si 채널에 높은 전류밀도를 가하는 경우 생긴다[6]. 그림 12.1(a)에서 실리사이드 선은 음극과 양극을 연결하는 직선으로 생긴다. 그림 12.1(b)에서 두 전극과 Si 채널이 90° 각도를 이룬 것과 마찬가지로 실리사이드 선이 방향을 바꾸는 것을 볼 수 있다. 중요한 것은 실리사이드 선이 채널의 중심이 아니라 내부 코너 주위로 형성된다. 이 형성은 전류에 의해 형성되기 때문에 전류 집중 거동을 보여줄 수 있다.

도체에서 전류 분포 모사를 이용하면, Al 배선과 W 비아의 다층 배선 구조 또는 플립칩 솔더 조인트와 같은 배선 구조의 기하학적 모형과 저항의 함수로 전류 집중 현상을 쉽게 표시할 수 있다. 일반적으로 3차원 다층 배선 구조에서 비아는 두 층의 배선을 연결한다. 그러므로 전도 통로의 방향 전환이 많고 이에 따른 전류 집중은 매우 흔한 현상이다. 방향 전환을 제외하고, 도체의 두께 또는 폭이 변화할 때도 전류 집중이 일어난다. 예를 들면, Al과 TiN

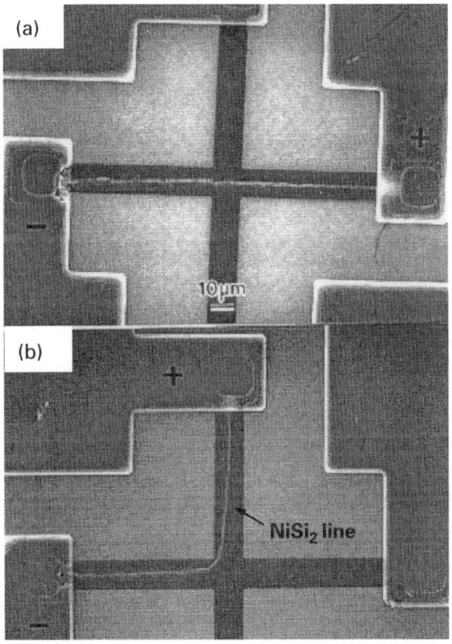

그림 12.1 (a) 고농도로 도핑된 Si 채널에 고전류 인가시 형성되는 Ni 실리사이드 선. 실리사이드 선은 음극과 양극을 직선으로 연결하는 형태로 형성된다. (b) 두 전극이 Si 채널로 90°로 꺽여 연결된 것과 같이 실리사이드 선도 구부러진 형태로 형성된다. 전류 집중이 실리사이드 형성에 미치는 효과를 보여준다.

사이의 계면에서 전류 집중은 Al과 TiN의 저항에만 의존하는 것이 아니라 Al-TiN 계면의 접촉 저항에도 의존한다. 접촉 저항이 크면 클수록 전류 집중은 덜 일어난다.

12.3.1 저전류밀도 영역에서 공동 형성

공동 형성에 의한 전류 집중 파괴의 독특한 점은 기대한 것처럼 높은 전류밀도 영역에서 일어나지 않는다. 대신 낮은 전류밀도 영역 근처에서 일어난다. 11장에서, Al 배선에서 낮은 전류밀도 영역에서 형성되는 공동을 그림 11.10과 11.11에 보여주었다. 아래 현상을 설명하기 위하여 몇 면의 더 많은 실험 결과를 이용할 것이다.

그림 12.2(a)는 일렉트로마이그레이션에서 공동 형성의 in-situ TEM 연구를 위해 패턴된 TiN 기초 선 위에 Al 배선의 개략도이다. Al 배선 넓이는 긴 화살로 표시한 TEM에서 전자선에 의해 관찰될 정도로 얇게 만들어졌다. Al 배선의 오른쪽에서 왼쪽으로 일렉트로마이그

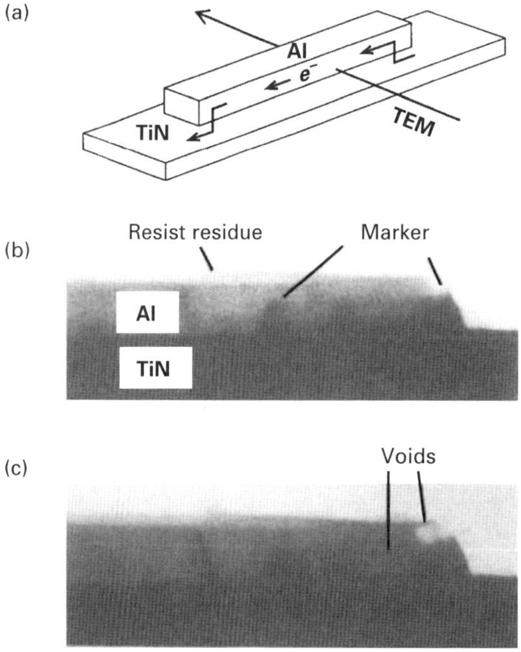

그림 12.2 (a) 일렉트로마이그레이션에서 공동 형성의 in-situ TEM 관찰을 위해 형성된 TiN 바탕선 위에 만들어진 Al 배선의 개략도. Al 배선의 넓이는 측방향에서 TEM으로 직접 관찰할 수 있도록 설계되었으며, TEM에서 관찰하는 전자 빔의 방향은 화살표로 나타낸다. (b) 일렉트로마이그레이션 전 Al 배선 음극 부분의 TEM 사진. (c) 50 mA와 14시간 동안 일렉트로마이그레이션 후 음극 상단 구석에 형성된 공동의 TEM 사진

레이션을 위하여 인가된 50 mA 전류는 두 개의 짧은 화살표로 표시하였다. 일렉트로마이그레이션에서 배선의 우측 상단, 즉 음극 끝의 윗부분에 공동이 Okabayashi *et al.*에 의해 그림 12.2(b), (c)에서와 같이 관찰되었다[7]. 우측 상단 구석은 짧은 배선에서 전류 분포 모사에 주어진 것과 같이 매우 낮은 전류밀도 지역임을 인지하자. 여기에 더해서, 일렉트로마이그레이션이 오랜 동안 인가한 후에, 인가된 전류의 방향을 방향을 바꾸면 음극의 끝에서 공동이 다시 형성되는 것을 관찰할 수 있다. 그림 12.3은 음극 끝(극성을 바꾸기 이전에 음극은 양극이었다)에서 공동이 다시 형성되는 것을 보여준다. 음극 끝에서 전류밀도는 다시 매우 낮아야만 한다. 그러나 공동은 일렉트로마이그레이션과 함께 계속 성장한다. 이러한 결과는 일렉트로마이그레이션에 의한 공동 형성은 낮은 전류밀도 지역에서 형성됨을 보여준다.

그림 12.4는 U자형 모양의 TiN 기초 선의 개략도이고, 이 위에 Al 배선이 증착되었다[8]. 짧은 배선 중 일부는 U자형 방향 전환 부위에서 삐져나오게 제작하였다. 그러므로 Al 배선은 기초 선 밖으로 돌출부 선을 갖고 있다. 돌출부 선은 약 20 μm 정도이다. 전류가 기초 선에 전류가 인가될 때 일렉트로마이그레이션 동안 돌출부 배선에는 전류가 흐르지 않는다. 그러나 공동은 돌출부 배선에서 관찰된다.

그림 12.5는 일렉트로마이그레이션 전과 후에서 Al의 단결정 배선과 패드의 SEM 사진이다[9]. 결정립계 확산의 효과를 제거하기 위하여 단결정 Al 배선과 패드 시편은 클러스터 빔 증착에 의해 만들어졌다. 240°C에서 19시간 동안 전류밀도 3.5×10^6 A/cm^{2}이 인가되

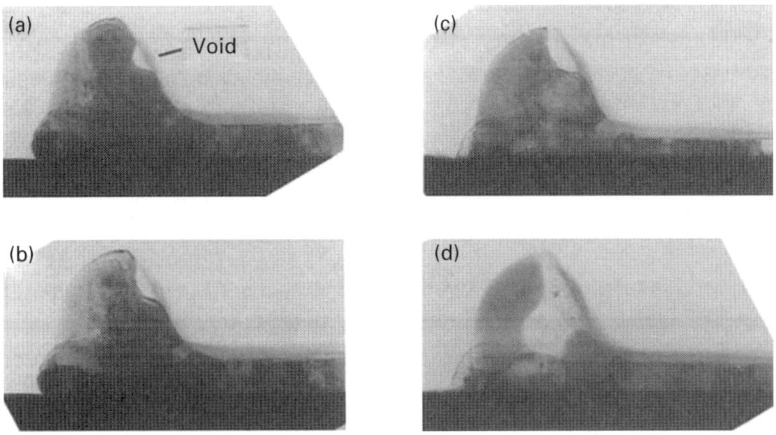

그림 12.3 (a)~(d) 반대 방향의 전류가 인가된 일렉트로마이그레이션에서 TEM 사진은 음극(극을 바꾸기 이전에는 양극) 부위에 공동이 형성됨을 보여준다. 음극 부위의 전류밀도가 매우 낮은 곳에서 공동이 성장하고 있음을 다시 보여주고 있다. 이 결과는 일렉트로마이그레이션으로 만들어지는 공동은 저전류밀도 지역에서 형성됨을 보여준다.

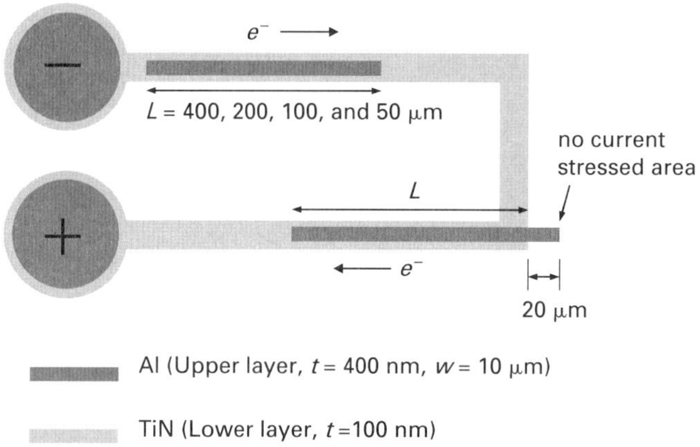

그림 12.4 U자 모양의 TiN 바탕선 위에 Al의 짧은 배선을 증착한 개략도. 짧은 배선의 일부가 U형태로 구부러진 부위 밖으로 돌출되도록 형성하여 Al 배선은 바탕선 밖으로 일부가 돌출된 형태가 된다.

는 동안 공동과 힐록은 각각 음극과 양극에 관찰되었다. 중요한 것은 공동과 힐록 형성의 훼손이 비대칭이라는 것이다. 배선의 양 끝을 확대한 사진에서, 힐록은 높은 전류밀도 영역에서 형성되지만 공동은 배선 내 높은 전류밀도 영역이 아니라 패드 내 낮은 전류밀도 영역에서 관찰된다. 패드는 배선에 비해서 훨씬 더 큰 단면적을 갖고 있다. 그러므로 패드에서 전류밀도는 배선에서보다 훨씬 더 낮은 값을 갖는다. 공동은 삼각형 모양을 갖는다는 것은 Al 박막이[111] 방향을 갖는 단결정임을 의미한다. 만일 Al에서 공공의 확산계수를 계산하면, 240°C에서 19시간 동안 가속 시험을 하는 경우 공공은 100 μm 이상 확산해 갈 수 있다. 이는 그림 12.5에서 공동 형성 범위와 유사한 수준이다.

그림 12.6(a)는 3층 배선(M1, M2 그리고 M3)에 연결된 두 개의 Cu 비아(V1과 V2)를 갖는 3층 상감 구조의 Cu 배선 개략도이다[10]. 그림 12.6(b)에 295°C에서 100시간 넘게 2.5 × 10^6 A/cm^2 전류밀도로 일렉트로마이그레이션 실험 후, 커다란 공동이 V1 비아 좌측에 관찰된다. 그러나 실험에서 사용된 전류의 흐름 방향을 그림 12.6(b)에 화살표로 나타내었고, 공동 형성 부위의 전류밀도가 낮은 곳이다. 또한 공동은 V1 비아 위 배선 표면에 형성되어 있다. 이는 11장에서 논의된 바와 같이 Cu 배선에서 일렉트로마이그레이션이 표면 확산에 의해 일어난다는 사실과 잘 일치한다.

위에 관찰된 일렉트로마이그레이션에 기인한 공동 형성은 배선에서 낮은 전류밀도에서 일어나는 일반적인 특징을 갖고 있다. 이는 일렉트로마이그레이션의 전자 풍력에 의한 설명

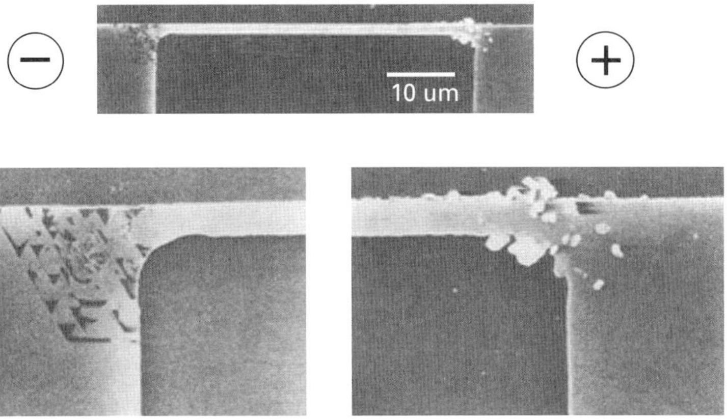

그림 12.5 일렉트로마이그레이션 이전과 이후의 Al 단결정 배선과 패드의 SEM 사진. 결정립계 확산의 효과를 제거하기 위하여 단결정 Al 배선과 패드 시편을 클러스터 빔 증착을 이용하여 제작. 전류밀도 3.5×10^6 A/cm^{2}를 240℃에서 19시간 동안 인가한 후 공동과 힐록은 각각 음극과 양극에서 관찰된다.

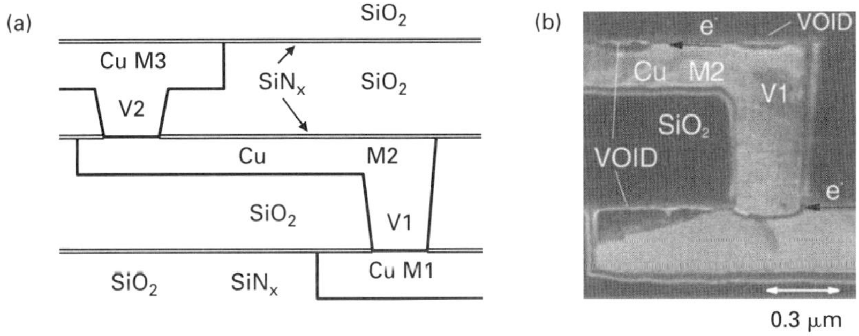

그림 12.6 (a) 2개의 Cu 비아(V1 그리고 V2)가 3개의 배선 층(M1, M2, M3)을 연결하는 3층 상감 배선 Cu 구조의 개략도. (b) 전류밀도 2.5×10^6 A/cm^{2}를 295℃에서 100시간 동안 일렉트로마이그레이션 실험 후, 커다란 공동이 V1의 좌측에 형성됨을 보여준다.

으로는 상당히 설명하기 어렵다. 전자 풍력은 전류밀도가 높으면 높을수록 구동력이 더욱 더 커지게 된다. 바꿔 말하면 더 많은 원자(또는 공공)는 더 높은 전류밀도 영역으로 움직여야만 한다. 실제로 낮은 전류밀도 영역에서 전자 풍력은 너무 낮아서 일렉트로마이그레이션이 일어나면 안 된다.

12.4 Al 배선에서 일렉트로마이그레이션에 기인한 파괴

Cu가 더 좋은 전기 전도체임에도 불구하고, Al이 40년이 넘도록 배선 도체로 마이크로전자 산업에 사용되었다. Al이 리소그라피 공정에서 확실한 장점이 있기 때문에 Al이 선택되어 사용되었다. 또한 SiO_2 표면에 우수한 접합력을 가지며, e빔 증발 또는 스퍼터링에 의해서 증착할 수 있고, 건식 또는 반응 이온 에칭으로 패턴할 수 있다. Cu와 같이 Si에 오염을 유발하지 않으므로 Al은 Si 소자의 접합 금속 배선으로 Si 위에 직접 증착하여 사용할 수 있다.

Al 배선에서 일렉트로마이그레이션 훼손은 1960년대에 발견되었고, 곧 결정립계 확산에 의해 일어난다는 것이 알려졌다. Al에서 일렉트로마이그레이션 연구의 초기에는 미세구조와 용질의 영향이 Blech 구조가 발명되기 전에 인지되었다. 일렉트로마이그레이션을 감소시키기 위해서 결정립계 구조와 확산이 연구되어야만 한다. 실제로 대나무형 미세구조와 단결정 Al 박막 배선까지도 연구되었다. 용질 효과에 대한 연구에서 Al에 1 at.% Cu 첨가는 결정립계 확산을 현저히 떨어뜨린다는 발견은 배선 기술에서 가장 중요한 발명 중에 하나일 것이다.

12.4.1 일렉트로마이그레이션에 미치는 Al의 미세구조 영향

결정립계 삼중점은 원자 플럭스 발산의 중심으로 작용한다. 결정립계를 따라 존재하는 삼중점에서 공동의 형성과 성장에 의한 단선의 원인에 대해 연구되었다. 결과적으로, 결정립계 삼중점과 연속되는 결정립계가 없는 대나무형 미세구조를 갖는 Al 배선의 공정이 많은 관심을 받게 되었다. 흥미롭게도, 배선 넓이가 결정립 크기보다 작을 때는 미세구조가 자연적으로 대나무형이 된다. 그러나 완벽하게 100% 대나무형 미세구조를 갖는 배선을 제조하는 것은 매우 어렵다.

12.4.2 다층 Al 배선과 W 비아에서 마모 파괴 모드

단층 Al 배선이 다층 Al 배선으로 진보할 때, 원자 플럭스 발산은 결정립계 삼중점에서 Al 배선과 W 비아 사이의 계면으로 주로 일어나게 된다. 계면 발산은 Al과 W에서 원자 확산계수의 현저한 차이에 기인한다. 마모 파괴 기구를 그림 11.11에 묘사하였다. 다층 Al 배선과 W 비아 구조를 갖는 실제 소자에서 수명은 단층 Al 배선에 비해 1/50 정도로 감소하고, 이는 계면에서 플럭스 발산 때문이다. 그 후에 마모 수명을 향상시키기 위하여 돌출부 배선 기술이 발명되었다.

12.4.3 Al 일렉트로마이그레이션에 미치는 Cu 용질의 영향

벌크 합금에서 용질은 용매의 확산을 늦추거나 가속시키는 영향을 갖는다. 예를 들어 벌크 Al에서 Cu 용질 원자는 Al 용매 원자의 격자 확산을 향상시키는 것으로 알려져 있다. 이 효과는 Al 격자 내에 Cu 공공 쌍 주변의 원자 점프 주파수를 기반으로 계산할 수 있다. Al의 결정립계 확산을 늦추기 위한 합금화 효과를 사용하는 경우, 이러한 이유를 근거로 Cu를 선택하지 않을 것이다. 그러나 Al과 함께 소량의 Cu가 동시 증착될 때, 동시 증착된 박막 시편은 훨씬 낮은 일렉트로마이그레이션이 실제로 관찰된다. 이제 Al에 1 at.% 정도의 Cu를 첨가하는 것은 마이크로 전자 산업에서 일반적인 공정이 되었다. 이는 순수한 Al보다 수 차수 이상의 일렉트로마이그레이션 수명 향상을 보인다. 과잉의 Cu는 Al 결정립계에 Al_2Cu 석출물을 형성한다. 이러한 석출물은 일렉트로마이그레이션에 의해 양극으로 Cu 원자를 이동시켜 고갈시키면, Al 결정립계에 Cu 소실을 재충전해주는 소스로 작용한다.

왜 Cu가 Al에서 결정립계 일렉트로마이그레이션을 늦출 수 있는 이유가 무엇인가 하는 것은 매우 흥미로운 질문이다. 결정립계 구조를 정확히 알기 어렵기 때문에 합금화 효과에 따른 명확한 답은 알려지지 않았다. 가장 가능성이 있는 이유는 Cu 첨가가 구동력 또는 반응 속도론의 감소를 유발한다는 것이다. 반응 속도론적으로 Cu는 결정립계의 공공 농도를 낮추거나 Al 결정립계 확산의 활성화에너지를 높일 수 있을 것이다. 제조 산업에 중요한 것은 Al에 Cu 첨가 공정이 크게 복잡하지 않으면서도 효과가 우수하다는 것이다.

12.4.4 Al 배선에서 평균 고장 수명

MTTF의 Black 식은

$$\mathrm{MTTF} = B\frac{1}{j^n}\exp\left(\frac{E}{kT}\right) \tag{12.1}$$

이고, 여기에서 B는 전인자(pre-factor) 상수, j는 전류밀도, n = 2는 j의 승수, E는 활성화에너지, 그리고 kT는 일반적 의미의 열에너지이다. E/kT에는 음의 부호가 없다. 대부분의 실험에서 n의 승수는 2에 가깝게 발견되는데 왜 n = 2인가 하는 것은 Black 식에서 가장 많이 묻게 되는 질문이다.

n = 2에 대한 가장 가능성 있는 설명은 Shatzkes와 Lloyd[11]에 의해 제시되었다. 이들은 시간 의존 확산 식을 풀어 MTTF의 해를 제안하였다. 여기에서 전류밀도의 자승에 비례한다는 것이다. 이는 음극 쪽의 공공 과포화가 필요한 공동 핵 생성에 기인한다. 핵 생성의 잠복

기는 회로 단절을 유발하는 크기의 공동으로 성장하는 시간에 비해 훨씬 길다. 임계 핵을 형성하는 데 필요한 공공의 수는 작은 반면, 핵 생성에 필요한 과포화를 이루는 데 걸리는 시간은 훨씬 길다. 실제로 시편에는 공공의 싱크들이 존재하기 때문에 많은 수의 공공이 싱크를 비활성화하기 이전에 소실될 수 있다. 그러므로 과포화가 쌓이기 위해서는 상당 시간이 걸리므로 잠복기가 매우 길게 된다.

아래의 공동 성장에 대한 것만을 기반으로 한 설명은 계수 n이 2인 대신에 1에 가까운 값을 보인다. 만일 회로를 파괴하기에 필요한 공동의 부피를 V라 하고 후방 응력을 무시한다면,

$$V = \Omega J_v At = \Omega \left(C_v \frac{D_v}{kT} Z^* \rho j \right) At \tag{12.2}$$

가 된다. 그러므로

$$t = \frac{VkT}{\Omega CDZ^* \rho j} = B\frac{1}{j} \exp\left(\frac{E}{kT}\right) \tag{12.3}$$

여기에서 B는 선지수 계수이고 $B = VkT/\Omega CD_0 Z^* \rho$이고, Ω는 공공의 원자 부피, A는 공공 모양이 직사각형으로 가정한 경우 단면적, 즉 A는 구형 공동에서 표면적, C_v와 D_v는 각각 시편에서 공공의 농도와 확산계수이다. 여기에서 $C_v D_v = CD$로 가정할 수 있고 C와 $D = D_0 \exp(-E/kT)$는 각각 원자 농도와 원자 확산계수이다. 그러므로 E는 공공 이동 활성화에너지라기보다는 원자 확산의 활성화에너지이다. 다른 항들은 일반적인 의미를 갖는다. 그러므로 $n = 1$이다.

실험적으로 공동 핵 생성 잠복기보다 파괴가 일어나기 충분한 크기로 공동이 성장하는 데 걸리는 시간이 훨씬 더 짧은 것이 밝혀졌다. 플립칩 솔더 조인트에서 일렉트로마이그레이션에 기인한 파괴가 음극 접촉 계면에서 팬케이크 형태의 공동 핵 생성과 성장에 기인한 경우로부터 알 수 있는데, 이 경우에서도 핵 생성 잠복기가 성장 시간보다 훨씬 더 길다. 그러므로 $n = 2$인 이유는 핵 생성으로 설명이 되어야 한다.

일렉트로마이그레이션에서 공동 핵 생성을 고려하기 위해서 고전류밀도 영역에서가 아닌 저전류밀도 영역에서 공동이 시작된다는 사실이 지속적으로 보고가 되고 있음을 상기할 필요가 있다. 이는 12.3절에서 논의하였다. 공공이 고전류밀도 영역에서 저전류밀도 영역으로 이동하기 위해서는 전자 풍력에 수직인 방향으로 작용하는 힘이 필요하다. 전류밀도 기울기 구동력이 제안되었고 이는 전자 풍력에 수직인 방향으로 작용한다. 구동력이 벡터량이므로, 공동 핵 생성을 위해 공공을 저전류밀도 영역으로 이동시키는 합력의 크기는 두 힘 크기의 제곱합의 제곱근 값이 된다. 이로부터 전류밀도 의존성이 $n = 2$임을 알 수 있다. 위 논거는 $n = 2$를

구동력 관점에서 설명한 반면 Shatzkes와 Lloyd는 반응 속도론 관점에서 설명하였다.

n = 2에 대한 보다 간단한 설명은 Joule 열이다. Joule 열은 단위 부피당 $j^2\rho$에 비례하기 때문이다. 그러나 직관적으로 MTTF는 Joule 열에 반비례하는 대신에 비례하는 것처럼 보인다. 이는 열이 많이 발생하면 할수록 파괴가 빨라지거나 MTTF가 짧아져야한다. 실제로 Joule 열은 소자 파괴에서 매우 중요하다. 그러므로 Joule 열이 음극에서 공동의 핵 생성과 성장에 미치는 영향을 고려할 필요가 있다. 시간, 온도, 그리고 공동 핵 생성과 성장률을 고려할 필요가 있다. 이는 시간-온도-변태(TTT)도의 기초가 되는 고전적인 상 변화 이론과 유사하다. TTT도는 시간 또는 상 변화의 전체 속도를 과냉의 함수로 표시한 것이다. 핵 생성에 미치는 과냉의 영향은 매우 크다. 핵 생성은 과냉이 존재 해야만 한다. 과냉이 적으면 적을수록 핵 생성은 느려진다. TTT도에 따르면 온도가 높으면 확산은 빠른 반면 핵 생성이 느려서 상 변태 속도는 작게 된다. 과냉이 크면 핵 생성이 빠른 반면 온도가 낮기 때문에 확산은 느리다. 따라서 상 변태 속도는 다시 느리게 된다. 상 변태 최대 속도는 적정한 과냉에서 핵 생성과 확산이 적절하게 빠를 때 최댓값을 갖는다.

Joule 열은 일렉트로마이그레이션이 일어나는 시편의 과냉에 영향을 미친다. Joule 열이 큰 경우에는 시편의 온도가 올라가고, 공동 핵 생성에 필요한 과냉이 감소하여 공동 핵 생성을 늦추고 MTTF를 증가시킨다. Joule 열이 작을 때는 시편의 온도가 낮고 확산이 느려 공동 핵 생성이 용이하다. MTTF는 공동 성장보다는 핵 생성에 더 많이 의존하기 때문에 Joule 열은 MTTF에 반비례한다. 그러므로 j^{-2} 의존성을 갖는다. 확산에 미치는 Joule 열의 효과는 $\exp(E/kT)$ 항으로 대변된다. 이는 MTTF에 직접적으로 비례한다. 그러므로 MTTF에 미치는 j^{-2}와 $\exp(E/kT)$의 효과는 서로 반대이다.

12.5 Cu 배선에서 일렉트로마이그레이션에 의한 파괴

Al(Cu)가 오랫동안 Si 미세전자 산업에서 배선 도체로서 우수한 성능을 보였음에도 불구하고, 최근의 미세화 경향은 다음의 이유로 인해 배선 소재를 변경할 것을 요구하고 있다. 첫째, 미세 배선에서 신호 전송의 저항-캐퍼시턴스(RC) 지연. 둘째, 8층 이상의 다층 Al 배선 구조를 만드는 데 드는 고비용. 셋째, 일렉트로마이그레이션에 대한 염려. 더 좁은 배선을 사용하기 위해서는 배선의 저항이 증가할 뿐만 아니라 배선 사이의 캐퍼시턴스가 신호 전송을 늦춘다. 만일 어떠한 변화 없이 Al 배선의 크기를 유지한다면 6층에서 8층 또는 10층으로 Al의 더 많은 층 구조를 만들어야 한다. Si 위에 더 많은 배선을 만드는 것은 비용 때문에 바람직하지 않다. 여기에 더해, 2층 배선을 더 만들게 되면 추가되는 공정들이 양품률을 떨어뜨릴 수 있다. 이것이 Cu 배선의 이중 상감 공정이 매력적인 이유이다. 이중 상감 공정은 한 층의 배선과 한 층의 비아 제조 단계를 합쳐서 수행한다. 동일한 수의 공정 단계를 이용하여 Al 배선보다 Cu 배선에서 더 많은 층을 만들 수 있다.

Cu(1083ºC)가 Al(660ºC)보다 더 높은 녹는점을 갖기 때문에 동일한 소자 동작 온도에서 Al보다 Cu에서 원자 확산이 훨씬 느리다. 그러므로 일렉트로마이그레이션은 Cu 배선에서 훨씬 적을 것으로 기대했다. 그러나 놀랍게도 그 효과는 생각만큼 크지 않았다. 초반에 언급한 것과 같이 Cu에서 일렉트로마이그레이션은 결정립계 확산보다 더 낮은 활성화에너지를 갖는 표면 확산으로 일어난다. Al에서 결정립계 확산이 Cu에서는 표면 확산으로 바뀌어 일렉트로마이그레이션이 일어나는 이유는 무엇일까? 얄궂게도, 이는 Cu 배선을 제조하는 공정으로 이중 상감 공정을 사용하기 때문이다. 여기에 더해, Cu는 본질적으로 산화물 표면에 달라붙지 않는 이유도 있다. Cu 배선을 만들기 위해서 상감 공정을 사용해야 하는 이유는 무엇인가? 이는 건식 또는 반응 이온 에칭으로 Cu를 에칭하거나 패턴을 만들 수 없기 때문이다. 그러므로 유전체 홈에 Cu를 전해 도금으로 Cu 배선을 형성한다. 그 후에 화학기계연마(CMP) 습식 공정과 주변 유전체와 함께 Cu 평탄화 작업을 하여야 한다. 연마된 평탄 표면에서 상감

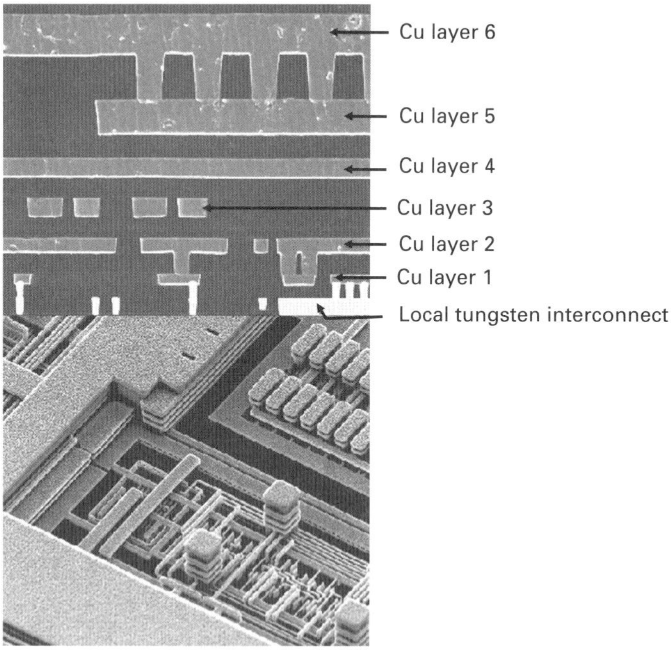

그림 12.7 상감 공정으로 형성된 다층 구조 Cu 배선

공정을 반복하여 그림 12.7에 보여진 다층 Cu 배선을 만들 수 있다. 상감 공정에서 비아 홀은 유전체의 홈과 함께 에칭되고, 이후에 홈과 비아에 Cu를 도금한다. Al 배선과 W 비아를 만드는 공정과 비교하여 이중 상감 공정은 비아를 만드는 단계를 줄일 수 있다. 유전체의 홈과 비아 홀을 Cu로 채우기 위해서는 유전체에 Cu의 접합력을 향상시킬 필요가 있다. 그러므로 Cu 도금 전에 Ta, TaN 또는 TiN과 같은 안감층이 홈과 비아 홀을 덮는다. 이 안감층은 Cu가 Si내로 확산해 가는 것을 방지하기 위해서 확산 방지층 역할도 수행한다. Cu를 도금하기 위해서는 무전해 Cu 또는 증기상으로 증착된 Cu의 씨앗층이 도금 전에 필요하다.

그 후에 CMP가 안감층이 없는 Cu의 최상층 표면을 연마하는 데 사용된다. 이후 유전체 층 증착을 한다. 또 다른 비아와 선의 다음 배선 층을 만드는 상감 공정을 반복할 수 있다. CMP는 유전체에 잘 접착되는 않는 Cu 배선의 최상부 위에 Cu 자유 표면을 만든다. Cu 배선의 최상부에서 일어나는 원자 확산은 일렉트로마이그레이션의 내장된 고속도로가 된다[12-17]. 여기에 더해 Cu 비아와 그 아래 존재하는 Cu 선 사이의 안감층은 플럭스 발산 계면이 된다. 이 두 곳, 최상 표면 그리고 비아 계면은 일렉트로마이그레이션 파괴가 일어날 수 있는 두 개의 취약한 곳이다. 어느 곳이 더 취약한가 하는 것은 공정제어 등에 영향을 받고, 더 취약한 곳에서 파괴가 일어난다. 파괴의 분포는 초기 파괴와 마모 파괴의 쌍봉 분포를 갖는다. 그럼에도 불구하고 비아 내에서 표면 확산에 의한 공동 형성 기구는 흥미있는 주제이다. Cu와 안감층 사이에 일정량 이상의 계면 확산이 일어나야만 할 듯하다. 그 후에 비아 공동 형성은 낮은 접합 강도 때문에 응력에 기인할 수 있다. 게다가, 양극에서 응력에 의해 유기된 파괴는 세 번째 형태의 파괴가 된다. 이는 유전체 벗겨짐 또는 파괴를 만들며, 특히 매우 낮은 k 유전 상수를 갖는 긴 배선에 일어난다.

12.5.1 일렉트로마이그레이션에 미치는 미세구조 영향

Al 배선에서 일렉트로마이그레이션이 결정립계를 따라서 발생하기 때문에 미세구조 효과는 매우 중요한 주제이다. 일렉트로마이그레이션 저항성을 향상시키려는 이유로 Al 배선의 신뢰성 연구로부터 인지한 지식은 Cu 배선에 적용하였으나 성공적이지는 못하였다. 예를 들어, 다결정 Cu 배선과 매우 긴 결정립 대나무 구조의 Cu 배선 사이에는 일렉트로마이그레이션 파괴의 큰 차이가 없었다. 전해도금 Cu의 미세구조는 상온 근처에서 비정상적인 결정립 성장 또는 재결정이 일어나는 독특한 성질을 갖는다. Cu는 도금된 상태에서 강력한[111] 텍스쳐 조직을 갖는다. 전해 도금 Cu에서 일부 결정립계가 상온에서 매우 큰 활동성을 갖는 이유는 명확하지 않다. 이는 전해 도금 조의 유기 또는 무기 첨가제에 기인할 수도 있다. 또한 결정립계를 따라 일어나는 결정립계 확산계수는 표 11.2에 주어진 값과 같다는 것은 흥미로운 사실이다. 결정립 크기와 불순물은 전기 전도도에 영향을 준다. 좋은 전도도는 배선 요건 중 최우선이다. 지금까지 이는 전해도금 Cu의 문제는 아니었다. 도금 조로부터 나온 소량의 첨가제는 전도도에 거의 영향을 미치지 않는다. 결정립 크기는 결정립 성장이 일어나기 전에 약 0.1 μm 정도이다.

상온 결정립 성장은 배선에 큰 결정립과 작은 결정립의 클러스터로 이루어진 불균일 분포를 유발한다. 큰 결정립은 대나무 구조를 갖고, 이 구조의 결정립과 작은 결정립들로 연결된 지점에 삼중점이 존재한다. 그러므로 일렉트로마이그레이션이 결정립계 확산으로 일어난다면 이러한 미세조직은 매우 바람직하지 않다. 표면에서 결정립계 삼중점은 효과적인 플럭스 발산 점은 아니다. 방위의 결정립 표면 평면과[111] 트윈의 삼중점은 표면 확산에 영향을 미치기 때문에 흥미롭다.

무전해 또는 증기상 증착 Cu의 씨앗층 미세구조 또한 매우 흥미롭다. 왜냐하면 결정립 크기가 두께에 선형적으로 비례하기 때문이다. 증착 동안 결정립 성장을 플럭스 구동 결정립 성장이라 한다. 증착 후 이 결정들은 상온에서 더 이상 성장하지 않는다. 전해 도금 Cu는 성장한다. 그럼에도 불구하고 전해 도금 Cu가 씨앗층에 도금되면, 씨앗층의 미세구조는 조대화로 그 구조를 잃게 된다. 이 두 종류의 Cu 박막 사이의 상호작용은 흥미로운 주제이다. 그리고 전해 도금 Cu내의 유기 첨가제와 무기 첨가제가 씨앗층으로 확산해서 결정립계 유동성을 더욱 증가시키는 것처럼 보인다.

Al 배선-W 비아에서 발산은 이중 상감 공정 때문에 Cu 배선에서는 더 이상 문제가 아니다. 그럼에도 불구하고 비아와 그 아래에 있는 선 사이의 계면은 안감층 때문에 여전히 계면 불연속과 플럭스 발산이 존재한다. 접합력 이외에 안감층은 Cu가 Si으로 도달하지 못하도록 하는 확산 방지층의 역할도 수행한다. 확산 방지층으로서는 두꺼울수록 더 좋다. 그러나 두꺼운 안감층은 배선의 저항을 증가시킨다. 그러므로 실제로는 얇을수록 더욱 좋다. 비아 홀의 세척은 안감층 증착 이전에 수행되는 반면, 만일 세척이 제대로 되지 않으면 Cu 비아와 그 아래 존재하는 Cu 선 사이의 접합력에 영향을 미칠 것이다. 그러므로 플럭스 발산 면이외에도 비아와 선 사이의 안감층은 열응력하에서 좋지 못한 접합력 때문에 신뢰성 문제를 야기한다.

12.5.2 일렉트로마이그레이션에 미치는 용질의 영향

Al에 1 at.% Cu의 첨가가 Al 배선의 일렉트로마이그레이션 저항을 향상시키는 데 도움을 주기 때문에 Cu에서도 이와 유사한 효과를 볼 수 있는 용질의 존재 여부를 질문할 수 있다. 그리고 그 용질이 무엇일까? 만일 Cu의 결정립계 확산을 늦추는 용질을 발견하려 한다면 별 소용이 없을 것이다. 왜냐하면 우리가 필요한 용질은 Cu의 표면 확산을 지연시켜야 하기 때문이다. Cu 배선에서 표면 확산에 의해 일렉트로마이그레이션이 주로 일어난다는 것을 깨닫기 전까지 그러한 용질을 발견하여야 하는 가이드라인이 존재하지 않았다. Cu의 연속적인 표면 원자 플럭스를 유지하기 위해서는 Cu 원자를 표면 단차에 존재하는 킹크 위치로부터 연속적으로 방출할 수 있어야만 한다. 다른 말로, 킹크 위치로부터 Cu 원자를 떼어내는 데 필요한 기구와 에너지는 표면 일렉트로마이그레이션에서 매우 중요하다. 이는 마치 고체 표면에서 원자의 탈착 그리고 저온 승화와 같은 것이다.

Cu에 다양한 원소를 첨가하여 시험한 후에 Sn이 Cu의 일렉트로마이그레이션에 큰 효과를 보여준다는 것을 발견하였다. 표 12.1은 Al과 Cu 배선의 전도도를 비교하였다. 그림 12.8은 Van der Pauw 시편을 이용하여 온도의 함수로 Cu(0.5 wt.%Sn)과 Cu(1.0 wt.%Sn)의 비저항을 나타내었다. 그림 12.9는 250°C에서 10^6 A/cm^{2}로 일렉트로마이그레이션이 일어날 때 Cu(Sn)과 순수한 Cu의 저항 변화이다. 그림 12.10은 3000°C에서 전류밀도 2.1×10^6 A/cm^{2}로 가해질 때 길이 150 μm와 넓이 5 μm의 Cu와 Cu(Sn) 시편에 대하여 측정된 가장자리의 변위와 시간에 대한 비교를 표시한 것이다. 시간 대비 가장자리 변위의 기울기는 일렉트로마이그레이션 동안 Cu 물질이동에 대한 평균 이동 속도를 계산할 수 있다. Cu(Sn) 합금 시편에서 Cu 물질이동의 평균 이동 속도는 테스트 초기에는 작은 값이다. 그 후에 시간에 따라 점차 증가하고 종국에는 순수한 Cu의 값에 필적할 만한 값에 이른다.

Sn이 Cu 일렉트로마이그레이션 저항성에 유익한 이유는 명확하지 않다. Cu 배선에서 일렉트로마이그레이션이 표면 확산에 의해 일어나는 것으로 알려져 있기 때문에 Sn 첨가에 의해 Cu의 표면 확산이 일정부분 감소하는 것처럼 보인다. 그리고 보다 중요하게는 킹크에 강

표 12.1 Al과 Cu 배선의 전기전도도 비교

Films	Resistivity at 20℃(Ωμ-cm)
Sputtered Cu	2.1
Al (2 wt.% Cu)	3.2
Cu (0.5 wt.% Sn)	2.4
Cu (1 wt.% Sn)	2.9
W	5.3

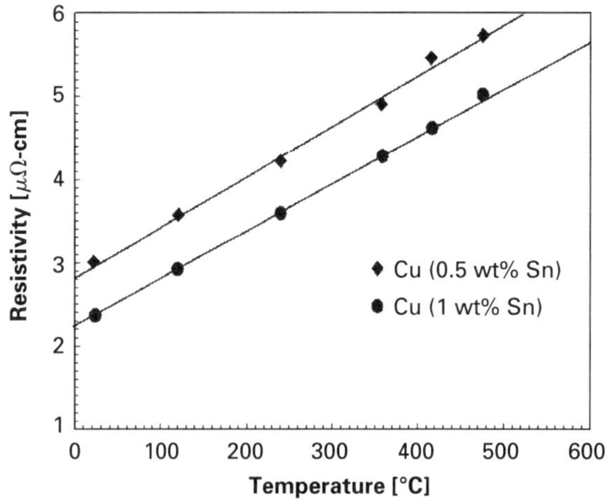

그림 12.8 Van der Pauw 구조를 이용하여 시간의 함수로 나타낸 Cu(0.5 wt.% Sn) 그리고 Cu(1.0 wt.% Sn) 합금의 비저항

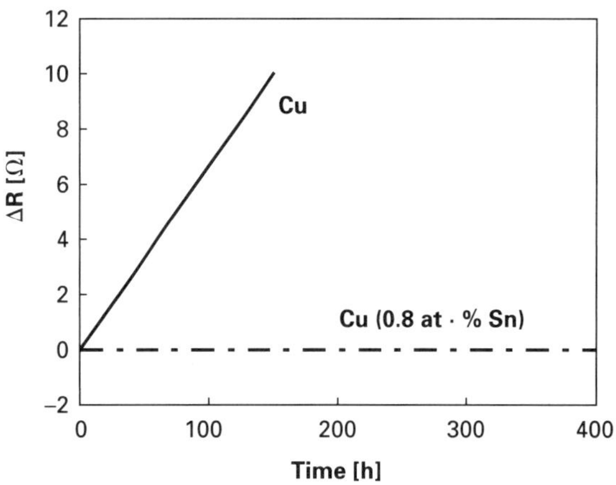

그림 12.9 250℃에서 10^6 A/cm^{2}의 전류밀도를 이용하여 일렉트로마이그레이션을 겪는 Cu(Sn)과 Cu 박막의 저항 변화. 순수한 Cu 시편의 저항은 시간에 따라서 빠르게 변하는 반면 Cu(Sn) 시편의 저항은 거의 변함이 없다.

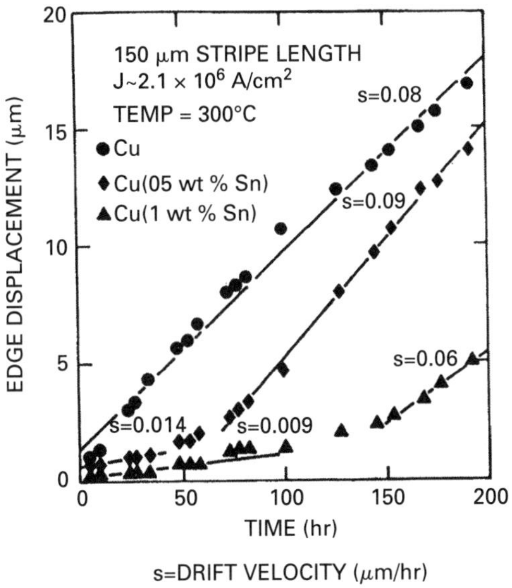

그림 12.10 150 μm 길이와 5 μm 넓이를 갖는 Cu와 Cu(Sn) 테스트 시편이 300℃에서 2.1×10^6 A/cm^{2}의 전류밀도를 겪는 경우 측정된 모서리 이동과 시간의 비교. 모서리 이동과 시간의 기울기는 일렉트로마이그레이션 동안 Cu 물질이동에 대한 평균 드리프트 속도를 제시한다.

하게 결합된 Sn 원자들이 Cu 표면 단차에 존재하는 킹크로부터 Cu를 분리할 때 느리게 한다면 Cu 원자의 표면 플럭스 공급이 감소하게 될 수도 있다. 그림 12.11은 Cu 표면 위에서 표면 단차와 킹크의 모식도이다. 킹크에서 어둡게 표시된 원자들이 Sn 원자를 나타낸다. 만일 강한 결합이 존재한다고 가정하면, 표면 단차로부터 Cu 원자의 방출이 막히게 될 것이다. 게다가 Sn이 Cu 표면에 편석되고 최상부 유전체 층과 산화물 결합을 형성하면, Cu의 표면 분리와 확산을 더욱 늦추게 된다. 산화물 결합은 Cu와 최상부 유전체 층 사이의 접합력을 향상시킬 수 있다.

소자 동작 온도는 약 100°C 정도이고, 이는 Cu 절대온도 녹는점의 약 0.275에 해당된다. 그러므로 100°C에서 Cu의 격자 확산과 결정립계 확산을 무시할 수 있다. 250°C 테스트 온도에서도 역시 무시할 수 있다. 그러나 Cu 녹는점의 약 0.46에 해당하는 온도인 350°C에서는 Cu의 결정립계 확산을 무시할 수 없다. 그러므로 250°C까지 Cu(Sn)에서 일렉트로마이그레이션이 발견되지 않던 것이 350°C에서는 발생할 수 있다. 이러한 결과는 Sn이 Cu의 표면 확산을 효과적으로 늦출 수 있는 데 반해 결정립계 확산을 늦추는 것에는 덜 효과적임을 말해주는 경향이 있다. 더 중요하게도, Cu 배선에 대한 가속 일렉트로마이그레이션 시험을 수행

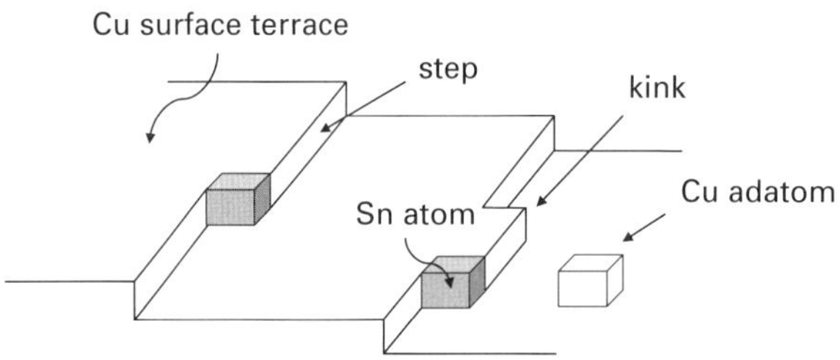

그림 12.11 Cu 표면 위에 존재하는 표면 단차와 킹크의 개략도. 킹크에 존재하는 회색 원자들은 용질 원자들을 나타낸다. 만일 강한 결합이 존재한다고 가정하면, 표면 단차로부터 Cu 원자들이 방출되는 것을 막는다.

하는 적절한 온도 범위가 어디인가 하는 것이다. 소자에서 Cu 배선에서 일렉트로마이그레이션은 표면 확산이 주된 역할을 수행한다는 사실에 기초하여 350ºC가 아닌 250ºC에서 실험을 진행할 수 있다. 350ºC에서 결과는 결정립계 확산을 포함하기 때문에 잘못된 해석을 할 수 있다.

12.5.3 일렉트로마이그레이션에 미치는 응력의 영향

인가된 압축응력이 Cu 일렉트로마이그레이션에 미치는 효과는 Al에서와 동일할 것으로 기대된다. Al에서 응력은 양극에서 일렉트로마이그레이션을 늦춘다. 그러나 후방 응력이 Cu 일렉트로마이그레이션에 미치는 영향은 명확하지 않다. 첫 번째 문제는 250ºC 이하 온도에서 Cu 시편 내 일렉트로마이그레이션에 의해 유도되는 후방 응력의 존재 여부이다. 만일 Ta과 같은 안감층에 의해 덮히지 않거나 단단한 벽에 의해 제약을 받지 않는다면, 표면 확산에 의한 일렉트로마이그레이션 하에서 만들어지는 후방 응력을 상상하는 것은 어렵다. 왜냐하면 자유 표면이 가장 효과적인 공공의 소스와 싱크이기 때문이다. 그러므로 응력은 쉽게 이완되지 쌓이지 않기 때문이다. 그러므로 Cu 배선에서 후방 응력에 대한 명확한 실험적 측정이 필요하다.

소자에서 Cu 배선은 유전체 층 사이에 끼워지므로 배선은 제약을 받는다. 비록 일렉트로마이그레이션이 표면 확산에 의해 발생할지라도 일렉트로마이그레이션은 양극 끝에서 돌출 또는 힐록 형성을 유발하게 된다. 주변 유전체가 무르다면 돌출이 발생할 것이고, 접합이 약하면 박리가 일어나고, 주변 유전체가 경하면 유전체가 깨질 것이다. 일렉트로마이그레이션에 의해 유발되는 응력이 'Cu/매우 낮은 k' 배선에 미치는 영향은 신뢰성에서 중요한 문제이다. 매우 낮은 유전 상수 절연체가 Cu 배선과 집적될 때 매우 심각한 신뢰성 문제를 야기한다.

12.5.4 일렉트로마이그레이션에 미치는 나노트윈의 영향

2004년에 Lu *et al.*과 Chen *et al.*에 의해 나노트윈 Cu에 대한 논문이 사이언스지에 발간되었다[18,19]. 펄스형 전해증착을 이용하여 고밀도 나노트윈을 갖는 Cu 포일은 매우 높은 강도와 일반적인 전기 전도도를 갖는다는 사실을 발견하였는데, 나노트윈 Cu의 항복강도는 조대한 결정립 Cu에 비해 약 10배의 항복 강도를 갖는다. 동시에 나노트윈 Cu는 매우 좋은 연성을 갖는다. 매우 좋은 기계적 성질과 평범한 전기적 성질을 함께 갖는 매우 드문 조합은 배선 도체로서 사용되는 Cu에게는 매우 중요한 성질이다. 일반 Cu 포일보다 10배 더 큰 항복강도를 갖는 초고강도는 다층 배선 구조의 기계적 성질로 매우 우수하고, 또한 이중 상감 구조 제조과정 중 CMP(더 적은 곡면, 즉 우수한 평탄도를 갖게 됨)를 위해서도 매우 좋은 성질이다. 더 중요한 것은 일렉트로마이그레이션 임계 길이가 항복 강도에 선형적으로 비례하기 때문에 임계 길이가 10배가 된다.

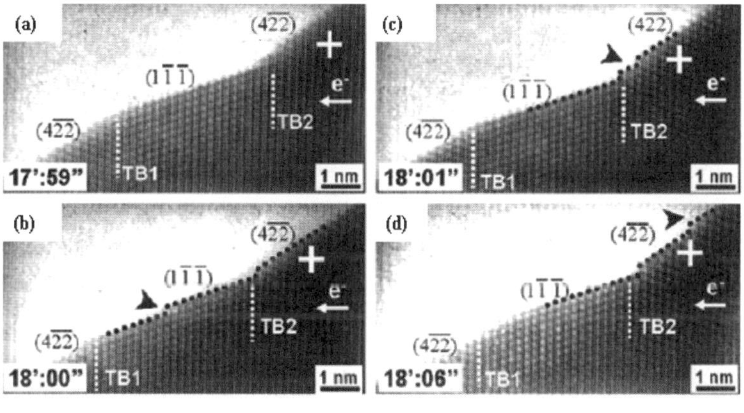

그림 12.12 (a)~(b) 일렉트로마이그레이션을 겪는 (011) 방향 Cu 결정립의 시간 함수에 따른 고배율 TEM 사진. 사진의 시간(분 또는 초 단위)은 좌측 아래 부분의 사각형 내에 주어지며, 전자의 흐름은 우측에서 좌측이다. 화살표 머리는 자유 표면의 원자 단차들을 나타낸다. 삼중점에 도달하면 단차는 약 5초간 움직이지 않다가 그 후에 삼중점을 지나 계속 움직인다. 각 사진에서 십자가 표시는 관찰을 용이하게 하기 위한 고정된 기준점이다.

여기에 더해, 나노트윈 Cu에서 in-situ TEM으로 관찰한 일렉트로마이그레이션은 10배 느린 이동 속도를 보인다고 보고되었다. 나노트윈은 Cu의 결정립계와 자유 표면과 교차하여 삼중점을 형성한다. 이 삼중점들은 자유 표면과 결정립 구조 그리고 Cu의 성질들을 변화시킨다. 이 삼중점들은 일렉트로마이그레이션에 의해 구동되는 Cu 원자의 확산을 늦춘다. 고분해능 TEM 비디오에서 Cu 원자가 삼중점을 지나 확산할 때, Cu 원자들은 정지하여 오랫동안 머물고 있는 것이 관찰되었다.

그림 12.12는 지그재그형 (111)~(422) 자유 표면 위의 표면 단차 움직임을 보여주는 일련의 고분해능 TEM 사진이다. 전자 풍력은 양극으로 Cu 원자를 확산시키기 때문에 표면 단차는 반대 방향인 음극으로 이동한다. 표면 확산을 인식할 수 있도록 한 것이 단차 이동이다. 이 사진들은 비디오로 기록되어 단차 속도를 측정할 수 있다. 놀랍게도 표면 단차는 모든 삼중점에서 멈추고 삼중점을 지나기 이전에 상당 시간 동안 (녹화 기록에스서는 5초) 멈추어 있는다. 이는 삼중점을 지나면서 원자면이 (111)에서 (422)로 또는 그 반대로 변하기 때문이다. 이러한 정지는 새로운 원자면, (111) → (422) 또는 (422) → (111) 위에 새로운 단차를 생성하기 위해서 필요한 잠복기이다. 삼중점을 뛰어 넘은 후에는 단차 움직임은 편평한 (111)면 또는 (422) 면 위에서 빠르게 일어난다. (422)면 위에서 단차 속도가 (111)면 위에서보다 다소 느리다.

참고문헌

[1] F. M. d'Heurle and P. S. Ho, "*Thin Films: Interdiffusion and Reactions*," eds J. M. Poate, K. N. Tu and J. W. Mayer (Wiley-Interscience, NY, 1978), 243.

[2] C. K. Hu and J. M. E. Harper, "Copper interconnects and reliability," *Mater. Chem. Phys.* **52** (1998), 5.

[3] R. Rosenberg, D. C. Edelstein, C. K. Hu and K. P. Rodbell, "Copper metallization for high performance silicon technology," *Annual Review Mater. Sci.* **30** (2000), 229.

[4] E. T. Ogawa, K. D. Li, V. A. Blaschke and P. S. Ho, "Electromigration reliability issues in dual-damascene Cu interconnections," *IEEE Trans. Reliability* **51** (2002), 403.

[5] K. N. Tu, "Recent advances on electromigration in very-large-scale-integration of interconnects," *J. Appl. Phys.* **94** (2003), 5451–73.

[6] J. S. Huang, H. K. Liou and K. N. Tu, "Polarity effect of electromigration in Ni2Si contacts on Si," *Phys. Rev. Lett.* **76** (1996), 2346–49.

[7] H. Okabayashi, H. Kitamura, M. Komatsu and H. Mori, "In-situ side-view observation of electromigration in layered Al lines by ultrahigh voltage transmission electron microscopy," *AIP Conf. Proc.* **373** (1996), 214 (see Figs. 2 and 4).

[8] S. Shingubara, T. Osaka, S. Abdeslam, H. Sakue and T. Takahagi, "Void formation mechanism at no current stressed area," *AIP Conf. Proc.* **418** (1998), 159 (see Table I).

[9] M. Hasunuma, H. Toyota, T. Kawanoue, S. Ito, H. Kaneko and M. Miyauchi, "A highly reliable Al line with controlled texture and grain boundaries," *Materials Reliability in Microelectronics V* **391** (1995).

[10] C. K. Hu, L. Gignac, S. G. Malhotra, R. Rosenberg and S. Boettcher, "Mechanisms for very long electromigration lifetime in dual-damascence Cu interconnections," *Appl. Phys. Lett.* **78** (2001), 904.

[11] M. Shatzkes and J. R. Lloyd, "A model for conductor failure considering diffusion concurrently with electromigration resulting in a current exponent of 2," *J. Appl. Phys.* **59** (1986), 3890.

[12] C. S. Hau-Riege and C. V. Thompson, "Electromigration in Cu interconnects with very different grain structures," *Appl. Phys. Lett.* **78** (2001), 3451.

[13] K. L. Lee, C. K. Hu and K. N. Tu, "In-situ scanning electron microscope comparison studies on electromigration of Cu and Cu(Sn) alloys for advanced chip interconnects," *J. Appl. Phys.* **78** (1995), 4428.

[14] M. Y. Yan, K. N. Tu, A. V. Vairagar, S. G. Mhaisalkar and Ahila Krishnamoorthy, "Confinement of electromigration induced void propagation in Cu interconnect by a buried Ta diffusion barrier layer," *Appl. Phys. Lett.* **87** (2005), 261906.

[15] A. V. Vairagar, S. G. Mhaisalkar, Ahila Krishnamoorthy, K. N. Tu, A. M. Gusak, M. A. Meyer and Ehrenfried Zschech, "In-situ observation of electromigration induced void migration in dual-damascene Cu interconnect structures," *Appl. Phys. Lett.* **85** (2004), 2502–4.

[16] C. W. Park and R. W. Vook, "Activation energy for electromigration in Cu films," *Appl. Phys. Lett.* **59** (1991), 175.

[17] J. R. Lloyd and J. J. Clement, "Electromigration in copper conductors," *Thin Solid Films* **262** (1995), 135.

[18] L. Lu, Y. Shen, X. Chen, L. Qian and K. Lu, "Ultrahigh strength and high electrical conductivity in copper," *Science* **304** (2004), 422.

[19] Kuen-Chia Chen, Wen-Wei Wu, Chien-Neng Liao, L. J. Chen and K. N. Tu, "Observation of atomic diffusion at twin-modified grain boundaries in copper," *Science* **231** (2008), 1066–9.

연습문제

12.1 Ag는 Cu와 Al보다 더 좋은 전도체인에도 불구하고 Ag를 배선으로 쓰지 않는 이유를 설명하라.

12.2 RC 지연을 낮추기 위하여 저유전상수 절연체가 필요하다. 공기는 유전상수가 1이기 때문에 만일 공기층을 사용한 Cu 배선, 즉 혼자 서있는 Cu 배선을 사용한다면 어떤 신뢰성 문제가 있을 수 있겠는가? 만일 공기층 또는 혼자 서있는 배선을 사용할 수 있다면 Ag를 사용하면 안 되는 이유를 설명하라.

12.3 1 at.% Cu를 Al 배선에 첨가하면 일렉트로마이그레이션에 대한 저항성이 현저히 증가한다는 사실은 이제 잘 알려져 있다. Cu 배선에 어떤 원소를 넣으면 일렉트로마이그레이션에 대한 저항성이 좋아지겠는가? 선택에 대한 기준을 설명하라.

12.4 9장의 그림 9.3에서 농도 기울기 구동력을 갖는 결정립계 삼중점의 플럭스 발산을 고려하자. 만일 구동력을 일렉트로마이그레이션으로 바꾸고 동일한 배치, 온도 그리고 결정립계 확산계수를 사용한다면, 핵 생성을 미시하는 경우 동일한 공동이 성장하는 데 소요되는 시간을 구하라.

12.5 그림 11.11에서 돌출부 Al 배선이 존재하는 것을 보여준다. 만일 순수한 Al이고 돌출부의 선 길이가 5 μm라면 공동이 전체 돌출부의 선을 고갈시키는 데 필요한 시간을 구하라. 만일 돌출부의 선이 Al(1 at.% Cu)라면, 어떤 일이 일어나겠는가?

12.6 전류 집중은 전기 전도 경로의 급격한 전환이 있을 때 다층 배선 구조에서 발생한다. 급격한 전환 이외에 전류 집중을 만드는 다른 구조적 특징에는 무엇이 있는가?

12.7 350°C에서 전류밀도 1×10^6 A/cm^{2}가 인가된 Cu의 Blech 테스트 구조에서 2 μm/s의 드리프트 속도가 측정되었다. Cu의 표면 확산 그리고 또한 결정립계 확산에 의한 Cu의 유효 전하 수 Z^*를 계산하라.

13 써모마이그레이션

13.1 서론

불균질 이원 고용체 또는 합금이 일정한 온도와 일정한 압력에서 열처리될 때 자유에너지를 낮추기 위해서 균질하게 된다. 역으로, 균질한 이원 합금이 일정한 압력과 온도 기울기가 존재, 한쪽이 다른 쪽보다 온도가 더 높은 조건에서 열처리될 때 역 반응이 일어나고 합금은 불균질해지며, 자유에너지는 증가한다. 합금 분리화 현상을 10장에서 언급한 것과 같이 Soret 효과라 한다. 이는 온도 기울기에 의해 구동되는 써모마이그레이션 또는 물질이동에 기인한다[1-3]. 불균일 합금은 균일 합금보다 더 높은 자유에너지를 갖기 때문에 써모마이그레이션은 낮은 에너지에서 높은 에너지 상태로 상을 변화시키는 에너지 과정이다. Gibbs 자유에너지를 낮추면서 일어나는 일반적인 상 변화와는 다르다.

열역학에서 일정한 온도와 일정한 압력으로 정의되는 균일한 외부조건 하에서 (예를 들면 T가 100°C로 고정되고, p가 대기압으로 고정된다면), 열역학 계는 Gibbs 자유에너지를 최소화하고 주어진 T와 p에서 평형 조건을 향해 움직인다. 엔탈피와 엔트로피 모두 상태함수이다. 그러므로 T와 p가 주어지면 평형 상태의 Gibbs 자유에너지를 정의할 수 있다. 반면에 만일 외부 조건이 불균질하면, 예를 들어 써모마이그레이션에서 시편의 양쪽 끝이 서로 다른 온도를 갖는 경우, 최소 Gibbs 자유에너지를 갖는 평형상태는 얻어질 수 없다. 대신에 만일 균질성으로부터 벗어난 정도가 작다면, 계는 평형 대신에 정상상태를 향해서 움직이게 된다. 10장에서 논의된 것과 같이, 온도 기울기에 기인한 열 플럭스에 의해서 불균질 계 내에서 엔트로피 생성이 일어남을 비가역 열역학이 설명할 수 있다.

써모마이그레이션은 순수한 금속에서도 일어나야만 한다. Cu 주전자와 같은 주방 용품은 수년간 사용되면 늘어나야만 할 것을 기대할 수 있다. 끓는 물에서 주전자 내부 온도는 100°C이고 외부는 약 500~600°C이다. 만일 주전자 두께가 약 1 mm라면, 온도 기울기는 매우 큰 4,000~5,000°C/cm가 되고 써모마이그레이션이 일어날 수 있다. 주전자 외부가 내부보다 더 뜨거우면 Cu 원자는 외부에서 내부로 확산할 것이고, 내부로 팽창되어야 한다. 그러나 이러한 것은 일어나지 않는 것처럼 보인다. 그 이유는 Cu에서 격자 확산이 공공 기구에 의해 일어나기 때문이다. 더 뜨거운 주전자의 외부는 내부보다 더 높은 공공 농도를 갖는다. 공공 농도 기울기가 온도 기울기에 의해 구동되는 Cu 원자 플럭스 거의 모두를 상쇄할 수 있는 반대 방향의 원자 플럭스를 유도한다. 순 변화는 관측하기에는 너무 적다. 또 다른 이유는 후방 응력 때문이다. 주전자 내부의 온도는 크립이 일어나기에는 너무 낮은 온도이다. 써모마이그레이션이 차가운 쪽으로 Cu 원자를 더 많이 이동시키면 그 곳에 압축응력이 쌓이기 때문에, 응력 기울기는 써모마이그레이션에 반대 방향으로 Cu 원자 플럭스를 만든다. 평형 공공 농도는 응력에 의해 영향을 받고 이는 14장의 14.2절에서 논의할 것이다.

솔더는 일반적으로 이원계이다. 그러므로 Soret 효과를 발견할 수 있다. 실제로 Soret 효과는 넓은 범위의 농도에서 고용체를 형성하는 PbIn 합금에서 발생함이 보고되어 왔다[4,5]. 반면에 공정 솔더는 두 개의 상을 갖는 미세구조를 갖는다. 그리고 공정 두 개의 상을 갖는 구조는 고용체의 구조와 다르다. 공정 온도 아래 일정한 온도에서 공정 영역에서 두 상의 화학 포텐셜은 갖고 두 상은 조성에 독립적이다. 그러므로 조성 재분포에 기인한 화학 포텐셜 기울기가 존재하지 않기 때문에 두 상은 저항없이 재분포될 수 있다. 이러한 이유 때문에 솔더 조인트에서 써모마이그레이션 성질은 고용체의 Soret 효과와는 다르다.

그러나 써모마이그레이션은 온도 기울기를 갖고, 일정한 온도 과정이 아니다. 그러나 만일 솔더 조인트의 뜨거운 부분과 차가운 부분의 온도 차이가 크지 않은 수 ºC 정도의 차이만 난다면, 온도 기울기에 의한 화학 포텐셜 변화가 상 재분포에 미치는 영향은 작다.

Al과 Cu 배선에서 써모마이그레이션에 대한 연구는 거의 없음을 지적할 가치가 있다. 비교를 위해서 솔더 합금, 특히 플립칩 솔더 조인트에서 써모마이그레이션이 훨씬 쉽게 일어난다. 왜냐하면 조인트에서 온도기울기가 약 1,000ºC/cm로 써모마이그레이션이 일어나기에 충분하기 때문이다. 소자 동작 온도 100ºC에서 솔더 조인트 내 격자 확산은 빠르고 특히 Joule 열이 존재하면 더욱 빠르다. 그러므로 써모마이그레이션에 의한 반응 속도론 효과가 관찰된다.

솔더 조인트에서 써모마이그레이션은 일렉트로마이그레이션 연구보다 두 가지 이유 때문에 더 힘든 과제이다[6-9]. 첫째로 작은 플립칩 솔더 조인트를 가로질러 온도 기울기를 인가하기가 어렵다. 솔더 조인트 크기가 100 μm 직경을 가지므로 온도 차이가 10ºC이면 온도 기울기가 1,000ºC/cm가 되어 솔더에서 써모마이그레이션이 일어나기에 충분하다. 12.3절에서 논의된 바 있다. 그러므로 솔더 조인트에서 10ºC 또는 섭씨 수 도의 차이는 관심의 대상이다. 둘째로 열 발산은 조인트에서 두 계면 때문에 제어하기가 어렵다. 그러므로 소자 쪽의 UBM과 기판 쪽의 본드 패드 구조의 복잡한 경계 조건 때문에 솔더 조인트에서 온도 분포 또는 온도 기울기를 모사하는 것이 어렵다. 써모마이그레이션을 연구하기 위해서 솔더 조인트의 테스트 구조를 단순화 시켜야만 한다. 반면에 솔더는 낮은 녹는점을 갖는다. 그러므로 솔더 용융을 이용하여 내부 교정 도구로 사용할 수 있다. 용융 실험에서 열 생성과 발산의 조건은 모사를 점검하는 데 사용될 수 있다.

Joule 열 때문에 일렉트로마이그레이션은 플립칩 솔더 조인트에서 비균일 온도 분포의 원인이 된다. 그러므로 어떤 일렉트로마이그레이션 실험에서 써모마이그레이션 성분이 존재하게 된다. 바꿔 말하면, 큰 전류밀도가 인가되고 전류 분포가 전류 집중 때문에 불균일할 때, 플립칩 솔더 조인트에서 일렉트로마이그레이션은 써모 마이그레이션을 동반한다. 플립칩 솔더 조인트를 연구하는 데 일렉트로마이그레이션과 써모마이그레이션을 합칠 수 있는 장점이 있다.

13.2절에서, 일렉트로마이그레이션이 있는 또는 없는 써모마이그레이션 테스트를 수행할 수 있는 플립칩 솔더 조인트의 테스트 구조 설계를 논의할 것이다. 만일 고 Pb 그리고 공정 SnPb 복합 솔더 조인트가 사용된다면, 비록 초기 조성 분포는 복합 재료 시편에서 균질하지 않을지라도 써모마이그레이션에서 Sn과 Pb의 재분포를 광학 현미경으로 쉽게 관찰할 수 있을 것이다. 공정 SnPb 플립칩 솔더 조인트에서 써모마이그레이션의 관찰도 역시 쉬울 것이다.

13.3절에서 써모마이그레이션의 기초를 제시할 것이고, 써모마이그레이션과 물질 이동의 구동력을 논의할 것이다. 13.4절에서는 DC 또는 AC 일렉트로마이그레이션 하에서 써모마이그레이션을 보여줄 것이다. 13.5절에서 무연 플립칩 솔더 조인트에서 써모마이그레이션을 제시하고, 13.6절에서 써모마이그레이션과 응력마이그레이션 사이의 상호작용을 논의할 것이다.

13.2 SnPb 플립칩 솔더 조인트에서 써모마이그레이션

13.2.1 전력이 인가되지 않은 복합재료 솔더 조인트에서 써모마이그레이션

10장에서 그림 10.8(a), (b) 그리고 (c)는 각각 기판 위의 플립칩, 97Pb3Sn과 37Pb63Sn 플립칩 복합 솔더 조인트의 단면, 그리고 SEM 사진이다. 복합 솔더 조인트는 써모마이그레이션을 연구하기 위해 사용되었다. 제어된 실험으로서 복합 플립칩 시편의 일정한 온도 열처리는 150°C 일정 온도와 대기압의 오븐에서 1, 2, 4주 동안 수행하였다. 단면의 미세구조는 광학 현미경(OM)과 SEM으로 관찰하여 그림 10.9에 나타내었다. 고 Pb와 공정 솔더 사이에 혼합이 일어나지 않았고 사진은 그림 10.8(c)와 본질적으로 동일하다. 이유는 일정한 온도 150°C에서 고 Pb와 공정 솔더 사이의 화학 포텐셜 차이가 거의 없다.

복합 솔더 조인트에서 써모마이그레이션을 수행하기 위하여 일렉트로마이그레이션의 Joule 열로부터 유도된 온도 기울기를 사용하였다. 플립칩 시편은 그림 10.10(a)에 도시되어 있다. Si 소자의 주변부에 24개 범프가 있고, 일렉트로마이그레이션이 진행되기 이전에 그림 10.8(c)에 나타낸 초기 미세구조를 갖는다. 각 범프의 아래 부분에서 더 짙게 표시된 부분은 공정 SnPb이고 위 쪽의 더 밝은 부분은 97Pb3Sn이다. 단지 4쌍의 범프를 통해 일렉트로마이그레이션이 일어난 후 써모마이그레이션 효과는 전력이 인가되지 않은 솔더 조인트를 가로질러 명확하게 보이고 이는 그림 10.10(b)에 나타내었다. 이 범프들에서 Sn은 더 뜨거운 부분인 Si 소자 쪽으로 이동하였고, 차가운 부분인 Pb는 기판 쪽으로 이동하였다. Sn과 Pb의 재분배는 전류가 인가되지 않았기 때문에 솔더 조인트를 가로질러 존재하는 온도 기울기에 의한 것이다.

13.2.2 써모마이그레이션 실시간 관찰

써모마이그레이션 실시간 관찰을 그림 13.1(a)에 도시된 플립칩 시편을 이용하여 수행하였다. 소자를 절단하여 얇은 조각 Si을 만들었다. 얇은 조각은 기판에 솔더 범프를 이용하여 연결하였다. 범프를 절단하고 중간까지 연마하여 각 범프의 절단면이 써모마이그레이션 동안 실시간 관찰을 위해 노출되게 하였다. 그림 13.1(a)는 Si 조각이고 일렬의 절단된 4개의 범프 도식도이다. Si의 매우 우수한 열 전도도와 작은 조각이 사용되었기 때문에 한 쌍의 범프에 DC 또는 AC 전류가 인가되면 전류가 인가되지 않는 한쌍의 솔더 범프는 동일한 열 기울기를 겪게 된다. 일렉트로마이그레이션과 써모마이그레이션 동안 절단면에서 변화를 직접 실시간으로 관찰할 수 있는 시편이다. 그림 10.10에 나타낸 시편과 이 시편의 가장 큰 차이는 테스트 동안 범프의 연마된 자유 표면을 보여준다는 것이다. 조성의 재분포 이외에 써모마이그레이션에 의해 차가운 쪽으로 많은 양의 물질이 이동한다면 표면의 부풀어 오름이 일어나고 이 현상을 쉽게 관찰할 수 있다.

그림 13.1(a)의 왼편에 위치한 한 쌍의 조인트는 150ºC에서 2×10^4 A/cm^{2}를 20시간 동안 가하였다. 오른편에 위치한 한 쌍의 조인트는 전류가 전혀 인가되지 않았지만 조성의 재분포와 훼손을 보였다. 우측(전기가 인가되지 않은) 쌍은 위측, 즉 Si쪽으로 더 뜨거운 쪽, 계면에서 균일하게 공동이 형성되었음을 보여준다. 이 중 한 개의 범프 SEM 사진을 그림 13.1(b)에 나타내었다. 조인트의 내부에 상의 재분포를 인지할 수 있다. 원소 Sn, Pb 그리고 Cu의 재분포는 우측 전류가 인가되지 않은 단면으로부터 전자미세탐침으로 관찰하였다. Sn은 뜨거운 쪽으로 이동하였고 또한 더 많은 Cu가 뜨거운 쪽에 있다. 그리고 Pb는 차가운 쪽으로 이

(a)

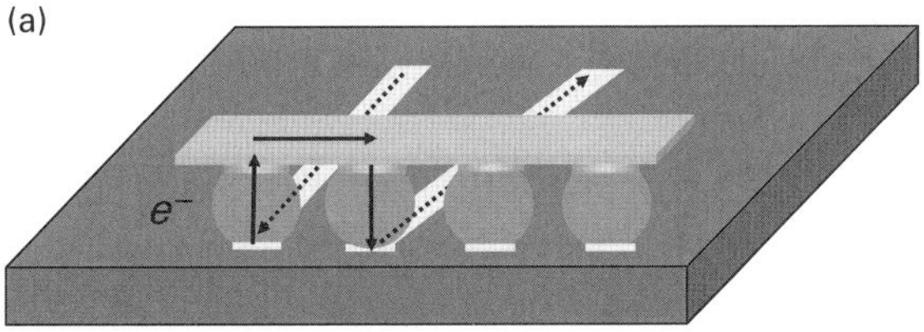

(b)

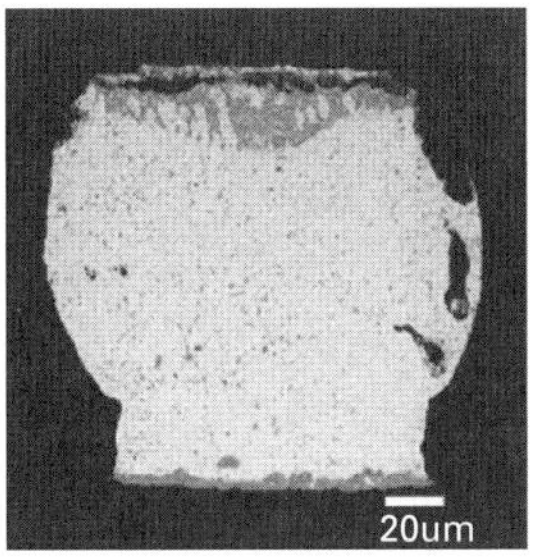

그림 13.1 (a) Si과 4열 단면 범프 개략도. 소자는 절단되어 Si 얇은 조각만이 모양 유지. 조각은 한 개 열의 솔더 범프가 기판과 연결되어 있다. 범프는 가운데까지 자르고 범프의 단면이 일렉트로마이그레이션 동안 직접 관찰이 가능하도록 노출된다. (b) 써모마이그레에이션 후 우측에 있는 범프들 중 한 개의 단면 SEM 사진

동하였다.

만일 그림 13.1의 우측에 있는 한 쌍의 범프에 온도 기울기가 없다면, 즉 이 범프에서 균일한 온도를 갖는다면, 등온 열 이력과 유사한 열 이력을 갖게 된다. 10장의 그림 10.9에 보여진 것처럼 등온 열처리는 상의 혼합 또는 분리에 아무런 영향을 미치지 않기 때문에 상의 재분포나 공동 형성은 발견되지 말아야 한다. 여기에서 다른 질문을 할 수도 있다. 관찰된 상 변화를 만들 수 있는 다른 종류의 구동력이 존재할 수 있는가? 전기와 열 구동력 이외에도 기계적인 구동력이 존재할 수 있다. 그러나 기계 구동력은 등온 열처리에서도 존재하여야만 한다. 열처리는 솔더와 소자 쪽의 UBM 그리고 소자와 기판 쪽의 본드패드 금속과 계면 화학 반응을 유발한다. IMC의 성장은 몰 부피 변화에 따르는 응력을 만들 수 있다. 그러나 이 효과는 4주 동안 150°C에서 등온 열처리된 시편 내에 그 효과가 나타나야 하지만 그림 10.9에 나타낸 것처럼 큰 변화는 관찰되지 않았다. 게다가 솔더에게 150°C는 녹는점 대비 매우 높은 상대온도이다. 4주 동안 응력이 완화되지 않을 확률은 매우 낮다.

그러므로 전력이 인가되지 않은 범프에서 조성의 재분포와 훼손(공동 형성)은 써모마이그레이션에 기인한 것으로 결론지을 수 있다. 이제 써모마이그레이션에서 주된 확산원자 또는 온도 기울기에서 어떤 원자가 확산하는가 하는 문제는 흥미로운 주제이다. 150°C에서 일렉

트로마이그레이션 동안 Pb는 주된 확산원자임이 발견되었다. 복합 솔더 조인트의 써모마이그레이션에서 온도 기울기는 Pb를 뜨거운 곳에서 차가운 곳으로 이동시키고, Sn 원자는 차가운 쪽에서 뜨거운 쪽으로 이동시킨다. 공동이 뜨거운 쪽에서 발견되기 때문에 Pb가 주된 확산원자이고 Pb 플럭스가 Sn 플럭스보다 더 크다는 것을 알 수 있다. 높은 Pb는 리플로우 후에 Cu_3Sn을 형성시키지만 Sn이 뜨거운 쪽으로 확산한 후에는 Cu_3Sn은 Cu_6Sn_5로 변화할 것이다. 공동과 Cu_6Sn_5의 형성은 Si 쪽에서 전체 접촉면에 걸쳐서 다소 균일하게 나타난다. 복합 솔더 조인트에서 온도 기울기를 거슬러 Sn이 확산하는 이유는 매우 흥미로운 질문이다. 이를 답하기 위해서는 일정한 부피의 제약 하에서 두 개의 상이 존재하는 미세구조 내의 구동력과 플럭스 움직임을 논의하고자 한다. 여기에 더해 13.5절에서 무연 플립칩 솔더 조인트에서 써모마이그레이션을 논의하고 Sn이 Pb 없이 차가운 쪽에서 뜨거운 쪽으로 이동한다.

13.2.3 두 개의 상을 갖는 공정 구조에서 상 분리 무작위 상태

그림 13.2(a), (b) 그리고 (c)는 각각 30분, 2시간 그리고 20시간 동안 써모마이그레이션 후의 전류가 인가되지 않은 복합 솔더 조인트의 단면 SEM 사진이다. 써모마이그레이션 이전 사진은 그림 10.8(c)에 나타낸 것과 유사하다. 그림 13.2(a)에서 상 분리의 무작위 상태를 관찰할

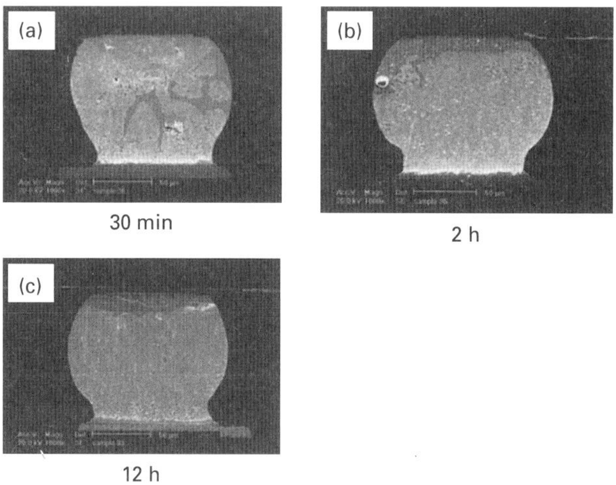

그림 13.2 (a), (b) 그리고 (c)는 30분, 2시간, 12시간의 써모마이그레이션 후 전기가 인가되지 않은 솔더 조인트 일련의 단면 사진. 써모마이그레이션 이전에, 사진은 그림 10.8(a)에 나타난 것과 유사한 모양이다. 그림 13.2(a)에서 상 분리의 무작위 상태가 관찰되며, 그림 13.2(b)에서 공정 합금이 뜨거운 쪽으로 편석된다. 그림 13.2(c)는 거의 완벽하게 상 분리가 일어났다.

수 있다. 그림 13.2(b)에서 공정 합금은 뜨거운 쪽으로 편석되었다. 그림 13.2(c)에서 거의 완벽한 분리가 이루어져 있다. 그림 13.2(c)와 유사한 많은 사진이 DC 그리고 AC 전류가 인가된 후에 얻어졌다. 4장의 사진을 그림 13.3에 나타내었다. 이 사진은 완벽한 상 분리가 이루어지기 전에 두 개의 상으로 이루어진 미세구조에서 무작위 상 분리를 보여준다. 이는 마치 고체 상 분리에서 유체 같은 움직임이 일어나는 것처럼 보인다.

전자미세탐침을 이용하여 써모마이그레이션 후에 플립칩 시편의 연마된 단면을 가로질러 조성 분포를 측정할 때 세 번의 측정으로 매우 높은 불균일 조성 분포를 확인하였고, 그림 13.4에 도시하였다. 평탄한 조성 분포가 관찰되지 않았다. 만일 일렉트로마이그레이션이 여러날 동안 이루어졌다면, 전류가 인가되지 않은 조인트에서 Sn과 Pb의 명확한 상 분리가 관찰되었을 것이다.

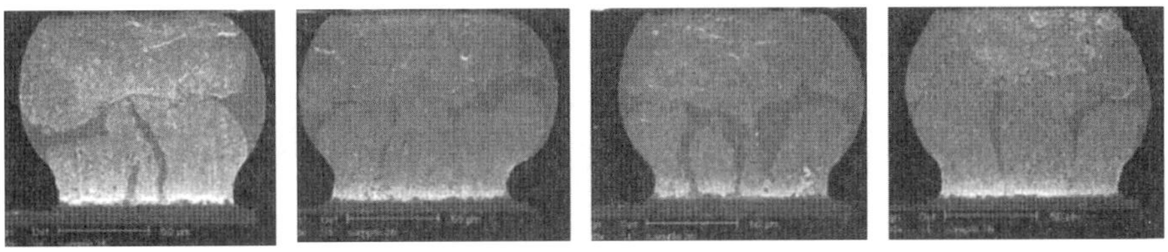

그림 13.3 직류와 교류가 모두 인가된 상 분리에서 두 상의 미세구조를 나타내고 있는 4개 사진

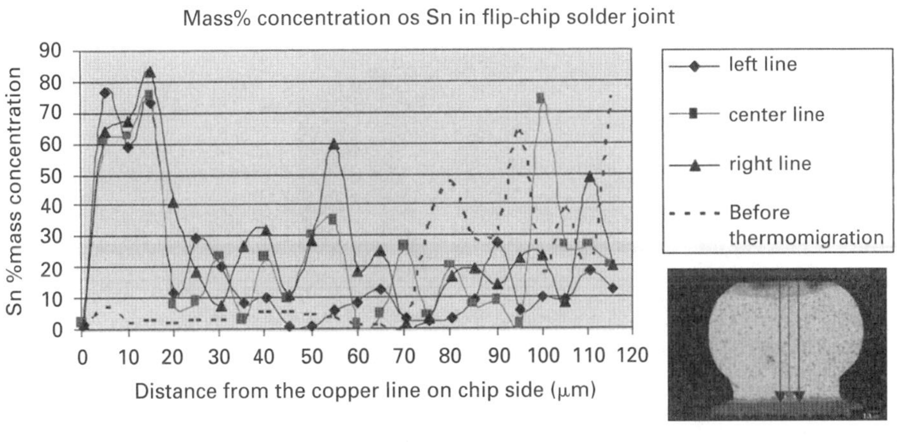

그림 13.4 써모마이그레이션 후 플립칩 시편의 연마된 단면을 따라 조성 분포를 전자미세탐침법으로 측정. 매우 불균질한 조성 분포가 관찰되었고, 평탄한 농도 프로파일은 관찰되지 않는다.

13.2.4 전력이 인가되지 않은 공정 SnPb 솔더 조인트에서 써모마이그레이션

써모마이그레이션 테스트에 사용된 높은 Pb 조성이 없는 공정합금 37Pb63Sn 플립칩 솔더 조인트는 그림 10.10(a)과 유사하게 배열되어 있다. 단 범프수가 11개이다. 소자 쪽 위의 UBM 박막은 스퍼터에 증착된 Al(~0.3 μm)/Ni(V)(~0.3 μm)/Cu(~0.7 μm)이다. 기판 쪽 위의 본드 패드 금속층은 전해 도금으로 만들어진 Ni(5 μm)/Au(0.05 μm)이다. UBM과 본드 패드 사이의 범프 높이는 90 μm이다. 소자 쪽의 접촉 부분은 직경이 90 μm이다. 그림 13.5는 제조 상태에서 공정 SnPb 솔더 범프의 단면 SEM 사진이다.

한 쌍의 범프, 6/7번만이 0.95 A가 100°C에서 27시간 동안 DC 전류가 흐른다. 접촉면에서 평균 전류밀도는 1.5×10^4 A/cm^{2}이다. 전력이 인가된 쌍 옆에 인가되지 않은 범프들은 써모마이그레이션 연구에 사용되었다.

그림 13.6(a)는 11개 범프의 연결 상태를 모사한 것이다. 그림 13.6(b)는 일렉트로마이그레이션 실험 후에 11개 모든 범프의 단면 SEM 사진을 보여준다. SEM 사진에서 더 밝은 색은 Pb가 많은 상을 나타내고 더 어두운 색은 Sn이 많은 상을 나타낸다. 그림 13.5의 초기 시편과 비교하면, 전력이 인가되지 않은 범프에서는 Pb가 많은 상은 기판 쪽(차가운 부분)으로 이동하였다. 또한 그림 13.6(b)에 나타낸 것처럼 전력이 인가되지 않은 이웃한 범프 중 하나는 액체 상의 수지 결정화 구조를 갖는다. 이는 실험 중 일부가 ~~용융~~되었음을 의미한다. ~~용융~~ 공정 상의 결정화는 공정 미세조직을 보여주어야 한다. 수지 상 구조는 상 분리가 ~~용융~~ 전에

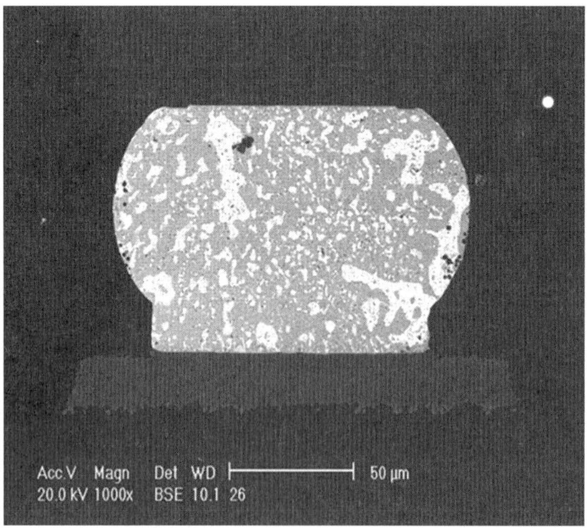

그림 13.5 공정 SnPb 솔더 범프의 초기 상태에서 단면 SEM 사진

일어났음을 의미한다. 공정 SnPb에서 써모마이그레이션은 녹는점 근처의 높은 온도에서 일어났음을 알 수 있다.

그림 13.7(a)는 써모마이그레이션 후 전력이 인가되지 않은 범프의 확대된 SEM 사진을 보여준다. Sn과 Pb의 재분배는 많은 양의 Pb(밝은 색)이 기판 쪽(차가운 쪽)에 쌓여있는 것으로 알 수 있다. 그러나 소자 쪽(뜨거운 쪽)에는 Sn이 쌓여있지 않으며 Sn의 분포는 범프를 가로질러 상당히 균일하게 퍼져있다. 매우 놀라운 사실은 범프 내의 미세구조가 상당히 균일(Pb 풍부 상의 퇴적 제외)할 뿐만 아니라 판상 구조가 매우 미세하다는 것이다. 이는 상 분리 후 미세구조에서 훨씬 더 많은 계면, 즉 더 높은 에너지 상태로 존재함을 의미한다. 공정 두 개의 상 미세구조가 일정한 온도에서 열처리될 때, 두 개의 상으로 이루어진 판상 미세구조의 미세화가 아니라 조대화로 표면 또는 계면 에너지를 낮추어야 한다. 그림 13.7(b)는 차가운 쪽에서 Pb가 풍부한 상의 확대된 SEM 사진이다. 그림 13.7(c)와 (d)는 각각 시편에서 Pb

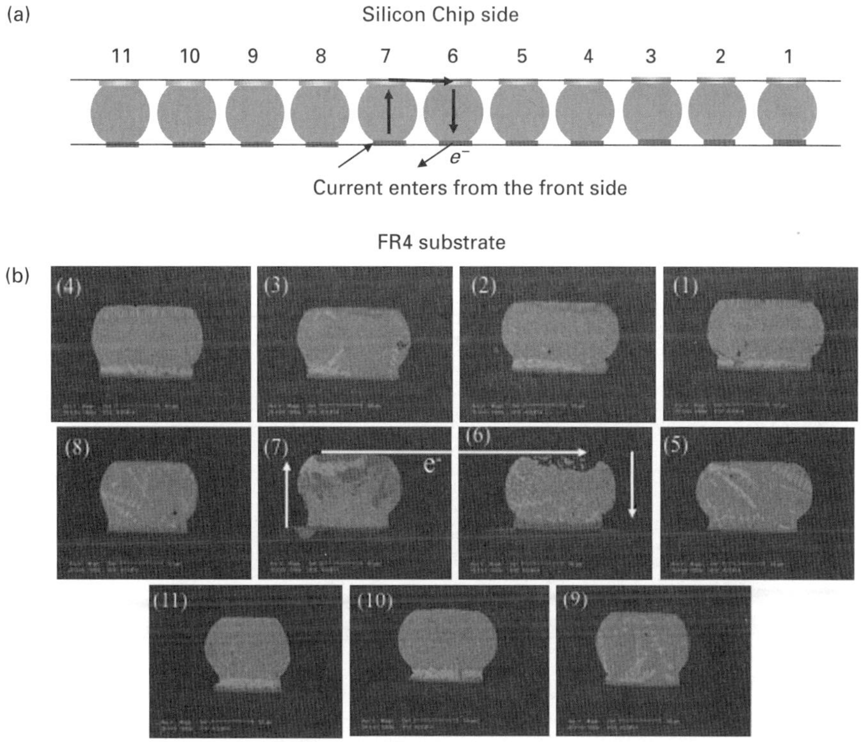

그림 13.6 (a) 11개 솔더 조인트 배열의 개략도. (b) 한 쌍의 솔더 범프 no.6/7에 전류가 흐른 뒤 11번 솔더 범프 단면의 SEM 사진. 전자 흐름의 방향은 화살표로 표시하였다. SEM 사진에서 밝은 부분은 Pb가 많은 상이고 어두운 부분은 Sn이 많은 상이다.

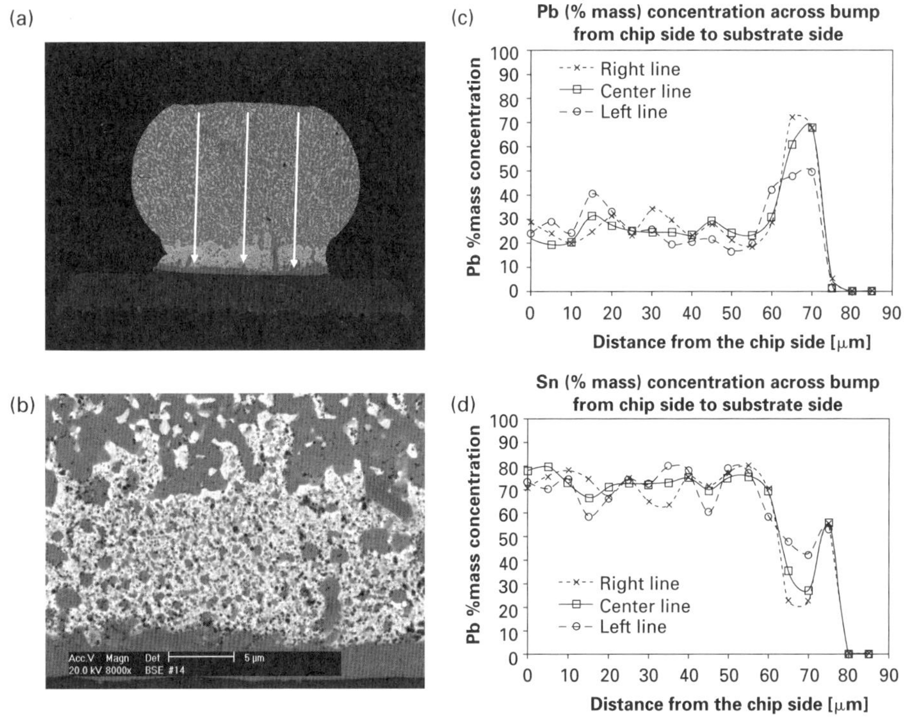

그림 13.7 (a) 11번 범프의 확대된 SEM 사진. Sn과 Pb의 재분포를 볼 수 있으며, 많은 양의 Pb가 기판 쪽(차가운 쪽)으로 이동함을 볼 수 있다. 그러나 소자 쪽(뜨거운 쪽)으로 Sn의 축적은 없다. (b) 차가운 쪽에 위치한 Pb가 많은 상의 확대된 사진. (c) 그리고 (d) 범프를 가로질러 EPMA로 각각 측정한 Pb와 Sn 농도 분포. 범프를 가로질러 세 분포 선을 측정하였고 각 분포는 3개의 데이터를 평균한 값이다. 각 점은 소자 쪽부터 기판쪽까지 5 μm 간격으로 측정하였다.

와 Sn의 농도 분포를 보여준다.

13.3 써모마이그레이션의 분석

비가역 과정의 관점에서 써모마이그레이션의 열 흐름과 물질 흐름은 아래와 같이 온도 기울기와 화학 포텐셜 기울기에 의해 표현될 수 있다.

$$
\begin{aligned}
J_Q &= -L_{QQ}\frac{1}{T}\frac{dT}{dx} - L_{QM}T\frac{d}{dx}\left(\frac{\mu}{T}\right) \\
J_M &= -L_{MQ}\frac{1}{T}\frac{dT}{dx} - L_{MM}T\frac{d}{dx}\left(\frac{\mu}{T}\right)
\end{aligned}
\tag{13.1}
$$

농도 기울기가 온도 기울기와 균형을 이룰 때까지 물질이 온도 기울기 내에 존재할 때, 물질 흐름 J_M이 0인 정상 상태가 된다. $J_M = 0$을 취하면 마지막 식은

$$L_{MQ}\frac{1}{T}\frac{dT}{dx} = -L_{MM}T\frac{d}{dx}\left(\frac{\mu}{T}\right)$$

이 된다. T/dx를 제거하면,

$$d\left(\frac{\mu}{T}\right) = -\frac{L_{MQ}}{L_{MM}}\frac{dT}{T^2}$$

이다. 이제, 미분을 하면

$$d\left(\frac{\mu}{T}\right) = \frac{1}{T}d\mu + \mu d\left(\frac{1}{T}\right) = \frac{1}{T}d\mu - \mu\frac{1}{T^2}dT$$

이다. 열역학 관계

$$d\mu = -SdT + Vdp \text{ 그리고 } \mu = H - TS$$

이고 앞의 식에 대입하면

$$d\left(\frac{\mu}{T}\right) = \frac{Vdp}{T} - H\frac{dT}{T^2} = -\frac{L_{MQ}}{L_{MM}}\frac{dT}{T^2}$$

그러므로

$$\frac{Vdp}{T} = \left(H - \frac{L_{MQ}}{L_{MM}}\right)\frac{dT}{T^2}$$

이 된다. L_{MQ}/L_{MM}의 의미를 이해하기 위하여, $dT/dx = 0$인 등온 조건하에서 물질 흐름 대비 열 흐름 비를 고려하자. Onsager 관계 $L_{QM} = L_{MQ}$를 이용하여

$$\frac{J_Q}{J_M} = \frac{L_{QM}}{L_{MM}} = \frac{L_{MQ}}{L_{MM}}$$

이 된다.

항 L_{MQ}/L_{MM}은 물질 흐름과 관련된 에너지 흐름을 표현한다. $Q' = L_{MQ}/L_{MM}$으로 정의하면,

$$\frac{Vdp}{T} = (H - Q')\frac{dT}{T^2} = Q^*\frac{dT}{T^2} \tag{13.2}$$

이고, 여기에서 이동 열 $Q^* = H - Q'$으로 정의한다. 흐름이 시작되는 저장소로부터 물질 흐름에 관련된 에너지(Q')와 재료의 엔탈피(H)의 차이를 의미한다. Fe-C 합금에서 Shewmon [1]은 온도 기울기 하에서 탄소가 뜨거운 쪽으로 이동하고 정상상태가 만들어지는 것을 보였다. α철 내 탄소에 대한 Q^* 값은 700°C 근처에서 약 −24 kcal/mol이다. Q^*의 부호는 다음 장에서 논의할 것이다.

13.3.1 써모마이그레이션의 구동력

열전효과에서 온도 기울기는 전자를 움직이게 한다. 유사하게 온도 기울기는 원자를 구동시킨다. 본질적으로 높은 온도 영역에 있는 전자는 산란에서 더 높은 에너지를 갖거나 확산하는 원자와 더 강한 상호작용을 한다. 그러므로 원자는 온도 기울기를 따라 움직인다. 원자 확산의 구동력에서 화학 포텐셜에 의해 구동되는 원자 플럭스는

$$J = C < v >= CMF = C\frac{D}{kT}\left(-\frac{\partial\mu}{\partial x}\right) \tag{13.3}$$

이고, 여기에서 $\langle v \rangle$는 드리프트 속도 $M = D/kT$로 활동도, 그리고 μ는 화학 포텐셜 에너지이다. 구동력으로서 온도 기울기를 고려하자. 식 (10.14)에 나타낸 것처럼 짝 구동력을 기반으로

$$J = C\frac{D}{kT}\frac{Q*}{T}\left(-\frac{\partial T}{\partial x}\right) \tag{13.4}$$

이고, 여기에서 Q^*는 이동 열로 정의된다. 마지막 두 식을 비교하면, Q^*는 μ와 동일한 단위를 가지며, 이는 단위 원자당 에너지이다. Q^*의 정의는 이동하는 원자에 의해 이동하는 열과 초기 상태(뜨거운 곳 또는 차가운 곳)에서 원자의 열 사이의 차이이다.

Q^* 부호를 정의하기 위해서 직교 좌표계의 두 지점, 점 1(x_1, T_1)과 점 2(x_2, T_2) 사이에서 식 (13.4)의 J를 고려하자. 그리고 $T_1 > T_2$, $x_1 < x_2$를 가정하고 원자 플럭스는 뜨거운 지점에서 차가운 지점으로, 즉 점 1에서 2로 이동한다고 가정하자. 그러면 $\Delta T/\Delta x$는 음의 값이고 Q^*는 양의 값이다. 식 (10.4)에 보여진 것처럼 모든 플럭스 식이 음의 부호를 갖는 이유이다. 그러므로 뜨거운 쪽에서 차가운 쪽으로 이동하는 원소의 Q^*은 양의 값이다. 차가운 쪽에서 뜨거운 쪽으로 이동하는 경우 Q^*은 음의 값이다.

써모마이그레이션의 구동력은

$$F = -\frac{Q^*}{T}\left(\frac{\partial T}{\partial x}\right) \tag{13.5}$$

이다. 간단히 계산하기 위해서 $\Delta T/\Delta x$ = 1,000℃/cm라 하고, 원자 점프를 가로지르는 온도 차이를 고려하여 원자 점프 거리를 $a = 3 \times 10^{-8}$ cm라 하자. 원자간 거리를 가로질러 발생하는 온도 차이는 3×10^{-5} K가 되고 열 에너지 변화는

$$3k\Delta T = 3 \times 1.38 \times 10^{-23}(\mathrm{J/K}) \times 3 \times 10^{-5}\mathrm{K} \approx 1.3 \times 10^{-27}\mathrm{J}$$

이다. 비교를 위하여 솔더 합금에서 일렉트로마이그레이션을 유발하는 전류밀도 1×10^4 A/cm^2 또는 1×10^8 A/m^{2}인 일렉트로마이그레이션의 구동력 F를 고려하면

$$F = Z^* eE = Z^* e\rho j \tag{13.6}$$

이다. 여기에서 $\rho = 10 \times 10^{-8}$ Ω m, Z^*는 10차수를 갖고, $e = 1.602 \times 10^{-19}$ C이므로 $F = 10 \times 1.6 \times 10^{-19}$ (C) $\times 10 \times 10^{-8}$ (Ω m) $\times 10^8$ A/m^2 = 1.6×10^{-17} CV/m = 1.6×10^{-17} N 이 된다.

3×10^{-10} m의 원자 점프 거리를 이동하는데 힘에 의해 행한 일은 $\Delta w = 4.8 \times 10^{-27}$ Nm = 4.8×10^{-27} J이다. 이 값은 위에서 계산된 써모마이그레이션의 열 에너지 변화와 유사하다. 그러므로 만일 10^4 A/cm^{2}의 전류밀도가 솔더 조인트에서 일렉트로마이그레이션을 만들 수 있나면, 1,000℃/cm의 온노 기울기노 솔더 소인트에서 써모마이그레이션을 만들 수 있다.

이동 열에서, Q^*은 양수 또는 음수이다. Fe-C계에서 탄소는 양의 열 이동과 함께 침입형으로 뜨거운 쪽으로 이동한다. SnPb 합금에서 써모마이그레이션이 Pb를 뜨거운 쪽에서 차가운 쪽으로 이동시킬 때 Pb는 온도 기울기를 따라 이동한다. 그러나 써모마이그레이션은 Sn을 반대 방향으로 이동시키므로 온도 기울기를 거슬러 이동한다. Pb에 대한 Q^*은 음수이거나 열을 감소시키는 데 반해, Sn에 대한 Q^*은 뜨거운 쪽으로 이동하고 열을 얻으므로 양수인 것처럼 보인다. 두 원소에 대하여 써모마이그레이션에서 한 개의 온도 기울기를 갖기 때문이다. 두 개의 상호확산 원소의 농도 기울기가 서로 반대 방향으로 존재하는 확산 쌍에서 상호확산과는 다르며, 이 경우 상호확산에서 화학 포텐셜은 두 원소에 대해 모두 양수이다.

만일 원자 플럭스를 안다면 확산계수, 평균 온도 그리고 온도 기울기를 알 때 Q^*을 측정하기 위하여 플럭스 식, 즉 식 (13.3)을 이용할 수 있다. 13.2.4절에서 논의된 써모마이그레이션에서 Pb 이동 열은 플럭스 식, 식 (13.3)을 이용하여 추정할 수 있다.

그림 13.7(a)에서 기판 쪽 Pb의 축적 넓이(12.5 μm)를 측정하여, 원자 이동의 총 부피는 솔더 조인트의 넓이와 단면적 곱으로부터 구할 수 있다. 27Sn73Pb의 밀도를 10.25 g/cm^3, 그리고 분자량이 183.3 g/mole이라면, 써모마이그레이션 플럭스 J_{TM} = 4.26 × 10^{14} atom/cm^{2}을 구할 수 있다. 온도 기울기를 1,000°C/cm, 뜨거운 쪽 온도를 공정 SnPb의 녹는점에 매우 근사한 180°C, 그리고 확산계수 D_{Pb} = 4.41 × 10^{-13} cm^2/s라 가정하면, 이동 몰 열 Q^*_{Pb}는 약 +79 kJ/mole로 추정할 수 있다.

농도가 균일하지 않기 때문에 Q^* 정확도는 식 (13.3)에서 플럭스 측정에 의해 영향을 받을 수 있다. 온도 기울기 가정도 다소 부정확할 수 있다. 그러나 Pb와 Sn 모두 온도 기울기를 따라 움직인다는 분석의 기본적인 가정이 보다 심각한 문제를 갖고 있다. 실제로, Pb가 주된 확산원자이고, 뜨거운 쪽에서 차가운 쪽으로 이동하고 일정한 부피 과정으로 가정한다면 Sn은 반대 방향으로 움직이게 될 것이다. Sn의 반대 방향 플럭스가 두 개의 상 미세구조에서 이동 열의 계산에 미치는 영향이 연구되어야만 한다.

13.3.2 공정 두 개의 상 합금에서 써모마이그레이션

공정 합금에서 써모마이그레이션은 매우 독특하고 고용체와 다르다. 공정 온도 아래에서 공정 합금은 평형상태로 두 개의 상을 갖는 합금이다. 두 상의 혼합체에서 일정한 온도에서 조성의 변화는 화학 포텐셜 변화를 의미하지 않는다. 대신, 두 상의 국부적인 부피 비율 변화를 의미한다. 각 주된 상의 조성은 두 상 사이의 열역학적 평형에 의해 결정되고 평형 상태도로부터 알 수 있다. 그러므로 만일 공정 솔더에서 두 상의 재분포가 써모마이그레이션에 의해 일어나면, 부피 분율 기울기의 변화를 의미하는 것이지 화학 포텐셜 기울기의 변화를 의미하는 것은 아니다. 그러므로 재분포에 대항하는 상쇄력이 없기 때문에 재분포가 크게 일어날 수 있다.

엄밀하게 말하면, 평형 상태도는 일정한 온도와 압력을 가정하여 얻어진다. 그러므로 일정한 온도에서 두 공정 상 사이의 일정한 화학 포텐셜의 개념은 온도가 일정하지 않기 때문에 앞의 마지막 문단에서 논의된 써모마이그레이션에 적용할 수 없다. 만일 ΔT가 작다면 근사치가 될 것이다.

공정 두 상 구조의 써모마이그레이션에서 최종 상태는 선형 농도 기울기를 갖는 정상상태가 아니다. 대신에 두 공정 상의 거의 완벽한 편석이 일어난다. 게다가 부피 분율 기울기가 구동력이 아니기 때문에, $\Delta C/\Delta x$ 형태의 상쇄할 수 있는 구동력 부재는 완만한 편석을 만들지 않을 것이다. 그러므로 13.2.3절 그림 13.3에서 실험적으로 나타낸 것처럼 공정 혼합물의 써모마이그레이션에서는 확률 거동 경향을 보인다. 고용체의 Soret 효과와 같은 완만한 농도 기울기가 존재하지 않는다.

거의 순수한 성분의 두 상 혼합체를 고려하자. 원자뿐만 아니라 상에도 각각 1과 2로 표기하자. 시편의 모양은 변하지 않는다고 가정하자. 그러므로 시편의 모든 부분에서 일정한 부피 제약을 갖게 된다. 이는 실험실 표준계에서 두 원자의 부피 플럭스 합은 모든 곳에서 0임을 의미한다.

$$\Omega_1 J_1 At + \Omega_2 J_2 At = 0 \tag{13.7}$$

또는

$$\Omega_1 J_1 = -\Omega_2 J_2 \tag{13.8}$$

여기에서 각각 J_1, J_2는 단위 면적당 단위 시간당 원자의 플럭스이고 Ω_1, Ω_2는 원자 부피이고 A와 t는 시편의 단면적과 반응 시간이다. 일정한 부피 하의 두 상이 존재하는 계에서는 J_2는 J_1의 반대 방향이다.

13.4 플립칩 솔더 조인트에서 DC 또는 AC 인가 시 써모마이그레이션

DC 일렉트로마이그레이션에서 음극과 양극 사이에 극성 효과가 존재한다. 데이지 체인 범프를 DC 일렉트로마이그레이션으로 실험을 할 때 공동 형성은 Si에 접한 음극 쪽에서 매 2개 범프마다 일어난다. 그러므로 플립칩 솔더 조인트에서 DC 일렉트로마이그레이션을 인지하는 것은 매우 쉽다. 그러므로 DC 일렉트로마이그레이션 대비 써모마이그레이션의 기여도를 고려하여야 한다. 일렉트로마이그레이션의 Joule 열에 의하여 솔더 조인트를 가로질러 존재하는 1,000°C/cm 온도 기울기를 유발할 때 일렉트로마이그레이션과 더불어 써모마이그레이션이 발생한다.

만일 그림 13.1의 왼쪽 범프 쌍에서 DC 일렉트로마이그레이션을 고려할 때 왼쪽 범프에서 전자가 올라가고 오른쪽 범프에서 전자가 내려오는 방향이고 Si 소자 쪽, 즉 그림 13.1에서 위쪽에서 온도가 더 높은 쪽이라 가정하면, 써모마이그레이션은 주된 확산원자를 아래 쪽으로 확산시킬 것이다. 이는 전자가 아래로 흐르는 오른쪽 범프의 일렉트로마이그레이션과 동일한 방향이다. 그러므로 써모마이그레이션과 일렉트로마이그레이션의 효과는 합쳐지게 된다. 써모마이그레이션과 일렉트로마이그레이션 모두 공공을 Si 접합 쪽으로 이동시키고 공동 형성이 접촉 근처에서 일어난다. 그러나 쌍의 왼쪽 범프에서 일렉트로마이그레이션은 원자를 반대 방향으로 이동시키고 써모마이그레이션을 상쇄한다. 즉 두 효과가 서로 상쇄되는 경향이 있다. 범프의 쌍에서 서로 다른 결과를 얻기 때문에 써모마이그레이션과 일렉트로마이그레이션 기여도를 나눌 수 있을 것이다.

만일 순수한 주석 플립칩 범프를 사용한다면, 한 종류의 원자 확산으로 한 개의 마커로 플럭스의 순수한 효과를 측정할 수 있다. 공정 SnPb 범프 또는 고용체 PbIn 범프 내의 두 원자가 존재하는 경우 문제는 조금 더 복잡해진다. 이 경우에는 마커 움직임에 더해서 Sn과 Pb(또는 Pb와 In) 플럭스의 농도 변화를 결정해야 한다. 확률적 거동 때문에, 공정 SnPb의 분석은 PbIn의 경우보다 훨씬 더 복잡하다.

한 쌍의 솔더 범프에 AC 또는 DC가 인가되든 Joule 열에는 차이가 없다.그림 13.1에 나타낸 전력이 인가된 한 쌍의 범프 내 전류 분포는 전류의 방향 또는 극성에 무관하다. 그러므로 매우 높은 주파수 AC를 제외하고 Joule 열은 일렉트로마이그레이션에서 AC 또는 DC에 무관하게 동일하다. 그러나 DC와는 다르게 AC는 일반적으로 물질이동을 유발하지 않는다

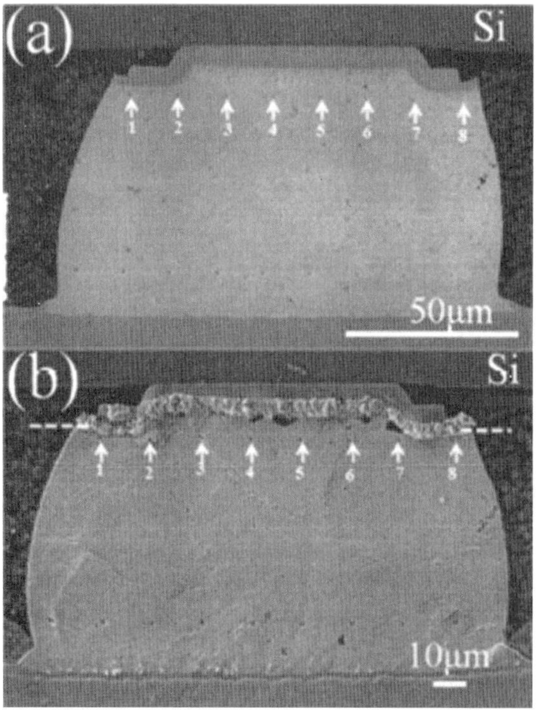

그림 13.8 (a) 단면 시편의 SEM 사진. (b) 각각 1×10^4 A/cm^{2}의 교류 전류를 100℃에서 500시간 동안 써모마이그레이션 전후 사진

고 가정한다. 만일 AC가 인가된 한 쌍의 범프 내에 일렉트로마이그레이션에 의한 물질이동이 일어나지 않는 것이 사실이라면, AC가 한 쌍의 범프에 온도 기울기를 만든다는 전제하에서 AC가 인가된 범프에서는 써모마이그레이션만 발생하게 된다. 이는 플립칩 솔더 조인트에서 써모마이그레이션을 연구하는 데 AC를 사용하는 장점이 된다. AC는 일렉트로마이그레이션 없이 솔더 범프를 가로질러 온도 기울기를 만드는 열원의 역할만 하게 된다.

AC가 인가된 범프와 전력이 인가되지 않은 이웃한 범프를 주의 깊게 연구하여 AC가 물질이동을 유발하지 않는다는 가정을 검증할 수 있다. 그림 13.1에 시편 배열을 모사하였다. 여기에서 왼쪽의 한쌍의 범프는 AC가 인가되고, 우측에 이웃한 쌍은 전력이 인가되지 않는다. AC가 인가된 왼쪽 범프 쌍에 의해 만들어지는 Joule 열은 두 개의 범프 쌍에 동일한 써모마이그레이션을 만든다. 마커 변위 실험은 물질이동이 동일한지 여부를 판단하기 위하여 두 쌍에서 수행할 수 있다. DC 실험과 직접 비교 역시 가능하다.

13.5 무연 플립칩 솔더 조인트에서 써모마이그레이션

무연 SnAg3.5 솔더 조인트에서 써모마이그레이션은 100°C 핫 플레이트 위에서 1×10^4 A/cm^{2}의 전류밀도와 50 Hz AC로 연구되었다. 솔더 조인트의 단면에서, FIB에 의해 만들어진 일련의 10^4 nm^2 면적의 작은 구멍 마커들을 써모마이그레이션에서 원자 플럭스의 방향과 크기를 결정하는 데 사용하였다. 적외선을 이용하여 솔더 범프를 가로질러 존재하는 온도 기울기가 약 2,800°C/cm임을 알 수 있었다. $(T_{chip} - T_{subst})/h$로 측정되는 온도 기울기이다. 여기에서 h는 솔더 조인트 높이로 100 μm이다. 그리고 T_{chip}(약 154°C)이고 T_{subst}(약 125°C)로 각각 소자 쪽과 기판 쪽의 온도로써 전력공급이 되고 있는 연마된 솔더 조인트 단면을 IR로 측정할 수 있다. 그림 13.8(a)와 (b)는 100°C에서 180시간 동안 1×10^4 A/cm^{2}의 AC 전류밀도가 인가되어 발생하는 써모마이그레이션 이전과 이후의 단면 시편을 각각 보여주는 SEM 사진들이다. 그림 13.8(b)에서 많은 양의 힐록이 뜨거운 쪽인 소자 쪽에서 관찰되었다. 또한 다수의 공동이 힐록 바로 아래에 형성되었다. 힐록의 주 성분은 Sn으로 판별되었다. 솔더 내의 Ag는 차가운 쪽인 기판 쪽으로 이동하였다. 마커는 기판 쪽으로 이동하였고, 이는 써모마이그레이션에서 주된 확산원자는 소자 쪽, 즉 뜨거운 쪽으로 이동하였음을 의미한다.

800시간은 열처리 시간으로는 매우 긴 시간임을 인지할 필요가 있다. 힐록 형성과 마커 이동은 차가운 쪽으로부터 뜨거운 쪽으로 Sn이 이동하였음을 의미한다. 마커 움직임으로부터 측정된 원자 플럭스는 공정 SnPb에서 보다 약 10배 정도 작은 값을 보인다. Sn 이동 열은 약 +1.36 kJ/mole로 측정된다. 양의 이동 열은 Sn 원자들이 써모마이그레이션에서 열을 얻는다는 것을 의미한다.

13.6 무연 플립칩 솔더 조인트에서 써모마이그레이션과 크립

그림 13.8(b)의 뜨거운 쪽에서 힐록 형성은 뜨거운 쪽이 압축응력 상태임을 의미한다. 뜨거운 쪽에서 응력과 온도가 공공 농도에 미치는 효과가 혼합되어 있다. Nabarro-Herring 크립 모델에 따르면(14.3절 참조), 압축응력에서 공공 농도는 응력이 존재하지 않는 영역에서 평형 농도보다 낮은 값을 갖는다. 그러므로 온도 효과로부터 뜨거운 쪽은 차가운 쪽보다 더 높은 공공 농도를 갖는다. 써모마이그레이션이 발생하여 원자 플럭스가 뜨거운 쪽으로 이동하는 것을 마커가 보여주기 때문에, 순수한 공공 플럭스는 차가운 쪽으로 이동한다. 그러므로 온도 효과가 응력 효과 보다 더 크다. 그러나 공동이 뜨거운 쪽에서 발견되는 이유는 온도 효과로 설명할 수 없다.

아래에는 써모마이그레이션과 크립을 연결시킬 수 있다. 10장의 10.7.1절에서 일렉트로마이그레이션과 크립을 연결시킨 적이 있다. 일렉트로마이그레이션과 크립은 모두 일정한 온도 과정이다. 그러나 써모마이그레이션은 그렇지 않다. 써모마이그레이션과 크립을 연결시키기 위해서는 아래 분석을 고려하여야 한다.

첫째, 솔더 조성을 순수한 Sn으로 가정하여 농도 기울기가 없다고 가정하자. 이 가정은 SnAg 솔더에서 합리적인 가정이다. 왜냐하면 Ag는 Sn 내에서 침입형으로 확산하기 때문에 대부분의 Ag는 써모마이그레이션의 초기에 차가운 쪽으로 이동한다. 앞에서 보고된 써모마이그레이션의 800시간 기간 중 상당 부분에서 기본적으로 Sn은 순수한 Sn에서 확산이 일어난다.

둘째, 크립을 써모마이그레이션과 연결시키기 위해서는 온도 기울기하에서 크립을 고려하여야 한다. 분석의 단순화를 위하여, 비록 온도가 변수로 존재하지만 솔더 조인트를 가로질러 존재하는 온도 차이가 섭씨 몇 도 정도밖에 되지 않으므로 $\Delta T/T_m$(T_m은 솔더 녹는점)이 매우 작기 때문에 일정한 온도에서 크립의 개념을 사용할 수 있다.

셋째, 응력마이그레이션의 구동력이 써모마이그레이션 구동력의 크기와 유사한지 여부를 알아보기 위해서, 100 μm 직경의 플립칩 솔더 조인트를 고려하자. 양극에서 항복 강도 수준인 30 MPa을 압축응력 그리고 음극에서 응력이 없는 상태로 가정하자. Sn 원자의 원자 부피를 27×10^{-24} cm^3라 하자. 그리하면

$$\sigma\Omega = 30 \times 10^{7}(\text{dyn/cm}^2) \times 27 \times 10^{-24}(\text{cm}^3) = 810 \times 10^{-17}\text{erg}$$

구동력은

$$F = -\frac{\Delta\sigma\Omega}{\Delta x} = -\frac{0 - 8 \times 10^{-15}\text{erg}}{10^{-2}\text{cm}} = 8 \times 10^{-13}\text{erg/cm}$$

이 힘에 의해 원자 점프 거리 0.3 nm를 가로질러 행해지는 일은 2.4×10^{-27} Joule이 되고 이는 써모마이그레이션에 대해서 계산된 값과 같은 지수를 갖는 값이다. 그러므로 응력마이그레이션을 발생시키는 구동력은 써모마이그레이션과 쌍이 될 수 있다.

10장의 식 (10.25)와 식 (10.2)에서 화학 포텐셜 μ를 응력 포텐셜 $\sigma\Omega$으로 대체하여 아래 식의 쌍으로 크립과 써모마이그레이션을 연관시킬 수 있다.

$$J_M = C\frac{D}{kT}\left[-T\frac{d}{dx}\left(\frac{\sigma\Omega}{T}\right)\right] - C\frac{D}{kT}\frac{Q^*}{T}\frac{dT}{dx} \tag{13.20}$$

$$J_Q = L_{QM}\left[-T\frac{d}{dx}\left(\frac{\sigma\Omega}{T}\right)\right] - \kappa\frac{dT}{dx} \tag{13.21}$$

두 식을 다시 정리하면,

$$J_M = C\frac{D}{kT}\left[-\frac{d\sigma\Omega}{dx} + \left(\frac{\sigma\Omega - Q^*}{T}\right)\frac{dT}{dx}\right] \tag{13.22}$$

$$J_Q = L_{QM}\left(-\frac{d\sigma\Omega}{dx}\right) + \left(L_{QM}\frac{\sigma\Omega}{T} - \kappa\right)\frac{dT}{dx} \tag{13.23}$$

식 (13.22)에서 Q^*만이 알려지지 않은 값이다. 실험적으로 마커 움직임으로부터 J_M을 측정할 수 있고, σ는 탄성 한계로 가정하면 $d\sigma/dx$를 얻을 수 있다. dT/dx와 T는 이미 알고 있는 값이다. 마커 움직임에서

$$\Omega J_M At = A\Delta x$$

이고, 여기에서 Ω는 Sn의 원자 부피, A는 시편의 단면적, t는 인가 시간 그리고 Δx는 마커의 평균 이동 거리이다. 이로부터 구한 Q^*은 −7.4 kJ/mol이다.

식 (13.22)에서 만일 $J_M = 0$이라면, 후방 응력이 써모마이그레이션과 상쇄되어 순수한 원자 플럭스가 존재하지 않는다. 그러므로

$$\frac{d\sigma\Omega}{dx} = \left(\frac{\sigma\Omega - Q^*}{T}\right)\frac{dT}{dx} \tag{13.24}$$

이를 재배열하면

$$\frac{dT}{T} = \frac{d\sigma\Omega}{\sigma\Omega - Q^*}$$

적분에 의해

$$\frac{T_1}{T_2} = \frac{\sigma_1\Omega - Q^*}{\sigma_2\Omega - Q^*}$$

이로부터,

$$\frac{\Delta T}{\Delta\sigma} = \frac{T_1 - T_2}{\sigma_1 - \sigma_2} = \frac{T_2\Omega}{\sigma_2\Omega - Q^*} \tag{13.25}$$

이다. σ와 Ω는 양의 값 또는 음의 값을 가질 수 있다. 위 식은 크립, 즉 응력마이그레이션에 의해 써모마이그레이션이 상쇄되는 조건에서 얻어진 식이다.

이 장의 서론에서 구리 주전자에서 써모마이그레이션이 일어나지 않는 것에 대해 논의하였다. 주전자 내부에는 끓는 물의 온도 100ºC이므로 원자 확산에 의한 응력 이완이 일어나기에는 온도가 너무 낮다. 온도 기울기가 매우 클지라도 후방 응력은 써모마이그레이션을 늦출 것이다.

반면에 무연 플립칩 솔더에서 Sn은 써모마이그레이션에 의해 뜨거운 쪽으로 이동할 때, 매우 높은 상대온도 때문에 응력 이완이 일어날 수 있다. 그러므로 그림 13.8(b)에서 보는 바와 같이 뜨거운 쪽에서 힐록이 형성된다. 힐록 성장은 시편 표면에 수직한 방향으로 Sn의 원자 확산이 필요하고, 이는 반대 방향으로 공공 확산이 필요하다. 이 공공은 그림 13.8(b)에 나타낸 것처럼 힐록 주변에 공동을 형성하게 된다.

응력이 가해진 작은 Al 조각의 일렉트로마이그레이션에서 임계 길이 이하에서 일렉트로마이그레이션이 일어나지 않는다. 응력이 인가된 플립칩 솔더 조인트의 써모마이그레이션에서 임계 길이는 발견되지 않았다.

실험적으로 솔더 조인트에서 써모마이그레이션과 인가된 기계적 응력 사이의 반응을 연구하기 위해서 Cu선/솔더 볼/Cu선 시편을 이용할 수 있다. 이는 일렉트로마이그레이션과 인가된 기계적 응력 사이의 반응을 연구할 때 사용된 것과 동일하다.

참고문헌

[1] Paul Shewmon, "Diffusion in solids," Ch. 7 of "*Thermo- and Electro-Transport in Solids*" (TMS, Warrendale, PA, 1989).

[2] D. V. Ragone, "Thermodynamics of materials," Vol. II, Ch. 8 of *Nonequilibrium Thermodynamics* (Wiley, New York, 1995).

[3] R. W. Balluffi, S. M. Allen and W. C. Carter, "Irreversible thermodynamics: coupled forces and fluxes," Ch. 2 of *Kinetics of Materials* (Wiley-Interscience, Hoboken, NJ, 2005).

[4] W. Roush and J. Jaspal, "Thermomigration in Pb-In solder," IEEE Proc. **CH1781** (1982), 342–45.

[5] D. R. Campbell, K. N. Tu and R. E. Robinson, "Interdiffusion in a bulk couple of Pb-PbIn alloy," *Acta Met.* **24** (1976), 609.

[6] H. Ye, C. Basaran and D. C. Hopkins, "Thermomigration in Pb-Sn solder joints under joule heating during electric current stressing," *Appl. Phys. Lett.* **82** (2003), 1045–7.

[7] Y. C. Chuang and C. Y. Liu, "Thermomigration in eutectic SnPb alloy," *Appl. Phys. Lett.* **88** (2006), 174105.

[8] Hsiang-Yao Hsiao and Chih Chen, "Thermomigration in Pb-free SnAg solder joint under alternating current stressing," *Appl. Phys. Lett.* **94** (2009), 092107.

[9] Annie Huang, A. M. Gusak, K. N. Tu and Yi-Shao Lai, "Thermomigration in SnPb composite flip-chip solder joints," *Appl. Phys. Lett.* **88** (2006), 141911.

연습문제

13.1 Al과 Cu 배선의 일렉트로마이그레이션에서 써모마이그레이션에서 중요하지 않은 이유, 즉 거의 언급이 되지 않는 이유는 무엇인가? 그러나 플립칩 솔더 조인트의 일렉트로마이그레이션에서 써모마이그레이션은 왜 중요한가?

13.2 Al 배선은 200°C에서 전류밀도가 10^5 A/cm^{2}일 때 일렉트로마이그레이션이 일반적으로 관찰된다. Z^*eE의 항으로 구동력이 얼마인가? 만일 써모마이그레이션에서 동일한 크기의 구동력이 존재한다면 온도 기울기는 얼마인가?

13.3 대부분의 금속에서 물질 수송의 열은 음의 값이고, 이는 써모마이그레이션이 뜨거운 쪽에서 차가운 쪽으로 일어남을 의미한다. 그 이유를 설명하라.

13.4 만일 500°C에서 $Cu_{40}Ni_{60}$와 $Cu_{60}Ni_{40}$의 확산 쌍을 열처리하면, 어떻게 되겠는가? 비교하기 위하여, 만일 150°C에서 $Sn_{40}Pb_{60}$와 $Sn_{60}Pb_{40}$의 확산 쌍을 열처리하면, 어떻게 되겠는가? 그 후에 만일 200°C에서 SnPb 확산 쌍을 열처리하면, 어떻게 되겠는가?

13.5 일렉트로마이그레이션에서 양극 후방 응력 때문에 임계 길이가 존재한다. 임계 길이보다 짧은 경우에는 일렉트로마이그레이션이 일어나지 않는다. 써모마이그레이션에서 원자가 차가운 쪽(또는 뜨거운 쪽)으로 원자들이 이동할 때 차가운 쪽(또는 뜨거운 쪽)에서 후방 응력이 존재한다. 써모마이그레이션이 일어나지 않는 길이, 즉 써모마이그레이션에서 임계 길이가 존재하는가?

13.6 Cu 주전자에서 물을 끓이는 동안 내부와 외부 온도를 각각 100ºC 그리고 600ºC라 하고 Cu 주전자 벽의 두께를 0.5 mm라 가정하자. 써모마이그레이션 구동력은 얼마인가? 내부와 외부 근처에서 Cu의 자기확산계수는 각각 얼마인가?(4장의 Cu 확산계수 참조) 물이 10분 후에 끓으면 10분 후 Cu의 확산 거리는 얼마인가?

13.7 온도를 재기 위하여 열전대를 사용하면, 열전대 내에 온도 기울기가 존재한다. 열전대가 합금으로 이루어져 있다면 열전대 내에서 써모마이그레이션에 대한 염려는 없는가? 또한 만일 열 제거를 위하여 Peltier 소자를 사용하면, 소자에 온도 기울기가 존재한다. 이 경우 써모마이그레이션이 일어날 염려는 없는가?

14 박막에서 응력마이그레이션

14.1 서론

10장에서 논의한 것과 같이 응력에 의한 원자 마이그레이션을 크립이라 한다. 원자 확산을 유발하는 것은 응력이 아니라 응력 기울기이다. 소자의 신뢰성 측면에서 다음의 의문이 생긴다. 첫째, 응력이 어디로부터 오는가? 둘째, 배선에서 응력의 기울기는 어떻게 생기는가? 셋째, 탄성응력 기울기가 원자 이동을 어떻게 초래하는가? 넷째, 배선에서 파괴의 원인이 되는 공동 또는 휘스커 형성을 유발하는 크립 기구는 무엇인가? 마지막으로 크립의 속도는 얼마인가?[1-4]

첫 번째 질문에서는 배선 구조에서 열팽창 계수 차이에 기인한 열응력이 일반적인 답이다. 가장 명확한 것은 Al (또는 Cu) 금속 선과 층간 유전 절연체 사이의 차이이다. 또 다른 곳은 칩과 패키징 기판 사이의 커다란 열팽창 계수 때문에 플립칩 기술에서 칩과 패키징 사이의 상호작용에 기인한다. 일렉트로마이그레이션은 11장의 11.6절에서 논의한 배선에 후방 응력을 만든다. 외부에서 인가된 힘에 의한 기계적 응력은 전자 소자에서는 매우 드물다. 그러나 휴대용 기기를 땅에 떨어뜨리는 경우 발생하는 충격에 의한 응력은 언급하여야만 한다. 충격은 매우 짧은 시간인 1/1,000초 동안 매우 높은 전단 속도 1×10^3 cm/s를 유발한다. 충격 파괴는 크립에서와 같이 긴 시간 동안 파괴가 일어나는 것이 아니므로 여기에서는 다루지 않을 것이다.

두 번째 질문에서 응력 기울기에 대해서 상업적인 3차원 FEA 소프트웨어를 사용할 수 있다. 그러므로 배선 구조에서 응력 분포를 전산모사하는 것은 어렵지 않다. 그러므로 응력 기울기는 검토할 수 있다. 그럼에도 불구하고 가장 일반적인 응력 기울기는 자유 표면과 응력 영역 또는 응력 집중점 사이에서 일어난다. 공동은 자유 표면을 갖고 있기 때문에 공동과 주변 인장응력 영역 사이의 응력 기울기는 응력마이그레이션 관점에서 가장 중요하다. 왜냐하면 공동으로 공공 확산은 공동의 성장을 만들기 때문이다. 이를 소위 응력에 기인한 공동화 현상이라 한다. 이 장에서는 응력 기울기 구동력과 응력에 기인한 공동화 현상에 대한 설명을 할 것이다. 매우 낮은 유전 상수를 갖는 재료는 다층 배선 구조에 도입이 된 이래로, 응력에 기인한 파괴는 매우 낮은 *k* 소재의 열등한 기계적 성질과 열적 성질 그리고 약한 계면 접합력 때문에 점차로 더욱더 중요해지고 있다. 파괴는 공동 형성 이외에도 균열, 박리 등이 있다. 균열 진행에 대해서는 다루지 않을 것이다.

세 번째 질문에서 응력마이그레이션에 의해 야기되는 배선 구조의 파괴는 마모 현상으로 시간에 의존하며 파괴까지 오랜 시간이 걸린다. 소자의 수명보다 MTTF를 늘리는 것이 일반적인 처방이다. 그러므로 소자는 수명 내에 파괴가 일어나지 않는다. 바꿔 말하면, 확산 방지층을 첨가하여 공공이 공동으로 확산되는 것을 방지하면 응력마이그레이션에 대한 신뢰성은 향상될 것이다. 미래에 소자 설계자와 공정 및 신뢰성 엔지니어 사이의 보다 가까운 상호연계는 응력마이그레이션을 덜 심각한 신뢰성 문제로 만드는 데 필수적일 것이다.

정상상태 크립은 시편의 모든 곳에서 공공이 평형상태를 유지한다면 파괴를 만들지는 않는다. 전형적인 예로, 수백년 동안 일부 매우 오래된 집에서 자체 무게에 의한 납 파이프 주저 앉음 현상으로 파이프는 파괴되지 않는다. 실온은 327°C에서 녹는 Pb에게는 상당히 높은 녹는점 대비 상대온도이다. 그러므로 상온에서 원자 확산은 매우 빠른 크립을 만들 수 있다. 또한 크립의 현대적인 응용은 초고진공 시스템에서 압력 봉인에 사용되는 순수하고 잘 열처리된 O-링이다. 그림 14.1은 두 개 강철 프린지 사이의 Cu O-링 단면 개략도이다. 나사를 조여서 프린지의 돌출부가 연한 Cu O-링을 물게 되어 고응력 기울기 하에서 홈을 형성한다. 상온에서 O-링 내 홈에 존재하는 원자 크기의 갈라진 틈에 크립이 일어나 원자 확산으로 봉인하여 초고진공 압력을 유지할 수 있게 된다.

네 번째 질문에 대해서 일반적으로 크립은 고온 현상이다. 단, 결정립계 확산이 주된 기구인 경우에는 고온보다는 낮은 적정 수준의 온도에서 일어난다. 파괴의 원인이 되기 위해서는

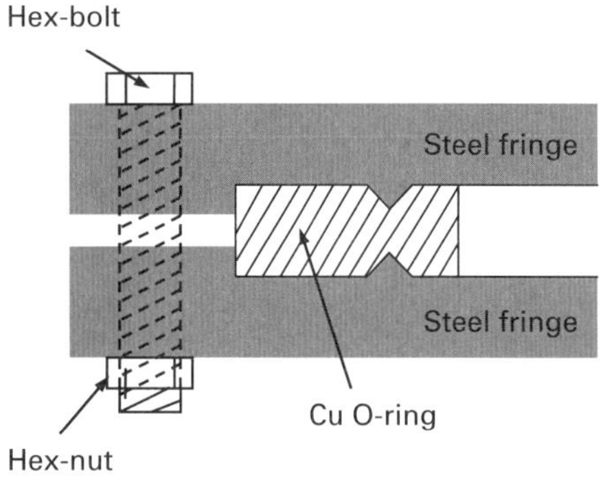

그림 14.1 두 개의 스틸 프린지 사이에 존재하는 Cu O-링 단면 개략도

12장에서 강조된 것과 같이 원자 플럭스 발산 그리고 격자이동 부재에 따른 공동과 힐록 형성이 필요하다. 응력에 의한 공동에 대해서도 원자 플럭스 발산 위치를 고려하여야 한다. 여기에 더해, 일렉트로마이그레이션에서 전류 집중과 유사하게 공동 형성에 미치는 응력 효과를 고려하여야만 한다.

14.2 응력이 인가된 고체에서 화학 포텐셜

탄성 한계 내의 일정한 일축 인장응력 또는 일정한 인장 하중이 인가된 순수한 금속 막대기를 고려하자. 초기 탄성변형에서 어떤 종류의 플럭스도 일어나지 않는다. 그러나 응력 또는 하중이 유지되면 시간에 따라 막대기는 조금씩 늘어나게 된다. 시간 의존 변형을 확산 크립이라 부른다. 여기에서 막대기 내에 응력 기울기 또는 화학 포텐셜 기울기를 형성할 수 있도록 자유 표면이 존재한다. 반면에 정수압 압축 또는 인장에서는 크립이 일어나지 않는다.

응력이 인가된 고체에서 화학 포텐셜을 고려하자. 열역학에서 Helmholtz 자유에너지 F의 변화는

$$dF = -SdT - pdV$$

가 된다. 만일 변화가 상온 크립과 같이 일정한 온도에서 일어나면 우측 첫 번째 항을 제거할 수 있고 식을 다시 쓰면

$$p = -\frac{\partial F}{\partial V} \tag{14.1}$$

이다. 마지막 식은 압력(응력)이 에너지 밀도(즉, 단위 부피당 에너지)임을 의미한다.

위에서 왜 Gibbs 자유에너지 대신에 Helmholtz 자유에너지를 사용했는지 설명해야 한다. 이는 응력이 인가된 고체에서 화학 포텐셜을 고려하기 위해서 응력을 정수압 압축 또는 인장으로 가정하였기 때문이다. 균일한 정수 압축 또는 인장하에서 각 원자의 화학 포텐셜 에너지 변화 또는 자유에너지 변화를 추정하여야 한다. 그러므로 압력이 일정할 필요가 있고 Helmholtz 자유에너지를 이용하여야 한다. 그러나 정수 압축 또는 인장하에서 각 원자의 화학 포텐셜 에너지가 변하고 랜덤 워크 변화가 변하는 동안 원자의 방향성을 갖는 흐름 또는 플럭스가 존재하지 않을 것이다. 확산 플럭스 또는 방향성 플럭스를 갖기 위해서 응력 포텐셜 기울기가 필요하다. 이는 인장 영역과 압축 영역 사이 또는 응력이 가해진 영역과 자유 표면 사이에 형성된다.

주어진 부피에 대해서 에너지 변화는 에너지 밀도 곱하기 주어진 부피와 동일하다. 그러므로 원자 부피 Ω에 대해서

$$p\Omega = -\frac{\partial F}{\partial V}\Omega = -\frac{\partial F}{\partial\left(\frac{V}{\Omega}\right)} = -\frac{\partial F}{\partial N} \tag{14.2}$$

가 되고, 여기에서 N은 부피 V 내에 존재하는 원자의 수이다. 마지막 항은 정의에 의해 화학 포텐셜이고 음의 부호는 압력에 의한 부피 감소가 에너지 증가를 초래함을 의미한다. 압력은 음의 값인 경우 압축응력이다. 응력이 인가된 고체에서 화학 포텐셜 변화는

$$\mu = \pm\sigma\Omega \tag{14.3}$$

이고, 여기에서 음의 부호와 양의 부호는 각각 인장과 압축 정수 응력을 의미하고 6장에 주어진 일반적인 부호를 따른다. 응력이 인가된 고체의 Helmholtz 자유에너지는

$$dF = -SdT - (p \pm \sigma)dN\Omega \tag{14.4}$$

이고, 여기에서 p는 주변 압력이고 σ는 외부에서 인가된 응력이다.

$\sigma\Omega$의 정량적인 값을 추정하기 위하여, 응력이 인가된 Al 조각을 고려하자. 여기에서 탄성계수(즉 변형률 0.2%)와 Al의 영률 $Y = 6 \times 10^{11}$ dyne/cm^{2}를 이용하자. 그러하면 응력은

$$\sigma = Y\varepsilon = 1.2 \times 10^9 \text{dyne/cm}^2 = 1.2 \times 10^9 \text{erg/cm}^3$$

Al은 0.405 nm의 격자상수를 갖는 fcc 결정이므로 (0.405 nm)^3 단위 셀의 부피 내에 4개의 원자 또는 0.602×10^{23} atom/cm^{3}가 존재한다. 그러므로

$$\sigma\Omega = \frac{1.2 \times 10^9 \text{ erg}}{0.602 \times 10^{23} \text{ atom}} = 2 \times 10^{-14} \text{ erg/atom} = 0.0125 \text{ eV/atom}$$

이 값을 6.3절의 식 (6.9)로 구해진 원자당 탄성변형에너지의 값과 비교하는 것은 흥미롭다. 원자당 탄성변형에너지는 10^{-5} eV/atom의 값으로 훨씬 더 적은 값을 갖는다. 원자당 탄성변형에너지는 외부에서 인가된 응력에 의해 고체 내에서 원자를 변형(원자간 거리를 늘리거나 줄이는)시키는 데 필요한 에너지이다. $\sigma\Omega$의 포텐셜 에너지는 응력이 인가된 고체로부터 한 개의 원자를 제거하거나 첨가하는 데 소요되는 에너지 변화이다.

그러나 응력하에서 한 개 원자 확산의 구동력은 응력 포텐셜 자체 값이 아니라 응력 포텐

셜 기울기이다. (14.3절에서 논의) 그리고 그 값은 매우 적다. 응력 기울기의 실험적 측정의 한 예와 구동력 크기 계산은 14.5.4절에 제시할 것이다. 그리고 싱크로트론 미세 X선 회절 측정으로 응력에 의해 만들어지는 Sn 휘스커 성장을 논의할 것이다.

확산과 같이 열적으로 활성화되는 과정에 대해서, 화학 포텐셜 $\sigma\Omega$는 지수로 들어간다. 400°C에서 탄성 한계로 응력이 인가된 Al에 대해서,

$$kT = 0.058 \text{ eV}\text{이고}$$

$$\exp\left(\frac{\sigma\Omega}{kT}\right) = \exp\left(\frac{0.0125}{0.058}\right) = 1.23$$

이 된다. 대개 크립은 훨씬 더 낮은 응력($\sigma\Omega \ll kT$)에서 일어난다. 그러므로 지수 항을 선형화할 수 있다.

$$\exp\left(-\frac{\sigma\Omega}{kT}\right) \cong 1 - \frac{\sigma\Omega}{kT} \tag{14.5}$$

이다. 그러나 선형화하는 데는 주의할 필요가 있다. 예를 들어 400°C가 유지되는 두꺼운 석영 유리 위에 Al 박막을 증착시키는 다른 경우를 고려하자. 그러고 나서 온도를 100°C로 낮추고 인장응력하에서 Al의 이완을 관찰하자. Al 박막 내의 인장응력은 석영 기판의 훨씬 작은 열팽창에 기인한다. 100°C대에서 Al과 석영의 선형 열팽창 계수는 각각 $\alpha = 25 \times 10^{-6}$/°C 와 $\alpha = 0.5 \times 10^{-6}$/°C이다. 열 변형은

$$\varepsilon = \Delta\alpha\Delta T = 25 \times 10^{-6} \times 300 = 0.75\%$$

이고, 일반적인 탄성 한계보다 크다. 열응력은 $\sigma = Y\varepsilon = 4.5 \times 10^9$ dyne/cm²이므로 $\sigma\Omega$ = 0.045 eV이다. 반면에, 100°C에서 kT = 0.032 eV이다. 그러므로 높은 응력과 낮은 온도 크립의 경우에서 $\sigma\Omega > kT$가 된다.

14.3 확산 크립(Nabarro-Herring 방정식)

그림 14.2에서 전단응력하의 다결정 재료 육각형 결정립을 고려하자. 그림과 같이 인장응력과 압축응력의 조합이 결정립에 인가된다. 탄성응력이 미치는 효과는 실선으로 표시된 결정립 원래의 형태에서 점선으로 표시된 결정립으로 변형된다. 만일 응력이 유지된다면, 결정립

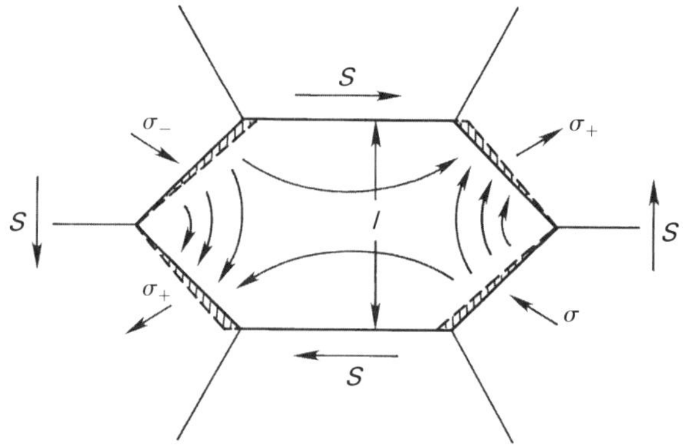

그림 14.2 전단응력하에 존재하는 다결정 소재의 육각형 결정립

은 응력을 이완하기 위해서 빗금친 영역인 압축 영역으로부터 인장 영역으로 물질의 일부가 이동하여 변형된다. 원자 확산에 의한 물질이동은 휘어진 화살표로 표시하였다. 이 문제를 분석하기 위해서, Nabarro-Herring 크립 모델을 따라야 한다. 이 모델은 물질이동을 매개하는 공공의 효과적인 소스와 싱크로 결정립계가 작동함을 가정하고 이 확산은 격자 내에서 공공 기구를 통해 일어난다.

결정립계에 매우 가까운 인장 영역에서 화학 포텐셜은 평형 값 μ_0로부터 응력에 의해 $\mu_1 - \mu_0 = \sigma\Omega$ 값만큼 벗어난다.

유사하게도, 압축 영역에서 $\mu_2 - \mu_0 = -\sigma\Omega$가 되고, 압축 영역에서 인장 영역으로 원자가 이동할 때 화학 포텐셜 변화는

$$\Delta\mu = \mu_2 - \mu_1 = -2\sigma\Omega \tag{14.6}$$

이다. 이 포텐셜 변화는 원자를 압축 영역에서 인장 영역으로 확산시키는 구동력으로 작용한다. 이는 그림 14.2의 결정립에서 화살표로 표시되었다. 확산하는 원자에 미치는 구동력은 응력 포텐셜 기울기로,

$$F = -\frac{\Delta\mu}{\Delta x} = \frac{2\sigma\Omega}{l} \tag{14.7}$$

이고, 여기에서 l은 결정립 크기이다. 4장에서 식 (4.7)과 (4.8)에 의하면 확산하는 원자 플럭스는

$$J = C\frac{D}{kT}F = C\frac{D}{kT}\frac{2\sigma\Omega}{l} = \frac{2D\sigma}{kTl} \tag{14.8}$$

이고, 여기에서 순수한 금속인 경우 $C = 1/\Omega$이다. 일정한 시간 t 동안 면적 A를 통과하여 플럭스에 의해 이동하는 원자의 수는 $N' = JAt$, 또는 쌓이는 부피는

$$\Omega N' = \Omega JAt \tag{14.9}$$

이다. 변형률은

$$\varepsilon = \frac{\Delta l}{l} = \frac{\Omega N'/A}{l} = \frac{\Omega Jt}{l} \tag{14.10}$$

이고 변형률 속도는

$$\frac{d\varepsilon}{dt} = \frac{\Omega J}{l} = \frac{2\sigma\Omega D}{kTl^2} \tag{14.11}$$

이다. 이는 매우 잘 알려진 Nabarro-Herring 크립 식이다. 결정립 크기의 제곱에 반비례하고, 속도는 더 작은 결정립 크기에서 훨씬 빠르다.

마지막 방정식은 원자 플럭스를 고려하여 유도되었다. 원자 확산은 반대 방향으로 공공 확산에 의해 일어나기 때문에 공공 플럭스를 고려하여 동일한 식을 얻을 수 있어야 한다. 비교를 위해 나중에 설명할 것이다. 우선, 인장 영역과 압축 영역에서 공공의 농도를 다루자.

인장 영역과 압축 영역에서 평형 값으로부터 각각 $\sigma\Omega$와 $-\sigma\Omega$만큼 차이를 갖는 화학 포텐셜을 갖는 사실을 논의하였다. 화학 포텐셜은 원자당 자유에너지이기 때문에 응력을 받고 있는 한 개의 원자를 제거하려 한다면(즉, 공공을 만들고자 한다면), 필요한 일은 동일한 크기만큼 차이가 나게 된다. 응력이 인가된 고체에서 공공을 고려할 때, 형성에너지(실제로는 포텐셜 에너지)는 Ω를 공공의 부피로 가정하여 $\pm\sigma\Omega$ 만큼 차이가 나게 된다. 양의 부호와 음의 부호는 이제 반대로 각각 압축응력과 인장응력을 의미한다. 바꿔 말하면, 인장 영역에서 공공의 형성에너지는 $\sigma\Omega$만큼 줄어들고 압축 영역에서는 $\sigma\Omega$만큼 늘어난다. 이는 압축 영역에서 공공 형성을 위해서 더 많은 에너지가 필요하고, 인장 영역에서 더 적은 에너지가 필요하다. 그러므로 주어진 온도에서 인장 영역에서 더 많은 공공을 갖고 압축응력에서 더 적은 공공을 갖는다. 이 두 영역에서 공공 기울기가 존재하고 공공은 인장 영역에서 압축 영역으로 확산한다. 식 (4.10)을 따르면, 공공의 농도는

$$C_v^{\pm} = C\exp[(-\Delta G_f \pm \sigma\Omega)/kT] \tag{14.12}$$

이고, 여기에서 C_v^+와 C_v^-는 각각 인장과 압축 영역의 공공 농도이다. $\sigma\Omega \ll kT$를 가정하면,

$$C_v^{\pm} = C_v\left(1 \pm \frac{\sigma\Omega}{kT}\right) \tag{14.13}$$

이고, 여기에서 $C_v = C\exp(-\Delta G_f/kT)$는 평형 상태에서 공공의 농도이다. 농도 차이는

$$\Delta C_v = C_v^+ - C_v^- = 2\sigma\Omega\frac{C_v}{kT} \tag{14.14}$$

이다. 인장 영역에서 압축 영역으로 이동하는 공공 플럭스는

$$J_v = -D_v\frac{\Delta C_v}{\Delta x} = \frac{-2\sigma\Omega D_v C_v}{kTl}$$

이고 여기에서 D_v는 공공의 확산계수이다. 원자 플럭스는

$$J = \frac{2\sigma\Omega DC}{kTl} = \frac{2\sigma D}{kTl} \tag{14.15}$$

이고, 여기에서 원자 플럭스 J는 공공 플럭스 J_v와 반대 방향이기 때문에 $DC = -D_vC_v$를 취할 수 있다.

식 (14.15)는 식 (14.8)과 동일하다. 그러므로 원자 플럭스를 고려하든 아니면 공공 플럭스를 고려하든 크립 방정식은 동일하다. 여기에서 두 식을 모두 제시한 것은 공공 플럭스를 이용하여 공동 형성을 고려해야 하고, 원자 플럭스를 이용하여 힐록 또는 휘스커 성장을 고려해야 하기 때문이다.

만일 $\ln(Td\varepsilon/dt)$ 대비 $1/kT$ 그래프를 도시하면, 격자 확산 활성화에너지와 동일한 크립 활성화에너지를 얻을 수 있음을 식 (14.11) 크립 방정식이 보여준다. 순 금속에 대한 많은 고온 크립 데이터를 분석하여 측정된 활성화에너지는 격자 확산 활성화에너지와 실제로 상당히 유사한 값을 보여준다(그림 14.3 참조). 그러나 저온 크립 데이터는 좀 더 작은 활성화에너지를 보여준다. 이는 결정립계 확산 또는 크립에 의한 전위 움직임 때문일 수 있다. 그림 14.2에 보여준 것처럼, 압축 영역에서 빗금친 부분의 부피는 인장 영역으로 결정립계를 따라 이동할 수도 있다. 이러한 경우 크립 속도는

$$\frac{d\varepsilon_{gb}}{dt} = A\frac{\sigma\Omega D_{gb}\delta}{kTl^3} \tag{14.16}$$

이 되고, 여기에서 A는 상수이고 D_{gb}와 δ는 각각 결정립계 확산계수와 결정립계 넓이이다.

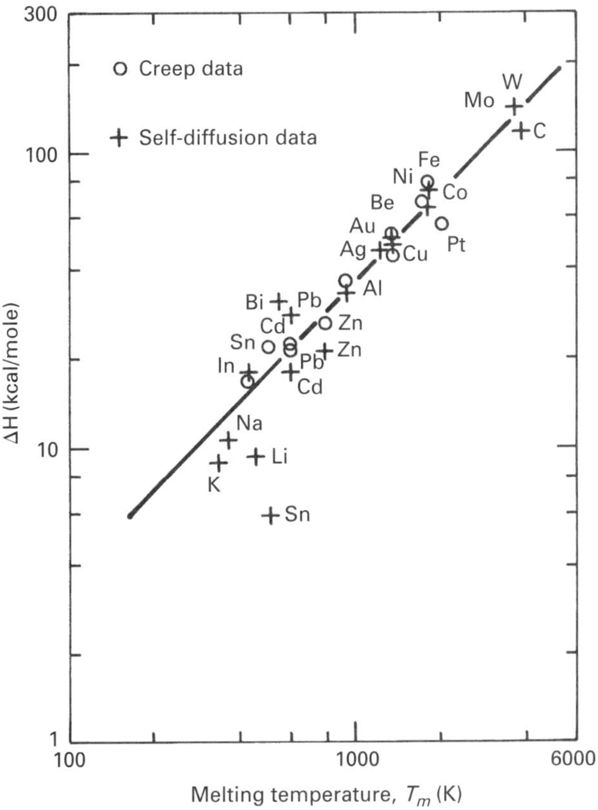

그림 14.3 녹는점 대비 측정된 활성화에너지 그래프. 순수한 물질의 고온 크립 데이터가 분석되었고, 측정된 활성화에너지는 격자 확산 활성화에너지와 잘 일치한다.

식 (14.11)과 식 (14.16)을 비교하면, 차이는 D가 $D_{gb}\ \delta/l$로 대체된 것을 알 수 있다. 계수 $1/l$은 단위 면적당 결정립계 단면적 밀도로 간주될 수 있다. 그러므로 δ/l은 단위 면적당 결정립계 단면적이다. 결정립계 확산에 의한 크립은 격자 확산에 의한 크립보다 결정립계 크기에 더 민감한 의존성을 갖고 있음을 알 수 있으며 이는 Coble 크립으로 알려져 있다. 격자 확산과 결정립계 확산이 동시에 일어나는 경우에는

$$\frac{d\varepsilon}{dt} = \frac{2\sigma\Omega D}{kTl^2}\left(1 + \frac{A}{2}\frac{D_{gb}\delta}{Dl}\right) \tag{14.17}$$

이다. 기판 위에 존재하는 박막에 대해서, 확산 크립은 이완이 균일하고 균질할 때는 변형보다는 이완을 만든다. 그러나 만일 이완이 불균질하면(즉, 보호 산화막 표면을 갖고 있는 박

막 경우처럼 국부적이면) 공동 형성 또는 힐록 성장을 야기하고 이는 심각한 신뢰성 문제가 된다.

14.2절에서 보여준 것처럼 탄성변형에너지는 화학 에너지보다 훨씬 작다. 그러므로 실리사이드 형성과 같은 대부분의 화학 반응에서 탄성변형에너지는 중요치 않다. 그러나 이 장에서는 응력이 공공 농도에 영향을 주어 확산에도 영향을 미치게 됨을 보여주는 것이다. 차이는 반응 시간에 있다. 실리사이드 형성에서는 일반적으로 반응이 수 분 또는 수 시간 내에 끝난다. 반면에 크립에서는 대개 수개월 동안 일어난다. 단기간 일어나는 현상에서는 장기간 일어나는 효과는 무시한다.

14.4 인장응력에 의해 구동되는 Al 배선에서 공동 형성

Al 박막은 SiO_2와 다른 산화물 표면에 매우 좋은 접착력을 갖고 있음이 알려져 있다. 좋은 접착력은 계면이 공공의 효과적인 싱크와 소스로 작용하지 않음을 의미한다. 게다가, 격자이동은 우수한 계면 접합 때문에 어렵게 된다. 그러므로 고온을 제외하고 응력 이완이 어려워진다. 소자 동작 중에는 Al 박막의 열응력은 일반적으로 인장 상태이다. 그러므로 응력에 의한 공동 형성은 신뢰성 문제를 야기한다. 공동이 형성되고 성장하기 위해서는 우선 핵 생성이 일어나야 한다. 공동의 자유 표면은 응력이 존재하지 않기 때문에 공동 표면과 인장 영역 사이에는 응력 기울기가 존재한다. 그러므로 인장 영역에서 공동으로 공공이 이동하게 되고 공동이 성장하게 된다.

그림 14.4(a)는 일축 인장응력 σ하에 존재하는 Al 조각 내 구형 공동 단면의 개략도를 보여준다. 공공 싱크로 작용하기 때문에 공동 성장이 일어난다.

공동의 반경은 탄성 한계 0.2%에 의해 제한된다. 만일 주어진 부피 V를 고려하면 공동 크기 ΔV가 형성된다. 그 후 벌크 변형률 $\Delta V/V$는 0.2%보다 클 수 없다. 왜냐하면 그 이상으로 공동을 성장시킬 수 있는 구동력이 없기 때문이다. 유사하게 길이 l인 Al 배선에서 공동의 넓이를 Δl이라고 하면, 배선 길이 대비 넓이 $\Delta l/l$은 0.2%보다 클 수가 없다. 그러므로 응력마이그레이션에 의해서 큰 구형 또는 실린더형 공동을 배선에서 발견하기를 기대할 수 없고, 그림 14.4(b)에 나타낸 것처럼 슬릿형 공동이 일반적으로 발견된다. 슬릿형 공동은 인장응력에 의해서 파단(fracture)에 의해 균열(crack)로 작동할 수 있다. 그러하면 시간 의존성 문제가 아니다.

우선, 그림 14.4(a)에 도시된 것과 같이 반경 r의 구형 공동 성장을 고려하자. 실제로 공동 성장의 반응 속도론은 5장에서 취급한 구형 석출물 성장과 유사하다. 초기 상태에서 반경은

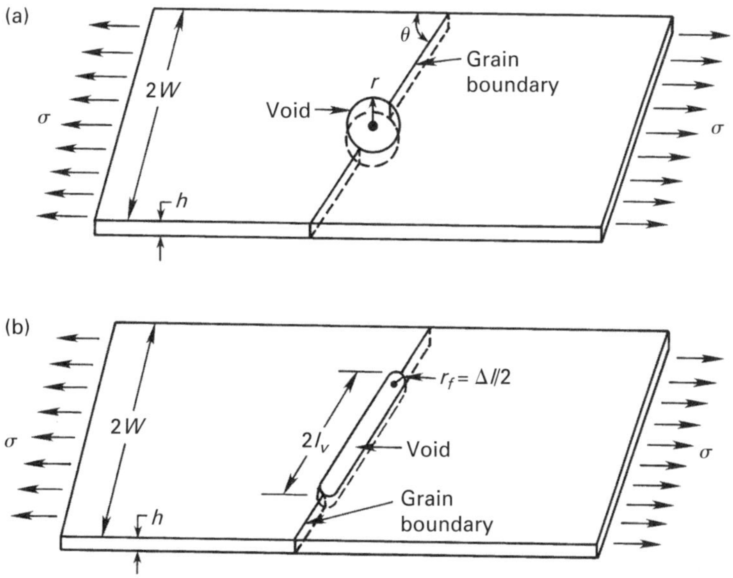

그림 14.4 (a) 정수 인장(hydrostatic tension) σ가 인가되는 Al 시편 내 원형 공동의 단면 개략도. (b) Al 배선 모서리로부터 슬릿 형태 공동 성장 개략도

작다. Gibbs-Thompson 포텐셜 때문에 공동의 원주에서 원자가 갖는 포텐셜은

$$pdV = \frac{2\gamma}{r}\Omega$$

이고, 여기에서 γ는 공동의 단위 면적당 표면에너지이다. 공동 끝에 이웃한 지역에서 공동 농도는

$$C_{v1} = C\exp\left(-\frac{(\Delta G_f - (2\gamma/r)\Omega)}{kT}\right)$$

이고, 여기에서 ΔG_f는 응력이 가해지지 않은 Al에서 공동 형성 에너지이다. 멀리 떨어져 있는 인장응력 영역에서 공공 농도는 아래와 같이 주어진다.

$$C_{v2} = C\exp\left(-\frac{(\Delta G_f - \sigma\Omega)}{kT}\right)$$

공동이 성장하기 위해서는 다음 조건을 가정하여야 한다.

$$\sigma\Omega > \frac{2\gamma}{r}\Omega$$

두 위치에서 공공 농도 차이는

$$C_{v2} - C_{v1} = \Delta C_v = C_v\left[\exp\left(\frac{\sigma\Omega}{kT}\right) - \exp\left(\frac{2\gamma\Omega}{rkT}\right)\right] = C_v\left(\frac{\sigma\Omega}{kT} - \frac{2\gamma\Omega}{rkT}\right) \quad (14.18)$$

이고, 여기에서 $C_v = C\exp(-\Delta G_f/kT)$이고, $\sigma\Omega$와 $\gamma\Omega/r$은 모두 kT보다 현저히 작다고 가정하였다. 단순화를 위해서 공공의 선형 농도 기울기를 가정하였고 공동 표면에 도달하는 공공 플럭스를 얻었다. 그 후에 질량보존의 법칙을 사용하고 구형 성장 속도를 얻기 위하여 $\Omega J_v 4\pi r^2 dt = 4\pi r^2 dr$를 취한다.

또 다른 방법으로 5장에서 구형 좌표계에서 연속방정식을 풀고 Fick의 제1방정식에 의해 공동 표면에 도달하는 공공 플럭스를 얻는 정상 상태 과정을 가정할 수 있다. 공동으로 확산되 오는 공공의 총 부피를 포함한 공동 부피 보전 법칙에 의해 공동 성장 속도를 구할 수 있다.

다음으로 그림 14.4(b)에 도시된 Al 배선의 끝으로부터 슬릿 형태 공동 성장을 고려하자. 성장 반응 속도론은 다음 장에서 제시된 휘스커 성장과 매우 유사하다. 단 휘스커 성장은 슬릿 형태 공동 성장에서 끝부분에 일어나는 대신에 휘스커 아래 부분에서 일어나는 차이가 존재한다. 또한 휘스커 성장 구동력은 압축응력 기울기이고 공동 성장 구동력은 인장응력 기울기이다. 15장에서 일렉트로마이그레이션에 의한 팬케이크 형태 공동 성장은 15.4.3절에서 설명할 것이다.

14.5 압축응력에 의해 구동되는 Sn/Cu 박막에서 휘스커 성장

14.5.1 자발적인 Sn 휘스커 성장 형태

β-Sn에서 자발적인 휘스커 성장은 크립의 표면 이완 현상이다. 압축응력 기울기에 의해 구동되고 상온에서 일어난다. 자발적인 Sn 휘스커는 Cu 위의 무광택 Sn 도금층 위에 성장하는 것으로 알려져 있다. 오늘날 가전 제품의 패키징 기술에 사용되는 Cu 도체 위에 무연 솔더가 널리 사용되고 있기 때문에 Sn 휘스커 성장은 매우 심각한 신뢰성 문제로 다시 대두되고 있다. 그 이유는 Sn 기반 무연 솔더의 주된 성분이 Sn이기 때문이다. 대부분의 Sn 기반 무연 솔더 기지상은 거의 순수한 Sn이다. 그러므로 Sn 크라이, Sn 페스트 그리고 Sn 휘스커와 같은 잘 알려진 현상이 심각한 문제로 다시 대두되고 있다.

(a)

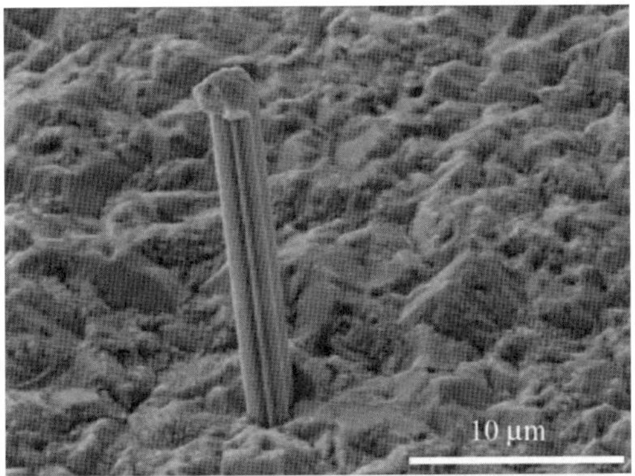

(b)

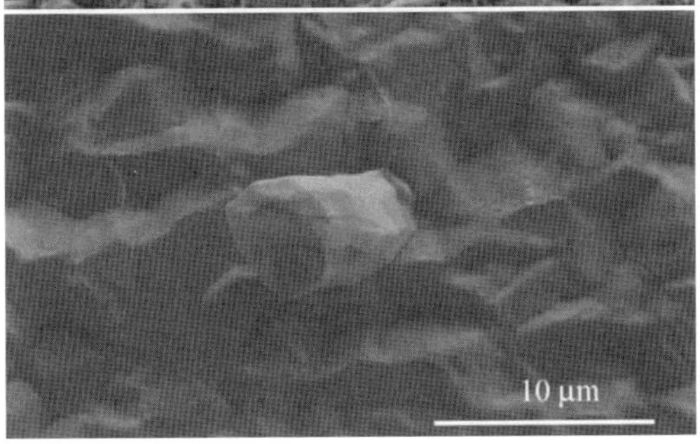

그림 14.5 (a) 공정 SnCu 마감(finish) 위에 긴 휘스커 SEM 사진. (b) 무광택(matte) Sn 마감 위에 짧은 휘스커 SEM 사진

전자 패키징에서 표면 실상 기술에 사용되는 Cu 리드프레임은 인쇄회로기판에 접합하는 동안 표면 부동태(passivation)와 젖음성 향상을 위하여 솔더층 코팅으로 마감한다. 솔더 마감층은 공정 SnCu 또는 무광택 Sn인 경우 Sn 휘스커가 자주 관찰된다. 일부 휘스커는 수백 마이크로 미터 길이로 성장할 수 있다. 이는 리드프레임의 이웃한 다리 사이에 전기적 단락이 될만큼 충분히 길다. 가전 제품의 경향은 패키징 내에 점점 더 많은 시스템을 집적화하는 것이다. 그리하여 소자 요소와 부품이 점점 더 가깝게 위치하게 되고 휘스커에 의한 단락은 점점 더 커지게 된다. 부러진 휘스커는 두 전극 사이에 떨어져 단락을 만들 수도 있다.

그러나 휘스커에 대한 보다 더 심각한 문제는 휴대용 가전제품이 아니다. 왜냐하면 이 제품은 저가격으로 문제가 발생되었을 때 교체할 수 있기 때문이다. 위성과 같은 고 신뢰성 소자는 쉽게 대체할 수 없고, 한 개 휘스커 성장도 심각한 문제를 야기할 수 있다.

단면 SEM(Scanning Electron Microscope)과 TEM(Transmission Electron Microsope)으로 FIB(Focused Ion Beam)에 의해 준비된 시편의 Sn 휘스커를 관찰하였다. 또한 싱크로트론 방사에서 X선 마이크론 회절로 공정 SnCu와 무광택 Sn 위에 성장하는 휘스커 뿌리와 그 주

변의 구조, 상 형성 그리고 응력 분포를 연구하는 데 사용하였다.

그림 14.5(a)에서 공정 SnCu 마감층 위의 긴 휘스커의 확대된 SEM 사진을 나타내었다. 그림 14.5(a)의 휘스커는 곧고, 표면은 세로 방향으로 홈이 있다. Sn 결정 구조는 격자상수 a = 0.58311 nm와 c = 0.31817 nm를 갖는 체심 정방(body-centered tetragonal)이다. 휘스커 성장 방향 또는 휘스커 길이 방향축은 대개 c축이지만, [100] 또는 [311]과 같은 다른 방향으로도 성장한다.

순수한 또는 무광택 Sn 마감층 표면 위에 짧은 휘스커 또는 힐록은 그림 14.5(b)에 나타난 것처럼 관찰된다. 그림 14.5(b)의 휘스커 표면은 각진 면을 보인다. 형태의 차이 이외에도 순수한 Sn 마감층 위에 휘스커 성장 속도는 SnCu 마감층보다 훨씬 더 느리다. 성장 방향은 훨씬 더 임의의 방향을 갖는다.

공정 SnCu와 순수한 Sn 위에 형성되는 휘스커를 비교하면 공정 SnCu 내의 Cu가 Sn 휘스커 성장을 가속시키는 듯하다. 비록 공정 SnCu의 성분이 98.7 at.%Sn과 1.3 at.%Cu로 이루어지지만 미량의 Cu가 공정 SnCu 마감층 위에서 휘스커 성장에 심대한 영향을 미치는 것처럼 보인다.

그림 14.6(a)에서 SnCu 마감층을 갖는 리드프레임의 단면 SEM 사진을 보여준다. 사각형 모양의 Cu 리드프레임은 약 15 μm 두께의 SnCu 마감층으로 둘러 쌓여있다. FIB로 준비된 SnCu와 Cu 사이 계면의 더 높은 배율 사진은 그림 14.6(b)에 보여준다. 불규칙적인 Cu_6Sn_5 화합물 층은 Cu와 SnCu 사이에 존재한다. 계면에서는 Cu_3Sn이 발견되지 않았다. SnCu 마감층에서 결정립 크기는 약 수 마이크론 크기를 갖는다. 더 중요하게, SnCu 결정립계에 Cu_6Sn_5 석출물이 존재한다. Cu_6Sn_5의 결정립계 석출은 CuSn 마감층 내 응력 생성의 기원이 된다. 이는 자발적인 Sn 휘스커 성장의 구동력을 제공한다. 후에 응력 생성의 중요한 문제들을 논의할 것이다.

그림 14.6(c)에서 FIB로 준비된 Cu 리드 프레임 위에 무광택 Sn 마감층의 단면 SEM을 보여준다. Cu_6Sn_5 화합물 층은 Cu와 Sn 사이에서 볼 수 있는 반면 훨씬 더 적은 수의 Cu_6Sn_5 석출물이 Sn의 결정립계에 존재한다. Sn 마감층에서 결정립 크기는 약 수 마이크로미터 정도이다. 결정립계 Cu_6Sn_5 석출물이 없는 것은 휘스커 성장에 대한 공정 SnCu와 순수한 Sn 마감층 사이의 가장 중요한 차이이다.

길이에 수직인 휘스커 단면 TEM 사진을 전자 회절 패턴과 함께 그림 14.7(b)와 (c)에 나타내었다. 성장 방향은 c축이다. 사진의 몇몇 점들은 전위일 수도 있다.

Sn 휘스커 성장을 어떻게 억제하고 구동력, 반응 속도론 그리고 성장 기구를 이해하기 위해 Sn 휘스커 성장의 체계적인 실험을 어떻게 할 것인가는 오늘날 전자 패키징 산업계에서

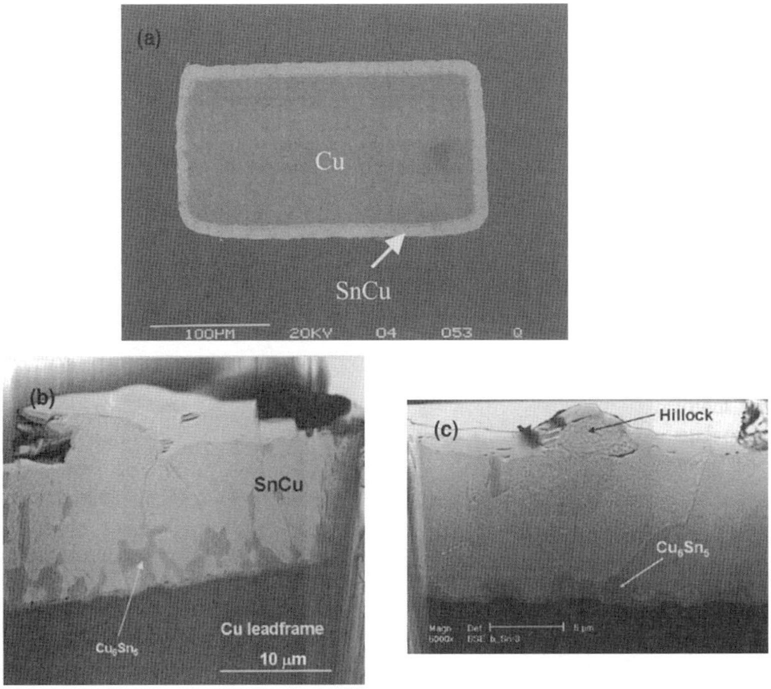

그림 14.6 (a) SnCu로 마감된 리드프레임 다리의 단면 SEM 사진. Cu 리드프레임의 사각 코어는 약 15 μm 두께 SnCu 마감재로 둘러싸여 있다. (b) 집속이온빔(Focused Ion Beam, FIB)으로 준비된 SnCu와 Cu 사이 계면의 고배율 사진. Cu_6Sn_5 금속간 화합물은 Cu-SnCu 계면에서 성장하고 SnCu 마감재 결정립계 사이로 성장한다. (c) 무광택 Sn과 Cu 사이 계면의 고배율 사진. 훨씬 적은 Cu_6Sn_5이 존재

중요한 과제가 되고 있다. Sn 휘스커 성장의 매우 제한적인 온도 영역(즉 상온으로부터 약 60°C까지)은 가속 실험을 어렵게 한다. 만일 온도가 낮으면 반응 속도론은 느린 원자 확산으로 충분치 못하게 된다. 그리고 만일 온도가 높으면, Sn의 높은 상대온도에 기인한 격자 확산에 의한 응력 이완 때문에 구동력이 충분치 않게 된다.

Sn 휘스커 성장은 자발적이다. 이는 성장에 필요한 압축응력이 자연 발생적이고 외부 인가 응력이 필요치 않아야 한다. 그렇지 않은 경우 응력이 계속해서 인가되지 않는다면 인가된 응력의 소진 시 성장은 느려지고 멈출 것이다. 그러므로 자연 발생적인 압축응력이 어디서 오고, 구동력이 자발적인 휘스커 성장을 유지하도록 어떻게 스스로를 유지하는지, 그리고 또한 휘스커 성장을 위해 필요한 압축응력 기울기가 얼마나 커야 하는지에 대한 질문은 상당히 흥미롭게 된다.

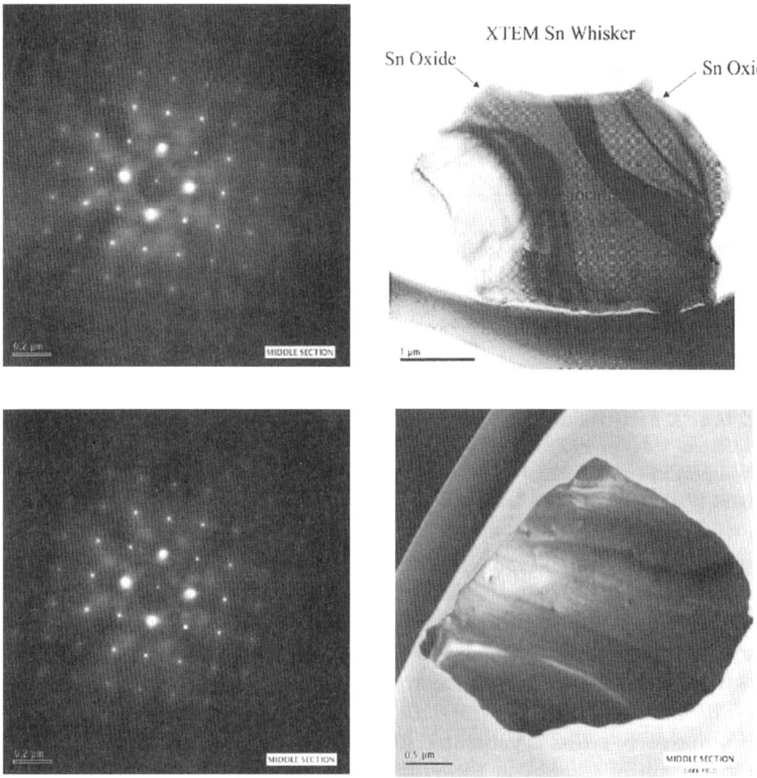

그림 14.7 휘스커 길이 방향에 수직한 단면의 TEM 사진과 전자 회절 패턴

자발적인 휘스커 성장은 상온에서 응력 발생과 응력 이완이 동시에 일어나는 독특한 크립 과정이다. Sn 휘스커 성장에 필수 불가결한 세 가지 조건은 (a) Sn에서 빠른 상온 확산, (b) Sn과 Cu 사이의 상온 반응으로 Sn 내에 응력을 만드는 Cu_6Sn_5 형성, 그리고 (c) Sn 위에서 보호 표면 산화물 층의 균열이다. 마지막 조건은 크립이 일어나기 위한 압축응력 기울기를 만들기 위해서 필요하다. 약한 부위에서 산화층이 깨어질 때 노출된 자유 표면은 응력이 없는 상태이다. 그러므로 압축응력 기울기가 생기고 크립 또는 휘스커 성장이 응력을 이완시키기 위해 발생한다.

휘스커 성장이 일정한 온도에서 일어나는 반면 일정한 압력하에서 일어나는 것은 아니다. 그러므로 성장을 설명하기 위하여 최솟값의 Gibbs 자유에너지 변화를 사용할 수 없다. Cu_6Sn_5를 형성하기 위한 Cu의 플럭스와 휘스커를 형성하기 위한 Sn 플럭스 사이의 상호작용은 비가역적 과정이다.

휘스커 끝의 모양이 휘스커 성장에 따라 변하지 않기 때문에 Sn 휘스커 성장은 위쪽이 아니라 아래로부터 성장함을 알 수 있다[5]. 그림 14.5(a)에서 보여진 것처럼 많은 Sn 휘스커는 리드프레임의 이웃한 두 개의 다리 사이를 단락시키기에 충분히 길다. 휘스커의 끝 부분이 다른 쪽 리드프레임 다리와 접촉하기 바로 전에, 휘스커 끝 부분과 리드프레임 접촉점 사이의 좁은 간격 사이로 높은 전기장이 존재하여 생기는 불꽃은 불을 낼 수도 있다. 이 불은 소자 또는 인공 위성을 파괴할 수도 있다.

높은 신뢰성을 필요로 하는 소자의 파괴는 단지 한 개의 휘스커만 필요하기 때문에 휘스커 성장을 막는 것은 매우 도전적인 문제이다. 휘스커 성장의 기본적인 기구가 구동력과 반응속도론 관점에서 명확한 반면, 성장이 국부적인 현상이기 때문에 휘스커 성장을 전무하게 만드는 것을 보장하기는 어렵다. 전체 솔더 마감층에서 국부적인 미세구조 변화가 존재하지 않는다고 보장할 수 없다.

14.5.2 Sn 휘스커 성장에서 응력 발생(구동력)

압축응력의 기원은 기계적, 열적 그리고 화학적일 수 있다. 그러나 기계적인 응력과 열응력은 크기가 한정될 수 있다. 그러므로 긴 시간 동안 휘스커의 자발적이고 지속적인 성장을 유지할 수 없다. 화학적 구동력이 자발적인 Sn 휘스커 성장의 필수적이지만 명백한 것은 아니다. 화학적 구동력의 기원은 Cu와 Sn의 상온 반응에 의한 Cu_6Sn_5 금속간 화합물 형성 때문이다[6-8]. 화학 반응은 반응하지 않은 Sn과 Cu 사이에 반응이 지속되는 동안에는 휘스커 자발 성장에 대한 구동력을 지속적으로 공급할 수 있다.

Cu의 Sn 내 침입형 확산과 Sn의 결정립계 내에 Cu_6Sn_5 형성에 의해 압축응력이 만들어진다. 그림 14.6(b)에 나타낸 것처럼 리드프레임으로부터 Cu 원자는 마감층으로 확산하여 결정립계에 Cu_6Sn_5을 성장시킨다. 이 경우, 금속간 화합물 성장에 의한 부피 증가는 결정립계 양측의 결정립에 압축응력을 가하게 된다. 그림 14.8에서 점선 사각형으로 표시된 IMC 석출물을 포함한 Sn 마감층 내 부피 V를 고려하자. Cu 원자 확산으로 이 영역에 도달하여 Sn과 반응으로 만들어지는 IMC 성장은 아래 응력을 제공하고

$$\sigma = -B\frac{\Omega}{V}$$

여기에서 σ는 만들어진 응력, B는 부피 탄성계수, 그리고 Ω는 Cu_6Sn_5내 Cu 원자의 분몰 부피이다(단순화를 위해서 Sn 원자의 몰 부피 변화는 무시한다). 음의 부호는 압축응력임을 의미한다.

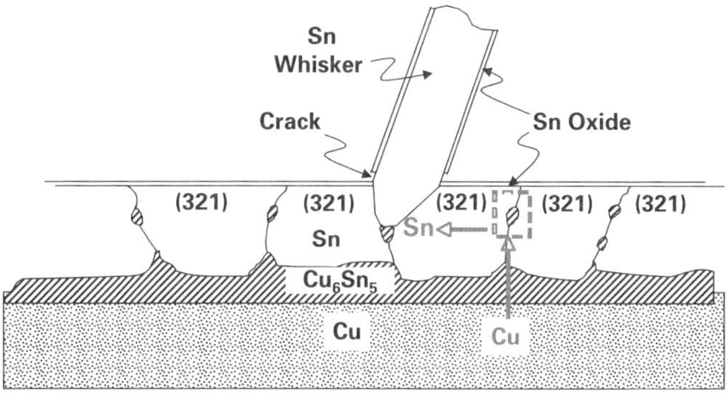

그림 14.8 (a) SnCu 마감재 위에 형성된 휘스커의 FIB 사진. (b) 마감재 표면의 사각형 지역 위의 산화물은 산화물 아래 미세구조를 노출시키기 위해 저각 입사(glancing incidence) 스퍼터를 이용하여 제거한다. (c) 스퍼터 된 부분의 고배율 사진을 나타내며, Sn 결정립의 미세구조와 Cu_6Sn_5의 결정립계 석출물이 명확하다.

바꿔 말하면 고정된 부피 내에 원자 부피만큼 첨가하는 것이다. 그림 14.8에서 고려한 것처럼 Cu가 내부로 확산해 들어오는 것 때문에 마감층에서 고정된 부피 V에 의한 첨가된 원자 부피를 흡수하기 위해서, 고정된 부피에 격자 이치를 첨가하여야만 한다. 여기에 더해 Kirkendall 이동 또는 첨가된 격자면의 이동을 허락하여야만 한다. 그렇지 않으면 압축응력이 생성될 것이다. 더 많은 원자, 즉 n개의 Cu 원자가 부피 V로 확산해 와서 Cu_6Sn_5를 형성한다면, 위 식의 응력은 Ω가 아닌 $n\Omega$만큼 증가하게 된다.

Sn은 표면에 자연적으로 생긴 보호 산화막을 갖고 있기 때문에 산화물과 Sn 사이의 계면은 공공에 대한 효율적인 소스나 싱크로 작동하지 못한다. 게다가 보호 산화막은 Sn 내 격자면의 끝을 묶어놓아서 이동하지 못하게 한다. 이는 자발적인 Sn 휘스커 성장의 응력 생성에 대한 기본적인 기구이다.

격자면 이동을 묶어놓는 데 효과적인 산화막이 되기 위해서는 SnCu 또는 Sn의 마감층이 너무 두꺼우면 안 된다. 매우 두꺼운 마감층, 예를 들면 100 μm 이상의 두께에서 첨가된 Cu 부피를 흡수할 수 있는 더 많은 싱크가 마감층의 벌크 내에 존재한다. 휘스커가 표면 이완 현상임을 주목하자. 벌크 이완 기구가 일어날 때, 휘스커는 성장하지 않는다. 휘스커 형성은 마감층 두께 의존성을 갖는다. 휘스커의 평균 직경이 수 마이크로미터이기 때문에 휘스커는 수 마이크론부터 직경의 수 배가 되는 두께의 마감층에서 더 자주 일어난다.

때때로 Sn 휘스커가 Sn 마감층의 인장 영역에서 자라는 것처럼 보인다. 예를 들면, Cu 리드프레임 표면이 SnCu로 도금될 때, 도금 바로 후 SnCu의 초기 응력 상태는 인장이다. 그러나 휘스커 성장이 관찰된다. 그림 14.6(a)에 나타낸 것처럼 Sn 층이 도금된 Cu 리드프레임 다리의 단면을 고려하면, 리드프레임은 리플로우 동안 상온에서 250ºC로 다시 상온으로 열처리 이력을 갖게 된다. Sn이 Cu보다 더 큰 열팽창 계수를 갖기 때문에 Sn은 리플로우 사이클 후 상온에서 인장응력을 가져야만 한다. 그러나 시간이 지남에 따라 Sn 휘스커는 성장하므로 Sn 휘스커가 인장응력하에서 성장하는 것처럼 보인다. 게다가 리드프레임 다리가 휘어지면, 한쪽은 인장 상태가 되고 다른 한쪽은 압축 상태가 된다. 압축 또는 인장 상태 양쪽 모두에서 휘스커가 성장하는 것은 놀라운 결과이다. 이 현상은 열응력 또는 기계응력이 인장이든 압축이든간에 일정하다는 것을 인지하기 전까지 이해하기 쉽지 않았다. 이 응력은 상온에서 원자 확산에 의해 빠르게 이완되거나 극복된다. 이후에 지속적인 화학 반응은 휘스커를 성장시키는 데 필요한 압축응력을 만든다. 그러므로 화학 구동력이 지배적이고 지속적이다. Cu 위의 Sn 또는 SnCu 솔더 마감층에 자발적 휘스커 성장의 구동력을 고려할 때, 상온에서 화학 반응에 의해 만들어지는 압축응력은 필수적이다. Sn과 Cu의 상온 반응은 박막 시편을 이용하여 연구되었다.

결정립계 Cu_6Sn_5 석출물의 성장에 의해 유도되는 압축응력 모델은 몇 가지가 있다. 그 중에 하나가 Cu와 Sn 사이의 Cu_6Sn_5이 쐐기 모양으로 Sn의 결정립계 내부로 성장한다는 것이다. 쐐기의 성장은 두 개의 이웃한 Sn 결정립에 압축응력을 인가한다. 이는 쐐기로 나무를 쪼개는 것과 유사하다. 이제까지 매우 적은 수의 쐐기 형태 금속간 화합물이 단면 TEM에서 찰되었다[그림 14.6(b) 참조].

14.5.3 응력 기울기 생성에 미치는 표면 Sn 산화물의 영향

Sn 휘스커 성장에 미치는 표면 산화물의 효과를 논의하기 위하여, Al 힐록 성장에 미치는 표면 산화물의 동일한 효과를 참조할 것이다. 초고진공에서 압축 상태에 있는 Al 표면에 표면 힐록이 전혀 발견되지 않았다. 힐록은 Al 표면이 산화된 Al 표면에서만 생긴다. Al 표면 산화막은 보호층으로 알려져 있다. 초고진공에서 표면 산화물이 없다면 Al의 자유 표면은 공공의 좋은 소스와 싱크가 된다. 그러므로 격자 크립의 Nabarro-Herring 모델 또는 결정립계 크립의 Coble 모델을 기초로 압축응력은 Al의 전체 표면 또는 모든 결정립 표면에서 균일하게 이완된다. 이완이 균일한 경우에는 힐록이 형성되지 않는다. 왜냐하면 힐록 형성은 비균일 또는 국부적인 이완 과정이기 때문이다.

휘스커 또는 힐록은 표면 위에 국부적인 성장임을 주목하자. 국부적인 성장을 위해서는 표면은 산화물이 없으면 안 된다. 그리고 산화물은 보호 산화물이어야 한다. 그러므로 표면 위의 모든 공공 소스와 싱크를 효과적으로 막아야 한다. 게다가, 보호 산화막은 Sn(또는 Al)

의 기지상에서 격자면을 고정시키는 것을 의미한다. 그러므로 그림 14.8에서 고려한 부피 V 내의 응력을 이완시키기 위해 격자면 이동이 일어날 수 없다. Al과 Sn 등 보호 산화막을 성장시키는 금속들은 심각한 힐록 또는 휘스커 성장을 갖고 있음이 알려져 있다. 금속들이 박막 또는 얇은 층의 형태로 존재한다면, 표면 산화막은 표면 근처에 존재하는 격자면을 쉽게 고정시킬 수 있다. 반면에 만일 표면 산화물이 매우 두껍다면, 물리적으로 어떠한 힐록 또는 휘스커 성장이라도 막을 수 있다. 힐록이나 휘스커는 매우 두꺼운 산화물 또는 두꺼운 코팅 층을 뚫을 수가 없다. 산화물 층의 균열이 없이는 자유 표면과 응력 기울기가 생길 수가 없다. 그러므로 휘스커 성장의 필요 조건은 보호 표면 산화물이 너무 두껍지 않아서 표면의 특정한 약한 부분이 균열되어 자유 표면을 노출하여야 한다. 그리고 휘스커가 성장하면서 이 부분으로부터 응력을 이완하여야 한다.

그림 14.9(a)는 SnCu 마감층 위에 다수의 휘스커 FIB 사진이다. 그림 14.9(b)에서 마감층 표면의 어두운 사각형 모양에 있는 산화물은 산화물 아래에 있는 미세구조를 보이기 위하여 낮은 각으로 입사된 이온 빔 스퍼터링에 의해 제거되었다. 그림 14.9(c)에서 스퍼터된 영역의 고배율 사진을 제시하였고, 여기에서 Sn 결정립과 Cu_6Sn_5의 결정립계 석출물이 명확하게 보인다. 이온 채널링 효과 때문에, Sn 결정립 중 일부는 다른 결정립보다 더 어두워 보인다. Cu_6Sn_5 입자들은 Sn 기지상의 결정립계를 따라 주로 분포한다. 그리고 Sn 결정립보다 더 밝은 이유는 이온 채널링이 적고 이온 후방 산란이 더 많기 때문이다. 휘스커의 직경은 수 마이크로미터로 SnCu 마감층에서 결정립 크기와 유사하다.

대기압에서 마감층의 표면과 모든 휘스커는 산화물로 덮여 있다고 가정한다. 힐록 또는 휘스커의 성장은 산화된 표면으로부터 분출되는데 산화물을 깨야 한다. Sn 기지상이 압축 상태하에 있으면 산화물은 인장 상태에 놓이게 되어 균열된다. 산화물을 균열시키는 데 필요한 응력은 휘스커를 성장하는 데 필요한 최소 응력일 것이다. 산화물을 균열시키기 가장 쉬운 위치가 위스커의 밑동일 것이다. 그후에 성장을 유지하기 위해서 균열은 열려져 있는 상태로 존재하여 응력이 없는 자유 표면처럼 거동하고, 균열 부위로부터 지속적으로 공공을 공급할 수 있다. 그리고 공공이 Sn 층으로 확산하여 휘스커 성장에 필요한 Sn 원자의 장범위 확산을 유지시켜야 한다. 여기에 더해서 자유 표면은 응력이 없고 응력마이그레이션이 일어나는 데 필요한 응력 기울기를 만든다.

휘스커 밑동 부분이 산화물로 다시 덮히는 경우에 휘스커 성장은 평탄하지 않게 되고 휘스커 성장 방향은 산화물로 새롭게 덮혀진 방향으로 방향을 전환하게 된다. 결과적으로 휘어진 휘스커가 형성된다.

그림 14.8에서 밑동을 제외하고 휘스커의 표면이 산화된 것을 묘사하였다. 휘스커 표면 산화물은 갇힘을 만드는 중요한 역할을 수행하여 휘스커 성장이 본질적으로 일차원 성장이

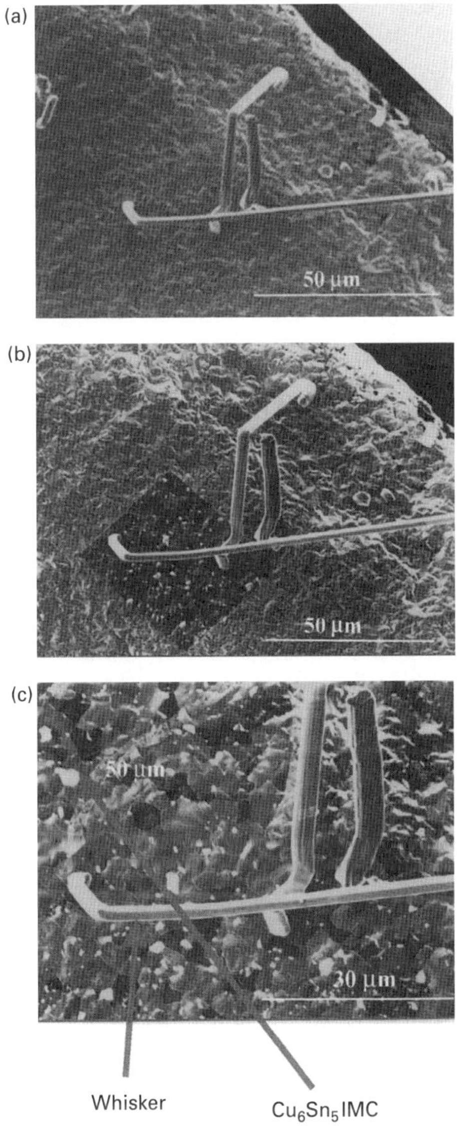

그림 14.9 휘스커가 보이는 영역 내 CuSn 마감재 영역의 저배율 사진

되도록 한다. 휘스커 표면 산화물은 측방향 성장이 일어나지 못하도록 한다. 휘스커는 일정한 단면을 가지면서 성장하고 그 모양은 연필 모양을 띤다. 또한 산화된 표면은 Sn 휘스커 직경이 단지 수 마이크로미터인 이유를 설명할 수 있다. 이는 휘스커 성장 시 응력 에너지 감소가 휘스커의 표면 형성으로 상쇄되기 때문이다. 휘스커 단위 길이당 표면에너지에 대한 응력

에너지의 균형 $\pi R^2\varepsilon = 2\pi R\gamma$으로부터

$$R = \frac{2\gamma}{\varepsilon} \tag{14.19}$$

이고, 여기에서 R은 휘스커 반경, γ는 단위 면적당 표면에너지 그리고 ε은 단위 부피당 변형에너지이다. 원자당 변형에너지는 산화물 원자당 화학 결합에너지 또는 표면에너지보다 4~5지수 정도 작은 크기를 갖기 때문에, 휘스커의 직경은 수 마이크로미터 정도로 발견되고 이 값은 Sn 원자 반경보다 약 4지수 정도 더 큰 크기를 갖는다. 이러한 이유로 나노미터 Sn 휘스커의 자발적인 성장이 일어나기 매우 어렵다.

14.5.4 싱크로트론 방사 미세 회절에 의한 응력 분포 측정

Lawrence Berkeley 국립 연구소 ALS의 미세 회절 장치를 이용하여 상온에서 Cu 리드프레임 위의 SnCu 마감층에 성장한 Sn 휘스커를 연구하였다[9,10]. 백색광 빔은 직경이 0.8에서 1 μm 직경이고 100 μm × 100 μm 면적을 1 μm 단위로 주사하였다. SnCu 마감층의 몇몇 구역을 주사하였는데 이 구역에는 한 개의 휘스커, 특히 휘스커 뿌리를 포함하고 있다. 주사하는 동안, 주사 영역 내 휘스커와 각 결정립은 빔의 관점에서 단결정으로 취급될 수 있다. 이는 결정립 크기가 빔의 크기보다 크기 때문이다. 주사의 각 단계에서 단결정 Laue 회절 패턴을 얻을 수 있다. Sn 휘스커와 SnCu내 휘스커를 둘러싸고 있는 결정립의 결정 방향과 격자상수를 Laue 패턴으로 측정할 수 있다. ALS의 소프트웨어는 각 결정립의 방향을 결정하고 결정립의 주 방향 분포를 표시할 수 있다. 응력이 없는 내부 표준으로 휘스커의 격자상수를 사용하여 SnCu 기지상 내 결정립의 변형과 응력을 측정하여 표시하였다. 그림 14.10은 SnCu 마감층 영역의 저배율 사진이고 내부에 휘스커가 있고 주사하였다.

그림 14.11은 Sn 결정립의 (100)축과 실험실 프레임의 X축 사이의 각도를 나타낸 평면 방위 지도이다. 휘스커 사진을 볼 수 있다. X선 미세 회절 연구는 100 μm × 100 μm의 국부적인 영역에서 응력이 결정립 사이에 변하면서 매우 불균질하다. 그러므로 마감층은 평균 이축응력하에 있다. 이는 휘스커를 둘러싼 영역에서 각 휘스커가 응력을 이완하기 때문이다. 그러나 휘스커 뿌리 주변의 응력 기울기는 방사 대칭을 갖지는 않는다. 그림 14.12에 응력의 수치와 분포를 보여준다. 여기에서 그림 14.11에 보여진 휘스커의 뿌리는 축상에서 $X = -0.8415$와 $Y = -0.5475$에 위치한다. 전반적으로 압축응력은 매우 낮고 수 MPa 정도의 값을 갖는다. 그러나 휘스커 뿌리 부분에서 주변으로 향하는 응력 기울기를 볼 수 있다. 휘스커 바로 아래 응력 수준은 주변보다 조금 더 작은 압축응력이다. 이는 휘스커 성장에 의해서 휘

그림 14.10 Sn 결정립 (100)축과 실험실 프레임 X선 사이의 각도에 대한 평면 각도 매핑에 사용된 휘스커 SEM 사진

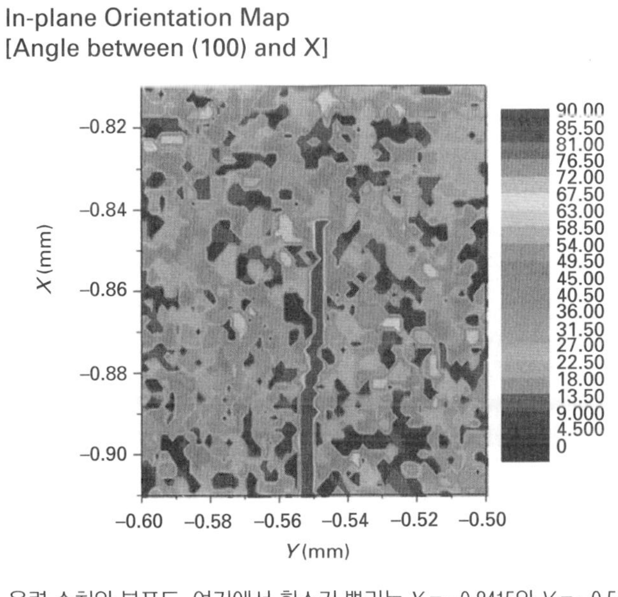

그림 14.11 응력 수치와 분포도, 여기에서 휘스커 뿌리는 $X = -0.8415$와 $Y = -0.5475$이고 그림 14.12에 나타냄

1.5μm

(Unit: MPa)

	−0.5400	−0.5415	−0.5430	−0.5445	−0.5460	−0.5475	−0.5490	−0.5505	−0.5520	−0.5535	−0.5550
−0.8340	−2.82	−3.21	−2.26	0.93	0.93	−0.23	−8.17	2.22	1.49	1.6	−0.03
−0.8355	−2.26	−2.64	−2.64	−1.04	1.37	1.37	−1.31	0.87	0.87	0.87	−0.7
−0.8370	−2.53	−3.21	−3.21	−2.64	−1.04	3.61	0.75	0.87	0.7	0.7	−0.19
−0.8385	−7.37	−9.62	−6.57	−2.64	3.61	4.52	3.61	0.29	−1.31	0	−4.79
−0.8400	−7.37	−8.22	−6.57	−1.18	0.75	4.23	0.75	−2.25	−2.27	−2.91	−6.91
−0.8415	−4.17	−4.84	−4.17	−1.81	−0.67	0.00	−1.96	−1.96	−3.74	−5.08	−5.08
−0.8430	−4.17	−4.17	−3.63	−1.81	−1.81	−2.29	−2.29	−1.96	−1.96	−3.27	−3.27
−0.8445	−4.14	−4.17	−3.86	−3.63	−2.79	−4.64	−4.78	−0.84	−1.4	−1.49	−3.27
−0.8460	−3.14	−3.63	−3.86	−3.63	−3.13	−4.78	−4.78	0.04	0.04	−1.41	−2.33
−0.8475	−4.14	−4.49	−4.49	−4.64	−3.86	−6.04	−1.72	3.55	3.55	−0.41	−2.33
−0.8490	−3.33	−5.67	−6.29	−6.29	−2.66	−2.08	−1.72	−1.79	0	−1.79	−3.73

Whisker

그림 14.12 표면에 수직인 방향에 따른 응력값의 축차(deviatoric) 성분 σ'_{zz} 값

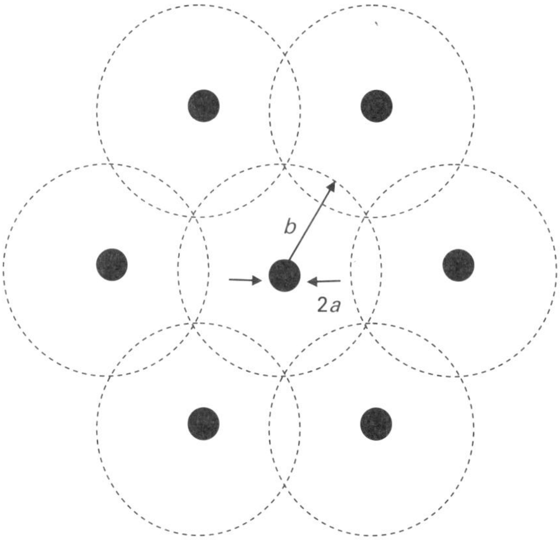

그림 14.13 휘스커 분포는 규칙적인 배열을 갖고 있다고 가정하고 각 휘스커의 직경은 $2a$이고 $2b$ 직경을 갖는 확산 영역을 점유한다.

스커 주변의 응력이 이완되는 것을 의미한다. 그림 14.12에서 밝은 색 화살표는 국부적인 응력 기울기의 방향을 표시하고 있다. 그림 14.13에서 각 원의 옆에 존재하는 원들 중 일부는

유사한 응력값을 보인다. 이 경우는 동일한 결정립에 속한 경우를 의미한다.

그림 14.13은 $-\sigma'_{zz}$의 그림으로 수직한 표면을 따라 존재하는 응력의 편차성분이다. 총 변형 텐서는 편차성분 변형 텐서와 팽창성분 변형 텐서의 합과 동일하다. 후자는 단색 빔을 이용하여 Laue 무늬 에너지로부터 측정하고 전자는 백색 방사광을 이용하여 결정 Laue 패턴에서 벗어난 정도로부터 구한다. 여기에서

$$\begin{aligned} \varepsilon_{ij} &= \varepsilon_{\text{deviatoric}} + \varepsilon_{\text{dilatational}} \\ &= \begin{vmatrix} \varepsilon'_{11} & \varepsilon_{12} & \varepsilon_{13} \\ \varepsilon_{21} & \varepsilon'_{22} & \varepsilon_{23} \\ \varepsilon_{31} & \varepsilon_{32} & \varepsilon'_{33} \end{vmatrix} + \begin{vmatrix} \delta & 0 & 0 \\ 0 & \delta & 0 \\ 0 & 0 & \delta \end{vmatrix} \end{aligned} \tag{14.20}$$

이고, 여기에서 팽창성분 변형률 $\delta = (1/3)\ (\varepsilon_{11} + \varepsilon_{22} + \varepsilon_{33})$이고 $\varepsilon_{ii} = \varepsilon'_{ii} + \delta$이다.

이 두 변형 텐서 측정을 설명하고자 한다. 편차성분 변형률 텐서는 변형이 일어나지 않은 Laue 점 위치 대비 변형이 일어난 Laue 점 위치의 벗어난 정도로부터 계산할 수 있다. 후자의 변형되지 않은 표준으로부터 얻는다. 휘스커는 변형이 없다고 가정하여 Sn 휘스커 자체를 변형되지 않은 표준으로 사용하여 시편-탐지기 사이 거리와 빔 기준으로 탐지기의 기울어진 정도를 교정할 수 있다. 기하적인 위치 등을 수정하였다. 변형된 시편의 Laue 점 위치로부터 시편 변형이 없다는 가정하에 계산된 위치로부터 각 위치의 벗어난 정도를 측정할 수 있다. 변형되지 않은 Laue 점 대비 변형된 점에 관련된 변환 행렬을 계산하고 회전 성분을 제거한다. 편차성분 변형률은 변환 행렬로부터 계산할 수 있다. Laue 패턴에서 점들이 많으면 많을수록 편차성분 변형률 텐서를 더욱 정확하게 결정할 수 있다. 편차성분 변형률은 단위 셀의 모양 변화와 관련이 있다. 그러나 단위 셀 부피는 변하지 않는다고 가정하고 5개의 독립 성분으로 구성되어 있다. 세 개의 주대각선 성분의 합은 0이어야 한다.

모든 변형률 텐서를 얻기 위해서 편차성분 변형률 텐서에 팽창성분 변형률 텐서를 더해야 한다. 팽창성분은 단위 셀의 부피 변화와 관련되고 마지막 식에서 팽창 또는 수축의 단일 성분 δ로 구성된다. 원칙적으로 편차성분 변형률 텐서를 알면 단 한 개의 추가적인 측정이 필요하다. 즉 이 한 개의 팽창성분을 얻기 위해 한 개의 반사 에너지가 필요하다. 이를 수행하기 위해서 단색 광을 사용할 수 있다. 결정의 방향과 편차성분 변형률로부터 팽창성분 변형률이 없는 에너지 E_0를 각 반사로부터 계산할 수 있다. 이 에너지 E_0 주위로 단색화장치(monochromator)를 회전하여 에너지를 주사하고 관심있는 피크의 강도를 CCD 카메라를 이용하여 볼 수 있다. 반사 강도를 최대로 하는 에너지가 반사의 실제 에너지가 된다. 관찰된 에너지와 E_0 사이의 차이로부터 팽창성분 변형률을 구할 수 있다.

정의에 의해 $\sigma'_{xx}+\sigma'_{yy}+\sigma'_{zz} = 0$이기 때문에, σ'_{zz}는 σ_b(이축응력) $= (\sigma_{xx}+\sigma_{yy})/2 = (\sigma'_{xx}+\sigma'_{yy})/2$

$-\sigma'_{zz} = -3\sigma'_{zz}/2$로부터 평면응력(자유 표면 또는 부동태 피막을 갖는 패터닝되지 않은 박막의 총 수직응력 $\sigma_{zz} = 0$)의 측정치이다. 이 관계는 평균적으로 항상 참이다. $-\sigma'_{zz}$의 양의 값은 전체적으로 인장응력임을 의미하는 반면 음의 값은 전체적으로 압축응력임을 의미한다. 그러나 0.01%보다 작은 변형률과 일치하는 측정된 응력값은 백색 광 Laue 방법(민감도는 0.05% 변형률)의 변형률/응력 민감도보다 조금 더 크다.

장범위 응력 기울기는 휘스커 뿌리 근처에서 발견되지 않는다. 이는 휘스커 성장은 주변 몇몇의 결정립 거리 정도 떨어져 있는 국부적인 압축응력의 대부분을 이완시킨다. 그림 14.12에서 휘스커 뿌리 주변에 존재하는 응력을 보다 명확하게 관찰하기 위해서 휘스커 부분을 제거한다. 휘스커에서 절대 응력값은 주변 결정립에서보다 높다. 만일 휘스커가 응력이 없는 상태로 가정한다면 SnCu 표면 마감층은 압축응력 상태이다.

13장에서 솔더 조인트의 일렉트로마이그레이션과 써모마이그레이션의 구동력을 비교하였다. 일렉트로마이그레이션에서 원자 거리만큼 원자를 이동하는 데 드는 일 또는 써모마이그레이션에서 온도 기울기 내 원자를 가로지르는 열 에너지는 약 10^{-27} 정도이다. 응력마이그레이션에 기인한 Sn 휘스커 성장에서 행해지는 구동력 그리고 일을 계산할 수 있다. 그림 14.11에서 원점($x = 0$, $y = 0$)과 ($x = -0.5400$, $y = 0.8490$) 좌측 아래 점 사이의 응력 기울기를 고려하자. $\Delta\sigma \approx 4$ MPa과 $\Delta x \approx 10$ μm이고 Sn 원자의 원자 부피를 27×10^{-24} cm^{3}를 취하면

$$F = -\frac{\Delta\sigma\Omega}{\Delta x} = \frac{4\times10^6(\mathrm{N/m^2})\times 27\times10^{-24}(\mathrm{cm^3})}{10^{-3}(\mathrm{cm})}$$

$$= \frac{4\times10^7(\mathrm{dyn/cm^2})\times 27\times10^{-24}(\mathrm{cm^3})}{10^{-3}\mathrm{cm}}$$

$$= \frac{108\times10^{-17}\mathrm{erg}}{10^{-3}\mathrm{cm}} \approx 10^{-12}\mathrm{erg/cm}$$

원자 점프 거리 0.3 nm를 이 힘에 의해 행해지는 일은 3×10^{-27} J이다. 이는 일렉트로마이그레이션과 써모마이그레이션에서 계산된 값과 유사한 크기 지수이다. 그러므로 구동력은 응력마이그레이션을 만든다. σ가 항복응력이고 A가 Sn 원자의 단면적인 기계적 힘 σA를 계산하면 계산된 값의 지수가 수 개 정도 더 크다. 이는 응력 기울기에서 원자를 가로질러 존재하는 응력 차이가 매우 적기 때문이다.

14.5.5 크립에 의한 응력 이완 : Sn 휘스커 성장에서 균열된 산화물 모델

휘스커 성장은 응력 생성과 이완이 동시에 일어나는 독특한 크립 현상이다. 그러므로 응력 생

성과 이완의 두 반응 속도 과정과 비가역적 과정에 의한 쌍을 고려하자. 휘스커 성장의 이 두 과정에서 첫째는 Cu가 리드프레임으로부터 Sn 마감층 내로 확산해서 Cu_6Sn_5 결정립계 석출물을 형성한다. 이 반응 속도 과정은 마감층에 압축응력을 만든다. 둘째로 응력이 존재하는 영역에서 응력을 이완하기 위하여 응력이 존재하지 않는 휘스커 뿌리 영역으로 Sn의 확산이다. 두 번째 과정에서 확산 거리는 첫 번째보다 훨씬 길고 두 번째 과정에서 확산계수는 더 느리다. 그러므로 두 번째 과정은 휘스커 성장 속도를 조절하는 경향이 있다.

상온은 Sn에게는 상당히 높은 녹는점 대비 상대온도이다. Sn의 녹는점은 232°C이다. 그러므로 Sn 결정립계를 따라서 Sn 자기 확산은 상온에서 빠르다. 그러므로 상온에서 화학반응에 의해 만들어지는 Sn 내 압축응력은 결정립계 자기확산을 통한 원자 재배열에 의해 상온에서 이완될 수 있다.

휘스커 성장은 뿌리에서 일어난다. 즉, 밖으로 밀어올려지면서 성장한다. 어떤 성장 기구일까? Sn 원자가 휘스커 뿌리로 확산할 때 어떻게 휘스커 뿌리에 편입될까? 휘스커가 단결정이고 시간에 따라 길이가 자라기 때문에 휘스커의 성장은 결정립 성장으로 간주할 수 있다. 전통적인 결정립 성장 모델에서 기본적인 과정은 결정립계의 곡률에 반하여 결정립계가 이동하는 현상이다. 이 경우 원자는 결정립계를 가로질러 한 결정립에서 결정립계에 이웃한 또 다른 결정립으로 원자 이동이 일어난다. 그러나 휘스커 성장에서는 결정립의 이동이 휘스커 뿌리 부위에서 일어나는지 여부는 불명확하다. 일련의 단면 SEM 사진을 이용하여 휘스커 뿌리와 그 주변의 결정립 미세구조를 관찰하였다. 이 결과는 휘스커 성장 동안 휘스커와 주변의 결정립 사이에 결정립계 이동이 일어나지 않는다는 것을 제안하였다. 휘스커 성장은 휘스커 뿌리에서 결정립계 이동이 거의 일어나지 않는 결정립 성장이다. Sn 원자는 결정립계를 따라 뿌리 영역으로 이동하고, 일반적인 결정립 성장에서 일어나는 결정립계를 가로지르는 원자의 점프없이 휘스커 뿌리 내로 원자가 편입되는 것처럼 보인다. 이는 Sn 원자가 이미 결정립계에서 확산하고 있기 때문이다. 그러므로 결정립계 이동은 필요하지 않다. 휘스커 성장을 위하여 휘스커 내로 원자가 편입된다는 원자론 모델은 더 많은 연구를 필요로 한다. 휘스커 아래 부위의 킹크 자리에서 일어날 수 있다. 이는 박막의 에피택셜 성장의 자유 결정 표면에서 스텝 성장, 즉 단차 성장과 유사하다. 여기에서 휘스커 성장을 만드는 응력 기울기에 의해 구동되어 뿌리 영역에서 표면 균열로부터 들어오는 공공이 존재함을 언급하여야만 한다.

휘스커 성장의 반응 속도론을 분석하기 위해서 원통형 좌표계에서 2차원 모델을 가정하자. 휘스커의 분포는 일정한 간격을 갖게 배열하고 각각은 직경 $2b$를 갖는 확산장(diffusional field)을 갖는다고 가정하자. 이는 그림 14.13에 나타내었다. 여기에서 휘스커는 일정한 직경 $2a$를 갖고 $2b$의 거리만큼 떨어져 있으며, 확산장에서 원통 좌표계의 2차원 연속방정식에 의해 표시 가능한 정상상태 성장을 한다고 가정하였다. 응력은 에너지 밀도로 생각할 수 있음을 상기하자. 밀도 함수는 연속방정식을 따른다.

$$\nabla^2\sigma = \frac{\partial^2\sigma}{\partial r^2} + \frac{1}{r}\frac{\partial\sigma}{\partial r} = 0 \tag{14.21}$$

경계 조건은 $r = b$에서 $\sigma = \sigma_0$이고, $r = a$에서 $\sigma = 0$이다. 해는 $\sigma = B\sigma_0 \ln(r/a)$이다. 여기에서 $B = [\ln(b/a)]^{-1}$이고 σ_0는 Sn 박막에서 응력이다. 응력 분포를 알기 위해서 응력 기울기를 추정할 수 있다.

$$X_r = -\frac{\partial\sigma\Omega}{\partial r} \tag{14.22}$$

그 후에 휘스커를 성장시키기 위한 플럭스는 $r = a$에서 계산될 수 있다.

$$J = C\frac{D}{kT}X_r = \frac{B\sigma_0 D}{kTa} \tag{14.23}$$

순수한 금속에서 $C = 1/\Omega$임을 상기하자. dt 동안 휘스커의 뿌리로 이동된 물질의 부피는

$$JAdt\Omega = \pi a^2 dh \tag{14.24}$$

이고, 여기에서 $A = 2\pi as$는 뿌리에서 성장 단차 둘레 면적이고, s는 단차 높이이고 dh는 dt 동안 휘스커 높이 증분이다. 그러므로 휘스커 성장 속도는 아래와 같다.

$$\frac{dh}{dt} = \frac{2}{\ln(b/a)}\frac{\sigma_0\Omega sD}{kTa^2} \tag{14.25}$$

휘스커 성장 속도를 추정하기 위해서는 Sn의 자기확산계수를 알 필요가 있다. c축에 평행한 방향과 수직한 방향의 자기 격자확산계수는 약간 차이가 있고 그 값은

$$D_{//} = 7.7 \times \exp(-25.6\ \text{kcal/kT})\text{cm}^2/\text{s}$$
$$D_{\perp} = 10.7 \times \exp(-25.2\ \text{kcal/kT})\ \text{cm}^2/\text{s}$$

상온에서 격자확산계수는 약 10^{-17} cm^2/s이다. 이는 1년, 즉 $t = 10^8$ s 동안 $x^2 \cong Dt$로 계산된 확산 거리는 약 1 μm이다. 그러므로 격자확산계수는 상온에서 휘스커 성장을 책임지기에는 너무 느리다. Sn의 자기 결정립계 확산계수는 아직 정해지지 않았다. 만일 대각 결정립계 확산계수가 위에서 주어진 격자 확산 활성화에너지의 절반이라고 가정하면, 자기 결정립계 확산계수는 약 10^{-8} cm^2/s이 된다.

a = 3 μm, b = 0.1 μm, $\sigma_0\Omega$ = 0.01 eV, (σ_0 = 0.7 × 10^9 dyne/cm^2에서), 상온에서 kT = 0.025 eV, s = 0.3 nm 그리고 D = 10^{-8} cm^2/s(상온에서 Sn의 자기 결정립계 확산계수)의 값을 취하면 성장 속도는 0.1 × 10^{-8} cm/s이 된다. 이 속도에서 휘스커는 1년에 0.3 mm 성장할 수 있다. 이는 관찰된 결과와 잘 일치한다. 결정립계 확산을 가정하였기 때문에 단지 몇 개의 결정립계가 Sn 기지상의 나머지에 휘스커 아래 부분을 연결시키고 있음을 인지하여야 한다. 그러므로 휘스커의 성장에 공급되는 총 원자 플럭스를 $JAdt\Omega$라고 하였다. 여기에서 A = $2\pi as$이다. 플럭스는 휘스커의 전체 둘레 "$2\pi a$"와 성장 시 단차 높이 "s"가 된다고 가정하였다. 휘스커 성장 속도의 위 계산에서 그림 14.13에 나타낸 몇 개의 결정립 직경을 b 값으로 그리고 응력 σ_0를 10 MPa 또는 10^8 dyne/cm^2로 취하면, 결과는 동일하다.

참고문헌

[1] C. Herring, "Diffusional viscosity of a polycrystalline solid," *J. Appl. Phys.* **21** (1950), 437.

[2] B. Chalmers, *Physical Metallurgy* (Wiley, New York, 1959).

[3] A. S. Nowick and B. S. Berry, *Anelastic Relaxation in Crystalline Solids* (Academic Press, New York, 1972).

[4] M. F. Ashby and D. R. H. Jones, *Engineering Materials I* (Pergamon Press, Oxford, 1980).

[5] Fan-Yi Ouyang, Kai Chen, K. N. Tu and Yi-Shao Lai, "Effect of current crowding on whisker growth at the anode in flip chip solder joints," *Appl. Phys. Lett.* **91** (2007), 231919.

[6] K. N. Tu, "Interdiffusion and reaction in bimetallic CuSn thin films," *Acta Met.* **21** (1973), 347.

[7] K. N. Tu and R. D. Thompson, "Kinetics of interfacial reaction in bimetallic CuSn thin films," *Acta Met.* **30** (1982), 947.

[8] K. N. Tu, "Irreversible processes of spontaneous whisker growth in bimetallic CuSn thin film reactions," *Phys. Rev.* **B49** (1994), 2030–4.

[9] G. T. T. Sheng, C. F. Hu, W. J. Choi, K. N. Tu, Y. Y. Bong and Luu Nguyen, "Tin whiskers studied by focused ion beam imaging and transmission electron microscopy," *J. Appl. Phys.* **92** (2002), 64–9.

[10] W. J. Choi, T. Y. Lee, K. N. Tu, N. Tamura, R. S. Celestre, A. A. MacDowell, Y. Y. Bong and L. Nguyen, "Tin whisker studied by synchrotron radiation micro-diffraction," *Acta Mat.* **51** (2003), 6253–61.

연습문제

14.1 일렉트로마이그레이션과 써모마이그레이션은 비가역적인 과정에서 교차 효과(cross-effects)를 갖는다. 응력마이그레이션은 왜 교차효과를 갖지 않는가?

14.2 금속에 탄성응력을 가하면 금속 내 주된 플럭스 또는 흐름(flow)은 무엇인가?

14.3 응력마이그레이션과 일렉트로마이그레이션의 쌍에서 일렉트로마이그레이션이 일어나지 않는 임계 길이를 구하였다. 이와 대조적으로 응력마이그레이션과 써모마이그레이션의 쌍에서 임계 길이를 구할 수 있는가? 없다면 그 이유는 무엇인가?

14.4 격자 확산을 기반으로 Nabarro-Herring 크립을 모사하고 결정립계 확산을 기반으로 Coble 크립을 모사한다. 표면 확산을 기반으로 크립이 일어날 수 있는가?

14.5 3장에서 논의된 제로 크립에서, 직경 1 mm, 길이 10 cm 그리고 결정립계 크기가 2 mm인 Au 와이어를 고려하자. 시편에서 응력 포텐셜 기울기는 얼마인가? 800°C에서 크립 속도는 얼마나 빠른가?

14.6 직경 100 nm 그리고 길이 100 μm인 Au 나노와이어를 이용하여 800°C에서 제로 크립을 수행하였다. 무슨 일이 일어나겠는가?

15 신뢰성 과학과 분석

15.1 서론

신뢰성 과학이 무엇인지를 정의하여야만 한다. 소자가 응용 기구에서 독특한 기능을 제공하도록 만들어질 때, 일반적으로 사람들은 소자의 미세구조는 사용되는 수명 동안 변화하지 않으리라고 기대한다. 불행하게도 이는 사실이 아니다. 전자 소자 응용에서 전기장과 전류를 인가하여야만 한다. 고전류밀도에서 일렉트로마이그레이션은 미세구조를 변화시키고 공동 형성에 의한 단전과 휘스커 성장에 의한 단전에 기인한 회로 고장을 유발한다. 고전류밀도는 또한 Joule 열의 원인이 되고, 온도 상승은 소자 내 서로 다른 열팽창 계수를 갖는 서로 다른 재료 사이에 열응력을 유발한다. 응력과 온도 기울기는 원자 확산, 상 변화 그리고 미세구조 불안정성을 야기한다. 미세구조 변화에서 독특한 것은 비평형 열역학 영역에서 일어나거나 비가역적 과정이라는 것이다. 소자 고장을 만드는 비가역 과정에서 상 변화를 이해하기 위한 기초 과학은 신뢰성 과학이다. 응용의 관점에서 신뢰성 과학을 바탕으로 물리와 통계 분석은 소자의 수명을 예측할 수 있어야만 한다[1-4].

전통적인 금속 상 변화는 두 개의 평형 상태 사이에서 일어나고, 이는 일정한 온도와 압력하에서 정의된다. 예를 들어 대기압에서 200ºC에서 100ºC로 변할 때 공정 SnPb 솔더 내에 상변화가 있다. 솔더 상 변화는 용융 상태에서 고체 상태로 변화이다. 변화 과정을 나타내는 Gibbs 자유에너지 변화를 최소화할 수 있고, 공정 미세구조에서 두 고체 상태의 조성을 정의할 수 있는 Sn-Pb의 평형 상태도를 사용할 수 있다. 그럼에도 불구하고, 이러한 특별한 경우에는 준평형 상 변화이지 최종 평형 상태는 아니다. 왜냐하면 평형 공정 구조에서 판상 구조 사이의 거리를 정의할 수 없기 때문이다.

그러나 온도 기울기 또는 압력(응력) 기울기가 존재할 때, 일정한 온도와 압력의 경계 조건을 갖지 못한다. 그러므로 변화는 최소 Gibbs 자유에너지에 의해 표현될 수 없다. 대신에 비가역 과정이고 상 변화의 반응 속도론은 비평형 열역학 영역이다. 고전적인 예로 써모마이그레이션의 Soret 효과가 있다. 여기에서 균일한 합금은 온도 기울기에 의해 비균일하게 변한다. 비균일 상태는 균일 상태보다 더 높은 자유에너지를 갖기 때문에 자유에너지를 증가하는 과정이다. 또 다른 예로 일렉트로마이그레이션하에서 공정 솔더 조인트는 두 개의 공정 조직으로 나뉘어질 수 있고 판상 미세구조는 사라진다.

그럼에도 불구하고, 비가역 과정은 소자 고장을 유발하지 않을 수도 있다. 예를 들어 일렉트로마이그레이션을 고려하여 보자. 만일 일렉트로마이그레이션에 의해 발생하는 원자 플럭스가 도체에서 균일하고 음극과 양극 모두 원자의 매우 큰 소스와 싱크라면, 도체에서 공동 또는 힐록 형성으로 정의되는 고장이 일어나지 않는다. 그러므로 고장이 일어나기 위해서는 비가역 과정에서 물질 플럭스의 발산이 필요하게 된다. 예를 들면 원자 플럭스 발산이 일어날 때, 공동 형성은 Al과 Cu 배선의 삼중점에서 발견된다.

만일 일정한 격자 위치 또는 일정한 부피, 즉 등부피 과정이라면, 여전히 발산은 공동 또는 힐록 형성의 필요 조건이지 충분 조건은 아니다. 원자 총 수는 보존되지만 격자점 총 수는 공동 형성 또는 힐록과 휘스커 성장 시 변화하여야만 한다. 이를 위해서는 플럭스 발산 영역에서 격자이동이 일어나지 말아야 하므로 이 과정은 일정한 격자점 또는 등부피 과정이 아니다.

이 장에서, 등부피(constant volume) 과정과 비등부피(non-constant volume) 과정을 우선 논의할 것이다. 비가역 과정이 격자이동을 수반하는 경우, 격자점 총 수는 보존되고 이는 일정한 부피 과정이다. 이 경우에는 공동 또는 힐록 형성이 없고 고장이 일어나지 않는다. 고장을 분석하기 위해서는 물리적 분석과 통계적 분석 모두를 논의할 것이다. 그리고 그 예로서 플립칩 솔더 조인트에서 일렉트로마이그레이션을 사용할 것이다. 물리적 분석은 고장의 형태와 기구를 이해할 수 있도록 할 것이다. 통계적 분석은 소자의 수명을 예측할 때 필요한 MTTF를 제공할 것이다. 결론적으로 이 두 분석의 결합을 간략히 논의할 것이다.

15.2 등부피 과정과 비등부피 과정

A와 B 사이의 상호확산에서 Kirkendall 효과의 일반적인 경우를 5.3.2절에서 논의하였다. B 속의 A 또는 A 속의 B 농도는 시간과 위치에 따라 변한다. 그러므로 상호확산에서 원자 플럭스 발산이 존재한다. 그러나 상호확산의 Darken 분석에서, 응력과 공동 형성이 존재하지 않는다. 이는 공공 발산이 존재할지라도 시편의 모든 곳에서 공공의 농도가 평형상태로 존재한다고 가정하기 때문이다. 평형 때문에 공공의 과포화가 없다. 그러므로 공동의 핵 생성도 없다. 구조체가 공동 형성이 없다면, 단전 고장도 존재하지 않는다고 가정할 수 있다.

암묵적으로 평형 공공 농도는 공공이 필요한 구조에 의해 흡수되거나 만들어지는 것을 가정한다. 그 예로는 시편 내부에서 전위 상승 등이 있다. Darken의 분석에서 상호확산은 격자면의 이동 또는 격자이동, 즉 격자 내에 삽입된 마커를 이동시킨다. 격자이동에서 총 격자점의 수는 일정하다. 만일 *AB* 합금에서 *A*와 *B*의 분몰 부피(partial molar volume)가 동일하다고 가정하면, 일정한 총 격자점은 총 부피가 일정함을 의미한다. 게다가, 만일 부피 변화가 없다면 응력이나 변형도 없다. 상호확산을 등부피 조건하에서 일어난다고 생각할 수 있고 식 (5.37)에서 주어진 것처럼 움직이는 격자 프레임을 이용하여 $j_A + j_B = -j_V$로 쓸 수 있다. 여기에서 j_A, j_B 그리고 j_V는 각각 *A*원자, *B*원자 그리고 공공 플럭스이다.

반면에 많은 상호확산의 경우는 Kirkendall 또는 Frenkel 공동 형성을 보인다. 이는 격자이동이 불완전하거나 없기 때문이다. 바꿔 말하면, 시편의 모든 위치에서 공공이 평형인 것은 아니다. 총 부피는 이 과정에서 일정하지 않다. 만일 *B*로 확산하는 *A*원자 수가 *A*로 확산하는 *B*원자 수보다 더 크다면, 과잉의 *A*원자들이 수용될 수 있는 더 많은 격자점이 *B* 내에 필요하게 된다. 또한 더 많은 격자점은 과잉의 공공을 수용하기 위하여 *A* 내에 필요하게 된다. 과잉의 *A*원자는 변형을 낮추기 위해서 자유 표면에 쌓일 수 있다. 그러므로 힐록이나 휘스커가 성장하게 된다. *A* 내 과잉 공공은 과포화되어, Kirkendall 또는 Frenkel 공동 핵 생성을 할 수 있다. *B*내에 과잉의 *A*원자량은 *A* 내의 과잉 공공량과 같지 않을 수도 있다는 것을 언급할 필요가 있다. 각각의 과잉량은 상호 독립적일 수 있다. 휘스커 또는 공동이 성장할 때, 고장이 일어난다. 신뢰성 고장에서 핵심은 비등부피 과정 또는 격자이동 부재라는 것이다. Al 배선의 경우에 대한 격자이동의 부재를 5.3.2.3절에 설명하였다.

15.3 비가역 과정에서 물질이동 발산에 미치는 격자이동의 효과

15.3.1 작동 전 소자 구조체에서 전류밀도, 온도 그리고 화학 포텐셜의 초기 분포

소자 동작을 위한 전력이 인가되기 이전에 전류의 흐름과 Joule 열이 존재하지 않게 된다. 그러므로 도체에는 전류밀도 분포가 존재하지 않는다. *p-n* 접합에서는 도펀트 분포는 존재한다. 그러나 바이어스 전압이 인가될 때까지는 전하의 흐름은 없다. 이는 도펀트가 상온 근처에서는 반도체 격자에서 움직일 수 없다고 가정하고, *p-n* 접합의 내장(built-in) 포텐셜이 바이어스가 인가되기 이전에는 평형상태라고 가정하기 때문이다. 전력의 인가 없이는 소자 내의 온도 분포는 주변과 동일하다. 게다가, 단순화를 위해서 소자 내에 응력 포텐셜을 포함하여 화학 포텐셜의 초기 값 또한 균일하다고 가정할 수 있다. 이 값들은 근사치이지 사실은 아닐 수 있다. 이에 대한 것은 추후에 논의할 것이다. 초기의 매우 단순한 조건을 갖고 소자를 동작시키기 위해 전류를 인가할 때, 소자 구조체 내에 전류 분포가 만들어지고 Joule 열 때문에 온도 분포 역시 만들어진다고 가정한다. 전류 흐름과 열 흐름은 원자 확산을 만든다. 그러므로 소자내 화학 포텐셜 기울기는 시간에 따라 미세구조와 상 변화를 만들 수 있으므로 신뢰성 문제를 야기하게 된다. Joule 열은 열응력 또한 만들 수 있다. 분명한 것은 전력을 인가하기 전에는 신뢰성 문제가 없다는 것이다.

소자 구조체 디자인과 서로 다른 재료 사이의 계면을 알면, 계면 반응에서 조성의 분포와 조성의 기울기를 알 수 있다. 원론적으로 소자 구조체에서 응력 포텐셜뿐만 아니라 화학 포텐셜 분포를 얻을 수 있다.

14장에서 화학 포텐셜의 일부로서 응력 포텐셜($\sigma\Omega$)을 언급하였다. 그러므로 응력 포텐셜 기울기($d(\sigma\Omega)/dx$)는 원자 움직임의 구동력이다. 서로 다른 재료는 서로 다른 열팽창 계수를 갖기 때문에 소자의 공정 동안 소자에서 서로 다른 부분 사이에는 열응력이 생기게 된다. 열응력이 계면을 가로질러 크게 존재하기 때문에 균열 형성과 전파를 만든다. 이는 신뢰성보다는 수율의 문제가 된다. 반면에, 기계적 응력 기울기에 기인한 크립과 유사하게 열응력 기울기가 원자 흐름을 만드는 경우는 신뢰성 문제가 된다. 그러나 열응력과 기울기는 열처리로 감소시킬 수 있다.

소자 제조에서 높은 수율과 좋은 신뢰성 모두는 매우 강조되는 분야이다. 만일 수율이 0이라면, 신뢰성은 생각할 필요도 없다. 한 예로 다층 상감 배선을 형성하는 낮은 유전상수(k) 물질과 Cu의 집적을 고려하여 보자. 매우 낮은 k 유전체로 사용되는 다공성이며 폴리머 소재가 Cu와 집적이 될 때, 두 물질 사이의 열응력은 유전체를 균열시키는 경향이 있다. 집적 공정이 성공적이더라도 플립칩 솔더 조인트로 패키징 기판에 소자를 연결할 때 소자와 기판 사이의 열응력은 낮은 k 값을 갖는 유전체에서 균열을 만들게 된다. 왜냐하면 낮은 k는 솔더보다 기계적으로 더 약하기 때문이다. 이를 소자-패키징 상호작용이라 하고 소자의 수율에 영향을 미친다.

높은 수율을 얻은 후에야 우수한 신뢰성을 담보하는 제품을 얻을 수 있다. 이를 위하여 산업계는 초기 쉽게 고장이 나는 부품 또는 요소를 제거하기 위하여 고온 검사(burn-in) 공정을 도입하였다. 주어진 온도에서 열처리는 신뢰성 기준을 만족시키기 위해서 수행되어야만 한다. 예를 들어 전자 패키징에서 솔더 조인트는 150ºC에서 1,000시간 동안 열처리를 견뎌야한다. 기본적으로 열처리는 소자에서 거의 균일한 화학 포텐셜을 갖도록 할 수 있다. 이전에 존재하는 응력과 화학 포텐셜 기울기를 제거할 수 있다. 이 후에 소자 동작을 위한 전력공급을 하고 신뢰성을 고려한다. 150ºC에서 1,000시간 동안 열처리는 다소 길어 보일 수 있다. 그러나 계면 금속간 화합물 형성에 미치는 영향은 솔더가 용융된 상태에서 1분 동안 리플로우 하는 효과와 동일하다.

소자가 적층된 박막 구조체로 만들어져 있기 때문에, 많은 계면과 계면 반응들이 존재한다. 예를 들어 솔더 조인트 형성에서 솔더는 기판에 존재하는 Cu 접합 패드뿐만 아니라 소자 쪽에 있는 Cu UBM과 반응할 것이다. 고체 상태에서 솔더 반응은 액체 상태에서보다 4 지수 정도 크기가 적다. 150°C에서 1,000시간조차도 모든 Cu와 솔더를 완전히 소모할 수 없다. 그러므로 조인트에는 반응하지 않는 Cu와 솔더가 존재한다. 실제로 반응하지 않은 Cu와 솔더가 존재하는 것은 여러 번의 리플로우와 수리 작업 등을 수행할 수 있도록 해준다. 그러므로 반응하지 않은 Cu와 솔더 때문에 플립칩 구조에서는 화학 포텐셜 기울기가 존재한다. 그럼에도 불구하고 Cu와 솔더 사이의 금속간 화합물 형성은 Cu/솔더 반응을 느리게 하는 확산 방지층이 된다. 화합물은 상당히 두껍기 때문에 소자 동작 온도에서 더 많은 Cu-Sn 화합물을 형성하는 화학 반응 속도는 매우 느리게 된다. 그러나 반응은 전기 구동력과 열 구동력에 의해 더 심각한 신뢰성 문제가 될 수 있다.

15.3.2 소자 동작 동안 분포의 변화

물질 흐름, 열 흐름, 그리고 전하 캐리어 흐름 중에 소자의 전류밀도, 온도 그리고 화학 포텐셜의 분포를 변화시키는 단초는 전하 캐리어 흐름이다. 소자의 구조 설계가 주어지면, 크기와 재료를 알 수 있고 FEA를 이용하여 전류가 존재할 때 소자 구조 내의 "전류 분포"를 전산모사할 수 있다. 상업적 컴퓨터 프로그램인 ANSYS 등은 전류 분포의 3차원 전산모사를 할 수 있고 신뢰할 만한 수준이다. 전산모사에서 전류밀도는 불균일하고 전류 집중이 일어나며 이를 아는 것은 매우 중요하다.

다음 단계는 소자에서 온도 분포를 얻는 것이다. 전류 분포를 알고 있으므로 10장에서 주어진 것처럼 Joule 열을 계산할 수 있다. 온도 분포를 얻기 위해서는 소자의 열 발산을 알 필요가 있다. 그럼에도 불구하고 열 전도가 매우 잘 연구된 학문이기 때문에 소자에서 합리적인 열 발산을 대표하는 열 손실 계수들을 가정할 수 있다. 그 후에 적외선 센서나 다른 온도 측정 기술을 이용하여 소자 내 온도 분포를 알 수 있다. 그러므로 가정한 계수가 정확한지를 확인할 수 있다. 측정된 데이터와 맞도록 계수를 조절할 수 있으며, 온도 분포로부터 소자에서 뜨거운 위치와 온도 기울기를 알 수 있다. 솔더 용융을 기준점으로 활용할 수 있다.

전류 분포와 온도 분포 이외에, 원자 흐름에 더해서 전자 흐름과 열 흐름에 의해 만들어지고 영향받는 화학 포텐셜 분포를 알 필요가 있다. 정상 상태가 만들어지기 이전에 원자 흐름에 미치는 전자 흐름과 열 흐름의 영향에는 과도기가 존재한다. 원자 흐름에 미치는 전자 흐름과 열 흐름의 효과는 각각 일렉트로마이그레이션과 써모마이그레이션으로 주어진다. 이러한 비가역 과정에서 정상상태를 가정하는 것은 일반적이다. 여기에서 정상상태에 도달하기까지는 다소 시간이 걸린다. Al 배선에서 일렉트로마이그레이션의 과도기 상태는 연속방정식 또는 발산 식을 이용하여 분석할 수 있다. 정상상태에서 고장을 일으키는 원자 플럭스 발산 위치를 구조체에서 발견하는 것이 매우 중요하다.

원자 확산에서 플럭스 발산에 대하여 농도 C는 시간과 위치에 따라 변한다. 즉, $C = C(t, x)$이다. 그러므로 농도 기울기는 시간과 위치에 따라 변하고, Fick의 제2법칙을 사용하여야 한다. 일렉트로마이그레이션에서 전류밀도 또는 구동력은 시간과 위치에 따라서 일정할 수 있으므로 이로 인한 원자 플럭스도 일정할 수 있다. 미세 변화가 없다면 발산이 존재할 수 없게 된다. 예를 들어 결정립계의 삼중점 또는 급작스런 계면 변화 등에서 전류밀도가 일정할지라도 원자 플럭스 발산이 생길 수 있게 된다. 계면을 가로질러 존재하는 원자 플럭스 변화는 점진적이기보다는 급작스러울 확률이 높다. 격자이동이 없다면, 공동 또는 휘스커가 계면에서 성장할 수 있다. 예를 들어 공동의 성장은 공공의 일정한 플럭스 공급을 통해 일어나고 성장을 설명하는 성장 식은 5장에서 논의하였다.

불균일 전류밀도가 소자 구조에서 전류 집중에 의해 일어난다면 일렉트로마이그레이션에 대한 구동력은 위치에 따라 일정하지 않다. 그러므로 일렉트로마이그레이션의 불균일 구동력에 의한 원자 플럭스 발산을 고려할 필요가 있다. 경계 조건과 초기 조건이 주어진다면 발산 방정식을 풀 수 있다. 공동 또는 휘스커 성장에 대한 물질 플럭스를 해로부터 위치에 따라 얻을 수 있다.

15.3.3 물질 플럭스 발산에 미치는 격자이동 효과

앞 장들에서 구동력과 플럭스 관점에서 일렉트로마이그레이션, 써모마이그레이션 그리고 응력마이그레이션의 본질을 논의하였다. 이들의 상호작용은 비가역 과정에서 아래의 3 × 3 행렬 식으로 표시할 수 있고

$$J_i = L_{ij} X_j \tag{15.1}$$

이고, 여기에서 J, L 그리고 X는 각각 플럭스, 현상 계수 그리고 구동력이다. 이들은 Fick의 법칙, Fourier의 법칙 그리고 Ohm의 법칙 사이의 상호작용을 조합한 것이다. 그러나 고장의 관점에서 물질 플럭스 그리고 관련된 상호 효과는 흥미롭다.

11장에서 만일 일렉트로마이그레이션에서 원자 플럭스가 균일하다면 고장이 일어나지 않을 것이라는 사실을 논의하였다. 그러므로 플럭스를 아는 것으로 충분치 않다. 고장은 물질 플럭스 분산을 필요로 하고 이로 인하여 공동 형성 또는 휘스커 성장이 일어날 수 있다.

Fick의 제1법칙과 제2법칙과 유사하게 식 (15.1)을 제1법칙으로 간주할 수 있고 고장에 대한 발산 J_i를 고려할 필요가 있다. 여기에서 J_i는 식 (15.1)에 주어진 원자 플럭스이다. 1차원을 가정하면

$$J_x = C\frac{D}{kT}\left[-\left(\frac{\partial\sigma\Omega}{\partial x}\right) + Z^{*}ej\rho + \frac{Q^{*}}{T}\left(-\frac{\partial T}{\partial x}\right)\right] \tag{15.2}$$

이고, 여기에서 우측 편의 3개 항은 각각 응력마이그레이션, 일렉트로마이그레이션 그리고 써모마이그레이션에 기인한 원자 플럭스이다. 공공 기구에 의해 확산이 일어난다고 가정한다면, 공공의 반대 방향 플럭스가 존재하고 $J_v = J_x$이다. 시간과 위치의 함수로서 공공 농도 C_v는 연속방정식을 풀어서 얻을 수 있고,

$$\frac{\partial C_v}{\partial t} = -\frac{\partial J_v}{\partial x} + \delta \tag{15.3}$$

이고, 여기에서 δ는 격자에서 공공의 생성과 소멸을 일으키는 소스/싱크를 설명하는 항이다.

J. J. Clement는 $\delta = 0$인 경우와 $\delta \neq 0$인 경우에 대해서 식 (15.3)을 풀었다. 해의 모사를 얻었다. 그 해는 이곳에서는 논의하지 않을 것이다[6].

15.4 플립칩 솔더 조인트에서 일렉트로마이그레이션 고장의 물리적 분석

신뢰성 고장의 형태와 기구를 이해하기 위하여 물리적인 분석이 필요하다. 일반적으로 가속 조건에서 일렉트로마이그레이션을 시편 구조체에서 수행하게 된다. 가속 조건은 소자의 동작 조건보다 더 높은 온도와 전류밀도에서 행해진다. 고장난 소자는 단면을 잘라서 SEM, TEM, XRD 그리고 마이크로프로브 등을 이용하여 고장 위치를 검사한다. 아래에 플립칩 솔더 조인트에서 일렉트로마이그레이션에 기인한 고장의 예를 들어 설명할 것이다.

15.4.1 한 쌍의 조인트에서 전류밀도 분포

한 예로 플립칩 솔더 조인트의 신뢰성 연구를 들 것이다[7-10]. 한 쌍의 솔더 조인트에서 전류 분포 전산모사로부터 시작할 것이다. 전하가 들어오고 나가는 것을 분석하기 위해서는 한 쌍의 솔더 조인트가 필요하다. 그림 15.1(a)는 위쪽의 Si 소자와 아래쪽의 폴리머 기판 사이에 연결된 한 쌍의 플립칩 솔더 조인트에 대한 3차원 전산모사를 나타낸 것이다. 위쪽에는 두 범

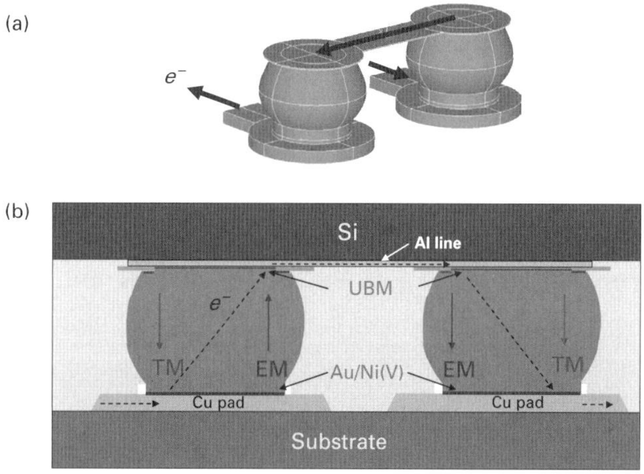

그림 15.1 (a) 플립칩 솔더 조인트의 삼차원 개략도. 화살표는 전자 흐름 방향을 나타낸다. (b) 위쪽 Si 소자와 아래쪽 폴리머 기판 사이에 존재하는 한 쌍의 솔더 조인트 단면을 묘사하고 있는 개략도. 일렉트로마이그레이션과 써모마이그레이션의 방향이 표시된다.

프가 Al 배선으로 연결되어 있다. 화살표는 전자 흐름 방향을 보여준다. 아래쪽에는 Cu 범프 패드에 의해 각 솔더 범프가 독립적으로 기판에 접합되어 외부로 연결된다. 그림 15.1(b)는 한 쌍의 솔더 조인트 단면을 나타낸 것이다. Al 배선과 솔더 범프 사이에는 접합 개구를 결정하는 UBM이 존재한다. 그림 15.1(a)에서 화살표로 표시한 것처럼, 전류 흐름은 본드 패드의 한쪽으로부터 공급되어 솔더 범프, Al 배선, 또 다른 솔더 범프를 통과하여 본드 패드로 빠져나간다. Al 배선, UBM, 솔더 범프 그리고 Cu 본드 패드의 크기와 저항은 알려져 있다. 그림 15.2(a)와 (b)에 각각 나타낸 것처럼 플립칩 구조에서 Joule 열뿐만 아니라 전류 분포도 전산모사할 수 있다.

전류 분포 전산모사로부터 두 개의 중요한 특징이 있다. 첫째는 Al 배선이 가장 높은 전류밀도를 갖는다는 것이고, 둘째는 솔더 범프 내 전류밀도가 불균질하다는 것이다. 첫째는 Al이 전류밀도 제곱에 비례하는 Joule 열 $j^2\rho$ 때문에 소자 작동 중에 Al이 가장 뜨거운 부분임을 암시한다. Cu 본드 패드에서 Joule 열이 더 낮기 때문에 범프를 가로질러 온도 기울기가 존재하게 된다. 그림 15.1(b)의 두 범프에서 일렉트로마이그레이션과 써모마이그레이션의 조합된 효과가 서로 다름을 의미한다. 우측 솔더에서, 두 효과가 동일한 방향으로 존재한다. 좌측에서는 두 효과가 반대 방향으로 존재한다. 두 번째는 솔더 조인트에 전류 집중이 있음을 의미한다. 여기에서 전자는 Al 배선에서 솔더 범프로 전자가 들어가거나 범프에서 Al로 나온다.

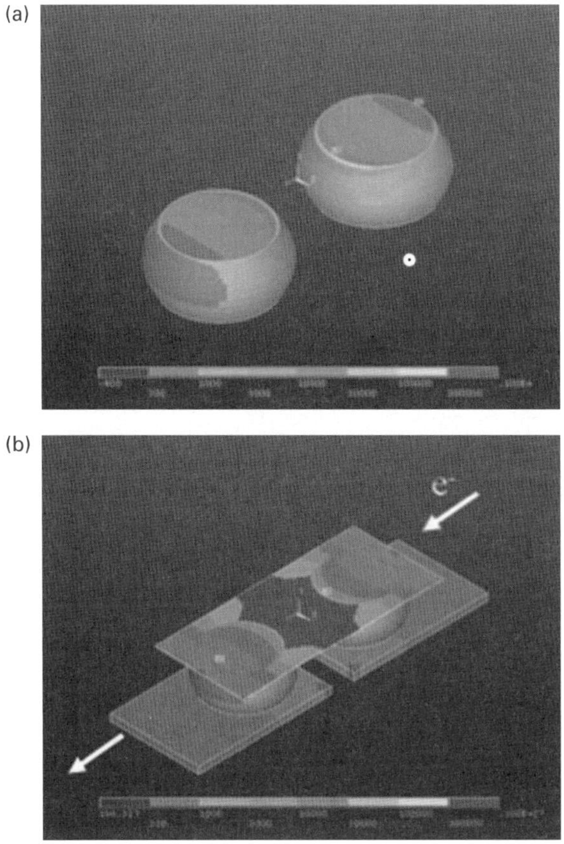

그림 15.2 (a) 한 쌍의 솔더 범프 사이에 존재하는 Al 배선과 솔더 범프 아래에 존재하는 Cu 선을 갖는 플립칩 구조의 전류 분포 전산모사. (b) Al 배선이 열 소스로 작용하고 있음을 보여주는 Joule 열의 전산모사

일렉트로마이그레이션은 전류 집중 영역에서 상당량이 발생할 것이다.

15.4.2 한 쌍의 조인트에서 온도의 분포

그림 15.3은 전류밀도의 함수로 소자 쪽과 기판 쪽에서 Joule 열에 기인한 온도 증가를 보여준다. 로의 온도는 150℃를 유지하였다. 에스자 모양의 Pt 선을 갖는 온도 센서를 이용하여 소자와 기판의 온도를 측정하였다. 예를 들어 소자 쪽의 온도는 기판 쪽보다 약 13℃ 정도 높은 값을 가지며, 이 온도 차이는 100 μm 높이를 갖는 솔더 범프를 가로질러 1,300℃/cm의 온도 기울기를 갖게 되어 써모마이그레이션이 생기기에 충분하다.

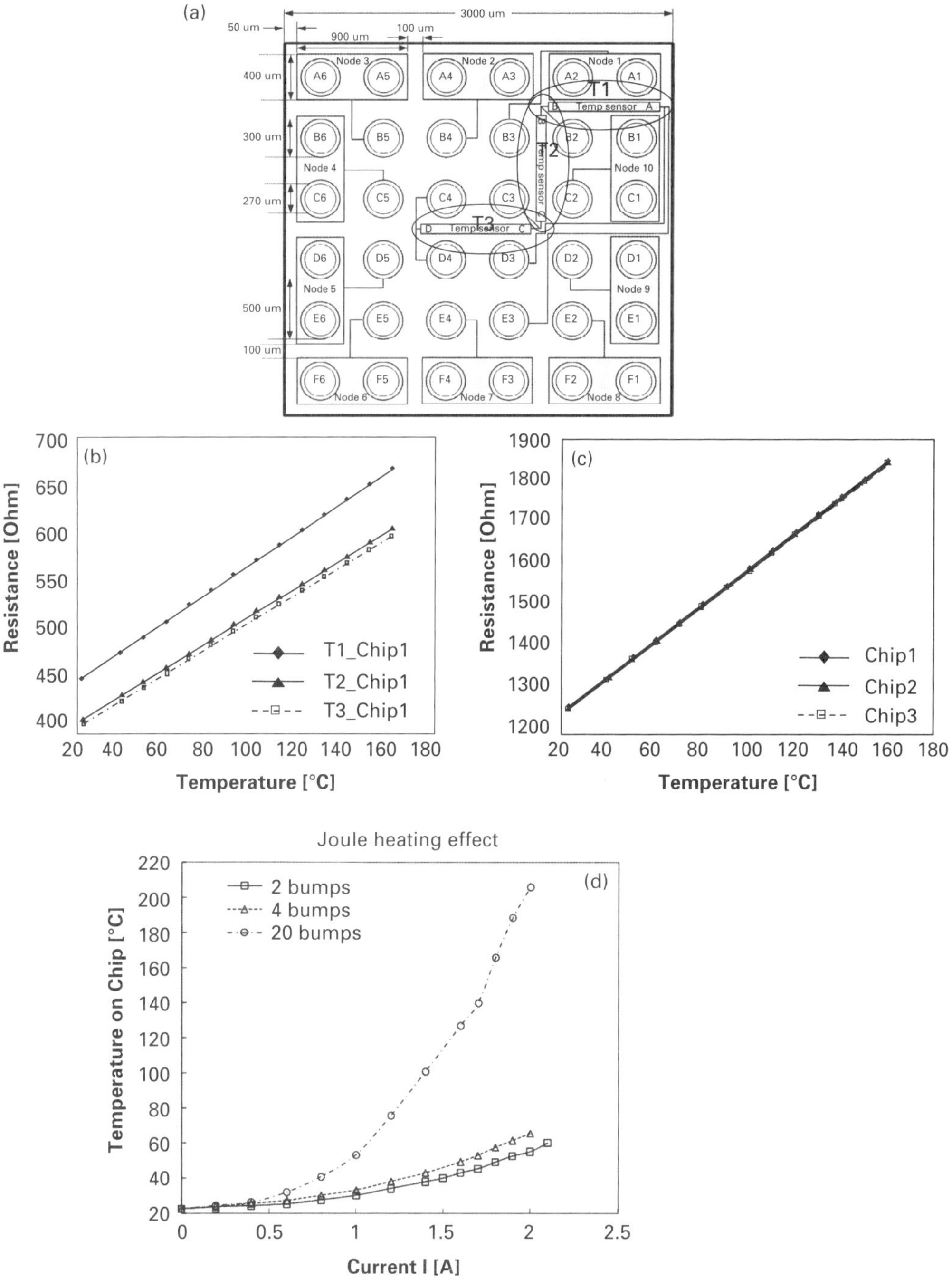

그림 15.3 (a) 소자 쪽에 위치한 3개의 Pt 센서 개략도. (b) 주변 온도에 따르는 Pt 각각의 센서의 저항 그래프. (c) 주변 온도에 따라서 3개의 센서를 일치시킨 보정 그래프. (d) 전류밀도와 로의 온도 함수로 소자와 기판의 Joule 열에 의한 온도 증가는 150℃이다.

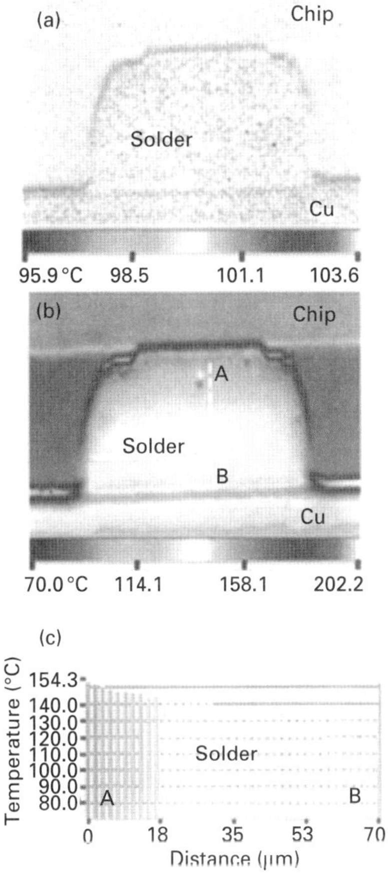

그림 15.4 인가된 전류가 0.5 A인 경우, 솔더 조인트 중 한 개의 단면을 적외선 센서로 측정한 온도 분포. (a) 전류 인가 전 적외선 사진. (b) 0.5 A을 인가한 후 적외선 사진. (c) 솔더 조인트를 가로질러 존재하는 온도 기울기

그림 15.4는 인가된 전류가 0.5 A일 때 IR 센서로 측정된 솔더 조인트 단면의 온도 분포이다. 온도는 균일하지 않다. 소자 쪽은 기판 쪽보다 더 뜨겁고 높이 100 μm인 솔더 범프를 가로질러 존재하는 온도 차이는 약 5°C이다. 온도 기울기는 써모마이그레이션이 솔더 범프 내에서 일어날 수 있음을 암시한다. 그러므로 범프에서 일렉트로마이그레이션은 써모마이그레이션을 수반한다. 소자 위쪽의 온도 분포를 적외선 카메라를 이용하여 측정하였다. IR 카메라는 소자를 투과하여 온도 증가를 측정할 수 있다. Al 배선이 가장 높은 온도를 가짐을 보인다.

150°C를 유지하면서 전류밀도 1×10^4 A/cm^{2}를 한 쌍의 솔더 조인트에 인가하면, 저항이 급격하게 증가하는 고장은 50 h 이후에 발견된다. 고장의 형태는 그림 15.1에 나타낸 솔

더 범프 중 우측 솔더 범프의 소자 쪽에 전체 접합 계면을 따라서 팬 케이크 형태의 공동이 성장한다. 이 범프에서 전자는 왼쪽 위로부터 흘러내려오고, 전자가 Al 배선으로부터 솔더 범프로 들어올 때 전류 집중이 발생한다. 공동은 좌측 상단에서 시작하여 우측으로 성장한다. 공동은 전류의 흐름을 막는다. 그러므로 전자는 Al 배선을 따라서 앞쪽으로 이동하고, 공동의 앞쪽에서 범프로 진입한다. 일렉트로마이그레이션은 원자를 아래쪽으로, 공공은 위쪽으로 구동시킨다. 공공은 우측으로 성장하는 공동에 계속 공급된다. 그러므로 공동 성장은 팬케이크 모양을 갖는다. 팬케이크 모양의 공동 성장을 이용하여 모델을 만들고 모사하였다. 공동이 전체 접촉을 가로질러 성장하면 솔더 조인트는 급작스럽게 고장이 난다. Al의 전도 길이가 길어지기 때문에 Joule 열 역시 증가한다. 일렉트로마이그레이션과 함께 써모마이그레이션이 일어나고 일부 응력마이그레이션이 존재하지만, 파괴 속도는 주로 일렉트로마이그레이션에 의해 좌우된다.

15.4.3 팬케이크 형태 공동 성장에 미치는 전류 집중 효과

그림 15.5(a)는 플립칩 솔더 조인트 데이지 체인에서 팬케이크 형태 공동 성장의 SEM 사진이다. 5, 3, 그리고 1번 범프의 음극 접합지점에서 팬케이크 형태 공동의 확대된 사진을 그림 15.5(b)에 나타내었다.

그림 15.6(a)는 공동 플럭스 발산에 기인한 접합 계면에서 팬케이크 형태 공동 성장을 설명한 그림이다. 검은 실선 화살표는 전류 집중에 의해서 솔더 범프 상단으로부터 하단으로 구

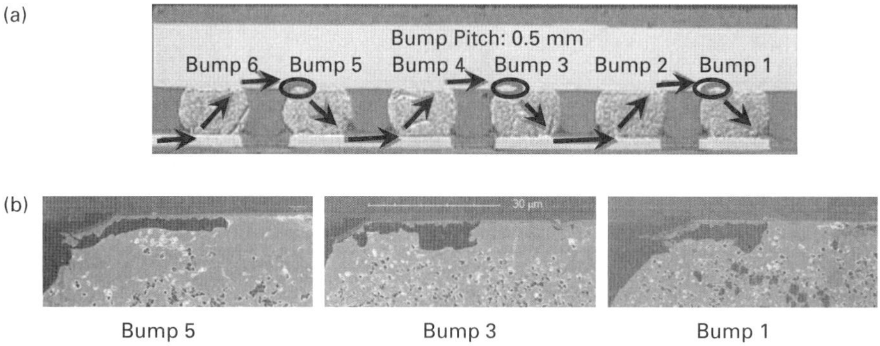

그림 15.5 (a) 플립칩 솔더 조인트의 데이지 체인에 형성된 팬케이크 형태 공동의 SEM 사진. (b) 범프 5, 3, 그리고 1에 존재하는 음극 접합 쪽 팬케이크 공동의 확대된 사진

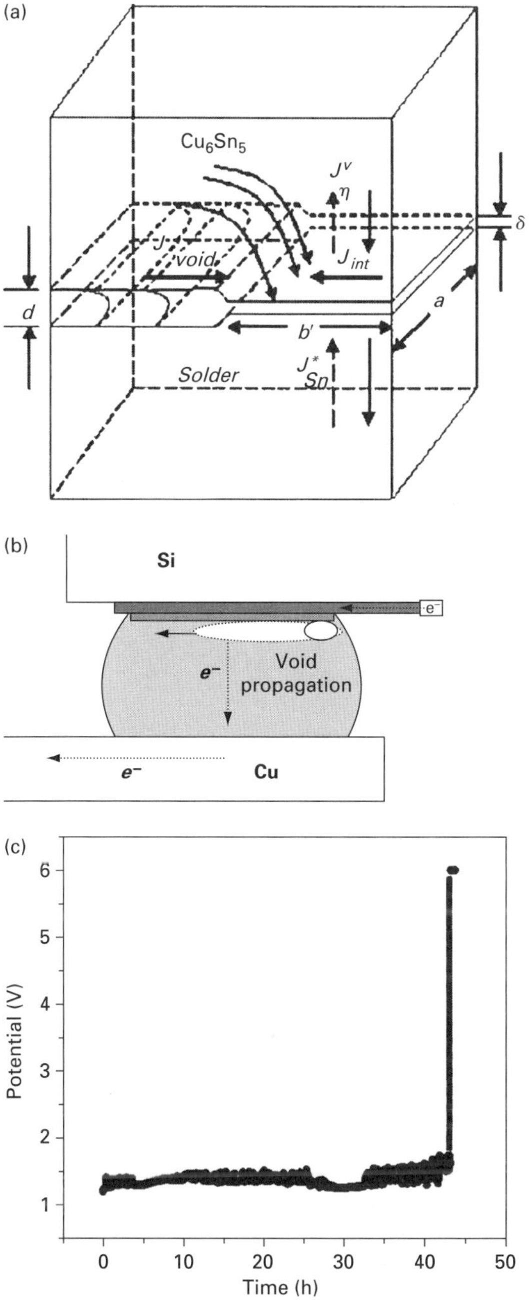

그림 15.6 (a) 공공 플럭스 발산에 기인한 접합 계면에서 팬케이크 형태 공동의 성장을 묘사한 개략도. (b) 팬 케이크 공동의 성장과 공동 앞 부분에서 전자 플럭스 이동의 개략도. (c) 팬 케이크 공동 성장 동안 솔더 조인트의 전압 또는 저항의 변화. 음극에서 공동이 전체 접합 면적을 거의 차지할 때까지 변화가 거의 없다.

동되는 원자 플럭스를 모사한 것이다. 반면에 공공의 반대 방향 플럭스는 점선 화살표로 표시되어 있으며 솔더의 벌크 쪽에서 계면 쪽으로 이동한다. 팬케이크 형태 공동 성장 때문에 전자 플럭스가 공동의 앞쪽으로 이동해야만 하는 것을 그림 15.6(b)에 도시하였다. 그림 15.6(c)는 팬케이크 형태 공동 성장 동안 솔더 조인트의 전압 또는 저항의 변화를 측정한 값이다. 음극에서 전체 접합 영역을 공동이 점유하기까지는 거의 변화가 없다.

팬케이크 형태 공동의 성장 반응 속도론을 분석하고자 한다. 만일 계면 금속간 화합물 Cu_6Sn_5에서 공공 플럭스가 무시가능하다면, 솔더에서 공공 플럭스는

$$J^{v}_{Sn} = \frac{C^{bulk}_{Sn} D_{Sn}}{kT} Z^{*}_{Sn} e \rho_{Sn} j \tag{15.4}$$

이고, 여기에서 C는 솔더 벌크에서 Sn의 농도, D는 확산계수, e는 전자의 전하량, ρ는 비저항, j는 전류밀도, 그리고 Z^*는 일렉트로마이그레이션의 유효 전하수이다[9].

솔더-금속간 화합물 계면은 과잉 공공의 이동 경로를 제공하여 계면을 따라 확산할 수 있게 한다. 공공 발산에 기인한 계면을 따른 측면 플럭스는

$$J^{v}_{int} = -D_{int} \frac{\Delta C}{\Delta x} \approx D_{int} \frac{\Delta C}{b'} \tag{15.5}$$

이고, 여기에서 D_{int}는 계면에서 확산계수, b'은 전류 집중 영역의 넓이 그리고 ΔC는 공동 성장 끝 또는 앞단에서 높은 전류밀도의 농도와 평형 농도 사이의 농도 차이이다. 공공 수 보존의 관점에서,

$$J^{v}_{int} a \delta t = J^{v}_{Sn} a b' t \tag{15.6}$$

이고, 여기에서 δ는 계면의 유효 넓이 그리고 a는 단위 길이, t는 시간이다.

공동 초기 넓이가 d이고 J_{void}가 공동 끝에서 공공 플럭스라고 가정하자. 플럭스 보존 조건을 다시 적용하면

$$J^{v}_{int} a \delta = J_{void} a d \tag{15.7}$$

이다. 식 (15.6)을 식 (15.7)에 대입하면, 공동 성장 플럭스는 아래와 같이 쓸 수 있다.

$$J_{void} = (J^{v}_{Sn}) \frac{b'}{\delta} \tag{15.8}$$

계면을 따라서 J_{void}에 의해 이동되는 물질 부피는

$$\Delta V = J_{void} A \Delta t \Omega \tag{15.9}$$

이고, 여기에서 $A = a\delta$, $\Delta V = ad\Delta l$이고 Ω는 원자 부피이다.

식 (15.8)을 식 (15.9)에 대입하면, 공동 성장 속도는

$$v = \frac{\Delta l}{\Delta t} = (J_{Sn}^{v}) \frac{b'}{d} \Omega \tag{15.10}$$

만일 $C_v^{bulk}\Omega = 1$이라 가정하면,

$$v = \frac{ej}{kT} (D_{Sn} \rho_{Sn} Z_{Sn}^{*}) \frac{b'}{d} \tag{15.11}$$

공동 전파 기구를 명확하게 하기 위하여, 중요한 두 개의 변수는 전류 집중 영역 넓이 b', 그리고 공동의 넓이 d이다. Gibbs-Thomson 효과는 공동 끝을 형성하는 중요한 역할을 할 수 있다.

$$C_r = C_0 \exp\left(\frac{\gamma}{r} \frac{\Omega}{kT}\right) \tag{15.12}$$

이고, 여기에서 γ는 단위 면적당 표면에너지이다.

선형 근사법을 이용하여, 공동 넓이는

$$d = 2r = \frac{C_0}{\Delta C} \frac{4\gamma \Omega}{kT} \tag{15.13}$$

모델은 2차원이기 때문에 공동 넓이는 일정하다고 가정한다. 반면에 식 (15.5)와 식 (15.6)으로부터 전력 집중 넓이는

$$b' = \left(\frac{\Delta C}{C_0} \frac{kTD_{gb}\delta}{ejD_{Sn} Z_{Sn}^{*} \rho_{Sn}}\right)^{1/2} \tag{15.14}$$

그림 15.6(a)에 나타낸 2차원 모사에서, 공정 SnAgCu 솔더 조인트의 접합 면적의 직경을 224 μm, 전류 집중 영역을 전체 길이 중 약 15%라고 하자. 그러면 전류 집중 b'은 약 33.6 μm가 된다. 그림 15.5로부터 공동 길이 d는 2.44 μm로 측정되었다. 테스트 온도는 146℃, 전류밀도는 약 3.67×10^3 A/cm^2, 공동 길이는 33 μm, 공동 전파에 6시간이었다. 이 경우 공동 성장 속도는 약 5 μm/h이다.

표 15.1 일렉트로마이그레이션에서 팬케이크 형태 공동 성장 속도 측정 값과 계산 값 비교

	Theory	Experiment
b'	25.49~44.15 μm	37.5 μm
D	0.81~2.42 μm	2.44 μm
V	1.24~6.44 μm/h	4.4 μm/h

공정 SnPb 솔더 범프에 125℃에서 2.25×10^4 A/cm²가 인가되는 경우, 접합 영역 직경이 140 μm, 전류 집중 영역 넓이는 약 9 μm이다. 공동은 38시간에 형성되고 43시간에 고장이 일어난다. 그러므로 공동 성장 속도는 약 28 μm/h가 된다.

Sn에 대한 확산계수를 $D_{Sn} = 1.3 \times 10^{-10}$ cm²/s이고, 계면에서 확산계수를 4.2×10^{-5} cm²/s라 하자. Sn의 유효 전하가 $Z^*_{Sn} = 17$이다. Sn의 비저항 $\rho_{Sn} = 13.25$ uΩ cm이다. 표면 에너지는 $\gamma = 10^{15}$ eV/cm²이고 $\Omega = 2.0 \times 10^{-23}$ cm³이다. 유효 계면 넓이는 약 0.5 nm이다. 유일하게 알지 못하는 변수는 ΔC와 C_0의 비율이다. 합리적인 결과를 얻기 위해서 $\Delta C/C_0$의 범위를 1~3%로 선택하자.

이 변수와 실험 조건을 이용하여, 식 (15.14)로부터 전류 집중 길이 b'의 이론적 값, 식 (15.13)으로부터 공동 넓이 d, 그리고 식 (15.11)로부터 공동 성장 속도 v를 구할 수 있다. 표 15.1에 나타낸 것처럼 이론 값과 실험 결과를 비교하면 상당히 잘 일치한다.

팬케이크 형태 공동 성장에서 놀라운 점은 접합 개구(opening)를 정의하는 유전체 아래로 성장한다는 것이다. 팬케이크 형태 공동의 단면 SEM 사진에서, 공동은 항상 유전체 아래 범프의 경계까지 성장한 것을 발견할 수 있다. 그러나 그 위치는 유전체 아래로 전류가 거의 흐르지 않는 영역이다.

팬케이크 형태 공동 성장에 대한 또 다른 의문은 핵 생성이다. 핵 생성 위치가 어느 곳인지 명확하지 않다. 싱크로트론에서 방사된 X선 단층 촬영은 팬케이크 공동의 3차원 형상을 표현할 수 있을 것이다. 그러므로 공동의 핵 생성과 성장에 대한 더 많은 정보를 얻을 수 있다.

15.5 플립칩 솔더 조인트에서 일렉트로마이그레이션 파괴의 통계학적 분석

산업체 생산 시 많은 양의 가전 제품이 생산되기 때문에 제품 보증을 위하여 신뢰성 시험은 필수적이다. 앞 장에서 논의한 고장 형태와 고장 기구의 물리적 분석 이외에도 고장의 통계적 분석은 제품의 수명을 추론하기 위해서 필요하다. 통계 분석은 제품의 신뢰성에 대한 중요한 2개의 데이터를 제공할 수 있다. 첫째, 제품의 사용 조건하에서 MTTF(평균고장시간 또는

평균수명)가 얼마인가 하는 것이다. 예를 들면, 자동차 후드 아래에서 사용되는 플립칩 소자의 수명은 얼마인가 하는 것이다. 둘째, 소자 성능 향상에 따른 기존 소자의 미래 응용에 관한 것이다. 예를 들면 인가되는 전류밀도가 증가해야만 하는 경우, 필요한 수명 동안 고장 없이 기존의 소자에 인가할 수 있는 최대 전류밀도는 얼마인가 하는 것이다.

통계 분석을 수행하기 위해서는 2개의 중요한 요소가 존재한다. 첫째, 시간, 온도 그리고 전류밀도 등과 같은 소자에 인가되는 구동력의 함수로서 많은 수의 고장을 측정할 수 있는 장비가 필요하다. 그림 15.7은 일렉트로마이그레이션하에서 플립칩 솔더 조인트의 고장 통계 분석을 위한 장비이다. 이 장비는 두 개의 로, 네 개의 전력 소스(안전상 인가 전류는 2A로 제한됨), 다채널 제어 장치, 그리고 기록을 위한 개인용 컴퓨터로 구성된다. 둘째, 시험 소자(test vehicle) 또는 시편이 필요하다. 예를 들면, 플립칩 신뢰성 테스트를 위해서 가속 시험을 위하여 보드 위의 많은 수의 플립칩을 이용할 수 있다. 또는 주어진 시간에 의미있는 데이터를 얻을 수 있는 테스트를 할 수 있는 몇 개의 플립칩을 전기적으로 연결할 수 있다. 그림 15.8은 일렉트로마이그레이션 시험용 보드 위에 4개의 소자를 갖는 시험용 보드의 광학 사진이다. 소자 사이의 솔더 조인트 배치도와 4개의 소자 중 1개의 소자를 그림 15.9에 도시하였다. 소자의 크기는 0.3 mm × 0.3 mm이고 36개의 솔더 조인트를 갖는다. 솔더 범프의 직경은 250 μm이다. UBM에서 접촉 개구는 직경이 200 μm이다. 소자는 Sn-1.2%Ag-0.5%Cu 조성을 갖는 무연 솔더 범프를 이용하여 인쇄회로기판에 실장하였다. UBM은 박막 Al/Ni(V)/

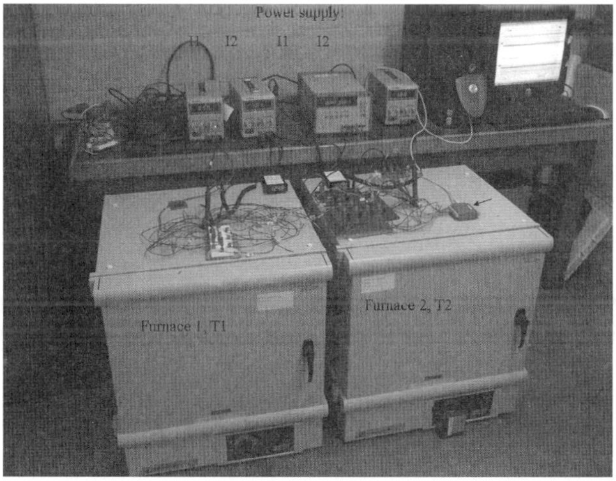

그림 15.7 두 개의 로, 4개의 전원, 다채널 제어 유닛, 그리고 기록을 위한 PC로 구성된 일렉트로마이그레이션 측정 장치 사진

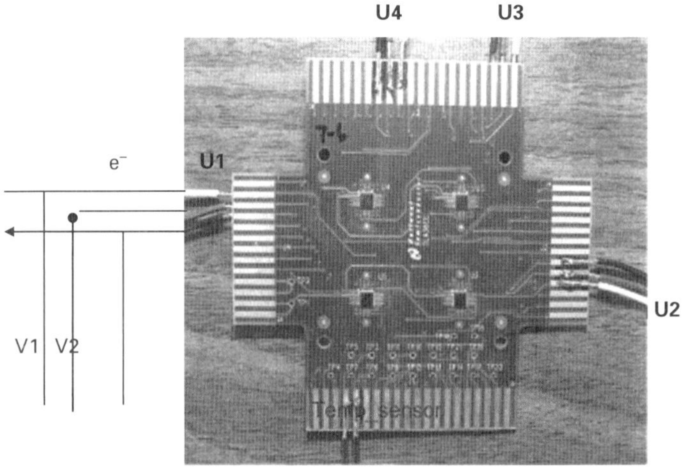

그림 15.8 일렉트로마이그레이션 실험을 위하여 4개의 소자로 구성된 시험 보드 광학 사진

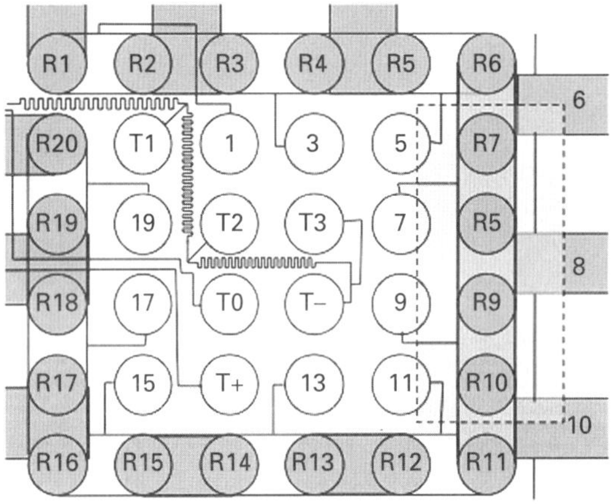

그림 15.9 보드 위에 존재하는 실험 소자의 배치도. 소자의 크기는 0.3 mm × 0.3 mm이고 36개 솔더 볼이 존재. 솔더 볼 직경은 250 μm. UBM의 접합 개구 직경은 200 μm

Cu이다. 그리고 Al은 1 μm, Ni(V)은 0.3 μm, 그리고 Cu는 1 μm의 두께를 각각 갖는다. Si 소자의 표면에 Pt 배선을 이용하여 제작된 온도 센서도 도시하였다.

각 보드에는 그림 15.8에 도시한 것처럼 전기적으로 직렬 연결되어 있는 4개의 동일한 시험 소자(C1~C4)가 존재한다. 그림 15.10에 나타낸 것과 같이 각 소자에서 솔더 범프 한 쌍만이 일렉트로마이그레이션을 위한 전류가 인가되도록 연결되어 있다. 일렉트로마이그레이

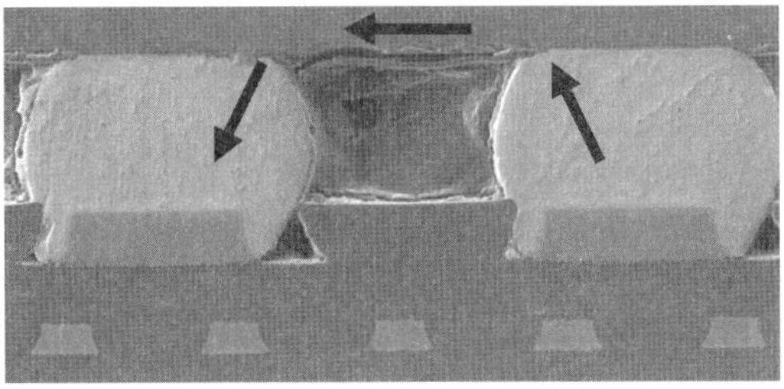

그림 15.10 각 소자에서 단지 2개 솔더 범프(R1 그리고 R2)가 일렉트로마이그레이션을 위하여 전류가 인가되도록 연결된다. 4 포인트 프로브 구조는 일렉트로마이그레이션 실험 동안 저항 증가를 측정하기 위하여 설계된다. 화살표는 솔더 볼을 통하여 이동하는 전자의 전도 경로를 나타낸다.

션 시험 동안 저항 증가를 측정하기 위하여 4점 탐침법(four point probe) 구조로 설계되어 있다. 각 소자 위에 단지 한 쌍의 솔더 범프에만 전류를 인가하여 큰 Joule 열에 의한 추가적인 온도 상승을 감소시킬 수 있다. 더 중요한 것은 많은 수의 솔더 범프가 연결된 데이지 구조를 비교함으로써, 한 쌍의 솔더 범프의 저항 증가를 일렉트로마이그레이션 고장의 특정한 고장 형태와 직접적으로 연결시킬 수 있게 된다. 이 고장 형태는 물리적으로 쉽게 검사할 수 있게 된다. 고장의 Black 식을 기반으로 모델링하고 이 형태를 일렉트로마이그레이션에서 고장 형태와 연관시키는 작업은 중요하다. 많은 수의 솔더 범프로 구성된 데이지 체인을 이용한 일렉트로마이그레이션에서, 모든 일어날 가능성이 있는 고장의 위치와 형태를 알아낼 수 있다. 그러나 저항 증가에 의해 기록되는 고장에 이르는 시간의 해석은 상당히 복잡하고, 어느 계면의 공동이 저항 증가를 반생시키는가를 밝히기는 어렵다.

그림 15.10은 솔더 볼을 통해 흐르는 전류의 흐름도를 보여준다. 4개의 소자 중에 어느 한 소자가 고장(단전 회로)이 나면, 소자 연결 배선은 구동 회로를 재연결하기 위해 솔더링 될 것이다. 예를 들어, 소자 C2가 단전되면, 고장 시간은 기록되고 연결 배선은 소자 C2에 연결시키기 위하여 솔더링 할 것이다. 이후의 일렉트로마이그레이션 시험은 C1, C2 그리고 C4가 시험될 것이다. 그러나 C2에 전류 흐름이 인가되지 않으므로 다른 세 소자가 고장 날때까지 그 상태로 존재할 것이다(그림 15.8 참조).

예를 들면, 한 세트의 플립칩 소자에서 일렉트로마이그레이션의 MTTF 측정을 설명하도록 하겠다. 이 시편들은 서로 다른 두 전류밀도 5×10^3과 1×10^4 A/cm^{2}와 서로 다른 두 온도 125와 150°C에서 테스트되었다. 그림 15.7에 나타낸 것과 같은 테스트 형태로 동시에 64개의 소자와 총 128개의 솔더 볼이 시험되었다(한 개의 전류밀도와 한 개의 온도 조건에서 16개 소자가 사용되었고 4개의 조건이 존재). 각 시편에서 전압 변화를 측정하여 얻어지는 저항 변화는 컴퓨터에 의해 매 5분마다 자동으로 측정되고 그 측정 값은 기록된다. 측정 값은

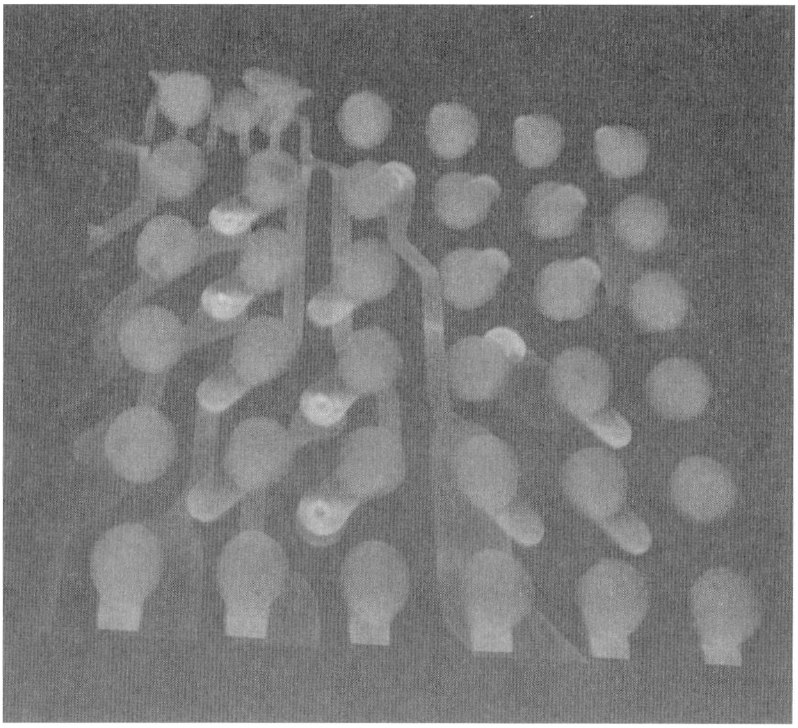

그림 15.11 플립칩 솔더 조인트의 싱크로트론 방사 X선 단층촬영 사진. 상부 좌측 두 번째 솔더는 일렉트로마이그레이션으로 파괴된다.

전압과 시간의 축으로 도시되고, 이로부터 각 개별 시편의 고장 시간을 결정할 수 있다.

일렉트로마이그레이션 시험에서 소자 아래 일련의 솔더 범프와 고장난 범프를 검사하기 위하여 X선 사진을 사용할 수 있다. 그림 15.11은 그림 15.9에 나타낸 개략도에 대응하는 일련의 솔더 범프 X선 3차원 사진이다. 시편은 125°C에서 7.5 × 10^3 A/cm^2의 전류밀도로 테스트 되었다. 시험에서 위쪽 좌측 구석에 있는 한 쌍의 솔더 범프만이 시험되었고 고장은 4,042시간 후에 일어났다. X선 사진은 고장난 범프에서 용해가 일어났음을 보여준다. 소자 쪽에서부터 전자 흐름이 들어가는 솔더 범프가 용해되었음을 알 수 있다. 3차원 사진으로부터 2차원 사진을 얻을 수 있는 소프트웨어를 사용하였기 때문에 일련의 범프 내 고장난 범프의 2차원 단면 사진을 얻을 수 있다.

표 15.2 150℃에서 10^4 A/cm^{2}가 인가된 플립칩 솔더 범픽 16쌍의 파괴 시간(time-to-failure, TTF)

Sample	TTF	Sample	TTF
8_T1_I1_U1	47	8_T1_I3_U1	59.5
8_T1_I1_U2	53	8_T1_I3_U2	68.5
8_T1_I1_U3	55.5	8_T1_I3_U3	43.5
8_T1_I1_U4	103	8_T1_I3_U4	58
8_T1_I2_U1	47.5	8_T1_I4_U1	68.5
8_T1_I2_U2	81.5	8_T1_I4_U2	25
8_T1_I2_U3	45.5	8_T1_I4_U3	41
8_T1_I2_U4	48	8_T1_I4_U4	53.5

15.5.1 고장 시간과 Weibull 분포

1×10^4 A/cm^{2}와 150ºC에서 테스트된 16개 시편의 고장 시간 측정 값은 표 15.2에 적시하였고 그림 15.12에 Weibull 분포함수를 이용하여 도시하였다. 50% 고장에서 MTTF를 결정하였다. Black의 MTTF 식의 변수인 상수, 활성화에너지 E_g, 그리고 전류밀도 승수 n이 결정될 것이다. Weibull 분포함수는 아래와 같이 주어지고

$$F(t) = 1 - \exp\left[-\left(\frac{t}{\eta}\right)^{\beta}\right] \tag{15.15}$$

여기에서 $F(t)$는 시간의 함수로 고장난 시편의 퍼센트 또는 분율, η는 특성 수명이고 β는 모양 인자 또는 Weibull 그래프의 기울기이다. 기울기가 클수록 고장 시간의 분포가 더 작음을 의미한다.

고장에 대한 Weibull 분포함수는 $\nu(t_1)$을 고장 빈도 수(즉 단위 시간당 고장이 일어날 확률)로 가정하여 설명할 수 있다. 여기에서 $\nu(t_1)\, dt_1$은 매우 짧은 시간 t_1과 $t_1 + dt_1$ 사이에 고장이 일어날 확률을 의미한다. 그러므로 매우 짧은 시간 dt_1 동안 고장이 일어나지 않을 확률은

$$1 - \nu(t_1)dt_1 = \exp[-\nu(t_1)dt_1] \tag{15.16}$$

이 된다. 이는 x가 매우 작을 때 $1 - x = \exp(-x)$가 되기 때문이다. 다시 말하면, $t = 0$과 $t = t$ 사이의 시간 간격에서 고장이 일어나지 않을 확률은 더 작게 나뉘어진 시간 간격에서 확률의 곱이 된다.

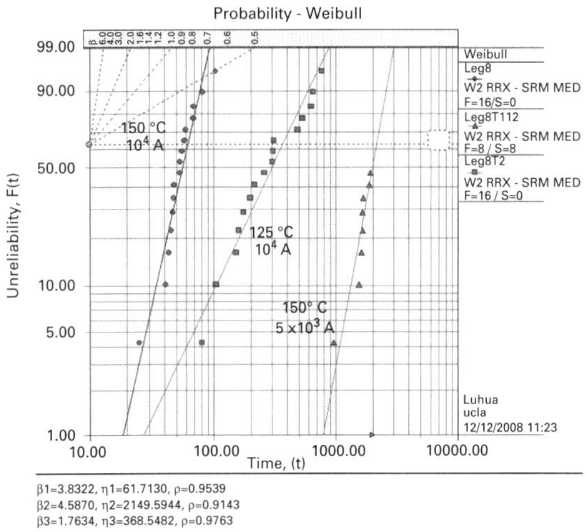

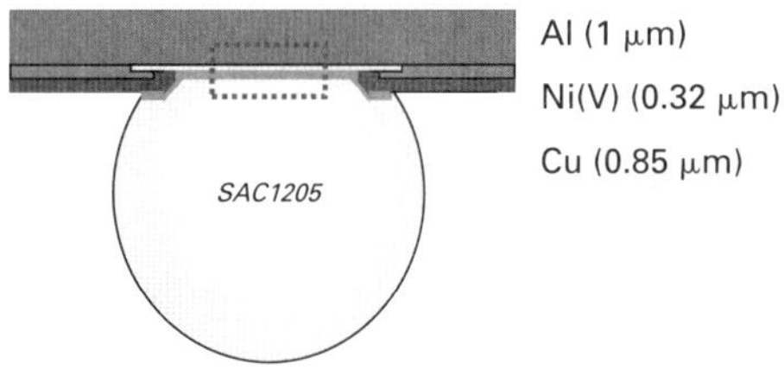

T	150 °C 10^4 A	125 °C 10^4 A	150 °C 5×10^3 A
η	61.7	368.5	2149.6
MTTF	48.9	288.5	1700.6

그림 15.12 두 개의 전류밀도와 두 개의 온도에서 Weibull 분포 수명 그래프

$$P_0(t) = \prod_{i=1}^{N} \exp[-\nu(t_1)dt_1] = \exp\left[-\sum_{i=1}^{N} \nu(t_1)dt_1\right] = \exp\left[-\int_0^t \nu(t_1)dt_1\right] \tag{15.17}$$

이 된다.

Weibull 또는 고장 분포함수는 $1 - P_0(t)$이다. 물리적으로 더 많은 수의 플립칩 솔더 조인트의 고장 분포인 경우, 고장 기구는 솔더 조인트의 음극 접합 한쪽 끝에서 빈도 수 $\nu_n(t_n)$의 공동 핵 생성이 일어나고 전 범위의 음극 접합 부위를 따라서 팬케이크 모양의 공동으로 빈도 수 $\nu_g(t_g)$의 공동 성장이 일어난다. 그러므로 식 (15.16)에 주어진 것과 같이 고장 빈도수 $\nu(t_1)$은 앞에 설명한 핵 생성과 성장의 두 빈도 수로 나눌 수가 있으며,

$$\nu(t_1) = \int_0^{t_1} \nu_n(t_n)\nu_g(t_1 - t_n)dt_n \tag{15.18}$$

이 된다. 이를 단순화하기 위하여 성장이 핵 생성보다 훨씬 짧은 시간에 일어난다고 가정하여 $\nu_g(t_g) = \delta(t_g)$이 된다. 여기에서 δ는 Dirac 함수이다. 그러므로

$$\nu(t_1) = \int_0^{t_1} \nu_n(t_n)\delta(t_1 - t_n)dt_n = \nu_n(t_1) \tag{15.19}$$

핵 생성에 대해서, 핵 생성의 특성 빈도수 $1/\eta$를 가정하였다. 여기에서 η는 핵 생성 특성 시간 또는 잠복 시간(incubation time)이다. 그러므로 $\nu(t_1) = \nu_n(t_1) = 1/\eta$이다. 그러므로

$$F(t) = 1 - P_0(t) = 1 - \exp\left[-\int_0^t \nu(t_1)dt_1\right] = 1 - \exp\left(-\frac{t}{\eta}\right)^\beta \qquad (15.20)$$

이 경우에서 β = 1이다. β값은 고장의 형태에 따라서 다른 값을 가질 수 있다. ln [–ln [1–$F(t)$]] 대비 ln t로 그래프를 그리면 곡선의 기울기는 β가 된다.

15.5.2 Black MTTF 식의 변수 계산

Black MTTF 식에는 3개의 변수인 계수 A, 전류밀도 승수 n 그리고 활성화에너지 E_a가 있다.

$$\text{MTTF} = A\left(j^{-n}\right)\exp\left(\frac{E_a}{kT}\right) \qquad (15.21)$$

이 변수를 실험적으로 결정하기 위해서는 적어도 두 온도와 두 전류밀도에서 일렉트로마이그레이션 실험을 수행할 필요가 있다. 그림 15.12는 두 전류밀도 5 × 10^3와 1 × 10^4 A/cm^2 그리고 두 온도 125와 150°C에서 실험한 고장 대비 시간을 도시한 Weibull 분포를 나타내었다.

활성화에너지를 찾기 위해서 동일 전류밀도와 아래 식을 이용할 수 있다.

$$\frac{\text{MTTF}_2}{\text{MTTF}_1} = \frac{\exp\left(\frac{E_a}{kT_2}\right)}{\exp\left(\frac{E_a}{kT_1}\right)}$$

$$E_a = \left(\frac{1}{kT_2} - \frac{1}{kT_1}\right)\log\left(\frac{\text{MTTF}_2}{\text{MTTF}_1}\right) \qquad (15.22)$$

또한 전류밀도 승수 인자 n을 결정하기 위해서, 유사하게 동일한 온도에서 서로 다른 두 전류밀도가 인가된 측정 값을 이용하여 아래와 같은 관계를 얻을 수 있다.

$$\frac{\text{MTTF}_2}{\text{MTTF}_1} = \left(\frac{j_1}{j_2}\right)^n \qquad (15.23)$$

그러나 Joule 열 때문에 위 두 식을 적용하는 데 매우 주의를 기울여야 한다. 식 (15.22)를 이용하여 활성화에너지를 계산하려 한다면 Joule 열 효과를 고려하여 kT 대신에 $k\,(T+\Delta T)$를 사용하여야 한다. 여기에서 ΔT는 인가된 전류밀도에 의한 Joule 열로 측정되었고 kT_1은 $K\,(T_1+\Delta T)$가 되고 kT_2는 $k(T_2+\Delta T)$가 된다. 이 보정은 명백하다.

식 (15.21)을 이용하여 n을 계산한다면 다소 복잡해진다. Joule 열이 서로 다른 전류밀도에서 다르기 때문에 동일한 분위기 온도에서 측정된 서로 다른 두 전류밀도가 인가되는 경우 시편의 온도가 동일하다고 가정하기가 어렵다. 실제로 온도는 동일하지 않고 문제는 단순치가 않다. 우선 온도 보정을 하기 위해서는 서로 다른 전류밀도에서 온도의 증가 ΔT를 알아야 한다. 그림 15.3은 구불구불한 박막을 이용한 Pt 온도 센서를 이용하여 인가된 전류밀도의 함수로 시편의 소자와 기판의 온도 증가를 보여준다. j_1과 j_2에 대한 온도 증분을 각각 ΔT_1과 ΔT_2라 하면, 일정한 온도 조건을 얻기 위해 서로 온도 T_1과 T_2를 조절하여야 한다.

$$(T_1 + \Delta T_1) = (T_2 + \Delta T_2) \tag{15.24}$$

다시 말하면, $j_2 > j_1$인 경우 $\Delta T_2 > \Delta T_1$이다. 여기에서 j_2가 인가되는 로의 온도 T_2는 j_1이 인가되는 T_1보다 낮아야 한다. 여기에 더하여, 소자 쪽에서 온도 증가 ΔT는 기판 쪽과 다른 값을 갖는다. 그러므로 어느 쪽을 사용할 것인가를 선택하여야 한다. 고장 형태가 소자 쪽에 존재하는 음극 접합 부위에 팬케이크 형태의 공동 형성에 기인하기 때문에, 소자 쪽의 ΔT를 선택하였다. 그러므로 주의깊은 보정이 없이는 계산된 n값이 2와는 다르게 되고 n = 2인가 아닌가에 대한 의문을 제기하는 문헌 상의 논쟁 이유가 된다.

앞에서 언급한 측정 값을 기반으로 활성화에너지는 1.15 eV/atom이 된다. 또한 n = 2.08임을 알수 있다. 그러므로 $A = 1.5 \times 10^{-1}$ s-A^2/cm^{4}가 된다. Joule 열의 보정이 없는 경우 n = 5를 갖는다.

얻어진 MTTF 방정식을 기반으로, 산업체 사용 조건에서 수명에 대한 예측과 추계치를 계산할 수 있다. Black 식에서 변수들을 안다면 소자 온도 100°C와 2,000 A/cm^{2}의 전류밀도가 솔더 조인트에 흐르는 경우, 테스트된 시편의 MTTF는 약 13.2년으로 추정할 수 있다. 그러나 이는 솔더 조인트의 대부분이 그렇게 긴 시간 동안 고장없이 동작할 것을 기대한다는 것을 의미하진 않는다. 대신에, 고장 분포로부터 초기 10% 정도의 고장이 일어나는 경우에는 이 시간이 훨씬 단축된다. 특히 Weibull 분포의 기울기가 작을수록 더욱 그러하다.

15.5.3 플립칩 솔더 조인트에 대한 Black 식의 보정

1969년 Black은 일렉트로마이그레이션에 의해 야기되는 Al 배선의 고장을 분석하기 위하여 이 식을 제안하였다. 그럼에도 불구하고 Black 식이 플립칩 솔더 조인트의 MTTF에 적용가능한가는 주의깊게 시험해보아야 한다.

플립칩 솔더 조인트에서 일렉트로마이그레이션 고장은 음극 접합 쪽에서 전류 집중과 소

표 15.3 공정 합금 SnPb 플립칩 솔더 조인트의 평균 파괴 시간

	1.5 A (1.9 × 10^4A/cm^2)		1.8 A (2.25 × 10^4A/cm^2)		2.2 A (2.75 × 10^4 A/cm^2)	
	Calculated (h)	Measured (h)	Calculated (h)	Measured (h)	Calculated (h)	Measured (h)
100℃	—	—	380	97	265	63
125℃	108	573[a]	79.6	43	55.5	3
140℃	46	121	34	32	24	1

[a] Not failed

자 쪽의 Al 배선에 의한 Joule 열 등이 존재한다. 이는 격자 확산에 의한 Al 배선과는 매우 다르다. 플립칩 솔더 조인트에서는 일렉트로마이그레이션과 써모마이그레이션의 상승 효과가 Al 배선에서보다 훨씬 더 크다. 전형적으로 플립칩 솔더 조인트에서 고장 형태는 음극 쪽 접합 계면을 따라 형성되는 팬케이크 모양 공동의 핵 생성과 성장이다. 고장에 걸리는 시간의 대부분은 접합 계면의 공동 성장에 의해 제어되는 것이 아니라, 공동 핵 생성에 걸리는 잠복기에 의해서 결정된다. 전체 접합면을 다룬 공동의 전파는 전체 시간의 10% 정도밖에 되지 않는다.

팬케이크 형태 공동 형성에 미치는 전류 집중 현상이 매우 중요하기 때문에 MTTF 분석에서 무시할 수 없다. 전류 집중의 주된 효과는 솔더 조인트의 전자가 진입하는 부분에서 전류밀도를 현격히 증가시키고 Joule 열에 의한 국부적인 온도 상승을 유발하게 된다. 솔더 조인트는 음극과 양극 계면 모두에서 IMC 형성에 영향을 미치고, 전류 집중은 IMC 형성과 용해에 영향을 미친다. 다시 말하면 IMC 형성과 용해는 고장 시간과 형태에 영향을 끼치게 된다. Black이 스스로 제안한 식에서 고려했는지 여부는 명확하지 않지만, 배선 고장에서 온도 기울기의 중요성을 지적하였다.

Branderburg와 Yeh는 공정 SnPb 플립칩 솔더 조인트에 대해서 Black 식의 n = 1.8과 Q = 0.8 eV/atom을 사용하였다. 식은 높은 전류밀도에서 플립칩 솔더 조인트의 MTTF를 매우 과장되게 계산하였음을 알 수 있다. 표 15.3은 세 전류밀도와 세 온도에서 공정 SnPb 솔더 조인트의 MTTF 계산 값과 측정 값을 비교하였다. 저전류밀도인 1.9 × 10^4 A/cm^2에서 측정된 MTTF는 계산 값보다 다소 길다. 그러나 2.25 × 10^4 A/cm^2와 2.75 × 10^4 A/cm^2에서는 측정된 MTTF가 계산 값보다 현저히 짧은 것을 알 수 있다. 이는 또한 공정 SnAgCu 플립칩 솔더 조인트에서도 마찬가지 결과를 나타낸다. 이는 플립칩 솔더 조인트의 MTTF가 전류밀도의 작은 상승에도 매우 민감하고 전류밀도가 약 3 × 10^4 A/cm^2에서 급격히 감소한다는 사실을 보여준다. 그러나 전류밀도 3 × 10^4 A/cm^2은 플립칩 솔더 조인트 일렉트로마이그레이션

에서는 매우 높은 전류밀도임을 언급할 필요가 있다. 만일 이 전류밀도를 150°C에서 인가한다면, 솔더는 용융될 것이다. 게다가 위와 같이 높은 전류밀도에서 공동의 생성과 성장 속도는 낮은 전류밀도에서와는 매우 다를 것이다. 또는 공동 핵 생성과 공동 성장에서 파괴에 이르는 데 소모되는 시간의 분율이 달라지게 되어 핵 생성 잠복기 시간이 매우 짧아질 수 있다. 그 후에 용융이 일어날 수 있다.

Black 식에서 활성화에너지를 결정하기 위해서 고온에서 가속 실험을 수행하였다. 격자 확산과 결정립계 확산이 겹치는 온도 영역 그리고 결정립계 확산과 표면 확산이 겹치는 온도 영역을 고려하여야 한다. 공정 SnPb 솔더에서는 100°C 이상의 온도와 이하의 온도에서 Pb와 Sn의 주된 확산원자가 바뀌기 때문에 더욱 복잡하다.

전류 집중 Joule 열 효과를 포함하여 수정된 Black 식과 응력 효과는

$$\mathrm{MTTF} = A\frac{1}{(cj)^2}\exp\left[\frac{E_a \pm \sigma\Omega}{k(T+\Delta T)}\right] \tag{15.25}$$

이고, 여기에서 변수 c는 전류 집중에 의한 것이고 그 크기는 약 10이다. ΔT는 Joule 열에 기인한 것으로 100°C 정도까지도 커질 수 있다. 그리고 $\sigma\Omega$는 응력이 인가된 영역에서 공공 농도를 변화시킬 수 있는 응력 포텐셜이다. 변수 c와 ΔT 모두는 Black 식의 MTTF보다 감소시킬 것이다. 즉, 솔더 조인트를 더 빨리 고장나게 한다. ΔT는 j에 매우 의존적이기 때문에 수정된 방정식은 원래의 Black 식보다 전류밀도의 변화에 훨씬 더 민감하게 된다. ΔT는 플립칩 솔더 조인트와 배선의 설계에 의존적이다. 왜냐하면 열의 발생과 발산과 관련이 있기 때문이다. 그러나 근본적으로 수정된 Black 식은 원래의 Black 식과 동일하다. 식의 기본적인 형태 변화는 없다.

15.5.4 Weibull 분포함수와 상 변태의 JMA 식

고장을 분석하기 위하여 다른 분포함수가 아닌 Weibull 분포함수를 사용하는 이유는 무엇인가? 이는 Weibull 분포함수와 상 변태의 Johnson-Mehl-Avrami (JMA) 식과의 유사성에 기초한 것으로 보인다. 공동 형성에 기인한 회로 단전을 유발하는 일렉트로마이그레이션 고장은 공동 핵 생성과 성장이 일어나는 Al 배선 또는 플립칩 솔더 조인트의 음극 끝에서 일어나는 상 변태로 간주할 수 있다.

비정질 상이 조성의 변화 없이 결정질 상으로 변하는 결정화 과정의 예와 같이 전통적인 상 변태에서 변화되는 상의 분율은 JMA 식으로 표현되며, 이는

$$X_T = 1 - \exp(-X_{ext}) = 1 - \exp\left[-\left(\frac{t}{\lambda}\right)^n\right] \tag{15.26}$$

이고, 여기에서 X_T는 상 변태 부피 분율이고 X_{ext}는 확장된 부피(extended volume) 분율이다. 확장된 부피는

$$X_{ext} = \int_{\tau=0}^{\tau=t} \frac{4\pi}{3} R_N R_G^3 (t-\tau)^3 d\tau \tag{15.27}$$

이고, 여기에서 R_N은 핵 생성 속도이고 R_G는 구형으로 상 변태하는 입자의 성장 속도이며 t는 상 변태 시간이다. 근본적으로 X_{ext}의 물리적인 의미는 새로운 상의 성장 시 충돌이나 상상(phantom)의 핵 생성 고려 없이 $\tau = 0$에서 $\tau = t$ 사이의 기간 동안 핵 생성과 성장이 일어나는 모든 구형 입자의 부피 합이다. 만일 핵 생성이 무작위적이고 일정한 속도로 일어나며 그리고 성장이 등방성을 갖고 시간에 선형적으로 일어난다고 가정하면 마지막 식의 적분으로부터

$$X_{ext} = \frac{\pi}{3} R_N R_G^3 t^4 = Kt^4 \tag{15.28}$$

이 되고, 여기에서 $K = \frac{\pi}{3} R_N R_G^3$이다. 식 (15.28)에서 $n = 4$이고 $\lambda = (1/K)^{1/4}$임을 알 수 있다. 만일 성장이 일차원 또는 이차원이고 시간에 선형적이라면, $n = 2$이거나 $n = 3$이 될 것이다. 그 후에, 만일 성장 속도가 확산에 의해 제어되면 $n = 2.5$가 될 것이다.

Weibull 분포함수의 수학적 형태인 식 (15.15)와 상 변태의 JMA 방정식인 식 (15.26)은 유사하기 때문에 서로를 비교하여 상 변태의 관점에서 TTF의 Weibull 분포를 설명할 수 있었다.

다층 배선 구조에서 많은 수의 Al 선에서 발생하는 일렉트로마이그레이션에 기인한 고장을 고려하자. 층 사이에 Al 배선은 W 비아로 연결된다. 마모 고장 형태는 고장이 공동 형성에 기인하고, 음극 쪽에 위치하는 Al 배선과 W 비아 사이의 계면에서 발생한다는 사실이 알려져 있다. 우리는 음극 쪽에서 Al 내에 공동의 형성을 상 변태로 간주할 수 있다. 공동은 핵 생성과 성장이 필요하기 때문이다. 음극 쪽에서 일어나는 핵 생성은 무작위 과정이다. 핵 생성이 시간에 일정한지는 불명확하다. 공동의 성장은 일정한 전류밀도하에서 선형적일 것이라 가정하자. Weibll 분포에서 시간의 함수로서 고장 분율 $F(t)$는 W 비아의 크기보다 더 큰 공동으로 상 변화가 일어난 음극 수의 분율로 가정할 수 있다. 이러한 크기의 공동은 회로의 단전을 일으킨다. 음극 쪽 공동이 회로를 단전시키는 시점에서 공동은 더 크게 성장할 수 없는 반면 상상(phantom) 성장의 가정은 이론적으로 가능하다. 반면에 다른 음극 쪽에서 더 많은 공동이 형성되고 고장 분율은 증가하게 된다. 이를 JMA 방정식에서 변태된 부피 분율 X_T와 비

유할 수 있다.

JMA 방정식을 기반으로 상 변태의 TTT 도표와 S 곡선을 만들 수 있다. TTT 도표를 이용하여 과냉이 핵 생성과 성장에 미치는 영향과 변태 전체적인 속도에 미치는 영향을 설명할 수 있다. 또한, 성장의 반응 속도론이 독립적으로 측정할 수 있어 성장의 활성화에너지만을 단독으로 결정할 수 있다면, 핵 생성 활성화에너지와 성장 활성화에너지를 분리할 수 있다.

MTTF의 Black 식에서 활성화에너지의 물리적 의미는 명확하게 정의되지 않았다. 활성화에너지는 공동의 핵 생성 활성화에너지 또는/그리고 성장의 활성화에너지일 수 있다. 만일 핵 생성이 속도를 제어하는 과정이라면, 활성화에너지는 공동 핵 생성에 속하게 되고 이는 대부분의 불균질 핵 생성인 경우 그러하다. 이 주제는 더 많은 연구가 필요한 부분이다.

15.5.5 고장 통계 분포의 물리적 분석

단면 FIB/SEM 분석으로 소자 쪽 위 음극에서 한 개의 팬케이크 형태 공동 확대를 연구할 수 있었고 일렉트로마이그레이션 아래에서 플립칩 솔더 조인트의 주된 물리적 고장 형태를 발견하였다. 싱크로트론에서 방사된 X선 촬영으로 Si 소자와 기판 사이에 존재하는 많은 수의 플립칩 솔더 조인트를 실시간 또는 고장 후에 분석할 수 있다. 그리고 모든 솔더 범프에서 고장과 부분적인 고장의 분포를 관찰할 수 있다.

15.6 전산모사

길이 또는 시간 스케일에 따라 전산모사의 다양한 모델링으로 양자 역학 수준의 원자 크기로부터 고전적인 분자 동역학, 매우 많은 수의 원자 응집체의 Monte Carlo 전산모사, 기계적 성질의 전위 동역학, 통계역학 그리고 FEA를 이용한 매우 큰 크기의 연속체 역학 수준까지 계산할 수 있다.

전산모사의 구체적인 부분은 이 책 범위를 벗어난다. 그럼에도 불구하고 신뢰성 분석에서 전산모사는 필수 불가결이고 더 많은 진전이 이 방향으로 이루어지고 있다[11,12].

참고문헌

[1] M. Ohring, *Reliability and Failure of Electronic Materials and Devices* (Academic Press, San Diego, 1998).

[2] W. J. Bertram, "Yield and reliability," Ch. 14 of *VLSI Technology*, ed. S. M. Sze (McGraw-Hill, New York, 1983).

[3] J. R. Black, "Mass transport of Al by momentum exchange with conducting electrons," *Proc. IEEE Int. Rel. Phys. Symp.* (1967), 144–59.

[4] M. Shatzkes and J. R. Lloyd, "A model for conductor failure considering diffusion concurrently with electromigration resulting in a current exponent of 2," *J. Appl. Phys.* **9** (1986), 3890–3.

[5] R. Rosenberg and M. Ohring, "Void formation and growth during electromigration in thin films," *J. Appl. Phys.* **42** (1971), 5671–9.

[6] J. J. Clement, "Electromigration modeling for integrated circuit interconnect reliability analysis," *IEEE Trans. on Device and Materials Reliability* **1** (2001), 33–42.

[7] S. Brandenburg and S. Yeh, *Proceedings of Surface Mount International Conference and Exhibition*, SMI98, San Jose, CA, Aug. 1998, pp. 337–44.

[8] Everett C. C. Yeh, W. J. Choi, K. N. Tu, P. Elenius and H. Balkan, "Current-crowding-induced electromigration failure in flip chip solder joints," *Appl. Phys. Lett.* **80** (4) (2002), 580–2.

[9] Lingyun Zhang, Shengquan Ou, Joanne Huang, K. N. Tu, Stephen Gee and Luu Nguyen, "Effect of current crowding on void propagation at the interface between intermetallic compound and solder in flip chip solder joints," *Appl. Phys. Lett.* **88** (2006), 012106.

[10] S. W. Liang, Y. W. Chang, T. L. Shao, Chih Chen and K. N. Tu, "Effect of three-dimensional current and temperature distribution on void formation and propagation in flip chip solder joints during electromigration," *Appl. Phys. Lett.* **89** (2006), 022117.

[11] T. V. Zaporozhets, A. M. Gusak, K. N. Tu and S. G. Mhaisalkar, "Three-dimensional simulation of void migration at the interface between thin metallic film and dielectric under electromigration," *J. Appl. Phys.* **98**, 103508 (2005).

[12] Y.-S. Lai, S. Sathe, C.-L. Kao and C.-W. Lee, "Integrating electrothermal coupling analysis in the calibration of experimental electromigration reliability of flip-chip packages," in *Proceedings of ECTC 2005 (55th Electronic Components and Technology Conference)*, Lake Buena Vista, FL, USA, 2005, pp. 1421–6.

연습문제

15.1 미세전자 기술에서 수율과 신뢰성 사이의 차이는 무엇인가?

15.2 통전신뢰도(burn-in) 시험은 무엇이고 왜 수행하여야 하는가?

15.3 일렉트로마이그레이션은 미세전자 소자에서 주된 신뢰성 문제였다. 그럼에도 불구하고 개인용 컴퓨터, 랩탑 컴퓨터 또는 휴대전화에서 일렉트로마이그레이션에 의한 고장을 거의 발견할 수 없는 이유는 무엇인가?

15.4 신뢰성에서 가속 시험은 무엇인가? 미래에 나노크기 Cu 배선의 일렉트로마이그레이션 가속시험의 온도, 시간 전류밀도의 합리적 조건은 어느 수준이겠는가?

15.5 플립칩 기술에서, 칩 쪽에서는 두 솔더 범프를 연결하기 위하여 Al 선을 사용한다. 이들을 연결하기 위하여 Cu를 왜 사용하지 않는가? 실제로 기판 쪽에서는 솔더 범프를 연결하는 Cu 접합 패드를 사용한다.

15.6 Black 식에서 활성화에너지 앞의 부호가 "+"인가?

15.7 Black 식에서 활성화에너지 E = 1 eV/atom, 전류밀도의 승수 n = 2, 그리고 지수 앞 자기 인자 $A = 10^{-2}$로 측정하였다. 소자가 100°C에서 전류밀도 2×10^3 A/cm^{2}인 경우 MTTF를 계산하라. 그 후에 다음 세대 소자에 대해서 전류밀도가 1×10^4 A/cm^{2}로 증가한다면 MTTF는 어떻게 되겠는가?

15.8 플립칩 기술에서 배선에서 범프로 이어지는 구성은 매우 특징적인 것이다. 이는 일렉트로마이그레이션이 솔더 범프뿐만 아니라 Al 배선에서도 일어날 수 있음을 의미한다. Al 배선에서 전류밀도가 10^6 A/cm^{2}이고 솔더 범프에서 전류 집중 때문에 전류밀도가 10^4 A/cm^{2}라고 가정하면, 공동 형성에 의한 고장이 우선적으로 일어나는 곳은 어디인가?

부록 A 열역학 함수의 간략한 검토

일정한 수의 입자를 갖는 닫힌 계의 일반적인 열역한 관계를 검토하는 것에서부터 시작하고자 한다. 4개의 에너지 함수인 내부 에너지 E, 엔탈피 H, Helmholtz 자유에너지 F 그리고 Gibbs 자유에너지 G는 상호 관련이 있고 4개의 열역학 변수인 압력 p, 부피 V, 엔트로피 S 그리고 온도 T에 의해 다음과 같은 관계를 갖는다.

$$
\begin{aligned}
H &= E + pV \\
F &= E - TS \\
G &= E - TS + pV = F + pV = H - TS
\end{aligned}
\tag{A.1}
$$

열역학 제1법칙은 열의 변화 dQ와 계에 행한 일 dW 그리고 내부 에너지 변화 dE의 관계를 나타낸다.

$$dE = dQ + dW \tag{A.2}$$

제1법칙은 닫힌 계의 내부 에너지 변화의 정의이다. 만일 열 변화가 가역적이라면, 제2법칙은 엔트로피 증가를 정의한다.

$$dS = \frac{dQ}{T} \tag{A.3}$$

제2법칙은 엔트로피 변화를 정의한다. 만일 기계적 일이 계에 행해지면, $dW = -pdV$가 된다. 여기에서 일은 계의 부피가 감소할 때 양의 값을 갖는다. 그러므로

$$dE = TdS - pdV \tag{A.4}$$

식 (A.4)로부터 시작하면, H, F 그리고 G의 미분 방정식은 식 (A.1)로부터 얻을 수 있으며

$$dH = TdS + Vdp$$
$$dF = -SdT - pdV$$
$$dG = -SdT + Vdp \tag{A.5}$$

4개의 변수는 식 (A.4)와 (A.5)와 같이 p와 V 그리고 T와 S의 쌍으로 나타난다. 실험적으로 일정한 압력 또는 일정한 온도에서 과정을 수행하는 것이 보다 쉽다. 이에 비해 일정한 부피 또는 일정한 엔트로피에서의 수행은 어렵다. 일정한 엔트로피에서 일어나는 과정을 단열 과정이라 부르며, 이는 열의 출입이 없는 과정이다. dS를 측정하기가 어려운 반면 일정한 부피 또는 압력 과정에서 열 용량 값을 알면 $dQ = TdS$를 측정할 수 있다.

식 (A.4)로부터 일정한 부피의 열 용량은

$$c_v = \left.\frac{\partial E}{\partial T}\right|_v \tag{A.6}$$

그리고 식 (A.5)에서 첫 번째 식으로부터 일정한 압력에서 열 용량은

$$c_p = \left.\frac{\partial H}{\partial T}\right|_p \tag{A.7}$$

c_p 값은 고체에서 c_v보다 더 쉽게 측정할 수 있다. c_p를 알면, 엔탈피와 엔트로피의 변화를 측정할 수 있다.

$$\Delta H = \int_{T_1}^{T_2} c_p dT \tag{A.8}$$
$$\Delta S = \int_{T_1}^{T_2} \frac{c_p}{T} dT \tag{A.9}$$

$G = H - TS$로 정의하였기 때문에, 만일 c_p 값을 안다면 일정한 온도와 일정한 압력에서 Gibbs 함수의 변화를 구할 수 있음을 의미한다. Gibbs 함수는 두 개의 독립 변수인 T와 p로 이루어진 함수이다. 이 두 변수는 실험적으로 제어가 용이하고 계의 크기에 의존하지 않는다. 그러므로 일정한 온도와 압력에서 평형 상의 변화를 고려할 때 Gibbs 함수를 사용한다. Gibbs 함수는 Gibbs 자유에너지로 불린다. Gibbs 자유 에너지를 알면, 주어진 온도와 압력에서 평형 상태를 정의할 수 있다. 이것이 열역학에서 열 용량이 중요한 이유이고, Einstein과 Debye가 열용량에 대한 이론적 연구를 한 이유이다.

대기압에서 고체 또는 액체 상태에서 일어나는 화학적 과정에서 pV 항은 무시할 만큼 작다. 그러므로 Gibbs 자유에너지와 Helmholtz 자유에너지는 실질적으로 동일하다. pV항을 계

산하기 위해서 1기압은 1.013 × 10^6 dyne/cm^2의 압력이고 1.013 × 10^6 erg/cm^3의 에너지 밀도이다. 만일 1 cm^3 내에 3 × 10^{22} Ω개의 부피를 점유한다면(여기에서 Ω는 원자 부피),

$$p\Omega = \frac{1.013 \times 10^6}{3 \times 10^{22} \times 1.6 \times 10^{-12}} \text{ eV/atom}$$
$$= 0.21 \times 10^{-4} \text{ eV/atom}$$

이 값은 액체 또는 고체에서 일반적인 결합에너지 약 0.1~1 eV/atom에 비해 현저히 작은 값이다.

표면에 대해서는 일에 대한 다른 기여분이 존재한다. 즉,

$$dW_S = \gamma dA \tag{A.10}$$

이고, 여기에서 γ는 단위 면적당 표면에너지이고 A는 면적이다. 이 값은 표면장력에 대항하여 표면 면적을 증가시키기 위한 일을 의미한다.

부록 B 고체 내에서 결함 농도

4장 도입부에서 결정질 고체 내에서 확산은 고체 내에 존재하는 결함, 특히 공공과 침입형 점 결함 등에 의해 이루어진다고 언급하였다. 실제로 금속에서 원자의 점 결함 기구는 매우 잘 밝혀져 있다. 중요한 문제는 "점 결함의 양이 확산 플럭스를 제어하기 때문에 고체 내에서 점 결함의 농도가 얼마나 되는가?"하는 것이다. 점 결함 농도는 열역학적으로 평형 값을 갖는다. 이는 복잡한 결함인 전위, 쌍정 그리고 결정립계와는 확연히 다르다. 복잡한 결함들은 점 결함의 소스와 싱크로 작동할 수 있으며, 그 존재와 농도는 시편의 열적 그리고 기계적 처리 과정에 의존한다. 그러나 잘 열처리된 시편은 공공의 평형 또는 특정한 농도를 포함한다. 열적 평형 농도는 통계학적으로 계산할 수 있기 때문에 아래에 간단히 설명하겠다.

N_v개의 격자점이 비어 있고(공공), $N-N_v$개의 격자점이 원자로 채워져 있는 N개의 격자점을 갖는 결정에서 엔트로피를 고려하자. 격자의 구성 엔트로피(configurational entropy)는

$$S = k \ln \Gamma \tag{D.1}$$

이고, 여기에서 k는 볼츠만 상수, Γ는 격자의 가능한 상태 수 또는 격자 내 공공과 원자가 배열될 수 있는 방법의 수이며

$$\begin{aligned}\Gamma &= \frac{N\,(N-1)......(N-N_v+1)}{N_v!} \\ &= \frac{N!}{(N-N_v)!N_v!}\end{aligned} \tag{B.2}$$

Stirling 근사를 사용하면, x가 매우 큰 경우 $\ln x! = x \ln x$이므로

$$S = k\,[N \ln N - (N-N_v)\ln(N-N_v) - N_v \ln N_v] \tag{B.3}$$

온도 T에서 N_v개 공공을 갖고 있는 격자의 Gibbs 함수는

$$\Delta G = N_v \Delta H_f - T\Delta S \tag{B.4}$$

이고, 여기에서 ΔH_f는 격자에서 한 개의 공공을 형성하는 데 필요한 엔탈피이고 ΔS는 표준 상태로부터 증가되는 엔트로피이다. 만일 표준 상태가 단일 상태라면, 그 엔트로피 값은 0(열역학 제3법칙)이다. 게다가 만일 진동 엔트로피 기여도를 무시가능하다고 하면,

$$\Delta S = S - 0 = k \ln \Gamma$$

온도 T에서 열평형 상태이면, 공공 한 개의 화학 포텐셜 또는 격자 내 원자 한 개의 화학 포텐셜은 같으므로

$$\frac{\partial \Delta G}{\partial N_v} = 0$$

$$\Delta H_f - T\frac{\partial \Delta S}{\partial \Delta N_v} = 0$$

이다. 여기에서

$$\frac{\partial \Delta S}{\partial N_v} = k \ln \frac{N - N_v}{N_v}$$

이므로

$$\frac{N_v}{N - N_v} = \exp\left(-\frac{\Delta H_f}{kT}\right) \tag{B.5}$$

를 얻을 수 있다. $N \gg N_v$이므로 이 식은 평형 공공 농도는 볼츠만 분포를 따른다는 것을 보여준다.

4장의 4.9.2절에서 Al 내 $\Delta H_f = 0.76$ eV임을 보였다. 그러므로 녹는점 660 ºC 근처에서

$$\frac{N_v}{N} \cong 10^{-4}$$

이고, 이는 실험적으로 측정된 공공 농도 값과 유사하다. 온도가 감소함에 따라 공공 농도가 감소하므로, 녹는점 근처의 온도에 있는 시편을 낮은 온도로 급랭시켜 시편 내에 공공을 과포화 상태로 만들 수 있다. 과포화 상태로부터 평형 상태로 도달하는데 걸리는 속도는 시편의 비저항 변화를 이용하여 측정할 수 있고 공공의 이동 활성화에너지를 구할 수 있게 된다.

부록 C Huntingon의 전자 풍력 유도

아래에는 Huntington의 전자 풍력 모델에서 가정과 순차적인 유도 과정을 기술하였다.

(1) 과정은 준고전물리를 기반으로 한다. 각 전자는 평균 파동 벡터 k와 군속도(group velocity)를 갖는 파동군 또는 Bloch 파동이다. 군속도는

$$\overline{V} = \frac{1}{\hbar}\frac{\partial E(\overline{k})}{\partial \overline{k}}$$

이고, 여기에서 함수 $E(\overline{k})$는 전자 밴드 이론에서 계산된다(산란 법칙, dispersion law).

자유 전자에 대해서 $E(\overline{k}) = \hbar^2 k^2/2m^*$이고 전도대 하단에 위치하는 전자에 대해서는 $E(k) = E_{\min} + \hbar^2 k^2/2m_0$이고, 여기에서 $m^* = \hbar^2(\partial^2 E/\partial k^2)^{-1}$은 전자의 유효 질량이다. 여기에서 $\partial E/\partial \overline{k}$는 k 공간에서 벡터 기울기로 성분 $\partial E/\partial k_x$, $\partial E/\partial k_y$, $\partial E/\partial k_z$를 갖는다.

Bloch 이론에 의하면 Block 파동은 $U(\overline{r}+\overline{R}) = U(\overline{r})$과 $\overline{R} = n_1\overline{a_1}+n_2\overline{a_2}+n_3\overline{a_3}$인 주기적인 포텐셜에서 독립적인 전자의 양자 상태는 평면파와 주기 함수의 곱, 즉 $\Psi_{\hbar\overline{k}}(\overline{r}) = e^{i\overline{k}\overline{r}}W_{\hbar\overline{k}}(\overline{r})$(여기에서 $W_{\hbar\overline{k}}(\overline{r}+\overline{R}) = W_{\hbar\overline{k}}(\overline{r})$이고 n은 밴드 지수)으로 나타낼 수 있다.

(2) 산란의 결과로 전자의 군속도 변화는 $(1/\hbar)[(\partial E/\partial \overline{k'}) - (\partial E/\partial \overline{k})] = \overline{V'} - \overline{V}$이다.

(3) $-\frac{m_0}{\hbar}[(\partial E/\partial k_x') - (\partial E/\partial k_x)] = -(p_x' - p_x)$는 각각의 산란 동안 결함에 x축 방향으로 전달되는 운동량이다.

(4) $f(\overline{k})$는 양자 상태 $\overline{k}$를 전자가 점유하고 있을 확률이다. k 공간에서 양자 셀의 "k부피"는 $\Omega = (2\overline{\mu}/L_x)\cdot(2\overline{\mu}/L_y)\cdot(2\overline{\mu}/L_z) = 8\pi^3/V$이고, 여기에서 V는 실제 총 부피이다. 평형에서 $f_0 = 1/(e^{E-\mu/kT}+1)$이다(Fermi-Dirac 분포).

(5) $1-f(\overline{k'})$는 산란 전에 양자 상태 $\overline{k'}$이 비어있을 확률이다. 그러므로 Paul의 금제율이 $\overline{k}-\overline{k'}$ 천이를 금지하지는 못한다.

(6) $W_d(\overline{k} \rightarrow \overline{k'})$은 단위 시간당 천이 확률이다. 이는 만일 $dt \ll \tau_d$이면 $W_d dt$가 dt시간 동안

천이가 일어날 확률이 됨을 의미한다.

(7) Pauli의 금제율에 따르면 k 공간에서 각 양자 셀[부피 $\Omega = (8\pi^3/V)$]은 반대 방향의 스핀을 갖는 두 개의 전자까지 포함할 수 있다. 그러므로 전자 한 개당 k부피는 $\Omega/2 = 4\pi^3/V$이다.

(8) 이제 단위 부피 $V = 1\ \text{m}^3$을 고려하자.

(9) 기본 k부피, $d_k^3 \ = dk_x dk_y dk_z$에 존재하는 가능한 전자 상태 수는 $d^3k/(\Omega/2) = d^3k/4\pi^3$이다. 기본 k부피는 물리적으로 매우 작다.

(10) 단위 부피 내에서 전자가 결함으로 전하는 x축 방향의 모멘텀, M_x는 아래와 같다.

$$-\iint \frac{d^3k}{4\pi^3}\frac{d^3k'}{4\pi^3}(p'_x - p_x)f(\bar{k})(1 - f(\overline{k'}))W_d(\bar{k}, \overline{k'}).$$

또는

$$\frac{dM_x}{dt} = -\left(\frac{1}{4\pi^3}\right)^2 \iint \frac{m_0}{\hbar}\left(\frac{\partial E}{\partial k'_x} - \frac{\partial E}{\partial k_x}\right) f(\bar{k})(1 - f(\overline{k'}))W_d(\bar{k}, \overline{k'})d^3k'd^3k$$

(11) 마지막 식은 두 개의 적분으로 나타낼 수 있고

$$\frac{dM_x}{dt} = I_1 + I_2$$

여기에서

$$I_1 = -\left(\frac{1}{4\pi^3}\right)^2 \iint \frac{m_0}{\hbar}\frac{\partial E}{\partial k'_x} f(\bar{k})(1 - f(\overline{k'}))W_d(\bar{k}, \overline{k'})d^3k'd^3k$$

$$I_2 = -\left(\frac{1}{4\pi^3}\right)^2 \iint \frac{m_0}{\hbar}\frac{\partial E}{\partial k_x} f(\bar{k})(1 - f(\overline{k'}))W_d(\bar{k}, \overline{k'})d^3k'd^3k$$

적분이 모든 $\bar{k}$와 모든 $\overline{k'}$ 범위에서 이루어지기 때문에 첫 번째 적분에서 서로 변수를 바꿀 수 있다.

$$I_1 = -\left(\frac{1}{4\pi^3}\right)^2 \iint \frac{m_0}{\hbar}\frac{\partial E}{\partial k_x} f(\overline{k'})(1 - f(\bar{k}))W_d(\overline{k'}, \bar{k})d^3k'd^3k$$

그러므로 I_1과 I_2에서 동일한 $\partial E/\partial k_x$가 존재한다. 이는

$$\frac{dM_x}{dt} = (-I_2) - (-I_1)$$
$$= \left(\frac{1}{4\pi^3}\right)^2 \iint \frac{m_0}{\hbar}\frac{\partial E}{\partial k_x}$$
$$\times \left[f(\overline{k'})(1-f(\overline{k}))W_d(\overline{k},\overline{k}) - f(\overline{k'})(1-f(\overline{k}))W_d(\overline{k'},\overline{k})\right] d^3k'd^3k \qquad \text{(C.1)}$$

(12) 마지막 식을 단순화시키기 위해서 Huntingon은 이완 시간 τ_d 개념을 사용하였다. 이는 기체 상에 대한 반응 속도 볼츠만 식의 분석을 위하여 도입되었다. 근사를 통하여 분포 함수 변화 속도는 평형 분포에 대해서

$$\frac{\partial f(t,\overline{k})}{\partial t} = \frac{1}{4\pi^3}\int \left\{f(\overline{k})(1-f(\overline{k'}))W_d(\overline{k},\overline{k'}) - f(\overline{k'})(1-f(\overline{k}))W_d(\overline{k'},\overline{k})\right\} d^3k'$$
$$- \frac{f(t,\overline{k}) - f(\overline{k})}{\tau_d}$$

정상 상태인 경우에 대해서 $\partial f/\partial t = 0$이므로

$$\frac{1}{4\pi^3}\int \left\{f(\overline{k})(1-f(\overline{k'}))W_d(\overline{k},\overline{k'}) - f(\overline{k'})(1-f(\overline{k}))W_d(\overline{k'},\overline{k})\right\} d^3k'$$
$$= \frac{f(t,\overline{k}) - f(\overline{k})}{\tau_d} \qquad \text{(C.4)}$$

만일 천이 선에 상태 $\overline{k}$가 채워져 있고 $\overline{k'}$이 비워져 있다면, 위 식의 우측 항들에서 $f(\overline{k})(1-f(\overline{k'}))W_d(\overline{k},\overline{k'})$는 천이 단위 시간당 확률이다. 함수 $f(\overline{k})(1-f(\overline{k'}))W_d(\overline{k},\overline{k'})$는 역방향 천이의 단위 시간당 확률이다.

(13) 식 (C.4)를 식 (C.1)에 대입하면

$$\frac{dM_x}{dt} = \frac{1}{4\pi^3}\int d^3k \frac{m_0}{\hbar}\frac{\partial E(\overline{k})}{\partial k_x}\frac{f(\overline{k}) - f_0(\overline{k})}{\tau_d}$$

(14) 이완 시간이 $\overline{k}$에 독립적이고 τ_d = 상수라고 하자. 그러면

$$\frac{dM_x}{dt} = \frac{m_0}{\hbar\tau_d}\frac{1}{4\pi^3}\int d^3k \frac{\partial E(\overline{k})}{\partial k_x} f(\overline{k}) - \frac{m_0}{\hbar\tau_d}\frac{1}{4\pi^3}\int d^3k \frac{\partial E(\overline{k})}{\partial k_x} f_0(\overline{k})$$

(15) 명확하게도, 평형 상태에서 전자의 평균 벡터 속도는 0이다.

$$\overline{V_x} = \frac{1}{\hbar}\overline{\frac{\partial E}{\partial k_x}}\bigg|_{eq} = \frac{1}{\hbar}\overline{\frac{\partial E}{\partial k_y}}\bigg|_{eq} = \frac{1}{\hbar}\overline{\frac{\partial E}{\partial k_z}}\bigg|_{eq} = 0$$

그러므로

$$\int \frac{\partial E}{\partial k_x} f_0(\bar{k}) d^3k = 0$$

따라서,

$$\frac{dM_x}{dt} = \frac{m_0}{\hbar\tau_d}\frac{1}{4\pi^3}\int \frac{\partial E}{\partial k_x} f(\bar{k}) d^3k \qquad (C.5)$$

(16) 모멘텀 변화와 힘의 관계로부터 전류밀도는

$$j_x = (-e)n\overline{V_x} = (-e)\int \frac{d^3k}{4\pi^3} f(\bar{k}) \cdot \frac{1}{\hbar}\frac{\partial E(\bar{k})}{\partial k_x} \qquad (C.6)$$

이고, 여기에서 $n = (d^3k/4\pi^3)f(\bar{k})$는 d^3k에 속한 $\bar{k}$를 갖는 단위 부피당 전자의 수이다. 실제로, $d^3k/4\pi^3$은 k 공간에서 부피 d^3k 내에 존재하는 "단위 전자 셀"의 수이고, $f(\bar{k})$는 셀의 "거주 확률(inhabitance)"이다.

(17) 식 (C.5)와 (C.6)을 조합하면,

$$\frac{dM_x}{dt} = -\frac{j_x m_0}{e\tau_d} \qquad (C.7)$$

이는 단위 부피당 단위 시간당 결함(확산 중인 원자)에 가해지는 모멘텀 변화의 x 성분이다.

(18) N_d를 결함 밀도(단위 부피당 결함 수)라 하자. Newton의 제2법칙에 따라서 전자 바람(wind)에 의해 한 개의 결함에 인가되는 힘, 즉 전자 풍력은

$$F_x = \frac{1}{N_d}\frac{dM_x}{dt} = -\frac{j_x m_0}{e\tau_d N_d} \qquad (C.8)$$

원자 점프 동안 결함이 한 번의 충돌보다 훨씬 더 큰 힘을 갖는다는 가정에 대한 물리적인 증명이다. 한 번의 성공적인 점프 특성 시간은 Debye 시간, $\tau_{Debye} \sim 10^{-13}$ 정도이다. 그러므로 식 (C.8)이 합리적인 식이 되기 위해서는 산란 주파수, $\nu_{scatter}$와 Debye 시간의 곱이 1보다 작아야 한다.

$$\nu_{scatter} \approx \frac{kT}{\varepsilon_p}\frac{V_F}{l}$$

여기에서 l은 결함 주위 전자의 평균 자유 행정거리, V_F/l은 "가능한" 충돌의 주파수, 그리고 kT/ε_p는 Pauli의 금제율에 의해 산란될 수 있는 전자의 분율이다.

$$l \approx \frac{1}{n\sigma},$$

여기에서 σ는 단면적이고 약 10^{-19} m^2(Huntington의 추정) 정도이다.

$$n \sim 10^{29}\ \mathrm{m}^{-3}\ \left(n_{ex} \approx \frac{kT}{\varepsilon_p} n \approx 10^{27}\ \mathrm{m}^{-3}\right), \frac{kT}{\varepsilon_p} \approx 10^{-2}, V_F = \frac{\hbar k_F}{m_0} \approx 10^6\ \mathrm{m/s}$$

따라서 $\nu_{scatter} \approx 10^{-1}10^6 n\sigma \approx 10^{-2}10^6 10^{29} 10^{-19} \approx 10^{14}\mathrm{s}^{-1}$

그러므로 $\nu_{scatter}\tau_{Debye} \approx 10 \gg 1$이다.

(19) 이제 식 (C.8)을 전기장의 항으로 변형하면 $j_x = \varepsilon_x/\rho$, 여기에서는 금속의 평균 저항이다. Drude-Lorentz-Sommerfeld 모델에 따르면 금속의 저항 ρ는

$$\rho = \frac{|m^*|}{ne^2\tau}$$

로 쓸 수 있고, 여기에서 $m^* = \hbar^2/(\partial^2 E/\partial k^2)$은 유효 전자 질량이다.

Huntington은 결함 저항에 대해서 동일한 표현을 사용하였고 $\rho_d = (|m^*|/ne^2\tau_d)$, 이로부터 $\tau_d = (|m^*|/ne^2\rho_d)$이다.

따라서, 식 (C.8)로부터

$$F_x = -\frac{\varepsilon_x}{\rho}\frac{m_0}{eN_d}\frac{ne^2\rho_d}{|m^*|} = -\left(\frac{m_0}{|m|}\frac{ZN}{N_d}\frac{\rho_d}{\rho}\right)e\varepsilon_x \tag{C.9}$$

이고, 여기에서 N은 이온 밀도 그리고 Z는 원자가 수 $n = ZN$이다. 따라서 유효 전하는 $Q^* = -Z^*e$이고, 여기에서

$$Z^* = \frac{m_0}{|m^*|}\frac{ZN}{N_d}\frac{\rho_d}{\rho} = Z\frac{m_0}{|m^*|}\frac{\rho_d/N_d}{\rho/N}$$

이다.

(20) 이제 τ_d, ρ_d 그리고 F_x가 위치에 따라 변한다는 사실을 고려하여야 한다. 분명하게 확산의 안장점(saddle-point)에서 최댓값을 갖는다.

$F(y) = F_m \sin^2(\pi y/d)$라 가정하고, 여기에서 y는 y축이 아니다. 오히려 점프 경로를 따른 좌표로 대개는 x축과도 일치하지 않는다. 일 또는 포텐셜 장벽의 변화는

$$U_j = \int_0^{a_j/2} F(y)dy = F_m \cos\theta_j \int_0^{a/2} \sin^2\frac{\pi y}{a}dy = \frac{a_j F_m}{4}\cos\theta_j$$

모든 가능한 점프 방향으로 평균하면,

$$J_x = C\frac{D}{kT}\frac{1}{2}F_m$$

앞의 상수 1/2는 적분에 기인한 것으로

$$\int_0^{a/2} \sin^2\frac{\pi y}{a}dy = \frac{1}{2}\frac{a}{2}$$

(21) 그러므로 최종적으로 유효 전하 수를 아래와 같이 얻을 수 있다.

$$Z_{eff}^* = \frac{1}{2}Z_{\max}^* - Z = Z\left(\frac{1}{2}\frac{m_0}{|m^*|}\frac{(\rho_d^{\max}/N_d)}{\rho/N} - 1\right)$$

부록 D 탄성계수 표와 변환

이 장의 목적은 일반적으로 사용되는 탄성계수의 식과 관계를 간략히 살펴보고 6장과 14장에 논의된 탄성 소재의 설계에 사용된 탄성계수 표를 제공하고자 한다.

D.1 식과 정의

D.1.1 강성도(stiffness) 텐서와 순응도(compliance) 텐서

관심이 있는 전자 재료에 대해서 응력과 변형률은 6 × 6 행렬 관계를 갖는다.

$$\left\| \begin{matrix} c_{11} & c_{12} & c_{13} & c_{14} & c_{15} & c_{16} \\ c_{21} & c_{22} & c_{23} & c_{24} & c_{25} & c_{26} \\ c_{31} & c_{32} & c_{33} & c_{34} & c_{35} & c_{36} \\ c_{41} & c_{42} & c_{43} & c_{44} & c_{45} & c_{46} \\ c_{51} & c_{52} & c_{53} & c_{54} & c_{55} & c_{56} \\ c_{61} & c_{62} & c_{63} & c_{64} & c_{65} & c_{66} \end{matrix} \right\| \quad \left\| \begin{matrix} s_{11} & s_{12} & s_{13} & s_{14} & s_{15} & s_{16} \\ s_{21} & s_{22} & s_{23} & s_{24} & s_{25} & s_{26} \\ s_{31} & s_{32} & s_{33} & s_{34} & s_{35} & s_{36} \\ s_{41} & s_{42} & s_{43} & s_{44} & s_{45} & s_{46} \\ s_{51} & s_{52} & s_{53} & s_{54} & s_{55} & s_{56} \\ s_{61} & s_{62} & s_{63} & s_{64} & s_{65} & s_{66} \end{matrix} \right\|$$

이 텐서들은 Hooke의 법칙에 의해 응력과 변형률 관계를 갖는다.

$$\overleftrightarrow{\varepsilon} = \|s\| \overleftrightarrow{\sigma}$$

$$\overleftrightarrow{\sigma} = \|c\| \overleftrightarrow{\varepsilon}$$

여기에서 $\overleftrightarrow{\varepsilon}$와 $\overleftrightarrow{\sigma}$는 각각 변형률과 응력 텐서이다. s_{ij}는 탄성 순응도 텐서이고 c_{ij}는 탄성 강성도 텐서이다.

D.1.2 입방정 재료

대부분의 흥미로운 반도체와 금속은 입방정 재료이다. 즉, 단결정 형태는 입방정 결정이다. 입방정 재료는 세 개의 독립 변수로 규정된다: c_{11}, c_{12}, c_{44}. 입방정에 대해서 $c_{ij} = c_{ji}$이므로

$$c_{11} = c_{22} = c_{33}; c_{12} = c_{13} = c_{23}; c_{44} = c_{55} = c_{66}; c_{45} = c_{46} = c_{56} = 0$$

$$s_{11} = (s_{11} + s_{12}) / (s_{11} - s_{12}) (s_{11} + 2s_{12})$$
$$c_{12} = -s_{12} / (s_{11} - s_{12}) (s_{11} + 2s_{12})$$
$$c_{44} = 1/s_{44}$$

$$s_{11} = (c_{11} + c_{12}) / (c_{11} - c_{12}) (c_{11} + 2c_{12})$$
$$s_{12} = -c_{12} / (c_{11} - c_{12}) (c_{11} + 2c_{12})$$
$$s_{44} = 1/c_{44}$$

$$1/ (s_{11} + 2s_{12}) = c_{11} + 2c_{12}$$
$$1/ (s_{11} - s_{12}) = c_{11} - c_{12}$$

D.1.3 등방 재료

다결정 재료와 비정질 재료는 일반적으로 등방성을 갖는다. 그리고 2개의 변수 c_{11}과 c_{12} 또는 s_{11}과 s_{12}로 특징지어진다.

c와 s 사이의 관계는 아래의 추가 관계 이외에 입방정 재료와 동일하다.

$$c_{44} = (c_{11} - c_{12}) /2$$
$$s_{44} = 2 (s_{11} - s_{12})$$

D.1.4 일반적인 탄성계수 (등방성 재료)

영률(Y)

$Y = (c_{11} - c_{12})(c_{11}+2c_{12})/(c_{11}+c_{12})$

$Y = 1/s_{11}$

부피탄성계수(K)($-V \cdot dp/dV$)

$K = (c_{11}+2c_{12})/3$

$K = 1/3(s_{11}+2s_{12})$

푸아송비(v)

$v = c_{12}/(c_{11}+c_{12})$

$v = -s_{12}\ Y = -s_{12}/s_{11}$

선형 압축률, (β) $(l \cdot dp/dl)^{-1}$

$\beta = 1/(c_{11}+2c_{12})$

$\beta = s_{11}+2s_{12}$

D.2 탄성계수 표

D.2.1 4족 반도체(단위 10^{11} dyne/cm^2, 온도 300 K)

	c_{11}	c_{12}	c_{44}
Diamond	107.6	12.5	57.6
Si	16.56	6.39	7.90
Ge	12.88	4.83	6.71

From Gray [7]

	c_{11}	c_{12}	c_{44}
Diamond	107.64	15.2	57.4
Si	16.577	6.393	7.962
Ge	12.40	4.13	6.83

From Böer [4]

D.2.2 III–V족 반도체(단위 10^{11} dyne/cm^2, 온도 300 K)

	c_{11}	c_{12}	c_{44}
AlAs	12.02	5.70	5.89
AlSb	8.77	4.34	4.976
GaP	14.050	6.203	7.033
GaAs	11.90	5.38	5.95
GaSb	8.834	4.023	4.322
InP	10.11	5.61	4.56
InAs	8.329	4.526	3.959
InSb	6.669	3.645	3.020

From Böer [4]

	c_{11}	c_{12}	c_{44}
$Al_xGa_{1-x}As$	$11.88 + 0.14x$	$5.38 + 0.32x$	$5.94 - 0.05x$

From Adachi [1]

D.2.3 일반적인 금속(단위 10^{11} dynes/cm^2 온도 300 K)

	c_{11}	c_{12}	c_{44}
Al	10.82	6.13	2.85
Ag	12.40	9.34	4.61
Au	18.6	15.7	4.20
Cr	35.0	6.78	10.08
Cu	16.84	12.14	7.54
Ni	24.65	14.73	12.47
Mo	46	17.6	11.0
W	50.1	19.8	15.14

From Huntington [8]

D.2.4 일반적인 부도체(단위 10^{11} dynes/cm^2 온도 300 K)

	Y	μ	ν
Fused quartz[a]	7.26	3.10	0.17
Vitreous silica[b]	7.29	3.13	0.17
Silicon nitride[c]	3.00	—	0.22

[a] Huntington [8]
[b] Bansal and Doremus [2]
[c] Battelle [3]

D.3 일반적인 반도체의 유용한 조합(10^{11} dynes/cm^2)

	Y <100>	Y <111>	Y <011>
GaAs	8.53	14.12	12.13
GaP	10.34	16.69	14.47
Si	13.02	18.75	16.89
Ge	10.37	15.51	13.80

From Brantley [5]

D.4 변환 시 배수

dyne/cm^{3}로부터 변환

To:	**변환 시 배수**
Atmospheres	9.87×10^{-7}
Bars	1×10^{-6}
Pounds/sq in	1.45×10^{-5}
Newtons/m^2	0.1
Pascal (= 1 N/m^2)	0.1
Mm of Hg	7.5×10^{-4}

$$1 \text{ dyne/cm}^2 = 1 \text{ erg/cm}^3 = 6.24 \times 10^{11} \text{ eV/cm}^3$$

$$1 \text{ N/m}^2 = 1 \text{ J/m}^3 = 6.24 \times 10^{18} \text{ eV/m}^3$$

참고문헌

[1] S. Adachi, "GaAs, AlAs, and $Al_xGa_{1-x}As$ material parameters for use in research and device applications," *J. Appl. Phys.* **58**, R1 (1985).

[2] N. P. Bansal and R. H. Doremus, *Handbook of Glass Properties* (Academic Press, Orlando, 1986).

[3] Battelle-Columbus Laboratories, Engineering Property Data on Selected Ceramics, Vol. 1, Nitrides, Metals and Ceramics Information Center, Battelle's Columbus Laboratories (1976). Internal Report-M.C.I.C.-HB-07 Vol I.

[4] K. W. Böer, *Survey of Semiconductor Physics* (Von Nostrand Reinhold, 1990).

[5] W. A. Brantley, "Calculated elastic constants for stress problems associated with semiconductor devices," *J. Appl. Phys.* **44** (1973), 534.

[6] J. W. Cahn, "On spinodal decomposition in cubic crystals," *Acta. Met.* **10** (1962), 179.

[7] D. E. Gray (Coord. Ed.), *American Institute of Physics Handbook* (McGrawHill Book Company, 1972).

[8] H. B. Huntington, in *Solid State Physics* Vol. 7, eds F. Seitz and D. Turnbull (Academic Press, New York, 1958), 213.

[9] C. Kittel, *Introduction to Solid State Physics*, 2nd edn (John Wiley & Sons, New York, 1953).

[10] J. F. Nye, *Physical Properties of Crystals* (Oxford, Clarendon Press, London, 1957).

[11] G. Simmons and H. Wing, *Single Crystal Elastic Constants and Calculated Aggregate Properties* (MIT Press, Cambridge, 1971).

부록 E

Si MBE에서 테라스 크기 분포

7장(7.5절)에서, Si MBE에서 단차(step)의 주기성을 논하였다. 이번 부록에서는 재료의 성장이 단차 성장을 가정하는 경우, 테라스 크기 분포의 표준편차가 소량의 재료 증착 시 감소하는 것을 보여줄 것이다. 단순화된 논의에서 성장은 전적으로 한 방향으로만 진행된다고 가정한다(즉, 모든 원자의 부착은 단차 성장 방향으로만 일어난다). 비록 단차를 매개로 한 구조체에서 성공적인 성장을 표현하는 경우에서 이 가정을 적용할 수 있을지라도, 이 중요한 가정은 실제로 항상 적용되는 것은 아니다.

비정형 테라스 크기를 갖는 배열의 테라스 크기 분포를 고려하자. 평균 테라스 길이 $\bar{l}$은

$$\bar{l} = \frac{1}{N}\sum_{i=1}^{N} l_i \tag{E.1}$$

이고, 여기에서 편의를 위하여 첫 번째와 마지막 단차는 고려하지 않는다. 일반적으로 요소 수 N은 매우 커서 이러한 가정으로 영향을 받지 않는다.

테라스 크기 분포의 표준편차 SD는

$$SD = \frac{1}{N}\sum_{i=1}^{N} \left(l_i - \bar{l}\right)^2 \tag{E.2}$$

이고, 테라스 크기의 균일성 측정 단위이다. 만일 SD가 0에 근사한다면, 매우 뾰족한 테라스 크기 분포와 완벽한 주기성을 갖는 단차 거리를 갖는다.

SD는 또한 아래와 같이 쓸 수 있다.

$$SD = \frac{1}{N}\sum_{i=1}^{N} \left(l_i^2 - 2l_i\bar{l} + \bar{l}^2\right) = \left(\frac{1}{N}\sum_{i=1}^{N}\left(l_i^2\right)\right) - \bar{l}^2 \tag{E.3}$$

왜냐하면

$$\frac{1}{N}\sum_{i=1}^{N} 2l_i\bar{l} = \left(\frac{2\bar{l}}{N}\sum_{i=1}^{N} l_i\right) = 2\bar{l}^2 \tag{E.4}$$

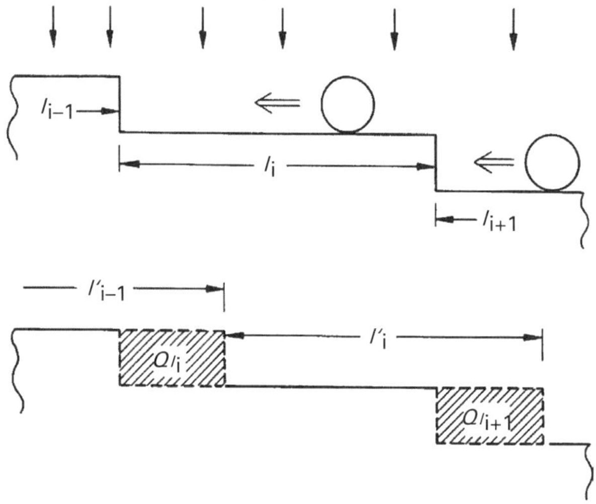

그림 E.1 단차 매개 성장 동안 표면 단면의 개략도. 여기에서 단원자층의 일부분 Q는 테라스 길이의 증가를 만든다.

이기 때문이다. 재료 한 개의 층 일부 Q를 첨가하여 가장 가까운 단차로 확산하는 경우를 가정하자(그림 E.1). 테라스 l_i는 새로운 크기 l'_i가 되며,

$$l'_i = l_i - Ql_i + Ql_{i+1}$$

또는

$$l'_i = (1 - Q)\, l_i + Ql_{i+1} \tag{E.4}$$

원래 테라스 크기에 비례한 분율만큼 원래 테라스는 작아지고, 이웃한 테라스 크기에 비례한 분율만큼 커진다. 새로운 평균 테라스 넓이 $\bar{l}'$는

$$\bar{l}' = \frac{1}{N}\sum_{i=1}^{N}[(1 - Q)\, l_i + Ql_{i+1}] = \bar{l} \tag{E.5}$$

이고, 여기에서 임의로 $l_1 = l_{N+1}$로 하였다. 이 결과는 새로운 분포의 평균 테라스 넓이가 원래 분포의 것과 동일하다는 것을 보여준다. 이는 직관적으로 이해가능하다. 평균 테라스 넓이는 미스컷(miscut) 각도 그리고 격자상수에 의해 $a/\tan\theta$로 결정된다. 여기에서 θ는 미스컷 각도이다. 에피택셜 소재의 첨가는 이러한 기하학적인 관계를 변화시키지 못한다. 그러므로

평균 테라스 넓이는 변하지 않게 된다. 이는 균질에피택시(homoepitaxy)는 단위 길이당 단차의 수를 증가시키거나 감소시키지 않는다는 것과 동일하다.

이제 새로운 테라스 크기 분포의 표준편차를 고려하자.

$$SD' = \frac{1}{N}\sum_{i=1}^{N}\left(l'_i - \bar{l}'\right)^2 = \left(\frac{1}{N}\sum_{i=1}^{N} l'^2_i\right) - \bar{l}'^2 \tag{E.6}$$

$$SD' = \frac{1}{N}\sum_{i=1}^{N}\left[l_i\left(1-Q\right) + l_{i+1}Q\right]^2 - \bar{l}'^2 \tag{E.7}$$

격자 괄호 항을 전개하면,

$$SD' = \frac{1}{N}\sum_{i=1}^{N}\left[l_i^2 - 2Ql_i^2 + Q^2l_i^2 + Q^2l_{i+1}^2 + 2l_il_{i+1}\left(Q-Q^2\right)\right] - \bar{l}'^2 \tag{E.8}$$

첫 번째 항과 마지막 항의 합은 식 (E.3)에서 원래의 분포($\bar{l}' = \bar{l}$)의 표준편차 SD이다. 그러므로

$$SD' = SD - \frac{2}{N}\sum_{i=1}^{N} l_i^2\left(Q-Q^2\right)^2 + \frac{2}{N}\sum_{i=1}^{N} l_il_{i+1}\left(Q-Q^2\right)$$

$$SD' = SD - \frac{2\left(Q-Q^2\right)}{N}\left(\sum_{i=1}^{N}\left(l_i^2 - l_il_{i+1}\right)\right) \tag{E.9}$$

우리의 목적은 $SD' < SD$를 보여주는 것이다. 인자 $2\left(Q-Q^2\right)/N$은 확실히 양의 값이다. 왜냐하면 $0 < Q < 1$이기 때문이다. 두 번째 변수에 대해서는

$$l_1 = l_{N+1}\text{이고} \quad \sum_{i=1}^{N} l_i^2 = \sum_{i=1}^{N} l_{i+1}^2\text{이기 때문에}$$

$$\sum_{i=1}^{N}\left(l_i - l_{i+1}\right)^2 = 2\sum_{i=1}^{N}\left(l_i^2 - l_il_{i+1}\right) \tag{E.10}$$

이다. 식 (E.10)의 왼쪽 항은 양수이기 때문에, 우측 항도 역시 양수이다. 그러므로

$$SD' < SD \tag{E.11}$$

이다. 이는 단차-매개 성장에서 증착에 따라 표준편차가 감소함을 의미하는 증명의 핵심이다. 증착을 계속하면 증착할 때마다 표준편차는 감소하여 종국에는 0으로 수렴할 것이다. 이는 완벽한 주기를 갖는 단차 분포를 갖게 됨을 의미한다.

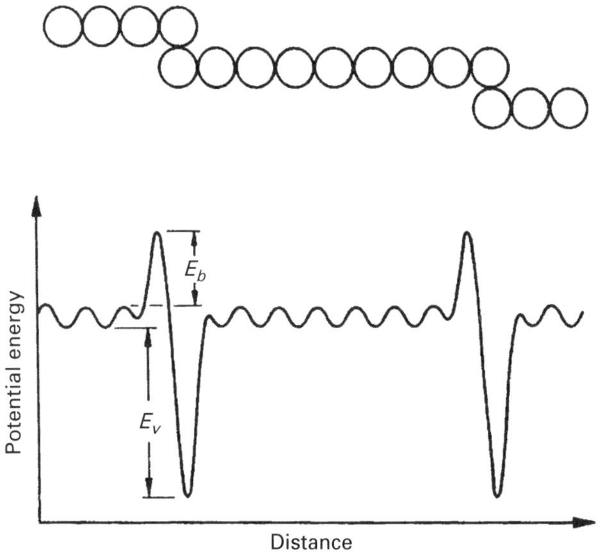

그림 E.2 흡착된 원자의 단차 테라스(측면 그림) 그리고 포텐셜 에너지의 개략도

그러나 단차 분포는 적어도 두 가지 효과 때문에 완벽한 주기를 갖지는 못한다. 첫째는 **성장 과정의 통계학적 특성**이다. 한 번의 반응에 증착된 원자 수 M이 테라스 크기에 비례한다고 가정하자. 이는 푸아송 과정과 유사하기 때문에 $\sqrt{M}$ 정도의 수를 갖는 불확실성이 존재하고 이는 성장에 불완전성을 만든다. 둘째는 단차 분포가 **열적 변동**(*fluctuation*) 때문에 완벽하게 될 수가 없다. 단차는 완벽하게 날카롭지가 않고 열적 변동 때문에 거칠기(roughness)를 갖는다. 이는 열적 변동에 기인한 불완전 단차이고 완벽한 주기성을 갖지 못하는 불완전 구조를 만든다.

보다 완벽한 유도(Gossmann *et al.* [1])는 증착 재료 Q의 S 상호작용 후에 테라스 넓이의 초기 표준편차 대비 표준편차 SD^S는

$$SD^S/SD = \frac{1}{(2\pi\Theta)^{1/4}} \tag{E.12}$$

이고, 여기에서 $\Theta = SQ$이다. 주기성에 도달하는 속도는 느리다. 왜냐하면 테라스 재구조화의 구동력은 이웃한 테라스 크기 차이에 의존하고 이 구동력은 성장이 진행됨에 따라 감소하기 때문이다.

테라스 크기 분포와 주기성에 도달하는 과정에 대해서 첨언할 것은 유도 과정에 가정이 존재한다. 이 가정은 원자들은 위쪽 단차에만 붙고 아래쪽 단차에는 붙지 않는다는 것이다.

이 가정은 Gossmann의 연구에서 보다 자세하게 연구되었다[1]. 이 가정은 단차에서 원자구조와 관련이 있다.

이 상황을 결정하는 원자의 변수들은 포텐셜 에너지 개략도(그림 E.2)의 관점으로 설명될 수 있다. E_b는 에너지 장벽이고 이 장벽은 존재할 수도 존재하지 않을 수도 있다. 그리고 E_v는 강화된 결합에너지이다. 일부 극단적인 경우를 고려하면 매우 명확하다. 만일 $E_b = 0$이고 $E_v \to \infty$이면, 아래쪽 단차와 위쪽 단차에 원자가 붙을 확률은 동일하고 주기성은 만들어지지 않게된다. 만일 $E_b \to \infty$이고 $E_v \to \infty$이면, 원자들은 위쪽 단차에만 붙게 된다. 만일 $E_b = 0$이면, 원자 접합 시 선호하는 위치가 없어지게 되고 테라스 크기 분포는 증착 중에도 동일하게 유지된다. 이 경우에는 표준편차의 감소는 일어나지 않는다. 만일 원자의 접착이 부분적인 선호도를 갖는다면 증착에 따라 주기성을 갖게 된다. 그러나 편차의 변화는 여기에서 주어진 것보다 훨씬 더 복잡하게 된다.

참고문헌

[1] H.-J. Gossmann, F. W. Sinden and L. C. Feldman, "Evolution of terrace size distributions during thin-film growth by step-mediated epitaxy," *J. Appl. Phys.* **67** (1990), 745.

부록 F 상호확산계수

5장에서 구동력이 농도 기울기인 Fick의 제1법칙을 이용하여 상호확산계수를 유도하였다. 이 부록에서, 화학 포텐셜 기울기를 구동력으로 하여 상호확산계수를 유도할 것이다.

마커의 속도는 다음과 같이 주어진다.

$$v = (D_B - D_A)\frac{\partial X_B}{\partial x} = D_B\frac{\partial X_B}{\partial x} + D_A\frac{\partial X_A}{\partial x}$$

v를 J_B에 대입하면,

$$J_B = j_B + C_B\left(D_B\frac{\partial X_B}{\partial x} + D_A\frac{\partial X_A}{\partial x}\right) = j_B - X_B(j_B + j_A)$$

위의 분석에서, 플럭스를 농도 기울기의 항으로 제시하였고 마커 속도 v와 상호확산계수를 구할 수 있는 한 쌍의 식을 얻었다. 그러므로 고유확산계수(intrinsic diffusion coefficient) D_A와 D_B를 구할 수 있다. 모든 확산계수는 농도 기울기, 즉 높은 농도에서 낮은 농도 방향으로 원자의 확산이 일어남을 적시한다. 그러나 스피노달 분해에서 농도 기울기에 반하여 발생하고 이 확산계수는 농도장(field)에서 음수의 값을 갖는다. 확산은 화학 포텐셜 기울기를 따라 구동됨을 상기할 필요가 있다. 아래에는 화학 포텐셜 기울기 관점에서 원자 플럭스를 제시하고자 한다. 플럭스는

$$j = C < v >= CMF = CM\left(-\frac{\partial \mu}{\partial x}\right)$$

이고, 여기에서 μ는 합금에서 화학 포텐셜 그리고 M은 이동도(mobility)이다. 상호확산의 구동력으로서 농도 기울기 대신에 화학 포텐셜 기울기를 사용할 것이다.

그러므로

$$j_B = -C_B M_B\frac{\partial \mu_B}{\partial x} = -CX_B M_B\frac{\partial \mu_B}{\partial x}$$

$$j_A = -C_A M_A\frac{\partial \mu_A}{\partial x} = -CX_A M_A\frac{\partial \mu_A}{\partial x}$$

j_B와 j_A를 J_B식에 대입하면

$$\begin{aligned}J_B &= -CX_BM_B\frac{\partial \mu_B}{\partial x} + CX_B\left[X_BM_B\frac{\partial \mu_B}{\partial x} + (1-X_B)M_A\frac{\partial \mu_A}{\partial x}\right]\\ &= -C\left[X_BM_B\frac{\partial \mu_B}{\partial x} - X_B^2M_B\frac{\partial \mu_B}{\partial x} - (1-X_B)M_A\frac{\partial \mu_A}{\partial x}\right]\\ &= -C\left\{X_B(1-X_B)\left[M_B\frac{\partial \mu_B}{\partial x} - M_A\frac{\partial \mu_A}{\partial x}\right]\right\}\end{aligned}$$

Gibbs-Duhem 식으로부터,

$$X_Ad\mu_A + X_Bd\mu_B = 0$$
$$(1-X_B)d\mu_A + X_Bd\mu_B = 0$$

그러므로

$$(1-X_B)M_A\frac{d\mu_A}{dx} + X_BM_A\frac{d\mu_B}{dx} = 0 \tag{F.1}$$

$$(1-X_B)M_B\frac{d\mu_A}{dx} + X_BM_B\frac{d\mu_B}{dx} = 0 \tag{F.2}$$

J_B 식의 꺾음 괄호 내에 식 (F.1)을 더하고, 식 (F.2)를 빼면, 다시 말해서 꺾음 괄호에 0을 더하고 0을 빼면,

$$\begin{aligned}&M_B\frac{\partial \mu_B}{\partial x} + (1-X_B)M_A\frac{\partial \mu_A}{\partial x} + X_BM_A\frac{\partial \mu_B}{\partial x} - M_A\frac{\partial \mu_A}{\partial x}\\ &\quad - (1-X_B)M_B\frac{\partial \mu_B}{\partial x} - X_BM_B\frac{\partial \mu_B}{\partial x}\\ &= M_B\frac{\partial \mu_B}{\partial x} + M_A\frac{\partial \mu_A}{\partial x} - X_BM_A\frac{\partial \mu_A}{\partial x} + X_BM_A\frac{\partial \mu_B}{\partial x} - M_A\frac{\partial \mu_A}{\partial x}\\ &\quad - M_B\frac{\partial \mu_A}{\partial x} + X_BM_B\frac{\partial \mu_A}{\partial x} - X_BM_B\frac{\partial \mu_B}{\partial x}\\ &= M_B\left(\frac{\partial \mu_B}{\partial x} - \frac{\partial \mu_A}{\partial x}\right) + X_B(M_A - M_B)\left(\frac{\partial \mu_B}{\partial x} - \frac{\partial \mu_A}{\partial x}\right)\\ &= [(1-X_B)M_B + X_BM_A]\left(\frac{\partial \mu_B}{\partial x} - \frac{\partial \mu_A}{\partial x}\right)\end{aligned}$$

그러므로

$$\begin{aligned}J_B &= -C[X_B(1-X_B)][(1-X_B)M_B + X_BM_A]\left(\frac{\partial \mu_B}{\partial x} - \frac{\partial \mu_A}{\partial x}\right)\\ &= -CX_BM\frac{\partial}{\partial y}(\mu_B - \mu_A)\end{aligned}$$

여기에서 $M = (1 - X_B)[(1 - X_B)M_B + X_B M_A] = X_A[X_A M_B + X_B M_A]$이다.

화학 포텐셜 정의에 의해

$$dG = \mu_A dC_A + \mu_B dC_B = (\mu_B - \mu_A)dC_B$$

또는 $\dfrac{dG}{dC_B} = \mu_B - \mu_A$이고, 상호확산계수이다.

그러므로

$$J_B = -CX_B M \frac{\partial}{\partial x}\left(\frac{\partial G}{\partial C_B}\right) = -C_B M \left(\frac{\partial^2 G}{\partial C_B^2}\frac{\partial C_B}{\partial y}\right) = -C_B M G'' \frac{\partial C_B}{\partial x}$$

이고, 여기에서 $\overline{D} = X_A D_B + X_B D_A$는 상호확산계수이다.
또한 위에 나타낸 $\overline{D} = C_B M G''$과 같이 상호확산계수는 G''의 부호를 따른다. G''은 스피노달 영역에서 음의 값을 갖고 $\overline{D}$는 음의 값을 갖게 되어 확산은 농도 기울기를 거슬러 일어난다. 즉, 오르막 확산(uphill diffusion)이 일어난다. 스피노달 영역 외부에서 G''은 양의 값을 갖고 상호확산계수는 5.3.2.1절에서와 같이 양의 값을 갖는다.

부록 G 물리적 성질표

G.1 전자 소재로 사용되는 원소의 물리적 성질

원소(Z)	녹는점 (℃)	밀도 (g/cm^3)	비저항 ($10^{-6}\Omega cm$)	(℃)	열전도도 (cal/cm sec ℃)	(℃)	열팽창계수 (10^{-6}/℃)	(℃)
Al (13)	659.7	2.7	2.6	0	0.48	18	23.8	0–100
Bi (83)	271.3	9.8	119	18	0.019	18	14.0	–
Cr (24)	1785	7.19	12.8	20	0.16	20	6	25
Cu (29)	1083	8.96	1.7	20	0.98	20	16.6	25
Co (27)	1495	8.9	6.3	20	0.16	18	12	25
Ge (32)	936	5.4	60*[Ωcm]	20	0.14	25	5.3	20
Au (79)	1063	19.3	2.4	20	0.7	18	14.2	–
In (49)	156.4	7.3	8.4	0	0.057	–	33.0	20
Fe (26)	1536	7.86	10	20	0.18	20	12	25
Pb (82)	327.4	11.3	22	20	0.083	18	29.5	0–100
Ir (77)	2454	22.5	5.3	20	0.17	20	6	25
Mo (42)	2620±10	10.2	5.7	20	0.34	20	5.1	25–100
Ni (28)	1455	8.9	6.8	20	0.14	18	13.0	50
Pd (46)	1552	12	10.7	20	0.17	20	–	25
Pt (78)	1773.5	21.4	10	20	0.17	20	9.0	40
Ag (47)	961	10.5	1.5	0	0.97	18	18.7	20
Si (14)	1420	2.3	4000*[Ωcm]	20	0.35	–	2.6	40
Ta (73)	2996	16.6	12.3	20	0.13	20	6.5	25
Ti (22)	1668	4.51	41.6	20	–	20	8.5	25
Sn (50)	231.9	7.3	11.5	20	0.15	18	26.7	18–100
W (74)	3370	19.3	5.5	20	0.476	17	4.5	–
V (23)	1990	6.1	25	20	–	20	8	25
Zn (30)	419.4	7.1	5.7	0	0.269	0	26.3	0–100

*Depends on purity

G.2 주기율표

1	2	3	4	5	6	7	8	9	10	11	12	13	14	15	16	17	18
H 1 1.008																	He 2 4.00
Li 3 6.94 bcc	Be 4 9.01 hex											B 5 10.8 rhom	C 6 12.01 dia	N 7 14.01	O 8 16.0	F 9 19.0	Ne 10 20.17
Na 11 22.99 bcc	Mg 12 24.31 hex											Al 13 26.98 fcc	Si 14 28.09 dia	P 15 30.97 orth	S 16 32.06 orth	Cl 17 35.43	Ar 18 39.95
K 19 39.1 bcc	Ca 20 40.1 fcc	Sc 21 44.96 hex	Ti 22 47.88 hex	V 23 50.94 bcc	Cr 24 52.0 bcc	Mn 25 54.94 cubic	Fe 26 55.85 bcc	Co 27 58.93 hex	Ni 28 58.73 fcc	Cu 29 63.55 fcc	Zn 30 65.39 hex	Ga 31 69.72 orth	Ge 32 72.64 dia	As 33 74.92 rhom	Se 34 78.99 hex	Br 35 79.9	Kr 36 83.8
Rb 37 85.47 bcc	Sr 38 87.62 fcc	Y 39 88.91 hex	Zr 40 91.24 hex	Nb 41 92.91 bcc	Mo 42 95.89 bcc	Tc 43 – hex	Ru 44 hex	Rh 45 101.0 fcc	Pd 46 106.4 fcc	Ag 47 107.9 fcc	Cd 48 112.4 hex	In 49 114.8 tetr	Sn(α) 50 118.7 dia	Sb 51 121.8 rhom	Te 52 127.6 hex	I 53 126.9	Xe 54 131.3
Cs 55 132.9 bcc	Ba 56 137.3 bcc	La 57 138.9 hex	Hf 72 178.5 hex	Ta 73 180.9 bcc	W 74 183.8 bcc	Re 75 186.2 hex	Os 76 190.3 hex	Ir 77 192.2 fcc	Pt 78 195.1 fcc	Au 79 197.0 fcc	Hg 80 200.6 rhom	Ti 81 204.4 hex	Pb 82 207.2 fcc	Bi 83 209 rhom	Po 84 (210)	At 85 (210)	Rn 86 (222)
Fr 87	Ra 88	Ac 89 fcc															

Ce 58 140.1 fcc	Pr 59 140.9 hex	Nd 60 144.2 hex	Pm 61	Sm 62 150.4	Eu 63 152.0 bcc	Gd 64 157.3 hcp	Tb 65 158.9 hcp	Dy 66 162.5 hcp	Ho 67 164.9 hcp	Er 68 167.3 hcp	Tm 69 168.9 hcp	Yb 70 173.0 fcc	Lu 71 175.0 hcp
Th 90 fcc	Pa 91 tetr	U 92 238.0	Np 93	Pu 94	Am 95 hex	Cm 96	Bk 97	Cf 98	Es 99	Fm 100	Md 101	No 102	Lr 103

Si	←Symbol
14	←Atomic No.
28.09	←Atomic Mass
dia	←Structure

G.3 물리적 상수, 단위 변환과 유용한 조합

물리 상수

Avogadro 수	$N_A = 6.022 \times 10^{23}$ particles/mole
Boltzmann 상수	$k = 8.617 \times 10^{-5}$ eV/k $= 1.38 \times 10^{-23}$ J/K
기본 전하	$e = 1.602 \times 10^{-19}$ coulomb
Planck 상수	$h = 4.136 \times 10^{-15}$ eV · s $= 6.626 \times 10^{-34}$ joule · s
광속	$c = 2.998 \times 10^{10}$ cm/s
유전율 (진공)	$\varepsilon_0 = 8.85 \times 10^{-14}$ farad/cm
전자 질량	$m = 9.1095 \times 10^{-31}$ kg
Coulomb 상수	$k_c = 8.988 \times 10^9$ newton–m^2 / (coulomb)^2
원자 질량 단위	$u = 1.6606 \times 10^{-27}$ kg
중력 가속도	$g = 980$ dyn/gm

유용한 조합

열 에너지 (300 K)	$kT = 0.0258$ eV $\simeq (1/40)$ eV
광자 에너지	$E = 1.24$ eV at $\lambda = 1$ μm
유전율(Si)	$\varepsilon = \varepsilon_r \varepsilon_0 = 1.05 \times 10^{-12}$ farad/cm

단위 변환

1 nm = 10^{-9} m = 10 Å = 10^{-7} cm
1 eV = 1.602×10^{-19} joule = 1.602×10^{-12} erg
1 eV/particle = 23.06 kcal/mol
1 newton = 0.102 kg_{force} = 1 coulomb · volt/meter
10^6 newton/m^2 = 146 psi = 10^7 dyn/cm^2
1 μm = 10^{-4} cm
0.001 inch = 1 mil = 25.4 μm
1 bar = 10^6 dyn/cm^2 = 10^5 N/m^2
1 weber/m^2 = 10^4 gauss = 1 tesla
1 pascal = 1 N/m^2 = 7.5×10^{-3} torr
1 erg = 10^{-7} joule = 1 dyn · cm
1 joule = 1 newton · meter = 1 watt · second
1 calorie = 4.184 joules

G.4 300 K에서 Si, Ge, GaAs 그리고 SiO_2의 성질

성질	Si	Ge	GaAs	SiO_2
Atoms/cm^3, molecules/cm^3 × 10^{22}	5.0	4.42	4.42	2.27
결정구조	다이아몬드	다이아몬드	섬아연광	비정질
격자상수(nm)	0.543	0.565	0.565	-
밀도(g/cm^3)	2.33	5.32	5.32	2.27
비유전상수, ε	11.9	16.0	13.1	3.9
유전상수, $\varepsilon = \varepsilon_r \varepsilon_0$ (farad/cm) × 10^{-12}	1.05	1.42	1.16	0.34
팽창계수 × (10^{-6}/K)	2.6	5.8	6.86	0.5
비열(joule/g K)	0.7	0.31	0.35	1.0
열 전도도(watt/cm K)	1.48	0.6	0.46	0.014
열 확산도(cm^2/s)	0.9	0.36	0.44	0.006
에너지 갭(eV) (300 K)	1.12	0.67	1.424	~9
Debye 온도(K)	645	347	360	-
영율 Y(100) (10^{10} N/m^2)	13.0	10.3	8.55	-
전단계수 μ(10^{10} N/m^2)	5.1	4.04	3.26	-
부피탄성계수 K(10^{10} N/m^2)	9.8	7.52	7.55	-
푸아송비 v	0.28	0.27	0.31	-

Elastic moduli: GaAs: S. Blakemore, *J. Appl. Phys.* 53, R123 (1982)
Si, Ge: W. E. Beadle et al., eds., *Quick Reference Manual For Silicon Integrated Circuit Technology* (Wiley, New York, 1985).

찾아보기

ㄹ~ㅁ

ㅂ

ㅅ

ㅇ

ㅎ

A~C

D~F

G

H

I~J

K

L~M

N

O

P

S

T~Z